Introdução à
Engenharia Mecânica

Dados Internacionais de Catalogação na Publicação (CIP)
(Câmara Brasileira do Livro, SP, Brasil)

Wickert, Jonathan
  Introdução à engenharia mecânica / Jonathan Wickert, Kemper E. Lewis ; tradução técnica Júlio Cézar de Almeida. -- 3. ed. -- São Paulo : Cengage Learning, 2022.

  Título original: An introduction to mechanical engineering
  ISBN 978-65-5558-431-8

  1. Engenharia mecânica I. Lewis, Kemper E. II. Título.

22-134892   CDD-621

Índices para catálogo sistemático:

1. Engenharia mecânica   621

Cibele Maria Dias - Bibliotecária - CRB-8/9427

Introdução à Engenharia Mecânica

Tradução da 4ª edição norte-americana

Jonathan Wickert
Iowa State University

Kemper Lewis
University at Buffalo – SUNY

Tradução técnica dos trechos novos desta edição

Júlio Cézar de Almeida
- Professor Adjunto do Curso de Engenharia Mecânica da UFPR.
- Ex-Professor Colaborador do Programa de Pós-Graduação em Engenharia Mecânica da UFPR.
- Professor do Programa de Pós-Graduação em Métodos Numéricos em Engenharia da UFPR.

Austrália • Brasil • México • Cingapura • Reino Unido • Estados Unidos

Introdução à Engenharia Mecânica – Tradução da 4ª edição norte-americana
3ª edição brasileira
Jonathan Wickert e Kemper E. Lewis

Gerente editorial: Noelma Brocanelli

Editora de desenvolvimento: Gisela Carnicelli

Supervisora de produção gráfica: Fabiana Alencar Albuquerque

Título original: *An Introduction to Mechanical Engineering, Enhanced Fourth Edition*, ISBN 978-0-357-38229-5

Tradução técnica dos trechos novos desta edição: Júlio Cézar de Almeida

Tradução da edição anterior: Noveritis do Brasil

Revisão técnica da edição anterior: Júlio Cézar de Almeida

Preparação e revisão: Silvia Campos, Beatriz Simões, Olívia Frade Zambone, Sandra Scapin e Mônica Aguiar

Diagramação: 3Pontos Apoio Editorial

Indexação: Priscilla Lopes

Capa: Alberto Mateus (Crayon Editorial)

Imagem da capa: Daniel Leppens/Shutterstock

© 2021, 2017, 2013 Cengage Learning, Inc.
© 2023 Cengage Learning Edições Ltda.

Todos os direitos reservados. Nenhuma parte deste livro poderá ser reproduzida, sejam quais forem os meios empregados, sem a permissão, por escrito, da Editora. Aos infratores aplicam-se as sanções previstas nos artigos 102, 104, 106 e 107 da Lei nº 9.610, de 19 de fevereiro de 1998.

Esta editora empenhou-se em contatar os responsáveis pelos direitos autorais de todas as imagens e de outros materiais utilizados neste livro. Se porventura for constatada a omissão involuntária na identificação de algum deles, dispomo-nos a efetuar, futuramente, os possíveis acertos.

A Editora não se responsabiliza pelo funcionamento dos sites contidos neste livro que possam estar suspensos.

Para informações sobre nossos produtos, entre em contato pelo telefone **+55 11 3665-9900**

Para permissão de uso de material desta obra, envie seu pedido para
direitosautorais@cengage.com

© 2023 Cengage Learning. Todos os direitos reservados.

ISBN-13: 978-65-5558-431-8
ISBN-10: 65-5558-431-9

Cengage Learning
Condomínio E-Business Park
Rua Werner Siemens, 111 – Prédio 11 – Torre A – 9º andar
Lapa de Baixo – CEP 05069-010 – São Paulo – SP
Tel.: +55 11 3665-9900

Para suas soluções de curso e aprendizado, visite
www.cengage.com.br

Impresso no Brasil.
Printed in Brazil.
1ª impressão – 2022

Sumário

Prefácio ao estudante xi
Prefácio ao professor xiii
Sobre os autores xix

CAPÍTULO 1 A profissão de engenharia mecânica 1

1.1 Visão geral 1
Os elementos da engenharia mecânica 2

1.2 O que é engenharia? 4

1.3 Quem são os engenheiros mecânicos? 10
Dez principais conquistas feitas pela engenharia mecânica 11
O futuro da engenharia mecânica 18

1.4 Opções da carreira 20

1.5 Programa típico de estudos 22
Resumo 26
Autoestudo e revisão 26
Problemas 27
Referências 30

CAPÍTULO 2 Projeto mecânico 31

2.1 Visão geral 31

2.2 O processo do projeto 35
Desenvolvimento de requisitos 39
Projeto conceitual 40
Projeto detalhado 41
Produção 46

2.3 Processos de manufatura 49
Resumo 56
Autoestudo e revisão 57
Problemas 57
Referências 62

CAPÍTULO 3 Capacidades de comunicação e resolução técnica de problemas 63

3.1 **Visão geral** 63

3.2 **Abordagem geral para resolução de problemas técnicos** 68

3.3 **Sistemas e conversões de unidades** 69
Unidades básicas e derivadas 70
Sistema internacional de unidades 70
Sistema de unidades usual dos Estados Unidos 73
Conversões entre unidades SI e USCS 77

3.4 **Dígitos significativos** 82

3.5 **Uniformidade dimensional** 83

3.6 **Estimativas na engenharia** 94

3.7 **Capacidade de comunicação na engenharia** 98
Comunicação escrita 99
Comunicação gráfica 101
Apresentações técnicas 101
Resumo 107
Autoestudo e revisão 107
Problemas 108
Referências 115

CAPÍTULO 4 Forças em estruturas e máquinas 116

4.1 **Visão geral** 116

4.2 **Forças em componentes retangulares e polares** 118
Componentes retangulares 119
Componentes polares 120

4.3 **Resultante de várias forças** 121
Método da álgebra vetorial 122
Método do polígono vetorial 123

4.4 **Momento de uma força** 127
Método do braço da alavanca perpendicular 128
Métodos das componentes do momento 129

4.5 **Equilíbrio de forças e momentos** 135
Partículas e corpos rígidos 135
Diagramas de corpo livre 137

4.6 **Aplicação do projeto: mancais de rolamentos** 145
Resumo 153
Autoestudo e revisão 154
Problemas 155
Referências 170

CAPÍTULO 5 Materiais e tensões 171

5.1 **Visão geral** 171

5.2 **Tração e compressão** 173

5.3 **Comportamento dos materiais** 182

5.4 **Cisalhamento** 193

5.5 **Materiais utilizados na engenharia** 198
Metais e suas ligas 199
Cerâmicas 200
Polímeros 201
Materiais compostos 201

5.6 **Coeficiente de segurança** 206
Resumo 211
Autoestudo e revisão 213
Problemas 214
Referências 226

CAPÍTULO 6 Engenharia dos fluidos 227

6.1 **Visão geral** 227

6.2 **Propriedades dos fluidos** 229

6.3 **Pressão e força de flutuação** 237

6.4 **Fluxos laminar e turbulento de fluidos** 244

6.5 **Escoamento de fluidos em tubulações** 248

6.6 **Força de arrasto** 254

6.7 **Força de sustentação** 264
Resumo 270
Autoestudo e revisão 272
Problemas 272
Referências 279

CAPÍTULO 7 Sistemas térmicos e de energia 280

7.1 **Visão geral** 280

7.2 **Energia mecânica, trabalho e potência** 282
Energia potencial gravitacional 282
Energia potencial elástica 283
Energia cinética 283
Trabalho de uma força 284
Potência 284

7.3 Calor como energia em trânsito 289
Poder calorífico 290
Calor específico 292
Transferência de calor 293

7.4 Conservação e conversão de energia 302

7.5 Motores térmicos e eficiência 306

7.6 Motores de combustão interna 311
Ciclo do motor de quatro tempos 312
Ciclo do motor de dois tempos 314

7.7 Geração de energia elétrica 316
Resumo 326
Autoestudo e revisão 327
Problemas 328
Referências 334

CAPÍTULO 8 Transmissão de movimento e potência 335

8.1 Visão geral 335

8.2 Movimento de rotação 337
Velocidade angular 337
Trabalho rotacional e potência 339

8.3 Aplicação do projeto: engrenagens 344
Engrenagens cilíndricas 344
Cremalheira e pinhão 347
Engrenagens cônicas 348
Engrenagens helicoidais 349
Engrenagens sem-fim 350

8.4 Velocidade, torque e potência em sistemas de engrenagens 353
Velocidade 354
Torque 355
Potência 356

8.5 Trens de engrenagens simples e compostas 356
Trem de engrenagens simples 356
Trem de engrenagens compostas 358

8.6 Aplicação de projeto: acionamento por correia e corrente 364

8.7 Sistema planetário de engrenagens 370
Resumo 378
Autoestudo e revisão 379
Problemas 380
Referências 391

APÊNDICE A Alfabeto grego   392

APÊNDICE B Revisão de trigonometria   393

B.1 Graus e radianos   393

B.2 Triângulos retângulos   393

B.3 Identidades   394

B.4 Triângulos oblíquos   395

ÍNDICE REMISSIVO   397

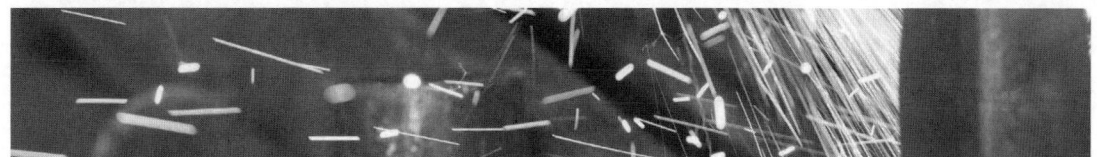

Prefácio ao estudante

▶ Objetivo

Este livro apresentará a você o campo sempre emergente da Engenharia Mecânica e irá auxiliá-lo a avaliar como os engenheiros projetam máquinas e equipamentos, contribuindo com a sociedade no mundo inteiro. Como o título sugere, este livro não é uma enciclopédia nem um tratado exaustivo da disciplina. Tal tarefa é impossível para um único livro didático e, além disso, nossa perspectiva é que o currículo tradicional de engenharia de cinco anos seja apenas um de vários passos dados ao longo de uma carreira para toda a vida. Na leitura deste livro, você descobrirá a "floresta" da engenharia mecânica, examinando algumas de suas "árvores" e, ao longo do caminho, será exposto a alguns elementos interessantes e práticos da profissão chamada engenharia mecânica.

▶ Abordagem e conteúdo

Este livro destina-se a estudantes que estão no primeiro ou no segundo ano de um programa típico de faculdade ou universidade e, engenharia mecânica ou em um campo estreitamente relacionado. Procuramos abordar, de maneira equilibrada, através dos capítulos, as habilidades necessárias para solucionar problemas, projetos, análises da engenharia e a moderna tecnologia. Capítulo 1 começa com uma descrição narrativa do trabalho dos engenheiros mecânicos, o que eles fazem e qual impacto podem causar (A profissão de engenharia mecânica). Sete "elementos" da engenharia mecânica são enfatizados subsequentemente nos capítulos 2 (Projeto mecânico), 3 (Capacidades de comunicação e resolução técnica de problemas), 4 (Forças em estruturas e máquinas), 5 (Materiais e tensões), 6 (Engenharia dos fluidos), 7 (Sistemas térmicos e de energia) e 8 (Transmissão de movimento e potência). Algumas das aplicações que você encontrará neste livro incluem viagens espaciais comerciais, impressão 3D, Boeing 787 Dreamliner, design de dispositivos médicos, nanomáquinas, motores de combustão interna, robótica, tecnologia esportiva, materiais avançados, dispositivos microfluídicos, transmissões automáticas e energia renovável.

O que você poderá aprender com este livro? Em primeiro lugar, descobrirá quem são os engenheiros mecânicos, o que fazem e quais desafios técnicos, sociais e ambientais eles solucionam com as tecnologias que criam. A Seção 1.3 traz detalhes sobre a lista das dez maiores conquistas da profissão. Ao observar esta lista, você reconhecerá como a profissão contribuiu para sua vida cotidiana e para a sociedade em geral. Em segundo lugar, você descobrirá que a engenharia mecânica é um empreendimento prático com o objetivo de projetar coisas que funcionem, que tenham uma produção econômica, que sejam seguras para se usar e responsáveis em termos de impacto ambiental. Em terceiro lugar, você aprenderá a fazer alguns dos cálculos, estimativas e aproximações rápidas que os engenheiros mecânicos podem realizar enquanto resolvem problemas técnicos e comunicam seus resultados. Para realizar tais tarefas melhor e mais rápido, os engenheiros mecânicos combinam matemática, ciência, ferramentas de projeto mecânico auxiliadas por computador e habilidades práticas.

Após a leitura deste livro, você não se tornará um especialista em engenharia mecânica, mas essa não é a nossa intenção nem deveria ser a sua. No entanto, se o nosso objetivo for atingido, você estabelecerá uma base sólida de habilidades para solucionar problemas, projetar equipamentos e conduzir análises, as quais poderão representar a base para suas próprias contribuições futuras à profissão de engenharia mecânica.

Prefácio ao professor

▶ Abordagem

Este livro destina-se a um curso que forneça uma introdução à Engenharia Mecânica durante o primeiro ou segundo ano. Na última década, muitas faculdades e universidades renovaram o conteúdo programático de seus cursos de engenharia com o objetivo de posicionar conteúdos de engenharia para o início de seus programas. Especialmente para o primeiro ano do curso, os formatos variam amplamente e podem incluir seminários sobre "quem são os engenheiros mecânicos" e "o que fazem", suas experiências em projetos, habilidades para solucionar problemas, análises básicas e estudos de casos. No segundo ano do curso, o foco reside em elaborações de projetos, contato com ferramentas computacionais que auxiliam a engenharia, princípios da ciência da engenharia e uma dose saudável de máquinas e equipamentos produzidos pela engenharia mecânica.

Os cursos centrais da grade curricular da ciência da engenharia (por exemplo, resistência dos materiais, mecânica dos fluidos e dinâmica) têm progredido desde a Segunda Guerra Mundial até atingirem seus estados presentes relativamente amadurecidos. Por outro lado, pouca ou nenhuma padronização existe entre os cursos introdutórios de engenharia mecânica. Com limitados materiais didáticos específicos para tais cursos, acreditamos que ainda exista uma boa oportunidade para atrair estudantes, motivando-os com uma visão do que esperar mais tarde em seu programa de estudo e em suas futuras carreiras, e fornecendo-lhes uma base sólida para análises de engenharia, resolução de problemas técnicos e realização de projetos.

▶ Objetivos

Durante o desenvolvimento da quarta edição deste livro, nosso objetivo foi proporcionar uma fonte de informações que pudesse ser utilizada pelos professores que apresentam a engenharia mecânica aos estudantes do primeiro e segundo anos dos cursos. Esperamos que a maioria dos cursos inclua o material apresentado no Capítulo 1 (A profissão de engenharia mecânica), no Capítulo 2 (Projeto mecânico) e no Capítulo 3 (Capacidades de comunicação e resolução técnica de problemas). Com base no nível e nas horas dedicadas ao curso, os professores podem selecionar tópicos adicionais do Capítulo 4 (Forças em estruturas e máquinas), de Capítulo 5 (Materiais e tensões), do Capítulo 6 (Engenharia dos fluidos), do Capítulo 7 (Sistemas térmicos e de energia) e do Capítulo 8 (Transmissão de movimento e potência). Por exemplo, a Seção 5.5, sobre a seleção de materiais, é em grande parte autossuficiente e fornece ao estudante de nível introdutório uma visão geral das diferentes classes de materiais de engenharia. Da mesma forma, as descrições nas Seções 7.6 e 7.7 de motores de combustão interna e usinas de energia elétrica são de natureza expositiva e aquele material pode ser incorporado em estudos de caso para demonstrar o funcionamento de alguns equipamentos importantes da engenharia mecânica. Rolamentos de contato, engrenagens e correias de transmissão são igualmente discutidos nas Seções 4.6, 8.3 e 8.6.

Este livro reflete nossas experiências e filosofia ao introduzir para os estudantes iniciantes o vocabulário, as habilidades, as aplicações e as motivações da profissão de engenheiro mecânico. Esta obra foi motivada, em parte, pelo ensino de cursos introdutórios de engenharia mecânica em nossas respectivas universidades. Coletivamente, esses cursos incluem aulas, projetos de manufatura e foram auxiliados por computador, laboratórios de dissecação de produtos (um exemplo discutido na Seção 2.1) e equipes de projetos (muitos dos quais foram adaptados aos novos problemas de projeto descritos ao final de cada capítulo). Uma série de vinhetas e estudos de caso também são discutidos para demonstrar aos alunos o realismo do que eles estão aprendendo, incluindo a lista das "dez melhores" realizações anteriores na área e uma lista dos principais campos emergentes em engenharia mecânica, ambos desenvolvidos pela Sociedade dos Engenheiros Mecânicos (Seção 1.3); os quatorze "grandes desafios" da Academia Nacional de Engenharia (NAE) (Seção 2.1); inovação em projeto, patentes e um resumo do sistema de proteção de patentes recentemente atualizado nos Estados Unidos (Seção 2.2); o projeto do Boeing 787 Dreamliner (Seção 2.3); a perda da espaçonave *Mars Climate Orbiter* e o erro de reabastecimento durante o voo 143 da Air Canada (Seção 3.1); o desastre do derramamento de óleo da Deepwater Horizon (Seção 3.6); o desenho de um implante cardíaco (Seção 4.5); o projeto de produtos e materiais para ambientes extremos (Seção 5.2); o projeto de materiais avançados para aplicações de inovação (Seção 5.5); dispositivos microfluídicos (Seção 6.2); fluxo sanguíneo no corpo humano (Seção 6.5); tecnologia esportiva (Seções 6.6 e 6.7); consumo global de energia (Seção 7.3); energias renováveis (Seção 7.5); motores de combustão interna (Seção 7.6); geração de energia solar e desenvolvimento de soluções energéticas inovadoras por meio de crowdsourcing (espécie de estruturação de processos) (Seção 7.7); nanomáquinas (Seção 8.3); e engrenagens avançadas para motores de próxima geração (Seção 8.5).

Em cada capítulo, os destaques intitulados "Foco em" são utilizados para ressaltar alguns dos tópicos mais interessantes ali considerados e outros conceitos emergentes da engenharia mecânica.

▶ Conteúdo

Nós, certamente, não pretendemos que este livro seja um tratado exaustivo de engenharia mecânica, e confiamos que não será lido sob essa luz. Muito pelo contrário: ao ensinar alunos de primeiro e segundo anos, estamos cientes de que "menos realmente é mais". Na medida do possível, resistimos ao impulso de acrescentar mais uma seção em determinado assunto e tentamos manter o aspecto útil e envolvente do material, segundo a perspectiva do leitor. De fato, muitos tópicos que são importantes para engenheiros mecânicos não estão incluídos aqui, e fizemos isso intencionalmente (ou, admitimos, por distração nossa). No entanto, estamos confiantes de que, no devido tempo ao longo do curso de engenharia mecânica, os alunos serão expostos aos assuntos que aqui foram omitidos.

Nos Capítulos de 2 a 8, selecionamos um subconjunto de "elementos" da engenharia mecânica que podem ser suficientemente abordados para que os alunos iniciantes possam desenvolver habilidades úteis de projeto, resolução de problemas técnicos e análise. Essa abrangência de tópicos foi escolhida para facilitar o uso deste livro dentro dos limites de cursos, com vários formatos. Como há mais conteúdo neste livro do que seria possível abranger em um semestre de curso, os professores encontrarão uma fonte razoável de matéria, que poderá ser utilizada de acordo com seus critérios. Em especial, esse conteúdo foi selecionado para:

1. Combinar formação, maturidade e interesses dos alunos logo no início dos estudos da engenharia;
2. Expor os alunos à importância dos princípios do projeto mecânico no desenvolvimento de soluções inovadoras para desafios técnicos que a nossa sociedade enfrenta;
3. Auxiliar os alunos a pensar criticamente e aprender boas habilidades para resolução de problemas, particularmente no que diz respeito a formular hipóteses sólidas, fazer aproximações de ordem de grandeza, realizar revisão de resultados e registrar unidades adequadas;
4. Ensinar aspectos da ciência da engenharia mecânica e o empirismo que pode ser aplicado já nos primeiro e segundo anos do curso;
5. Expor os alunos a uma ampla variedade de máquinas, projetos inovadores, tecnologia de engenharia e equipamentos e à natureza prática da engenharia mecânica;

6. Gerar entusiasmo por meio de aplicações que abrangem voos espaciais, impressão 3D, Boeing 787 Dreamliner, projeto de dispositivos médicos, nanomáquinas, motores, robótica, tecnologia esportiva, produtos de consumo, materiais avançados, dispositivos microfluídicos, transmissões automotivas, geração de energia renovável e muito mais.

Na medida do possível, para os níveis de primeiro e segundo anos, a exposição, os exemplos e os problemas indicados para resolução em casa foram elaborados a partir de aplicações reais. Você não encontrará neste livro massas em planos inclinados ou sistemas de blocos e equipamentos. Como consideramos a engenharia uma atividade visual e gráfica, enfatizamos especialmente a qualidade e amplitude das quase trezentas fotografias e ilustrações, muitas das quais foram fornecidas por nossos colegas da indústria, por agências federais e pela academia. O objetivo desta obra tem sido alavancar esse realismo e motivar os alunos por meio de exemplos interessantes que lhes ofereçam um vislumbre do que poderão estudar nos cursos subsequentes e exercer ao longo de suas carreiras.

▶ Novidades desta edição

Ao preparar esta quarta edição, fizemos muitos tipos de mudanças que eram esperadas: seções foram reescritas e reorganizadas, novos materiais foram adicionados e outros, removidos, novos exemplos foram criados e pequenos erros foram corrigidos. Mais de 20 novos problemas foram desenvolvidos e mais de 30 novas figuras foram incluídas. Estamos entusiasmados com os novos problemas sugeridos, pois são todos problemas em aberto, cujas soluções dependem do conjunto de suposições a serem realizadas. Embora não tenham uma única resposta correta, existem respostas melhores e piores. Assim, os alunos são desafiados a considerar sua abordagem de resolução de problemas, a validade de suas suposições e a adequação de suas respostas. Os novos problemas são incluídos como os últimos propostos em cada capítulo e foram desenvolvidos para serem resolvidos em grupo, incluindo ambientes de sala de aula invertida. Esses problemas abertos maiores são indicados com um asterisco "*".

Tentamos permanecer fiéis à filosofia das três primeiras edições, enfatizando a importância da profissão de engenharia mecânica para resolver problemas globais, incluindo novas informações no Capítulo 1 sobre tendências profissionais recentes, desenvolvimento de tecnologia, carreiras de engenharia mecânica tradicionais e emergentes, e áreas de conhecimento. Além disso, nesse mesmo capítulo, atualizamos, na Figura 1.2, a faixa de energia que os engenheiros mecânicos estão criando dispositivos ou máquinas para produzir e/ou consumir. Reforçamos a apresentação das principais realizações passadas em engenharia mecânica e adicionamos uma discussão sobre os principais campos emergentes dentro da engenharia mecânica adaptado a partir de um relatório recente da ASME (*American Society of Mechanical Engineers*).

No Capítulo 2, o novo material está incluído nas patentes globais de projeto e na nova lei de patentes dos Estados Unidos. Os estudos de caso anteriores do Capítulo 2 e um do Capítulo 7 estão agora localizados no site de acompanhamento do aluno.

Ao longo do livro, mantivemos o uso do formato pedagógico aprimorado, o qual inclui a declaração do problema, abordagem, solução e discussão. Em particular, a parte da discussão destina-se a destacar porque a resposta numérica é interessante ou porque faz sentido intuitivo. As equações simbólicas são escritas ao lado dos cálculos numéricos. Ao longo do livro, as dimensões que aparecem nesses cálculos são explicitamente manipuladas e canceladas para reforçar as boas habilidades na resolução de problemas.

Na seção "Foco em", apresentamos material, conceitual ou aplicado, que amplia a cobertura do livro sem prejudicar seu fluxo. Novos tópicos nessa seção incluem oportunidades de carreira emergentes para engenheiros mecânicos; arqueologia do produto "escavações"; equipes globais de projeto; os tipos de estimativas de engenharia usadas na previsão das taxas de fluxo de óleo durante o desastre da Deepwater Horizon; práticas de comunicação ineficazes por meio de gráficos técnicos ilustrativos; oportunidades de projeto inovadoras que surgem da análise de falhas de engenharia; projeto de dispositivos para ambientes extremos; desenvolvimento de novos materiais de engenharia; crowdsourcing de soluções inovadoras para os desafios globais de energia; e projeto de engrenagens automotivas avançadas para atender aos padrões de economia de combustível.

Como ocorreu com as três primeiras edições, tentamos tornar o conteúdo da quarta edição facilmente acessível a qualquer aluno com formação convencional de ensino médio em matemática e física. Não contamos com nenhuma matemática além de álgebra, geometria e trigonometria (que é revisada no Apêndice B) e, em particular, não usamos produtos vetoriais, integrais, derivadas ou equações diferenciais. Consistente com essa visão, intencionalmente não incluímos um capítulo abordando os assuntos de dinâmica, sistemas dinâmicos e vibração mecânica (ironicamente, minhas próprias áreas de especialização). Continuamos focados nos primeiros alunos de engenharia, muitos dos quais estudarão cálculo simultaneamente. Com esses alunos em mente, sentimos que a complexidade matemática adicional prejudicaria a missão geral deste livro.

▶ Material de apoio

- Estudo de casos: para professores e alunos, em português.
- Manual de soluções para o professor: para professores, em inglês.
- Slides: para professores e alunos, em português.

▶ Agradecimentos

Teria sido impossível desenvolver as quatro edições deste livro sem as contribuições de várias pessoas e organizações e, portanto, em primeiro lugar, gostaríamos de expressar nosso apreço por elas. Apoio generoso me foi dado por Marsha and Philip Dowd Faculty Fellowship, o qual incentiva iniciativas educacionais na área de engenharia. Adriana Moscatelli, Jared Schneider, Katie Minardo e Stacy Mitchell que agora são ex-alunos da Carnegie Mellon University, ajudaram a dar início a este projeto, desenhando muitas das ilustrações. A assistência especializada fornecida pela sra. Jean Stilesem em revisar este livro e preparar o Manual de Soluções do Instrutor foi indispensável. Apreciamos bastante todas as contri buições que ela fez.

Nossos colegas, alunos de doutorado e professores assistentes das universidades Carnegie Mellon University, Iowa State University e University at Buffalo – SUNY forneceram muitos comentários e sugestões valiosas enquanto produzíamos as edições. Gostaríamos de agradecer especialmente a Adnan Akay, Jack Beuth, Paul Steif, Allen Robinson, Shelley Anna, Yoed Rabin, Burak Ozdoganlar, Parker Lin, Elizabeth Ervin, Venkataraman Kartik, Matthew Brake, John Collinger, Annie Tangpong, Matthew Iannacci, Erich Devendorf, Phil Cormier, Aziz Naim, David Van Horn, Brian Literman e Vishwa Kalyanasundaram por seus comentários e apoio. Somos igualmente gratos aos alunos de nossos cursos de: Fundamentos da Engenharia Mecânica (Carnegie Mellon), Introdução à Prática da Engenharia Mecânica (University at Buffalo – SUNY) e Processo e Métodos de Projeto (Universidade at Buffalo – SUNY). O interesse coletivo, os feedbacks e o entusiasmo sempre proporcionaram um impulso muito necessário. Joe Elliot e John Wiss gentilmente ofereceram as informações sobre o dinamômetro de motores e a pressão dos cilindros utilizadas na abordagem sobre os motores de combustão interna no Capítulo 7. As soluções de vários dos problemas propostos para resolução extraclasse foram esboçadas por Brad Lisien e Albert Costa, dos quais aprecio muito o bom trabalho e esforços conscientes.

Além disso, os seguintes revisores da primeira, segunda e terceira edições nos permitiram tirar proveito de suas perspectivas e experiência de ensino: Terry Berreen, Monash University; John R. Biddle, da California State Polytechnic University (em Pomona); Terry Brown, University of Technology de Sidney; Peter Burban, Cedarville University; David F. Chichka, George Washington University; Scott Danielson, Arizona State University; Amirhossein Ghasemi, University of Kentucky; William Hallett, University of Ottawa; David W. Herrin, University of Kentucky; Robert Hocken, da University of North Carolina (em Charlotte); Damir Juric, do Georgia Institute of Technology; Bruce Karnopp, University of Michigan; Kenneth A. Kline, Wayne State University; Pierre M. Larochelle, do Florida Institute of Technology; Steven Y. Liang, Georgia Institute of Technology; Per Lundqvist, Royal Institute of Technology (Estolcomo); William E. Murphy, University of Kentucky; Petru Petrina, Cornell University; Anthony Renshaw, da Columbia University; Oziel Rios, University of Texas-Dallas; Hadas Ritz, Cornell University; Timothy W. Simpson, Pennsylvania State University; K. Scott Smith, University of North Carolina (em Charlotte); Michael M. Stanisic, University of Notre Dame; Gloria Starns, Iowa State University; David J. Thum, California Polytechnic State University (San Luis Obispo); e David A. Willis, Southern Methodist University. Somos muito gratos por seus comentários detalhados e sugestões úteis.

Em todos os aspectos, gostamos de interagir com a equipe editorial da Cengage. Como editor do livro didático, Tim Anderson estava comprometido em desenvolver um produto de alta qualidade e tem sido um prazer contínuo colaborar com ele. Também gostaríamos de agradecer a MariCarmen Constable, Alexander Sham e Andrew Reddish por suas contribuições para a quarta edição aprimorada, juntamente com Rose Kernan da RPK Editorial Services. Eles gerenciaram a produção com habilidade e profissionalismo e com um olho afiado para a questão dos detalhes. A cada um, expressamos nossos agradecimentos pelo trabalho bem feito.

Colegas das seguintes organizações industriais, acadêmicas e governamentais foram extremamente úteis e pacientes ao nos fornecer fotografias, ilustrações e informações técnicas: General Motors, Intel, Fluent, General Electric, Enron Wind, Boston Gear, Mechanical Dynamics, Caterpillar, Nasa, Glenn Research Center da Nasa, W. M. Berg, FANUC Robotics, U.S. Bureau of Reclamation, Niagara Gear, Velocity11, Stratasys, National Robotics Engineering Consortium, Lockheed-Martin, Algor, MTS Systems, Westinghouse Electric, Timken, Sandia National Laboratories, Hitachi Global Storage Technologies, Segway LLC, Agência de Trabalho dos Estados Unidos e Agência de Energia dos Estados Unidos. Certamente não listamos todas as pessoas que nos ajudaram com esse empreendimento e nos desculpamos por quaisquer omissões inadvertidas que possamos ter feito.

Sobre os autores

Jonathan Wickert atua como vice-presidente sênior e reitor da Iowa State University e é responsável pelos programas educacionais, de pesquisa e extensão e de divulgação desta universidade. Anteriormente, atuou como chefe de departamento e reitor na Iowa State e, antes disso, foi membro do corpo docente da Carnegie Mellon University. Dr. Wickert recebeu seu B.S., M.S. e Ph.D. graduado em engenharia mecânica pela Universidade da Califórnia, Berkeley, e foi pós-doutorando na Universidade de Cambridge. A Sociedade dos Engenheiros Automotivos, a Sociedade Americana para Educação em Engenharia e o Consórcio da Indústria de Armazenamento de Informações reconheceram o Dr. Wickert por seu ensino e pesquisa, e ele foi eleito membro da Sociedade Americana dos Engenheiros Mecânicos e da Academia Nacional de Inventores. Como pesquisador e consultor na área de vibração mecânica, tem trabalhado com empresas e agências federais em diversas aplicações técnicas, incluindo armazenamento de dados em computador, fabricação de metal laminado, fibra de vidro, polímeros e produtos químicos industriais, freios automotivos, turbinas a gás de fluxo radial e produtos de consumo.

Jonathan Wickert

Kemper Lewis atua como Presidente do Departamento de Engenharia Mecânica e Aeroespacial da Universidade de Buffalo – SUNY, onde também ocupa um cargo de professor. Leciona e realiza pesquisas nas áreas de projeto mecânico, otimização de sistemas e modelagem de decisão. Como pesquisador e consultor, trabalhou em empresas e agências federais em uma ampla gama de problemas de projeto de engenharia, incluindo o projeto de produto e processo de motor de turbina, otimização de sistemas de gás industrial, projetos de veículos aéreos e terrestres, inovação em projeto de produtos de consumo e controle de processo de manufatura para resistores de filme fino, trocadores de calor e eletrônicos destinados à medicina. Dr. Lewis recebeu seu B.S. em engenharia mecânica e B.A. em Matemática pela Duke University, e seu M.S. e Ph.D. em Engenharia Mecânica pelo Georgia Institute of Technology. Atuou como editor associado do *ASME Journal of Mechanical Design*, no ASME Design Automation Executive Committee e no Painel Nacional de Benchmarking the Research Competitiveness of the United States em Engenharia Mecânica. Dr. Lewis recebeu prêmios em reconhecimento do seu ensino e pesquisa da Society of Automotive Engineers, da American Society for Engineering Education, do American Institute of Aeronautics and Astronautics, e da National Science Foundation. Ele também foi eleito conselheiro da American Society of Mechanical Engineers.

Kemper Lewis

CAPÍTULO 1

A profissão de engenharia mecânica

OBJETIVOS DO CAPÍTULO

- Descrever algumas das diferenças entre engenheiros, matemáticos e cientistas.
- Discutir o tipo de trabalho que o engenheiro mecânico faz, listar algumas das questões técnicas que eles abordam e identificar o impacto que têm na resolução dos problemas globais, sociais, ambientais e econômicos.
- Identificar algumas das indústrias e agências governamentais que empregam engenheiros mecânicos.
- Listar alguns dos produtos, processos e hardwares que engenheiros mecânicos projetam.
- Reconhecer como a lista das dez principais conquistas dos engenheiros mecânicos modernizou a nossa sociedade e melhorou o nosso dia a dia.
- Entender os objetivos e formatos de um currículo típico para estudantes de engenharia mecânica.

▶ 1.1 Visão geral

Neste capítulo introdutório, descrevemos como são os engenheiros mecânicos, o que eles fazem, quais são os seus desafios e recompensas, qual pode ser o seu impacto global e quão notáveis foram suas realizações. Engenharia é o esforço prático no qual são aplicadas ferramentas da matemática e da ciência para desenvolver soluções custo-eficientes para os problemas tecnológicos enfrentados pela nossa sociedade. Engenheiros projetam muitos dos produtos que você usa no seu dia a dia. Eles também criam um grande número de outros produtos que você não necessariamente vê ou ouve falar porque são usados em ambientes de negócios ou industriais. Todavia, eles fazem contribuições importantes para a nossa sociedade, o nosso mundo e o nosso planeta. Engenheiros desenvolvem o maquinário necessário para fazer a maioria dos produtos, as fábricas que os fazem e os sistemas de controle de qualidade que garantem a segurança e o desempenho do produto. Engenharia tem tudo a ver com fazer coisas úteis que funcionam e geram impacto nas vidas das pessoas.

Os elementos da engenharia mecânica

A disciplina da engenharia mecânica está envolvida em parte com certas "subpartes":

- Projeto (Capítulo 2)
- Práticas profissionais (Capítulo 3)
- Forças (Capítulo 4)
- Materiais (Capítulo 5)
- Fluidos (Capítulo 6)
- Energia (Capítulo 7)
- Movimento (Capítulo 8)

Engenheiros mecânicos projetam máquinas e estruturas que exploram essas etapas a fim de servir a um objetivo útil e resolver um problema. O projeto original e o problema prático de fazer algo que funcione são temas por trás de qualquer esforço da engenharia. Um engenheiro cria uma máquina ou produto para ajudar alguém a resolver um problema técnico. O engenheiro pode começar de uma página em branco, conceber algo novo, desenvolvê-lo e refiná-lo para que funcione confiavelmente e, ao mesmo tempo, satisfazer as restrições de segurança, custo e condições de manufatura.

Sistemas robotizados de soldagem (Figura 1.1), motores de combustão interna, equipamentos esportivos, unidades de disco rígido de computador, próteses, automóveis, aeronaves, motores a jato, ferramentas cirúrgicas e turbinas eólicas são algumas das milhares de tecnologias que a engenharia mecânica engloba. Não seria exagero afirmar que, para todo produto que você puder imaginar, um engenheiro mecânico esteve envolvido em algum momento em seu projeto, seleção de materiais, controle de temperatura, garantia da qualidade ou produção. Mesmo que um engenheiro mecânico não tenha concebido ou projetado o produto *per se*, ainda é seguro apostar que um engenheiro mecânico projetou as máquinas que construíram, testaram ou entregaram o produto.

A engenharia mecânica foi definida como a profissão na qual máquinas produtoras de energia e consumidoras de energia são pesquisadas, projetadas e manufaturadas. De fato, engenheiros mecânicos inventam máquinas que produzem ou consomem energia acima da notoriamente larga escala mostrada na Figura 1.2, escala de nanowatts (nW) para gigawatts (GW). Poucas profissões

Figura 1.1

Robôs são utilizados em ambientes que exigem tarefas precisas e repetitivas, como linhas de montagem industriais, e em ambientes extremos, como esse reparo realizado em alto mar num tubo corroído.

Reimpresso com a permissão de FANUC Robotics North America Inc.

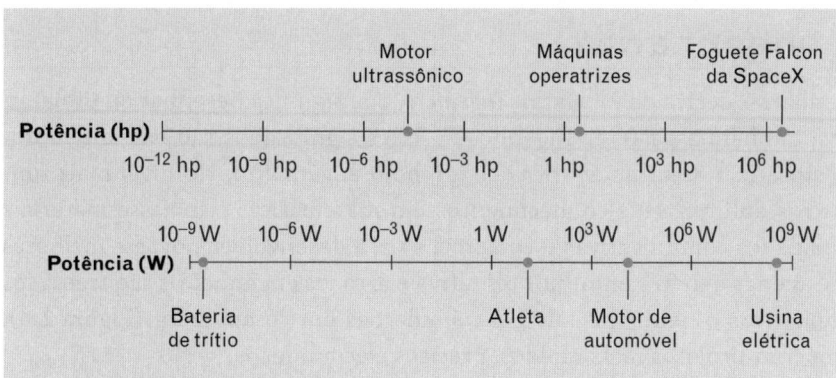

Figura 1.2

Engenheiros mecânicos trabalham com máquinas que produzem ou consomem energia sobre uma gama notoriamente vasta.

requerem que a pessoa lide com quantidades físicas entre tantas diferentes ordens de magnitude (um quintilhão ou um fator de 1.000.000.000.000.000.000), mas a engenharia mecânica requer.

Na extremidade inferior da escala de energia, as baterias alimentadas pelo decaimento do isótopo de hidrogênio trítio podem gerar nanowatts de energia para sensores, equipamentos eletrônicos e motores ultrassônicos de pequena precisão, tais como os usados em lentes de foco automático de uma câmera.

Movendo-se para cima no nível de potência, um atleta usando equipamentos de ginástica, como uma máquina de remo ou uma escadaria alpinista, pode produzir até várias centenas de watts (cerca de 0,25-0,5 hp) durante um período de tempo prolongado. O motor elétrico em uma furadeira industrial pode desenvolver 1.000 W, e o motor em um veículo utilitário esportivo é capaz de produzir cerca de 100 vezes a mesma quantidade de energia. Na extremidade superior da escala de energia, o foguete Falcon da SpaceX (Figura 1.3) produz aproximadamente 1.800.000 ($1,8 \times 10^6$) hp de potência na decolagem.

Por fim, uma hidrelétrica comercial pode gerar um bilhão de watts de potência, que é uma quantidade suficiente para suprir com energia elétrica uma comunidade de 800 mil famílias.

Figura 1.3

O foguete Falcon da SpaceX, que é capaz de colocar em órbita o equivalente a um jato Boeing 737 carregado com passageiros, tripulação, bagagem e combustível.

HO/Reuters/Landov

▶ 1.2 O que é engenharia?

A palavra "engenharia" deriva da raiz latina *ingeniere*, que significa desenhar ou projetar, da qual deriva também a palavra "engenhoso". Esses significados são bastante apropriados para sintetizar as características de um bom engenheiro. No nível mais fundamental, os engenheiros aplicam seus conhecimentos em matemática, ciências e materiais – bem como suas habilidades comunicativas e comerciais para desenvolver novas e melhores tecnologias. Em vez de apenas experimentar por tentativa e erro, os engenheiros são treinados a usar princípios matemáticos e científicos, além de simulações por computador (Figura 1.4), como ferramentas para criar projetos mais rápidos, precisos e econômicos.

Nesse sentido, o trabalho de um engenheiro difere daquele de um cientista, que normalmente enfatizaria mais a descoberta de leis físicas do que a aplicação de tais fenômenos para desenvolver novos produtos. A engenharia é essencialmente uma ponte entre descobertas científicas e suas aplicações em produtos. A engenharia não existe para o aprofundamento ou a aplicação da matemática, da ciência ou da computação por si sós. Antes, ela é um condutor do crescimento social e econômico e uma parte integral do ciclo comercial. Com essa perspectiva, o Ministério do Trabalho dos Estados Unidos resume a profissão da engenharia da seguinte maneira:

> *Os engenheiros aplicam as teorias e os princípios da ciência e da matemática para pesquisar e desenvolver soluções econômicas para problemas técnicos. O seu trabalho é a ligação entre as necessidades sociais percebidas e as aplicações comerciais. Os engenheiros projetam produtos, máquinas utilizadas para a sua fabricação, plantas nas quais eles são fabricados e os sistemas que garantem a qualidade dos produtos e a eficiência da mão de obra e do processo de fabricação. Os engenheiros projetam, planejam e supervisionam a construção de edifícios, estradas e sistemas de tráfego. Desenvolvem e implementam formas aprimoradas de extração, processamento e utilização de matéria-prima, como petróleo e gás natural. Desenvolvem novos materiais que tanto melhoram o desempenho dos produtos como tiram proveito dos avanços da tecnologia. Exploram a energia do Sol, da Terra, dos átomos e da eletricidade para suprir as necessidades de energia da nação e criar milhões de produtos utilizando energia. Analisam o impacto dos produtos que desenvolvem ou dos sistemas que projetam no ambiente e nas pessoas que os utilizam. O conhecimento da engenharia é aplicado para melhorar várias coisas, incluindo a qualidade dos serviços de saúde, a segurança dos produtos alimentícios e as operações do sistema financeiro.*

Figure 1.4
No dia a dia, engenheiros mecânicos usam ferramentas cibernéticas de última geração para projetar, visualizar, simular e melhorar produtos.
Copyright © Kevin C. Hulsey.

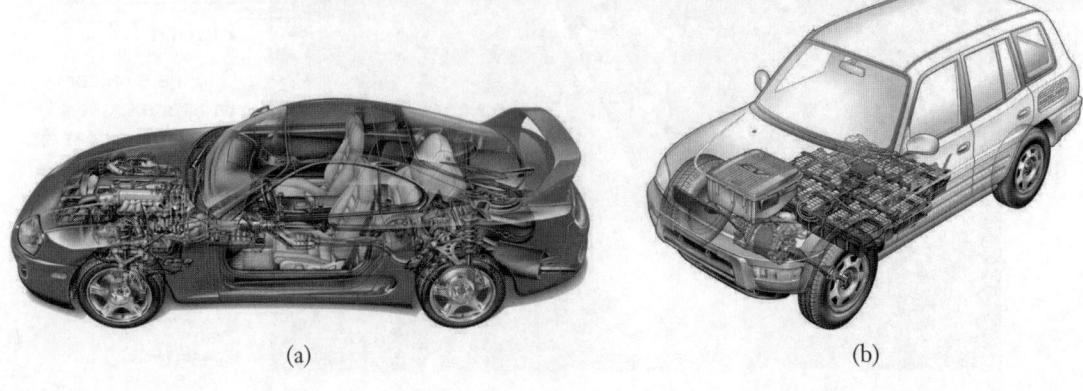

(a) (b)

Muitos estudantes começam a estudar engenharia porque se sentem atraídos pelas áreas da matemática e da ciência. Outros migram para os cursos de engenharia porque são motivados por um interesse na tecnologia e no modo como as coisas cotidianas funcionam ou, talvez, com mais entusiasmo, como as coisas não tão cotidianas assim funcionam. Um número crescente de outros estudantes se exalta pelo impacto significativo que os engenheiros podem ter em problemas globais, tais como água potável, energia renovável, infraestruturas sustentáveis e auxílio em catástrofes.

Qualquer que seja a razão pela qual os estudantes se sentem atraídos pela engenharia, ela distingue-se da matemática e da ciência. No fim do dia, o objetivo do engenheiro é ter construído um dispositivo que desempenhe uma tarefa que antes não poderia ser concluída ou realizada de modo tão preciso, rápido ou seguro. A matemática e a ciência fornecem algumas das ferramentas e dos métodos que permitem ao engenheiro testar protótipos rudimentares, refinando os projetos no papel e por meio de simulações computadorizadas, antes que qualquer metal seja cortado ou qualquer hardware seja construído. Conforme sugerido na Figura 1.5, a "Engenharia" poderia ser definida como a intersecção de atividades relativas à matemática, à ciência, às simulações computadorizadas e aos hardwares.

Aproximadamente 1,5 milhão de pessoas está empregado como engenheiro nos Estados Unidos. A vasta maioria trabalha em indústrias e menos de 10% está empregada pelos governos municipal, estadual e federal. Os engenheiros que são funcionários federais são frequentemente associados a organizações, como a Agência Aeroespacial Norte-americana (Nasa) ou o Ministério da Defesa (DOD), Transportes (DOT) e Energia (DOE). Cerca de 3% a 4% de todos os engenheiros são autônomos e trabalham principalmente na área de consultoria e capacitação empresarial. Além disso, um diploma de engenharia prepara estudantes para trabalhar em uma ampla gama de áreas de atuação de influência. Numa lista recente dos diretores executivos da revista *Standard & Poor's 500*, 33% tem diplomas de graduação em engenharia, o que é quase três vezes o número dos formados em Administração ou Economia. Pesquisas similares

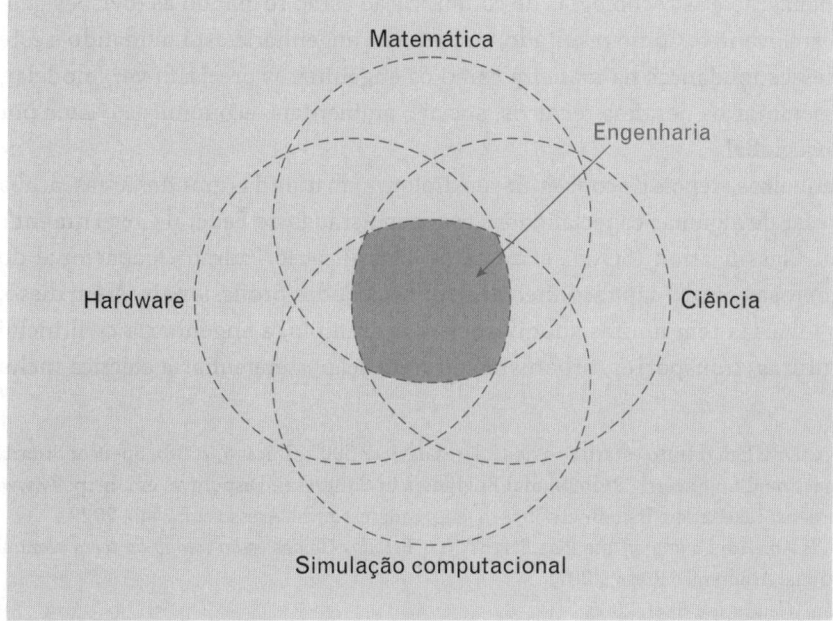

Figura 1.5

Engenheiros combinam suas habilidades em matemática, ciência, computação e hardware.

na *Fortune 50* retornaram que 28% dos diretores executivos tinham um diploma de graduação em engenharia. Foi a especialização mais popular para diretores executivos em 9 dos 13 principais setores industriais:[1]

- Serviços administrativos
- Produtos químicos
- Comunicações
- Eletricidade, gás e saneamento
- Componentes eletrônicos
- Maquinário industrial e comercial
- Instrumentos de medida
- Extração de gás e mineral
- Equipamento de transportes

Isto é compreensível, dado que engenheiros sabem que a resolução bem-sucedida de problemas começa com o recolhimento eficaz de informação e pressupostos sólidos. Eles sabem como processar informação para tomar decisões tendo em conta parâmetros desconhecidos. Também sabem quando isolar fatos e emoções em suas decisões, embora sejam incrivelmente inovadores e intuitivos.

Apesar de graduações em engenharia serem bem representadas em altas lideranças administrativas, sua representação em posições de alta liderança política e civil é mista. Atualmente, apenas 9 dos 540 membros do 114º Congresso dos Estados Unidos são engenheiros,[2] abaixo dos 11 engenheiros do 113º Congresso dos Estados Unidos.[3] No entanto, oito dos nove membros de um recente comitê de liderança cívica na China têm diplomas de engenharia.[4] Além disso, os três presidentes mais recentes da China foram todos engenheiros. Embora o serviço governamental possa não ser sua ambição de carreira, líderes de todo o mundo em todas as disciplinas estão percebendo que uma ampla gama de habilidades em ciências exatas e humanas é necessária em um mundo onde a globalização e as tecnologias de comunicação estão tornando as divisões geográficas cada vez mais irrelevantes. Como resultado, o campo da engenharia está mudando e este livro engloba muitas dessas mudanças na maneira como os engenheiros precisam ver, modelar, analisar, resolver e disseminar os desafios técnicos, sociais, ambientais, econômicos e civis por meio de uma perspectiva global.

A maioria dos engenheiros, depois de conseguir seu diploma em uma das grandes áreas, acaba por se especializar. Apesar de algumas especialidades estarem listadas no Federal Government's Standard Occupational Classification (SOC – sistema de Classificação Padrão Ocupacional do Governo Federal), numerosas outras são reconhecidas por sociedades profissionais. Além disso, a maior parte das engenharias tem muitas subdivisões. Por exemplo, a engenharia civil inclui as subdivisões de estruturas, transportes, urbanismo e construção; a engenharia elétrica inclui

---

1 Principais diretores executivos: Um retrato estatístico dos líderes da S&P 500" (Chicago, 2008), Spencer Stuart.
2 National Society of Professional Engineers, "Professional Engineers in Congress". Disponível em: http://www.nspe.org/GovernmentRelations/TakeAction/IssueBriefs/ib_pro_eng_congress.html. Acesso em: 2 jun. 2022.
3 Norman R. Augustine, "*Is America Falling off the Flat Earth?*" (*Os Estados Unidos estão caindo da terra plana?*) (Washington, DC: The National Academies Press, 2007).
4 Melinda Liu, "Right Brain," *Newsweek*, 8 set. 2009.

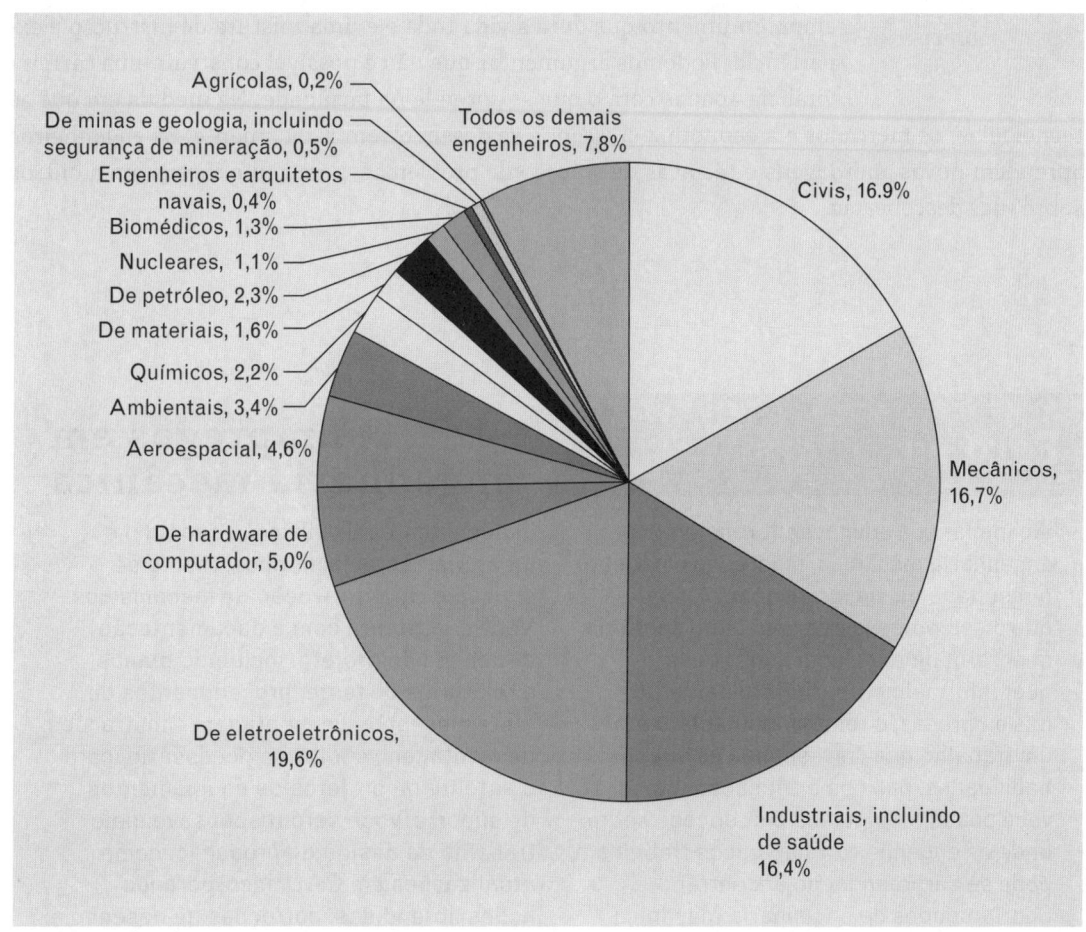

Figura 1.6

Porcentagem dos engenheiros que trabalham nos campos tradicionais da Engenharia e suas especialidades.

Ministério do Trabalho dos Estados Unidos.

as subdivisões de energia, controle, eletrônica e telecomunicações. A Figura 1.6 representa a distribuição dos engenheiros nas principais áreas, assim como em outras diversas especializações.

Os engenheiros desenvolvem suas habilidades, primeiro, pelo estudo formal em um curso de cinco anos, em uma faculdade ou universidade credenciada e, depois disso, por meio de estudos de pós-graduação e/ou da experiência prática adquirida no trabalho sob a supervisão de engenheiros mais experientes. Ao iniciar novos projetos, os engenheiros normalmente confiam no bom-senso, intuição física, habilidades práticas e discernimento adquirido em experiências técnicas anteriores. Engenheiros fazem rotineiramente aproximações grosseiras para responder a questões como: "Um motor de 10 hp é suficientemente potente para acionar este compressor de ar?" ou "Quantos "g's" de aceleração a pá do turbo alimentador deve suportar?".

Quando a resposta para determinada questão não é conhecida ou são necessárias mais informações para finalizar o trabalho, o engenheiro realizará pesquisas adicionais usando recursos como livros, revistas técnicas e publicações comerciais de uma biblioteca técnica; sites como Google Acadêmico e CiteSeer; congressos de engenharia e feiras de exposição de produtos; patentes e dados de fornecedores industriais. O processo de formação de um bom engenheiro é um

Experiência de vida — empreendimento que dura a vida toda e é uma mistura de instrução e experiência. Podemos argumentar que não é possível construir uma carreira vitalícia apenas com o que se aprende na faculdade. Na medida em que as tecnologias, os mercados e a economia crescem e se desenvolvem rapidamente, os engenheiros aprendem novas abordagens e técnicas de solução de problemas, bem como informam a outros sobre suas descobertas.

Foco em

Ao iniciar sua educação formal em engenharia mecânica, mantenha em mente o resultado da sua graduação. À medida que o seu processo de educação continua, quer formalmente, com mais graus, quer informalmente, com treinamentos nas empresas, o resultado imediato é um trabalho que corresponda às suas habilidades, paixões e educação. Embora você possa ter algumas percepções sobre onde os engenheiros mecânicos trabalham, pode se surpreender ao encontrar oportunidades de engenharia mecânica em quase todas as empresas. Por exemplo, uma pesquisa rápida revela as seguintes posições para candidatos com diploma de bacharel em engenharia mecânica.

Google/Skybox Imaging
Descrição Resumida: Você projetará em sistema CAD nosso satélite de próxima geração (uma montagem grande e complexa), certificando-se de que as peças se encaixem corretamente e o modelo CAD evolua de forma eficiente com o programa; layout inicial em um modelo simplificado até modelos detalhados, representando "como construído". Você será responsável por modelos CAD de pequeno a médio porte, fornecimento de peças e montagem de equipamentos de suporte. Você assumirá a responsabilidade de alguns subconjuntos de nossos ambientes de testes, os quais

Empregos em engenharia mecânica

incluem testes de vibração senoidal e aleatória, testes acústicos, testes de choque e caracterização de mecanismos. Você contribuirá com a documentação detalhada do projeto, incluindo planos e relatórios de teste, procedimentos de teste, desenhos de montagem e instruções de montagem, conforme necessário, para o satélite ou projetos de equipamentos de suporte. Você será responsável pelo trabalho de design de produção, como atualizações em CAD, incorporando lições aprendidas, correções de desenho e documentos de esclarecimento.

Requisitos Gerais:

- Colaborar com outros engenheiros para estabelecer a melhor solução ou projeto
- Projetar peças mecânicas com uma consciência crítica quanto a capacidade de fabricação, procurando pela simplicidade
- Planejar testes complexos em uma peça crítica de hardware
- Trabalhar no espaço de montagem para prototipar, montar projetos concluídos e executar testes
- Experiência com fundamentos de engenharia mecânica (termodinâmica, dinâmica dos fluidos, resistência dos materiais)

Apple, Inc.

Descrição Resumida: Liderar o projeto, o desenvolvimento e a validação de tecnologias de sensores, incluindo a propriedade do desenvolvimento mecânico de ponta a ponta e a integração de um módulo de sensor em um produto, com responsabilidades que incluem:

- Brainstorming e execução de conceitos de projeto em todas as fases de um ciclo de desenvolvimento
- Geração de projetos inovadores com equipes multifuncionais enquanto direciona o projeto para os requisitos de design
- Definição de contornos de componentes mecânicos e esquemas de montagem
- Proposição da análise dimensional e de tolerância
- Participação no desenvolvimento de novos processos de fabricação
- Validação e caracterização do projeto, desde o protótipo até o teste do produto

Requisitos Gerais:

- Necessário experiência em CAD 3D
- Método científico, processo experimental, análise de causa raiz
- Conhecimento aplicado em circuitos flexíveis, placas de circuito impresso, ciência de materiais e química básica é benéfico
- Excelentes habilidades de comunicação escrita e, verbal e interpessoal; capacidade de interagir com a gerência, membros da equipe e fornecedores externos
- Trabalho em equipe: o candidato deve ser capaz de se comunicar bem com os membros da equipe multifuncional, assim como de colaborar eficientemente com os membros da equipe para atingir as metas do projeto e contribuir positivamente para a comunidade de engenharia

 Amazon

Descrição Resumida: Dado o rápido crescimento de nossos negócios, podemos alcançar a maior seleção do mundo e ainda conseguir oferecer preços mais baixos todos os dias aos clientes, fornecendo tecnologia de automação de ponta e excelentes ferramentas/serviços de suporte à decisão. Se você está procurando um ambiente em que possa impulsionar a inovação, deseja aplicar tecnologias de ponta para resolver problemas do mundo real e pretende fornecer benefícios visíveis aos usuários finais em um ambiente iterativo de ritmo acelerado, o Amazon Prime Air Team é a sua oportunidade. Você trabalhará com uma equipe interdisciplinar para executar projetos de produtos desde o conceito até a produção, incluindo design, prototipagem, validação, teste e certificação. Você também trabalhará com manufatura, cadeia de suprimentos, qualidade e fornecedores externos para garantir uma transição adequada para a produção.

Requisitos Gerais:

- Experiência em projetar e analisar sistemas mecânicos robustos
- Gostar de resolver problemas e possuir conhecimento prático de design de protótipo, bem como métodos de fabricação de execução de produção
- Experiência com o software CREO, com conhecimento de projeto de peças robustas, gerenciamento de grandes montagens e criação de documentação detalhada
- Forte experiência prática com a capacidade de criar modelos simples de prova
- Compreensão e uso completos de princípios, teorias e conceitos em engenharia e design mecânico, aeroespacial ou robótico

Neste livro, abordamos várias dessas habilidades para ajudá-lo a se preparar para ser um profissional de sucesso no campo dinâmico da engenharia mecânica.

1.3 Quem são os engenheiros mecânicos?

O campo da Engenharia Mecânica abrange as propriedades das forças, dos materiais, da energia, dos fluidos e do movimento, assim como a aplicação desses elementos para desenvolver produtos que avançam a sociedade e melhoram a vida das pessoas. O Ministério do Trabalho dos Estados Unidos descreve a profissão da seguinte maneira:

> Os engenheiros mecânicos pesquisam, desenvolvem, projetam, fabricam e testam ferramentas, motores, máquinas e outros dispositivos mecânicos. Trabalham em máquinas que produzem energia, tais como geradores de eletricidade, motores a explosão, turbinas a vapor e a gás, e motores para jatos e foguetes. Também desenvolvem máquinas que utilizam energia, como equipamentos de refrigeração e condicionamento de ar, robôs utilizados em processos de fabricação, máquinas operatrizes, sistemas de manuseio de materiais e equipamentos de produção industrial.

Os engenheiros mecânicos são conhecidos pelo seu amplo escopo de competência e por trabalharem com uma grande variedade de máquinas. Alguns poucos exemplos incluem os sensores microeletromecânicos de aceleração utilizados nos air bags de carros; sistemas de aquecimento, ventilação e condicionamento de ar dos edifícios comerciais e escritórios; veículos-robôs para exploração de terra, oceano e espaço; equipamentos pesados de construção projetados para uso fora de vias públicas (off-road); veículos híbridos movidos a gás e eletricidade; embreagens, rolamentos e outras componentes mecânicas (Figura 1.7); implantes de quadris artificiais; navios utilizados para pesquisas no fundo do mar; sistemas de fabricação operados por robôs; válvulas cardíacas artificiais; equipamentos não invasivos para detecção de explosivos e naves para exploração espacial (Figura 1.8).

Com base nas estatísticas de emprego, a engenharia mecânica representa um dos maiores campos da engenharia, entre os cinco campos tradicionais da engenharia e, geralmente, é descrita como a especialidade que oferece a maior flexibilidade de escolhas na carreira. Em 2013, aproximadamente 258.630 pessoas estavam empregadas como engenheiros mecânicos nos Estados Unidos, uma população que representa 16% de todos os engenheiros. Essa especialidade está fortemente relacionada com as áreas da engenharia de produção (254.430 pessoas), aeroespacial (71.500) e nuclear (16.400), uma vez que cada um desses campos surgiu como uma histórica evolução dos

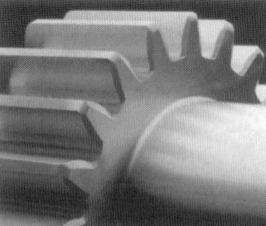
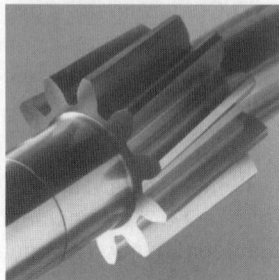

Figura 1.7

Os engenheiros mecânicos projetam máquinas e equipamentos de transmissão de energia usando os vários tipos de engrenagens como componentes de construção.

Reimpresso com permissão da Niagara Gear Corporation, Boston Gear Corporation e W. M. Berg, Incorporated.

Figura 1.8

O *Mars Exploration Rover* é um laboratório móvel geológico utilizado para estudar a história da água em Marte. Os engenheiros mecânicos contribuíram para o projeto, propulsão, controle térmico e outros aspectos desses veículos robóticos.

Nasa/JPL/Cornell University

ramos da engenharia mecânica. Juntas, as engenharias mecânica, de produção, aeroespacial e nuclear são responsáveis por cerca de 39% de todos os engenheiros. Espera-se que campos emergentes, como biotecnologia, ciência de materiais e nanotecnologia, criem novas oportunidades de trabalho para engenheiros mecânicos. O U.S. Bureau of Labor Statistics (Departamento de Estatística do Trabalho dos Estados Unidos) prevê um aumento de cerca de 20 mil empregos de engenharia mecânica até o ano de 2022. Um diploma de engenheiro mecânico também pode ser aplicado em outras especialidades da engenharia, como engenharia de produção, engenharia automotiva, engenharia civil ou engenharia aeroespacial.

Enquanto a engenharia mecânica costuma ser vista como a mais ampla das engenharias tradicionais, existem várias oportunidades de especialização na indústria ou tecnologia que podem lhe interessar. Por exemplo, um engenheiro na indústria de aviação pode focar a sua carreira em tecnologias avançadas para o arrefecimento das lâminas da turbina em motores a jatos ou sistemas de controle de voo por sinais elétricos.

Acima de tudo, engenheiros mecânicos fazem equipamentos que funcionam. A contribuição de um engenheiro para uma companhia ou outra organização é avaliada, ultimamente, com base em se o produto funciona como deveria. Engenheiros mecânicos projetam equipamentos, os quais são produzidos pelas companhias e vendidos ao público ou para clientes industriais. No processo Nesse ciclo de negócios, algum aspecto da vida do cliente é melhorado e a sociedade como um todo se beneficia dos avanços técnicos e das oportunidades adicionais oferecidas pela pesquisa e desenvolvimento da engenharia.

Dez principais conquistas feitas pela engenharia mecânica

A engenharia mecânica não significa números, cálculos, computadores, engrenagens e graxa. Em seu âmago, a profissão é motivada pelo desejo de contribuir para o avanço da sociedade por meio da aplicação da tecnologia. Uma das mais importantes organizações profissionais no campo é a ASME, fundada como *American Society of Mechanical Engineers* (Sociedade Americana de Engenheiros Mecânicos), e que atualmente "promove a arte, a ciência e a prática da engenharia multidisciplinar e ciências afins em todo o mundo". A ASME consultou seus membros para identificar as principais realizações dos engenheiros mecânicos. Essa lista das dez principais conquistas, resumidas na Tabela 1.1, poderá ajudá-lo a compreender melhor quem são os engenheiros mecânicos e a avaliar as contribuições que eles têm dado ao mundo. Em ordem decrescente do impacto que tais conquistas tiveram sobre a sociedade, a pesquisa identificou os seguintes marcos:

Tabela 1.1

As dez principais conquistas da engenharia mecânica, compilado da American Society of Mechanical Engineers

1. O automóvel
2. O programa Apollo
3. Geração de energia
4. Mecanização da agricultura
5. O avião
6. Circuitos integrados de produção em massa
7. Condicionamento de ar e refrigeração
8. Engenharia auxiliada por computador
9. Bioengenharia
10. Códigos e normas técnicas

1. **O automóvel**. O desenvolvimento e a comercialização dos automóveis foram considerados a conquista mais importante da engenharia mecânica no século XX. Dois fatores responsáveis pelo crescimento da tecnologia automotiva foram os motores leves de alta potência e os processos eficientes para a fabricação em massa desses motores. Além dos avanços no motor, a competição no mercado de automóveis levou a avanços na área de segurança, economia de combustível, conforto e controle de emissão de poluentes (Figura 1.9). Uma das mais recentes tecnologias inclui os veículos híbridos movidos a gás-eletricidade, freios com dispositivo que evita o travamento, pneus de esvaziamento limitado, air bags, amplo uso dos materiais compostos, sistemas de controle computadorizado de injeção de combustível, sistemas de navegação por satélite, temporização variável de válvulas e células de combustível.

2. **O programa Apollo**. Em 1961, o presidente John Kennedy desafiou os Estados Unidos a enviarem um homem à Lua e trazê-lo de volta à Terra são e salvo. A primeira parte do objetivo foi realizada menos de dez anos depois, com o pouso da *Apollo 11* na superfície da Lua, em 20 de julho de 1969. A tripulação, composta de três homens, Neil

Figure 1.9

Engenheiros mecânicos projetam, testam e fabricam sistemas automotivos avançados, como: (a) sistema de suspensão, (b) transmissão automática e (c) motor híbrido gás-elétrico com seis cilindros.

Copyright © Kevin C. Hulsey.

(a)

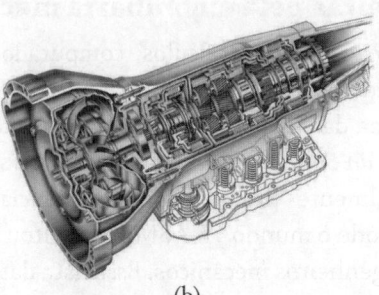
(b)

(c)

Figura 1.10

O astronauta John Young, comandante da missão Apollo 16, caminha sobre a superfície lunar na plataforma de aterrissagem Descartes, enquanto saúda a bandeira dos Estados Unidos. O veículo de exploração lunar está parado em frente ao módulo lunar.

Nasa/Charlie Duke

Armstrong, Michael Collins e Buzz Aldrin, retornou à Terra alguns dias depois sã e salva. Em razão dos avanços tecnológicos e do profundo impacto cultural, o programa Apollo foi escolhido como a segunda conquista mais influente da engenharia mecânica do século XX (Figura 1.10).

O programa Apollo baseou-se em três principais desenvolvimentos da Engenharia: o grande veículo espacial de três estágios, *Saturn V*, que produziu um empuxo da ordem de 7,5 milhões de libras-força na decolagem, o módulo de comando e serviço, e o módulo de excursão lunar, que foi o primeiro veículo projetado para voar apenas no espaço.

3. **Geração de energia**. Um aspecto da engenharia mecânica envolve projetar máquinas que convertem energia de uma forma em outra. Energia abundante e barata é reconhecida como fator essencial para o crescimento econômico e a prosperidade, e a geração de energia elétrica é reconhecida como um grande fator de aprimoramento do padrão de vida de bilhões de pessoas ao redor do globo. No século XX, sociedades inteiras mudaram à medida que a eletricidade era produzida e distribuída para casas, empresas e indústrias. Apesar de os engenheiros mecânicos levarem o crédito de desenvolverem tecnologias eficientes para converter várias formas de energia armazenada em eletricidade que pode ser distribuída mais facilmente, o desafio de levar energia a cada homem, mulher e criança do planeta ainda paira sobre os engenheiros mecânicos. À medida que a oferta de recursos naturais diminui e os combustíveis se tornam mais caros em termos de custo e meio ambiente, os engenheiros mecânicos se envolverão ainda mais no desenvolvimento de tecnologias avançadas de geração de energia, incluindo sistemas de energia solar, oceânica e eólica (Figura 1.11).

4. **Mecanização na agricultura**. Engenheiros mecânicos desenvolveram tecnologias para melhorar significativamente a eficiência da indústria agrícola. A automação teve início, efetivamente, com a introdução dos tratores motorizados em 1916 e o desenvolvimento das colheitadeiras, que simplificaram muito o processo da colheita de grãos. Décadas mais tarde, as pesquisas avançaram, desenvolvendo a capacidade das máquinas para realizar colheitas automatizadas de campos, sem a intervenção do homem, usando maquinário avançado, tecnologia de GPS, orientação inteligente e algoritmos de controle (Figura 1.12). Outros

 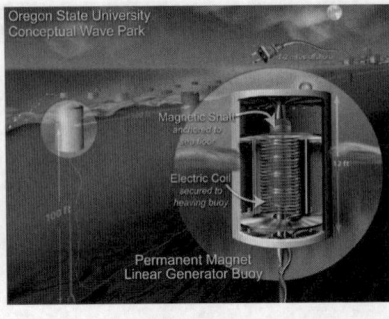 

(a)   (b)   (c)

Figura 1.11

Os engenheiros mecânicos projetam máquinas para gerar eletricidade a partir de uma variedade de fontes renováveis de energia como (a) torres de energia solar, (b) usinas de energia das ondas e (c) turbinas eólicas inovadoras.

(a) © PM photos/Alamy. (b) Science Source. (c) eldeiv/Shutterstock.com

avanços incluem as observações e previsões aprimoradas das condições meteorológicas, bombas de irrigação de alta capacidade, ordenhadeiras automatizadas e bancos de dados informatizados para a gestão de colheitas e controle de pragas.

5. **O avião.** O desenvolvimento do avião e das tecnologias relacionadas, que tornam o voo motorizado mais seguro, também foi reconhecido pela American Society of Mechanical Engineers como uma conquista importante da profissão.

Os engenheiros mecânicos desenvolveram ou contribuíram para o desenvolvimento de praticamente todos os aspectos da tecnologia da aviação. Uma das principais contribuições deu-se na área da propulsão. Os engenheiros mecânicos têm desenvolvido ou contribuído para quase todos os aspectos da tecnologia da aviação. Os avanços em aeronaves militares de alto desempenho incluem motores turbofan, que permitem ao piloto redirecionar o empuxo do motor para decolagens e aterrissagens verticais. Os engenheiros mecânicos projetam os sistemas de combustão, as turbinas e os sistemas de controle desses avançados motores a jato. Pelas vantagens concedidas por instalações de teste, tais como túneis de vento (Figura 1.13), eles também lideraram o projeto de turbinas, o desenvolvimento de sistemas de controle e a descoberta de

Figura 1.12

Os veículos-robôs em desenvolvimento podem aprender o formato e o tipo de terreno de uma plantação de grãos, e fazer a colheita dos grãos sem praticamente nenhuma supervisão humana.

Reimpresso com a permissão do National Robotics Engineering Consortium.

Figura 1.13

Esse protótipo do X-48B, uma aeronave de fuselagem integrada, está sendo testado em um túnel de vento subsônico no Centro de Pesquisas Langley da Nasa, Virgínia.

Nasa/Jeff Caplan

materiais aeroespaciais leves, incluindo as ligas de titânio e os compostos de epóxi reforçados com fibra de grafite.

6. **Produção em massa de circuitos integrados.** A indústria de componentes eletrônicos desenvolveu tecnologias notáveis para miniaturizar circuitos integrados, chips de memória de computadores e microprocessadores. A engenharia mecânica fez contribuições importantes durante o século XX para os métodos de produção envolvidos na fabricação de circuitos integrados. Enquanto o antigo processador 8008 vendido inicialmente pela Intel Corporation em 1972 possuía 2.500 transístores, o atual SPARC M7 em um processador da Oracle tem mais de 10 bilhões de transístores (Figura 1.14).

Os engenheiros mecânicos projetam máquinas, sistemas de alinhamento, materiais avançados, controle de temperatura e isolamento de vibração para tornar possível a fabricação de circuitos integrados em escala nanométrica.

A mesma tecnologia de produção pode ser usada para produzir outras máquinas em nível micro e nano. Usando essas técnicas, podem-se construir máquinas com peças móveis tão pequenas que são imperceptíveis ao olho humano, podendo ser vistas apenas através de um microscópio. Como mostra a Figura 1.15, podem-se fabricar engrenagens individuais e depois montá-las em trens de engrenagens que não são maiores que uma partícula de pólen.

7. **Condicionamento de ar e refrigeração.** Os engenheiros mecânicos inventaram as tecnologias para possibilitar um eficiente condicionamento do ar e refrigeração. Atualmente, esses sistemas são vistos por muitos como algo normal do cotidiano, mas ambos causaram uma melhora considerável na qualidade de vida. Como outras infraestruturas, muitas vezes só reconhecemos o valor do ar-condicionado quando ele não está presente. Em uma onda de calor recorde na Europa durante o verão de 2003, mais de 10 mil pessoas – muitos idosos – morreram na França por causa das elevadas temperaturas.

8. **Tecnologia da engenharia auxiliada por computador.** O termo Engenharia Auxiliada por Computador (CAE) refere-se a uma ampla gama de tecnologias de automação aplicada à engenharia mecânica e inclui o uso de computadores para realizar cálculos, preparar

Figura 1.14

Os engenheiros mecânicos fizeram importantes contribuições para o desenvolvimento das tecnologias necessárias à fabricação de milhões de componentes eletrônicos de dispositivos, tais como o Oracle SPARC M7.

Cortesia da Intel.

desenhos técnicos, simular desempenhos (Figura 1.16) e controlar máquinas operatrizes nas fábricas. Ao longo das últimas décadas, as tecnologias da computação e da informação mudaram o modo como a engenharia mecânica é praticada.

Por exemplo, o Boeing 777 foi o primeiro avião comercial desenvolvido por um processo de desenho auxiliado por computador, quase sem a utilização de papel. O projeto dos aviões 777 começou no início dos anos 1990, e uma nova infraestrutura de computadores teve de ser criada especificamente para os engenheiros projetistas. Os serviços convencionais de projetos feitos com papel e lápis foram praticamente eliminados. O projeto, a análise e as atividades de produção auxiliados por computador foram integrados entre umas 200 equipes de projeto espalhadas em 17 fusos horários diferentes. Pelo fato de o avião ter mais de 3 milhões de componentes, a tarefa de fazer com que todos eles se encaixassem constituía um notável desafio. Por meio do uso extenso das ferramentas CAE, os projetistas foram capazes de verificar o encaixe de cada peça em um ambiente virtual, simulado, antes de serem produzidas. Ferramentas CAE atuais estão sendo desenvolvidas por

Figura 1.15

Os engenheiros mecânicos projetam e fabricam máquinas de tamanho microscópico. O tamanho dessas minúsculas engrenagens pode ser comparado com o de um ácaro, e o trem de engrenagem completo é menor que o diâmetro de um fio de cabelo humano.

Cortesia da Sandia National Laboratories.

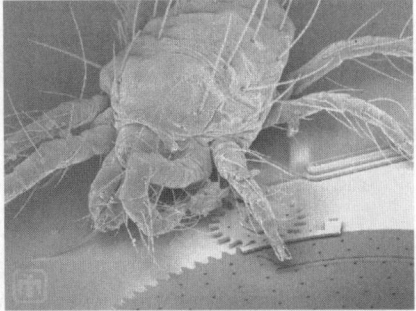

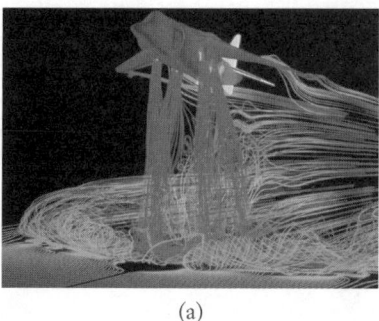
(a)

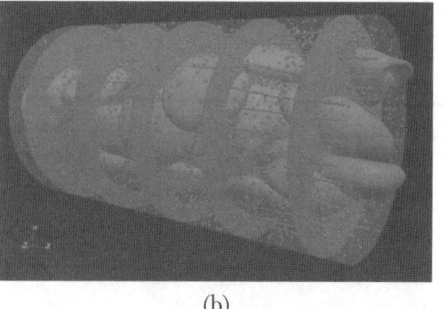
(b)

Figura 1.16

(a) Os engenheiros mecânicos usam computadores para analisar o fluxo de ar em volta da nave espacial incluindo o jato Harrier.

Science Source

(b) Uma simulação dinâmica do fluxo de sangue através de uma artéria do cérebro é usada para observar a interação entre o plasma e o sangue, auxiliando engenheiros a projetar dispositivos médicos e ajudar médicos a entender diagnósticos e tratamentos.

Joseph A. Insley e Michael E. Papka, Argonne National Laboratory.

diversas plataformas, incluindo alavancagem de dispositivos móveis, tecnologias de computação em nuvem e máquinas virtuais.

9. **Bioengenharia**. A disciplina Bioengenharia une os campos tradicionais da Engenharia com as Ciências Biológicas e a Medicina. Embora a bioengenharia seja considerada um campo emergente, ela foi incluída na lista das dez principais conquistas da American Society of Mechanical Engineer, não apenas por conta dos avanços que já realizou, mas em razão do potencial que apresenta em lidar com problemas da área médica e da saúde no futuro.

Um dos objetivos da bioengenharia é criar tecnologias para expandir as indústrias farmacêutica e médica, incluindo a descoberta de medicamentos, o genoma (Figura 1.17), imagem por ultrassom, juntas artificiais para próteses, marca-passos cardíacos, válvulas cardíacas artificiais e cirurgia assistida por robótica (Figura 1.18). Por exemplo, os engenheiros mecânicos aplicam os princípios da transmissão de calor para auxiliar os cirurgiões com a criocirurgia, técnica em que é usada a temperatura ultrabaixa do nitrogênio líquido para destruir tumores malignos. A engenharia dos tecidos e o desenvolvimento de órgãos artificiais são outros campos para os quais a engenharia mecânica

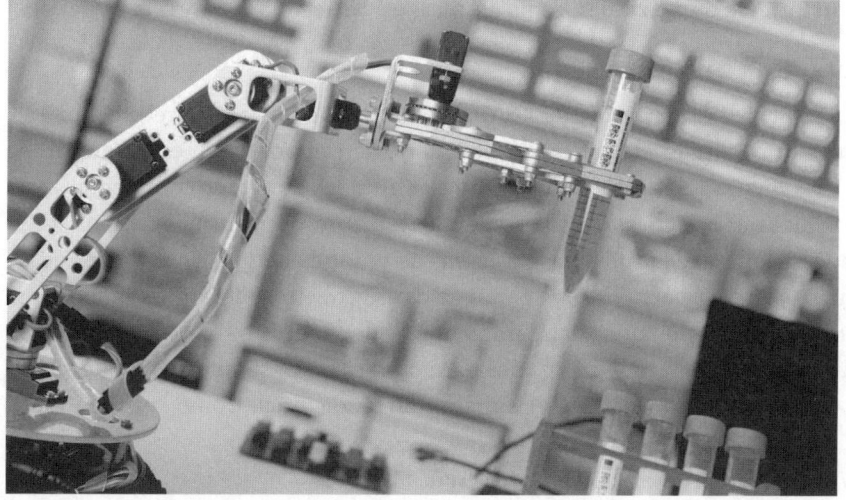

Figura 1.17

Os engenheiros mecânicos projetam e constroem equipamentos de teste automatizados, que são usados na indústria de biotecnologia.

science photo/Shutterstock.com

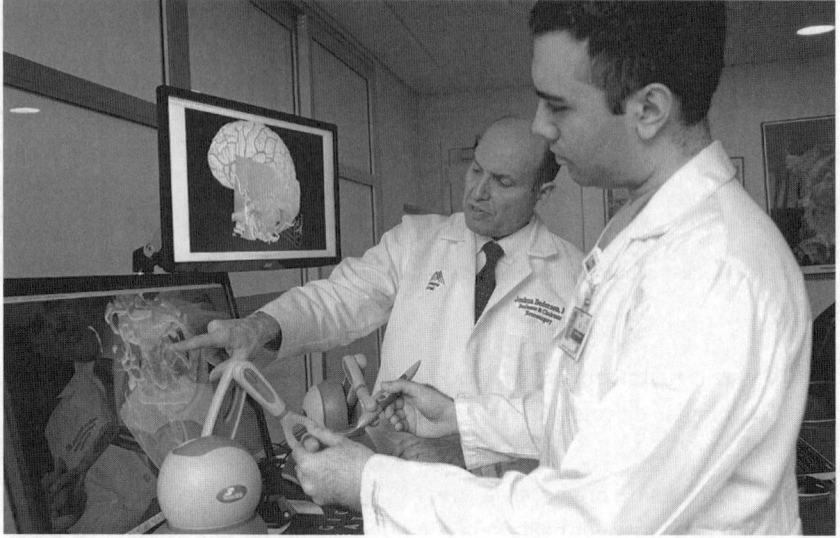

Figura 1.18
Os neurocirurgiões planejam seus casos usando realidade aumentada específica do paciente e tecnologia de simulação de realidade virtual antes de realizar a operação.

Joshua B. Bederson, MD and Mount Sinai Health System.

contribui, e os engenheiros mecânicos geralmente trabalham com médicos e cientistas para restaurar pele, ossos e cartilagens humanos danificados.

10. **Códigos e normas técnicas**. Os produtos que os engenheiros projetam devem poder se conectar e ser compatíveis com equipamentos e máquinas desenvolvidos por outros. Por causa dos códigos e das normas técnicas, você pode ter certeza de que a gasolina que você comprar no mês que vem funcionará no motor do seu carro da mesma forma como a que você comprou hoje, e que a chave de boca comprada em uma loja de peças automotivas nos Estados Unidos se encaixará nos parafusos de um veículo fabricado na Alemanha. Os códigos e as normas técnicas são necessários para especificar as características físicas das peças mecânicas, a fim de que outras pessoas possam compreender claramente sua estrutura e operação.

Várias normas técnicas são desenvolvidas por consenso entre os governos e os grupos industriais, e a importância delas tem se tornado progressivamente maior à medida que as empresas participam de concorrências comerciais de âmbito internacional. Os códigos e as normas técnicas envolvem a colaboração entre associações comerciais, sociedades profissionais de engenharia, como a American Society of Mechanical Engineers, grupos de ensaio, como os Underwriters Laboratories, e organizações, como a American Society of Testing and Materials.

O futuro da engenharia mecânica

Enquanto a lista das dez principais realizações da ASME mostra as conquistas da área no passado, a ASME também divulgou um estudo identificando uma série de campos emergentes dentro da engenharia mecânica.[5] Na Figura 1.19, esses campos são classificados de acordo com a frequência com que foram mencionados nas pesquisas. Não surpreendentemente, os principais campos emergentes estão relacionados à solução de problemas nas áreas de saúde e energia. De forma coletiva, esses campos se tornarão grandes oportunidades para que os engenheiros mecânicos tenham um impacto significativo nas questões globais sociais, ambientais e de saúde.

Parte da nossa intenção é ajudar a preparar você para uma carreira significativa e de sucesso em qualquer área da engenharia mecânica, emergente ou tradicional. Como resultado, nos

---

5 *O Estado da Engenharia Mecânica. Hoje e Amanhã*, ASME, New York, NY, 2012.

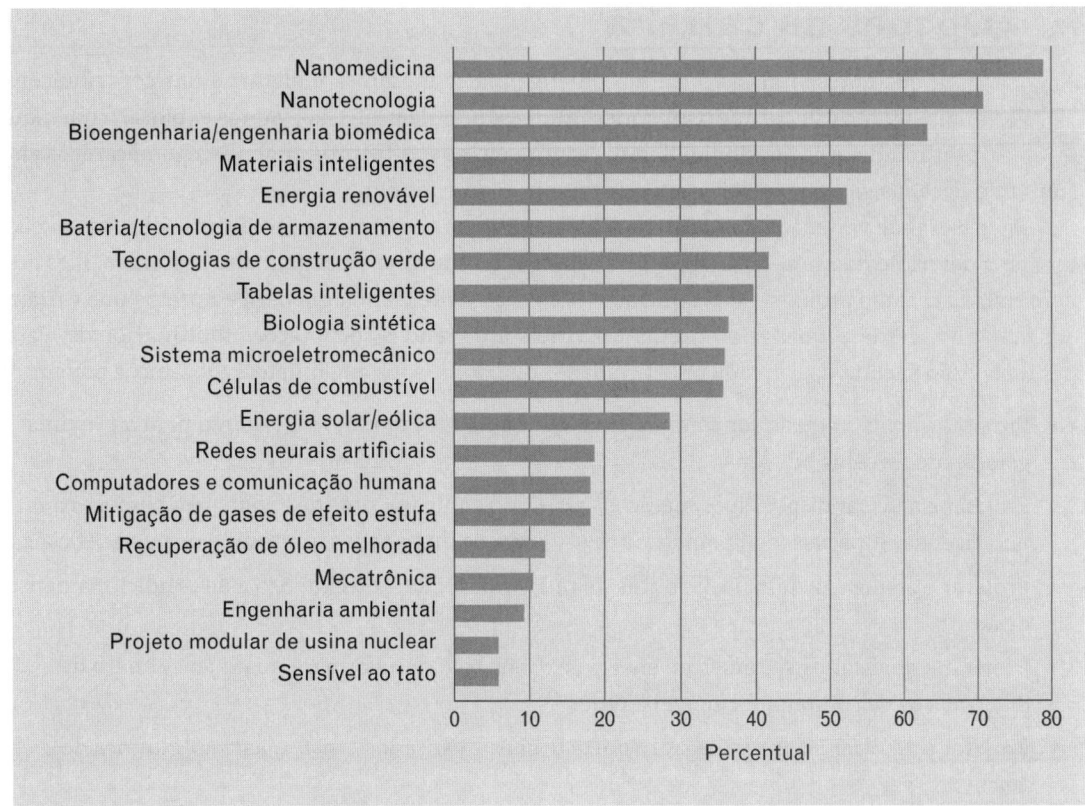

capítulos subsequentes abordamos os princípios fundamentais da engenharia mecânica que lhe permitirão progredir em seu estudo e prática da disciplina. De fato, no mesmo estudo da ASME, os campos/ferramentas mais importantes e duradouros em engenharia mecânica também foram identificados. Os princípios abordados nos capítulos seguintes correspondem a muitos desses campos duradouros, incluindo:

- Projeto de engenharia (Capítulo 2)
- Método dos elementos finitos (Capítulos 4 e 5)
- Mecânica dos fluidos (Capítulo 6)
- Análise de tensões em fluxos de calor (Capítulo 7)
- Desenvolvimento de motor eletrônico (Capítulo 8)

Além disso, a ASME identificou as "habilidades mais necessárias" para engenheiros mecânicos terem sucesso nos próximos 10 a 20 anos. No topo da lista estava a *capacidade de comunicação*, que é o foco do Capítulo 3. Portanto, quer a sua carreira o leve para um campo emergente, quer para um duradouro, a engenharia mecânica irá prepará-lo para ser capaz de resolver problemas usando uma combinação de modelos analíticos, ferramentas computacionais e habilidades pessoais.

Figura 1.19

Os principais campos emergentes da engenharia mecânica identificados por um estudo da ASME.

Fonte: Baseado em dados do *Estado da Engenharia Mecânica: Hoje e Amanhã*. ASME, New York, NY, 2012.

1.4 Opções da carreira

Agora que apresentamos o campo da engenharia mecânica e algumas das contribuições mais significativas e oportunidades interessantes da profissão, vamos explorar com mais profundidade as possibilidades de carreira em que os futuros engenheiros mecânicos enfrentarão desafios globais, sociais e ambientais em todo o mundo.

Dada a grande variedade de indústrias que empregam engenheiros mecânicos, a profissão não tem uma descrição que se adapte a todos os aspectos do trabalho do engenheiro mecânico. Eles podem trabalhar como projetistas, pesquisadores e gestores de tecnologia para empresas que variam em tamanho, desde pequenas empresas iniciantes até grandes corporações multinacionais. Para dar uma visão sucinta da gama de oportunidades disponíveis, os engenheiros mecânicos podem:

- Projetar e analisar qualquer componente, equipamento, módulo ou sistema para a próxima geração de veículos híbridos
- Projetar e analisar dispositivos médicos, incluindo equipamentos de apoio para pessoas com necessidades especiais, equipamentos cirúrgicos e de diagnóstico, próteses e órgãos artificiais
- Projetar e analisar sistemas eficientes de refrigeração, de aquecimento e de condicionamento de ar
- Projetar e analisar os sistemas de energia e dissipação de calor para qualquer número de dispositivos de computação móvel e redes
- Projetar e analisar sistemas de transporte urbano avançados e sistemas de segurança de veículos
- Projetar e analisar formas de energia sustentável mais facilmente acessíveis por países, estados, cidades, aldeias e grupos de pessoas
- Projetar e analisar a próxima geração de sistemas de exploração espacial
- Projetar e analisar equipamentos de produção revolucionários e linhas de montagem automatizadas para uma ampla gama de produtos de consumo
- Gerenciar uma equipe diversificada de engenheiros no desenvolvimento de uma plataforma global de produtos, identificando oportunidades de clientes, mercados e produtos
- Fornecer serviços de consultoria para qualquer número de indústrias, incluindo a produção de produtos químicos, plásticos e borracha; de petróleo e carvão; de computadores e produtos eletrônicos; de alimentos e bebidas; de impressão e publicação; de serviços de utilidade pública; e prestadores de serviços
- Trabalhar no serviço público para agências governamentais, como National Aeronautics and Space Administration (Nasa), Department of Defense, National Institute of Standards and Technology, Environmental Protection Agency e laboratórios de investigação nacionais
- Ensinar matemática, física, ciência ou engenharia no ensino médio ou em nível técnico
- Seguir carreiras significativas em direito, medicina, serviço social, negócios, vendas ou finanças

Historicamente, os engenheiros mecânicos poderiam seguir tanto uma carreira técnica quanto uma de gestão. No entanto, a distância entre estas duas carreiras está se estreitando à medida que os processos de desenvolvimento de produto demandam não apenas conhecimento técnico, mas também de problemas econômicos, ambientais, comerciais e de fabricação. O que costumava ser feito em equipes centralizadas de conhecimentos de engenharia é agora realizado por equipes globalmente distribuídas, tirando proveito dos conhecimentos de engenharia de múltiplas regiões geográficas, processos de baixo custo, oportunidades de crescimento global e acesso a tecnologias de ponta.

Ofertas de emprego que sempre eram rotuladas como "engenheiro mecânico", agora incluem diversos títulos que refletem a natureza dinâmica da profissão. Por exemplo, todos os seguintes postos de trabalho requerem um diploma de engenharia mecânica (retirado de um dos principais sites de oferta de emprego): *Experiência de vida*

- Engenheiro de produto
- Engenheiro de projeto
- Engenheiro de sistemas
- Engenheiro de energia
- Engenheiro de produção
- Engenheiro de embalagem
- Consultor de energia renovável
- Engenheiro eletromecânico
- Engenheiro de aplicações
- Engenheiro projetista de instalações
- Engenheiro de aplicações de produto
- Engenheiro de produto mecânico
- Engenheiro de dispositivos mecânicos
- Engenheiro de eficiência energética
- Engenheiro de processo de desenvolvimento
- Engenheiro mecatrônico
- Engenheiro principal
- Engenheiro de captura de energia
- Engenheiro de vendas
- Engenheiro de fábrica

Além de requerer conhecimento técnico e habilidades específicas, conseguir um emprego, manter-se no emprego e subir na carreira vai depender de algumas habilidades que, a princípio, podem parecer de natureza não técnica. Engenheiros mecânicos devem ser capazes de tomar iniciativa quando algum trabalho lhes é designado, encontrando respostas de forma eficiente para os problemas e aceitando responsabilidade adicional com sucesso. Uma rápida pesquisa sobre postos de engenharia em qualquer site de empregos na internet mostrará que empregadores dão muito valor à habilidade do engenheiro mecânico de se comunicar com pessoas de origens variadas por todas as formas de mídia oral e escrita. De fato, empresas que contratam engenheiros costumam perceber a comunicação como o atributo não técnico mais importante para aspirantes a engenheiros. A razão é simples – a cada estágio do desenvolvimento de um produto, os engenheiros mecânicos trabalharão com uma ampla gama de pessoas: supervisores, colegas, publicitários, gerentes, clientes, investidores e fornecedores. A habilidade de um engenheiro em discutir e explicar claramente conceitos técnicos *Habilidade de comunicação* e de negócios e em interagir bem com colegas de trabalho é fundamental. Afinal, se você se destacar na empresa e for ótimo em inovações técnicas, mas for incapaz de vender a sua ideia aos outros de maneira convincente, é provável que sua ideia não seja aceita.

▶ 1.5 Programa típico de estudos

No início do seu curso de engenharia mecânica, o programa, muito provavelmente, incluirá os quatro seguintes componentes:

- Cursos de matérias gerais nas áreas de humanas, ciências sociais e artes
- Cursos preparatórios em matemática, ciências e programação de computadores
- Cursos fundamentais em matérias relativas a engenharia mecânica
- Cursos eletivos sobre tópicos especializados de seu interesse particular

Inovação e design

Figura 1.20

Hierarquia de tópicos e cursos estudados em uma grade curricular típica de engenharia mecânica.

Após completar o currículo principal, você poderá montar um programa individualizado de estudo, escolhendo cursos eletivos que tratam de engenharia aeroespacial, engenharia automotiva, projeto auxiliado por computador, engenharia de produção, engenharia biomédica e robótica, entre outros.

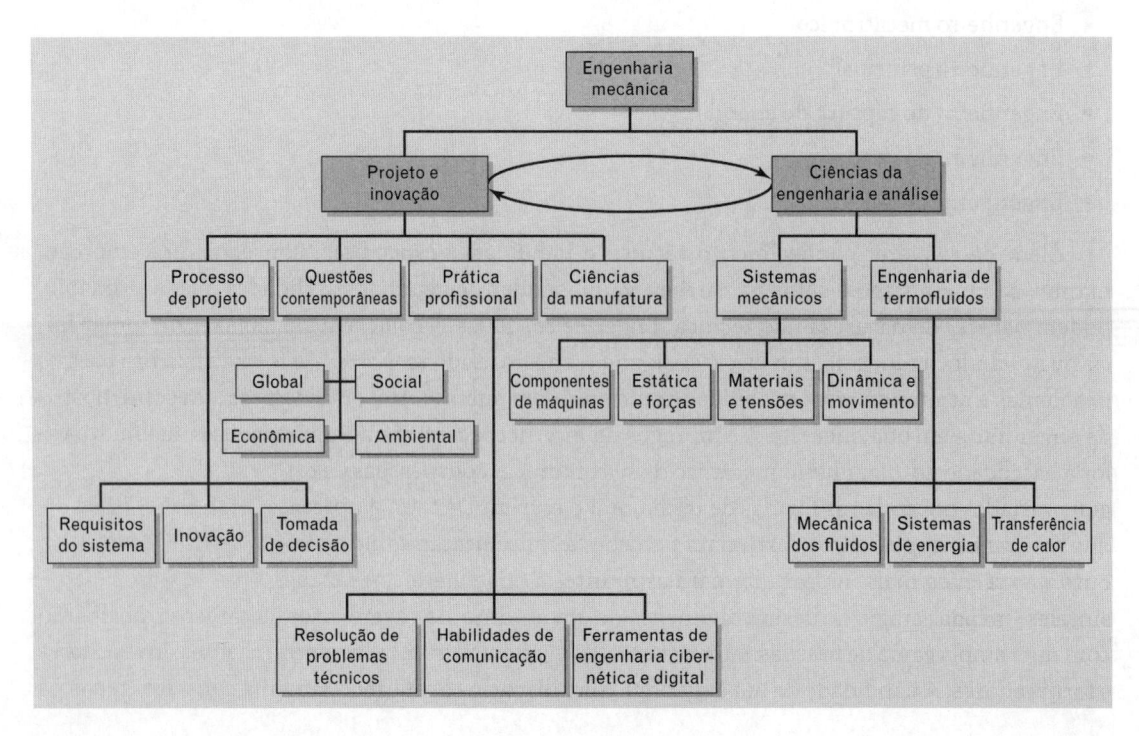

As disciplinas principais de uma grade curricular típica do curso de engenharia mecânica são mostradas na Figura 1.20. Enquanto os tópicos são alocados em ramos diferentes, o currículo de engenharia mecânica está se tornando um sistema integrado inter-relacionado com muitos cursos, tópicos e conhecimentos áreas. No centro de ser um engenheiro mecânico estão a *inovação* e o *design*. Uma boa maneira de começar seus estudos é entendendo que projetos de produtos, sistemas e processos são os meios de que os engenheiros mecânicos dispõem para impactar os desafios sociais, globais, ambientais e econômicos no mundo. É esperado que os engenheiros sejam criativos não apenas na resolução de problemas técnicos de maneiras inovadoras, mas também na descoberta e na apresentação desses problemas de forma inédita.

Conhecimento de inovação e design vai requerer o estudo de como o projeto de um processo é estruturado, incluindo os seguintes tópicos:

- O desenvolvimento dos requisitos do sistema de uma variedade de partes interessadas no sistema
- A geração de conceitos alternativos inovadores e a efetiva seleção e realização de um projeto final
- Princípios de tomadas de decisão solidas aplicadas à multiplicidade de trocas envolvidas em um processo de desenvolvimento de produto

Além disso, o conhecimento das questões contemporâneas e emergentes é fundamental para projetar produtos e sistemas que sustentarão e transformarão vidas, comunidades, economias, nações e o meio ambiente. Evidentemente, em razão do impacto direto que os engenheiros mecânicos têm sobre, potencialmente, bilhões de vidas, eles devem ser profissionais de destaque de altíssimo caráter. Para se tornar um profissional, você vai aprender as seguintes habilidades:

- Sólidas habilidades técnicas para a resolução de problemas
- Práticas eficazes nas comunicações técnicas (apresentações orais, relatórios técnicos, e-mails)
- As mais recentes ferramentas digitais e cibernéticas para apoiar os processos de projeto de engenharia

As instruções sobre inovação e design não estariam completas sem alguma compreensão básica dos processos necessários para se fabricar fisicamente os produtos. Isso inclui matérias do curso com foco nas ciências da produção e sobre como os produtos são de fato construídos, produzidos e montados.

Fornecer a base para os componentes curriculares de inovação e design são as principais *ciências e análises de engenharia*. Uma série de disciplinas se concentra em sistemas mecânicas, incluindo modelagem e análise das componentes de dispositivos mecânicas (por exemplo, engrenagens, molas, mecanismos). Essas disciplinas principais geralmente incluem as seguintes questões:

As ciências e análises fundamentais de engenharia

- Entender as forças que atuam em máquinas e estruturas durante a sua operação, incluindo componentes que se movem e que não se movem
- Determinar se as componentes estruturais são resistentes o suficiente para suportar a ação das forças sobre eles e que materiais são os mais apropriados
- Determinar como máquinas e mecanismos se movimentarão e a quantidade de força, calor e energia que serão transferidos entre eles

Outra série de disciplinas se concentra nos princípios dos fluidos térmicos, incluindo modelagem e análise do comportamento e propriedades dos sistemas termodinâmicos e fluidos. Essas disciplinas principais geralmente incluem as seguintes questões:

- As propriedades físicas dos líquidos e gases e as forças de arrasto, sustentação e flutuação presentes entre fluidos e estruturas

- A conversão de energia de uma forma para outra por máquinas, dispositivos e tecnologias eficientes de geração de energia
- O controle da temperatura e da gestão de calor através dos processos de condução, convecção e radiação

Lado a lado com o estudo formal, é importante também ganhar experiência durante férias, com empregos, estágios, projetos de pesquisa, programas de colaboração e oportunidades de estudo no exterior. Essa experiência, assim como os cursos que são concluídos fora do programa formal do curso de engenharia, irá aumentar muito suas perspectivas a respeito do papel da engenharia em nossa sociedade. Cada vez mais, as empresas procuram engenheiros formados que possuam habilidades acima e além do conjunto tradicional de habilidades técnicas e científicas. O conhecimento da prática comercial, o relacionamento interpessoal, o comportamento em uma organização, o conhecimento de idiomas estrangeiros e as habilidades de comunicação são fatores importantes para o êxito de muitas escolhas na carreira da engenharia. Por exemplo, uma empresa com filiais em outros países, uma empresa menor que possui clientes no exterior ou uma empresa que compra instrumentos de um fornecedor estrangeiro valorizarão engenheiros que dominem outros idiomas. Enquanto você planeja sua formação em engenharia, escolha disciplinas eletivas e talvez obtenha um diploma técnico. Fique atento a essas habilidades mais amplas.

Ganhando experiência

O Accreditation Board for Engineering and Technology (ABET: www.abet.org) é uma organização formada por várias sociedades técnicas e profissionais, incluindo a American Society of Mechanical Engineers. A ABET apoia e certifica quase 3 mil programas de engenharia em mais de 600 faculdades e universidades nos Estados Unidos pelo seu processo de certificação. A ABET também começou a certificar programas de engenharia estrangeiros. Esse conselho identificou um conjunto de habilidades que se espera dos novos engenheiros. É útil compreender esses critérios e considerá-los à medida que você avance nos seus estudos:

a. *Habilidade de aplicar o conhecimento em matemática, ciências e engenharia.* Desde a Segunda Guerra Mundial, a ciência ocupou uma posição destacada nos cursos de engenharia e os alunos de engenharia mecânica tradicionalmente estudam matemática, física e química.

b. *Habilidade de projetar e realizar experimentos, bem como de analisar e interpretar dados.* Os engenheiros mecânicos planejam e realizam experiências, usam equipamentos de medição de última geração e interpretam as implicações físicas dos resultados.

c. *Habilidade de projetar um sistema, componente ou processo que satisfaça aos objetivos desejados com restrições econômicas, ambientais, sociais, políticas, éticas, de saúde e segurança, de produção e de sustentabilidade realistas.* Essa habilidade é o cerne da engenharia mecânica. Os engenheiros são treinados a conceber soluções a problemas técnicos e preparar projetos detalhados, funcionais, ecologicamente corretos e rentáveis.

d. *Habilidade de trabalhar em equipes multidisciplinares.* A engenharia mecânica não é uma atividade individual e você precisa demonstrar as habilidades necessárias para interagir eficientemente com outros na comunidade empresarial.

e. *Habilidade de identificar, formular e resolver problemas de engenharia.* A engenharia está solidamente baseada nos princípios matemáticos e científicos, mas também envolve criatividade e inovação para projetar algo novo. Os engenheiros geralmente são descritos como solucionadores de problemas, capazes de confrontar-se com uma situação incomum e, ainda assim, desenvolver uma solução clara para ela.

f. *Compreensão das responsabilidades profissionais e éticas.* Mediante os cursos e as experiências pessoais, você verá que os engenheiros têm a responsabilidade de agir profissional e eticamente. Eles precisam reconhecer os conflitos éticos e comerciais e resolvê-los quando surgirem.

g. *Habilidade de comunicar-se eficazmente.* Espera-se que engenheiros sejam capazes de se comunicar tanto verbalmente quanto por escrito, inclusive de apresentar cálculos de engenharia, resultados de medições e projetos.

h. *A instrução necessária para compreender o impacto das soluções de engenharia no contexto econômico, ambiental e social do mundo inteiro.* Engenheiros criam produtos, sistemas e serviços que potencialmente gerarão impacto em milhões de pessoas ao redor do mundo. O engenheiro mecânico que tem consciência desse contexto é capaz de tomar sólidas decisões técnicas, éticas e relativas a sua carreira.

i. *Reconhecimento da necessidade e capacidade de se comprometer com um aprendizado permanente.* "Educar" não significa encher-se de fatos, mas, sim, trazê-los "à tona". Por isso, seu crescimento intelectual deve continuar a trazer à tona novos conhecimentos e entendimentos muito além da graduação.

j. *Conhecimento de questões contemporâneas.* Os engenheiros precisam estar cientes do desenvolvimento social, mundial, ambiental, econômico e político atual, uma vez que eles fornecem o contexto para os problemas técnicos enfrentados pela sociedade, os quais se espera que os engenheiros sejam capazes de resolver.

k. *Habilidade de usar as técnicas, aptidões e ferramentas modernas de Engenharia, necessárias para o exercício da profissão.* Essa habilidade baseia-se em parte no uso de ferramentas de softwares de engenharia computadorizada e na habilidade de pensar de modo crítico sobre os resultados numéricos.

Os resultados (a) e (b) são alcançados pelo aprendizado dos fundamentos básicos ciência da engenharia e da matemática ao longo do currículo de engenharia mecânica, que serão introduzidos nos Capítulos 4-8. Os resultados (c), (h) e (j) são abordados nos Capítulos 1 e 2 e também serão parte de outras disciplinas de engenharia mecânica, incluindo disciplinas avançadas de projeto. Algumas das ferramentas de projeto e manufatura auxiliada por computador serão discutidas no Capítulo 2 e também são importantes para o resultado (k). No Capítulo 3, focamos diretamente em prepará-lo para alcançar os resultados (e) e (g), que são essenciais para você se tornar um profissional de engenharia de sucesso, pronto para projetar, criar, inovar, estudar, analisar, produzir e impactar vidas em uma sociedade dinâmica e global. Você terá oportunidades para desenvolver habilidades e compreensão para abordar os resultados (d), (f) e (g) ao longo de seu currículo.

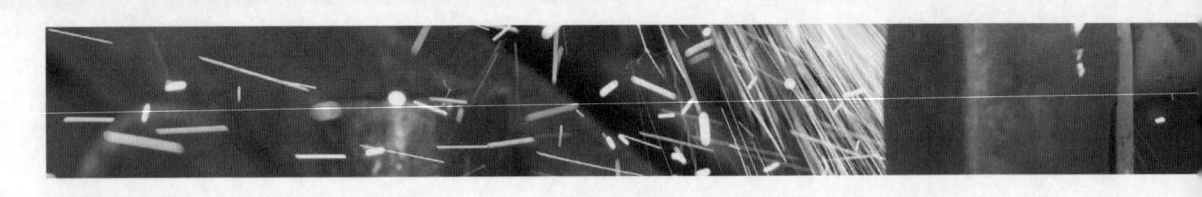

Resumo

O objetivo deste capítulo foi oferecer uma perspectiva sobre o propósito, os desafios, as responsabilidades, as oportunidades, as recompensas e a satisfação envolvidos em ser engenheiro mecânico. Dito de modo simples, os engenheiros concebem, projetam e produzem objetos que funcionam e impactam vidas. Eles são considerados bons solucionadores de problemas, capazes de transmitir a outros, de modo claro, os resultados de seu trabalho por meio de desenhos, relatórios escritos e apresentações orais. A engenharia mecânica é uma disciplina bem diversificada e, em geral, a mais flexível entre as engenharias tradicionais. Na Seção 1.3, descrevemos as dez principais contribuições da engenharia mecânica, as quais contribuíram para melhorar a vida de literalmente bilhões de pessoas. Para atingir esses objetivos, os engenheiros mecânicos utilizam ferramentas de computador que os auxiliam no projeto, simulação e fabricação dos produtos. As tecnologias que você talvez considerasse corriqueiras – como eletricidade abundante e barata, refrigeração e transporte – assumem novos significados à medida que você reflete sobre sua importância em nossa sociedade e nas máquinas e equipamentos notáveis que tornam tais tecnologias possíveis. Essas tecnologias duradouras e outras tecnologias emergentes estão agora expandindo o impacto que os engenheiros mecânicos continuam tendo ao projetar e implementar soluções em todo o mundo.

Autoestudo e revisão

1.1. O que é engenharia?

1.2. Quais são as diferenças entre engenheiros, matemáticos e cientistas?

1.3. O que é engenharia mecânica?

1.4. Compare engenharia mecânica com outros campos tradicionais da engenharia.

1.5. Descreva seis produtos que engenheiros mecânicos projetam, melhoram ou produzem, e liste alguns problemas técnicos que precisam ser resolvidos.

1.6. Descreva três dos maiores dos dez maiores feitos da profissão de engenharia mecânica listados na Seção 1.3.

1.7. Discuta as opções de carreira e títulos de trabalhos disponíveis para engenheiros mecânicos.

1.8. Descreva alguns dos principais assuntos que compõem um típico currículo de engenharia mecânica.

Problemas

P1.1

Para cada um dos seguintes sistemas, dê dois exemplos de como um engenheiro mecânico poderia estar envolvido em seu projeto.

(a) Motor de um automóvel de passageiros
(b) Escada rolante
(c) Disco rígido de um computador
(d) Implante de quadril artificial
(e) Máquina de arremesso no beisebol

P1.2

Para cada um dos seguintes sistemas, dê dois exemplos de como um engenheiro mecânico poderia estar envolvido em sua análise.

(a) Motor à reação para uma linha aérea comercial
(b) Robô para exploração planetária
(c) Impressora a jato
(d) Smartphone
(e) Lata de refrigerante de uma máquina de venda automática

P1.3

Para cada um dos seguintes sistemas, dê dois exemplos de como um engenheiro mecânico estaria envolvido em sua manufatura.

(a) Esquis de grafite-epóxi, raquete de tênis ou clube de golfe
(b) Elevador
(c) Leitor de blu-ray
(d) Caixa automático de banco
(e) Assento de segurança automotivo para crianças

P1.4

Para cada um dos seguintes sistemas, dê dois exemplos de como um engenheiro mecânico poderia estar envolvido nos seus testes

(a) Veículo de passageiros híbrido gás-elétrico
(b) Motores para carros, aviões e barcos de controle remoto
(c) Mecanismo fixador das botas no *snowboard*
(d) Receptor de satélite do sistema de posicionamento global (GPS)
(e) Cadeira de rodas motorizada

P1.5
Para cada um dos seguintes sistemas, dê um exemplo de como um engenheiro mecânico trataria os problemas globais do seu projeto.

(a) Máquina de hemodiálise

(b) Forno de micro-ondas

(c) Quadro de uma *mountain bike* de alumínio

(d) Sistema de freios automotivos

(e) Brinquedos Lego

P1.6
Para cada um dos seguintes sistemas, dê um exemplo de como um engenheiro mecânico trataria as questões sociais em seu projeto.

(a) Máquina de lavar louças

(b) Leitor de e-Books

(c) Cafeteira

(d) Furadeira elétrica sem fio

(e) Cadeira infantil

P1.7
Para cada um dos seguintes sistemas, dê um exemplo de como um engenheiro mecânico trataria os problemas ambientais no seu projeto.

(a) Roupa de mergulho

(b) Refrigerador

(c) Veículo de turismo espacial

(d) Pneus de automóvel

(e) Carrinho de bebê para corrida

P1.8
Para cada um dos seguintes sistemas, dê um exemplo de como um engenheiro mecânico trataria os problemas econômicos do seu projeto.

(a) Secadora de roupas

(b) Cortador de grama robotizado

(c) Teto retrátil de estádio

(d) Tubo de pasta de dentes

(e) Clipe de papel

P1.9
Leia um dos artigos da revista *Mechanical Engineering* listados na seção de Referências ao final do capítulo, descrevendo um dos dez maiores feitos. Prepare um relatório técnico de pelo menos 250 palavras sintetizando os aspectos interessantes e importantes desse feito.

P1.10
Que outro produto ou dispositivo você acha que deveria estar na lista dos dez maiores feitos da engenharia mecânica? Prepare um relatório técnico de pelo menos 250 palavras detalhando o seu raciocínio e listando os aspectos interessantes e importantes desse feito.

P1.11
Daqui a 100 anos, que avanço tecnológico você acredita que será visto como um feito importante da profissão de engenharia mecânica durante o século XXI? Prepare um relatório técnico de pelo menos 250 palavras que explique o raciocínio da sua especulação.

P1.12
Quais você acha que são os três problemas mais significativos para os engenheiros hoje? Prepare um relatório técnico de pelo menos 250 palavras que explique o seu raciocínio.

P1.13
Entreviste alguém que você conheça ou entre em contato com uma companhia e aprenda alguns dos detalhes por trás de um produto do seu interesse. Prepare um relatório técnico de pelo menos 250 palavras do produto, da companhia ou da maneira como o engenheiro mecânico contribui para o projeto ou produção do produto.

P1.14
Entreviste alguém que você conheça ou entre em contato com uma companhia e aprenda sobre um software de engenharia assistida por computador que esteja relacionado com engenharia mecânica. Prepare um relatório técnico de pelo menos 250 palavras que descreva o que o software faz e como ele pode ajudar o engenheiro a fazer um trabalho mais eficiente e acurado.

P1.15
Encontre uma falha recente de engenharia nas notícias e prepare um relatório técnico de pelo menos 250 palavras explicando como um engenheiro mecânico poderia ter prevenido essa falha. Explique claramente de que maneira a prevenção proposta se aplica ao projeto, à fabricação, à análise ou ao teste.

P1.16
Pense em um produto que você usou e que acredita que falhou em fazer aquilo que deveria. Prepare um relatório técnico de pelo menos 250 palavras descrevendo porque você acha que este produto falhou e, depois, explicando o que um engenheiro mecânico poderia ter feito de diferente para evitar que o produto deixasse de atender às suas expectativas.

P1.17*
Procure no Google para encontrar o relatório da ASME, *O estado da engenharia mecânica: hoje e amanhã*. Leia o relatório e, em grupo, escolha uma das ferramentas e técnicas da página 15 desse relatório que você não conhece e prepare uma breve descrição (oral ou escrita) com uma explicação clara de quais tipos de problemas podem ser resolvidos com a engenharia mecânica.

P.1.18*
No mesmo relatório em que você leu no problema anterior, em grupo, dê uma olhada no gráfico na página 7, sobre a visão futura da engenharia. Selecione três das entradas do gráfico (linhas) e encontre um artigo atual que destaque especificamente o princípio expresso nessa entrada. Prepare

uma breve apresentação de seus artigos e do impacto que seu grupo entende que os três princípios selecionados devem ter em um currículo de engenharia mecânica.

Referências

ARMSTRONG, N. A. The Engineered Century, *The Bridge*, National Academy of Engineering, Primavera de 2000, p. 14-18.
GAYLO, B. J. That One Small Step, *Mechanical Engineering*, ASME International, out. 2000, p. 62-69.
LADD, C. M. Power to the People, *Mechanical Engineering*, ASME International, set. 2000, p. 68-75.
LEE, J. L. The Mechanics of Flight, *Mechanical Engineering*, ASME International, jul. 2000, p. 55-59.
LEIGHT, W.; Collins, B. Setting the Standards, *Mechanical Engineering*, ASME International, fev. 2000, p. 46-53.
LENTINELLO, R. A. Motoring Madness, *Mechanical Engineering*, ASME International, nov. 2000, p. 86-92.
NAGENGAST, B. It's a Cool Story, *Mechanical Engineering*, ASME International, maio 2000, p. 56-63.
PETROSKI, H. The Boeing 777, *American Scientist*, nov.-dez. 1995, p. 519-522.
RASTEGAR, S. Life Force, *Mechanical Engineering*, ASME International, março 2000, p. 75-79.
ROSTKY, G. The IC's Surprising Birth, *Mechanical Engineering*, ASME International, jun. 2000, p. 68-73.
SCHUELLER, J. K. In the Service of Abundance, *Mechanical Engineering*, ASME International, ago. 2000, p. 58-65.
WEISBERG, D. E. The Electronic Push, *Mechanical Engineering*, ASME International, abr. 2000, p. 52-59.

CAPÍTULO 2

Projeto mecânico

OBJETIVOS DO CAPÍTULO

- Delinear os principais passos envolvidos no processo do projeto mecânico.
- Reconhecer a importância do projeto mecânico para resolver desafios técnicos, globais e ambientais que a sociedade enfrenta.
- Reconhecer a importância da inovação ao projetar produtos, sistemas e processos eficazes.
- Reconhecer a importância de equipes multidisciplinares, colaboração e comunicação técnica com a engenharia.
- Familiarizar-se com alguns processos e máquinas-ferramentas utilizados na manufatura.
- Entender como as patentes são utilizadas para proteger uma tecnologia recentemente desenvolvida no lado comercial da engenharia.
- Descrever o papel desempenhado pelas ferramentas de engenharia auxiliadas por computador interligando o projeto mecânico, a análise e a manufatura.

▶ 2.1 Visão geral

A Academia Nacional de Engenharia (NAE, na sigla em inglês) identificou os catorze Grandes Desafios que a comunidade global de engenharia e a profissão enfrentam no século XXI. Esses desafios estão remodelando o modo como os engenheiros veem a si mesmos, como e o que aprendem e como pensam. Os desafios também estão ampliando a perspectiva dos engenheiros e o modo como eles veem as comunidades que impactam. Os catorze desafios são estes:

- Tornar a energia solar econômica
- Fornecer energia a partir da fusão
- Desenvolver métodos de "sequestro" de carbono
- Gerenciar o ciclo de nitrogênio
- Possibilitar acesso à água limpa
- Restaurar e melhorar a infraestrutura urbana
- Avançar a informática na área da saúde
- Planejar medicamentos melhores

- Fazer engenharia reversa do cérebro
- Prevenir o terrorismo nuclear
- Assegurar o ciberespaço
- Intensificar a realidade virtual
- Avançar o aprendizado personalizado
- Desenvolver ferramentas para descobertas científicas

Os engenheiros mecânicos não terão apenas um papel importante em cada um desses desafios, mas também ocuparão significativos cargos técnicos e de liderança global em diversos deles. Ao ler essa lista, você pode identificar-se com um ou mais desses desafios, talvez vendo a si próprio criando soluções inovadoras que impactem milhões de vidas. Apesar de esses desafios abrangerem muitas disciplinas científicas e da engenharia, o princípio que conecta todos eles é o *projeto*. Na realidade, um relatório recente da Sociedade Americana de Engenheiros Mecânicos[1] afirma que o design será o campo mais duradouro da engenharia mecânica nas próximas duas décadas. Muitas equipes interdisciplinares precisarão projetar soluções inovadoras e eficientes para lidar com os vários sub-desafios que cada desafio engloba. O foco deste capítulo é entender os princípios fundamentais e aprender as habilidades necessárias para integrar, contribuir ou liderar com êxito um processo de projeto.

Elemento 1: Projeto mecânico

Ao discutirmos as diferenças entre engenheiros, cientistas e matemáticos no Capítulo 1, vimos que a palavra "engenharia" está relacionada tanto a "engenhoso" quanto a "planejar". De fato, o processo de desenvolver algo novo e criativo está no cerne da profissão de engenharia. O objetivo final, no entanto, é construir um hardware que resolva um dos problemas técnicos da sociedade global. O objetivo deste capítulo é introduzir algumas das questões que surgem quando um produto novo é projetado, manufaturado e patenteado. O relacionamento deste capítulo com a hierarquia das disciplinas de engenharia mecânica é mostrado nas caixas sombreadas na Figura 2.1.

Você não precisa ser formado em engenharia para ter uma boa ideia a respeito de um produto novo ou melhorado. De fato, seu interesse no estudo de engenharia mecânica pode ter tido início a partir de sua própria ideia de construir algum hardware. Os elementos da engenharia mecânica que examinaremos nos capítulos restantes deste livro – forças em estruturas e máquinas, materiais e tensões, fluidos de engenharia, sistemas de energia e térmicos e transmissão de potência e de movimentos – têm o intuito de estabelecer uma base, a qual permitirá que você transforme suas ideias em realidade, efetiva e sistematicamente. Nesse aspecto, a abordagem deste livro é uma analogia ao currículo tradicional da engenharia mecânica: estimativa, matemática e ciência aplicadas a fim de projetar problemas para reduzir tentativa e erro. Você pode usar os cálculos descritos nos capítulos 3-8 para responder a muitas das perguntas que podem surgir durante o processo do projeto. Esses cálculos não são apenas exercícios acadêmicos; pelo contrário, eles lhe possibilitarão projetar melhor, de maneira mais inteligente e rápida.

Neste capítulo, vamos apresentar uma visão geral do processo de desenvolvimento do produto, começando pela definição de um problema de projeto, seguindo para o desenvolvimento de um novo conceito, continuando para a produção e culminando com o patenteamento de uma nova tecnologia. Iniciamos com a discussão das etapas de alto nível em um processo de projeto que

---

[1] O estado da engenharia mecânica: hoje e amanhã, ASME, Nova York, NY, 2012.

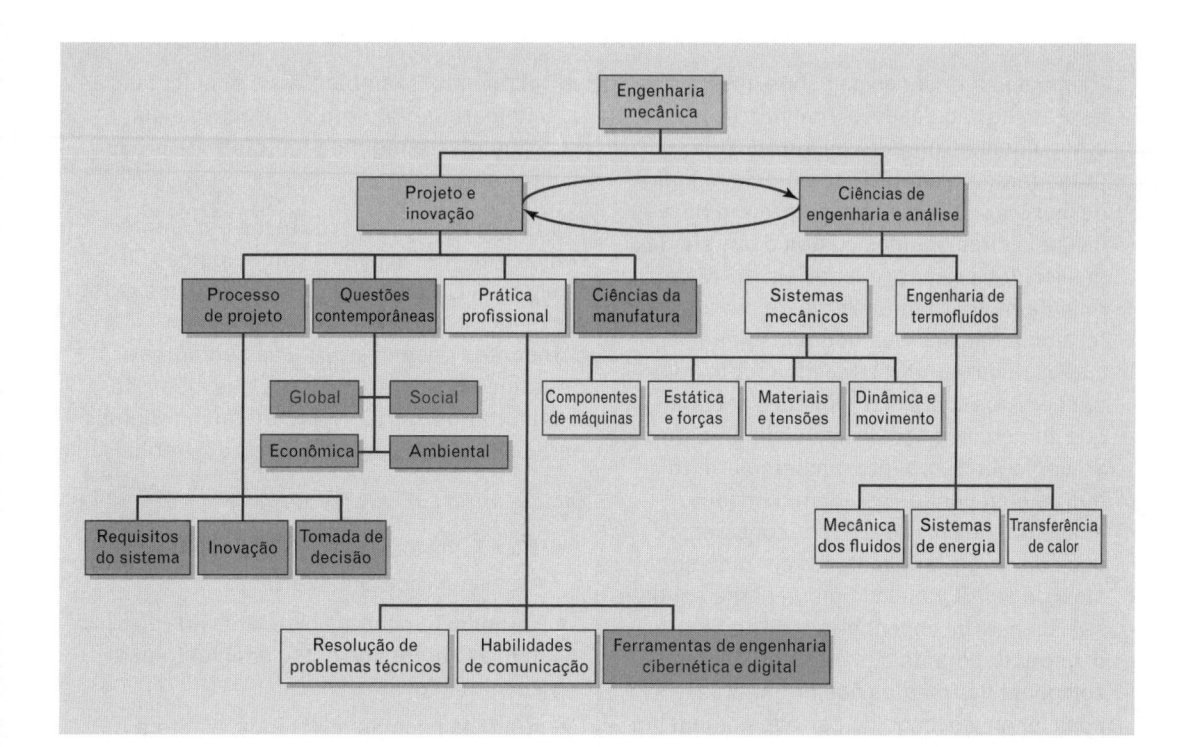

os engenheiros seguem quando transformam novas ideias em realidade. Assim que o novo produto é projetado e fabricado, um engenheiro ou uma empresa, normalmente, desejará obter uma vantagem competitiva no mercado, protegendo a nova tecnologia e impedindo que outros a utilizem. A Constituição dos Estados Unidos contém disposições que tornam possível o patenteamento de invenções, um aspecto importante para os negócios da engenharia. Uma vez determinados os detalhes do produto, o hardware terá de ser construído de forma econômica. Os engenheiros mecânicos especificarão como um produto será fabricado, e a Seção 2.3 apresentará as principais classes dos processos de fabricação.

Figura 2.1

Relacionamento dos tópicos enfatizados neste capítulo (caixas sombreadas) relativos ao programa geral de estudo de engenharia mecânica.

Foco em — Arqueologia de produto

Talvez você tenha ouvido alguém dizer que os engenheiros descobrem novas tecnologias praticamente da mesma forma que os arqueólogos ao descobrirem tecnologias do passado. Embora a noção de descoberta desperte interesse tanto dos arqueólogos quanto dos engenheiros, os primeiros descobrem algo que já existiu, ao passo que os outros, algo que nunca existiu. Entretanto, os engenheiros podem aprender muito sobre projeto estudando tecnologias existentes por meio da arqueologia do produto.

Arqueologia de produto é o processo de reconstrução do ciclo de vida de um produto – os requisitos do cliente, as especificações de projeto e os processos de manufatura adotados para produzi-lo

– a fim de entender as decisões que levaram ao seu desenvolvimento. A arqueologia de produto foi introduzida primeiramente em 1998, como uma maneira de mensurar os atributos do projeto para os quais direcionamos custos por meio da análise dos produtos físicos em si.[2] Mais recentemente, a arqueologia de produto foi ampliada para o estudo não apenas dos custos de manufatura de um produto, mas também dos contextos globais e sociais que influenciam seu desenvolvimento. A arqueologia de produto também permite que os engenheiros estudem o impacto ambiental de um produto por considerar o uso da energia e do material em todo seu ciclo de vida. Quando implementada em uma sala de aula de engenharia, a arqueologia de produto permite que os estudantes se coloquem nas mentes dos projetistas e se posicionem ao longo do período no qual um produto específico foi desenvolvido, a fim de tentar recriar as condições globais e locais que levaram ao seu desenvolvimento.

Por exemplo, em vários programas de engenharia mecânica em todo o mundo, os estudantes estão envolvidos em vários tipos de produtos e exercícios de projetos de arqueologia, imitando o processo que os arqueólogos usam:

1. *Preparação*: Pesquisa de contexto sobre um produto, incluindo pesquisa de mercado, pesquisas de patentes e análise comparativa de produtos existentes.
2. *Escavação*: Dissecação física do produto, catalogação dos materiais, processos de fabricação utilizados e a função primária de cada componente.
3. *Avaliação*: Realização de análises e testes de materiais, comparando o desempenho com outros produtos similares, e avaliando o impacto econômico e ambiental das componentes do produto.
4. *Explicação*: Apresentação das conclusões sobre as questões globais, econômicas, ambientais e sociais que moldaram o projeto do produto e que atualmente moldam o projeto de produtos similares.

Por exemplo, na Penn State, os estudantes realizaram "escavações arqueológicas" de bicicletas. Como parte de suas pesquisas, dissecação e análise de produto, os estudantes desenterraram as seguintes informações sobre bicicletas que ajudarão a delimitar o futuro projeto de tais produtos para uma ampla gama de mercados globais.

Bicicletas no contexto global:

- Bicicletas são usadas como ambulâncias na África Subsaariana.
- O Japão tem tantas bicicletas que eles têm estruturas de estacionamento para tais veículos.
- Em países como a Holanda, existem infraestruturas inteiras de transporte apenas para bicicletas, incluindo pistas, semáforos, estacionamentos, placas de trânsito e túneis.
- Na China, muitas bicicletas são elétricas.

Bicicletas em um contexto social:

- Alguns "bicycle cafés" servem comida orgânica e alugam bicicletas para que as pessoas se locomovam na cidade.
- Henry Ford era um mecânico de bicicletas, e os irmãos Wright usaram quadros de bicicleta para seu primeiro voo.
- A bicicleta serviu como um catalisador para a chamada reforma racional do vestuário entre as mulheres, como parte do seu processo de emancipação.

Impacto ambiental das bicicletas:

- Há muitos programas de compartilhamento de bicicletas nos países europeus.
- Existe uma ampla variedade de programas para encorajar as pessoas a

---

2 K. T. Ulrich e S. Pearson, "Assessing the Importance of Design Through Product Archaeology", Management Science, 1998, 44(3), p. 352-369.

irem trabalhar de bicicleta a fim de reduzir as emissões de carbono.

- Os estudantes encontraram muitas estatísticas de pessoas que se locomovem de bicicleta em cidades norte-americanas, incluindo dados sobre a eficiência da bicicleta.

Questões econômicas no projeto de bicicletas:

- Os custos relativos da bicicleta *versus* os do carro, incluindo despesas para produzir, utilizar e manter cada um deles.
- A relação do custo de bicicletas de materiais plásticos *versus* materiais tradicionais.
- A redução dos custos com saúde quando as bicicletas são o meio principal de transporte.

Um dos benefícios de aprender os princípios de projeto utilizando a arqueologia do produto é que isso demonstra claramente a natureza multidisciplinar do desenvolvimento do produto e a maneira como os princípios do projeto são essenciais para a engenharia mecânica.

As "escavações" de produtos inspiradas nas arqueológicas também podem ajudar os engenheiros mecânicos a desenvolver sua aptidão para o projeto. Por exemplo, um arqueólogo em um local de escavação pode encontrar artefatos de pedra, tecidos, peças de cerâmica e alguns utensílios antigos e, em seguida, reconstruir a cultura e a tecnologia da época. Os engenheiros mecânicos também podem estudar componentes de engenharia e, em seguida, usar seu conhecimento de matéria, energia e informações para reconstruir o produto. Veja se você consegue determinar de qual produto esses "artefatos" vêm (resposta no final do capítulo):

- Sensor infravermelho
- Motor
- Engrenagens
- Compartimento de armazenamento
- Janela
- Tubo
- Microinterruptor
- Bico

2.2 O processo do projeto

Em uma visão ampla, o projeto mecânico é o processo sistemático para criar um produto ou sistema que satisfaça alguma das necessidades técnicas da sociedade. Como ilustrado pelos Grandes Desafios (Seção 2.1) e pela relação das dez principais conquistas da engenharia mecânica (Seção 1.3), a necessidade pode surgir nas áreas de saúde, transporte, tecnologia, comunicação, energia ou segurança. Os engenheiros concebem soluções para os problemas e transformam suas ideias em máquinas ou equipamentos que funcionam.

Embora um engenheiro mecânico possa especializar-se em campos como a seleção de materiais ou engenharia de fluidos, em geral, as atividades cotidianas concentram-se no projeto. Em alguns casos, um projetista parte de um esboço e tem a liberdade de desenvolver um produto original desde a sua concepção. A tecnologia desenvolvida pode ser tão revolucionária a ponto de criar mercados e oportunidades comerciais inteiramente novos. Os smartphones e veículos híbridos são exemplos de como a tecnologia está mudando o modo como as pessoas veem a comunicação e o transporte. Em outros casos, o projeto de um engenheiro pode ser de caráter incremental, concentrando-se no aperfeiçoamento de um produto já existente. Exemplos disso incluem a adição de câmeras de vídeo nos telefones celulares e as pequenas evoluções que acontecem a cada ano nos modelos de automóveis.

Quando começa a vida de um novo produto? Primeiro, a empresa identifica oportunidades de negócios e define os requisitos para um novo produto, sistema ou serviço. Depois, clientes atuais e potenciais participam de pesquisas, estudam-se resenhas de produtos *online* e fóruns de *feedback*, e os produtos são pesquisados. As equipes de marketing, administração e engenharia vão levantar dados para ajudar a desenvolver um conjunto abrangente de requisitos do sistema.

Na próxima fase, os engenheiros exercitam sua criatividade e desenvolvem potenciais conceitos, selecionam os melhores usando requisitos como critério de decisão, desenvolvem detalhes (como layout, escolha de materiais e tamanho das componentes) e levam o hardware para ser produzido. O produto atende aos requisitos iniciais e pode ser produzido de maneira econômica e segura? Para responder a essas perguntas, os engenheiros fazem muitas aproximações, modificações e tomam muitas decisões ao longo do caminho. Os engenheiros mecânicos são conscientes de que o nível de precisão necessário em cada cálculo aumenta progressivamente à medida que o projeto amadurece, desde a sua concepção até a produção final. Resolver detalhes específicos (O aço 1020 é resistente o bastante? Qual deve ser a viscosidade do óleo? Devem ser usados rolamentos de esferas ou de rolos cônicos?) não faz muito sentido até que o projeto fique razoavelmente próximo de sua forma final. Sobretudo, porque, nos estágios iniciais de um projeto, as especificações de tamanho, peso, potência ou desempenho de um produto ainda poderão sofrer mudanças. Os engenheiros projetistas aprendem a se sentir confortáveis com os cálculos de ordem de magnitude (Seção 3.6) e são capazes de desenvolver produtos mesmo na presença de ambiguidades e requisitos que podem ser alterados com o tempo.

Foco em Inovação

Muitas pessoas pensam que simplesmente se nasce inovador ou não. Embora algumas pessoas pensem melhor com o lado direito do cérebro, qualquer um pode aprender a ser mais inovador. Inovação, um conceito familiar para projetistas industriais, artistas e comerciantes, está se tornando um tema crítico para o desenvolvimento de estratégias em todo o mundo a fim de resolver desafios complexos de ordem social, ambiental, civil, econômica e técnica. Iniciativas centradas na tecnologia e na inovação científica estão em andamento em todo o mundo.

- O governo dos Estados Unidos desenvolveu "Uma Estratégia para a Inovação Americana", que inclui um Gabinete de Inovação e Empreendedorismo e a formação de um Conselho Consultor Nacional de Inovação e Empreendedorismo.
- Pela primeira vez na história, o governo dos Estados Unidos possui um diretor de tecnologia.
- A iniciativa da Política de Normas e Inovação da China tem como objetivo analisar as relações entre padrões e inovação, a fim de melhor informar os líderes mundiais.
- Na Austrália, o ministro da Inovação, Indústria, Ciência e Investigação desenvolveu, para toda a nação, uma Estrutura de Princípios para Iniciativas de Inovação.
- O Departamento de Ciência e Tecnologia no governo da Índia desenvolveu a Iniciativa de Inovação da Índia para criar uma rede de inovação, incentivando e

- promovendo pessoas inovadoras e a comercialização em todo o país.
- O projeto de Inovação Agrícola na África, financiado pela Fundação Bill e Melinda Gates, vem apoiando os esforços que contribuem para inovações científicas agrícolas e para a melhoria de políticas de tecnologia, através das Comunidades Econômicas Regionais da África.

Além das iniciativas de inovação em curso em nível nacional, muitas empresas também vêm desenvolvendo centros de inovação para gerar o desenvolvimento de novos produtos, processos e serviços. Empresas como a Microsoft, Procter & Gamble, Accenture, IBM, AT&T, Computer Sciences Corporation, Qualcomm e Verizon possuem centros de inovação abertos, focados no desenvolvimento de inovações científicas e tecnológicas essenciais.

Engenheiros mecânicos têm um papel significativo nessas iniciativas de inovação empresarial e nacional. Reconhecer e compreender como o projeto de engenharia mecânica impacta o sucesso de tecnologias inovadoras é vital para a resolução dos Grandes Desafios. Você encontrará o design novamente em seu currículo, mas agora deve entender como a inovação pode desenvolver uma ampla gama de tecnologias para fornecer melhores soluções projetadas. A Figura 2.2 mostra um gráfico de 2 × 2 com Estilo (Baixo/Alto) no eixo vertical e Tecnologia (Baixa/Alta) no eixo horizontal. Esse gráfico fornece uma estrutura para desenvolver estrategicamente produtos inovadores para uma ampla gama de clientes.

Cada quadrante contém um leitor diferente de música digital. No canto inferior esquerdo, a versão Baixo Estilo/ Baixa Tecnologia é um leitor padrão, acessível, projetado para clientes que querem apenas ouvir música. O leitor de música, mesmo não sendo o de melhor estilo ou de tecnologia de ponta, oferece uma reprodução uniforme e satisfatória de música digital. No canto inferior direito, a versão de Baixo Estilo/Alta Tecnologia é o leitor digital SwiMP3 da FINIS. Esse leitor integra tecnologias à prova d'água com a revolucionária condução óssea do som para prover aos nadadores clareza sonora embaixo d'água. Enquanto o leitor é eficaz de forma funcional, ele não necessita ter muito estilo para atender ao seu mercado. No canto superior esquerdo, a versão Alto Estilo/Baixa Tecnologia é um display padrão com uma forma elegante e interface

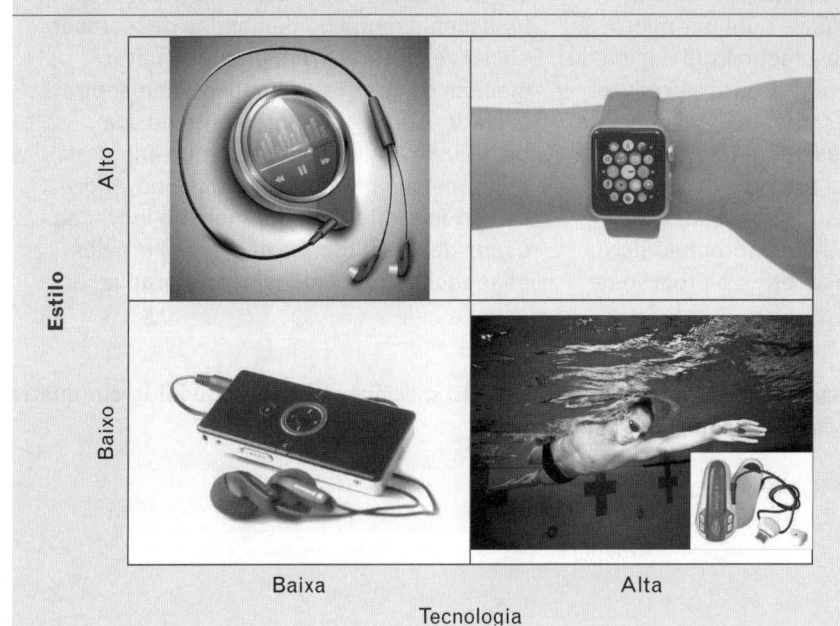

Figura 2.2

Gráfico de estilo *versus* tecnologia para leitor digital de música.

Istvan Csak/Shutterstock; Courtesia da J-Tech Corp.(HK) Limitado;

© Stefan Sollfors/Alamy; Cortesia da FINIS, Inc.

Figura 2.3

Gráfico de estilo *versus* tecnologia para sistemas purificadores de água.

StevenColing/Shutterstock; Cortesia da Applica WatersProducts; Cortesia da Hague Quality Water International; Cortesia da LifesaverSystems Ltd.

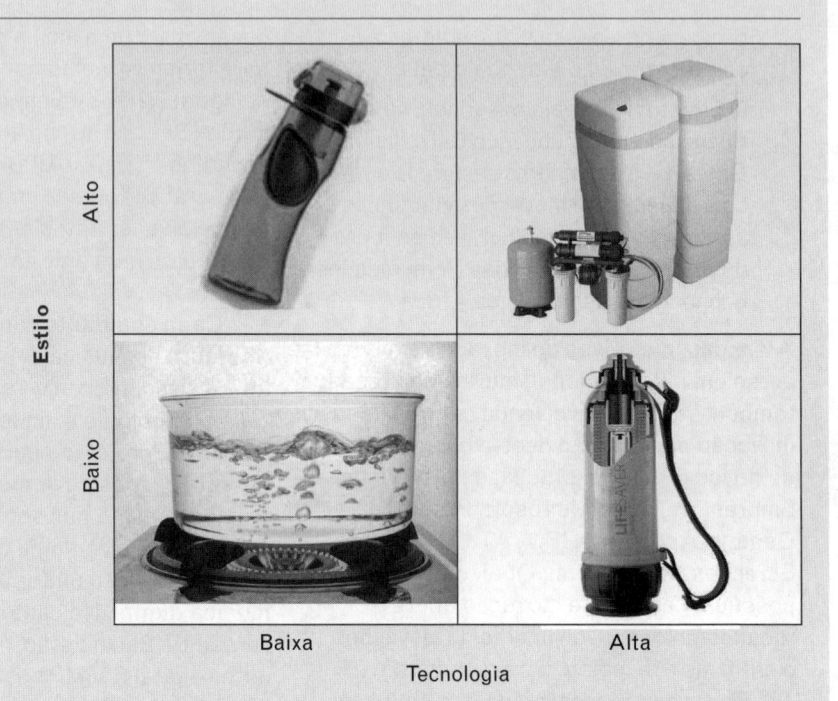

de controle. No canto superior direito, a versão Alto Estilo/Alta Tecnologia é um Apple TM Watch, para clientes que desejam as tecnologias mais recentes com recursos elegantes.

Na Figura 2.3, um gráfico semelhante é mostrado para produtos de purificação de água. No canto inferior esquerdo, o produto Baixo Estilo/Baixa Tecnologia é uma panela usada para ferver água e eliminar micro-organismos usando a tecnologia básica do calor. No canto inferior direito, o produto Baixo Estilo/Alta Tecnologia é uma garrafa LIFESAVER® que usa nanotecnologia avançada para filtrar a menor bactéria, vírus, cisto, parasita, fungo e qualquer outro agente patogênico microbiológico. No canto superior esquerdo, o produto de Alto Estilo/Baixa Tecnologia é uma Fashion Bottle com sistema de filtro da Clear2O®. No canto superior direito, o produto de Alto Estilo/Alta Tecnologia é o Hague WaterMax®, um sistema personalizado de tratamento de água para uma casa inteira.

Desenvolver produtos tecnicamente eficazes, seguros, conscientes e ecologicamente corretos para atender a uma ampla gama de demandas de mercado, sociais e culturais requer engenheiros mecânicos capazes de pensar de maneira inovadora. Independentemente da sua habilidade atual de inovar, o que importa é que você sempre pode ser mais inovador. Um projeto eficiente por meio da inovação é uma das habilidades que se espera dos engenheiros mecânicos após a graduação.

De uma perspectiva macroscópica, o processo de projeto mecânico pode ser dividido em quatro estágios maiores, que são detalhados na Figura 2.4:

- Desenvolvimento de requisitos
- Projeto conceitual
- Projeto detalhado
- Produção

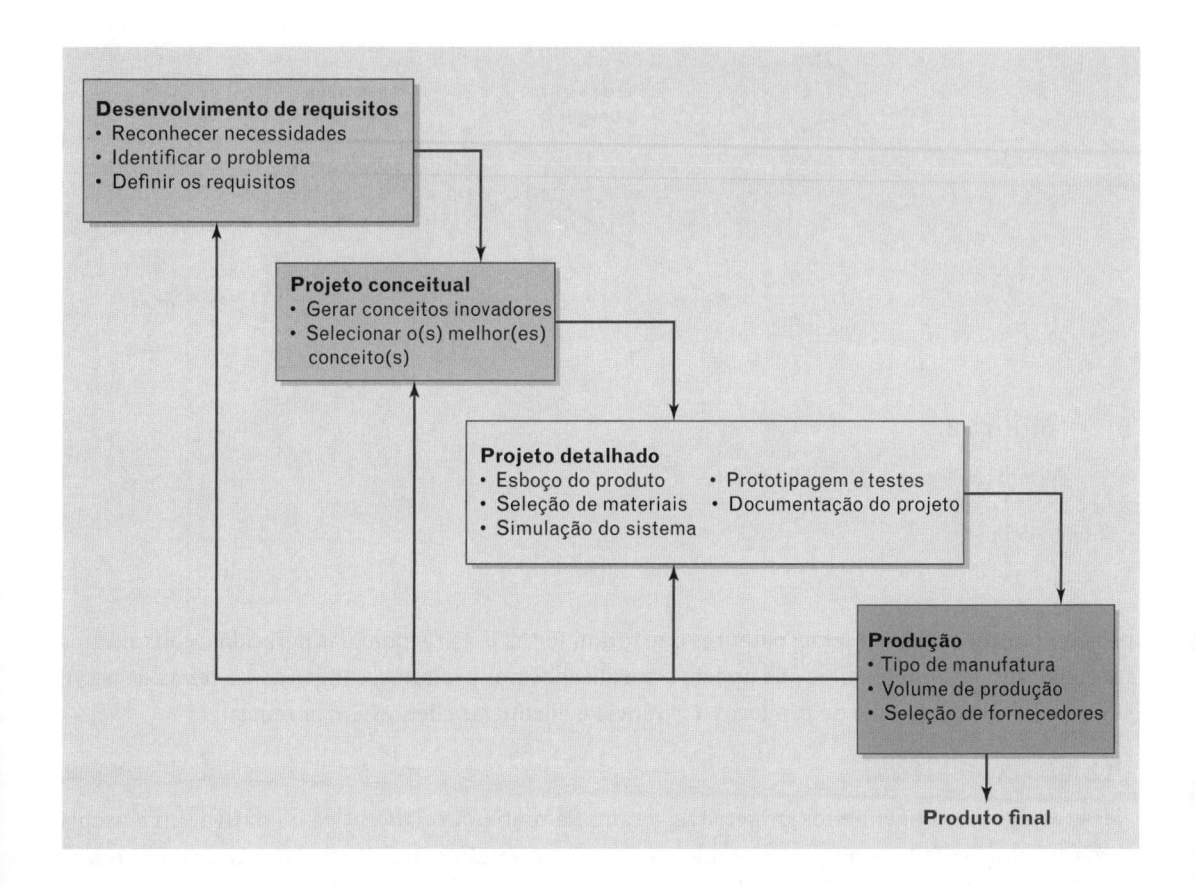

```
┌─────────────────────────────┐
│ Desenvolvimento de requisitos│
│ • Reconhecer necessidades   │
│ • Identificar o problema    │
│ • Definir os requisitos     │
└─────────────────────────────┘
        │
        ▼
   ┌──────────────────────────────────┐
   │ Projeto conceitual               │
   │ • Gerar conceitos inovadores     │
   │ • Selecionar o(s) melhor(es)     │
   │   conceito(s)                    │
   └──────────────────────────────────┘
            │
            ▼
       ┌────────────────────────────────────────────────────┐
       │ Projeto detalhado                                  │
       │ • Esboço do produto    • Prototipagem e testes     │
       │ • Seleção de materiais • Documentação do projeto   │
       │ • Simulação do sistema                             │
       └────────────────────────────────────────────────────┘
                    │
                    ▼
              ┌─────────────────────────┐
              │ Produção                │
              │ • Tipo de manufatura    │
              │ • Volume de produção    │
              │ • Seleção de fornecedores│
              └─────────────────────────┘
                        │
                        ▼
                   Produto final
```

Desenvolvimento de requisitos

Figura 2.4 Fluxograma do protótipo de processo do projeto mecânico.

O projeto de engenharia começa quando uma necessidade básica é identificada. Pode ser uma necessidade técnica de um mercado específico ou uma necessidade básica humana, como água potável, energia renovável ou proteção contra desastres naturais. Inicialmente, um engenheiro projetista desenvolve um conjunto de requisitos do sistema considerando as seguintes questões:

- *Desempenho funcional*: O que o produto precisa realizar.
- *Impacto ambiental*: Efeitos durante todas as fases de produção, uso e retirada.
- *Manufatura*: Limitações de recursos e materiais.
- *Problemas econômicos*: Orçamento, custo, preço e lucro.
- *Preocupações ergonométricas*: Fatores humanos, estética, adequação ao uso.
- *Problemas globais*: Mercados internacionais, necessidades e oportunidades.
- *Problemas no ciclo de vida*: Uso, manutenção e obsolescência programada.
- *Fatores sociais*: Problemas civis, urbanos e culturais.

Os requisitos do sistema representam essencialmente as restrições que o projeto deve, por fim, satisfazer. Para desenvolver os requisitos, os engenheiros conduzem pesquisas extensivas e reúnem informações de diversas fontes. Como mencionado na Seção 1.4, eles precisam ser capazes de se comunicar e se entender com uma grande variedade de partes interessadas no processo do

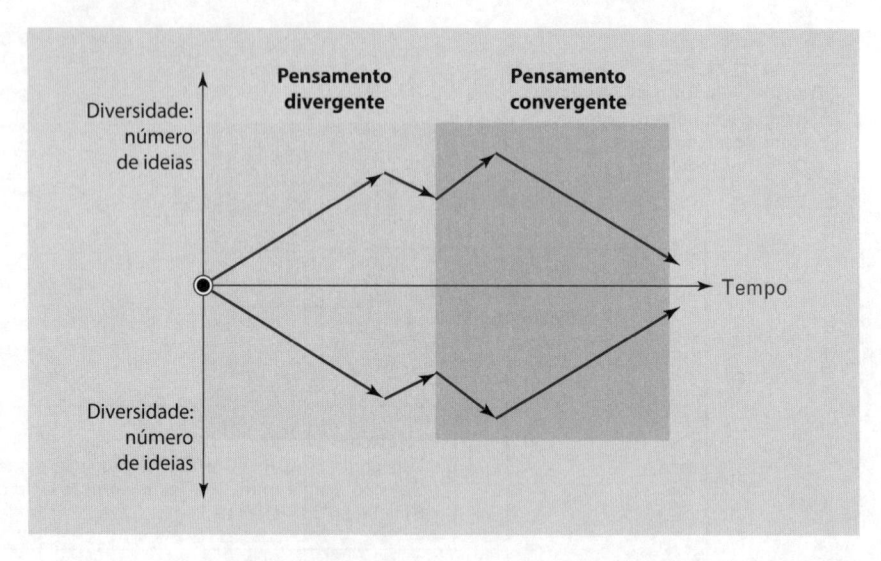

Figura 2.5
A geração e a seleção de ideias no projeto conceitual.

projeto, porque precisam ler as patentes que foram feitas para tecnologias parecidas, consultar os fornecedores de componentes que podem ser utilizados nos produtos, comparecer a feiras de negócios, apresentar propostas de produtos à gerência e encontrar clientes em potencial.

Projeto conceitual

Nesse estágio, os engenheiros projetistas geram, de maneira colaborativa e criativa, uma ampla gama de soluções potenciais para o problema em mãos e, então, selecionam a(s) mais promissora(s) para ser(em) desenvolvida(s). Inicialmente, como mostrado na Figura 2.5, o processo é guiado por *ideias divergentes* – um conjunto diverso de ideias criativas é desenvolvido. Algumas pessoas acreditam que a criatividade está reservada aos artistas, que nascem com a habilidade de serem inovadores, e que engenheiros precisam ser práticos, deixando as atividades criativas para outros. A realidade é que ser criativo é uma parte crítica do trabalho de um engenheiro; o projeto de produto requer que os engenheiros sejam em parte cientistas racionais e, em parte, artistas inovadores. Engenheiros podem aprender a ser mais criativos, dando a si mesmos o conjunto de habilidades necessárias para sobreviverem em sua carreira acadêmica e profissional. Muitas vezes, as soluções mais criativas vêm de uma seção de inovação colaborativa, em que as pessoas podem discutir ideias com outras de várias origens – diferentes profissões, indústrias, idades, formações, culturas e nacionalidades.

Uma vez que um rico conjunto de conceitos foi gerado, o processo é guiado pelo *pensamento convergente*, à medida que os engenheiros começam a eliminar ideias e convergir rumo aos poucos melhores conceitos. A lista de requisitos do primeiro estágio é usada para eliminar projetos inviáveis ou inferiores e identificar os conceitos com maior potencial para satisfazer os requisitos. Essas avaliações podem ser desempenhadas utilizando-se uma lista de prós e contras ou uma matriz com a classificação dos conceitos por meio do uso de cálculos preliminares para comparar requisitos-chave. Modelos de computador e protótipos de equipamentos também podem ser produzidos nesse estágio para auxiliar no processo de seleção. Nesse ponto, o projeto permanece relativamente fluido, e as alterações podem ser realizadas sem muitos custos; porém, quanto mais um produto avança no processo de desenvolvimento, mais difíceis e dispendiosas são as alterações. Esse estágio culmina com a identificação do conceito do projeto mais promissor.

Projeto detalhado

Neste ponto do processo de projeto, a equipe já definiu, inovou, analisou e convergiu seus esforços para o melhor conceito. Entretanto, muitos detalhes do projeto e da sua fabricação permanecem em aberto, e cada um deles deve ser resolvido antes de se produzir o equipamento. No projeto detalhado do produto, alguns pontos devem ser determinados:

- Desenvolver o esboço e a configuração do produto.
- Selecionar materiais para cada componente.
- Direcionar o projeto para um problema X (por exemplo, projeto para confiabilidade, produção, montagem, variação, custos, reciclagem).
- Otimizar a geometria final, incluindo tolerâncias apropriadas.
- Desenvolver modelos digitais completos de todas as componentes e montagens.
- Simular o sistema usando modelos matemáticos e digitais.
- "Prototipar" e testar componentes críticos e módulos.
- Desenvolver um plano de produção.

Um importante princípio geral no estágio detalhado do projeto é a *simplicidade*. Quanto mais simples for o conceito do projeto, melhor ele será, em razão da menor quantidade de situações que podem dar errado. Pense nos produtos de engenharia mais bem-sucedidos; muitas vezes eles são caracterizados por uma integração efetiva entre design inovador, engenharia sólida e simplicidade funcional. Manter as coisas o mais simples possível traz boa reputação entre os engenheiros. **Simplicidade**

Além disso, os engenheiros precisam estar confortáveis com o conceito de iteração num processo de projeto. A *iteração* é o processo de realizar repetidas alterações e modificações em um projeto para melhorá-lo e aperfeiçoá-lo. Por exemplo, se nenhum dos conceitos gerados atende satisfatoriamente aos requisitos, então os engenheiros precisam ou revisitar a lista de requisitos ou voltar ao estágio de conceituação das ideias. Da mesma forma, se o plano de produção do projeto final não é viável, então os engenheiros precisam revisitar os detalhes do projeto e escolher materiais diferentes, novas configurações e outros detalhes de projeto. A cada iteração, o projeto melhora gradualmente – desempenhando melhor, com mais eficiência e de forma mais elegante. A iteração lhe permitirá transformar um equipamento que apenas funciona em um que funciona bem. **Iteração**

Embora os engenheiros estejam claramente preocupados com os aspectos técnicos do projeto (forças, materiais, fluidos, energia e movimento), eles também reconhecem a importância da aparência, ergonomia e estética de um produto. Seja um produto eletrônico, uma sala de controle de uma usina elétrica ou a cabine de pilotagem de um avião comercial, a interface entre o usuário e o equipamento deve ser confortável, simples e intuitiva. A *usabilidade* de um produto pode se tornar particularmente problemática quando a tecnologia é mais sofisticada. Não importa quão impressionante a tecnologia possa ser, se ela for difícil de operar, os clientes não a aceitarão com tanto entusiasmo como se pudessem manuseá-la facilmente. Nesse sentido, os engenheiros costumam colaborar com os designers industriais e psicólogos para melhorar a atratividade e usabilidade de seus produtos. Afinal a engenharia é um empreendimento comercial que satisfaz as necessidades de seus clientes. **Usabilidade**

Engenheiros devem ser muito diligentes na documentação tanto dos desenhos de engenharia do processo de projeto quanto das atas de reuniões e relatórios, para que os outros possam entender as razões por trás de cada decisão. Tal *documentação* é útil para as futuras equipes de projeto que queiram aprender e aproveitar as experiências da presente equipe. Um caderno de projeto (veja Seção 3.7) é uma maneira eficiente de reunir a informação e o conhecimento criados no processo do projeto.

Documentação

Livros de projeto – preferivelmente encadernados, numerados, datados e até testemunhados – também ajudam na obtenção da a patente de uma nova tecnologia importante que uma empresa deseja impedir que outros usem. Desenhos, cálculos, fotografias, dados de testes e listas de datas de cada importante etapa alcançada são importantes para capturar com precisão como, quando e por quem a invenção foi desenvolvida. *Patentes* são um aspecto-chave dos negócios da engenharia, porque proporcionam proteção legal aos inventores das novas tecnologias. Elas constituem um dos aspectos de propriedade intelectual (um campo que também contém direitos autorais, marcas registradas e segredos comerciais), e são um direito à propriedade, análogas à escritura de um edifício ou de um pedaço de terra.

Patentes

As patentes são concedidas para um novo e útil processo, máquina, artigo de fabricação ou composição de matéria ou para a melhoria destes. Patentes são acordos feitos entre um inventor e o governo nacional. Ao inventor é concedido o direito legal de excluir o de outros de fabricar, usar, vender ou importar sua invenção. Em troca, o inventor concorda em divulgar e explicar a invenção para o público em um documento escrito chamado *patente*. Uma patente é o monopólio de uma nova tecnologia que expira depois de alguns anos, cuja duração depende do tipo de patente emitida e da nação que a estiver emitindo. Pode-se argumentar que o sistema de patentes formou a base econômica sobre a qual nossa sociedade fez seu progresso tecnológico. Patentes estimulam a pesquisa corporativa e o desenvolvimento de produtos porque dão incentivo financeiro (um monopólio limitado) à inovação. Por ser criativo, um inventor pode usar a proteção oferecida por uma patente para obter vantagem sobre concorrentes de negócios.

A Constituição dos Estados Unidos fornece ao Congresso a autoridade de decretar leis de patente. É interessante notar que essa autoridade é mencionada antes de outros (talvez mais conhecidos) poderes do Congresso, tais como declarar guerra e manter um exército.

Há três tipos primários de patentes nos Estados Unidos: plantas, projetos e utilidades. Como o nome implica, uma *patente de planta* é emitida a certos tipos de plantas de reprodução assexuada e não é comumente encontrada por engenheiros mecânicos.

Patente de projeto

Uma *patente de projeto* é direcionada a um projeto novo, original e ornamental. Uma patente de projeto tem a intenção de proteger um produto esteticamente atraente que é resultado de uma habilidade artística; ela não protege as características funcionais do produto. Por exemplo, uma patente de projeto pode proteger a forma de um chassi automotivo se ele for atraente, agradável ao olhar ou der ao veículo uma aparência esportiva. Entretanto, a patente do projeto não vai proteger as características funcionais do chassi, como reduzir a força de arrasto do vento ou oferecer proteção anticolisões.

Como resultado, as empresas com os maiores portfólios de patentes de projeto costumam ter produtos que são funcionalmente indistinguíveis de seus concorrentes. Por exemplo, empresas que desenvolvem produtos como calçados esportivos, produtos de limpeza, eletrônicos de consumo, móveis, relógios e produtos de higiene pessoal geralmente têm portfólios significativos de patentes de projeto.

Mais comumente encontrada na engenharia mecânica, a *patente de utilidade* protege a função do aparato, processo, produto ou da matéria de composição. Em geral, a patente de utilidade contém três principais componentes:

Patente de utilidade

- A *especificação*, que é uma descrição escrita do propósito, da construção e da operação da invenção.
- Os *desenhos*, que mostram uma ou mais versões da invenção.
- Os *direitos*, que explicam em linguagem precisa as características específicas que a patente protege.

A descrição fornecida pela patente deve ser detalhada o suficiente para mostrar a alguém como usar a invenção. Como exemplo, a capa de uma patente de utilitário dos Estados Unidos é mostrada na Figura 2.6 (consulte a página 44). A página inclui o título e o número da patente, a data em que ela foi concedida, os nomes dos inventores, uma bibliografia de patentes relacionadas e um breve resumo da invenção. As patentes de utilidade tornam-se válidas na data em que a patente são concedidas, e as recentemente emitidas expiram 20 anos após a data do pedido, que deve ser depositado no prazo de um ano após o inventor ter divulgado publicamente ou usado a invenção (por exemplo, vendendo-a ou oferecendo-a para ser vendida por terceiros, demonstrando-a em uma feira industrial ou publicando um artigo sobre ela).

Em 2013, a IBM recebeu o maior número de patentes de utilidade nos Estados Unidos, com 6.788 patentes. A Samsung ficou em segundo lugar na lista, com 4.652 patentes. As outras 15 principais empresas em 2013 incluem Canon, Sony, LG Electronics, Microsoft, Toshiba, Panasonic, Hitachi, Google, Qualcomm, General Electric, Siemens, Fujitsu e Apple.

Para candidatar-se a uma patente, os engenheiros normalmente trabalham com os advogados de patentes, que realizam uma pesquisa daquelas já existentes, preparam o pedido e interagem com um escritório nacional de marcas e patentes. Em 2013, apenas os Estados Unidos concederam mais de 277.000 patentes de utilidade e mais de 23.000 patentes de projeto. Cerca de metade de todas as patentes de 2013 têm origem nos Estados Unidos. A tabela a seguir mostra os dez primeiros países classificados pelo número de patentes concedidas nos Estados Unidos em 2013 (dados do Escritório de Patentes e Marcas Registradas dos Estados Unidos).

País	Número de patentes concedidas nos Estados Unidos	Aumento percentual a partir de 2000
Japão	54.170	65%
Alemanha	16.605	53%
Coreia do Sul	15.745	353%
Taiwan	12.118	108%
Canadá	7.272	85%
China (PRC)	6.597	3.947%
França	6.555	57%
Reino Unido	6.551	60%
Israel	3.152	277%
Itália	2.930	49%

United States Patent [19]
Wickert et al.

[11] Patent Number: **5,855,257**
[45] Date of Patent: **Jan. 5, 1999**

[54] DAMPER FOR BRAKE NOISE REDUCTION

[75] Inventors: **Jonathan A. Wickert**, Allison Park; **Adnan Akay**, Sewickley, both of Pa.

[73] Assignee: **Chrysler Corporation**, Auburn Hills, Mich.

[21] Appl. No.: **761,879**

[22] Filed: **Dec. 9, 1996**

[51] Int. Cl.[6] F16D 65/10
[52] U.S. Cl. .... 188/218 XL; 188/218 A
[58] Field of Search .... 188/18 A, 218 A, 188/218 R, 218 XL; 74/574

[56] **References Cited**

U.S. PATENT DOCUMENTS

1,745,301	1/1930	Johnston .
1,791,495	2/1931	Frey .
1,927,305	9/1933	Campbell .
1,946,101	2/1934	Norton .
2,012,838	8/1935	Tilden .
2,081,605	5/1937	Sinclair .
2,197,583	4/1940	Koeppen et al. .
2,410,195	10/1946	Baselt et al. .
2,506,823	5/1950	Wyant .
2,639,195	5/1953	Bock .
2,702,613	2/1955	Walther, Sr. .
2,764,260	9/1956	Fleischman .
2,897,925	8/1959	Strohm .
2,941,631	6/1960	Fosberry et al. .... 188/218 A
3,250,349	5/1966	Byrnes et al. .
3,286,799	11/1966	Shilton .... 188/218 A
3,292,746	12/1966	Robiette .
3,368,654	2/1968	Wegh et al. .
3,435,925	4/1969	Harrison .
3,934,686	1/1976	Stimson et al. .
4,043,431	8/1977	Ellege .... 188/218 A
4,656,899	4/1987	Contoyonis .
5,004,078	4/1991	Oono et al. .
5,383,539	1/1995	Bair et al. .

FOREIGN PATENT DOCUMENTS

123707	7/1931	Australia .
2275692	1/1976	France .... 188/218 A
58-72735	4/1983	Japan .
63-308234	12/1988	Japan .
141236	9/1984	Rep. of Korea .... 18/218 A
254561	9/1925	United Kingdom .... 188/218 A
708083	10/1952	United Kingdom .
857043	12/1960	United Kingdom .... 188/218 A
934096	8/1963	United Kingdom .... 188/218 A
2181199	4/1987	United Kingdom .
2181802	4/1987	United Kingdom .

Primary Examiner—Robert J. Oberleitner
Assistant Examiner—Chris Schwartz
Attorney, Agent, or Firm—Roland A. Fuller, III

[57] **ABSTRACT**

An apparatus for reducing unwanted brake noise has a ring damper affixed around a periphery of a brake rotor in a disk brake system in a manner that permits relative motion and slippage between the ring damper and the rotor when the rotor vibrates during braking. In a preferred embodiment, the ring damper is disposed in a groove formed in the periphery of the disk and is pre-loaded against the rotor both radially and transversely. The ring damper is held in place by the groove itself and by the interference pre-load or pretension between the ring damper and the disk brake rotor.

30 Claims, 4 Drawing Sheets

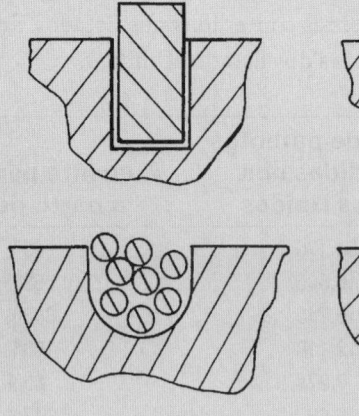

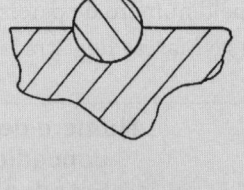

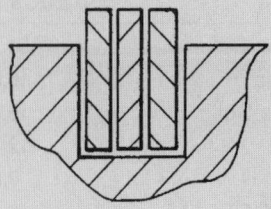

Figura 2.6
Folha de rosto de uma patente dos Estados Unidos.

Fonte: United States Patent, Wickert et al., Patent Number: 5,855,257, Jan. 5, 1999.

Compare isso com a tabela a seguir, que mostra os dez principais países classificados por aumento percentual de patentes concedidas nos Estados Unidos entre os anos de 2013 e 2020 (incluindo um mínimo de 100 patentes emitidas em 2013).

País	Aumento percentual a partir de 2000
China	3.947%
Índia	2.900%
Arábia Saudita	1.158%
Polônia	769%
Malásia	389%
Coreia do Sul	353%
República Tcheca	329%
Israel	277%
Hungria	271%
Singapura	254%

Embora a obtenção de uma patente de um determinado país proteja um indivíduo ou empresa naquele país, às vezes, é preferível uma proteção de patente internacional. A Organização Mundial da Propriedade Intelectual (WIPO, na sigla em inglês – www.wipo.int) oferece aos candidatos a patentes individuais e corporativas uma maneira de obter proteção de patente internacionalmente. Em 2013, o número de pedidos de patentes internacionais depositados na WIPO ultrapassou 200.000 pela primeira vez, sendo os Estados Unidos o país mais ativo, seguido pelo Japão, China e Alemanha.

O ano de 2013 foi importante na lei de patentes, pois os Estados Unidos passaram de um sistema de patentes "primeiro a inventar" para um sistema "primeiro a registrar". Isso significa que a data real da invenção de um produto não é mais significativa; em vez disso, o proprietário da patente é a primeira pessoa a depositar a patente, independentemente de quando a invenção foi concebida. Essa mudança significativa na lei de patentes levou muitas empresas em todo o mundo a repensarem a maneira como desenvolvem, divulgam e protegem suas ideias de novos produtos e alterações de projeto.

Às vezes, os engenheiros querem um protótipo rápido para finalizar algumas características do produto em preparação para o pedido de patenteamento, para a documentação do produto ou para comunicar seus detalhes a terceiros. Uma imagem pode valer mais que mil palavras, mas um protótipo físico costuma ser útil para que os engenheiros visualizem as componentes complexas de uma máquina. Muitas vezes, esses protótipos podem ser testados fisicamente para que as decisões de troca possam ser tomadas com base nos resultados das medições e da análise. Os métodos para a produção de tais componentes são chamados de *prototipagem rápida*, impressão 3-D ou manufatura aditiva. A principal capacidade desses processos é que objetos tridimensionais complexos são fabricados

Prototipagem rápida

(a) (b) (c)

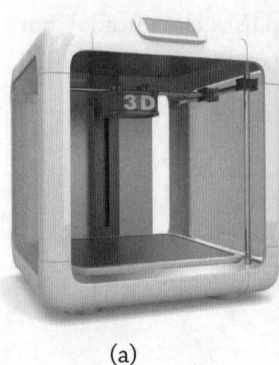

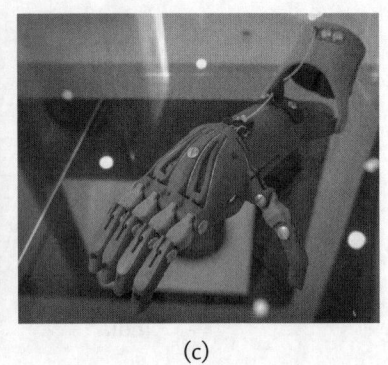

Figura 2.7

Sistemas de impressão tridimensional e uma mão protética multimaterial impressa em 3D.

Chesky_W/iStock/Thinkstock;
Anadolu Agency/Getty Images;
Anadolu Agency/Getty Images

diretamente a partir de um desenho gerado por computador, geralmente em questão de horas.

Alguns sistemas de prototipagem rápida usam o laser para fundir camadas de um polímero líquido (um processo chamado *estereolitografia*) ou para fundir a matéria-prima em pó. Outra técnica de prototipagem movimenta um cabeçote de impressora (similar a um utilizado em uma impressora jato de tinta) para lançar adesivo líquido ao material em pó e "colar" gradualmente as partes do protótipo. Em essência, o sistema de prototipagem rápida é uma impressora tridimensional capaz de transformar uma representação eletrônica da componente em partes plásticas, cerâmicas ou metálicas. A Figura 2.7 mostra dois sistemas de prototipagem rápida de impressão 3D [(a) e (b)] e uma mão protética multimaterial impressa em 3D [(c)]. Essas tecnologias de prototipagem rápida podem produzir protótipos duráveis e totalmente funcionais, fabricados de polímeros e outros materiais. As componentes podem ser montadas, testadas e cada vez mais utilizadas como peças de produção.

Produção

O envolvimento do engenheiro não termina até que o protótipo funcional seja entregue e os toques finais sejam dados aos desenhos. Engenheiros mecânicos trabalham em um ambiente amplo, e seus projetos são vistos com um olhar crítico, que vai além do simples critério de verificar se a solução funciona como deveria. Afinal, se o produto é tecnicamente excelente, mas requer materiais e operações de fabricação caros, os clientes podem evitá-lo e selecionar um que seja mais equilibrado em relação a custo e desempenho.

Por isso, até no estágio de desenvolvimento dos requisitos, os engenheiros devem considerar os requisitos de manufatura para a etapa de produção. Afinal, se você se dedica a projetar algo, é melhor que este possa ser construído de fato e, de preferência, a um baixo custo. Os materiais selecionados para um produto influenciam o modo como ele pode ser fabricado. Uma parte que é usinada do metal pode ser mais apropriada para um conceito de projeto, mas uma componente de plástico produzida por moldagem por injeção pode ser uma escolha melhor para outro. No final, a função do projeto, a forma, os materiais, o custo e o modo de produção estão estreitamente interconectados e equilibrados em todo o processo do projeto.

Uma vez que o projeto detalhado esteja completo, o projetista envolve-se com a fabricação e a produção do produto. Em parte, as técnicas de fabricação que um engenheiro seleciona dependem do tempo e dos custos de configuração das ferramentas e das máquinas necessárias

Figura 2.8

Robôs executam várias tarefas de montagem em uma linha de produção de veículos em massa.

© imageBROKER/Alamy

para a produção. Alguns sistemas – por exemplo, automóveis, ares-condicionados, microprocessadores, válvulas hidráulicas e discos rígidos de computadores – são produzidos em massa, um termo que denota uso extenso da automação mecânica. Como exemplo, a Figura 2.8 mostra uma linha de montagem em que robôs realizam várias tarefas de montagem em uma fábrica de automóveis. Historicamente, esse tipo de linha de montagem contém ferramentas customizadas e instalações especializadas, capazes de produzir eficientemente apenas certas componentes de certos tipos de veículos. Mas, agora, os sistemas de manufatura flexíveis permitem que uma linha de produção se reconfigure rapidamente para diferentes componentes de diferentes veículos. Como os produtos finais da *produção em massa* podem ser produzidos rapidamente, uma empresa pode alocar de maneira rentável uma grande quantidade de espaço no chão da fábrica e muitas máquinas-ferramentas caras, mesmo que elas possam desempenhar tarefas fáceis, como fazer alguns furos ou polir uma única superfície.

Produção em massa

Além do equipamento produzido pela produção em massa, outros produtos (como aviões comerciais) são feitos em quantidades relativamente pequenas ou são únicos (como o telescópio espacial Hubble). Alguns produtos exclusivos podem até ser produzidos diretamente de um desenho gerado por computador, usando uma impressora tridimensional (Figura 2.7). O melhor método de produção para um produto depende da quantidade a ser produzida, do custo permitido e do nível de precisão necessário. A próxima seção revê os métodos de produção e manufatura mais eminentes.

Foco em — Equipes de projeto globais

Os avanços tecnológicos em simulação e prototipagem virtual estão tornando a separação geográfica entre as equipes de projeto de produtos em todo o mundo cada vez mais irrelevante. Como resultado, produtos e sistemas agora podem ser desenvolvidos por equipes globais de projeto colaborativas. A Boeing revelou recentemente não apenas um dos jatos comerciais tecnicamente mais avançados de todos os tempos – o Dreamliner 787 –, mas também realizou um dos projetos de engenharia mais ambiciosos de todos os tempos, trabalhando em estreita colaboração com quase 50 fornecedores de sistemas de primeira linha em 135 locais em quatro continentes. Alguns dos principais fornecedores da Boeing em todo o mundo são mostrados na Figura 2.9.

A Boeing também usou um sofisticado software de gerenciamento de banco de dados que vinculou digitalmente todos os locais de trabalho. Isso garantiu que toda a equipe de engenharia trabalhasse no mesmo conjunto de modelos sólidos e representações de desenho assistido por computador (CAD). Assim, enquanto as tecnologias de fabricação e prototipagem rápida continuam avançando, a Boeing e muitas outras empresas estão aproveitando a prototipagem virtual como uma ferramenta eficaz no projeto de engenharia. A prototipagem virtual

Figura 2.9
Os principais fornecedores globais do Boeing Dreamliner 787.
REUTERS/LANDOV

Fornecedores das estruturas da Dreamliner 787
Componentes selecionadas e fornecedores de sistemas

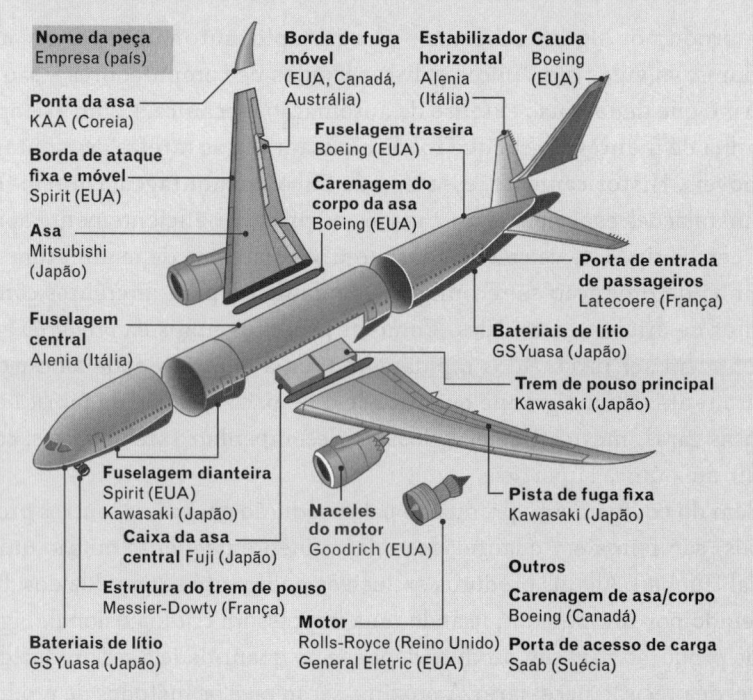

- **Nome da peça** — Empresa (país)
- **Ponta da asa** — KAA (Coreia)
- **Borda de ataque fixa e móvel** — Spirit (EUA)
- **Asa** — Mitsubishi (Japão)
- **Fuselagem central** — Alenia (Itália)
- **Fuselagem dianteira** — Spirit (EUA), Kawasaki (Japão)
- **Caixa da asa central** — Fuji (Japão)
- **Estrutura do trem de pouso** — Messier-Dowty (França)
- **Bateriais de lítio** — GS Yuasa (Japão)
- **Borda de fuga móvel** — (EUA, Canadá, Austrália)
- **Naceles do motor** — Goodrich (EUA)
- **Motor** — Rolls-Royce (Reino Unido), General Eletric (EUA)
- **Estabilizador horizontal** — Alenia (Itália)
- **Fuselagem traseira** — Boeing (EUA)
- **Carenagem do corpo da asa** — Boeing (EUA)
- **Cauda** — Boeing (EUA)
- **Porta de entrada de passageiros** — Latecoere (França)
- **Bateriais de lítio** — GS Yuasa (Japão)
- **Trem de pouso principal** — Kawasaki (Japão)
- **Pista de fuga fixa** — Kawasaki (Japão)
- **Outros**
- **Carenagem de asa/corpo** — Boeing (Canadá)
- **Porta de acesso de carga** — Saab (Suécia)

aproveita as tecnologias avançadas de visualização e simulação disponíveis nas áreas de realidade virtual, visualização científica e projeto auxiliado por computador para fornecer representações digitais realistas de componentes, módulos e produtos, conforme mostrado na Figura 2.10. Com o uso dessas ferramentas, os engenheiros de projeto podem simular e testar muitos cenários diferentes por uma fração do custo, dando-lhes confiança quando as peças reais são fabricadas.

Quando usada em processos de projeto, a prototipagem virtual facilita a implementação de muitas iterações, porque as alterações de projeto podem ser feitas rapidamente no modelo digital. Além disso, os scanners 3D estão permitindo que modelos digitais sejam criados com rapidez e precisão a partir de modelos físicos.

Figura 2.10

(a) Um modelo estrutural da estrutura do Boeing Dreamliner 787.

(b) O laboratório de realidade virtual da Boeing em Seatle, onde os engenheiros podem simular várias configurações de projeto e cenários operacionais.

Boeing Images; Bob Ferguson/ Boeing Images

▶ 2.3 Processos de manufatura

As tecnologias de manufatura são tão importantes economicamente porque são o meio de agregar valor às matérias-primas, convertendo-as em produtos úteis. Cada um dos muitos processos de fabricação diferentes é adequado a uma necessidade específica com base no impacto ambiental, na precisão dimensional, nas propriedades dos materiais e no formato das componentes mecânicas. Os engenheiros selecionam os processos, identificam as máquinas e ferramentas e monitoram a produção para garantir que o produto final satisfaça suas especificações. As principais classes dos processos de fabricação são as seguintes:

- *Fundição*   é o processo pelo qual um metal líquido, como o ferro gusa, o alumínio ou o bronze, é despejado em um molde, resfriado e solidificado.

- *Conformação* — abrange uma família de técnicas por meio das quais a matéria-prima é modelada por estiramento, dobra ou compressão. Aplicam-se grandes forças para deformar plasticamente um material em seu novo formato.
- *Usinagem* — refere-se aos processos em que uma ferramenta metálica afiada remove material de uma peça, cortando-a. Os métodos mais comuns de usinagem são a furação, a serragem, a fresagem e o torneamento.
- *Junção* — são operações utilizadas para unir subcomponentes em um produto final mediante caldeamento, soldagem, rebitamento, parafusamento ou juntando-os com material adesivo. Muitos quadros de bicicleta, por exemplo, são resultado da união por solda de vários pedaços de tubo.
- *Acabamentos* — são usados para tratar a superfície das componentes a fim de torná-la mais resistente, melhorar sua aparência ou protegê-la da ação do meio ambiente. Alguns processos incluem polimento, galvanização, eletrogalvanização, anodização e pintura.

No restante desta seção, descreveremos em detalhes os processos de fundição, conformação e usinagem.

Fundição Na *fundição*, o metal líquido é derramado na cavidade de um molde, que pode ser descartável ou reutilizável, e então o líquido é resfriado até se tornar um objeto sólido do mesmo formato que o molde. Uma característica atraente da fundição é que se pode produzir objetos com formatos complexos sem que seja necessária a união de várias peças. A fundição é um processo eficiente para se criar várias cópias de um objeto tridimensional; por esse motivo, as componentes fundidas são relativamente baratas. Por outro lado, podem surgir defeitos se o metal se solidificar precocemente e impedir o preenchimento completo do molde. Em geral, acabamento superficial das componentes fundidas possui uma superfície áspera e pode precisar de mais operações de usinagem para produzir superfícies lisas e planas. Alguns exemplos de componentes produzidas por meio de fundição incluem blocos dos motores de automóveis, cabeçotes de cilindros e rotores e tambores de sistemas de freios (Figura 2.11).

Laminação Um tipo de operação de conformação é a *laminação*, que é o processo de redução da espessura de uma chapa plana de material por meio de sua compressão entre rolos,

Figura 2.11

Exemplos de equipamentos produzidos por fundição incluem: rotor de freio a disco, bomba de óleo automotiva, pistão, mancal de rolamento, polia para correia em V, bloco do motor de avião de aeromodelo e cilindro de motor de dois tempos.

Imagem cortesia dos autores.

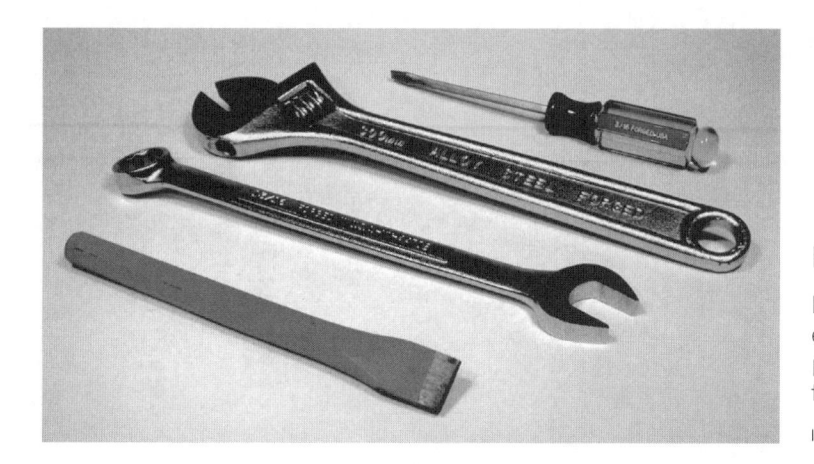

Figura 2.12

Exemplos de equipamentos produzidos por forjamento.

Imagem cortesia dos autores.

não muito diferente de fazer massa de biscoito ou pizza. A chapa de metal produzida dessa forma é usada para fabricar as asas e a fuselagem de aeronaves, recipientes para bebidas e partes da carroceria dos automóveis. O *forjamento* é outro processo de conformação que se baseia no princípio da conformação por aquecimento, impacto e deformação plástica do metal até que ele atinja seu formato final. O forjamento em escala industrial é uma versão moderna da arte dos ferreiros antigos, que trabalhavam o metal quente batendo nele com um martelo sobre uma bigorna. As componentes produzidas por forjamento incluem alguns tipos de virabrequim e bielas nos motores de combustão interna. Comparados às peças fundidas, as componentes forjadas apresentam maior resistência e dureza e, por esse motivo, muitas ferramentas manuais são produzidas dessa forma (Figura 2.12).

Forjamento

O processo de conformação conhecido como *extrusão* é utilizado para criar peças de metal longas e retas, com seções transversais de formato redondo, retangular, em L, T ou C, por exemplo. Na extrusão, utiliza-se uma prensa mecânica ou hidráulica para comprimir o metal aquecido contra uma ferramenta (chamada matriz ou molde), que contém uma extremidade com furo cônico no formato da seção transversal da peça acabada. A matriz utilizada para dar o formato à matéria-prima é feita de um metal muito mais duro do que o que está sendo processado. Conceitualmente, o processo de extrusão é semelhante ao que ocorre quando apertamos um tubo de creme dental. A Figura 2.13 mostra alguns exemplos de extrusões de alumínio com uma variedade de seções transversais.

Extrusão

Figura 2.13

Exemplos de extrusões de alumínio.

Imagem cortesia dos autores.

Figura 2.14

Este corpo para a construção de uma válvula hidráulica foi primeiramente fundido em alumínio (esquerda) e, em seguida, usinado para produzir os furos, as superfícies planas e as roscas (direita).

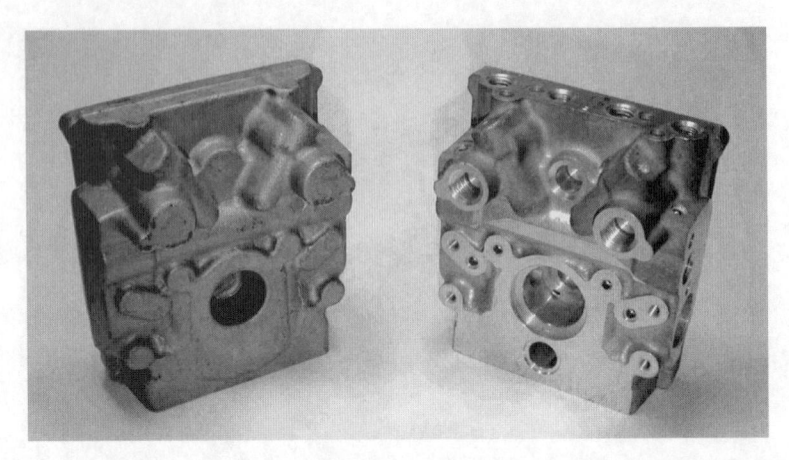

Imagem cortesia dos autores.

Usinagem

A *usinagem* refere-se aos processos pelos quais se remove gradualmente material de uma peça na forma de pequenas lascas. Os métodos de usinagem mais comuns são chamados de perfuração, serramento, fresagem e torneamento. As operações de usinagem produzem componentes mecânicos com dimensões e formas mais precisas do que as peças fabricadas por fundição ou forjamento. Um aspecto negativo da usinagem é que, devido a sua própria natureza, o material removido é descartado. Em uma linha de produção, as operações de usinagem são frequentemente combinadas com a fundição e o forjamento, visto que esses componentes necessitam de operações adicionais para tornar suas superfícies mais planas, fazer furos e eliminar rebarbas (Figura 2.14).

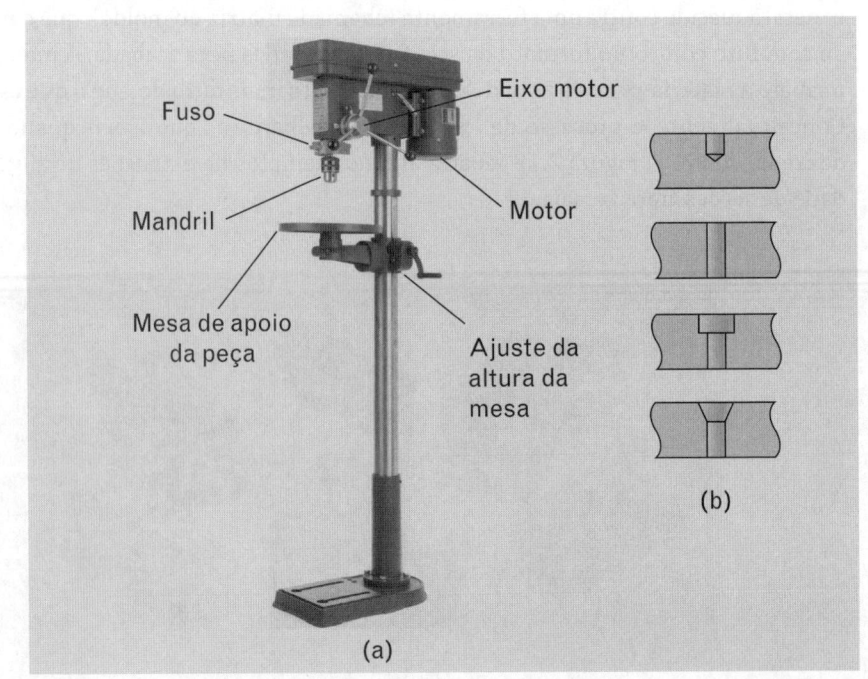

Figura 2.15

(a) As componentes principais de uma furadeira.

© David J. Green-engineering themes/Alamy.

(b) Diferentes tipos de furos que podem ser produzidos.

Máquinas de usinagem incluem furadeiras, serras de fita, tornos e fresadoras. Cada ferramenta baseia-se no princípio da remoção de material indesejado de uma peça mediante o corte feito por lâminas afiadas. A *furadeira* mostrada na Figura 2.15 é utilizada para fazer furos redondos em uma peça. Uma broca é presa no mandril giratório e, quando o operador gira a manivela de acionamento, a broca é abaixada e perfura a peça. Assim como deve ocorrer sempre que um metal é usinado, o ponto onde a broca é inserida na peça é lubrificado. O óleo reduz o atrito e também ajuda a remover o calor da região do corte. Por razões de segurança, usam-se morsas e fixadores para segurar firmemente a peça e impedir que ela se desloque acidentalmente do lugar.

Furadeiras

O operador usará uma *serra de fita* para fazer cortes brutos no metal (Figura 2.16). A serra é longa e contínua, dotada de dentes afiados em uma das bordas e se movimenta através da polia de acionamento e da polia livre. Um motor de velocidade variável permite que o operador regule a velocidade da lâmina, dependendo do tipo e da espessura do material a ser cortado. A peça é fixada sobre uma mesa capaz de se inclinar para possibilitar cortes em ângulo.

Serra de fita

O operador move manualmente a peça contra a serra e manipula a peça para que a serra faça cortes retos ou com leves curvas. Quando a lâmina se quebra ou fica cega e precisa ser substituída, utilizam-se o retificador e o soldador internos da máquina para retirar as extremidades da serra, conectá-las e refazer o arco da serra.

Uma *fresadora* (ou *fresa*) é utilizada para usinar as superfícies ásperas de uma peça plana e lisa e para fazer fendas, ranhuras e furos (Figura 2.17). A fresadora é uma máquina-ferramenta versátil, na qual a peça é movida lentamente em relação a

Fresadora

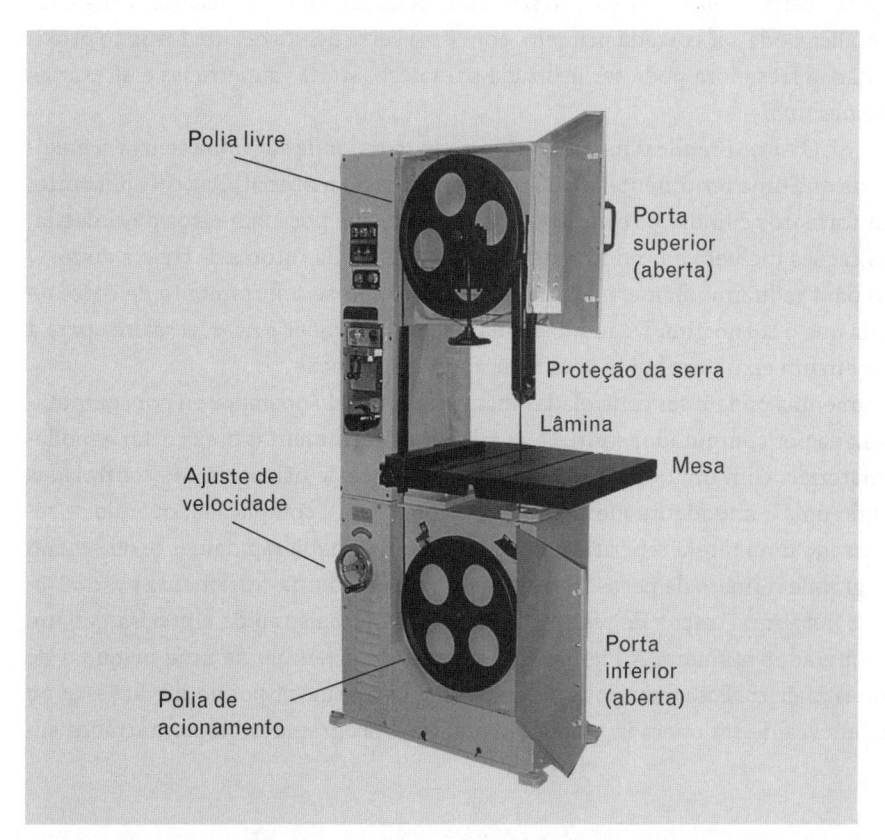

Figura 2.16

Elementos principais de uma serra de fita.

Imagem cortesia dos autores.

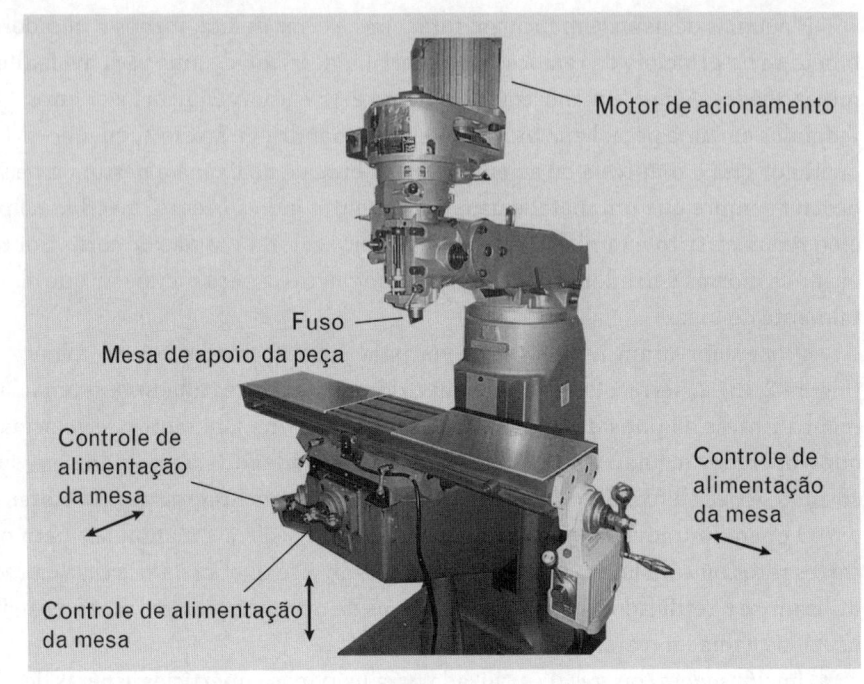

Figura 2.17

Principais elementos de uma fresadora.

Imagem cortesia dos autores.

uma ferramenta de corte giratória. A peça é fixada por meio de uma garra instalada sobre a mesa regulável, de modo que possa ser movida de maneira precisa em três direções (no plano da mesa e perpendicular a ela) para posicioná-la com precisão sob a ponta da ferramenta de corte. Uma peça feita de uma placa metálica pode ser cortada primeiro com uma serra de fita em um formato próximo ao definitivo e, então, a fresadora pode ser utilizada para desbastar as superfícies e ajustar as arestas às suas dimensões finais.

Torno

O *torno* prende uma peça e a faz girar ao redor da sua linha central à medida que uma ferramenta afiada remove lascas do material. O torno, portanto, é usado para produzir formatos cilíndricos e outras componentes que possuam eixos de simetria. Algumas das suas aplicações incluem a produção de eixos e a retífica de rotores de freio a disco. O torno pode ser usado para reduzir o diâmetro de um eixo, movendo-se a ferramenta de corte ao longo do eixo à medida que o torno gira. De modo similar, é possível fazer roscas, ressaltos para a fixação de rolamentos em um eixo e ranhuras para fixar anéis de retenção.

As máquinas-ferramentas podem ser controladas manualmente pelo operador ou por computador. A fabricação auxiliada por computador controla as máquinas-ferramentas para cortar e modelar metais e outros materiais com uma precisão notável. Operações de usinagem são controladas por computador quando uma componente mecânica é particularmente complicada, quando se requer alta precisão e quando uma tarefa repetitiva deve ser desempenhada rapidamente ou em um grande número de peças. Nesses casos, uma máquina-ferramenta *por controle numérico* é capaz de realizar uma usinagem mais rápida e precisa que um operador humano. A Figura 2.18 mostra um exemplo de uma máquina de usinagem por controle numérico. Essa fresa pode desempenhar os mesmos tipos de operações que a convencional. Porém, em vez de ser operada manualmente, ela é programada ou por entradas em

Controle numérico

Figura 2.18

Uma fresadora controlada numericamente pode produzir equipamentos de modo direto a partir de instruções criadas em um pacote de softwares CAD-3D.

© David J. Green/Alamy.

um teclado ou pelo download de instruções criadas por um software de engenharia assistida por computador. Máquinas-ferramentas controladas por computadores oferecem potencial para produzir equipamentos físicos idênticos a um desenho gerado por computador. Com a possibilidade de reprogramar rapidamente as máquinas-ferramentas, mesmo uma pequena oficina de trabalhos gerais pode produzir componentes usinadas de alta qualidade.

Algumas das mesmas tecnologias usadas para criar rapidamente protótipos de produtos para a avaliação de projetos estão começando a ser utilizadas para a *produção customizada*. Manufatura digital rápida ou direta é uma classe adicional de técnicas de fabricação para produzir partes customizadas ou de substituição. Uma linha de produção em massa se vale da automação mecânica, mas esses sistemas se destinam a produzir muitas partes idênticas. Sistemas de produção rápida usam o ponto de vista oposto: componentes exclusivos são produzidos diretamente de um arquivo digital gerado por computador. Os modelos digitais podem ser produzidos pela utilização de softwares de projeto auxiliados por computador ou pela digitalização de um objeto físico. Essa capacidade oferece potencial para a criação de produtos personalizados complexos a um custo razoável. Enquanto a prototipagem rápida normalmente usa termoplásticos, fotopolímeros ou cerâmicas para criar peças, tecnologias de manufatura rápida também podem usar uma variedade de metais e ligas, o que permite aos engenheiros criar partes funcionais inteiras extremamente rápido. Por exemplo, um feixe de elétrons derrete pó metálico em uma máquina a vácuo, criando partes muito fortes que podem resistir a altas temperaturas. A produção personalizada está dando aos engenheiros a capacidade de fabricar um produto assim que alguém o encomende, além ser capaz de produzir especificações únicas, aproveitando as tecnologias de fabricação rápida.

Produção customizada

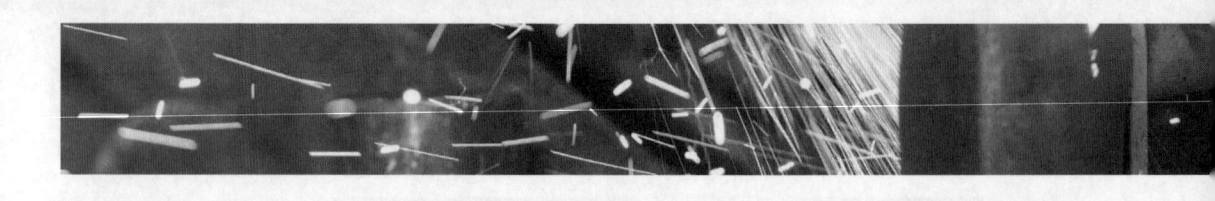

Resumo

O processo criativo por trás de um projeto mecânico não pode ser descrito completamente em um capítulo – nem mesmo em um livro dedicado a esse assunto. Na realidade, com este material como um ponto de partida, você continuará a desenvolver habilidades de projeto e experiências práticas durante toda a sua carreira profissional. Mesmo o mais experiente dos engenheiros pode encontrar certas dificuldades durante o processo de transformação de uma ideia em um equipamento ou uma peça que possam ser vendidos a um custo razoável. O objeto do projeto mecânico tem muitas facetas. Neste capítulo, apresentamos o processo básico de projeto e algumas das questões referentes a como um novo produto é projetado, fabricado e, por fim, protegido no mundo comercial pelas patentes. Esperamos que você reconheça que os princípios de projeto podem ser usados para desenvolver e produzir um conjunto diversificado de produtos, sistemas e serviços para atender aos sempre complexos desafios técnicos, globais, sociais e ambientais que nosso mundo enfrenta.

Como descrevemos no Capítulo 1, os engenheiros aplicam suas habilidades matemáticas, científicas e de engenharia auxiliada por computador para fabricar objetos que funcionem de maneira segura e transformem vidas. Nos níveis mais superiores, eles aplicam o procedimento descrito na Seção 2.2 para reduzir um problema apresentado a uma sequência de passos administrados: definição dos requisitos de sistema, projeto conceitual no qual os conceitos são gerados e triados, e projeto detalhado, onde todos os detalhes geométricos, funcionais e de produção de um produto são desenvolvidos. A engenharia é, em última análise, um empreendimento comercial, e você deve estar ciente desse contexto ampliado no qual a engenharia é praticada. Ao desenvolver um novo produto, um engenheiro, uma equipe de engenheiros ou uma empresa geralmente desejam proteger a nova tecnologia por meio do registro de uma patente. As patentes concedem ao inventor um monopólio limitado sobre o produto e, em troca, este concorda que sua invenção seja explicada a outras pessoas.

No fim, o projeto bem-sucedido baseia-se na criatividade, na elegância, na usabilidade e no custo. Pelo projeto, os engenheiros utilizam seu critério e realizam cálculos de ordem de magnitude para iniciar o processo e transformar ideias em conceitos e conceitos em projetos detalhados. Eles também determinam os métodos que serão usados para produzir o equipamento, e tais decisões baseiam-se na quantidade de unidades que será produzida, no custo permitido e no nível de precisão que será necessário no processo de fabricação. Apesar de a prototipagem rápida estar se tornando uma forma cada vez mais viável de produzir rapidamente produtos personalizados, as principais classes de processos de fabricação de massa ainda incluem a fundição, a conformação, a usinagem, a junção e o acabamento. Cada uma dessas técnicas ajusta-se melhor a uma aplicação específica com base no formato da componente mecânica e no material utilizado. As operações de usinagem são realizadas por meio de serras de fita, furadeiras, fresadoras e tornos, e todas essas máquinas-ferramentas utilizam ferramentas afiadas para remover material da peça que estiver sendo trabalhada. As máquinas-ferramentas podem ser controladas numericamente para fabricar componentes de alta precisão com base em projetos desenvolvidos por meio de pacotes de programas de engenharia auxiliada por computador.

Autoestudo e revisão

2.1 Quais são os principais estágios do processo de projeto?

2.2 Fale sobre a importância da iteração no processo de projeto.

2.3 Quais são as categorias de requisitos do sistema que os engenheiros projetistas devem considerar quando iniciam o processo de projeto?

2.4 Até que ponto as decisões detalhadas devem ser feitas nos estágios iniciais do processo de projeto no que tange a dimensões, materiais e outros fatores?

2.5 Discuta sobre algumas das questões envolvendo as habilidades de relacionamento interpessoal e de comunicação que surgem quando engenheiros trabalham juntos em uma equipe multidisciplinar em um processo de projeto de impacto global.

2.6 Explique como a simplicidade, a iteração e a documentação exercem papéis significativos em um processo de projeto.

2.7 Quais são as principais classes dos processos de fabricação?

2.8 Dê exemplos de um equipamento ou uma peça que tenham sido produzidos por fundição, laminação, extrusão e usinagem.

2.9 Explique como uma serra de fita, uma furadeira e uma fresadora são utilizadas.

2.10 O que é a tecnologia de prototipagem rápida e quando esta tecnologia pode ser mais bem utilizada?

2.11 Qual é a diferença entre patentes de projeto e de utilidade?

2.12 Qual é a validade de uma patente de utilidade emitida nos dias de hoje?

Problemas

Para os problemas P2.1 a P2.6, o produto não tem uma forma ou cor determinada; ele *precisa*, por regulamentação ou função fundamental, ter uma certa forma ou cor.

P2.1
Dê três exemplos de produtos fabricados que precisam ter forma circular e explique por quê. Não é permitido usar bolas como resposta!

P2.2
Dê três exemplos de produtos fabricados que precisam ter forma triangular e explique por quê.

P2.3
Dê três exemplos de produtos fabricados que precisam ter forma retangular e explique por quê.

P2.4
Dê três exemplos de produtos fabricados que precisam ser verdes.

P2.5
Dê três exemplos de produtos fabricados que precisam ser pretos.

P2.6
Dê três exemplos de produtos fabricados que precisam ser transparentes.

P2.7
Dê três exemplos de produtos fabricados que precisam ter um peso mínimo, mas não um máximo específico, e determine aproximadamente seu peso mínimo.

P2.8
Dê três exemplos de produtos fabricados que precisam ter certo peso e determine qual seria.

P2.9
Dê três exemplos de produtos fabricados que atendam a seu propósito de projeto ao cair ou quebrar.

P2.10
Dê três exemplos de produtos fabricados que foram projetados para trabalhar bem depois de serem usados um milhão de vezes.

P2.11
Liste três produtos que podem ser usados igualmente bem por pessoas com e sem deficiência visual explique por quê.

P2.12
Selecione um tipo de produto que possa ter versões em todos os quadrantes do gráfico estilo *versus* tecnologia (veja Foco em Inovação). Mostre as quatro versões do produto e explique claramente por que você acredita que eles cabem em seus quadrantes específicos.

P2.13
Imagine que lhe é dada a tarefa de projetar uma cafeteira que seria vendida para lanchonetes no mundo todo. Faça um pesquisa sobre cafeteiras para determinar o conjunto de problemas globais, sociais, ambientais e econômicos que você deveria considerar ao iniciar o processo de projeto. (Isso é essencialmente parte da fase de preparação da arqueologia de um produto; veja Foco em Arqueologia de produto.)

P2.14
Imagine que lhe é dada a tarefa de projetar uma máquina de lavar louça única para os mercados da Europa e da América do Norte. Determine o conjunto de problemas globais, sociais, ambientais e econômicos que você deveria considerar no processo de projeto. (Isso é parte fundamental da fase de preparação na arqueologia de um produto; veja Foco em Arqueologia de produto.)

P2.15
Encontre a folha de especificações de um produto de consumo, como um automóvel, eletrodomésticos, TV, motor ou algo similar, e determine se elas são fáceis de interpretar. Por exemplo, como estudante de engenharia, você entende o que todas as especificações significam? Por que ou por que não? Um cliente típico, que não tem formação técnica ou em engenharia, iria compreendê-las? Por que ou por que não? Além disso, explique de que maneira as especificações se direcionam a problemas econômicos e ambientais, e se isso é feito de forma direta ou indireta. Inclua a sua folha de especificações na sua resposta.

P2.16
Desenvolva quinze maneiras de determinar qual direção é o norte. Descreva e/ou faça esboços de cada ideia.

P2.17
Gere quinze ideias de como melhorar a sala de aula desta disciplina. Descreva ou faça esboços de cada ideia.

P2.18
Desenvolva dez ideias para um sistema de embalagem que possa evitar que a casca de um ovo cru se quebre caso caia escada abaixo. Descreva ou faça esboços de cada ideia.

P2.19
Gere dez ideias para um sistema que possa ajudar pessoas com deficiência a entrar e sair de uma piscina. O dispositivo deve ser projetado para instalação em piscinas novas ou existentes. Descreva ou faça esboços de cada ideia.

P2.20
Desenvolva dez conceitos para um novo recurso de segurança que possa ser incorporado em escadas domésticas para prevenir acidentes. Descreva ou faça esboços de cada ideia.

P2.21
Em 2010, um iceberg gigante de 260 km^2 (quatro vezes o tamanho de Manhattan) quebrou na ponta noroeste da Groenlândia. O iceberg poderia flutuar nas águas entre a Groenlândia e o Canadá, interrompendo rotas marítimas críticas. Desenvolva dez ideias para manter o iceberg gigante no lugar. Descreva ou faça esboços de cada ideia.

P2.22
Em agosto de 2010, chuvas massivas causaram enormes inundações no Paquistão, matando pelo menos 1.500 pessoas. Muitas vezes, as águas da inundação ultrapassavam a margem do rio e cortavam um novo curso por centenas de quilômetros, destruindo aldeias que não haviam sido avisadas a respeito do dilúvio iminente. Desenvolva dez ideias que poderiam ter evitado as mortes nessas aldeias. Descreva ou faça esboços de cada ideia.

P2.23
O lençol freático sob a Planície Norte da China vem diminuindo de forma constante cerca de 1,2 m ao ano, enquanto a demanda por água tem aumentado. Projeções afirmam que a água da região acabará até 2035. Desenvolva dez soluções para resolver esta questão. Descreva ou faça esboços de cada ideia.

P2.24
Em milhares de *campi* universitários em todo o mundo, milhões de estudantes geram energia cinética ao caminhar pelo campus todos os dias. Desenvolva dez ideias para capturar e armazenar a energia cinética dos estudantes que caminham ao redor do campus. Descreva ou faça esboços de cada ideia.

P2.25
Uma equipe de estudantes de projeto trabalhando em um veículo movido por molas decide usar CDs como rodas. Os discos são leves e facilmente disponíveis. No entanto, eles também devem ser alinhados e unidos aos eixos de forma segura. Desenvolva cinco conceitos de projeto para a fixação das rodas de um eixo de 5 mm de diâmetro. Os CDs têm 1,25 mm de espessura e diâmetros interno e externo de 15 mm e 120 mm, respectivamente.

P2.26
Acesse o Google Patents e encontre uma patente de dispositivo mecânico inovador que você acha que não seria um sucesso no mercado. Como tal dispositivo é patenteado, ele é considerado inovador. Portanto, explique esse dispositivo e por que você acha que não seria um sucesso.

P2.27
Para o corpo da câmera de magnésio mostrado, explique quais processos você acredita terem sido utilizados na sua fabricação e por quê. Veja a Figura P2.27.

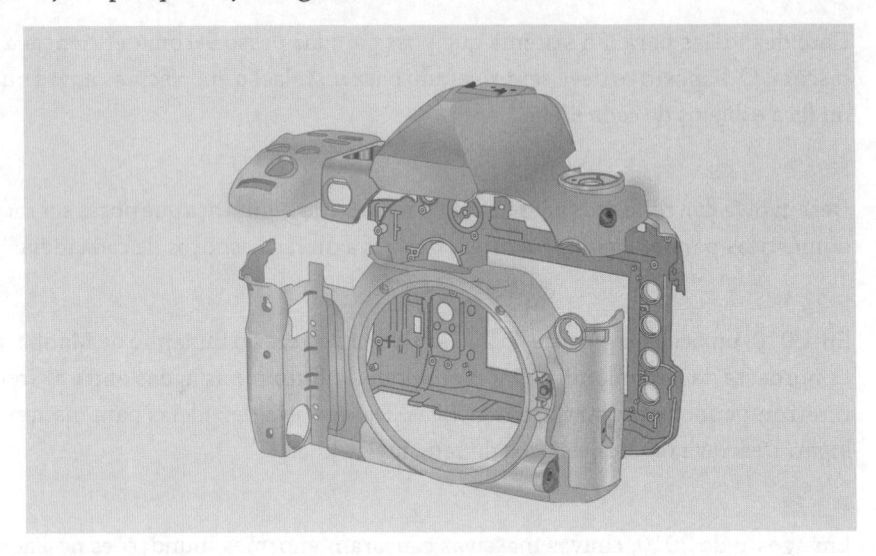

Figura P2.27

P2.28
Para a componente estrutural de alumínio mostrada, explique quais processos que você acredita terem sido utilizados na sua fabricação e por quê. Veja a Figura P2.28.

Figura P2.28

Foto cortesia da 80/20 Inc.®
www.8020.net

P2.29
Em 2010, o vulcão Eyjafjallajökull, na Islândia, entrou em erupção, afetando milhões de vidas por perturbar o transporte aéreo em toda a Europa durante semanas. Gere cinco ideias para um sistema capaz de evitar que futuras nuvens de cinzas do vulcão impactem o tráfego aéreo europeu.

P2.30
Para as ideias em P2.29, crie uma tabela que liste as vantagens e desvantagens de cada ideia e faça uma recomendação sobre qual ideia seria a melhor, considerando eficácia técnica, custo, questões ambientais e impacto.

P2.31
Dados os seguintes componentes e pistas, determine quais produtos eles descrevem.

- Motor diesel
- Polia
- O calor do atrito limita a potência do motor que pode ser usada
- Muitas componentes são de ferro fundido ou aço carbono
- Muitos fabricantes estão na Europa, Ásia e África
- A pressão aplicada pode ser ajustada manualmente
- Trado
- A África é um lugar comumente usado
- Peneira
- Opera usando forças de cisalhamento

P2.32
Usando um produto atualmente em sua posse ou perto de você, desenvolva ideias sobre como ele pode ser redesenhado para melhorar sua função ou diminuir seu custo. Considere o maior número de ideias possível.

P2.33*
Em grupo, identifiquem um produto com pelo menos uma década de idade e pesquise os fatores globais, sociais, ambientais e econômicos que podem ter impactado o seu design (por exemplo, forma, configuração, materiais, fabricação) de acordo com o mercado pretendido, preço e função. Prepare um relatório técnico que descreva cada conjunto de fatores usando evidências apropriadas de suas fontes de pesquisa (por exemplo, o próprio produto, folhas de especificações, manual do usuário, site da empresa, avaliações de usuários).

P2.34*
Em grupo, desenvolvam uma lista de projetos "ruins", considerados ineficientes, ineficazes, deselegantes ou que forneçam soluções para problemas que não valem a pena ser resolvidos. Podem ser produtos, processos, sistemas ou serviços. Preparem uma apresentação de dois minutos sobre esses projetos.

Resposta à escavação arqueológica do produto da página 35: *Dispenser automático de sabão*

Referências

CAGAN, J.; VOGEL, C.M., *Creating Breakthrough Products*. Upper Saddle River, NJ: FT Press, 2012.
DIETER, G.; SCHMIDT, L. *Engineering Design*. 4. ed. Nova York: McGrawHill, 2009.
HAIK, Y.; SHAHIN, T. M. *Engineering Design Process*. Stamford, CT: Cengage Learning, 2011.
JUVINALL, R. C.; MARSHEK, K. M. *Fundamentals of Machine Component Design*. 2. ed. Hoboken, NJ: Wiley, 1991.
KALPAKJIAN, S.; SCHMID, S. R. *Manufacturing Processes for Engineering Materials*. 4. ed. Upper Saddle River, NJ: Prentice-Hall, 2003.
SELINGER, C. The Creative Engineer. *IEEE Spectrum*, p. 48-49, ago. 2004.
SHIGLEY, J. E.; MITCHELL, L. D.; BUDYNAS, R. G. *Mechanical Engineering Design*. 7. ed. Nova York: McGraw-Hill, 2004.
ULLMAN, D. *The Mechanical Design Process*. 4. ed. Nova York: McGraw-Hill, 2009.
ULRICH, K. T.; EPPINGER, S. D. *Product Design and Development*. Nova York: McGraw-Hill, 1998.

CAPÍTULO 3

Capacidades de comunicação e resolução técnica de problemas

OBJETIVOS DO CAPÍTULO

- Compreender o processo fundamental para analisar e resolver problemas de engenharia.
- Reportar tanto um valor numérico quanto sua unidade em cada cálculo efetuado.
- Relacionar as unidades básicas do United States Customary System (Sistema de Unidades dos Estados Unidos) e do Système International d'Unités (Sistema Internacional de Unidades – SI) e especificar algumas das unidades derivadas usadas na engenharia mecânica.
- Entender a necessidade do uso correto de unidades ao realizar cálculos de engenharia e as implicações de não o fazer.
- Converter grandezas numéricas entre o Sistema de Unidades dos Estados Unidos e o Sistema Internacional de Unidades.
- Conferir seus cálculos para verificar se eles são dimensionalmente consistentes.
- Entender como realizar aproximações de ordem de grandeza.
- Reconhecer por que a capacidade de comunicação é importante para engenheiros e ser capaz de apresentar soluções claras de forma escrita, oral e gráfica.

▶ 3.1 Visão geral

Neste capítulo, descreveremos os passos fundamentais seguidos por engenheiros ao resolverem problemas técnicos e realizarem cálculos em seu trabalho diário. Esses problemas surgem frequentemente como parte de algum projeto de engenharia e, para sustentar suas decisões, os engenheiros mecânicos precisam obter respostas numéricas a perguntas que envolvam uma quantidade notável de variáveis e propriedades físicas. Na primeira parte deste capítulo, estudaremos um processo básico usado por engenheiros mecânicos para analisar problemas técnicos, gerando soluções que eles compreendam e possam comunicar a outros. Algumas das grandezas que você encontrará ao resolver problemas em seu estudo de engenharia mecânica são força, torque, condutividade térmica, tensão de cisalhamento ou tangencial, viscosidade de fluidos, módulo de elasticidade, energia cinética, número de Reynolds e calor específico. Na verdade, a lista é bem longa. A única maneira de essas grandezas fazerem sentido é tê-las muito claras em mente durante os cálculos e ao explicar os resultados a outros. Cada grandeza encontrada na engenharia mecânica tem dois componentes: um valor numérico e uma dimensão. Um não faz sentido sem o outro. Engenheiros praticantes são muito atentos e cuidadosos com as unidades de um cálculo. Na segunda parte deste capítulo, discutiremos conceitos fundamentais para sistemas de unidades, conversões entre esses sistemas e um procedimento para verificar a uniformidade dimensional, que lhe serão muito úteis.

Muitas vezes, em um projeto, os engenheiros precisam mais estimar as grandezas do que encontrar um valor exato. Eles precisam responder a várias questões, muitas vezes diante da incerteza e de informações incompletas: Aproximadamente quanta força? Quão pesado, aproximadamente? Quanta potência, aproximadamente? Em torno de qual temperatura? Além disso, nunca se conhecem os valores exatos das propriedades dos materiais, de modo que sempre haverá alguma variação entre amostras de materiais.

Por essas razões, engenheiros mecânicos precisam estar à vontade para fazer aproximações a fim de atribuir valores numéricos a grandezas que, de outro modo, seriam desconhecidas. Eles usam seu bom senso, experiência, intuição e conhecimento das leis da física para encontrar respostas por meio de um processo chamado *aproximação por ordem de grandeza*. Na Seção 3.3, ilustraremos como é possível usar o processo básico de resolução de problemas para fazer aproximações de ordem de grandeza.

Finalmente, a capacidade de comunicar efetivamente os resultados de um cálculo a outros é uma habilidade essencial que os engenheiros mecânicos precisam ter. Conseguir a resposta para uma pergunta técnica é apenas a metade da tarefa de um engenheiro; a outra metade envolve descrever os resultados a terceiros de maneira clara, precisa e convincente. Outros engenheiros precisam ser capazes de entender seus cálculos e o que você fez. Eles precisam respeitar o seu trabalho e ter certeza de que você resolveu o problema corretamente. Portanto, na parte final deste capítulo, discutiremos como organizar e apresentar efetivamente cálculos de engenharia de uma forma que outros possam acompanhar.

Elemento 2:
Prática
profissional

Os tópicos abordados neste capítulo fazem parte da categoria da *Prática profissional* na hierarquia dos tópicos de engenharia mecânica (Figura 3.1), e as habilidades que você aprender neste capítulo irão fundamentar suas atividades em todas as outras categorias do currículo. Entre essas habilidades estão a competência para resolver problemas técnicos, dimensões, sistemas de unidades, conversões, dígitos significativos, aproximação e comunicação.

A importância da capacidade de comunicação e de resolver problemas para um profissional de engenharia não pode ser subestimada. Sistemas cuidadosamente desenvolvidos podem ser destruídos durante a operação por um pequeno erro de análise, unidades ou dimensões. Podemos aprender muito com os exemplos desse tipo de erros do passado, incluindo a perda total do veículo espacial *Mars Climate Orbiter* (Orbitador Climático de Marte) em 1999. Ilustrada na Figura 3.2, essa nave espacial pesava 629 kgf e fazia parte de um programa de exploração interplanetária de US$ 125 milhões. A nave espacial foi desenvolvida para ser o primeiro satélite climático a orbitar o planeta Marte.

O *Orbitador Climático de Marte* (MCO, na sigla em inglês) foi lançado a bordo de um foguete Delta II do Cabo Canaveral, Flórida. Quando o MCO se aproximou do hemisfério norte de Marte, o foguete deveria acionar seu motor principal por 16 minutos e 23 segundos com um nível de empuxo de 640 N. A combustão do motor reduziria a velocidade da nave e a colocaria numa órbita elíptica.

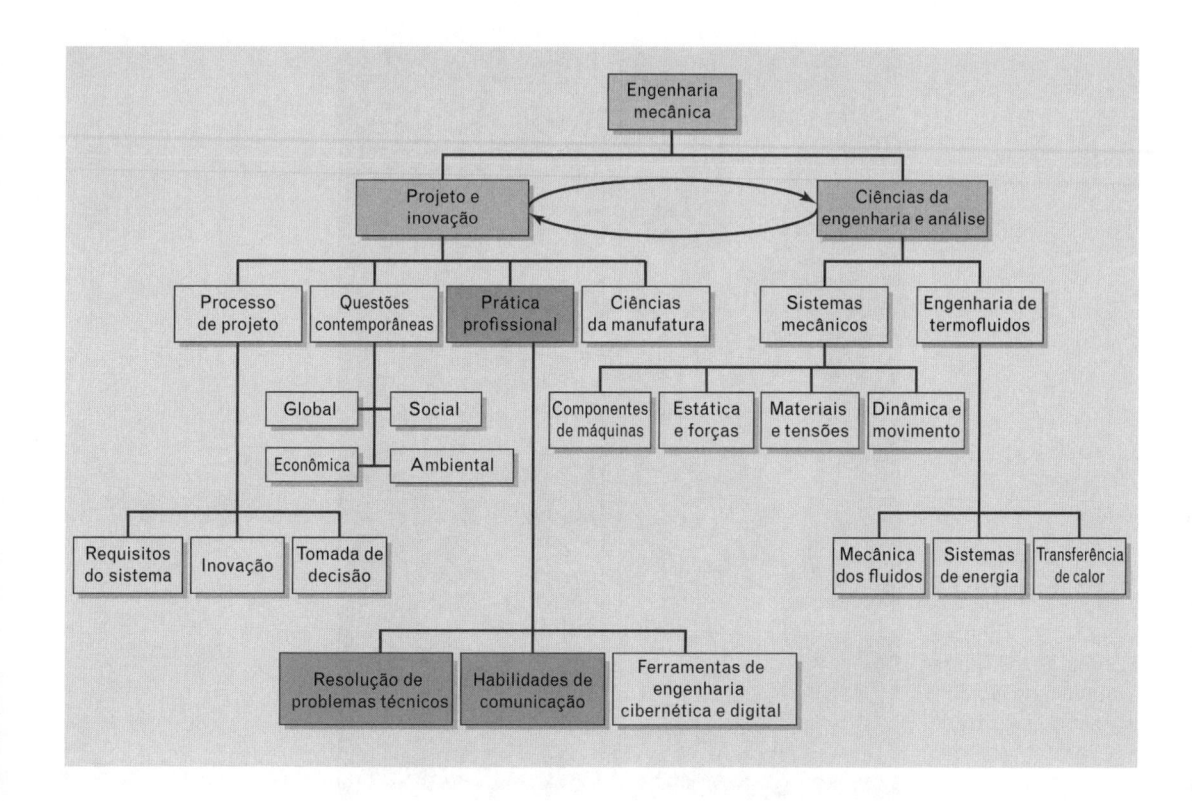

Entretanto, depois da primeira combustão do motor principal, a Administração Nacional da Aeronáutica e Espaço (Nasa) subitamente divulgou a seguinte declaração:

Figura 3.1

Relação entre os tópicos enfatizados neste capítulo (caixas sombreadas) e um programa geral de estudo em engenharia mecânica.

> *Acredita-se que o Orbitador Climático de Marte se perdeu em razão de um provável erro de navegação. Nesta madrugada, por volta das 2 horas, no horário de verão do Pacífico, o orbitador ativou seu motor principal para entrar na órbita do planeta. Todas as informações recebidas da nave até esse momento pareciam normais. O acionamento do motor começou conforme o planejado, cinco minutos antes de a nave passar por trás do planeta, visto da Terra. Controladores de voo não detectaram nenhum sinal quando se esperava que o veículo saísse de trás do planeta.*

No dia seguinte, a notícia foi a de que

> *Os controladores de voo do Orbitador Climático de Marte planejam abandonar as buscas pela nave às 15 horas de hoje, horário de verão do Pacífico. A equipe está usando as antenas de 70 metros de diâmetro (230 pés) da Rede de Espaço Profundo (Deep Space Network), numa tentativa de refazer o contato com a nave.*

O que deu errado? Uma análise detalhada da trajetória de voo da nave espacial revelou que, durante sua aproximação final do planeta, aparentemente, o Orbitador Climático de Marte passou a apenas 60 quilômetros acima da superfície de Marte, em vez da aproximação planejada, entre

Figura 3.2

O Orbitador Climático de Marte numa sala isolada, sendo preparado para o lançamento.

Cortesia da Nasa.

140 e 150 quilômetros. A implicação causada pela altitude inesperadamente baixa quando a nave se aproximou de Marte foi que ou o veículo se incendiou e caiu ou escapou da fina atmosfera marciana como uma pedra na superfície de um lago e começou a orbitar o Sol. De qualquer modo, a nave estava perdida.

O Conselho de Investigação do Acidente do Orbitador Climático de Marte descobriu que o problema básico foi um erro de unidade que ocorrera quando as informações foram transferidas entre duas equipes que colaboraram na operação e navegação do veículo. Para dirigir a nave e fazer alterações em sua velocidade, uma equipe de cientistas e engenheiros precisava saber o impulso ou o efeito líquido do empuxo ao longo do tempo de funcionamento do motor. O impulso tem as dimensões de (força) × (tempo), e as especificações da missão foram dadas nas unidades de newton-segundos, que são as unidades padrão no Sistema Internacional de Unidades. No entanto, outra equipe usou valores numéricos para o impulso sem indicar as dimensões, e os dados foram interpretados erradamente, como se fossem unidades de libras-segundos, que são as unidades padrão no Sistema de Unidades dos Estados Unidos. Esse erro fez com que o efeito do motor principal sobre a trajetória da nave fosse subestimado em um fator de 4,45, que é exatamente o fator de conversão entre as unidades de força newtons e libras.

Em outro exemplo das consequências potencialmente desastrosas de erros com unidades, em julho de 1983, o voo 143 da Air Canada fazia a rota entre Montreal e Edmonton. O Boeing 767 tinha três tanques de combustível, um em cada asa e um na fuselagem, que alimentavam os dois motores a jato do avião. Voando em um céu claro de um dia de verão, estranhamente, uma bomba de combustível parou e, em seguida, também a outra, fazendo com que todos os tanques do avião a jato ficassem completamente secos. O motor na asa esquerda foi o primeiro a parar, e três

Figura 3.3

O pouso do voo 143 da Air Canada.

© Winniper Free Press. Reimpresso com permissão.

minutos depois, quando o avião descia, o segundo motor parou. Exceto pelos pequenos sistemas auxiliares de emergência, essa sofisticada aeronave estava sem potência.

A tripulação de voo e os controladores de tráfego aéreo decidiram fazer um pouso de emergência num antigo campo de pouso. Graças ao seu treinamento e capacidade, a tripulação conseguiu aterrissar o avião em segurança, por pouco não atingindo carros de corrida e espectadores na pista, que haviam se reunido naquele dia para uma corrida amadora (Figura 3.3). Apesar do colapso do trem de pouso dianteiro e dos danos subsequentes que ocorreram no nariz do avião, nem a tripulação nem os passageiros tiveram ferimentos graves.

Após uma investigação minuciosa, uma comissão de análise concluiu que um dos fatores importantes para o acidente foi um erro de reabastecimento, no qual a quantidade de combustível que deveria ter sido colocada nos tanques foi calculada incorretamente. Antes da decolagem, considerou-se que já havia 7.682 litros (L) de combustível nos tanques do avião. Contudo, o consumo de combustível dos novos aviões 767 foi calculado em quilogramas, e o avião precisava de 22.300 quilogramas (kg) de combustível para voar de Montreal a Edmonton. Além disso, a companhia aérea vinha expressando a quantidade de combustível necessária para cada voo em unidades de libras (lb). Como resultado, o combustível estava sendo medido por volume (L), peso (lbf) e massa (kg) em dois sistemas diferentes de unidades.

Nos cálculos de reabastecimento, usou-se um fator de conversão de 1,77 para converter o volume do combustível (L) em massa (kg), mas as unidades associadas aos números não foram especificadas ou verificadas. Consequentemente, presumiu-se que 1,77 significava 1,77 kg/L (a densidade de combustível para aviões). Entretanto, a densidade correta do combustível para aviões é 1,77 lb/L, e não 1,77 kg/L. Como resultado do cálculo errado, acrescentaram-se cerca de 9.000 L em vez de 16.000 L de combustível no avião. Quando o voo 143 saiu em direção ao oeste do Canadá, estava com bem menos combustível do que o necessário para a viagem.

O cálculo apropriado de unidades não precisa ser complicado, mas é essencial para a prática profissional da engenharia. Nas seções seguintes, começaremos a desenvolver boas práticas para analisar problemas de engenharia, acompanhar unidades em cálculos e entender o que as soluções significam.

3.2 Abordagem geral para resolução de problemas técnicos

Ao longo dos anos e entre as indústrias como as descritas no Capítulo 1, os engenheiros desenvolveram uma reputação de serem atentos a detalhes e obter respostas corretas. O público confia nos produtos que engenheiros projetam e constroem. Esse respeito baseia-se, em parte na confiança de que a engenharia foi feita de forma adequada.

Um engenheiro espera que o outro apresente um trabalho técnico de forma bem documentada e convincente. Entre outras tarefas, engenheiros efetuam cálculos que são usados para fundamentar decisões sobre forças, pressões, temperaturas, materiais, exigências de potência e outros fatores que fazem parte do projeto de um produto. Os resultados desses cálculos são usados para tomar decisões – às vezes com implicações financeiras significativas para uma empresa – sobre qual formato um projeto terá ou como um produto será fabricado. Decisões dessa natureza podem, literalmente, custar ou economizar milhões de dólares a uma empresa, de modo que é importante que as decisões sejam tomadas pelo motivo certo. Quando um engenheiro oferece uma recomendação, ela precisa estar correta, porque pessoas dependem dela.

Tendo em mente essa perspectiva, à medida que seus cálculos devem fazer sentido para você, eles também precisam fazer sentido para outros que querem ler, entender e aprender com seu trabalho – mas não necessariamente decifrá-lo. Se outro engenheiro for incapaz de seguir o seu trabalho, ele pode ser ignorado e considerado confuso, incompleto ou até mesmo errado. Boas habilidades para resolver problemas – escrever de forma clara e documentar cada etapa de um cálculo – significam não somente obter a resposta correta, mas também comunicá-la aos outros de maneira convincente.

Processo de resolução de problemas

Uma das habilidades de comunicação mais importantes que você pode começar a desenvolver no contexto deste livro é seguir um consistente *processo de resolução de problemas* de engenharia. Você precisa encarar suas soluções como uma espécie de relatório técnico que documenta a sua abordagem e explica os seus resultados em um formato que possa ser seguido e entendido por outros. Ao desenvolver e apresentar uma solução sistemática, você reduzirá o risco de que erros comuns – mas evitáveis – façam parte do seu trabalho. Erros envolvendo álgebra, dimensões, unidades, fatores de conversão e interpretação incorreta do enunciado de um problema podem ser mantidos num nível mínimo se dermos atenção aos detalhes.

Para resolver os problemas de final de capítulo deste livro, tente organizar e apresentar seu trabalho de acordo com os três passos a seguir, que também definem a estrutura na qual os exemplos são apresentados:

1. **Abordagem.** O propósito dessa etapa é garantir que você tenha um plano de ataque em mente para resolver o problema. Essa é uma oportunidade de pensar no problema antes que você comece a mastigar números e a escrever. Escreva um breve resumo do problema e explique a abordagem geral que você planeja adotar, e liste os principais conceitos, *pressupostos*, equações e fatores de conversão que pretende usar. Fazer um levantamento apropriado dos pressupostos é essencial para resolver o problema com exatidão. Por exemplo, se você estima que a gravidade faz parte do problema, então o peso de todas as componentes precisa ser levado em conta. Do mesmo modo, se você acha que o atrito estará presente, então as equações deverão considerá-lo. Na maioria dos

problemas de análise, os engenheiros precisam assumir pressupostos importantes sobre muitos parâmetros-chave, como gravidade, atrito, distribuição das forças aplicadas, concentrações de tensão, inconsistências de materiais e incertezas operacionais. Ao especificar esses pressupostos, identificar as informações dadas e resumir o que se sabe e o que não se sabe, o engenheiro define todo o escopo do problema. Tendo certeza do objetivo, você será capaz de desprezar informações irrelevantes e concentrar-se na resolução do problema com eficiência.

2. **Solução.** De modo geral, sua solução para um problema de análise de engenharia incluirá textos e gráficos, que acompanham seus cálculos para explicar os passos mais importantes a serem seguidos. Se for o caso, inclua um desenho simplificado do sistema físico que está sendo analisado, rotule os principais componentes e relacione os valores numéricos para dimensões relevantes. Ao longo de sua solução, e enquanto manipula as equações e efetua os cálculos, uma boa prática é resolver as variáveis desconhecidas simbolicamente antes de inserir valores numéricos e unidades. Dessa maneira, você pode verificar a coerência dimensional da equação. Ao substituir um valor numérico numa equação, certifique-se também de incluir as unidades. Em cada ponto do cálculo, indique expressamente as unidades associadas a cada valor numérico e o modo como essas dimensões são canceladas ou combinadas. Um número sem uma unidade não faz sentido, assim como uma unidade não faz sentido sem um valor numérico atribuído a ela. No final do cálculo, apresente sua resposta usando o número adequado de dígitos significativos, mas mantenha mais dígitos nos cálculos intermediários para evitar que os erros de arredondamento se acumulem.

3. **Discussão.** Essa etapa final sempre precisa ser abordada, porque ela demonstra um entendimento dos pressupostos, equações e soluções. Primeiro, use sua intuição para decidir se a ordem de grandeza da resposta parece razoável. Em segundo lugar, avalie seus pressupostos para garantir que sejam razoáveis. Em terceiro lugar, identifique a principal conclusão que você pode tirar da solução e explique o que a sua resposta significa do ponto de vista físico. É claro que você sempre deve conferir os cálculos e certificar-se de que eles são dimensionalmente consistentes. Por fim, sublinhe, circule ou trace uma caixa em torno do seu resultado final, de modo que não haja dúvidas sobre a resposta que você está indicando.

Colocar esse processo em prática com sucesso repetido exige um entendimento das dimensões, das unidades e dos dois sistemas básicos de unidades.

▶ 3.3 Sistemas e conversões de unidades

Os engenheiros especificam grandezas físicas em dois sistemas de unidades diferentes, porém convencionais: o United States Customary System (USCS – Sistema de Unidades dos Estados Unidos) e o Système International d'Unités (Sistema Internacional de Unidades ou SI). Engenheiros mecânicos atuantes devem estar familiarizados com ambos os sistemas de unidades. Eles precisam converter quantidades de um sistema de unidade para outro e devem ser capazes de realizar cálculos igualmente bem em qualquer sistema. Neste livro, exemplos e problemas são formulados em ambos os sistemas para

Sistema de Unidades dos Estados Unidos (USCS) e Sistema Internacional de Unidades (SI)

que você possa aprender a trabalhar efetivamente com o Sistema Americano (USCS) e o Sistema Internacional (SI). À medida que introduzimos novas grandezas físicas nos capítulos seguintes, as unidades USCS e SI correspondentes para cada uma serão descritas, juntamente com seus fatores de conversão.

Unidades básicas e derivadas

Depois de entender melhor a importância das unidades e seu registro ao analisar a perda do Orbitador Climático de Marte e o pouso de emergência do voo do Air Canada, vejamos agora as especificidades do USCS e do SI. Uma unidade é definida como uma divisão arbitrária de uma grandeza física que tem uma magnitude acordada por consenso mútuo. Tanto o USCS quanto o SI compõem-se de unidades básicas e unidades derivadas. Uma *unidade básica* é uma grandeza fundamental que não pode ser subdividida ou expressa em termos de qualquer elemento mais simples. Unidades básicas são independentes entre si, e formam os blocos de construção fundamentais de qualquer sistema de unidades. Como exemplo, a unidade básica para comprimento é o metro (m) no SI e o pé (ft) no USCS.

Unidades derivadas

Unidades derivadas, como indica seu nome, são combinações ou agrupamentos de diversas unidades básicas. Um exemplo de unidade derivada é a velocidade (comprimento/tempo), que é uma combinação das unidades básicas para comprimento e tempo. O litro (que é equivalente a 0,001 m^3) é uma unidade derivada para volume no SI. Do mesmo modo, a milha (que equivale a 5.280 pés) é uma unidade derivada para comprimento no USCS. Em geral, sistemas de unidades têm relativamente poucas unidades básicas e um conjunto muito maior de unidades derivadas. A seguir, discutiremos as especificidades de unidades básicas e derivadas no USCS e no SI e as conversões entre elas.

Sistema Internacional de unidades

Em uma tentativa de padronizar os diferentes sistemas de medidas pelo mundo, em 1960 o *Sistema Internacional de Unidades* foi definido como a estrutura padrão para medidas em torno das sete unidades básicas na Tabela 3.1. Além das grandezas mecânicas de metros, quilogramas e segundos, o SI inclui unidades básicas para medir corrente elétrica, temperatura, quantidade de matéria e intensidade luminosa. De maneira informal, o SI é chamado sistema métrico e utiliza potências de dez para múltiplos e divisões de unidades.

Tabela 3.1
Unidades básicas no SI

Grandeza	Unidade básica do SI	Abreviatura
Comprimento	metro	m
Massa	quilograma	kg
Tempo	segundo	s
Corrente elétrica	ampere	A
Temperatura	Kelvin	K
Quantidade de matéria	mol	mol
Intensidade luminosa	candela	cd

Hoje as unidades básicas no SI são definidas por acordos internacionais detalhados. No entanto, as definições de unidades evoluíram e mudaram ligeiramente à medida que as tecnologias de medição se tornaram mais precisas. As origens do metro, por exemplo, remontam ao século XVIII. Originalmente, o metro deveria ser equivalente a um décimo de milionésimo do comprimento do meridiano que vem do Polo Norte, passa por Paris e termina no Equador (ou seja, um quarto da circunferência da Terra). Mais tarde, o metro foi definido como o comprimento de uma barra feita de uma liga metálica de platina e irídio. Governos e laboratórios do mundo todo receberam cópias daquela barra, que são chamadas *protótipos do metro*, e o comprimento da barra sempre foi medido à temperatura de derretimento do gelo. A definição de metro foi sendo atualizada periodicamente para tornar o comprimento padrão do SI mais sólido e reproduzível, sempre modificando o comprimento real tão pouco quanto possível. Em 20 de outubro de 1983, o metro foi definido como o comprimento da distância percorrida pela luz do vácuo durante um intervalo de tempo de 1/299.792.458 de segundo, que, por sua vez, é medido com alta precisão por um relógio atômico.

Protótipo do metro

Por um caminho semelhante, no final do século XVIII, definiu-se um quilograma como a massa de 1.000 cm³ de água. Hoje, o quilograma equivale à massa de uma amostra física chamada *quilograma padrão*, e assim como o protótipo de metro mencionado acima, ela também é feita de platina e irídio. O quilograma padrão é guardado num cofre em Sèvres, França, pelo Escritório Internacional de Pesos e Medidas, e há cópias em outros laboratórios pelo mundo. Embora, hoje, o metro baseie-se numa medida reproduzível envolvendo a velocidade da luz e o tempo, esse não é o caso do quilograma. Cientistas estão pesquisando formas alternativas de definir o quilograma em termos de uma força eletromagnética equivalente ou pelo número de átomos em uma esfera de silicone cuidadosamente produzida, mas, até o momento, o quilograma é a única unidade básica do SI que continua sendo definida por um artefato feito pelo homem.

Quilograma padrão

Em relação às outras unidades básicas no SI, o segundo é definido como o tempo necessário para que uma certa transição de quantum ocorra num átomo de césio 133. O Kelvin (abreviado como K sem o símbolo de grau [°]) baseia-se no ponto triplo de água pura, que é uma combinação especial de pressão e temperatura na qual a água pode existir como sólido, líquido ou gás. Para ampere, mol e candela assumiram-se definições fundamentais semelhantes.

A Tabela 3.2 relaciona algumas das unidades derivadas usadas no SI. O newton (N) é uma unidade derivada para força, e seu nome deve-se ao físico britânico *sir* Isaac Newton. Descreveremos suas clássicas leis do movimento com mais detalhes no Capítulo 4, mas sua *segunda lei do movimento*, $F = ma$, afirma que a força F que atua sobre um objeto equivale ao produto de sua massa m pela sua aceleração a. Portanto, o newton é definido como a força que transmite uma aceleração de um metro por segundo ao quadrado a um objeto com a massa de um quilograma:

Segunda lei do movimento

$$1N = (1kg)\left(1\frac{m}{s^2}\right) = 1\frac{kg \cdot m}{s^2} \qquad (3.1)$$

A unidade base kelvin (K) e as unidades derivadas joule (J), pascal (Pa), watt (W) e outras que recebem nomes de indivíduos não são descritas com letras maiúsculas, embora suas abreviações sejam.

Grandeza	Unidade derivada no SI	Abreviatura	Definição
Comprimento	micrômetro ou mícron	μm	1 μm = 10^{-6} m
Volume	litro	L	1 L = 0,001 m^3
Força	newton	N	1 N = 1 (kg · m)/s^2
Torque ou momento de uma força	newton-metro	N · m	—
Pressão ou tensão	pascal	Pa	1 Pa = 1 N/m^2
Energia, trabalho ou calor	joule	J	1 J = 1 N · m
Potência	watt	W	1 W = 1 J/s
Temperatura	grau Celsius	°C	°C = K − 273,15

Tabela 3.2 Algumas unidades derivadas no SI

Embora uma mudança de temperatura de 1 kelvin seja igual à mudança de 1 grau Celsius, os valores numéricos são convertidos usando a fórmula desta tabela.

Prefixo   Muitas vezes unidades básicas e derivadas no SI são combinadas a um *prefixo*, de modo que o valor numérico de uma grandeza física não tenha um expoente à décima potência, grande ou pequeno demais. Use um prefixo para abreviar a representação de um valor numérico e reduza o número de zeros à direita da vírgula em seus cálculos. Os prefixos padrões no SI estão relacionados na Tabela 3.3. Por exemplo, modernas turbinas eólicas estão produzindo atualmente mais de 7.000.000 W de potência. Como é trabalhoso escrever tantos zeros à direita da vírgula, os engenheiros preferem condensar as potências de dez usando um prefixo. Neste caso, descrevemos a capacidade de uma turbina como acima de 7 MW (megawatt), em que o prefixo "mega" indica um fator multiplicativo de 10^6.

Uma boa prática é não usar prefixos para quaisquer valores numéricos entre 0,1 e 1.000. Assim, os prefixos "deci", "deca" e "hecto" na Tabela 3.3 raramente são usados na engenharia mecânica. Entre as outras *convenções* para manipular dimensões no SI estão as seguintes:

Convenções do SI

1. Quando uma grandeza física envolve dimensões que aparecem numa fração, devemos aplicar um prefixo às unidades que aparecem no numerador e não no denominador. É preferível escrever kN/m em vez de N/mm. Uma exceção para essa convenção é que a unidade básica kg pode aparecer no denominador de uma dimensão.

2. Colocar um ponto ou hífen entre unidades que são adjacentes numa expressão é uma boa maneira de mantê-las visualmente separadas. Por exemplo, para expandir um newton em suas unidades básicas, os engenheiros escrevem (kg · m)/s^2 em vez de kgm/s^2. Uma prática ainda pior seria escrever mkg/s^2, o que causaria ainda mais confusão, porque o numerador pode ser interpretado erroneamente como um miliquilograma!

Nome	Símbolo	Fator de multiplicação
tera	T	$1.000.000.000.000 = 10^{12}$
giga	G	$1.000.000.000 = 10^{9}$
mega	M	$1.000.000 = 10^{6}$
quilo	k	$1000 = 10^{3}$
hecto	h	$100 = 10^{2}$
deca	da	$10 = 10^{1}$
deci	d	$0,1 = 10^{-1}$
centi	c	$0,01 = 10^{-2}$
mili	m	$0,001 = 10^{-3}$
micro	μ	$0,000.001 = 10^{-6}$
nano	n	$0,000.000.001 = 10^{-9}$
pico	p	$0,000.000.000.001 = 10^{-12}$

Tabela 3.3

Prefixos de ordem de grandeza no SI

3. Não se acrescenta "s" a dimensões no plural. Engenheiros escrevem 7 kg, e não 7 kgs, porque o "s" no final pode ser interpretado como símbolo de segundos.

4. Exceto para abreviaturas de unidades derivadas que são descritas pelo nome de indivíduos e a abreviação para litro, as dimensões no SI são escritas em letras minúsculas.

Sistema de unidades usual dos Estados Unidos

O uso do SI nos Estados Unidos foi legalizado para o comércio pelo Congresso americano em 1866. Mais tarde, o Decreto de Conversão Métrica de 1975 detalhou a conversão voluntária dos Estados Unidos ao SI:

Estabelece-se, portanto, como política dos Estados Unidos, designar o sistema métrico como sistema preferido de pesos e medidas para o comércio nos Estados Unidos.

Apesar dessa política, o chamado processo de metrificação nos Estados Unidos tem sido lento e, pelo menos até o momento, o país continua usando dois sistemas de unidades: o SI e o Sistema de Unidades dos Estados Unidos (USCS). O USCS inclui medidas como libras, toneladas, pés, polegadas, milhas, segundos e galões. Às vezes chamado Sistema Inglês/Britânico, ou *Sistema Pé-Libra-Segundo,* o USCS é uma representação histórica de unidades cuja origem remonta ao antigo Império Romano. Na verdade, a abreviação para libra (lb) vem da unidade romana de peso, *libra,* e a palavra "pound" (libra, em inglês) vem da palavra latina *pendere,* que significa "pesar". Originalmente o USCS foi usado na Grã-Bretanha, mas hoje é adotado principalmente nos Estados Unidos. A maioria dos outros países industrializados adotou o SI como seu padrão uniforme de medidas no comércio. Engenheiros que

Sistema pé-libra--segundo

trabalham nos Estados Unidos ou em empresas com filiais nesse país precisam estar familiarizados tanto com o USCS quanto com o SI.

Por que os Estados Unidos insistem em manter o USCS? As razões são complexas e envolvem economia, logística e cultura. A vasta infraestrutura de escala continental que já existe nos Estados Unidos é baseada no USCS, e a conversão imediata do sistema atual envolveria gastos significativos. Inúmeras estruturas, fábricas, máquinas e peças de reposição já foram construídas usando as dimensões do USCS. Além disso, enquanto a maioria dos consumidores norte-americanos tem uma noção de quanto custa, por exemplo, um galão de gasolina ou uma libra de maças, eles não estão familiarizados com os correspondentes do SI. Dito isso, a padronização rumo à adoção do SI nos Estados Unidos está avançando em razão da necessidade de as empresas interagirem e competirem com os demais participantes da comunidade internacional de negócios. Até os Estados Unidos realizarem a transição total para o SI (e não prenda o fôlego), será necessário – e até mesmo essencial – que você tenha um profundo conhecimento dos dois sistemas de unidades.

Como indica a Tabela 3.4, as sete unidades básicas no USCS são pé, libra, segundo, ampere, grau Rankine, mol e candela. Uma das maiores diferenças entre o SI e o USCS é que massa é uma unidade básica no SI (kg), ao passo que força é uma unidade básica no USCS (lb). Portanto, é aceitável referir-se à libra como libra-força com a abreviatura lbf. No ramo da engenharia mecânica que lida com forças, materiais e estruturas, a terminologia mais curta "libra" e a abreviação "lb" são mais comuns, e essa convenção é usada em todo este livro.

Outra diferença entre o USCS e o SI é que o USCS utiliza duas dimensões diferentes para massa:

Libra-massa - Slug

a *libra-massa* e o *slug*. A abreviatura de libra-massa é lbm. Não há abreviatura para o slug, de modo que escrevemos o nome completo ao lado de um valor numérico. Igualmente convencionou-se usar o plural "slugs". Parece que, historicamente, o nome dessa dimensão (que significa "lesma" em inglês) foi escolhido para referir-se a um pedaço ou bloco de material, e não tem relação com o pequeno molusco terrestre de mesmo nome. Na engenharia mecânica, slug é a unidade preferida para cálculos que envolvem grandezas como gravitação, movimento, momento, energia cinética e aceleração. Entretanto, a libra-massa é uma dimensão mais conveniente para cálculos de engenharia que envolvem as propriedades térmicas ou de combustão de líquidos, gases e combustíveis. Ambas as unidades para massa serão usadas em seus contextos convencionais de engenharia mecânica ao longo deste livro.

Tabela 3.4
Unidades básicas no USCS

Grandeza	Unidade básica do USCS	Abreviatura
Comprimento	pé	ft
Força	libra-força	lbf
Tempo	segundo	s
Corrente elétrica	ampere	A
Temperatura	grau Rankine	°R
Quantidade de matéria	mol	mol
Intensidade luminosa	candela	cd

Na análise final, porém, o slug e a libra-massa são simplesmente duas unidades derivadas diferentes para massa. Como são medidas da mesma grandeza física, também estão estreitamente relacionadas entre si. Em termos das unidades básicas de libras, segundos e pés do USCS, o slug é definido como:

$$1 \text{ slug} = 1 \frac{\text{lb} \cdot \text{s}^2}{\text{ft}} \quad (3.2)$$

Considerando a segunda lei do movimento, uma libra-força vai acelerar um objeto de um slug à razão de um pé por segundo ao quadrado:

$$1 \text{ lbf} = (1 \text{ slug})\left(1 \frac{\text{ft}}{\text{s}^2}\right) = 1 \frac{\text{slug} \cdot \text{ft}}{\text{s}^2} \quad (3.3)$$

Por outro lado, a libra-massa é definida como a grandeza de massa que pesa uma libra. Uma libra-massa vai acelerar à razão de 32,174 ft/s² quando sofrer a ação de uma libra de força:

$$1 \text{ lbm} = \frac{1 \text{ lb}}{32{,}174 \text{ ft/s}^2} = 3{,}1081 \times 10^{-2} \frac{\text{lb} \cdot \text{s}^2}{\text{ft}} \quad (3.4)$$

O valor numérico de 32,174 ft/s² é considerado a aceleração de referência, porque é a constante de aceleração gravitacional da Terra. Ao comparar as Equações (3.2) e (3.4), vemos que a relação entre slug e libra-massa é

$$1 \text{ slug} = 32{,}174 \text{ lbm} \qquad 1 \text{ lbm} = 3{,}1081 \times 10^{-2} \text{ slugs} \quad (3.5)$$

Em resumo, tanto o slug quanto a libra-massa são definidos em termos da ação de uma libra-força, mas a aceleração de referência para o slug é de 1 ft/s², e a aceleração de referência é de 32,174 ft/s² para a libra-massa. Segundo acordo entre os laboratórios para padronização de medidas dos países de língua inglesa, 1 lbm também é equivalente a 0,45359237 kg.

Não obstante o fato de que libra-massa e libra-força denotam grandezas físicas diferentes (massa e força), muitas vezes elas são usadas indistintamente e de maneira errônea. Um dos motivos da confusão é a semelhança de seus nomes. Outro motivo está relacionado à própria definição de libra-massa: uma quantidade de matéria que tem uma massa de 1 lbm também pesa 1 lbf, levando-se em conta a gravidade da Terra. Por outro lado, um objeto com massa de 1 slug pesa 32,174 lbf na Terra. Observe, porém, que o USCS não está sozinho quanto ao potencial de confundir massa e peso. Às vezes, vemos o quilograma do SI sendo usado inadequadamente para denotar força. Alguns pneus e manômetros, por exemplo, indicam a pressão de ar com as dimensões de kg/m². Algumas escalas usadas no comércio têm pesos tabulados em quilogramas ou em termos de uma unidade extinta chamada quilograma-força, que nem mesmo faz parte do SI.

Além da massa, é possível formar outras unidades derivadas com combinações das unidades básicas do USCS. A Tabela 3.5 relaciona algumas que aparecem na engenharia mecânica, como o *mil* (o milésimo de uma polegada, ou 1/12.000 de um pé), a *libra-ft* (para energia, trabalho ou calor) e o hp (550 (ft lb)/s). Observe também que, em geral, a abreviatura para polegada (*inch*, em inglês) inclui um ponto para distingui-la da palavra "*in*" em documentos técnicos.

Grandeza	Unidade derivada	Abreviatura	Definição
Comprimento	mil	mil	1 mil = 0,001 in.
	polegada	in.	1 in. = 0,0833 ft
	milha	mi	1 mi = 5.280 ft
Volume	galão	gal	1 gal = 0,1337 ft^3
Massa	slug	slug	1 slug = 1 (lb · s^2)/ft
	libra-massa	lbm	1 lbm = 3,1081 × 10^{-2} (lb · s^2)/ft
Força	onça	oz	1 oz = 0,0625 lb
	tonelada	ton	1 ton = 2.000 lb
Torque ou momento de uma força	libra-ft	ft · lb	—
Pressão ou tensão	libra/polegada^2	psi	1 psi = 1 lb/in^2
Energia, trabalho ou calor	libra-ft	ft · lb	—
	Unidade térmica britânica	Btu	1 Btu = 778,2 ft · lb
Potência	HP	hp	1 hp = 550 (ft · lb)/s
Temperatura	grau Fahrenheit	°F	°F = °R − 459,67
	Embora uma mudança de 1° Rankine na temperatura também seja igual à mudança de 1° F, os valores numéricos são convertidos pela fórmula desta tabela.		

Tabela 3.5 Algumas unidades derivadas no USCS

Foco em

Massa e peso

Massa é uma propriedade intrínseca de um objeto baseada na quantidade e densidade do material de que este é composto. A massa m mede a quantidade de matéria contida no objeto e, como tal, não varia com a posição, o movimento ou as mudanças no formato desta. O peso, por outro lado, é a força necessária para sustentar o objeto contra a atração da gravidade, e é calculado como

$$w = mg$$

com base na atração gravitacional

$$g = 32{,}174 \frac{\text{ft}}{\text{s}^2} \approx 32{,}2 \frac{\text{ft}}{\text{s}^2} \quad \text{(USCS)}$$

$$g = 9{,}8067 \frac{\text{m}}{\text{s}^2} \approx 9{,}81 \frac{\text{m}}{\text{s}^2} \quad \text{(SI)}$$

Conforme um acordo internacional, essas acelerações são valores padrões ao nível do mar e latitude de 45°. A aceleração da gravidade em um local específico da superfície da Terra, porém, varia com a latitude, o formato ligeiramente irregular da Terra, a densidade da crosta terrestre e o tamanho de massas terrestres próximas. Embora o peso de um objeto dependa da aceleração gravitacional, sua massa, não. Para a maioria dos cálculos de engenharia mecânica, é suficiente aproximar g com três dígitos significativos.

Conversões entre unidades SI e USCS

Um valor numérico em um sistema de unidades pode ser transformado em um valor equivalente no outro sistema usando fatores de conversão de unidades. A Tabela 3.6 lista os fatores de conversão entre algumas das grandezas USCS e SI que aparecem na engenharia mecânica. O processo de conversão exige mudanças tanto no valor numérico como nas dimensões que estão associadas a ele.

Grandeza	Conversão	
Comprimento	1 in.	= 25,4 mm
	1 in.	= 0,0254 m
	1 ft	= 0,3048 m
	1 mi	= 1,609 km
	1 mm	= $3,9370 \times 10^{-2}$ in.
	1 m	= 39,37 in.
	1 m	= 3,2808 ft
	1 km	= 0,6214 mi
Área	1 in²	= 645,16 mm²
	1 ft²	= $9,2903 \times 10^{-2}$ m²
	1 mm²	= $1,5500 \times 10^{-3}$ in²
	1 m²	= 10,7639 ft²
Volume	1 ft³	= $2,832 \times 10^{-2}$ m³
	1 ft³	= 28,32 L
	1 gal	= $3,7854 \times 10^{-3}$ m³
	1 gal	= 3,7854 L
	1 m³	= 35,32 ft³
	1 L	= $3,532 \times 10^{-2}$ ft³
	1 m³	= 264,2 gal
	1 L	= 0,2642 gal
Massa	1 slug	= 14,5939 kg
	1 lbm	= 0,45359 kg
	1 kg	= $6,8522 \times 10^{-2}$ slugs
	1 kg	= 2,2046 lbm
Força	1 lb	= 4,4482 N
	1 N	= 0,22481 lbf
Pressão ou tensão	1 psi	= 6895 Pa
	1 psi	= 6,895 kPa
	1 Pa	= $1,450 \times 10^{-4}$ psi
	1 kPa	= 0,1450 psi

Tabela 3.6

Fatores de conversão entre determinadas grandezas nos sistemas USCS e SI

Tabela 3.6
Continuação

Trabalho, energia ou calor	1 ft · lb	=	1,356 J
	1 Btu	=	1.055 J
	1 J	=	0,7376 ft · lb
	1 J	=	9,478 × 10^{-4} Btu
Potência	1 (ft · lb)/s	=	1,356 W
	1 hp	=	0,7457 kW
	1 W	=	0,7376 (ft · lb)/s
	1 kW	=	1,341 hp

Ainda assim, a grandeza física permanece inalterada, não se tornando maior nem menor, já que o valor numérico e as unidades são transformados juntos. Em termos gerais, o procedimento para fazer conversões entre os dois sistemas é o seguinte:

1. Escreva a grandeza indicada como um número seguido de suas dimensões, que podem envolver uma expressão fracionária, como kg/s ou N/m.
2. Identifique as unidades desejadas no resultado final.
3. Se unidades derivadas como L, Pa, N, lbm ou mi estiverem presentes na grandeza, talvez você julgue necessário expandi-las em termos de suas definições e unidades básicas. No caso de pascal, por exemplo, escrevemos

$$\mathrm{Pa} = \frac{\mathrm{N}}{\mathrm{m}^2} = \left(\frac{1}{\mathrm{m}^2}\right)\left(\frac{\mathrm{kg} \cdot \mathrm{m}}{\mathrm{s}^2}\right) = \frac{\mathrm{kg}}{\mathrm{m} \cdot \mathrm{s}^2}$$

onde cancelamos algebricamente a dimensão metro.

4. Do mesmo modo, se a grandeza indicada incluir um prefixo que não faça parte dos fatores de conversão, expanda a grandeza de acordo com as definições de prefixo relacionadas na Tabela 3.3. O quilonewton, por exemplo, seria expandido como 1kN = 1.000 N.
5. Verifique o fator de conversão apropriado na Tabela 3.6, e multiplique ou divida a grandeza indicada por esse valor, conforme necessário.
6. Aplique as regras da álgebra para cancelar dimensões no cálculo e reduzir as unidades àquelas que você quer no resultado final.

Você não pode escapar da conversão entre o Sistema Americano (USCS) e o Sistema Internacional (SI), e não encontrará seu caminho pelo labirinto da engenharia mecânica sem ser proficiente com os dois conjuntos de unidades. A decisão sobre a utilização do USCS ou do SI para resolver um problema dependerá de como as informações iniciais são especificadas. Se a informação for fornecida no USCS, você deve resolver o problema e aplicar fórmulas usando apenas esse sistema. Por outro lado, se a informação for fornecida no SI, as fórmulas devem ser aplicadas usando apenas o SI. É uma má prática pegar os dados fornecidos no USCS, converter para o SI, realizar cálculos no SI e depois converter de volta para o USCS (ou vice-versa). A razão para esta recomendação é dupla. Primeiro, a partir da questão prática do dia a dia em ser um engenheiro competente, sendo fluente tanto no USCS quanto no SI. Além disso, as etapas adicionais envolvidas quando as quantidades são convertidas de um sistema para outro e vice-versa são apenas outras oportunidades para que erros se infiltrem em sua solução.

Exemplo 3.1 | *Avaliação da potência do motor*

Um motor a gasolina produz um pico de potência de 10 hp. Expresse a potência indicada P no SI.

Abordagem
Conforme indica a Tabela 3.5 para unidades derivadas no USCS, a abreviatura "hp" refere-se a unidade de potência no USCS. A unidade do SI para potência é o watt (W). A última linha da Tabela 3.6 indica as conversões para potência, e ali obtemos o fator 1 hp = 0,7457 kW. O prefixo "quilo" na Tabela 3.3 indica um multiplicador de 1.000.

Solução
Ao aplicar o fator de conversão à potência do motor, temos

$$P = (10 \text{ hp})\left(0{,}7457 \frac{\text{kW}}{\text{hp}}\right)$$

$$= 7{,}457 (\text{hp})\left(\frac{\text{kW}}{\text{hp}}\right)$$

$$= 7{,}457 \text{ kW}$$

Discussão
O processo de conversão envolve duas etapas: a combinação algébrica dos valores numéricos e as dimensões. Em nosso cálculo, cancelamos a dimensão hp e indicamos expressamente essa etapa em nossa solução. Em termos de unidade derivada watt, o motor produz uma potência de 7.457 W. Entretanto, como esse valor numérico é maior que 1.000, usamos o prefixo "quilo".

$$P = 7{,}457 \text{ kW}$$

Exemplo 3.2 | *Extintor de incêndio*

A especificação para determinado sistema residencial de supressão de fogo é que a água seja borrifada à razão q de 10 gal/min. Para a revisão de um manual técnico destinado a clientes fora dos Estados Unidos, expresse a vazão no SI com base num intervalo de tempo de 1 s.

Exemplo 3.2 | *continuação*

Abordagem
Para completar esse problema, precisamos aplicar fatores de conversão tanto para volume quanto para tempo. Com base na Tabela 3.6, podemos expressar volume no SI usando as dimensões m^3 ou L. Pressupomos que um metro cúbico seja muito maior que a quantidade de água que esperamos ser borrifada a cada segundo; dessa forma, inicialmente decidimos converter o volume em litros com o fator de conversão 1 gal = 3,785 L. Iremos conferir essa premissa depois de terminar o cálculo.

Solução
Convertendo as dimensões para volume e tempo,

$$q = \left(10 \frac{\text{gal}}{\text{min}}\right)\left(\frac{1}{60} \frac{\text{min}}{\text{s}}\right)\left(3,785 \frac{\text{L}}{\text{gal}}\right)$$

$$= 0,6308 \left(\frac{\cancel{\text{gal}}}{\cancel{\text{min}}}\right)\left(\frac{\cancel{\text{min}}}{\text{s}}\right)\left(\frac{\text{L}}{\cancel{\text{gal}}}\right)$$

$$= 0,6308 \frac{\text{L}}{\text{s}}$$

Discussão
Primeiro combinamos os valores numéricos e depois cancelamos algebricamente as dimensões. Uma boa prática (e boa checagem) é indicar claramente como cancelar as unidades no processo de conversão. Nós também poderíamos ter expressado a vazão nas unidades m^3/s. Contudo, como o metro cúbico é 1.000 vezes maior que um litro, a dimensão L/s é mais adequada para o problema em questão, já que o valor numérico de 0,6308 não envolve um expoente à décima potência.

$$\boxed{q = 0,6308 \frac{\text{L}}{\text{s}}}$$

Exemplo 3.3 | *Laser*

Lasers de hélio-neônio são usados em laboratórios de engenharia, em sistemas de visão robotizados e até mesmo nos leitores de códigos de barras encontrados em caixas de supermercados. Um determinado laser tem uma potência de 3 mW e produz luz com comprimento de onda λ = 632,8 nm. O caractere grego lambda minúsculo (λ) é um símbolo

Exemplo 3.3 | *continuação*

convencional usado para comprimento de onda; o Apêndice A resume os nomes e símbolos de outras letras gregas. (a) Converta a potência em hp. (b) Converta o comprimento de onda em polegadas.

Abordagem
Como indica a Tabela 3.3, a dimensão de potência mW refere-se a um miliwatt ou 10^{-3} W, e nm indica um bilionésimo de metro (10^{-9} m). Os fatores de conversão para potência e comprimento estão relacionados na Tabela 3.6 como 1 kW = 1,341 hp e 1 m = 39,37 in.

Solução
(a) Primeiro convertemos o prefixo de potência no SI de mili para quilo para aplicá-lo ao fator de conversão indicado na tabela. O laser produz 3×10^{-3} W = 3×10^{-6} kW. Convertemos essa pequena grandeza para o USCS como segue:

$$P = (3 \times 10^{-6} \text{ kW})\left(1{,}341 \frac{\text{hp}}{\text{kW}}\right)$$

$$= 4{,}023 \times 10^{-6} (\cancel{\text{kW}})\left(\frac{\text{hp}}{\cancel{\text{kW}}}\right)$$

$$= 4{,}023 \times 10^{-6} \text{ hp}$$

(b) Expressado em notação científica, o comprimento de onda do laser é $632{,}8 \times 10^{-9}$ m = $6{,}328 \times 10^{-7}$ m, e o comprimento convertido passa a ser

$$\lambda = (6{,}328 \times 10^{-7} \text{ m})\left(39{,}37 \frac{\text{in.}}{\text{m}}\right)$$

$$= 2{,}491 \times 10^{-5} (\cancel{\text{m}})\left(\frac{\text{in.}}{\cancel{\text{m}}}\right)$$

$$= 2{,}491 \times 10^{-5} \text{ in.}$$

Discussão
Como as dimensões de hp e polegada são bem maiores que a potência e o comprimento de onda do laser, elas não são muito convenientes para descrever suas características.

$$P = 4{,}023 \times 10^{-6} \text{ hp}$$
$$\lambda = 2{,}491 \times 10^{-5} \text{ in.}$$

3.4 Dígitos significativos

Dígitos significativos são aqueles que sabemos que são corretos e confiáveis tendo em vista a imprecisão presente nas informações fornecidas, nas aproximações feitas ao longo do caminho e na mecânica do cálculo em si. Como regra geral, o último dígito significativo que você indicar na resposta a um problema deve ter a mesma ordem de grandeza do último dígito significativo dos dados informados. Não é apropriado indicar mais dígitos significativos na resposta que os que já foram dados no enunciado, pois isso implicaria que, por alguma razão, o resultado de um cálculo é mais preciso que o problema.

Precisão   A *precisão* de um número equivale à metade da posição do último dígito significativo presente no número. O fator equivale à metade porque o último dígito de um número representa o arredondamento dos dígitos depois da vírgula para cima ou para baixo. Por exemplo, suponha que um engenheiro registre em seu projeto que a força atuante sobre o rolamento do *drive* de um disco rígido causada pelo desequilíbrio rotacional é de 43,01 mN. Essa afirmação significa que a força está mais próxima de 43,01 mN que de 43,00 mN ou 43,02 mN. O valor indicado de 43,01 mN e seu número de dígitos significativos implica que o valor físico real da força pode ser qualquer coisa entre 43,005 e 43,015 mN [Figura 3.4(a)]. A precisão do valor numérico é de ±0,005 mN, a variação que poderia estar presente na indicação de força e, ainda assim, resultar num valor arredondado de 43,01 mN. Mesmo quando escrevemos 43,00 mN, um valor numérico que tem dois zeros depois da vírgula, temos quatro dígitos significativos, e a precisão implícita continua sendo ±0,005 mN.

De modo alternativo, suponha que aquele engenheiro tivesse indicado a força como sendo 43,010 mN. Essa afirmação implica que o valor já é considerado bastante exato, e que e a força esta mais próxima de 43,010 mN que 43,009 mN ou 43,011 mN. Agora, a precisão é de ±0,0005 mN [Figura 3.4(b)].

Da mesma forma, você pode ver como surge alguma ambiguidade quando uma quantidade como 200 libras-força é relatada. Por um lado, o valor pode significar que a medição foi feita apenas próximo de 100 lbf, o que significa que a magnitude real da força está mais próxima de 200 lbf do que de 100 lbf ou 300 lbf. Por outro lado, o valor pode significar que a força é de fato

Figura 3.4
A precisão de um valor numérico para força depende do número de dígitos significativos indicados. O valor físico real está dentro de determinado intervalo em torno do valor indicado.
(a) Dois dígitos depois da vírgula.
(b) Três dígitos depois da vírgula.

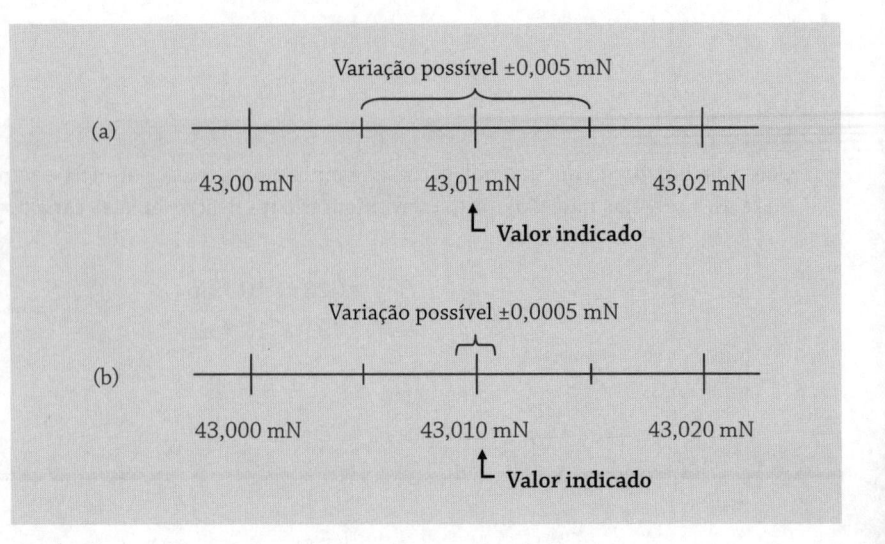

200 lbf, e não 199 lbf ou 201 lbf, e que o valor real está em algum lugar entre 199,5 lbf e 200,5 lbf. De qualquer forma, é vago escrever uma quantidade como 200 lbf sem dar alguma outra indicação quanto à precisão do número.

Como regra geral, durante as etapas intermediárias de um cálculo, use vários dígitos significativos a mais do que aqueles que você pretende apresentar na resposta final. Desse modo, sua solução não estará vulnerável a erros de arredondamento que poderão surgir ao longo do caminho, distorcendo a resposta final. Quando o cálculo estiver concluído, você sempre poderá reduzir o valor numérico a uma quantidade razoável de dígitos significativos. Essas considerações nos levam à seguinte regra prática:

> Nos exemplos e problemas deste livro, trate as informações indicadas como exatas. Entretanto, ao reconhecer as aproximações e limites de medidas na engenharia, reduza suas respostas a apenas quatro dígitos significativos.

Você precisa estar atento ao falso senso de exatidão oferecido pelo uso de calculadoras e computadores. Mesmo que um cálculo possa ser feito com oito ou mais dígitos significativos, quase todas as dimensões, propriedades de materiais e outros parâmetros físicos encontrados na engenharia mecânica são apresentados com muito menos dígitos. Embora o cálculo em si possa ser muito preciso, raramente os dados iniciais apresentados para o cálculo terão o mesmo grau de exatidão.

▶ 3.5 Uniformidade dimensional

Ao aplicar equações de matemática, ciência ou engenharia, os cálculos devem considerar as mesmas dimensões, ou estarão errados. *Uniformidade dimensional* significa que as unidades associadas aos valores numéricos em cada lado de um sinal de igual são as mesmas. Do mesmo modo, se combinarmos dois termos numa equação por soma, ou se forem subtraídos um do outro, as duas grandezas devem ter as mesmas dimensões. Esse princípio é uma forma objetiva de conferir seu trabalho algébrico e numérico.

Em cálculos com lápis e papel, mantenha as unidades adjacentes a cada grandeza numérica de uma equação, de modo que possam ser combinadas ou canceladas em cada etapa da solução. Você pode manipular as dimensões do mesmo modo que faria com qualquer outra grandeza algébrica. Usando o princípio da uniformidade dimensional, você pode conferir seu cálculo e obter uma certeza maior de sua exatidão. É claro que o resultado pode estar incorreto por outros motivos além das dimensões. Ainda assim, conferir as unidades de uma equação é sempre uma boa ideia.

O princípio da uniformidade dimensional pode ser particularmente útil quando você efetua cálculos que envolvem massa e força no USCS. As definições de slug e libra-massa, em termos de acelerações de referência diferentes, muitas vezes são um ponto de confusão quando convertemos as grandezas de massa entre o USCS e o SI. Nesses casos, podemos aplicar o princípio da uniformidade dimensional para confirmar se as unidades do cálculo estão corretas. Podemos ilustrar a uniformidade dimensional com um cálculo tão simples quanto descobrir os pesos de dois objetos, o primeiro com uma massa de 1 slug e o segundo com uma massa de 1 lbm. No primeiro caso, o peso do objeto de 1 slug é

$$w = (1\text{ slug})\left(32{,}174\,\frac{\text{ft}}{\text{s}^2}\right)$$

$$= 32{,}174\,\frac{\text{slug}\cdot\text{ft}}{\text{s}^2}$$

$$= 32{,}174\text{ lbf}$$

Na etapa final desse cálculo, usamos a definição de slug da Tabela 3.5. Esse objeto, com uma massa de um slug, pesa 32,174 lbf. Por outro lado, para o objeto com massa de 1 lbm, a substituição direta na equação w = mg resultaria nas dimensões de lbm · ft/s², que não é a mesma coisa que uma libra nem uma unidade convencional para força no USCS. Para que o cálculo seja dimensionalmente uniforme, é necessária uma etapa intermediária para converter m nas unidades de slug usando a Equação (3.5):

$$m = (1\text{ lbm})\left(3{,}1081\times 10^{-2}\,\frac{\text{slug}}{\text{lbm}}\right)$$

$$= 3{,}1081\times 10^{-2}\text{ slugs}$$

No segundo caso, o peso do objeto de 1 lbm passa a ser

$$w = (3{,}1081\times 10^{-2}\text{ slugs})\left(3{,}174\,\frac{\text{ft}}{\text{s}^2}\right)$$

$$= 1\,\frac{\text{slug}\cdot\text{ft}}{\text{s}^2}$$

$$= 1\text{ lbf}$$

O princípio da uniformidade dimensional irá ajudá-lo a fazer a escolha adequada para unidades de massa no USCS. De maneira geral, o slug é a unidade preferida para cálculos que envolvem a segunda lei de Newton ($F = ma$), energia cinética ($\frac{1}{2}\,mv^2$), momento linear (mv), energia potencial gravitacional (mgh) e outras grandezas mecânicas. Os exemplos a seguir ilustram o processo para verificar a uniformidade dimensional de uma equação acompanhando suas unidades.

Exemplo 3.4 | *Reabastecimento Aéreo*

O avião-tanque KC-10 Extender da Força Aérea dos Estados Unidos é usado para reabastecer outros aviões durante o voo. O Extender é capaz de levar 365.000 lbf de combustível, que pode ser transferido para outra aeronave através de uma mangueira que liga temporariamente os dois aviões. (a) Expresse a massa do combustível em slugs e lbm. (b) Expresse a massa e o peso do combustível em unidades do SI.

Exemplo 3.4 | *continuação*

Abordagem

Iremos calcular a massa m em função do peso do combustível w e da aceleração gravitacional $g = 32{,}2$ ft m/s². Com w expresso em libras e g tendo as unidades de ft/s², a expressão $w = mg$ é dimensionalmente consistente quando a massa tem as unidades de slugs. Vamos então converter de slugs para lbm usando o fator de conversão 1 slug = 32,174 lbm da Equação (3.5). Na parte (b), convertemos a massa do combustível no USCS para o SI usando o fator de conversão 1 slug = 14,59 kg da Tabela 3.6.

Solução

(a) Primeiro determinamos a massa do combustível nas unidades de slugs:

$$m = \frac{3{,}65 \times 10^5 \text{ lb}}{32.2 \text{ ft/s}^2} \quad \leftarrow \left[m = \frac{w}{g}\right]$$

$$= 1{,}134 \times 10^4 \frac{\text{lb} \cdot \text{s}^2}{\text{ft}}$$

$$= 1{,}134 \times 10^4 \text{ slugs}$$

Na última etapa, usamos a definição 1 slug = 1 (lb · s²)/ft. Como um objeto que pesa 1 lbf tem uma massa de 1 lbm, a massa do combustível pode alternativamente ser expressa como 365.000 lbm.

(b) Convertemos a quantidade de massa $1{,}134 \times 10^4$ slugs na unidade SI kg:

$$m = (1{,}134 \times 10^4 \text{ slugs})\left(14{,}59 \frac{\text{kg}}{\text{slug}}\right)$$

$$= 1{,}655 \times 10^5 \text{ (s\cancel{lug}s)}\left(\frac{\text{kg}}{\text{s\cancel{lug}}}\right)$$

$$= 1{,}655 \times 10^5 \text{ kg}$$

Uma vez que o valor numérico para a massa apresenta um elevado expoente de potência de dez, um prefixo SI da Tabela 3.3 deve ser aplicado. Primeiro escrevemos $m = 165{,}5 \times 10^3$ kg para que o expoente seja um múltiplo de 3. Como o prefixo "quilo" já implica um fator de 10^3 g, $m = 165{,}5 \times 10^6$ g ou 165,5 Mg, em que "M" indica o prefixo "mega". O peso do combustível no SI é

$$w = (1{,}655 \times 10^5 \text{ kg})\left(9{,}81 \frac{\text{m}}{\text{s}^2}\right) \quad \leftarrow [w = mg]$$

$$= 1{,}62 \times 10^6 \frac{\text{kg} \cdot \text{m}}{\text{s}^2}$$

$$= 1.62 \times 10^6 \text{ N}$$

Exemplo 3.4 | *continuação*

Como essa grandeza também tem um grande expoente à décima potência, usamos o prefixo "M" do SI para condensar o fator de 1 milhão. O combustível pesa 1,62 MN.

Discussão
Para verificar novamente o cálculo do peso no SI, notamos que podemos converter o peso de 365.000 libras-força de combustível diretamente para as dimensões em newtons. Usando o fator de conversão 1 lbf = 4,448 N da Tabela 3.6, w se torna

$$w = (3{,}65 \times 10^5 \, \text{lbf})\left(4{,}448 \, \frac{\text{N}}{\text{lbf}}\right)$$

$$= 1{,}62 \times 10^6 \, (\cancel{\text{lbf}})\left(\frac{\text{N}}{\cancel{\text{lbf}}}\right)$$

$$= 1{,}62 \times 10^6 \, \text{N}$$

ou 1,62 MN, conforme nossa resposta anterior.

$$m = 1{,}134 \times 10^4 \text{ slugs}$$
$$m = 365.000 \text{ lbm}$$
$$m = 165{,}5 \text{ Mg}$$
$$w = 1{,}62 \text{ MN}$$

Exemplo 3.5 | *Colisão de fragmentos na órbita terrestre*

A Estação Espacial Internacional apresenta centenas de escudos feitos de alumínio e material à prova de balas que têm a finalidade de oferecer proteção contra impactos causados por fragmentos presentes na órbita terrestre baixa (Figura 3.5). Graças a avisos feitos com antecedência suficiente, é possível ajustar ligeiramente a órbita da estação para evitar que se aproxime demais de objetos maiores. O Comando Espacial dos Estados Unidos identificou mais de 13 mil fragmentos e detritos, incluindo lascas de tinta, invólucros usados e até mesmo uma luva de astronauta. (a) Calcule a energia cinética $U_k = \frac{1}{2}mv^2$ de uma partícula de detrito com m = 1 g que viaja a v = 8 km/s, uma velocidade típica na órbita terrestre baixa. (b) Com que velocidade seria necessário lançar uma bola de beisebol de 0,31 lb para atingir a mesma energia cinética?

Abordagem
Primeiro convertemos a massa e velocidade da partícula de detrito para as unidades dimensionalmente uniformes de kg e m/s, respectivamente, usando a definição do prefixo "quilo" (Tabela 3.3). A unidade convencional do SI para energia na Tabela 3.2 é o joule,

Exemplo 3.5 | *continuação*

Figura 3.5
A Estação Espacial Internacional.

Cortesia de Johnson Space Center Office of Earth Sciences/Nasa.

definido como 1 N · m. Na parte (b), converteremos a energia cinética em unidades do USCS usando o fator 1J = 0,7376 ft · lb da Tabela 3.6. Como o enunciado do problema especifica o peso da bola de beisebol, faremos um cálculo intermediário para sua massa.

Solução

(a) Com $m = 0,001$ kg e $v = 8.000$ m/s, a energia cinética da partícula de atrito é

$$U_k = \frac{1}{2}(0,001 \text{ kg})\left(8.000 \frac{\text{m}}{\text{s}}\right)^2 \quad \leftarrow \left[U_k = \frac{1}{2}mv^2\right]$$

$$= 32.000 \text{ (kg)}\left(\frac{\text{m}^2}{\text{s}^2}\right)$$

$$= 32.000 \left(\frac{\text{kg} \cdot \text{m}}{\text{s}^2}\right)(\text{m})$$

$$= 32.000 \text{ N} \cdot \text{m}$$

$$= 32.000 \text{ J}$$

Se aplicarmos um prefixo do SI para eliminar os zeros depois da vírgula, a energia cinética da partícula será 32 kJ.

(b) Expressa no USCS, a energia cinética da partícula é:

$$U_k = (32.000 \text{ J})\left(0,7376 \frac{\text{ft} \cdot \text{lb}}{\text{J}}\right)$$

$$= 23.603 \text{ (J)}\left(\frac{\text{ft} \cdot \text{lb}}{\text{J}}\right)$$

$$= 23.603 \text{ ft} \cdot \text{lb}$$

Exemplo 3.5 | *continuação*

Para um cálculo de dimensionamento uniforme da energia cinética em unidades do USCS, determinaremos a massa da bola de beisebol em unidades de slugs:

$$m = \frac{0{,}31 \text{ lbf}}{32{,}2 \text{ ft/s}^2} \quad \leftarrow \left[m = \frac{w}{g} \right]$$

$$= 9{,}627 \times 10^{-3} \frac{\text{lbf} \cdot \text{s}^2}{\text{ft}}$$

$$= 9{,}627 \times 10^{-3} \text{ slugs}$$

dado que 1 slug = 1 (lb.s²)/ft na Equação (3.2). Para ter a mesma energia cinética da partícula, a bola de beisebol precisa ser lançada a uma velocidade de

$$v = \sqrt{\frac{2(23.603 \text{ ft} \cdot \text{lb})}{9{,}627 \times 10^{-3} \text{ slugs}}} \quad \leftarrow \left[v = \sqrt{\frac{2U_k}{m}} \right]$$

$$= 2.214 \sqrt{\frac{\text{ft} \cdot \text{lb}}{\text{slug}}}$$

$$= 2.214 \sqrt{\frac{\text{ft} \cdot (\text{slug} \cdot \text{ft/s}^2)}{\text{slug}}}$$

$$= 2.214 \frac{\text{ft}}{\text{s}}$$

Discussão

Ainda que a poeira e as partículas de detritos na órbita terrestre sejam pequenas quanto ao tamanho, elas podem transmitir grandes quantidades de energia cinética porque suas velocidades são muito elevadas. A velocidade equivalente de uma bola de beisebol é cerca de 1.500 mph ou aproximadamente quinze vezes a velocidade de um lançamento da liga principal ou o profissional de cricket bowl mais rápido.

$$U_k = 32 \text{ kJ}$$

$$v = 2.214 \frac{\text{ft}}{\text{s}}$$

Exemplo 3.6 | *Deflexão de uma broca*

Esse exemplo ilustra todo o processo de resolução de problemas da Seção 3.2 e incorpora os princípios de análise dimensional das Seções 3.3-3.5.

Furadeiras são usadas para fazer furos em diversos materiais com uma broca afiada presa a um mandril rotativo. A broca de aço tem um diâmetro $d = 6$ mm e um comprimento $L = 65$ mm. A broca entortou acidentalmente quando a peça se deslocou durante uma furação, e está sujeita a uma força lateral de $F = 50$ N. De acordo com cursos de engenharia mecânica sobre análise de deformações, a deflexão lateral da ponta da broca é calculada pela equação

$$\Delta x = \frac{64\,FL^3}{3\pi\,Ed^4}$$

na qual os termos têm as seguintes unidades:

Δx (comprimento) a deflexão da ponta
F (força) a magnitude da força aplicada à ponta
L (comprimento) o comprimento da broca
E (força/comprimento^2) uma propriedade do material da broca, denominada módulo de elasticidade
d (comprimento) o diâmetro da broca

Usando o valor numérico $E = 200 \times 10^9$ Pa para o aço, calcule o valor $\Delta.x$ de deflexão da ponta. (Veja a Figura 3.6.)

Abordagem

A tarefa é determinar a deflexão na ponta da broca de aço considerando a força aplicada. Primeiro, fazemos uma série de pressupostos sobre o sistema:

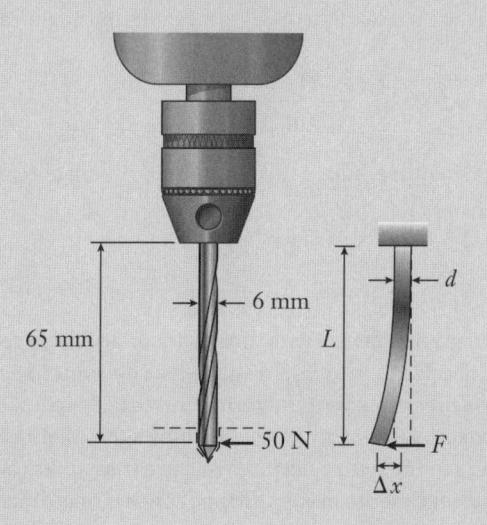

Figura 3.6

Exemplo 3.6 | *continuação*

- As ranhuras curvadas na ponta são pequenas e podem ser desprezadas na análise.
- A força é perpendicular ao eixo de flexão primário da ponta.
- Os canais em espiral em torno da broca têm impacto mínimo sobre a deflexão e podem ser ignorados.

Primeiro, combinamos as unidades de cada grandeza na equação de acordo com as regras de álgebra e verificamos se as unidades nos dois lados da equação são idênticas. Em seguida, inserimos as grandezas conhecidas, incluindo o comprimento, o diâmetro e o módulo de elasticidade da broca e a força aplicada para determinar a deflexão.

Solução

A grandeza $64/3\pi$ é escalar adimensional; portanto, não possui unidades que afetem a uniformidade dimensional. As unidades de cada grandeza na equação são canceladas:

$$(\text{comprimento}) = \frac{(\text{força})(\text{comprimento})^3}{((\text{força})(\text{comprimento})^2)(\text{comprimento})^4}$$
$$= (\text{comprimento})$$

A equação é, de fato, dimensionalmente consistente. A ponta se desloca lateralmente pela quantidade

$$\Delta x = \frac{64(50 \text{ N})(0.065 \text{ m})^3}{3\pi(200 \times 10^9 \text{ Pa})(6 \times 10^{-3} \text{ m})^4} \quad \leftarrow \quad \left[\Delta x = \frac{64 \, FL^3}{3\pi \, Ed^4} \right]$$

Em seguida, combinamos os valores numéricos e as dimensões:

$$\Delta x = 3{,}6 \times 10^{-4} \frac{\text{N} \cdot \text{m}^3}{\text{Pa} \cdot \text{m}^4}$$

e depois expandimos a unidade derivada pascal de acordo com sua definição na Tabela 3.2:

$$\Delta x = 3{,}6 \times 10^{-4} \frac{\text{N} \cdot \text{m}^3}{(\text{N/m}^2)(\text{m}^4)}$$

Finalmente, cancelamos unidades no numerador e no denominador para obtermos:

$$\Delta x = 3{,}6 \times 10^{-4} \text{ m}$$

Discussão

Primeiro, avaliamos a ordem de grandeza da solução. Para uma broca de aço desse comprimento, não se espera uma grande deflexão. Portanto, a ordem de grandeza da solução é razoável. Em segundo lugar, revisamos nossos pressupostos para termos certeza de que são razoáveis. Ainda que as ranhuras e os canais em curva na broca possam afetar ligeiramente a mecânica da deflexão, temos de pressupor que seu impacto é desprezível para essa aplicação. Além disso, a força pode não se manter perfeitamente perpendicular à broca, mas é razoável assumir que o faz no momento da deflexão. Em terceiro lugar, deduzimos conclusões a partir

Exemplo 3.6 | *continuação*

da solução e explicamos seu significado físico. Brocas de furadeiras são submetidas a muitas forças durante a operação, e faz sentido o fato de a maioria delas ser feita de aço a fim de minimizar a deflexão. Como o valor numérico tem um grande expoente negativo, nós o convertemos à forma padrão usando o prefixo "mili" do SI para representar um fator de 10^{-3}. A ponta desloca-se $\Delta x = 3,6$ mm, pouco mais de um terço de um milímetro.

$$\Delta x = 3,6 \times 10^{-4} \text{ m}$$

Exemplo 3.7 | Aceleração de um elevador

Este exemplo também ilustra o processo completo de resolução de problemas da Seção 3.2, que incorpora os princípios da análise dimensional das Seções 3.3-3.5.

Uma pessoa com uma massa de 70 kg está em pé sobre uma balança em um elevador que indica 140 lbf em dado momento. Determine em que direção o elevador está se deslocando e se está acelerando. De acordo com a segunda lei de Newton, se um corpo está acelerando, então a soma das forças é igual à massa do corpo m vezes sua aceleração a através da equação

$$\Sigma F = ma$$

Se a soma das forças em qualquer direção é igual a zero, então o corpo não está acelerando naquela direção. (Veja a Figura 3.7.)

Figura 3.7

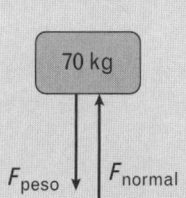

Exemplo 3.7 | *continuação*

Abordagem
A tarefa é determinar em que direção o elevador está se deslocando e se está acelerando. Primeiro, faremos uma série de pressupostos sobre o sistema:

- A pessoa e o elevador estão se deslocando em conjunto, de modo que precisamos apenas analisar as forças sobre a pessoa.
- O único movimento ocorre na direção vertical ou y.
- Nossa análise é feita na Terra; portanto, a gravidade é de 9,81 m/s² ou 32.2 ft/s².
- A balança não se movimenta em relação ao piso do elevador ou à pessoa.

Primeiro converta a massa da pessoa em quilogramas para o peso equivalente em newtons. Em seguida, converta seu peso de newtons para libra-força. Compare o peso da pessoa com o que está indicado na balança para determinar em que direção o elevador está se deslocando. Em seguida, use a diferença de peso para definir a aceleração do elevador. Se não houver nenhuma diferença no peso, saberemos que o elevador não está acelerando.

Solução
Podemos calcular o peso W da pessoa como segue:

$$W = (\text{massa})(\text{gravidade}) = (70\ \text{kg})(9{,}81\ \text{m/s}^2) = 687\ \text{N}$$

Então, o peso pode ser convertido em libras-força usando o fator de conversão da Tabela 3.6, como se segue:

$$W = 687\ \text{N}\left(0{,}22481\ \frac{\text{lbf}}{\text{N}}\right)$$
$$= 154\ \text{N} \cdot \frac{\text{lbf}}{\text{N}}$$
$$= 154\ \text{lbf}$$

Essa é a força para baixo sobre a pessoa, representada por F_{peso} na Figura 3.7. A indicação na balança representa a força para cima exercida sobre a pessoa pela balança, ou a força normal, F_{normal}. Como o peso da pessoa é maior que o valor indicado na balança, o elevador está acelerando para baixo, o que diminui o valor na balança. É o que ilustra a equação

$$\sum F = F_{\text{normal}} - F_{\text{peso}} = 140\ \text{lbf} - 154\ \text{lbf} = -14\ \text{lbf}$$

Finalmente, resolvemos a aceleração, observando que a massa da pessoa deve ser convertida em slugs.

$$a = \frac{\sum F}{m} = \left(\frac{-14\ \text{lbf}}{154\ \text{lbm}}\right)\left(\frac{32{,}2\ \text{lbm}}{1\ \text{slug}}\right)\left(\frac{\text{slug} \cdot \frac{\text{ft}}{\text{s}^2}}{\text{lbf}}\right) = -2{,}9\ \frac{\text{ft}}{\text{s}^2}$$

Exemplo 3.7 | continuação

Discussão

Primeiro, avaliamos a ordem de grandeza da solução. A aceleração não é grande, o que é esperado, já que a indicação na balança não é significativamente diferente do peso da pessoa. Em segundo lugar, revisamos nossos pressupostos para ter certeza de que são razoáveis. Todos os pressupostos são muito lógicos. A pessoa, a balança e o elevador precisam estar, na realidade, sujeitos a um movimento relativo, mas o impacto sobre a análise será mínimo. Em terceiro lugar, deduzimos conclusões a partir da solução e explicamos seu significado físico. A aceleração é negativa, indicando uma aceleração para baixo, o que corresponde à indicação na balança. Quando um elevador começa a acelerar para baixo, os passageiros sentem-se mais leves temporariamente. Sua massa não muda, visto que a gravidade não se alterou; contudo, seu peso percebido mudou, que é o que a balança indica.

Observe que a mesma análise pode ser feita usando o SI. Primeiro, convertemos a leitura do peso para newtons

$$W = (140 \text{ lbf})\left(\frac{4{,}45 \text{ N}}{1 \text{ lbf}}\right)$$

$$= 623 \text{ lbf} \cdot \frac{\text{N}}{\text{lbf}}$$

$$= 623 \text{ N}$$

Como isso é menor que o peso real da pessoa de 687 N, conclui-se que o elevador está acelerando para baixo. Resolvendo para aceleração resulta

$$a = \frac{\Sigma F}{m} = \left(\frac{623 \text{ N} - 687 \text{ N}}{70 \text{ kg}}\right)$$

$$= \frac{-64 \text{ N}}{70 \text{ kg}} = -0{,}91\left(\frac{\text{kg} \cdot \frac{\text{m}}{\text{s}^2}}{\text{kg}}\right) = -0{,}91 \frac{\text{m}}{\text{s}^2}$$

Usando a conversão 1 ft = 0,3048 m da Tabela 3.6, essa solução pode ser convertida para $-2{,}9 \text{ ft/s}^2$, o que corresponde à nossa análise anterior.

$$\boxed{a = -2{,}9 \frac{\text{ft}}{\text{s}^2}}$$

▶ 3.6 Estimativas na engenharia

Nos estágios posteriores de um processo de projeto, certamente os engenheiros fazem cálculos precisos ao resolver problemas técnicos. No entanto, nos estágios iniciais de um projeto, quase sempre, os engenheiros fazem aproximações ao resolverem tais problemas. Por mais imperfeito e longe do ideal que isso seja, essas estimativas são feitas para reduzir um sistema real aos seus elementos mais básicos e essenciais. Aproximações também servem para remover fatores externos que complicam o problema, mas não têm muita influência sobre o resultado final. Os engenheiros ficam à vontade para realizar aproximações razoáveis, de modo que seus modelos matemáticos sejam os mais simples possíveis, contanto que levem a um resultado que seja suficientemente exato para a tarefa em questão. Se for necessário aumentar a exatidão mais tarde, por exemplo, ao finalizar um projeto, eles terão de integrar mais fenômenos físicos ou detalhes sobre a geometria e, consequentemente, as equações a serem resolvidas se tornarão mais complicadas.

Estimativas de ordem de grandeza

Dado que equipamentos reais sempre apresentam alguma imperfeição ou incerteza, muitas vezes, os engenheiros fazem *estimativas de ordem de grandeza*. No início do projeto, por exemplo, aproximações de ordem de grandeza são usadas para avaliar a viabilidade de diferentes opções de projetos. Alguns exemplos são estimar o peso de uma estrutura ou a quantidade de energia que uma máquina produz ou consome. Essas estimativas, feitas rapidamente, são úteis para focar as ideias e reduzir as opções disponíveis para um projeto antes de aplicar um esforço substancial a fim de entender os detalhes

Os engenheiros fazem estimativas de ordem de grandeza plenamente conscientes das aproximações envolvidas, e reconhecem que serão necessárias aproximações razoáveis para chegar a uma resposta. Na verdade, a expressão "ordem de grandeza" implica que as grandezas consideradas no cálculo (e a resposta final) são precisas talvez a um fator de 10. Um cálculo desse tipo pode estimar que a força transmitida por determinada conexão parafusada é de 1.000 lbf, implicando que a força provavelmente não seja tão baixa quanto 100 lbf ou tão elevada quanto 10.000 lbf, mas que certamente pode ser de 800 lbf ou 3.000 lbf. À primeira vista, essa diferença pode parecer muito grande, mas, mesmo assim, a estimativa é útil porque estabelece um limite para o tamanho da força. A estimativa também oferece um ponto de partida para todos os cálculos subsequentes – e provavelmente mais detalhados – que um engenheiro mecânico terá de fazer. Cálculos desse tipo são estimativas, assumidamente imperfeitas e imprecisas, mas melhores que nada.

Cálculos no papel de pão

Às vezes, diz-se que esses *cálculos são feitos no papel de pão*, porque podem ser feitos de forma rápida e informal.

Estimativas de ordem de grandeza são feitas quando os engenheiros de um projeto começam a atribuir valores numéricos a dimensões, pesos, propriedades de materiais, temperaturas, pressões e outros parâmetros. É preciso reconhecer que esses valores serão refinados à medida que mais informações forem obtidas, a análise melhorar e o projeto ficar mais bem definido. Os exemplos a seguir mostram algumas aplicações de cálculos de ordem de grandeza e os processos de pensamento por trás das estimativas.

Foco em — Importância das estimativas

Em 20 de abril de 2010, uma explosão destruiu a plataforma de perfuração de petróleo Deepwater Horizon da Transocean, no Golfo do México, matando onze pessoas, ferindo outras dezessete e causando o maior acidente de derramamento de óleo no mar da história. Apenas no dia 15 de julho foi possível conter o vazamento, mas somente depois de 120 a 180 milhões de galões de óleo terem sido derramados no golfo e a British Petroleum gastar mais de US$ 10 bilhões na limpeza. Durante o derramamento inicial, vários fluidos saíram simultaneamente do poço, incluindo água do mar, lama, óleo e gás. Engenheiros de todo o mundo começaram rapidamente a criar vários modelos analíticos para estimar as vazões futuras desses fluidos, incluindo o fluxo mostrado na Figura 3.8. Para essas abordagens, que variavam em complexidade e incluíam alguns métodos fundamentais, os engenheiros:

- Usaram vídeo de veículos operados remotamente (ROVs) para estimar as taxas de fluxo e suas consistências
- Usaram uma técnica de visualização e medição de fluxo chamada velocimetria por imagem de partículas (PIV) para estimar a velocidade da superfície externa das plumas de óleo vazando
- Coletaram dados acústicos do efeito Doppler em minutos para estimar a área da secção transversal da pluma de óleo
- Usaram medições de pressão durante o fechamento do poço em 15 de julho para estimar a vazão antes do fechamento
- Criaram modelos do reservatório de óleo para estimar a quantidade de óleo restante, permitindo estimar a quantidade de óleo liberada
- Usaram dados da coleta de superfície real para estimar as tendências na proporção de gás para óleo, permitindo uma aproximação na liberação de óleo

Apesar das diferentes abordagens de estimativa e conjuntos de suposições, a maioria das abordagens aproximava que as vazões estavam entre 50.000 e 70.000 barris de petróleo por dia, o que equivale a algo entre 2 e 3 milhões de galões e entre 8 e 11 milhões de litros de óleo por dia. Essas estimativas não foram apenas críticas para os esforços de limpeza e resgate, mas também foram fundamentais para fechar o poço com falha, entender por que ele falhou, prever o impacto de futuros derramamentos de óleo e projetar equipamentos mais seguros no futuro.

Muitas vezes, a resolução de um problema técnico é uma ciência inexata, e uma estimativa aproximada é o melhor que os engenheiros podem fazer. Modelos que parecem corresponder aos dados reais às vezes não predizem efetivamente o desempenho futuro. Neste exemplo, com um ambiente de fluxo tão dinâmico sendo modelado pelos engenheiros a partir de uma variedade de técnicas, a faixa de incerteza é bastante alta e, na melhor das hipóteses, os modelos podem fornecer apenas uma estimativa do que realmente aconteceu.

Figura 3.8

O óleo escapando é mostrado debaixo d'água duas semanas após o acidente.

REUTERS/BP/Landov

Exemplo 3.8 | *Porta da cabine da aeronave*

Aeronaves comerciais a jato têm cabines pressurizadas porque voam a grandes altitudes, onde a atmosfera é rarefeita. Numa altitude de cruzeiro de 30.000 ft, a pressão atmosférica externa é apenas cerca de 30% do valor ao nível do mar. A cabine é pressurizada para o equivalente ao topo de uma montanha, onde a pressão atmosférica é de aproximadamente 70% da pressão ao nível do mar. Estime a força aplicada à porta da cabine principal do avião por esse desequilíbrio de pressão. Considere as seguintes informações como "dadas" ao fazer a estimativa de ordem de grandeza: (1) a pressão do ar ao nível do mar é de 14.7 psi, e (2) a força F sobre a porta é o produto da área A da porta e da diferença de pressão Δp conforme a expressão $F = A\Delta p$

Abordagem
A tarefa é estimar o valor da força exercida sobre o interior de uma porta de aeronave durante o voo. As informações sobre pressão foram apresentadas, mas temos de fazer alguns pressupostos sobre a porta e o ambiente da cabine. Presumimos que:

- O tamanho da porta do avião é de aproximadamente 6×3 ft, ou 18 ft².

- Podemos desprezar o fato de que a porta não é exatamente retangular.

- Podemos desprezar o fato de que a porta é curva para acompanhar o formato da fuselagem do avião.

- Não precisamos considerar pequenas mudanças de pressão devido ao movimento dos passageiros dentro da cabine durante o voo.

Primeiro calcularemos a diferença de pressão e, então, a área da porta para encontrarmos a força total.

Solução
A pressão líquida que atua sobre a porta é a diferença entre as pressões atmosféricas dentro e fora do avião.

$$\Delta p = (0,7 - 0,3)(14,7 \text{ psi})$$
$$= 5,88 \text{ psi}$$

Como Δp tem as unidades de libras por polegada quadrada (Tabela 3.5), para que a equação $F = A\Delta p$ seja dimensionalmente consistente, a área deve ser convertida para as unidades de polegadas quadradas:

$$A = (18 \text{ ft}^2)\left(12 \frac{\text{in.}}{\text{ft}}\right)^2$$
$$= 2.592(\text{ft}^2)\left(\frac{\text{in}^2}{\text{ft}^2}\right)$$
$$= 2.592 \text{ in}^2$$

Exemplo 3.8 | *continuação*

A força total que age na porta torna-se:

$$F = (2.592 \text{ in}^2)(5{,}88 \text{ psi}) \quad \leftarrow [F = A\Delta p]$$

$$= 15.240 \text{ (in}^2)\left(\frac{\text{lbf}}{\text{in}^2}\right)$$

$$= 15.240 \text{ lbf}$$

Discussão
Primeiro, avaliamos a ordem de grandeza da solução. As forças decorrentes de desequilíbrios de pressão podem ser bastante grandes quando atuam sobre superfícies grandes, mesmo com pressões aparentemente pequenas. Portanto, nossa força parece bem razoável. Em segundo lugar, nossos pressupostos simplificaram muito o problema, mas como precisamos estimar somente a força, esses pressupostos são realistas. Em terceiro lugar, ao reconhecer a incerteza da nossa estimativa da área da porta e do valor real da diferença de pressão, concluímos que a pressão é algum valor entre 10.000 e 20.000 lbf.

> Aproximadamente 10.000 a 20.000 lbf

Exemplo 3.9 | *Geração de energia humana*

Numa análise de fontes de energia sustentáveis, um engenheiro quer estimar quanta energia uma pessoa é capaz de produzir. Mais especificamente, uma pessoa pedalando uma bicicleta ergométrica pode alimentar uma televisão (ou equipamento semelhante) durante seu exercício? Considere as seguintes informações como dadas ao fazer a estimativa de ordem de grandeza: (1) Uma televisão média de LCD consome 110 W de energia elétrica. (2) Um gerador converte aproximadamente 80% da energia mecânica produzida em eletricidade. (3) Uma expressão matemática para a energia P é:

$$P = \frac{Fd}{\Delta t}$$

onde F é a magnitude de uma força, d é a distância ao longo da qual ela atua e Δt é o intervalo de tempo durante o qual a força é aplicada.

Abordagem
A tarefa é estimar se é viável para uma pessoa que se exercita produzir a energia para um produto que requer aproximadamente 110 W. Primeiro, faremos alguns pressupostos para essa estimativa:

- Para estimar a produção de energia por uma pessoa que se exercita, faz-se uma comparação com o ritmo com o qual uma pessoa consegue subir um lance de escada usando o mesmo grau de esforço.

Exemplo 3.9 | *continuação*

- Pressupomos que um lance de escada tenha uma elevação de 3 m e possa ser completado por uma pessoa de 700 N em menos de 10 s.

Calcularemos a energia gerada por uma pessoa subindo a escada e, então, compararemos tal resultado com a energia necessária.

Solução
A analogia da subida pela escada oferece a estimativa da energia produzida como

$$P = \frac{(700 \text{ N})(3 \text{ m})}{10 \text{ s}} \quad \leftarrow \left[P = \frac{Fd}{\Delta t} \right]$$

$$= 210 \, \frac{\text{N} \cdot \text{m}}{\text{s}}$$

$$= 210 \text{ W}$$

onde usamos a definição de watt da Tabela 3.2. Por conseguinte, o trabalho útil que uma pessoa pode produzir é de aproximadamente 200 W. Entretanto, o gerador que seria usado para converter a energia mecânica em eletricidade não é perfeitamente eficiente. Com a eficiência especificada de 80%, é possível produzir cerca de (210 W) (0,80) = 168 W de eletricidade.

Discussão
Primeiro, avaliamos a ordem de grandeza da solução. Essa quantidade de energia parece razoável, porque algumas bicicletas ergométricas não elétricas geram energia suficiente para alimentar seus próprios monitores e resistências. Em segundo lugar, revemos nossos pressupostos para ter certeza de que são razoáveis. Ainda que a analogia da subida pela escada não seja perfeita, ela oferece uma estimativa efetiva da quantidade de energia que alguém é capaz de gerar ao longo de um período de tempo. Em terceiro lugar, considerando a incerteza em nossas estimativas e a variação de esforço durante o exercício, concluímos que uma pessoa pode gerar de 100 W a 200 W durante um período de tempo prolongado. Isso seria suficiente para vários tipos de televisões LCD.

Aproximadamente 100 W a 200 W

3.7 Capacidade de comunicação na engenharia

Iniciamos este capítulo com um estudo de caso envolvendo a perda de um satélite climático interplanetário da Nasa. Enquanto o Conselho de Investigação do Acidente com o Orbitador Climático de Marte concluiu que a causa principal da perda do satélite foi a conversão incorreta do empuxo do motor entre o USCS e o SI, ele também concluiu que outro fator decisivo foi a comunicação inadequada entre os indivíduos e as equipes que cooperavam na missão do satélite:

> *Ficou claro que a equipe de navegação das operações não comunicou suas preocupações, ao longo da trajetória, de maneira efetiva à equipe de operações do satélite ou à gerência do projeto. Além disso, a equipe de operações do satélite não entendeu as preocupações da equipe de navegação.*

O conselho concluiu que, mesmo para conceitos de engenharia aparentemente tão objetivos quanto as unidades de libras e newtons, a "comunicação é essencial", e uma das recomendações finais foi a de que a Nasa tomasse medidas para melhorar a comunicação entre os elementos dos projetos. O controle de uma espaçonave grande, cara e complexa falhou não por causa de um projeto malfeito ou da tecnologia, mas porque as informações, além de mal entendidas, não foram trocadas com clareza entre as pessoas que trabalharam juntas na base.

Não obstante os estereótipos, a engenharia é uma tarefa social. Ela não é feita por pessoas que trabalham sozinhas em escritórios e laboratórios. Uma busca rápida por empregos de engenharia mecânica em qualquer grande site de empregos revelará que a maioria dos cargos exige especificamente engenheiros capazes de se comunicarem efetivamente de maneiras diferentes. Pela natureza de seu trabalho, engenheiros interagem diariamente com outros engenheiros, clientes, gerentes comerciais, equipes de marketing e membros do público. Pressupõe-se que uma pessoa que tenha conseguido um diploma de um programa credenciado de engenharia terá sólidos conhecimentos técnicos de matemática, ciências e engenharia. Contudo, a habilidade de trabalhar com outros, colaborar com a equipe e transmitir informações de forma escrita e verbal pode distinguir um funcionário do outro. Esses fatores costumam ter um papel importante no avanço de uma carreira. Por exemplo, uma pesquisa entre mais de mil executivos financeiros de empresas dos Estados Unidos constatou que habilidades interpessoais, comunicação e a capacidade de ouvir são fatores essenciais para o sucesso profissional de um funcionário. Além disso, um estudo da American Management Association classificou a capacidade de comunicação escrita e verbal como o fator mais importante para determinar o sucesso profissional de uma pessoa.

Os engenheiros mais eficientes são capazes de relatar suas ideias, resultados e soluções para outras pessoas por meio de cálculos, conversas, relatórios técnicos, apresentações formais, cartas e comunicações digitais, como e-mails. Sugerimos que, ao iniciar seus estudos de engenharia mecânica, você também comece a desenvolver algumas das habilidades voltadas à resolução de problemas e à comunicação técnica, que correspondem aos padrões que outros engenheiros e o público esperarão de você.

Comunicação escrita

Enquanto os profissionais de marketing comunicam as informações dos produtos aos seus clientes por meio de anúncios, Facebook e Twitter, os engenheiros fazem boa parte de sua comunicação diária sobre produtos por meio de diversos documentos escritos, como cadernos, relatórios, cartas, memorandos, manuais de usuários, instruções de instalação, publicações comerciais e e-mails. Em alguns projetos grandes, é comum que engenheiros de fusos horários diferentes – e até mesmo de países diferentes – cooperem em um projeto. Por essas razões, a documentação escrita é um meio essencial e prático para transmitir com precisão complexas informações técnicas.

Uma maneira efetiva de documentar projetos de engenharia é usar um *livro de projeto*, apresentado no Capítulo 2. O livro de projeto de um engenheiro documenta toda a história do desenvolvimento de um produto. O livro é uma forma de comunicação escrita que contém um registro preciso das informações que podem ser usadas para defender patentes, preparar relatórios técnicos, documentar pesquisas, desenvolver testes e resultados e ajudar outros engenheiros que podem acompanhar e aproveitar

Livro de projetos

o trabalho. Por oferecer um registro detalhado do desenvolvimento de um produto, livros de projetos são propriedade do empregador do engenheiro e podem se tornar importantes em disputas legais por patentes. Um empregador pode estabelecer exigências adicionais para o livro, como:

- Todas as anotações devem ser feitas à caneta (tinta).
- As páginas devem ser encadernadas e numeradas em sequência.
- Cada registro deve ter a data e a assinatura da pessoa que realizou o trabalho.
- Todos os indivíduos que participam de cada tarefa devem estar listados.
- Correções ou alterações devem ter data e as iniciais de quem as fez.

Exigências desse tipo refletem boas práticas e destacam o fato de que o livro de um engenheiro é um documento legal que deve ser impecável em sua exatidão. Engenheiros dependem das informações técnicas e históricas em livros de projetos para criar relatórios de engenharia.

Relatórios de Engenharia

Relatórios de engenharia são usados para explicar informações técnicas a outros e também arquivá-las para uso futuro. O propósito de um relatório pode ser o de documentar o conceito e a evolução do projeto de um novo produto ou analisar por que determinada peça de um equipamento se rompeu. Relatórios de engenharia também podem incluir os resultados obtidos ao testar um produto para demonstrar que ele funciona adequadamente ou confirmar que ele corresponde aos padrões de segurança. Por esses motivos, relatórios de engenharia podem se tornar importantes em litígios, caso um produto cause algum dano. Como são documentos formais, relatórios de engenharia podem indicar se um produto foi desenvolvido cuidadosamente e mostrar se possíveis preocupações com segurança foram consideradas.

Em geral, relatórios de engenharia contêm texto, desenhos, fotografias, cálculos, gráficos ou tabelas de dados. Esses relatórios podem contar a história do projeto, bem como os testes, a fabricação e a revisão de um produto.

Embora o formato de um relatório de engenharia possa variar dependendo do objetivo comercial e do assunto específico em questão, a estrutura geral inclui os seguintes elementos:

- Uma *folha de rosto* indica o objetivo do relatório, o produto ou o assunto técnico envolvido, a data e os nomes dos envolvidos no preparo do relatório.
- Um *resumo executivo* sintetiza o relatório todo para os leitores, oferecendo uma sinopse de uma ou duas páginas sobre o problema, sua abordagem, solução e principais conclusões.
- Um *índice*, se for considerado conveniente, indica aos leitores os números de páginas das principais seções, figuras e tabelas.
- O *corpo do relatório* revê o trabalho realizado, coloca o leitor a par da situação e, então, descreve em detalhes o projeto, as decisões que o fundamentaram, os resultados dos testes, cálculos de desempenho e outras informações técnicas.
- A *conclusão* apresenta os principais achados e fecha o relatório oferecendo recomendações específicas.
- Os *apêndices* contêm informações que fundamentam as recomendações feitas no relatório, mas que são longas ou detalhadas demais para serem incluídas no corpo.

Recomendamos que você aplique certas práticas ao longo de qualquer relatório técnico. Estas irão maximizar a eficiência do seu relatório, independentemente do público leitor.

- Quando fizer uma série de recomendações, pressupostos, conclusões ou observações, faça-o na forma de itens com marcadores com descrições breves.
- Quando quiser enfatizar um ponto, frase ou termo essencial, use itálico ou negrito. Esses recursos devem ser usados para destacar apenas os pontos mais importantes; usá-los demais diminuirá seus efeitos.
- Certifique-se de que numerou as seções e incluiu títulos para as seções descritivas a fim de oferecer alguma estrutura ao leitor. Os leitores podem se perder ao ler um longo relatório sem seções divididas e informação organizada.
- Faça transições que relacionem uma seção à outra. Ainda que ter seções em um relatório seja uma prática eficiente, se elas não estiverem ligadas logicamente e não fluírem de uma para a outra, podem se tornar desconexas e confusas.
- Faça uso efetivo de todas as referências que usar, incluindo uma lista de referências no final do relatório. Estas podem incluir artigos de pesquisa, publicações comerciais, livros, sites, documentos internos de empresas e outros relatórios técnicos.

Comunicação gráfica

Essenciais em qualquer relatório técnico são os elementos de comunicação gráfica, como desenhos, gráficos, quadros e tabelas. Muitos engenheiros tendem a pensar e aprender visualmente, e consideram que formas de comunicação gráficas, muitas vezes, são a melhor maneira de transmitir informações técnicas complexas. Um primeiro passo importante para abordar quase todo problema ou projeto de engenharia é representar a situação graficamente. Entre as formas de comunicação gráfica estão esboços à mão, desenhos dimensionais, representações tridimensionais geradas por computador, gráficos e tabelas. Cada uma delas é útil para transmitir diferentes tipos de informações. Um desenho à mão pode ser incluído em um caderno de projeto ou de laboratório. Mesmo que um esboço rápido não consiga reproduzir detalhes ou a escala, ele pode definir o formato geral de uma peça de equipamento e mostrar alguns de seus aspectos principais. Um desenho formal de engenharia, produzido mais tarde com o auxílio de um programa de projetos no computador, será suficientemente detalhado para ser apresentado num centro de usinagem que fabricará suas peças finais.

Tabelas e gráficos são formas essenciais de comunicação para engenheiros que precisam apresentar uma grande variedade de dados. Tabelas devem conter colunas e linhas com cabeçalhos descritivos e unidades adequadas. As colunas de dados devem ser apresentadas com dígitos significativos e alinhadas para facilitar o entendimento. Gráficos ou quadros devem ter explicações descritivas dos eixos, com as unidades apropriadas. Caso se deseje apresentar mais de um conjunto de dados, então o gráfico deve ter uma legenda. Engenheiros precisam considerar cuidadosamente qual tipo de gráfico ou quadro usarão; a escolha depende da natureza dos dados e do tipo de raciocínio que precisa ser entendido pelo leitor.

Apresentações técnicas

Embora as habilidades citadas tenham se concentrado na comunicação escrita, os engenheiros também transmitem informações técnicas em apresentações verbais. Relatórios semanais do *status* de um projeto são apresentados a supervisores e colaboradores, projetos são discutidos e revistos em reuniões e propostas formais são feitas a clientes em potencial. Engenheiros também fazem apresentações técnicas em conferências profissionais, como as organizadas pela Sociedade Americana de Engenheiros Mecânicos. Aprender sobre engenharia e tecnologia é tarefa para a vida inteira, e engenheiros comparecem a congressos e outros encontros de negócios a fim de se manterem atualizados sobre novas técnicas e avanços em seus campos. Nesses congressos, eles apresentam seu trabalho técnico para um público formado por engenheiros do mundo todo, e essas apresentações precisam ser concisas, interessantes e exatas, de modo que o público possa aprender com as experiências de seus colegas.

Os engenheiros devem ser capazes de apresentar informações não apenas de forma efetiva, mas também eficiente. Muitas vezes, ao fazer uma apresentação para a gerência ou clientes em potencial, os engenheiros têm apenas alguns minutos para comunicar seus achados e raciocínios mais importantes que fundamentam uma decisão ou recomendação decisiva.

Foco em — Comunicações ineficazes

Independentemente da carreira para a qual diploma de engenharia mecânica o prepara, a capacidade de se comunicar com uma ampla gama de públicos será essencial para o seu sucesso. Uma rápida pesquisa de oportunidades de emprego em engenharia revelará a importância de ser capaz de se comunicar tanto na forma escrita quanto na oral. Tem havido muitos exemplos na engenharia em que a comunicação deficiente levou a ferimentos ou mesmo à morte, incluindo o desastre do ônibus espacial Challenger, em 1986. Com tanto em jogo, é fundamental que você aproveite todas as oportunidades para desenvolver suas habilidades na apresentação de informações técnicas nas formas escrita e oral.

Por exemplo, considere o gráfico da Figura 3.9. Esse gráfico mostra a relação entre massa e preço para um conjunto de produtos eletrônicos de consumo semelhantes (por exemplo, players de Blu-ray). Às vezes, a massa é um eficaz preditor de preço, pois quanto mais material usado em um produto, mais caro ele normalmente será. Além disso, recursos adicionais do produto muitas vezes exigem mais hardware, aumentando a massa e, como resultado, também o preço. Figura 3.9 foi criada para estudar as relações e tendências da massa de um produto quanto ao seu preço como meio de informar melhor os engenheiros sobre o impacto de suas decisões no preço do produto. Embora o gráfico possa parecer eficaz, ele pode levar a conclusões técnicas errôneas e pode ser melhorado de muitas maneiras.

- Mais importante ainda, a linha de tendência não é apropriada. A intenção é identificar a tendência entre a massa e o preço e não a relação exata. Apenas uma amostra de produtos é escolhido para estimar o impacto da massa no preço; portanto, a linha que conecta os pontos de dados é muito enganosa, pois pode prever uma série de aumentos e diminuições de preços à medida que a massa do produto aumenta. Uma linha de tendência mais simples seria mais apropriada.

Figura 3.9

Exemplo de um gráfico técnico mal feito

Cortesia da Kemper Lewis

Esses dados mostram a relação entre Massa x Preço de alguns eletrônicos de consumo

[Gráfico: Este eixo mostra o preço do produto em dólares (de $0,00 a $1.000,00) vs Massa do produto em kg (de 0 a 4,0). Legenda: Tendência interpolada do preço por quilograma]

- Os rótulos dos eixos estão em letras maiúsculas de forma inconsistente. Eles também são redigidos de maneira desajeitada e devem ser encurtados.
- O gráfico tem muito espaço não usado pelos dados. Os limites dos eixos precisam ser diminuídos.
- O título do gráfico deve ser bem mais sucinta.
- A legenda não contém nenhuma informação efetiva que agregue valor ao gráfico.

Na Figura 3.10, é mostrada uma versão revisada do gráfico. Observe que os dados subjacentes não foram alterados; apenas a apresentação deles foi melhorada.

- Uma linha de tendência linear mais apropriada foi adicionada, demonstrando claramente a relação geral entre a massa e o preço.
- Os rótulos dos eixos são encurtados comunidades e redação concisa.
- Os limites do eixo são diminuídos, permitindo que os dados sejam mais bem visualizados.
- O título do gráfico foi devidamente revisado.
- A legenda foi substituída por um resumo da linha de tendência que ilustra a relação matemática estimada entre a massa e o preço ($y = 157{,}25x - 103{,}39$), juntamente com um suporte estatístico dado para a relação subjacente ($R^2 = 0{,}948$).

Com o gráfico atualizado, conclusões mais eficazes podem ser tiradas, melhores decisões de engenharia de projeto podem ser tomadas, e falhas no produto podem ser evitadas.

Figura 3.10

O gráfico técnico revisado permite que o engenheiro tome melhores decisões.

Cortesia da Kemper Lewis

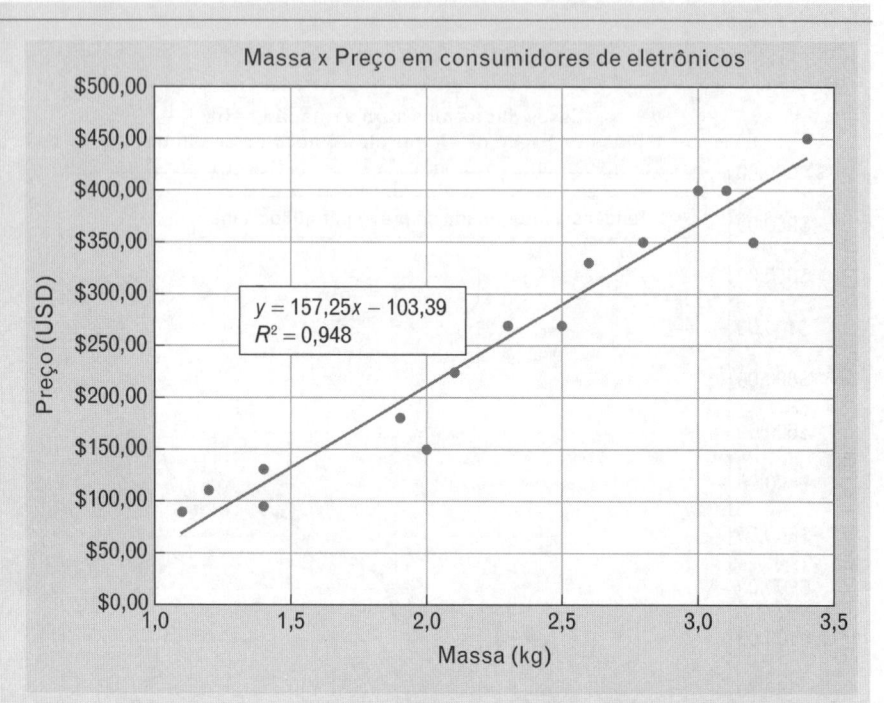

Massa x Preço em consumidores de eletrônicos

$y = 157,25x - 103,39$
$R^2 = 0,948$

(Eixo Y: Preço (USD), de $0,00 a $500,00; Eixo X: Massa (kg), de 1,0 a 3,5)

Exemplo 3.10 | Comunicação *escrita*

Um engenheiro mecânico estava fazendo alguns testes para validar a constante elástica de uma nova mola (peça #C134). Uma massa foi colocada sobre uma mola, e em seguida mediu-se o deslocamento por compressão resultante. A lei de Hooke (discutida com mais detalhes no Capítulo 5) afirma que a força exercida sobre uma mola é proporcional ao seu deslocamento. Podemos expressar isso por

$$F = kx$$

onde F é a força aplicada, x é o deslocamento e k é a constante elástica. Os dados foram registrados na seguinte tabela em unidades SI.

Massa	Deslocamento
0,01	0,0245
0,02	0,046
0,03	0,067
0,04	0,091
0,05	0,114
0,06	0,135
0,07	0,156
0,08	0,1805
0,09	0,207
0,1	0,231

Exemplo 3.10 | *continuação*

O engenheiro é encarregado de desenvolver uma tabela e um gráfico profissionais que comuniquem os dados e expliquem a relação da lei de Hooke para a mola.
Primeiro, ele precisa calcular a força resultante da massa aplicada usando $W = mg$ e construir uma tabela que ilustre os dados de força e deslocamento.
Observe as seguintes melhores práticas referentes à Tabela 3.7.

- O engenheiro acrescentou os valores calculados para a força
- Foram adicionadas unidades para cada coluna
- Foram adicionadas margens para separar os dados
- Agora, o número de dígitos significativos em cada coluna é uniforme
- Os cabeçalhos estão em maiúsculas e negrito
- Os dados estão alinhados para facilitar a leitura de cada coluna

Em segundo lugar, o engenheiro precisa informar a relação de proporcionalidade da mola na tabela de dados. Ele escolhe e cria um gráfico de dispersão na Figura 3.11. Este gráfico ilustra efetivamente a relação entre força e deslocamento e demonstra quão bem os dados se alinham com a relação linear prevista pela lei de Hooke.
Observe as melhores práticas relativas à Figura 3.11:

- Os eixos estão claramente identificados, incluindo as unidades apropriadas
- Um título descritivo acompanha o gráfico
- Uma linha de tendência demonstra claramente a relação linear entre as variáveis
- O número de linhas de grade é mínimo e usado apenas como recurso visual
- Os dados abrangem os eixos, eliminando grandes áreas de espaço vazio no gráfico

Massa (kg)	Força (N)	Deslocamento (m)
0,01	0,098	0,0245
0,02	0,196	0,0460
0,03	0,294	0,0670
0,04	0,392	0,0910
0,05	0,490	0,1140
0,06	0,588	0,1350
0,07	0,686	0,1560
0,08	0,784	0,1805
0,09	0,882	0,2070
0,10	0,980	0,2310

Tabela 3.7
Resultados dos dados do teste da mola

Exemplo 3.10 | *continuação*

Figura 3.11
Exemplo de um gráfico profissional de engenharia.

Cortesia da Kemper Lewis.

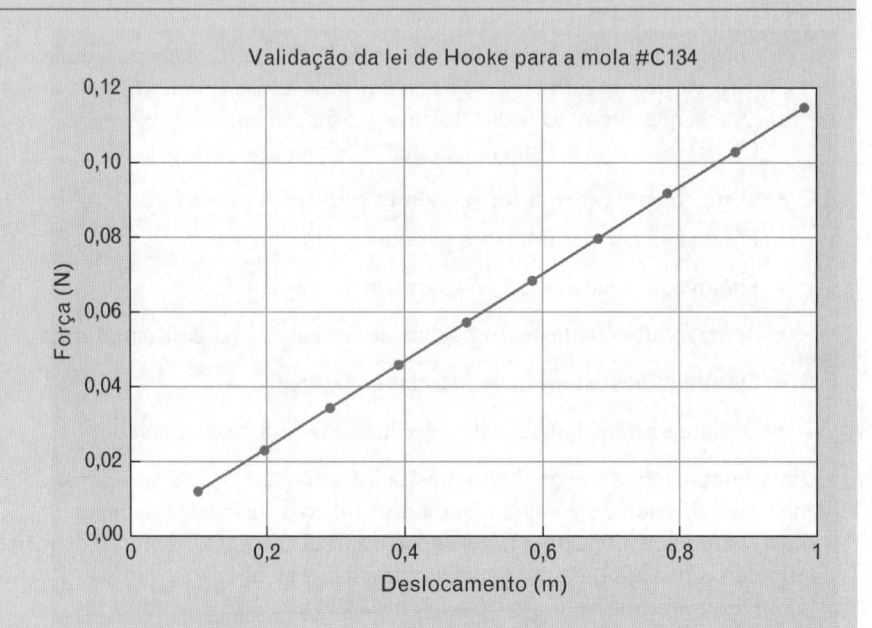

Validação da lei de Hooke para a mola #C134

[Gráfico: Força (N) vs Deslocamento (m), pontos alinhados numa reta desde aproximadamente (0,1; 0,012) até (1,0; 0,115)]

Usando a tabela e o gráfico, o engenheiro pode estimar rapidamente e comunicar a constante elástica como 4 N/m e validá-la de acordo com as exigências do projeto.

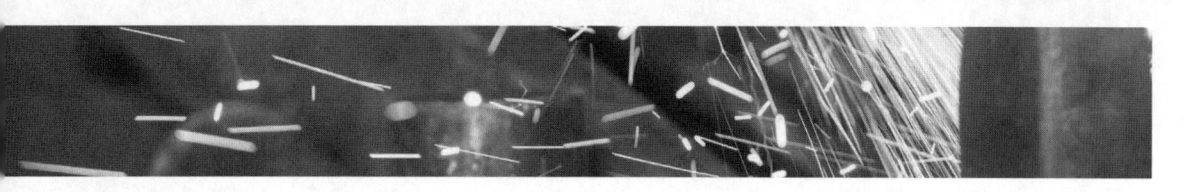

Resumo

Os engenheiros, muitas vezes, são descritos como pessoas proativas, com excelente capacidade para resolução de problemas. Neste capítulo, descrevemos algumas das ferramentas e habilidades profissionais básicas que engenheiros mecânicos usam ao resolverem problemas técnicos. Valores numéricos, os sistemas USCS e SI, conversões de unidades, uniformidade dimensional, dígitos significativos, aproximações de ordem de grandeza e a capacidade de comunicar resultados técnicos de maneira efetiva são temas diários para engenheiros. Como cada grandeza na engenharia mecânica tem dois componentes – um valor numérico e uma unidade –, indicar um sem o outro não faz sentido. Os engenheiros precisam ter certeza desses valores numéricos e dimensões quando efetuam cálculos e relatam seus achados a outros em relatórios escritos e apresentações verbais. Ao seguir as diretrizes para a resolução de problemas desenvolvidos neste capítulo, você estará preparado para abordar problemas de engenharia de forma sistemática e ter certeza sobre a exatidão de seu trabalho.

Autoestudo e revisão

3.1. Resuma as três etapas principais que devem ser seguidas ao se resolver problemas técnicos a fim de apresentar seu trabalho com clareza.

3.2. Quais são as unidades básicas no USCS e no SI?

3.3. Dê exemplos de unidades derivadas no USCS e no SI.

3.4. Como massa e força são tratadas no USCS e no SI?

3.5. Qual é a principal diferença entre as definições de slug e de libra-massa no USCS?

3.6. Qual é a diferença entre libra e libra-massa no USCS?

3.7. Uma libra-força equivale a aproximadamente quantos newtons?

3.8. Um metro equivale a aproximadamente quantos pés?

3.9. Uma polegada equivale a aproximadamente quantos milímetros?

3.10. Um galão equivale a aproximadamente quantos litros?

3.11. Como você deve decidir quantos dígitos significativos manterá em um cálculo para indicar na sua resposta final?

3.12. Dê um exemplo de quando o processo para a resolução de problemas técnicos pode ser usado para fazer aproximações de ordem de grandeza.

3.13. Dê vários exemplos de situações em que engenheiros preparam documentos escritos e fazem apresentações verbais.

Problemas

P3.1

Expresse seu peso nas unidades libra-força e newton, e sua massa nas unidades slug e quilograma.

P3.2

Expresse sua altura nas unidades polegada, pé e metro.

P3.3

Para uma turbina eólica usada para produzir eletricidade para uma empresa de serviços públicos, a potência de saída por unidade de área fornecida pelas pás é 2,4 kW/m^2. Converta esse valor para as dimensões hp/ft^2.

P3.4

Um corredor de categoria mundial é capaz de correr meia milha no tempo de 1 min 45 s. Qual é a velocidade média do corredor em m/s?

P3.5

Um galão norte-americano equivale a 0,1337 ft^3, 1 ft equivale a 0,3048 m, e 1.000 L equivale a 1 m^3. Usando essas definições, determine o fator de conversão entre galões e litros.

P3.6

A publicidade de um automóvel de passeio afirma que ele resulta numa economia de combustível de 29 mi/gal em estradas de alta velocidade. Expresse esse valor nas unidades km/L.

P3.7

(a) Quantos hp consome uma lâmpada doméstica de 100 W?

(b) Quantos kW produz o motor de um cortador de grama de 5 hp?

P3.8

As estimativas sobre a quantidade de óleo derramado no Golfo do México durante o desastre da Deepwater Horizon em 2010 foram de 120 a 180 milhões de galões. Expresse essa variação em L, m^3 e ft^3.

P3.9

Em 1925, o tornado Tri-State traçou um caminho de destruição de 219 mi através de Missouri, Illinois e Indiana, matando um número recorde de 695 pessoas. A velocidade máxima do vento no tornado foi de 318 mph. Expresse a velocidade do vento em km/h e ft/s.

P3.10

Escorregadores de água estão se tornando muito populares em grandes parques aquáticos. A velocidade nesses escorregadores pode chegar a 19 ft/s. Expresse essa velocidade em mph.

P3.11

Uma engenheira recém-contratada está atrasada para a sua primeira reunião com a equipe de desenvolvimento de produto. Ela sai de seu carro e começa a correr a 8 mph. São exatamente 7h58, e a reunião começa às 8h. Sua reunião está a 500 jardas de distância. Ela conseguirá chegar a tempo para a reunião? Em caso afirmativo, com quanto tempo de sobra? Em caso negativo, de quanto será o seu atraso?

P3.12

Um veículo robótico sobre rodas que contém instrumentos científicos é usado para estudar a geologia de Marte. O veículo pesa 480 lbf na Terra.

(a) Nas dimensões de slugs e lbm do USCS, qual é a massa do veículo?

(b) Qual é o peso do veículo quando ele sai do módulo de pouso (o módulo de pouso é o revestimento protetor que abriga o veículo durante o pouso)? A aceleração gravitacional na superfície de Marte é de 12,3 ft/s^2.

P3.13

Calcule várias grandezas de combustível para o voo 143. O avião já tinha 7.682 L de combustível a bordo antes do voo, e os tanques foram abastecidos, de modo que havia 22.300 kg na decolagem.

(a) Usando o fator de conversão incorreto de 1,77 kg/L, calcule em unidades de kg a quantidade de combustível que foi acrescentada ao avião.

(b) Usando o fator de conversão correto de 1,77 lb/L, calcule em unidades de kg a quantidade de combustível que deveria ter sido acrescentada.

(c) Qual é a porcentagem de combustível faltante para o voo? Certifique-se de diferenciar as grandezas de peso e massa em seus cálculos.

P3.14

Gravada no lado de um pneu de um carro esportivo com tração nas quatro rodas está a advertência "Não encha acima de 44 psi", sendo que psi é a abreviatura para a unidade de pressão libra por polegada quadrada (lbf/in^2). Expresse a pressão máxima do pneu (a) na unidade de lbf/ft^2 (psf) do USCS e (b) na unidade de kPa do SI.

P3.15

A quantidade de energia transmitida pela luz solar depende da latitude e da área da superfície do coletor solar. Em um dia claro, numa determinada latitude no hemisfério norte, 0,6 kW/m^2 de energia solar incidem sobre o solo. Expresse esse valor na unidade alternativa do USCS (ft · lb/s)/ft^2.

P3.16

A propriedade de um fluido chamada *viscosidade* está relacionada ao seu atrito interno e resistência à deformação. A viscosidade da água, por exemplo, é menor que a do melado ou do mel, assim como a viscosidade de óleo leve de motor é menor que a da graxa. Uma unidade usada na engenharia mecânica para descrever viscosidade é chamada *poise*, que recebeu seu nome segundo o fisiologista Jean Louis Poiseuille, que realizou os primeiros experimentos em mecânica dos fluidos. A unidade é definida por 1 poise = 0,1 (N · s)/m^2. Demonstre que 1 poise também equivale a 1 g/(cm · s).

P3.17

Considerando o que foi descrito em P3.16 e que a viscosidade de determinado óleo de motor é de 0,25 kg/(m · s), determine o valor nas unidades (a) poise e (b) slug/(ft · s).

P3.18

Considerando o que foi descrito em P3.16, se a viscosidade da água é de 0,01 poise, determine o valor em termos das unidades (a) slug/(ft · s) e (b) kg/(m · s).

P3.19

A eficiência do combustível dos motores de um avião a jato é descrita pelo *empuxo do consumo específico de combustível* (TSFC, na sigla em inglês). O TSFC mede o consumo de combustível (massa de combustível queimada por unidade de tempo) em relação ao empuxo (força) que o motor produz. Dessa maneira, mesmo se um motor consumir mais combustível por unidade de tempo que um segundo motor, ele não é, necessariamente, menos eficiente se também produzir mais empuxo para o avião. O TSFC para um motor de avião antigo movido a hidrogênio era de 0,082 (kg/h)/N. Expresse esse valor nas unidades de (slug/s)/lb do USCS.

P3.20

A publicidade diz que o motor de um automóvel produz um pico de potência de 118 hp (a uma velocidade de 4.000 rpm do motor) e um pico de torque de 186 ft · lb (a 2.500 rpm). Expresse esses dados de desempenho nas unidades kW e N · m do SI.

P3.21

A partir do Exemplo 3.6, expresse a deflexão lateral da broca nas unidades mils (definidas na Tabela 3.5) quando as demais grandezas estão indicadas no USCS. Use os valores $F = 75$ lb, $L = 3$ in., $d = 3/16$ in., e $E = 30 \times 10^6$ psi.

P3.22

O calor Q, que no SI tem a unidade joule (J), é a grandeza em engenharia mecânica que descreve a transferência de energia de um local para outro. A equação para o fluxo de calor durante o intervalo de tempo $\Delta.t$ através de uma parede isolada é

$$Q = \frac{\kappa A \Delta t}{L}(T_h - T_l)$$

onde k é a condutividade térmica do material que compõe a parede, A e L são a área e a espessura da parede, e T_h, T_l é a diferença (em graus Celsius) entre os lados da parede com alta e baixa temperatura. Usando o princípio da uniformidade dimensional, qual é a dimensão correta para condutividade térmica no SI? O caractere grego kappa (κ) em minúscula é um símbolo matemático convencional usado para condutividade térmica. O Apêndice A resume os nomes e símbolos das letras gregas.

P3.23

Convecção é o processo pelo qual o ar quente sobe e o ar mais frio desce. Quando engenheiros mecânicos analisam determinados processos de transferência de calor e convecção, utilizam o *número de Prandtl (Pr)*. Ele é definido pela equação

$$Pr = \frac{\mu c_p}{\kappa}$$

em que c_p é uma propriedade do fluido chamada calor específico, tendo as unidades do SI kJ/(kg · °C); μ é a viscosidade, conforme discutimos em P3.16; e k é a condutividade térmica, conforme discutido em P3.22. Demonstre que Pr é um número adimensional. Os caracteres gregos minúsculos mu (μ) e kappa (κ) são símbolos matemáticos convencionais usados para viscosidade e condutividade térmica. O Apêndice A resume os nomes e símbolos das letras gregas.

P3.24

Quando um fluido flui sobre uma superfície, o número de Reynolds indicará se o fluxo é laminar (regular), transicional ou turbulento. Indique que o número de Reynolds é adimensional usando o SI. O número de Reynolds é expressado como

$$R = \frac{\rho V D}{\mu}$$

em que ρ é a densidade do fluido, V é a velocidade do fluxo livre do fluido, D é o comprimento característico da superfície e μ é a viscosidade do fluido. As unidades de viscosidade de fluidos são kg/(m · s).

P3.25

Determine qual das seguintes equações é dimensionalmente uniforme.

$$F = \frac{1}{2}mx^2, \quad FV = \frac{1}{2}mx^2, \quad Fx = \frac{1}{2}mV^2, \quad Ft = V, \quad FV = 2mt^2$$

em que F é força, m é massa, x é distância, V é velocidade e t é tempo.

P3.26

Considerando o Problema P3.23 e a Tabela 3.5, se as unidades para c_p e μ são Btu/(slug · °F) e slug/ (ft · h), respectivamente, quais devem ser as unidades de condutividade térmica do USCS na definição de Pr?

P3.27

Alguns cientistas acreditam que a colisão de um ou mais asteroides grandes com a Terra foi responsável pela extinção dos dinossauros. A unidade quiloton é usada para descrever a energia liberada em grandes explosões. Ela foi definida originalmente como a capacidade explosiva de 1.000 toneladas de trinitrotolueno (TNT), altamente explosivo. Como essa expressão pode ser imprecisa, dependendo da composição química exata do explosivo, o quiloton foi redefinido mais tarde como o equivalente a 4,186 × 10^{12} J. Em unidades de quiloton, calcule a energia cinética de um asteroide com tamanho (em forma de cubo, 13 × 13 × 33 km) e composição (densidade, 2,4 g/cm³) do asteroide Eros de nosso sistema solar. A energia cinética é definida por

$$U_k = \frac{1}{2}mv^2$$

onde m é a massa do objeto e v é sua velocidade. Objetos que passam por dentro do sistema solar geralmente têm velocidades em torno de 20 km/s.

P3.28

Uma estrutura conhecida como viga cantiléver é presa em uma extremidade, mas permanece livre na outra, como um trampolim que apoia um nadador sobre ele (Figura P3.28). Usando o procedimento a seguir, conduza um experimento para medir como a viga cantiléver se deflete. Em sua resposta, indique apenas os dígitos significativos que você conhece com certeza.

(a) Faça um pequena bancada de teste para medir a deflexão de um canudo plástico (sua viga cantiléver) que deflete quando se aplica uma força F à extremidade livre. Insira uma extremidade do canudo em um lápis e então prenda o lápis a uma mesa. Você também pode usar uma régua, palito ou outra componente semelhante à viga cantiléver. Desenhe e descreva seu equipamento e meça o comprimento L.

(b) Aplique pesos à extremidade da viga cantiléver e meça a deflexão Δy da ponta com uma régua. Repita a medição com pelo menos meia dúzia de pesos diferentes para descrever completamente a relação de força-deflexão da viga. Moedas podem ser usadas como pesos; um centavo de dólar pesa aproximadamente 30 mN. Verifique os pesos de suas moedas locais. Faça uma tabela para apresentar seus dados.

(c) Em seguida, faça um gráfico dos dados. Indique a deflexão da ponta na abscissa e o peso na ordenada, e rotule os eixos com as unidades para essas variáveis.

(d) Trace uma linha que melhor se ajuste aos pontos de dados em seu gráfico. Em princípio, a deflexão da ponta deve ser proporcional à força aplicada. Foi isso que você constatou? A inclinação da linha é chamada rigidez. Expresse a rigidez da viga cantiléver em unidades de lb/in. ou N/m.

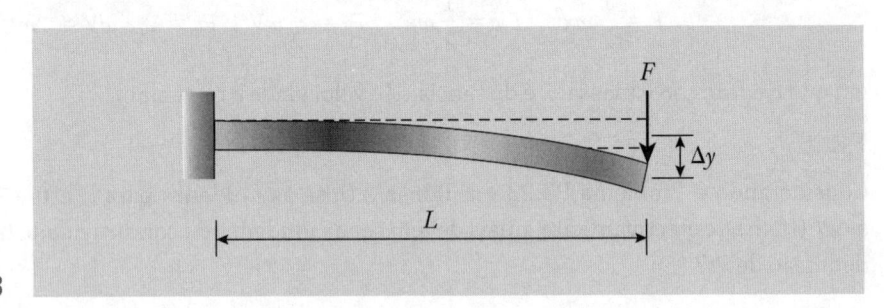

Figura P3.28

P3.29

Faça medições como as descritas em P3.28 em vigas cantiléver com diferentes comprimentos. Você consegue demonstrar experimentalmente que, para determinada força F, a deflexão da ponta do cantiléver é proporcional ao cubo de seu comprimento? Como em P3.28, apresente seus resultados em uma tabela e um gráfico, e indique apenas os dígitos significativos que você conhece com certeza.

P3.30

Usando unidades SI, calcule a mudança na energia potencial de uma pessoa de 150 lbf passando pela parte ascendente de 15 ft de comprimento de um escorregador aquático (como descrito em P3.10). A mudança na energia potencial é definida como $mg\Delta.h$, em que $\Delta.h$ é a mudança na altura vertical. A parte ascendente do escorregador tem um ângulo de 45°.

P3.31

Usando a velocidade indicada em P3.10, calcule a potência necessária para levar a pessoa do Problema P3.30 para cima no escorregador aquático, sendo que potência é a variação da energia dividida pelo tempo necessário para passar pela parte ascendente.

P3.32

Estime a força que atua sobre a janela de um passageiro num jato comercial em razão da diferença de pressão.

P3.33

Indique valores numéricos para estimativas de ordem de grandeza para as quantidades a seguir. Explique e justifique o raciocínio dos pressupostos e as aproximações que você precisa fazer.

(a) O número de carros que passam por um cruzamento de duas ruas movimentadas durante o horário de pico da tarde de um dia útil típico

(b) O número de tijolos que formam a parede externa de um grande edifício num campus universitário

(c) O volume de concreto nas calçadas de um campus universitário

P3.34

Repita o exercício do Problema P3.33 para os seguintes sistemas:

(a) O número de folhas em um espécime adulto de bordo ou carvalho

(b) O número de litros de água em uma piscina olímpica

(c) O número de folhas de grama em um campo de futebol com gramado natural

P3.35

Repita o exercício do Problema P3.33 para os seguintes sistemas:

(a) O número de bolas de baseball que cabem em sua sala de aula

(b) O número de pessoas que nascem por dia

(c) O número de polegas quadradas de pizza consumida pelos estudantes da sua universidade em um semestre

P3.36

Faça uma aproximação de ordem de grandeza para o volume de gasolina consumida por automóveis diariamente nos Estados Unidos, estimando o número de veículos utilizados a cada dia, a distância média percorrida e um índice típico de economia de combustível.

P3.37

A Estação Espacial Internacional leva cerca de 90 minutos para completar uma viagem ao redor da Terra. Estime a velocidade orbital da estação em unidades de mph (milhas por hora). Faça a aproximação de que a altitude da estação (aproximadamente 125 milhas) é pequena quando comparada ao raio da Terra (aproximadamente 3.950 milhas).

P3.38

Estime o tamanho de um terreno quadrado necessário para construir o estacionamento de um aeroporto para 5.000 carros. Inclua espaço para as vias de acesso.

P3.39

Uma montadora de automóveis produz 400 veículos por dia. Faça uma estimativa de ordem de grandeza para o peso do aço necessário para produzir esses veículos. Explique e justifique o raciocínio dos pressupostos e das aproximações que você fez.

P3.40

Pense em alguma grandeza que você encontra em sua vida diária para a qual seria difícil obter um valor numérico muito preciso, mas para a qual é possível fazer uma aproximação de ordem de grandeza. Descreva a grandeza, faça a aproximação, explique e justifique o raciocínio dos pressupostos e das aproximações que você precisa fazer.

P3.41

Os módulos de elasticidade, módulos de rigidez, coeficiente de Poisson e a unidade de peso específico para diversos materiais estão indicados a seguir. Os dados são apresentados como Material; Módulo de elasticidade, E (Mpsi e GPa); Módulo de rigidez, G (Mpsi e GPa); coeficiente de Poisson; e Unidade de peso específico (lb/in^3, lb/ft^3, kN/m^3). Prepare uma tabela simples que registre esses dados técnicos de forma profissional e efetiva.

Material								
Ligas de alumínio	10,3	71,0	3,8	26,2	0,334	0,098	169	26,6
Cobre berílio	18,0	124,0	7,0	48,3	0,285	0,297	513	80,6
Latão	15,4	106,0	5,82	40,1	0,324	0,309	534	83,8
Aço carbono	30,0	207,0	11,5	79,3	0,292	0,282	487	76,5
Ferro fundido, cinzento	14,5	100,0	6,0	41,4	0,211	0,260	450	70,6
Cobre	17,2	119,0	6,49	44,7	0,326	0,322	556	87,3
Vidro	6,7	46,2	2,7	18,6	0,245	0,094	162	25,4
Chumbo	5,3	36,5	1,9	13,1	0,425	0,411	710	111,5
Magnésio	6,5	44,8	2,4	16,5	0,350	0,065	112	17,6
Molibdênio	48,0	331,0	17,0	117,0	0,307	0,368	636	100,0
Prata níquel	18,5	127,0	7,0	48,3	0,322	0,316	546	85,8
Aço níquel	30,0	207,0	11,5	79,3	0,291	0,280	484	76,0
Bronze fósforo	16,1	111,0	6,0	41,4	0,349	0,295	510	80,1
Aço inoxidável	27,6	190,0	10,6	73,1	0,305	0,280	484	76,0

P3.42

Para os dados apresentados em P3.41, prepare um gráfico indicando a relação entre o módulo de elasticidade (eixo y) e unidade de peso (eixo x) com base nos dados do sistema USCS. Explique a tendência resultante, incluindo uma explicação física da tendência, anotando eventuais desvios.

P3.43*

Se uma pessoa média normalmente realiza de 12 a 20 respirações por minuto, com um volume médio de respiração corrente ou normal de 0,5 litro, qual é a melhor estimativa do seu grupo de quanto tempo levaria para as pessoas em sua sala de aula inalarem todo o volume de ar da sala em que você está atualmente?

P3.44*

Estime quantas pessoas caberiam ombro a ombro em sua sala de aula e compare isso com a capacidade máxima publicada pelo código de segurança contra incêndio.

P3.45*

Estime os limites superior e inferior de quantas pessoas estão no ar voando a qualquer momento ao redor do mundo.

Referências

BANKS, P. The Crash of Flight 143. *ChemMatters*. American Chemical Society, out. 1996, p. 12.
BURNETT, R. *Technical Communication*. 6. ed. [S.l.]: Cengage, 2005.
GOLDMAN, D. T. Measuring Units. In:AVALLONE, E. A.;BAUMEISTER, T. (eds.). *Marks'Standard Handbook for Mechanical Engineers*. 10. ed. Nova York: McGraw-Hill Professional, 1996.
HOFFER,W.; HOFFER, M. M. *Freefall: A True Story*. Nova York: St. Martin's Press, 1989.
MARS CLIMATE Orbiter Mishap Investigation Board Phase I Report. NASA, 10 nov. 1999.
McNUTT, M. K.; CAMILLI, R.; CRONE, T. J.; GUTHRIE, G. D.; HSIEH, P. A.; RYERSON, T. B.; SAVAS, O.; SHAFFER, F. "Review of Flow Rate Estimates of the Deepwater Horizon Oil Spill", *Proceedings of the National Academy of Sciences*, 109(50), 2011, 20260–20267, doi: 10.1073/pnas.1112139108.
PRESS RELEASE. *Nasa's Mars Climate Orbiter Believed to Be Lost*. Media Relations Office, Jet Propulsion Laboratory, 23 set. 1999.
PRESS RELEASE. *Mars Climate Orbiter Mission Status*. Media Relations Office, Jet Propulsion Laboratory, 24 set. 1999.
PRESS RELEASE. *Mars Climate Orbiter: Failure Board Releases Report, Numerous NASA Actions underway in Response*. NASA, 10 nov. 1999.
WALKER, G. A Most Unbearable Weight. *Science*, v. 304, p. 812-813,

CAPÍTULO 4

Forças em estruturas e máquinas

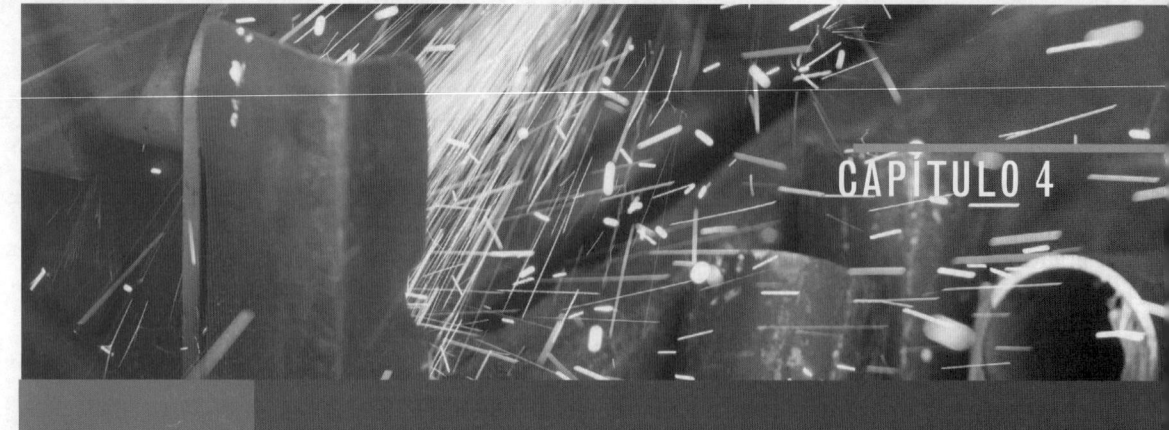

OBJETIVOS DO CAPÍTULO

- Dividir uma força em componentes retangulares e polares.
- Determinar a resultante de um sistema de forças usando os métodos de álgebra vetorial e do polígono.
- Calcular o momento de uma força usando os métodos da alavanca perpendicular e das componentes.
- Compreender os requisitos para o equilíbrio e ser capaz de calcular forças desconhecidas em estruturas e máquinas simples.
- Do ponto de vista do projeto, explicar as circunstâncias nas quais se escolhe um tipo especial de rolamento em detrimento de outro e calcular as forças que atuam sobre eles.

▶ 4.1 Visão geral

Quando engenheiros mecânicos projetam produtos, sistemas e equipamentos, eles precisam aplicar os princípios da matemática e da física para modelar, analisar e prever o comportamento do sistema. Projetos bem-sucedidos são apoiados por uma eficaz análise de engenharia; esta, por sua vez, baseia-se no entendimento das *forças atuantes nas estruturas e máquinas*. Esse é o foco deste capítulo e o elemento principal da engenharia mecânica.

Elemento 3: Forças em estruturas e máquinas

Este capítulo é uma introdução à mecânica, um tópico que inclui as forças que atuam sobre estruturas e máquinas e sua propensão de permanecerem tanto em repouso como em movimento. Os princípios fundamentais que formam a base da mecânica são as três leis do movimento de Newton:

1. Todo objeto se mantém no estado de repouso ou em movimento uniforme, a menos que uma força externa desbalanceada atue sobre ele.
2. Um objeto de massa m, sujeito a uma força F, terá uma aceleração na mesma direção que a força, magnitude diretamente proporcional à magnitude da força e inversamente proporcional à massa do objeto. Essa relação pode ser expressa como $F = ma$.
3. As forças de ação e reação entre dois objetos são equivalentes, opostas e colineares.

Neste e nos próximos capítulos vamos explorar os princípios das forças e as habilidades de resolução de problemas que são necessárias para entender seus efeitos nos equipamentos de engenharia. Depois de desenvolver os conceitos dos sistemas de força, momentos e equilíbrio estático, você verá como calcular

Capítulo 4 Forças em estruturas e máquinas 117

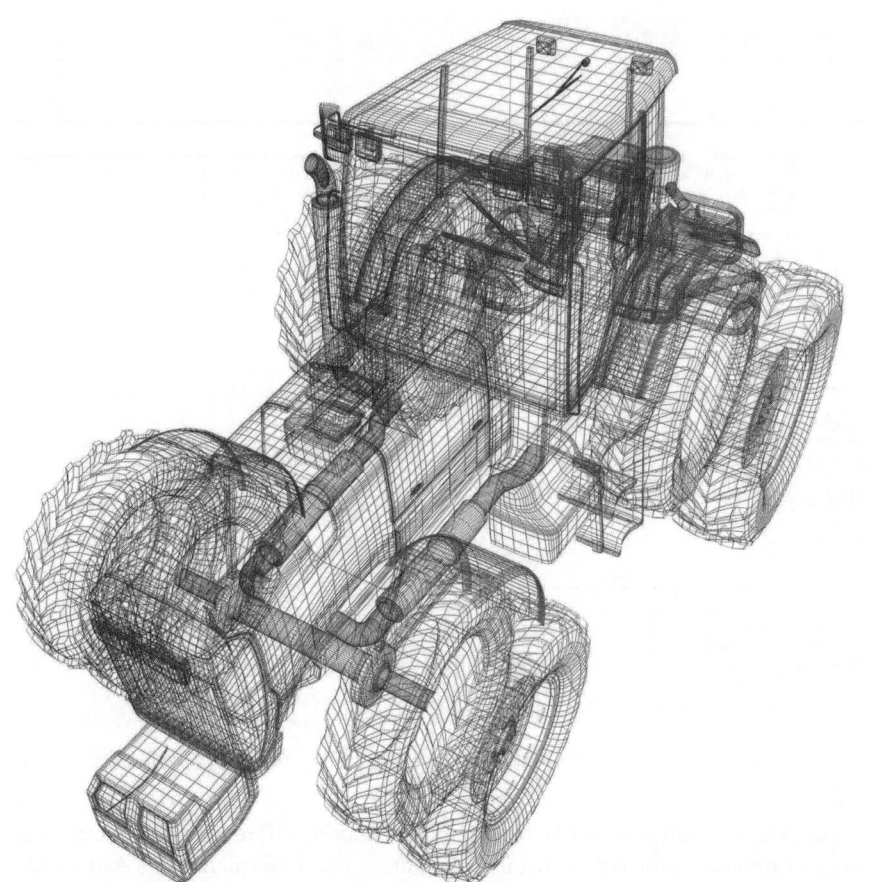

Figura 4.1

Equipamentos de construção pesada são projetados para suportar as grandes forças desenvolvidas durante sua operação.

3DDock/Shutterstock.com.

as magnitudes e as direções das forças atuando sobre e no interior das máquinas e estruturas simples. Resumindo, o processo de análise de forças é o primeiro passo dado pelos engenheiros para entender se determinada peça do equipamento vai operar de maneira confiável (Figura 4.1).

    O segundo objetivo deste capítulo é levar você a começar a compreender o funcionamento interno das máquinas e dos equipamentos mecânicos, começando com rolamentos. Assim como um engenheiro elétrico seleciona resistores, capacitores e transístores produzidos em série para compor seus circuitos, os engenheiros mecânicos possuem uma boa intuição para determinar os rolamentos, eixos, engrenagens, correias e outras componentes mecânicas. Um conhecimento prático das componentes estruturais das máquinas é importante para ajudar a desenvolver um vocabulário técnico. A engenharia mecânica possui sua própria linguagem, e para se comunicar eficientemente com outros engenheiros você precisará aprender, adotar e utilizar esse vocabulário. O conhecimento prévio adquirido também é necessário para selecionar a componente adequada: O que deve ser usado neste projeto: rolamento de esferas, de rolos, de rolos cônicos ou um rolamento axial?

    Os tópicos relacionados com os sistemas de força e componentes mecânicos considerados neste capítulo encaixam-se naturalmente na hierarquia dos assuntos de engenharia mecânica delineados na Figura 4.2. Os tópicos recaem sobre os ramos da ciência e da análise da engenharia, mas fornecem decisões cruciais para o projeto de sistemas inovadores. Obviamente, em um livro de introdução à matéria, não é possível descrever cada uma das máquinas ou componentes que incorporam os princípios da engenharia mecânica, e esse não é nosso objetivo nem neste nem nos demais capítulos deste livro. No entanto, ao examinar apenas algumas componentes mecânicas, você desenvolverá um apreço crescente por questões mecânicas práticas. É saudável, do ponto de vista intelectual, que você aguce sua curiosidade pelos produtos ao se perguntar como são feitos, dissecando-os e imaginando como

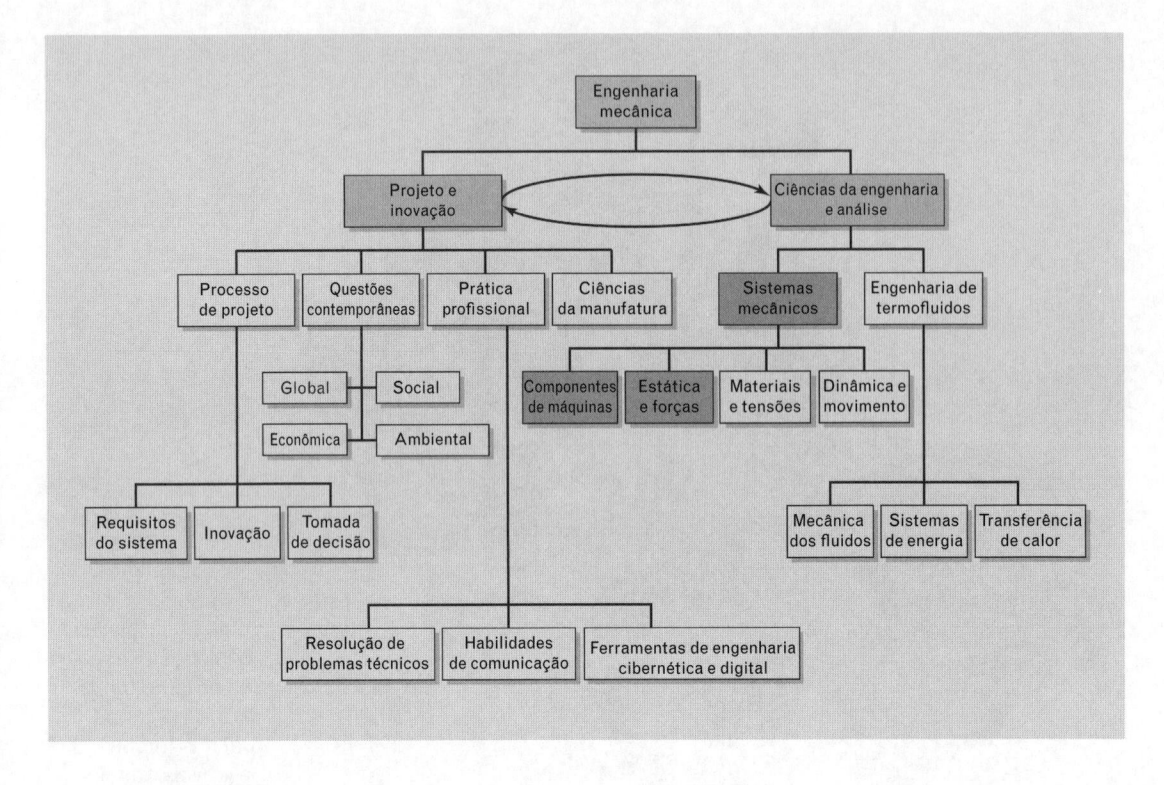

Figura 4.2

Relação dos tópicos enfatizados neste capítulo (caixas sombreadas) relacionados ao programa geral de estudo de engenharia mecânica.

poderiam ser aprimorados ou produzidos de modos diferentes. Neste capítulo, começamos essa jornada considerando vários tipos de rolamentos e as forças que atuam neles. No Capítulo 8, continuaremos essa consideração por meio de descrições de engrenagens e mecanismos de acionamento por engrenagens, correias e correntes.

▶ 4.2 Forças em componentes retangulares e polares

Antes que possamos determinar a influência das forças sobre uma estrutura ou máquina, precisamos descrever a magnitude e a direção da força. Nossa análise será restrita às situações nas quais todas as forças presentes atuam no mesmo plano. Os conceitos correspondentes e as soluções técnicas para problemas bidimensionais aplicam-se nos casos gerais de estruturas e máquinas tridimensionais, mas, no que tange aos nossos objetivos, é melhor evitar uma complexidade maior em álgebra e geometria. As propriedades das forças, o equilíbrio e o movimento em três dimensões também são matérias que você estudará mais tarde no curso de engenharia mecânica.

As forças são quantidades vetoriais, uma vez que sua ação física envolve tanto a direção quanto a magnitude. A magnitude de uma força é medida usando as dimensões de libras-força (lbf) ou onças (oz) no USCS e newtons (N) no SI.

lbf	oz	N
1	16	4,448
0,0625	1	0,2780
0,2248	3,597	1

Tabela 4.1

Fatores de Conversão entre unidades dos sistemas USCS e o SI para força

No Capítulo 3, os fatores de conversão entre pounds e newton foram listados na Tabela 3.6, e são mostrados em um formato ligeiramente diferente na Tabela 4.1. Esse estilo de listar os fatores de conversão é uma maneira compacta de representar os fatores de conversão do sistema USCS para o SI e do SI para o sistema USCS. Cada linha da tabela contém quantidades equivalentes nas unidades mostradas no topo das colunas. As três linhas da Tabela 4.1 significam o seguinte:

Linha 1: 1 lbf = 16 ozf = 4,448 N
Linha 2: 0,0625 lbf = 1 ozf = 0,2780 N
Linha 3: 0,2248 lbf = 3,597 ozf = 1 N

Neste capítulo e nos seguintes, usaremos tabelas de conversão com este tipo de formato para outras grandezas de engenharia.

Componentes retangulares

Os *vetores* de força são simbolizados por letras escritas em negrito, como **F**. Um dos métodos comumente utilizados para representar a influência de uma força é indicá-la em termos de seus componentes horizontais e verticais. Uma vez estabelecidas as direções para os eixos x e y, a força **F** pode ser dividida em suas *componentes retangulares* ao longo dessas direções. Na Figura 4.3, a projeção de **F** na direção horizontal (eixo x) é denominada F_x, e a projeção vertical (eixo y) é denominada F_y. Quando você atribui valores numéricos para F_x e F_y, terá descrito tudo sobre a força **F**. De fato, os números (F_x, F_y) são apenas as coordenadas da ponta do vetor da força.

Os *vetores unitários* **i** e **j** são usados para indicar as direções em que F_x e F_y agem. O vetor **i** aponta o sentido positivo na direção do eixo x, e **j** é um vetor orientado segundo o sentido positivo de y. Assim como F_x e F_y fornecem informações sobre as magnitudes das componentes horizontais e verticais, os vetores unitários fornecem informações sobre as direções e os sentidos desses componentes. Os vetores unitários têm esse nome porque seu comprimento é igual a unidade. Combinando-se as componentes retangulares e os vetores unitários, a força é representada na notação algébrica vetorial como

$$\mathbf{F} = F_x\mathbf{i} + F_y\mathbf{j} \tag{4.1}$$

Notação vetorial

Componentes retangulares

Vetores unitários

Figura 4.3

Representação do vetor de uma força com relação às suas componentes retangulares (F_x, F_y) e suas componentes polares (F, θ).

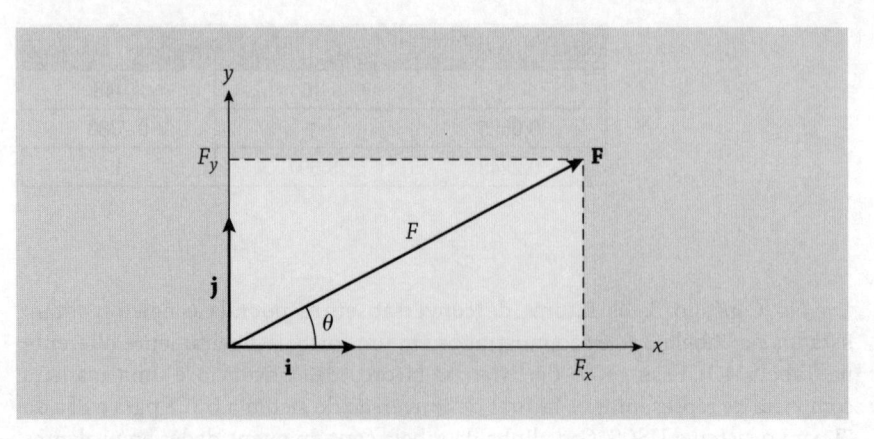

Componentes polares

Como uma visão alternativa, em vez de compreender uma força em termos de quão fortemente ela empurra um objeto para a frente e para cima, você pode expressar quanto a força impele e para que direção ela o faz. Essa visão baseia-se nas coordenadas polares. Conforme mostrado na Figura 4.3, **F** atua no ângulo θ, que é medido em relação ao eixo horizontal. O comprimento do vetor da força é um valor numérico escalar ou simplesmente numérico, e é indicado por $F = \|\mathbf{F}\|$. A notação $\|\ \|$ indica a magnitude ou o módulo do vetor F, que se escreve em caractere romano. Em vez de especificar F_x e F_y, podemos agora ver o vetor da força **F** em termos dos dois números F e θ. Essa representação do vetor é chamada *componente polar* ou forma magnitude-direção.

Componentes polares

Magnitude
Direção

A *magnitude* e a *direção* da força relacionam-se com suas componentes horizontal e vertical pelas fórmulas

$$F_x = F \cos \theta \quad \text{(polar para retangular)}$$
$$F_y = F \, \text{sen} \, \theta \quad (4.2)$$

As equações trigonométricas desse tipo são revisadas no Apêndice B. Se soubermos a magnitude e a direção da força, essas equações serão usadas para determinar suas componentes horizontal e vertical. Por outro lado, quando sabemos os valores de F_x e F_y, a magnitude e a direção da força são calculadas a partir das equações

$$F = \sqrt{F_x^2 + F_y^2} \quad \text{(retangular para polar)}$$
$$\theta = \text{tg}^{-1}\left(\frac{F_y}{F_x}\right) \quad (4.3)$$

Valor principal

A operação da tangente inversa da Equação (4.3) calcula o *valor principal* do seu argumento e fornece um ângulo entre $-90°$ e $+90°$. A aplicação direta da equação $\theta = \text{tg}^{-1}(F_y/F_x)$ resultará em um valor de θ que se encontra no primeiro ou no quarto quadrante do plano x–y.

Obviamente, uma força poderia estar orientada em qualquer um dos quatro quadrantes do plano.

Ao resolver problemas, você precisará examinar os sinais positivo e negativo de F_x e F_y e usar esses sinais para determinar o quadrante correto para θ. Por exemplo, na Figura 4.4(a), em que $F_x = 100$ lbf e

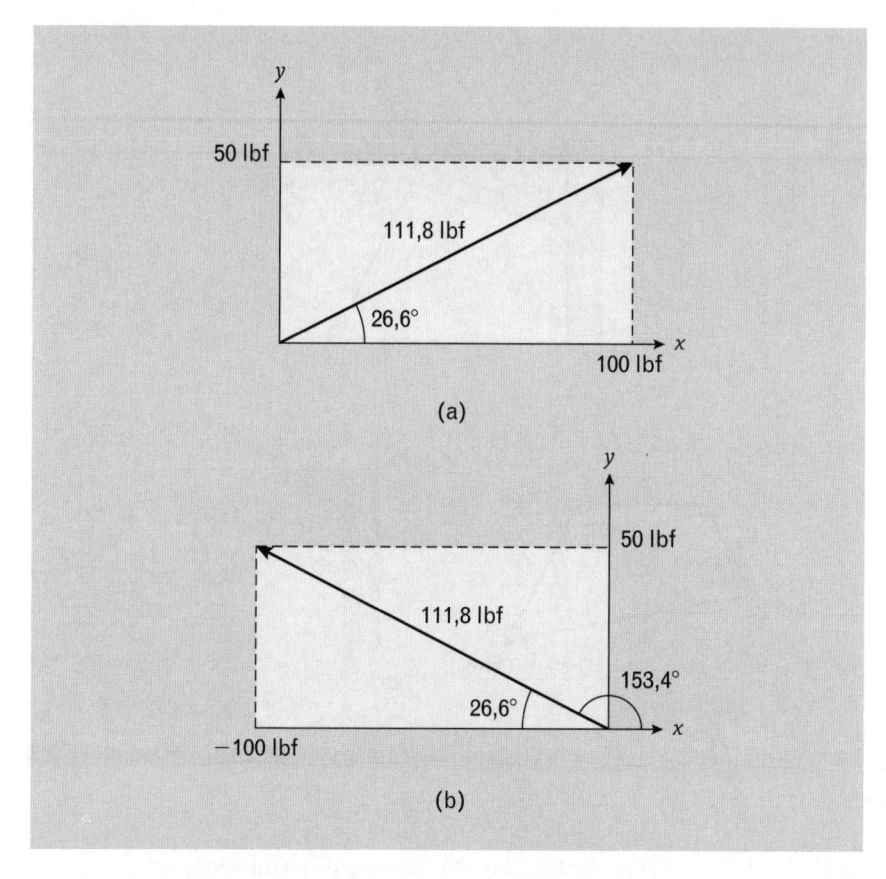

Figura 4.4

Determinações do ângulo de ação da força que (a) se encontra no primeiro quadrante e que (b) se encontra no segundo quadrante.

F_y = 50 lbf, o ângulo de ação da força é calculado como $\theta = \text{tg}^{-1}(0,5) = 26,6°$. Tal valor numérico encontra-se corretamente no primeiro quadrante porque F_x e F_y – as coordenadas da ponta do vetor da força – são positivas. Por outro lado, na Figura 4.4(b), em que $F_x = -100$ lbf e $F_y = 50$ lbf, talvez você se sinta tentado a escrever $\text{tg}^{-1}(-0,5) = -26,6°$. Na realidade, esse ângulo encontra-se no quarto quadrante e é incorreto como medida de orientação da força em relação ao eixo x positivo. Como fica evidente da Figura 4.4(b), **F** forma um ângulo de 26,6° relativo ao eixo x negativo. O valor correto para o ângulo de ação da força relativo ao eixo x positivo é $\theta = 180° - 26,6° = 153,4°$.

▶ 4.3 Resultante de várias forças

Um *sistema de forças* é um conjunto de várias forças que atuam simultaneamente sobre uma estrutura ou máquina.

Sistema de forças

Cada força é combinada com as demais para descrever o efeito resultante, e a *resultante* **R** mede tal atuação cumulativa. Para exemplificar, considere o suporte com pino de montagem mostrado na Figura 4.5. As três forças F_1, F_2 e F_3 atuam em direções diferentes e com distintas magnitudes. Para determinar se o suporte é capaz de resistir às três forças, o engenheiro precisará primeiro determinar a sua resultante.

Resultante

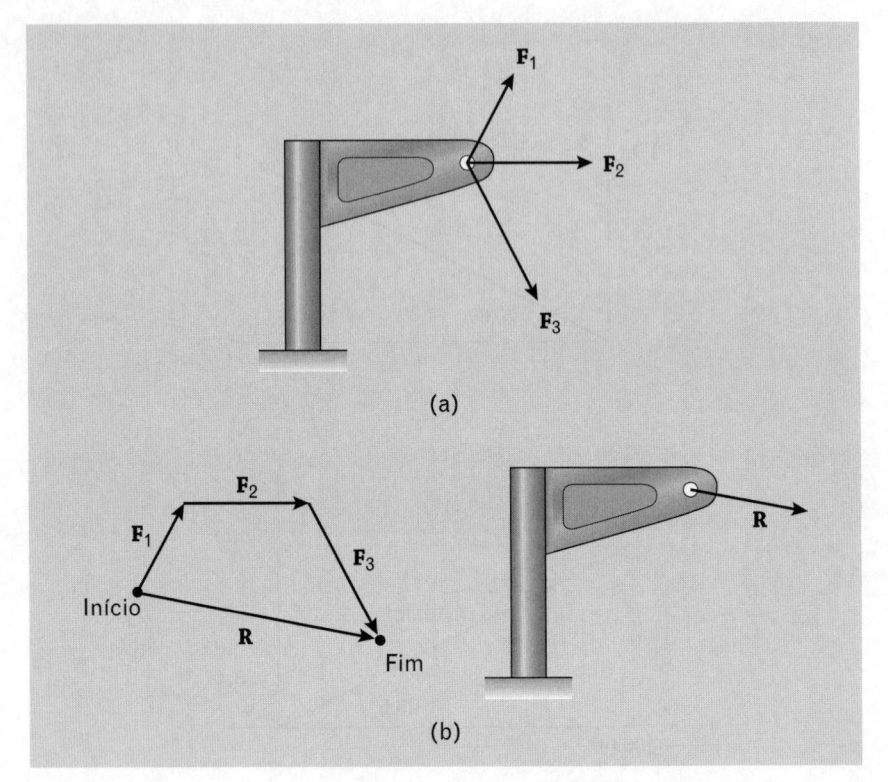

Figura 4.5

(a) Um suporte com pino para montagem submetido a carga exercida pelas três forças. (b) A resultante **R** se estende do ponto inicial até o ponto final da cadeia formada, adicionando as forças F_1, F_2 e F_3 juntas.

Com N forças individuais F_i ($i = 1, 2, \ldots, N$) presentes, elas são somadas de acordo com

$$\mathbf{R} = \mathbf{F}_1 + \mathbf{F}_2 + \cdots + \mathbf{F}_N = \sum_{i=1}^{N} \mathbf{F}_i \tag{4.4}$$

usando-se as regras da álgebra vetorial. Essa soma pode ser feita pelas abordagens da álgebra vetorial ou do polígono, descritas a seguir. Na resolução de diferentes problemas, você verá que uma abordagem será mais simples do que a outra e que ambas também podem ser usadas para se fazer uma dupla verificação do seu cálculo.

Método da álgebra vetorial

Nessa técnica, cada uma das forças é dividida em seus componentes horizontal e vertical, os quais identificamos como $F_{x,i}$ e $F_{y,i}$, até a i-ésima força. A parte horizontal da resultante R_x é a soma das componentes horizontais de todas as forças individuais presentes:

$$R_x = \sum_{i=1}^{N} F_{x,i} \tag{4.5}$$

Do mesmo modo, somamos separadamente as componentes verticais usando a seguinte equação

$$R_y = \sum_{i=1}^{N} F_{y,i} \tag{4.6}$$

então, a força resultante é expressa na forma vetorial como **R** = R_x**i** + R_y**j**. Assim como na Equação (4.3), aplicamos as expressões

$$R = \sqrt{R_x^2 + R_y^2}$$
$$\theta = \tan^{-1}\left(\frac{R_y}{R_x}\right) \tag{4.7}$$

para calcular a magnitude resultante R e a direção θ. Assim como fizemos anteriormente, o valor real de θ é encontrado depois de considerarmos os sinais positivo e negativo de R_x e R_y, de modo que θ encontre-se no quadrante correto.

Método do polígono vetorial

Uma técnica alternativa para descobrir a influência cumulativa de várias forças é o *método do polígono vetorial*. A resultante de um sistema de forças pode ser descoberta com o uso de um polígono para representar a adição dos vetores $\mathbf{F}_i$. A magnitude e a direção da resultante são determinadas pela aplicação de regras de trigonometria à geometria do polígono. Voltando ao suporte com pino de montagem da Figura 4.5(a), o polígono para as três forças é desenhado adicionando-se as forças individuais $\mathbf{F}_i$ em uma sequência de acordo com a *regra início-fim*.

Regra início-fim

Na Figura 4.5(b), o ponto inicial está identificado no desenho, as três forças são somadas uma por vez e o ponto final também está identificado. A ordem na qual as forças estão desenhadas no diagrama não importa, visto que o fundamental é o resultado final, mas os diagramas assumirão formas visuais diferentes para as várias sequências de adição. O ponto final está localizado na ponta do último vetor adicionado à sequência. Como indicado na Figura 4.5(b), a resultante **R** estende-se do ponto inicial da sequência até seu ponto final. A ação de **R** no suporte é inteiramente equivalente ao efeito combinado das três forças atuando juntas. Por fim, a magnitude e a direção da resultante são determinadas pela aplicação das identidades trigonométricas à forma do polígono. Algumas das equações relevantes para triângulos retângulos ou oblíquos podem ser revisadas no Apêndice B.

Muitas vezes, podemos obter resultados razoavelmente precisos somando os vetores em um desenho feito em *escala*, por exemplo, 1 pol no desenho correspondendo a 100 lbf. Ferramentas de desenho como transferidores, escalas e réguas devem ser usadas para fazer o polígono e medir as magnitudes e direções das quantidades desconhecidas. Naturalmente, é aceitável usar uma abordagem puramente gráfica para solucionar problemas de engenharia, desde que o desenho seja grande e preciso o suficiente para que se possa determinar a resposta de acordo com um número correto de algarismos significativos.

Desenhos em escala

Exemplo 4.1 | *Parafuso tipo olhal*

Um parafuso olhal está preso a uma placa de base espessa e serve para prender três cabos de aço que apresentam trações de 150 lbf, 350 lbf e 800 lbf. Determine a força resultante que atua sobre o parafuso olhal usando a abordagem da álgebra vetorial. Os vetores unitários **i** e **j** estão direcionados de acordo com as coordenadas *x–y*, conforme mostrado. (Ver Figura 4.6.)

Exemplo 4.1 | *continuação*

Figura 4.6

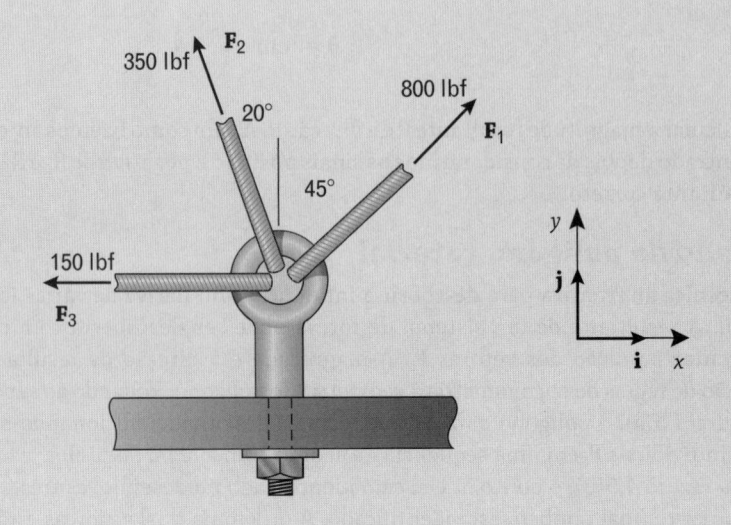

Abordagem
Devemos encontrar a força resultante no parafuso olhal. Usando as Equações (4.1) e (4.2), dividiremos cada força em suas componentes horizontal e vertical e escreveremos o resultado na forma vetorial. Em seguida, acrescentaremos as respectivas componentes das três forças para descobrir as componentes da resultante. Feito isso, a magnitude e o ângulo de ação da resultante **R** serão obtidos a partir da aplicação da Equação (4.7).

Solução
As componentes da força de 800 lbf são

$$F_{x,1} = (800 \text{ lbf}) \cos 45° \quad \leftarrow [F_x = F \cos \theta]$$
$$= 565,7 \text{ lbf}$$

$$F_{y,1} = (800 \text{ lbf}) \operatorname{sen} 45° \quad \leftarrow [F_y = F \operatorname{sen} \theta]$$
$$= 565,7 \text{ lbf}$$

e $\mathbf{F}_1$ é escrito na forma vetorial como

$$\mathbf{F}_1 = 565,7\mathbf{i} + 565,7\mathbf{j} \text{ lbf} \quad \leftarrow [\mathbf{F} = F_x\mathbf{i} + F_y\mathbf{j}]$$

Usando o mesmo procedimento para as outras duas forças,

$$\mathbf{F}_2 = -(350 \operatorname{sen} 20°)\mathbf{i} + (350 \cos 20°)\mathbf{j} \text{ lbf}$$
$$= -119,7\mathbf{i} + 328,9\mathbf{j} \text{ lbf}$$
$$\mathbf{F}_3 = -150\mathbf{i} \text{ lbf}$$

Exemplo 4.1 | continuação

Para calcular as componentes da resultante, as componentes horizontais e verticais das três forças são somados separadamente:

$$R_x = 565{,}7 - 119{,}7 - 150 \text{ lbf} \quad \leftarrow \left[R_x = \sum_{i=1}^{N} F_{x,i} \right]$$

$$= 296{,}0 \text{ lbf}$$

$$R_y = 565{,}7 + 328{,}9 \text{ lbf} \quad \leftarrow \left[R_y = \sum_{i=1}^{N} F_{y,i} \right]$$

$$= 894{,}6 \text{ lbf}$$

A magnitude da força resultante é

$$R = \sqrt{(296{,}0 \text{ lbf})^2 + (894{,}6 \text{ lbf})^2} \quad \leftarrow \left[\sqrt{R_x^2 + R_y^2} \right]$$

$$= 942{,}3 \text{ lbf}$$

e ela atua no ângulo

$$\theta = \text{tg}^{-1}\left(\frac{894{,}6 \text{ lbf}}{296{,}0 \text{ lbf}} \right) \quad \leftarrow \left[\theta = \text{tg}^{-1}\left(\frac{R_y}{R_x} \right) \right]$$

$$= \text{tg}^{-1}\left(3{,}022 \frac{\text{lbf}}{\text{lbf}} \right)$$

$$= \text{tg}^{-1}(3{,}022)$$

$$= 71{,}69°$$

que é medido no sentido anti-horário do eixo x. (Ver Figura 4.7.)

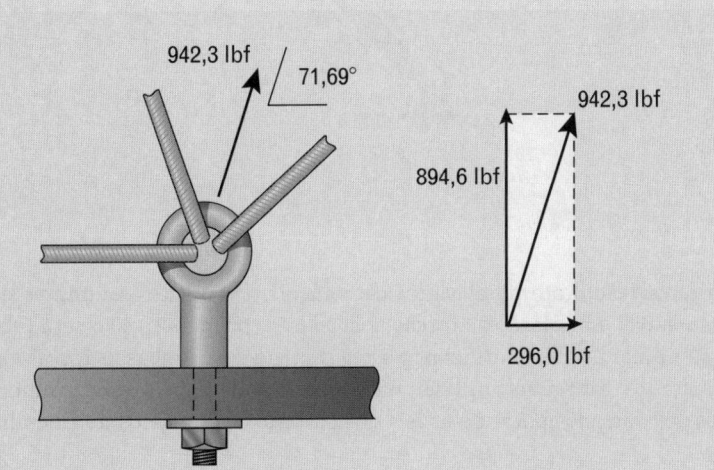

Figura 4.7

Exemplo 4.1 | *continuação*

Discussão
A força resultante é maior que qualquer outra força, mas menor que a soma das três forças porque uma porção de $F_{x,3}$ cancela $F_{x,1}$. A força resultante atua para cima e para a frente no parafuso olhal, o que é esperado. As três forças que atuam em conjunto tracionam o parafuso, puxando-o para cima, e curvando-o lateralmente, na direção da carga R_x. Como verificação em relação à consistência dimensional ao calcular o ângulo da resultante, notamos que as unidades de libra-força do argumento da função da tangente inversa são canceladas. Uma vez que os valores de R_x e R_y são positivos, a ponta do vetor resultante se localizará no primeiro quadrante do plano x–y.

$$R = 942{,}3 \text{ lbf}$$
$$\theta = 71{,}69° \text{ no sentido anti-horário do eixo } x$$

Exemplo 4.2 | *Alavanca de controle*

Forças com valores de 10 lbf e 25 lbf são aplicadas à alavanca de controle de um mecanismo. Determine a magnitude e a direção da resultante usando a regra do polígono vetorial.

Figura 4.8

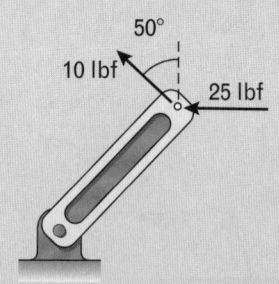

Abordagem
Devemos encontrar a força resultante da alavanca de controle. De início, assumimos que o peso da alavanca é desprezível em relação às forças aplicadas. O primeiro passo será esboçar o polígono vetorial e combinar as forças utilizando a regra início-fim. Ambas as forças dadas, juntamente com a resultante, formarão um triângulo. Podemos descobrir o comprimento e o ângulo desconhecidos do triângulo aplicando as leis dos cossenos e dos senos do Apêndice B. (Ver Figura 4.9.)

Exemplo 4.2 | *continuação*

Figura 4.9

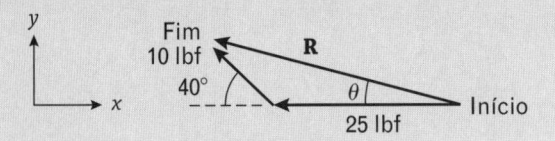

Solução

A força de 25 lbf é desenhada primeiro no diagrama e a força de 10 lbf é acrescentada com ângulo de 50° a partir da linha vertical. A resultante **R** se estende da extremidade do vetor da força de 25 lbf (que é identificado como ponto inicial) até a extremidade do vetor da força de 10 lbf (ponto final). Os três vetores formam um triângulo. Aplicando-se a lei dos cossenos, descobrimos a distância lateral desconhecida

$$R^2 = (10 \text{ lbf})^2 + (25 \text{ lbf})^2 \qquad \leftarrow [c^2 = a^2 + b^2 - 2ab \cos C]$$
$$-2(10 \text{ lbf})(25 \text{ lbf}) \cos(180° - 40°)$$

em que $R = 33{,}29$ lbf. O ângulo θ no qual **R** age é determinado pela aplicação da lei dos senos

$$\frac{\text{sen}(180° - 40°)}{33{,}29 \text{ lbf}} = \frac{\text{sen}\theta}{10 \text{ lbf}} \qquad \leftarrow \left[\frac{\text{sen}A}{a} = \frac{\text{sen}B}{b}\right]$$

age em $\theta = 11{,}13°$ no sentido horário do eixo x.

Discussão

A força resultante é menor que a soma das duas forças porque ambas não estão alinhadas na mesma direção. Além disso, a direção da força resultante, no ângulo entre as duas forças, atinge as expectativas. Para verificar a exatidão da solução, podemos dividir ambas as forças em suas componentes horizontal e vertical, similarmente à técnica utilizada no Exemplo 4.1. Pelo uso do sistema de coordenadas x–y, a expressão vetorial para a força de 10 lbf torna-se $\mathbf{F} = -7{,}660\,\mathbf{i} + 6{,}428\,\mathbf{j}$ lbf. Veja se você consegue completar a verificação para R e θ, utilizando o método da álgebra vetorial.

$$R = 33{,}29 \text{ lbf}$$
$$\theta = 11{,}13° \text{ no sentido horário do eixo } x$$

▶ 4.4 Momento de uma força

Quando tentamos soltar um parafuso, fica mais fácil girá-lo se usarmos uma chave inglesa com um cabo longo. De fato, quanto mais longo for o cabo, menor a força que precisaremos aplicar com as mãos. A tendência que uma força tem de fazer um objeto girar é denominada *momento*. A magnitude de um momento depende tanto da força aplicada quanto do braço da alavanca que separa a força do ponto de rotação.

Tabela 4.2

Fatores de Conversão entre unidades dos sistemas USCS e o SI para momento ou torque

in · lbf	ft · lbf	N · m
1	0,0833	0,1130
12	1	1,356
8,851	0,7376	1

Método do braço da alavanca perpendicular

A magnitude do momento é definida por

$$M_o = Fd \qquad (4.8)$$

Braço da alavanca perpendicular

Torque

em que M_o é o momento da força em relação ao ponto O e F é a magnitude da força perpendicular. A distância d é denominada *braço de alavanca perpendicular* e se estende da linha de ação da força até o ponto O. O termo "torque" às vezes é usado de modo intercambiável para descrever o efeito de uma força que atua em um braço da alavanca. Entretanto, os engenheiros mecânicos geralmente usam a palavra *torque* para descrever os momentos que provocam a rotação do eixo de um motor, de uma engrenagem ou de uma caixa de câmbio. Consideraremos essas aplicações no Capítulo 8.

Com base na Equação (4.8), as dimensões para um momento correspondem ao produto da força pela distância. No sistema USCS, a unidade para momento é lbf × in. No SI, a unidade N · m é usada e vários prefixos podem ser aplicados quando o valor numérico é muito grande ou muito pequeno. Por exemplo, 5.000 N · m = 5 kN · m e 0,002 N · m = 2 mN · m. Note que o símbolo do ponto (·) é usado para mostrar a multiplicação das dimensões; portanto, fica claro que mN · m significa milinewtons-metros. Os fatores de conversão entre os dois sistemas de unidades estão listados na Tabela 4.2. Cada linha da tabela é equivalente, e a primeira linha indica que

$$1 \text{ in} \times \text{lbf} = 0{,}0833 \text{ ft} \times \text{lbf} = 0{,}1130 \text{ N} \times \text{m}$$

Trabalho e energia são outras quantidades utilizadas na engenharia mecânica e também possuem dimensões que correspondem ao produto da força pela distância. Ao trabalhar com o sistema SI, um joule (J) é definido como um Newton-metro e se refere ao valor do trabalho de uma força de 1 N atuando em uma distância de 1 m. Entretanto, os significados físicos de trabalho e energia são bem diferentes de momentos e torques e, para fazer uma distinção bem clara entre eles, apenas a unidade N · m deve ser usada no sistema SI para momento e torque.

A expressão $M_o = Fd$ pode ser mais bem compreendida quando a aplicamos a uma estrutura específica. Na Figura 4.10(a), a força **F** é dirigida para baixo e para a direita em relação ao suporte. Alguém pode estar interessado em saber o momento de **F** em relação à base do pino do suporte, que é identificado na figura como ponto O. O pino pode romper-se naquele ponto, mas o engenheiro projetaria o diâmetro e o comprimento desse objeto de tal modo que não teria dúvidas quanto a sua capacidade de suportar a força **F**. O momento é calculado com base tanto na magnitude de **F** quanto no deslocamento perpendicular d entre a linha de ação e o ponto O. A linha reta contínua na qual o vetor de uma força se

linha de ação

encontra é chamada *linha de ação*. De fato, a força **F** pode ser aplicada ao suporte em qualquer ponto ao longo de sua linha de ação, e o momento em torno do ponto O permaneceria o mesmo. O sentido do momento na Figura 4.10(a) é o

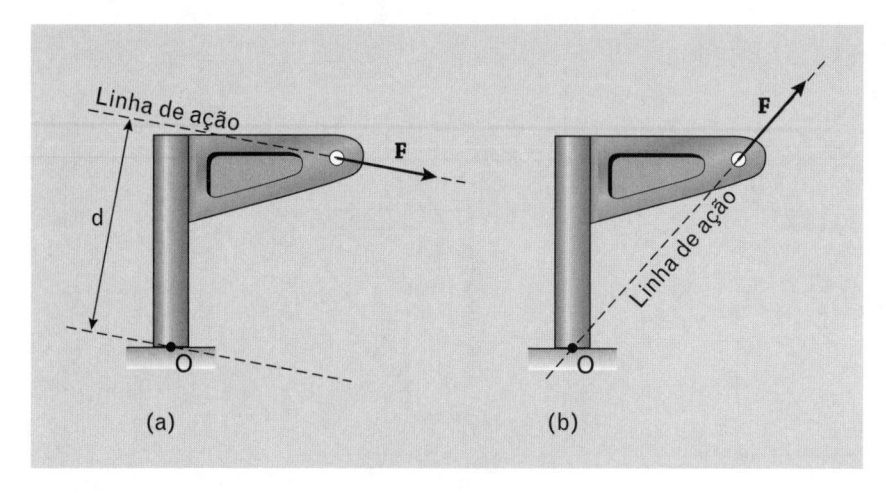

Figura 4.10

Calculando o momento de uma força **F**. (a) A linha de ação de **F** é separada do ponto O pela distância perpendicular ao braço da alavanca d. (b) A linha de ação de **F** passa através de O e $M_o = 0$.

horário porque **F** tende a fazer com que o pino gire naquele sentido (embora, neste caso, o suporte rígido impeça que o pino se mova).

Na Figura 4.10(b), a direção da força foi alterada. A linha de ação da força agora passa exatamente através do ponto O e, portanto, o deslocamento da linha de ação é $d = 0$. Nenhum momento é produzido, e a força tende a puxar o pino diretamente para fora de sua base, sem girá-lo. Em resumo, a direção e a magnitude da força devem ser consideradas quando se calcular o momento.

Métodos das componentes do momento

Assim como podemos decompor a força em suas componentes retangulares, às vezes, é útil calcular o momento em termos das suas componentes. O momento é determinado como a soma dos momentos associados com as duas componentes da força, em vez de considerar o valor da resultante das forças. Uma razão para calcular o momento dessa forma é que, geralmente, é mais fácil encontrar os braços das alavancas para componentes individuais do que os da força resultante inteira. Ao aplicarmos essa técnica, precisamos usar sinais convencionados e manter o registro se a contribuição de cada uma das componentes de momento estiver no sentido horário ou anti-horário.

Para exemplificar esse método, voltemos ao exemplo do suporte com pino, que sofre a ação de uma força (Figura 4.11). Escolheremos as seguintes *convenções de sinais* para as direções de rotação: um momento que tende a provocar uma rotação em sentido anti-horário é positivo, e em sentido horário, negativo. A escolha dos sinais negativo e positivo é arbitrária; poderíamos ter determinado com a mesma facilidade que ao sentido horário seria atribuído o sinal positivo. Mas, uma vez determinada a convenção dos sinais, precisaremos apegar-nos a ela e aplicá-la de modo consistente.

Momento – Convenções de sinais

As componentes F_x e F_y da força são mostradas no primeiro caso [Figura 4.11(a)]. Em vez de determinarmos a distância a partir do ponto O até a linha de ação de **F**, o que poderia envolver uma construção geométrica que preferimos evitar, calcularemos os braços das alavancas individuais para F_x e F_y, um método mais direto. Mantendo o registro da convenção dos sinais, o momento em relação ao ponto O se torna $M_o = -F_x \Delta y - F_y \Delta x$. As contribuições individuais para M_o são todas negativas, visto que tanto F_x quanto F_y tendem a provocar uma rotação em sentido horário. Seus efeitos combinam-se de modo construtivo para produzir o momento resultante.

A orientação de **F** foi mudada na Figura 4.11(b). Enquanto que F_x continua a exercer um momento negativo, F_y agora exerce um momento na direção anti-horária, ou positiva, em relação ao ponto O. O momento resultante torna-se $M_o = -F_x \Delta y + F_y \Delta x$. Nesse caso, ambas as componentes se combinam

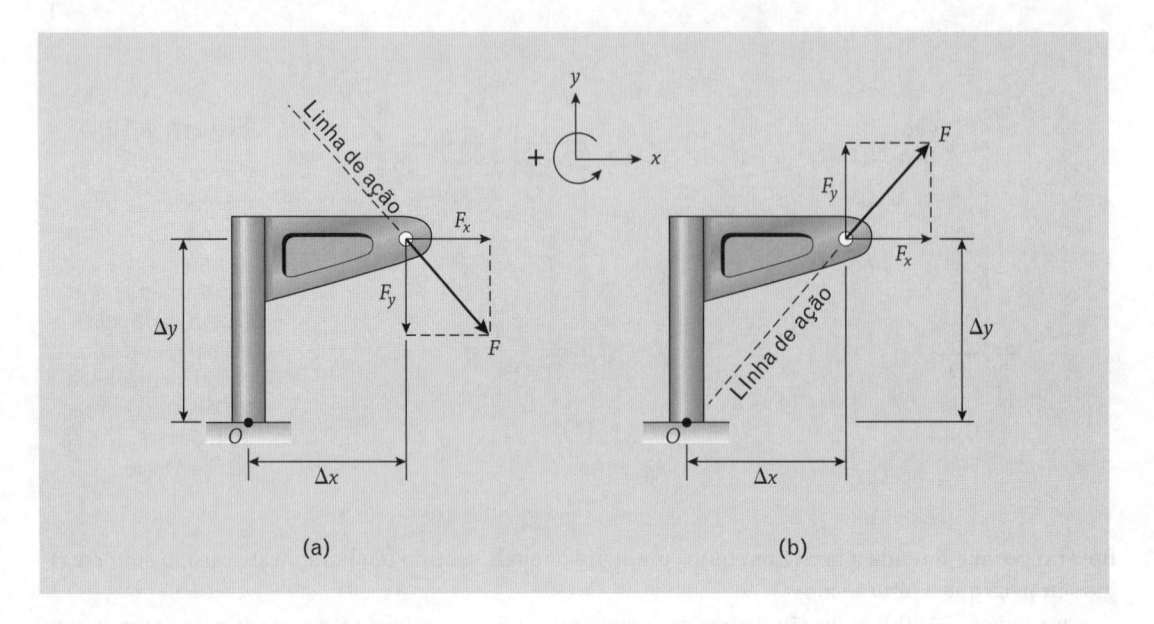

Figura 4.11

(a) Tanto F_x quanto F_y geram um momento em sentido horário em relação ao ponto O. (b) F_x exerce um momento em sentido horário, mas F_y exerce um momento em sentido anti-horário.

de modo destrutivo. De fato, no caso da direção especial, em que $\Delta y/\Delta x = F_y/F_x$, ambos os termos anulam-se de modo exato. O momento dessa situação é zero, porque a linha de ação da força **F** passa através do ponto O.

Usando o método das componentes do momento, geralmente escrevemos o seguinte

$$M_o = \pm F_x \Delta y \pm F_y \Delta x \tag{4.9}$$

o que implica que os valores numéricos de F_x, Δx, F_y sejam todos positivos. Os sinais positivo e negativo na equação são atribuídos ao resolver problema, dependendo se a componente do momento tende a gerar uma rotação em sentido horário ou anti-horário.

Independentemente de se usar o método da alavanca perpendicular ou o método das componentes do momento, ao escrever uma resposta é importante ter certeza de indicar (1) o valor numérico da magnitude do momento, (2) as dimensões e (3) se o sentido da força é horário ou anti-horário. Pode-se indicar a direção utilizando a notação dos sinais de mais ou menos ($\pm$), desde que se tenha definido a referida convenção no esquema de resposta.

Exemplo 4.3 | Chave de boca

Um mecânico usa uma chave de boca para apertar uma porca sextavada. Calcule os momentos produzidos por uma força de 35 lbf em relação ao centro da porca quando essa força é aplicada à chave nas direções (a) e (b), conforme mostra o desenho. O comprimento total do cabo da chave, que é inclinado levemente para cima, é de $6\frac{1}{4}$ in entre os centros da extremidade aberta e da extremidade fechada. Escreva sua resposta nas unidades de ft · lbf.

Exemplo 4.3 | *continuação*

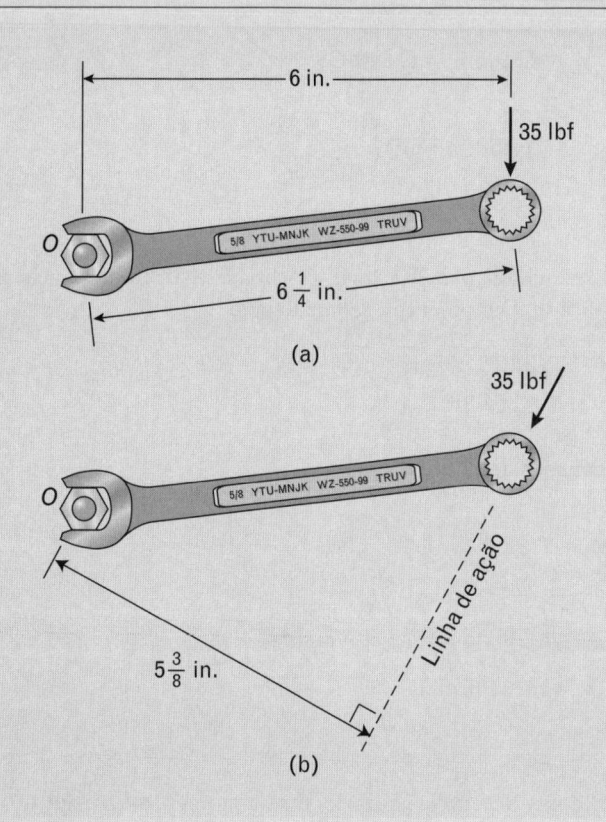

Figura 4.12

(a) 6 in., 35 lbf, 6 1/4 in.

(b) 35 lbf, 5 3/8 in., Linha de ação

Abordagem

Devemos calcular os momentos em duas direções. Primeiro assumimos que podemos desprezar o momento criado pelo peso da chave de boca. Depois, precisaremos usar as distâncias perpendiculares nos dois casos. Quando a força atua diretamente para baixo, como no caso (a), a distância perpendicular do centro da porca à linha de ação da força é $d = 6$ in. A inclinação e o comprimento do cabo da chave de boca são irrelevantes no que diz respeito ao cálculo de d, porque o comprimento do cabo da chave não é necessariamente o mesmo do braço da alavanca perpendicular.

Solução

(a) O momento tem magnitude

$$M_o = (35 \text{ lbf})(6 \text{ in.}) \quad \leftarrow [M_o = Fd]$$
$$= 210 \text{ in} \cdot \text{lbf}$$

e está na direção horária. Aplique o fator de conversão entre lbf × in e lbf × ft da Tabela 4.2 para converter *Mo* para as dimensões desejadas:

Exemplo 4.3 | continuação

$$M_o = (210 \text{ in} \cdot \text{lbf}) \, 0{,}0833 \frac{\text{ft} \cdot \text{lbf}}{\text{in} \cdot \text{lbf}}$$

$$= 17{,}50 (\cancel{\text{in} \cdot \text{lbf}}) \left(\frac{\text{ft} \cdot \text{lbf}}{\cancel{\text{in} \cdot \text{lbf}}} \right)$$

$$= 17{,}50 \text{ ft} \cdot \text{lbf}$$

(b) No segundo caso, a força foi mudada para um ângulo inclinado e sua linha de ação foi alterada de modo que $d = 5 \, \tfrac{3}{8}$ in. O momento é reduzido para

$$M_o = (35 \text{ lbf})(5{,}375 \text{ in.}) \quad \leftarrow [M_o = Fd]$$
$$= 188{,}1 \text{ in} \cdot \text{lbf}$$

Convertendo para as dimensões de ft · lbf,

$$M_o = (188{,}1 \text{ in} \cdot \text{lbf}) \left(0{,}0833 \frac{\text{ft} \cdot \text{lbf}}{\text{in} \cdot \text{lbf}} \right)$$

$$= 15{,}67 (\cancel{\text{in} \cdot \text{lbf}}) \left(\frac{\text{ft} \cdot \text{lbf}}{\cancel{\text{in} \cdot \text{lbf}}} \right)$$

$$= 15{,}67 \text{ ft} \cdot \text{lbf}$$

Discussão
Em ambos os casos, o sentido dos momentos é horário, mas o momento é menor no caso (b) porque a distância perpendicular é menor que no caso (a). Se a gravidade fosse considerada, o momento horário em cada caso seria maior, já que a gravidade criaria uma força adicional agindo para baixo, em torno do centro da chave de boca.

Quando escrevemos nossa resposta final, indicamos o valor numérico, as dimensões e o sentido.

$$\text{Caso (a): } M_o = 17{,}50 \text{ ft} \cdot \text{lbf (horário)}$$
$$\text{Caso (b): } M_o = 15{,}67 \text{ ft} \cdot \text{lbf (horário)}$$

Exemplo 4.4 | Chave inglesa

Determine o momento sobre o centro da porca quando uma força de 250 N é aplicada na chave inglesa. Use (a) o método da alavanca perpendicular e (b) o método das componentes do momento.

Exemplo 4.4 | *continuação*

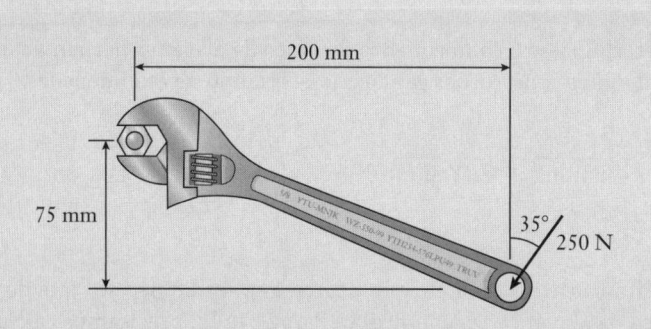

Figura 4.13

Abordagem
Devemos encontrar o momento resultante usando os dois métodos. Outra vez, assumimos que podemos desprezar o impacto do peso da chave. Determinamos que o centro da porca é o ponto A, e o ponto de aplicação da força é o ponto B. O momento é calculado pela aplicação das Equações (4.8) e (4.9). Usa-se as equações trigonométricas do Apêndice B para determinar as distâncias e os ângulos necessários.

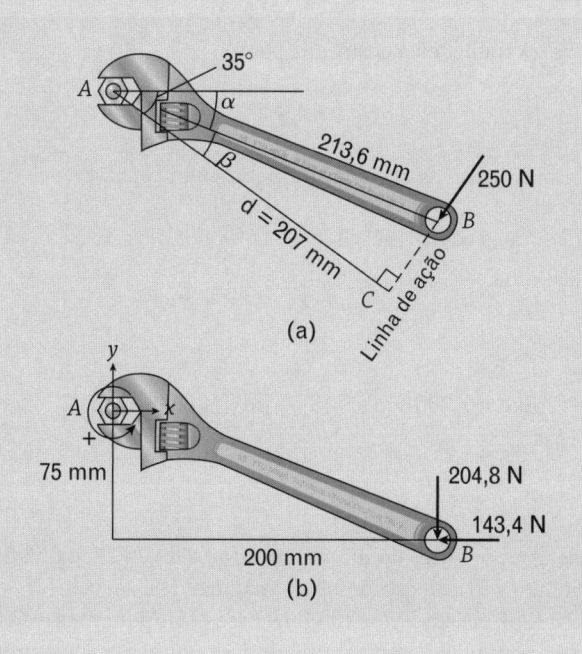

Figura 4.14

Exemplo 4.4 | *continuação*

Solução
(a) Em primeiro lugar, determina-se o comprimento do braço da alavanca perpendicular, e esse passo envolve algumas construções geométricas. Usando-se as dimensões fornecidas,

$$AB = \sqrt{(75 \text{ mm})^2 + (200 \text{ mm})^2} \quad \leftarrow [z^2 = x^2 + y^2]$$
$$= 213,6 \text{ mm}$$

Embora esta seja a distância até o local em que a força é aplicada, não se trata do comprimento do braço da alavanca perpendicular. Para obtê-lo, precisamos calcular o comprimento do segmento AC, que é perpendicular à linha de ação da força. Visto que a força possui uma inclinação de 35° a partir da linha vertical, a linha perpendicular a ela é orientada a 35° a partir da linha horizontal. A linha AB está inclinada em um ângulo

$$\alpha = \text{tg}^{-1}\left(\frac{75 \text{ mm}}{200 \text{ mm}}\right) \quad \leftarrow \left[\text{tg } \theta = \frac{y}{x}\right]$$
$$= \text{tg}^{-1}\left(0,375 \frac{\text{mm}}{\text{mm}}\right)$$
$$= \text{tg}^{-1}(0,375)$$
$$= 20,56°$$

abaixo da linha horizontal e, portanto, está deslocada por

$$\beta = 35° - 20,56° = 14,44°$$

da linha AC. O comprimento do braço da alavanca perpendicular torna-se

$$d = (213,6 \text{ mm}) \cos 14,44° \quad \leftarrow [x = z \cos \theta]$$
$$= 206,8 \text{ mm}$$

e o momento da chave torna-se

$$M_A = (250 \text{ N})(0,2068 \text{ m}) \quad \leftarrow [M_A = Fd]$$
$$= 51,71 \text{ N} \cdot \text{m}$$

em sentido horário.

(b) Aplicando-se o método das componentes do momento, a força de 250 N é dividida em suas componentes horizontal e vertical, que possuem magnitudes (250 N) sen 35° = 143,4 N e (250 N) cos 35° = 204,8 N. Essas componentes estão orientadas para a esquerda e para baixo no diagrama. Individualmente, cada uma delas exerce um momento em sentido horário em relação ao ponto A. Reportando à nossa convenção de sinais na figura, o momento em sentido anti-horário é positivo.

Exemplo 4.4 | continuação

Somando-se o momento produzido pelas componentes das forças individualmente consideradas, temos

$$M_A = -(143,4 \text{ N})(0,075 \text{ m}) - (204,8 \text{ N})(0,2 \text{ m}) \leftarrow [M_A = \pm F_x \Delta y \pm F_y \Delta x]$$
$$= -51,71 \text{ N} \cdot \text{m}$$

Visto que o valor numérico é negativo, o sentido do momento resultante é horário.

Discussão:
Nesse exemplo, provavelmente é mais fácil aplicar o método das componentes do momento, uma vez que as dimensões horizontais e verticais da chave inglesa são fornecidas no enunciado do problema. Além disso, se a gravidade fosse considerada, o momento horário seria maior, pois a gravidade criaria uma força adicional agindo para baixo, em torno do centro da chave.

$$M_A = 51,71 \text{ N} \cdot \text{m (horário)}$$

▶ 4.5 Equilíbrio de forças e momentos

Uma vez comprendidos os fundamentos das propriedades das forças e dos momentos, avançaremos para a próxima tarefa, que consiste em calcular as forças (desconhecidas) que atuam sobre as estruturas e máquinas, em resposta a outras forças (conhecidas) que estão presentes. Esse processo envolve aplicar os princípios do equilíbrio estático da primeira lei de Newton às estruturas e máquinas estacionárias ou que se movimentam a uma velocidade constante. Em ambos os casos, não há aceleração, e a força resultante é zero.

Partículas e corpos rígidos

Um sistema mecânico pode incluir um único objeto (por exemplo, um pistão de motor) ou vários objetos articulados conjuntamente (o motor inteiro). Quando as dimensões físicas não são importantes, em relação ao cálculo das forças, o objeto é chamado *partícula*. Esse conceito idealiza o sistema como se estivesse concentrado em um único ponto, em vez de estar distribuído por uma área ou um volume extenso. Com o objetivo de resolver problemas, uma partícula pode ser tratada como se possuísse dimensões desprezíveis.

Partícula

Por outro lado, se o comprimento, a largura e a extensão de um objeto forem fatores importantes para a solução de um problema, o objeto denomina-se *corpo rígido*. Por exemplo, quando se observa o movimento de um satélite de comunicação na órbita da Terra, este pode ser considerado uma partícula, porque suas dimensões são pequenas quando comparadas ao tamanho da órbita. No entanto, se os engenheiros estiverem interessados em calcular as características aerodinâmicas e de voo do satélite durante seu lançamento, o foguete seria modelado como um corpo rígido. A Figura 4.15 ilustra a distinção conceitual entre as forças aplicadas a uma partícula e a

Corpo rígido

Figura 4.15

Representação gráfica das *forças N* atuando em (a) uma única partícula e (b) um corpo rígido. Os conjuntos de três pontos representam vetores força entre F_3 e F_N, que são omitidos para maior clareza.

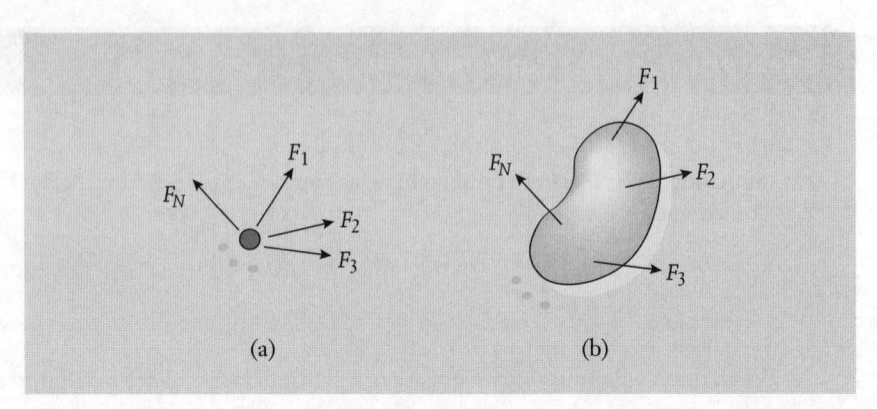

um corpo rígido. Você pode notar como um desequilíbrio de força pode fazer com que o corpo rígido, mas não a partícula, gire.

Balanço de forças

Uma partícula está em equilíbrio se as forças que atuam sobre ela estiverem balanceadas com a resultante zero. Visto que as forças se combinam com vetores, a resultante das forças *n* presentes deve ser nula em duas direções perpendiculares, as quais identificaremos como *x* e *y*:

$$\sum_{i=1}^{N} F_{x,i} = 0$$
$$\sum_{i=1}^{N} F_{y,i} = 0$$
(4.10)

Balanço de momentos

Para que um corpo rígido esteja em equilíbrio, o momento resultante também deverá ser igual a zero. Quando essas condições são satisfeitas, o objeto não tenderá a se deslocar em resposta às forças nem tenderá a girar em resposta aos momentos. Os requisitos do equilíbrio de um corpo rígido consistem na Equação (4.10) e

$$\sum_{i=1}^{N} M_{o,i} = 0 \qquad (4.11)$$

A notação $M_{o,i}$ é usada para representar o momento da *i*-ésima força presente.

As convenções de sinais constituem um bom método de registro para distinguir as forças que atuam em direções e momentos opostos, no sentido horário ou anti-horário. As somas nas equações de equilíbrio abrangem todas as forças e momentos presentes, independentemente de a direção ou a magnitude dessas forças serem conhecidas antecipadamente. Forças desconhecidas no início da análise são sempre incluídas na soma; variáveis algébricas são atribuídas a elas e equações de equilíbrio são aplicadas para determinar os valores numéricos.

Equações independentes

Em termos matemáticos, as equações de equilíbrio aplicadas a um corpo rígido contêm um sistema de três equações lineares que incluem forças desconhecidas. Uma implicação dessa característica é que se torna possível determinar no máximo três quantidades desconhecidas quando as equações (4.10) e (4.11) são aplicadas a um corpo rígido simples. Por sua vez, quando se aplicam os requisitos de equilíbrio a uma partícula, a equação de momento não é usada. Nesse caso, existem apenas duas *equações independentes* e apenas dois valores não conhecidos que podem ser determinados. Não é possível obter mais equações independentes de equilíbrio calculando-se os momentos em relação a um ponto alternativo ou somando-se forças que atuam em direções diferentes. As equações adicionais ainda serão válidas, mas serão apenas combinações das outras já derivadas. Assim sendo, não nos fornecerão nenhuma informação nova. Ao resolver problemas de equilíbrio, sempre verifique se não há mais variáveis desconhecidas do que equações independentes disponíveis.

Diagramas de corpo livre

Diagramas de corpo livre são desenhos esquemáticos utilizados para analisar as forças e os momentos que atuam sobre estruturas e máquinas, e desenhá-los é uma habilidade importante. Os diagramas de corpo livre identificam os sistemas mecânicos examinados e representam graficamente todas as forças conhecidas e desconhecidas presentes. A seguir, os três passos principais para produzir um diagrama de corpo livre:

1. Escolha o objeto que será analisado usando as equações de equilíbrio. Imagine uma linha pontilhada desenhada em volta do objeto e observe como essa linha corta e expõe as várias forças. Tudo o que estiver dentro da linha pontilhada é isolado dos itens adjacentes e deverá aparecer no diagrama.
2. Em seguida, desenha-se o sistema de coordenadas para indicar as convenções de sinais positivos para forças e momentos. Não faz sentido fornecer uma resposta de, digamos, −25 N · ou + 250 lbf sem primeiro definir as direções associadas com os sinais positivo e negativo.
3. No passo final, todas as forças e os momentos são desenhados e identificados. Essas forças talvez representem pesos ou forças de contato entre o corpo livre e outros objetos removidos quando o corpo foi isolado. Quando a força é conhecida, sua direção e sua magnitude deverão ser escritas no diagrama. Nessa etapa da análise, as forças devem ser incluídas mesmo se suas magnitudes e direções não sejam conhecidas. Se a direção de uma força não for conhecida (por exemplo, para cima/para baixo ou para a esquerda/direita), você deve simplesmente desenhá-la de um modo ou de outro no diagrama de corpo livre, usando, talvez, sua intuição como guia. Depois de aplicar as equações de equilíbrio e usar coerentemente os sinais convencionados, a direção correta será determinada a partir dos cálculos. Se a quantidade descoberta for positiva, você saberá que a direção correta coincide com a que foi escolhida no início. Por outro lado, se o valor numérico for negativo, o resultado simplesmente significa que a força atua em sentido oposto à direção inicialmente presumida.

Foco em

Analise de falhas da engenharia

Vimos como a engenharia mecânica baseia-se no projeto de novos produtos, mas às vezes também envolve a análise de falhas. Muitas dessas falhas estruturais são catastróficas, incluindo os colapsos no Hyatt em Kansas City, Missouri (114 mortos), na superloja Maxima em Riga, Letônia (54 mortos) e no Rana Plaza em Bangladesh (1.129 mortos). Enquanto os engenheiros são responsáveis por projetar estruturas e máquinas resilientes usando análise de força e tensão, também estão usando esse tipo de análise para salvar vidas de outras maneiras.

O corpo humano é um sistema biológico que requer uma interação delicada entre processos celulares e sistemas orgânicos de grande escala. Essas interações produzem forças e tensões internas que às vezes fazem com que as estruturas biológicas falhem. Falhas desses sistemas ocorrem por vários motivos, mas uma causa em particular que demanda muitos recursos para mitigar são as doenças. A *síndrome de Marfan* é uma dessas doenças, causando insuficiência catastrófica da aorta ascendente do coração. É uma desordem genética do tecido conjuntivo que deteriora a integridade estrutural dos órgãos vitais, o que mais comumente leva à ruptura da aorta ascendente.

Até recentemente, a única maneira de corrigir os efeitos da síndrome de Marfan era remover a aorta e substituí-la por uma válvula e aorta artificiais, seguido por um regime vitalício de medicamentos anticoagulantes poderosos para garantir o funcionamento adequado das novas peças. Tal Golesworthy, uma pessoa afligida com esta doença, estava no ponto em que precisava de um transplante de aorta para evitar falha catastrófica e morte. Sem entusiasmo com as perspectivas da cirurgia e uma vida inteira de terapia medicamentosa, ele decidiu usar seu conhecimento de forças estruturais para alterar todo o tratamento da dilatação da aorta.

Veja bem, Tal Golesworthy é engenheiro, e depois de entender mais sobre os problemas causados pela síndrome de Marfan, ele começou a ver sua doença como uma questão de projeto estrutural. Reconheceu que o único problema com a aorta era a falta de resistência à tração suficiente. Estudou as forças e tensões em ambientes tubulares semelhantes e determinou que uma solução viável poderia ser envolver externamente a área enfraquecida, permitindo que a região permanecesse estável. Sr. Golesworthy, então, trabalhou com uma equipe multidisciplinar de engenheiros mecânicos, engenheiros de dispositivos médicos, cirurgiões e outros especialistas médicos para resolver esse problema estrutural.

Sua solução, agora, usa a tecnologia de ressonância magnética (MRI) para criar um modelo da aorta de um paciente, que é projetado estruturalmente com base na análise de força e tensão. O novo envoltório de malha é fabricado usando impressão 3-D, o que lhe permite ser perfeitamente personalizado, de acordo com a geometria da aorta do receptor (ver Figura 4.16). Por fim, um cirurgião implanta a malha em um procedimento relativamente rápido, deixando o sistema circulatório do paciente completamente intacto. Esta solução também elimina a necessidade de qualquer medicação.

Os engenheiros mecânicos têm a oportunidade de salvar vidas em muitos domínios, criando dispositivos médicos inovadores, sistemas de transporte, nanotecnologias e materiais avançados. A aplicação de uma análise estrutural sólida para projetar uma ampla gama de forças e tensões é fundamental para o uso seguro de tais sistemas.

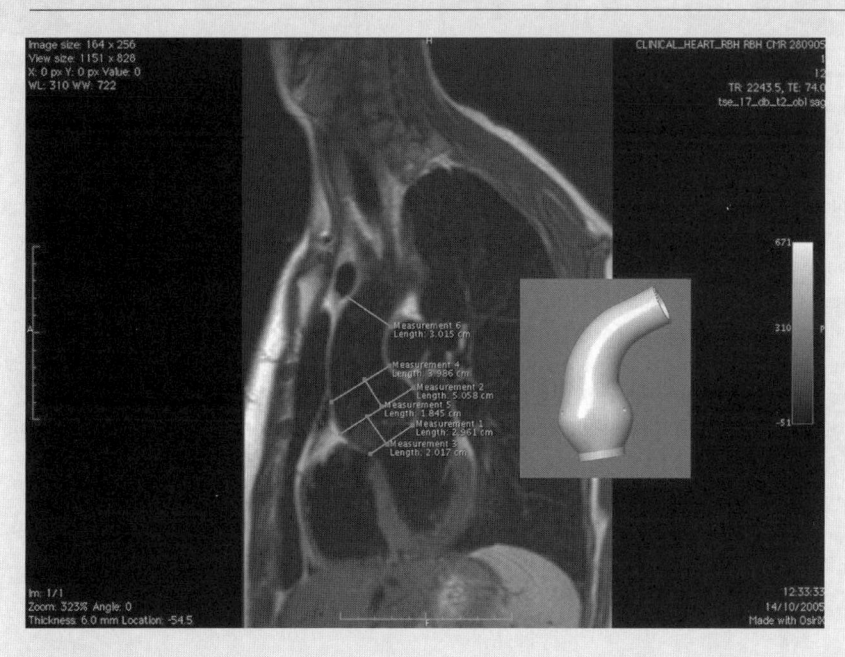

Figura 4.16

Dados de imagem usados para criar um modelo digital personalizado da aorta, que pode ser fabricado usando impressão 3D.

John Pepper, Mario Petrou, Filip Rega, Ulrich Rosendahl, Tal Golesworthy, Tom Treasure, "Implantation of an individually computer-designed and manufactured external support for the Marfan aortic root," *Mutimedia Manual of Cardio-Thoracic Surgery*, 2013, by permission of Oxford University Press.

Exemplo 4.5 | *Fivela do cinto de segurança*

Durante o teste de colisão de um automóvel, os cintos de segurança que protegem a cintura e os ombros desenvolvem trações de 300 lbf. Considerando a fivela *B* como uma partícula, determine a tração *T* na correia de ancoragem do cinto de segurança *AB* e o ângulo em que essa tração atua. (Ver Figura 4.17.)

Figura 4.17

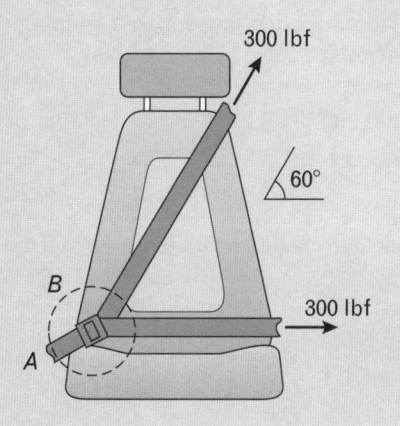

Exemplo 4.5 | continuação

Abordagem
Devemos encontrar a magnitude e a direção da tensão na correia de ancoragem do cinto de segurança. Tratando a fivela como uma partícula, podemos assumir que toda a força dos cintos de ombro e de colo atua na correia de ancoragem. Admite-se que os pesos das correias são desprezíveis. O diagrama de corpo livre da fivela é desenhado juntamente com o sistema de coordenadas x-y para indicar nossa convenção de sinais para as direções horizontal e vertical positivas. Três forças atuam na fivela: as duas forças de 300 lbf, fornecidas no enunciado, e uma força desconhecida que atua na correia de ancoragem do cinto de segurança. Para que a fivela esteja em equilíbrio, essas três forças deverão estar equilibradas. Embora tanto a magnitude T como a direção θ da força que atua na correia AB sejam desconhecidas, ambas as quantidades são mostradas no diagrama de corpo livre para serem incluídas. Há dois valores desconhecidos, T e θ, e as duas expressões na Equação (4.10) estão disponíveis para resolver o problema. (Ver a Figura 4.18.)

Figura 4.18

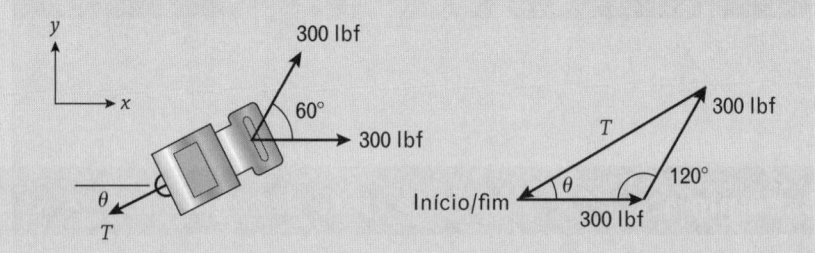

Solução
Combinaremos as três forças utilizando a regra do polígono. O ponto inicial e o ponto final do polígono são os mesmos, porque as três forças se combinam para ter uma resultante igual a zero, ou seja, a distância entre o ponto inicial e o ponto final do polígono é igual a zero. A tensão é determinada pela aplicação da lei dos cossenos ao triângulo (as equações para triângulos oblíquos estão relacionadas no Apêndice B):

$$T^2 = (300 \text{ lbf})^2 + (300 \text{ lbf})^2 \quad \leftarrow [c^2 = a^2 + b^2 - 2ab \cos C]$$
$$- 2(300 \text{ lbf})(300 \text{ lbf}) \cos 120°$$

Calculamos $T = 519{,}6$ lbf. O ângulo da correia de ancoragem é encontrado pela aplicação da lei dos senos:

$$\frac{\text{sen}\,\theta}{300 \text{ lbf}} = \frac{\text{sen}\,120°}{519{,}6 \text{ lbf}} \quad \leftarrow \left[\frac{\text{sen}\,A}{a} = \frac{\text{sen}\,B}{b}\right]$$

e $\theta = 30°$

Exemplo 4.5 | *continuação*

Discussão
As três forças do polígono vetorial formam um triângulo equilátero. Como um meio de verificar a exatidão da resposta, os ângulos interiores somam 180°, como deveriam. Na realidade, as forças nos cintos de ombro e de colo vão agir sobre a fivela, que depois agirá na correia de ancoragem. Assumindo a fivela como partícula, simplificamos a análise. Uma solução alternativa seria dividir as duas forças de 300 lbf nas suas componentes ao longo dos eixos x e y e aplicar a Equação (4.10).

$$T = 519{,}6 \text{ lbf}$$
$$\theta = 30° \text{ no sentido anti-horário do eixo } x$$

Exemplo 4.6 | *Alicate de corte*

Um técnico aplica uma força de aperto de 70 N ao cabo de um alicate de corte. Quais são a magnitude da força de corte no fio elétrico no ponto A e a força suportada pelo pino de articulação no ponto B? (Ver a Figura 4.19.)

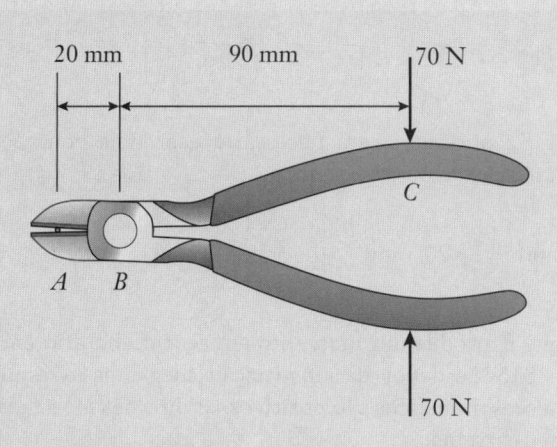

Figura 4.19

Abordagem
Nossa tarefa é encontrar as forças no ponto de corte e na articulação. Assumimos que o peso do alicate de corte é desprezível quando comparado à força aplicada. Mostramos o sistema de coordenadas e a convenção para o sinal positivo usada para as direções das forças e dos momentos. O diagrama de corpo livre é desenhado considerando-se o sistema formado por uma das pontas e um dos cabos, que é um corpo rígido porque pode girar, e as distâncias entre as forças são significativas neste problema. Quando uma lâmina é pressionada contra o fio, este, por sua vez, empurra a lâmina para baixo, seguindo o princípio de ação e reação. Identificamos a

Exemplo 4.6 | *continuação*

força de corte da ponta como F_A, e a força exercida pelo pino de articulação no sistema ponta/cabo como F_B. A força de aperto de 70 N é dada no enunciado e é também incluída do diagrama de corpo livre. (Ver a Figura 4.20.)

Figura 4.20

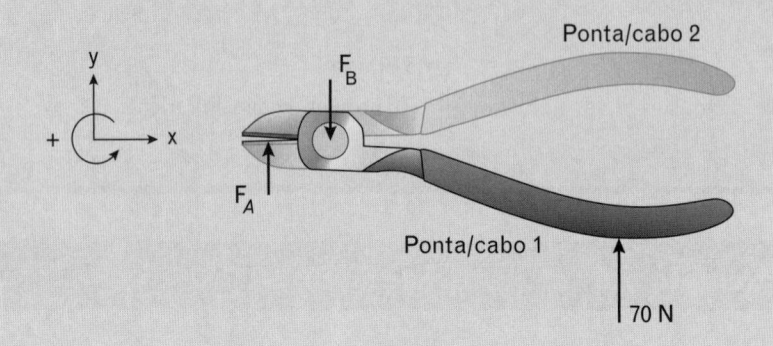

Solução
A força de corte é determinada pela aplicação das equações de equilíbrio para um corpo rígido. O o equilíbrio de força necessário para a direção vertical se torna

$$F_A - F_B + (70 \text{ N}) = 0 \quad \leftarrow \left[\sum_{i=1}^{N} F_{y,i} = 0\right]$$

Há duas incógnitas, F_A e F_B; portanto, será necessário usar uma equação adicional. Somando-se os momentos em relação ao ponto B, temos

$$(70 \text{ N})(90 \text{ mm}) - F_A(20 \text{ mm}) = 0 \quad \leftarrow \left[\sum_{i=1}^{N} M_{B,i} = 0\right]$$

O sinal negativo indica que F_A produz um momento em sentido horário em relação ao ponto B. A força de corte é F_A = 315 N e, depois da substituição, chegamos ao resultado de que F_B = 385 N. Visto que esses valores numéricos são positivos, as direções mostradas no início do diagrama de corpo livre estão corretas.

Discussão
O alicate de corte funciona de acordo com o princípio da alavanca. A força de corte é proporcional à força aplicada no cabo do objeto e se relaciona também com a razão das distâncias AB e BC. O ganho mecânico de uma máquina é definido como a razão entre a força resultante e a força aplicada, ou, neste caso, (315 N)/(70 N) = 4,5. O alicate de corte amplia a força aplicada no cabo em 450%.

$$F_A = 315 \text{ N}$$
$$F_B = 385 \text{ N}$$

Exemplo 4.7 | *Capacidade de carga de uma empilhadeira*

A empilhadeira pesa 3.500 lbf e pode transportar um contêiner de carga de 800 lbf. Ela possui duas rodas dianteiras e duas traseiras. (a) Determine as forças de contato entre as rodas e o piso. (b) Qual é o peso que pode ser carregado antes que a empilhadeira comece a pender para a frente sobre as rodas dianteiras? (Veja a Figura 4.21.)

Figura 4.21

|←24→|←42→|←30→|
  in.   in.   in.

Abordagem

Nossa tarefa é encontrar as forças de contato da roda e a carga máxima que a empilhadeira pode carregar antes de pender para a frente. Assumimos que a empilhadeira não esteja em movimento e, então, desenharemos o diagrama de corpo livre com a ajuda dos sinais convencionados positivos de forças e momentos. Identificamos os pesos (conhecidos) de 3.500 lbf e 800 lbf que atuam através dos centros da massa da empilhadeira e do contêiner. A força (desconhecida) entre a roda dianteira e o piso é identificada por F, e a força (desconhecida) entre a roda traseira e o piso é identificada por R. Na vista lateral do diagrama de corpo livre, os efeitos líquidos dessas forças sobre os pares de rodas será de $2F$ e $2R$. (Ver a Figura 4.22.)

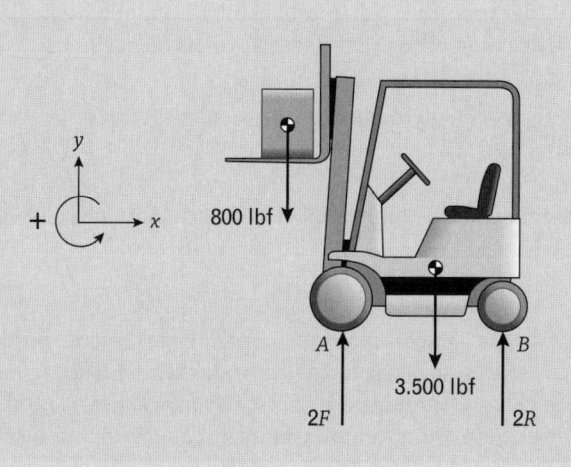

Figura 4.22

Exemplo 4.7 | *continuação*

Solução

(a) Há duas forças desconhecidas (F e R) e, portanto, duas equações de equilíbrio independentes são necessárias para resolver o problema. Em primeiro lugar, somamos as forças presentes na direção vertical

$$-(800\text{ lbf}) - (3.500\text{ lbf}) + 2F + 2R = 0 \quad \leftarrow \left[\sum_{i=1}^{N} F_{y,i} = 0\right]$$

ou $F + R = 2.150$ lbf, mas uma segunda equação é necessária para determinar as duas desconhecidas. A soma das forças na direção horizontal não fornecerá nenhuma informação útil, de modo que utilizamos o equilíbrio de um momento. Qualquer lugar pode ser escolhido como ponto de referência. Escolhendo como ponto de referência o ponto de contato entre a roda dianteira e o piso, a força F será convenientemente eliminada do cálculo. Calculando os momentos atuantes em relação ao ponto A, temos

$$(800\text{ lbf})(24\text{ in.}) - (3.500\text{ lbf})(42\text{ in.}) + (2R)(72\text{ in.}) = 0$$

$$\leftarrow \left[\sum_{i=1}^{N} M_{A,i} = 0\right]$$

de onde concluímos que $R = 888$ lbf. Nesse caso, o peso de 800 lbf e as forças sobre a roda traseira exercem momentos em sentido anti-horário (positivos) em relação a A, e o peso da empilhadeira de 3.500 lbf cria um momento negativo. Substituindo a solução por R no equilíbrio de forças verticais

$$F + (888\text{ lbf}) = 2.150\text{ lbf}$$

retorna F = 1.262 lbf.

(b) Quando a empilhadeira está na eminência de pender para a frente sobre as rodas dianteiras, as rodas traseiras perdem o contato com o piso, e $R = 0$. Identificamos o novo peso do contêiner, que é responsável pelo tombamento da empilhadeira para a frente, como w. O equilíbrio dos momentos em relação às rodas dianteiras é

$$(w)(24\text{ in.}) - (3.500\text{ lbf})(42\text{ in.}) = 0 \quad \leftarrow \left[\sum_{i=1}^{N} M_{A,i} = 0\right]$$

A empilhadeira estará na eminência de tombar quando o operador tentar levantar um contêiner de $w = 6.125$ lbf.

Discussão

Faz sentido que as forças da roda dianteira sejam maiores que as da roda traseira, porque a carga está na frente das rodas dianteiras. As somas das forças das rodas também são iguais ao peso combinado da empilhadeira e da carga. O grande peso necessário para causar o tombamento é também esperado como parte do projeto de uma empilhadeira. Para verificar a solução da parte

Exemplo 4.7 | *continuação*

(a) do problema, é possível determinar a força sobre as rodas dianteiras sem descobrir as forças suportadas pelas rodas traseiras. A chave é somar os momentos em relação às rodas traseiras, sendo o ponto B a referência. A força desconhecida R passa através desse ponto e, por ter um braço de alavanca perpendicular com comprimento zero, ela será eliminada no cálculo do momento. O equilíbrio dos momentos agora é

$$(800 \text{ lbf})(96 \text{ in.}) + (3.500 \text{ lbf})(30 \text{ in.}) - (2F)(72 \text{ in.}) = 0 \quad \leftarrow \left[\sum_{}^{N} M_{B,i} = 0\right]$$

Obtemos a resposta $F = 1.262$ lbf usando apenas uma equação e sem nenhum passo intermediário envolvendo R. Em resumo, por escolher cuidadosamente o ponto de referência no momento, podemos reduzir a quantidade de operações algébricas, eliminando diretamente as forças desconhecidas.

> Forças atuantes nas rodas: $F = 1.262$ lbf e $R = 888$ lbf
> Carga máxima: $w = 6.125$ lbf

▶ 4.6 Aplicação do projeto: mancais de rolamentos

Nas seções precedentes, consideramos as propriedades das forças e dos momentos, e aplicamos os requisitos de equilíbrio para examinar as forças que atuam sobre estruturas e máquinas. Agora, consideraremos a aplicação específica de um modelo mecânico e as forças que atuam sobre as componentes mecânicas chamadas *mancais de rolamentos*. Os mancais de rolamentos são utilizados como suportes dos eixos que rotacionam em relação aos seus apoios fixos (por exemplo, a caixa de um motor, uma caixa de engrenagens ou de transmissão). Ao projetar os equipamentos de transmissão de força, os engenheiros mecânicos com frequência realizam uma análise de força ou equilíbrio para escolher o tamanho e o tipo corretos de rolamento para determinada aplicação.

Os mancais são classificados em dois grupos: os de rolamento e os de deslizamento. Nesta seção, consideraremos apenas os mancais de rolamento, os quais abrangem os seguintes componentes:

- Uma pista interna
- Uma pista externa
- Elementos rolantes na forma de esferas, cilindros ou cones
- Um separador que evita que os corpos rolantes encostem uns nos outros

Os mancais de rolamentos são tão comuns no projeto de uma máquina que podem ser encontrados em diversas aplicações, como: mecanismos de acionamento de discos rígidos de computadores, rodas de bicicletas, articulações de robôs e transmissões de automóveis. Os *mancais de deslizamento*, por outro lado, não possuem elementos rolantes. Em vez disso, o eixo simplesmente rotaciona dentro de uma bucha polida, que é lubrificada com óleo ou outro fluido. Assim como um disco desliza sobre uma fina camada de ar de um jogo de hóquei de mesa, o eixo de uma máquina desliza sobre um mancal de deslizamento e é suportado por uma camada fina de óleo. Os mancais de deslizamento podem ser menos familiares para você, mas eles

Mancal de deslizamento

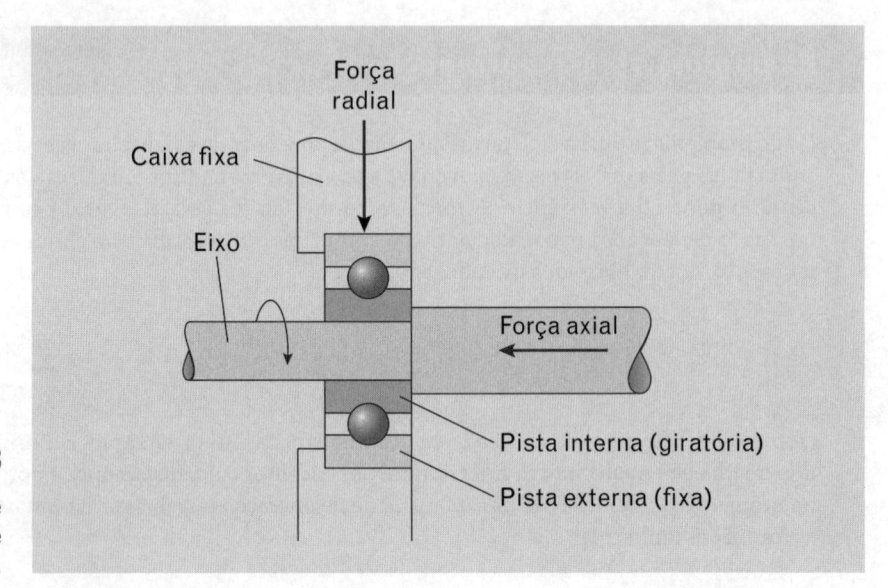

Figura 4.23

Uma instalação de um rolamento de esferas.

também são bem comuns e usados para apoiar eixos de motores de combustão interna, bombas e compressores.

Um exemplo de instalação de um mancal de rolamento pode ser visto na Figura 4.23. O eixo e a pista interna dos rolamentos giram juntos, enquanto a pista externa e a caixa do rolamento permanece fixa. Quando o eixo é apoiado dessa forma, a pista externa do rolamento se encaixa firmemente ao recesso circular correspondente que se forma na caixa. À medida que o eixo gira e transmite potência, talvez em um trem de engrenagem ou em um sistema de transmissão, o rolamento pode ser submetido a forças no sentido do eixo (uma *força axial*) ou perpendiculares ao eixo (uma *força radial*). O engenheiro decidirá sobre o tipo de rolamento a ser usado em uma máquina, dependendo da existência de forças axiais, de forças radiais ou de uma combinação de ambas atuando sobre o rolamento.

Força radial
Força axial

Rolamento de esferas

Pistas interna e externa

Separador, gaiola, retentor

Vedações

O tipo mais comum de rolamento com elementos rolantes é o *rolamento de esferas*, que contém esferas de aço temperado, usinadas com grande precisão. A Figura 4.24 mostra os elementos principais de um rolamento de esferas padrão: as pistas interna e externa, as esferas e o separador. As *pistas interna e externa* constituem as conexões do rolamento com o eixo e a caixa. O *separador* (que também pode ser chamado *gaiola ou retentor*) mantém as esferas uniformemente espaçadas em torno do perímetro do rolamento e evita que entrem em contato entre si. Caso contrário, se o rolamento fosse usado em uma aplicação de alta velocidade ou fosse submetido a grandes forças, o atrito produzido poderia causar o seu superaquecimento, danificando-o. Em alguns casos, a lacuna entre a pista interna e a externa é vedada por um anel de borracha ou plástico para manter a graxa dentro do rolamento e a sujeira fora dele.

Em princípio, as esferas do rolamento pressionam as pistas interna e externa em pontos únicos, de modo similar ao contato entre uma bola de gude e o piso. A força que cada esfera transfere entre a pista interna e a externa, portanto, torna-se concentrada sobre as superfícies de modo intenso e relativamente pontual, conforme indicado na Figura 4.25(a). Se, em vez disso, essas forças pudessem ser espalhadas por uma área maior, poderíamos esperar que o rolamento

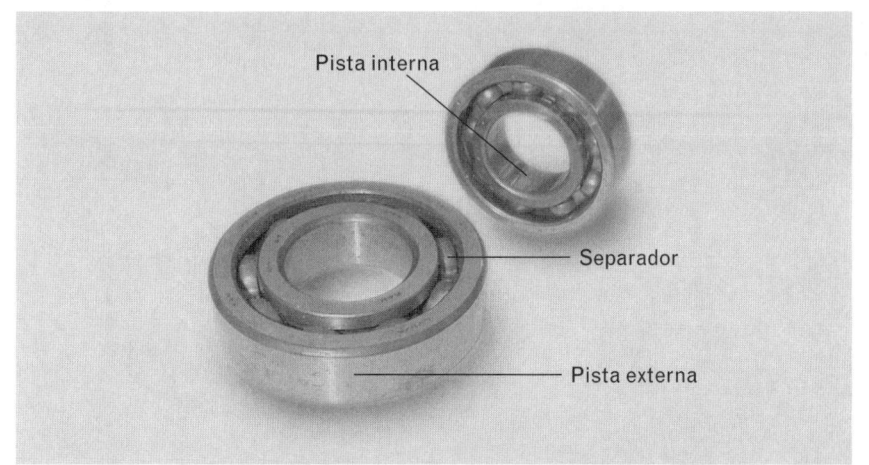

Figura 4.24

Elementos de um rolamento de esferas.

Imagem cortesia dos autores

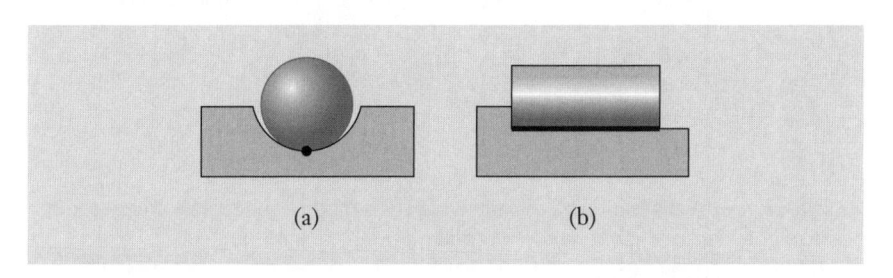

Figura 4.25

Corte lateral (a) do ponto de contato entre uma esfera e a pista de um rolamento, e (b) a linha de contato existente em um rolamento de rolos cilíndricos.

apresentasse menos desgaste e uma vida útil mais longa. Com isso em mente, os rolamentos de corpos rolantes que incorporam rolos cilíndricos ou cônicos, em vez de esferas, representam uma solução para a distribuição de forças de modo mais uniforme.

Os *rolos cilíndricos*, como mostrados na Figura 4.25(b), podem ser usados para distribuir as forças de modo mais uniforme ao longo das pistas do rolamento. Se você colocar algumas canetas ou lápis entre as palmas das suas mãos e esfregar uma mão na outra, verá a essência do funcionamento de um rolamento de rolos cilíndricos. A Figura 4.26(a) ilustra a estrutura desse rolamento.

Rolos cilíndricos

Enquanto os rolamentos de rolos cilíndricos suportam forças direcionadas radialmente, os *rolamentos cônicos* (ou angulares) podem aguentar uma combinação de forças radiais e axiais. Isto porque esses mancais são construídos em torno de rolamentos em formato de cones truncados [Figura 4.26(b)]. Uma aplicação proeminente dos mancais de rolamentos cônicos é feita nos rolamentos das rodas dos automóveis, porque tanto as forças radiais (o peso do veículo) quanto as forças axiais (a força transversal gerada quando o veículo faz uma curva) estão presentes.

Rolamentos cônicos

Enquanto os rolamentos de rolos cilíndricos suportam principalmente forças direcionadas radialmente e rolamentos cônicos podem aguentar uma combinação de forças radiais e axiais, os *mancais de rolamentos axiais* suportam cargas dirigidas principalmente na direção do eixo. Um tipo de rolamento axial é mostrado na Figura 4.27. Os elementos rolantes, nesse caso, são rolos cilíndricos que possuem um leve formato de barril. Em contraste com o rolamento de rolos cilíndricos, mostrado na Figura 4.26(a), os rolamentos axiais têm uma orientação radial e perpendicular ao eixo. Esses rolamentos são adequados para aplicações como plataformas giratórias que apoiam o peso morto de uma carga, mas que também precisam girar livremente.

Mancais de rolamentos axiais

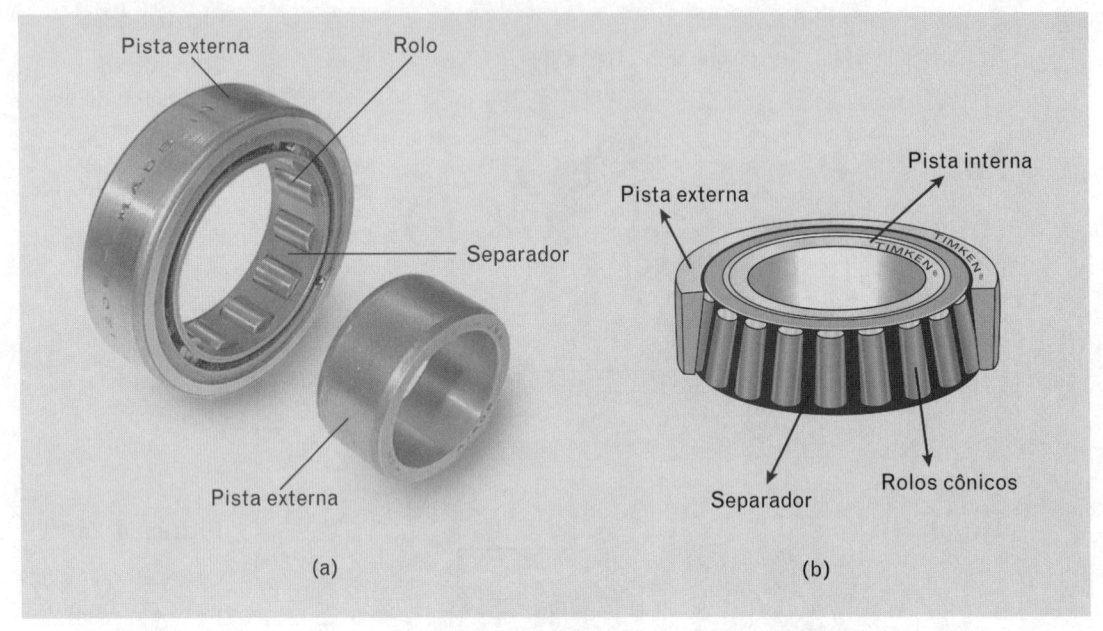

Figura 4.26

(a) Um rolamento de rolos cilíndricos. A pista interna foi removida para mostrar os rolos e o separador.
(b) O rolamento com rolos cônicos é amplamente usado na roda dianteira dos automóveis.

(a) Imagem cortesia dos autores. (b) Reimpresso com a permissão da The Timken Company.

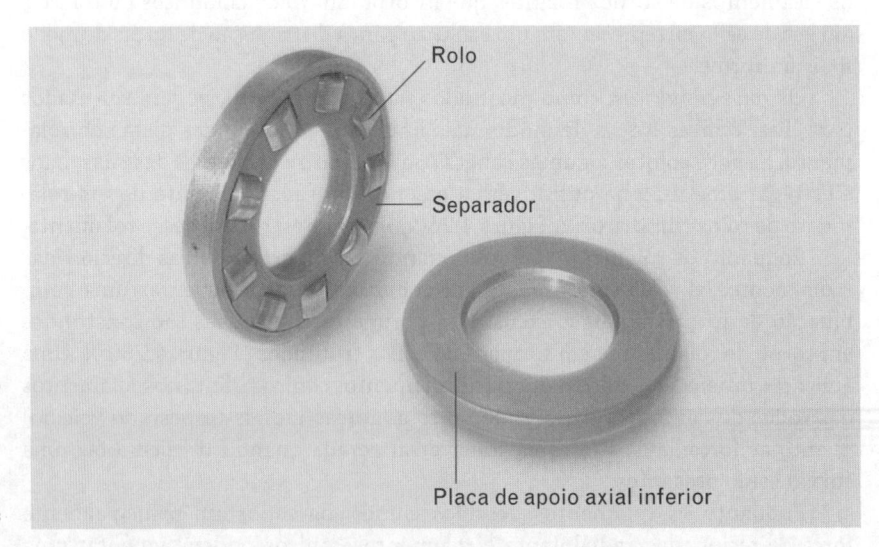

Figura 4.27

Um mancal de rolamento axial.

Imagem cortesia dos autores

Exemplo 4.8 | *Correia de transmissão de moinho*

Um motor elétrico é usado para movimentar um moinho. Forças são aplicadas no eixo do moinho pela correia de transmissão do mecanismo de acionamento do motor e pela correia larga e chata que fica na superfície usada para andar ou correr. Os tramos da correia de transmissão

Exemplo 4.8 | continuação

em conjunto aplicam 110 lbf sobre o eixo, e a correia do moinho, 70 lbf. O eixo é suportado por rolamentos de esferas em cada lado da correia. Calcule as magnitudes e direções das forças exercidas pelo eixo sobre os dois rolamentos. (Ver a Figura 4.28.)

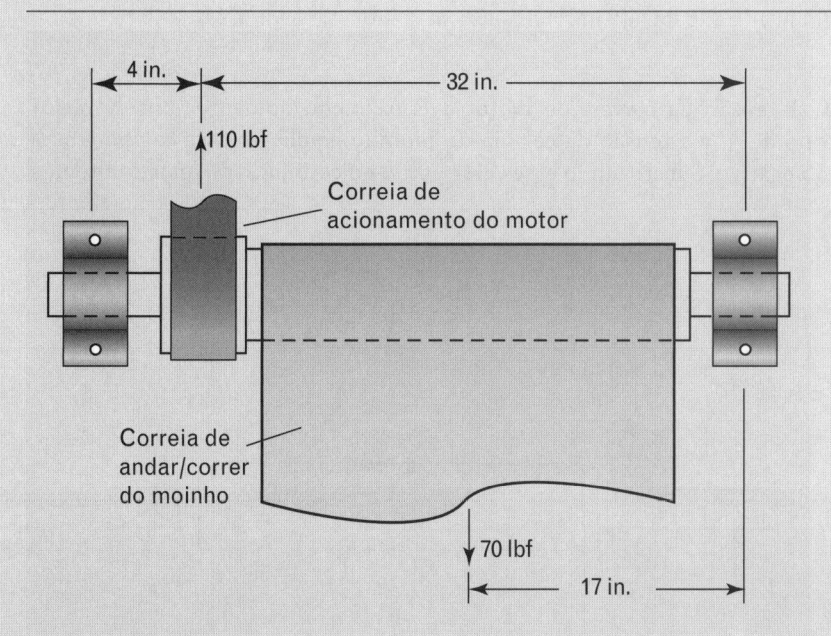

Figura 4.28

Abordagem
Devemos encontrar as forças nos dois rolamentos das duas correias. Primeiro, assumimos que todas as forças agem paralelamente à direção y. O diagrama de corpo livre do eixo é desenhado de acordo com os sinais convencionados para a direção e rotação das coordenadas. No diagrama, primeiro nomeamos as tensões de 110 lbf e 70 lbf e depois denotamos as forças exercidas pelos rolamentos sobre o eixos como F_A e F_B. Nesse ponto, nós não sabemos se essas forças desconhecidas agem nas direções positivas ou negativas de y. Ao desenhá-las no diagrama de corpo livre usando os sinais convencionais, confiaremos nos cálculos para determinar a direção real das forças. Se um valor numérico se revela negativo, o resultado significa que essa força age no sentido negativo de y. (Ver a Figura 4.29.)

Solução
Em razão de essas duas forças serem desconhecidas (F_A e F_B), duas equações de equilíbrio são necessárias para resolver o problema. Ao somar as forças na direção y, obtemos

$$(110 \text{ lbf}) - (70 \text{ lbf}) + F_A + F_B = 0 \quad \leftarrow \left[\sum_{i=1}^{N} F_{y,i} = 0\right]$$

Exemplo 4.8 | *continuação*

ou $F_A + F_B = -40$ lbf. Aplique um equilíbrio de momentos para a segunda equação. Ao escolher o ponto de referência para coincidir com o centro do rolamento A, a força F_A será eliminada dos cálculos. Somando os momentos em torno do ponto A, temos

$$(110\,\text{lbf})(4\,\text{in.}) - (70\,\text{lbf})(19\,\text{in.}) + (F_B)(36\,\text{in.}) = 0 \quad \leftarrow \left[\sum_{i=1}^{N} M_{A,i} = 0\right]$$

e $F_B = 24{,}72$ lbf. A tensão da correia de motor e F_B exercem momentos anti-horários (positivos) em torno de A, e a tensão da correia do moinho equilibra esses componentes com um momento negativo. Substituindo esse valor por F_B no equilíbrio de forças, obtemos $F_A = -64{,}72$ lbf.

Figura 4.29

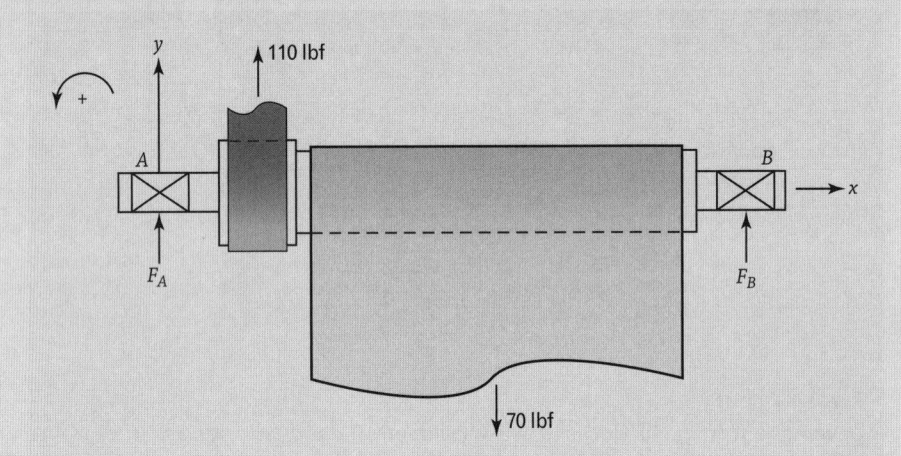

Discussão

Essas forças são da mesma ordem de magnitude que as forças aplicadas, o que faz sentido. Além disso, quando está em uso, o moinho exercerá forças nos rolamentos nas direções x e z, mas estas não foram consideradas em nossa análise. Uma vez que o valor calculado para F_A é negativo, a força que é exercida pelo rolamento A sobre o eixo atua no sentido negativo de y com magnitude de 64,72 lbf. Seguindo o princípio da ação e reação da terceira lei de Newton, as direções das forças exercidas pelo eixo nos rolamentos são opostas às exercidas pelos rolamentos sobre o eixo.

> Rolamento A: 64,72 lbf na direção negativa de y
> Rolamento B: 24,72 lbf na direção positiva de y

Exemplo 4.9 | *Rolamentos da roda de um automóvel*

Um automóvel de 13,5 kN desloca-se a 50 km/h por uma curva com um raio de 60 m. Supondo-se que as forças estejam igualmente equilibradas entre as quatro rodas do automóvel, calcule a magnitude da força resultante que atua sobre os rolamentos de rolos cônicos sobre os quais cada uma das rodas está apoiada. Para calcular a força da curva, aplique a segunda Lei de Newton ($F = ma$) com a aceleração centrípeta ($a = v^2/r$), em que m é a massa do veículo, v é sua velocidade e r é o raio da curva.

Abordagem
Nossa tarefa é encontrar a força resultante das forças radiais e axiais aplicadas nos rolamentos das rodas do veículo. Assumimos que cada roda suporta um quarto do peso do veículo, e esse componente da força é orientado em sentido radial sobre os rolamentos das rodas. A força da curva que atua sobre todo o veículo é mv^2/r, na direção do centro da curva, sendo que a fração suportada por cada roda é uma força axial paralela ao eixo da roda. Em termos dessas variáveis, determinaremos uma equação literal geral para a magnitude da força resultante suportada por uma roda e, então, substituímos os valores específicos para obter o resultado numérico. (Ver a Figura 4.30.)

Figura 4.30

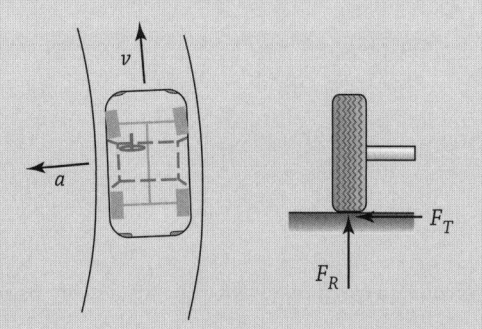

Solução
Com w representando o peso do automóvel, cada roda suporta a força radial de

$$F_R = \frac{w}{4}$$

A força axial suportada por uma roda é obtida com a expressão

$$F_R = \frac{1}{4}\frac{mv^2}{r} \quad \leftarrow [F = ma]$$

em que a massa do veículo é

$$m = \frac{w}{g}$$

Exemplo 4.9 | *continuação*

A resultante dessas duas componentes perpendiculares da força é

$$F = \sqrt{F_R^2 + F_T^2} \quad \leftarrow \left[F = \sqrt{F_x^2 + F_y^2}\right]$$

$$= \frac{m}{4}\sqrt{g^2 + \left(\frac{v^2}{r}\right)^2}$$

Em seguida, substituímos na expressão geral, a seguir, os valores numéricos fornecidos no enunciado do problema. A massa do veículo é

$$m = \frac{13,5 \times 10^3 \text{ N}}{9,81 \text{ m/s}^2} \quad \leftarrow \left[m = \frac{w}{g}\right]$$

$$= 1,376 \times 10^3 \left(\frac{\text{kg} \cdot \text{m}}{\text{s}^2}\right)\left(\frac{\text{s}^2}{\text{m}}\right)$$

$$= 1,376 \times 10^3 \text{ kg}$$

ou 1,376 Mg. Em dimensões coerentes, a velocidade é

$$v = \left(50\frac{\text{km}}{\text{h}}\right)\left(10^3\frac{\text{m}}{\text{km}}\right)\left(\frac{1}{3.600}\frac{\text{h}}{\text{s}}\right)$$

$$= 13,89\left(\frac{\text{km}}{\text{h}}\right)\left(\frac{\text{m}}{\text{km}}\right)\left(\frac{\text{h}}{\text{s}}\right)$$

$$= 13,89\frac{\text{m}}{\text{s}}$$

Sendo o raio da curva 60 m, a magnitude da força resultante que atua sobre os rolamentos das rodas é

$$F = \left(\frac{1,376 \times 10^3 \text{ kg}}{4}\right)\sqrt{\left(9,81\frac{\text{m}}{\text{s}^2}\right)^2 + \left(\frac{(13,89 \text{ m/s})^2}{60 \text{ m}}\right)^2} \quad \leftarrow \left[F = \frac{m}{4}\sqrt{g^2 + \left(\frac{v^2}{r}\right)^2}\right]$$

$$= 3.551\frac{\text{kg} \cdot \text{m}}{\text{s}^2}$$

$$= 3.551 \text{ N}$$

$$= 3.551 \text{ kN}$$

Discussão

Por causa da força exercida ao percorrer a curva, os rolamentos das rodas suportam um pouco mais que um quarto do peso do veículo (3,375 kN). Para confirmar os resultados, podemos verificar a coerência dimensional dos cálculos ao notar que a expressão v^2/r, que é combinada com a aceleração gravitacional g, possui as dimensões da aceleração.

$$\boxed{F = 3,551 \text{ kN}}$$

Resumo

O objetivo deste capítulo foi introduzir os conceitos de engenharia sobre sistemas de força, momentos e equilíbrio no contexto de estruturas mecânicas e máquinas. As variáveis primárias, os símbolos e as unidades principais estão resumidas na Tabela 4.3, e as equações mais importantes encontram-se na Tabela 4.4. Depois de desenvolver esses conceitos, nós os aplicamos para determinar a magnitude e as direções das forças que atuam sobre e no interior de estruturas mecânicas e máquinas simples. Os engenheiros costumam realizar análises de forças para verificar se um projeto é viável e seguro ou não. Uma das habilidades que os engenheiros mecânicos desenvolvem é a capacidade de aplicar as equações para resolver, de modo claro e consistente, os problemas de ordem física. A seleção do objeto a ser incluído no diagrama de corpo livre, a escolha das direções para os eixos das coordenadas e a determinação do melhor ponto para equilibrar os momentos são algumas das escolhas que você precisará fazer ao resolver problemas dessa natureza.

Também aplicamos os conceitos de sistemas de força a vários tipos diferentes de mancais com elementos rolantes usados nos sistemas mecânicos. Os rolamentos, assim como outras componentes mecânicas que examinaremos nos próximos capítulos, possuem propriedades e terminologia especial, e os engenheiros mecânicos precisam ser proficientes no uso desses componentes a fim de selecionar aquele que melhor se adapte a determinado equipamento ou máquina.

No próximo capítulo, daremos mais um passo em direção ao conhecimento de como projetar estruturas e máquinas de modo que sejam suficientemente resistentes para suportar as forças que atuam sobre elas. Desenvolveremos nosso entendimento sobre as propriedades dos sistemas de forças, levando em consideração as características de resistência dos materiais com os quais as componentes mecânicas são fabricadas.

Quantidade	Símbolos convencionados	Unidades convencionadas	
		USCS	SI
Vetor força	**F**	lbf	N
Componentes da força	$F_x, F_y, F_{x,i}, F_{y,i}$	lbf	N
Magnitude da força	F	lbf	N
Direção da força	θ	deg, rad	deg, rad
Resultante	**R**, R, R_x, R_y	lbf	N
Momento em torno de O	$M_o, M_{o,i}$	lbf · in, lbf · ft	N · m
Braço da alavanca perpendicular	d	in., ft	m
Braços das componentes do momento	$\Delta x, \Delta y$	in., ft	m

Tabela 4.3

Quantidades, símbolos e unidades presentes na análise das forças que atuam sobre estruturas e máquinas

Tabela 4.4

Equações importantes utilizadas na análise das forças presentes nas estruturas e máquinas

Vetor força
    Conversão retangular polar
    Conversão polar retangular
	$F = \sqrt{F_x^2 + F_y^2}, \quad \theta = \text{tg}^{-1}\left(\dfrac{F_y}{F_x}\right)$
	$F_x = F\cos\theta, \quad F_y = F\,\text{sen}\,\theta$

Resultante das forças N	$R_x = \sum_{i=1}^{N} F_{x,i}, \quad R_y = \sum_{i=1}^{N} F_{y,i}$

Momento em torno do ponto O
    Braço da alavanca
        perpendicular
    Componentes do momento
	$M_o = F\,d$
	$M_o = \pm F_x \Delta y \pm F_y \Delta x$

Equilíbrio
    Translação
    Rotação
	$\sum_{i=1}^{N} F_{x,i} = 0, \quad \sum_{i=1}^{N} F_{y,i} = 0$
	$\sum_{i=1}^{N} M_{o,i} = 0$

Autoestudo e revisão

4.1. Quais são as três leis de movimento de Newton?

4.2. Quais são as dimensões convencionais para forças e momentos em USCS e SI?

4.3. Cerca de quantos newtons são equivalentes a 1 libra-força?

4.4. Como calcular a resultante de um sistema de forças utilizando os métodos da álgebra vetorial e do polígono? Quando, na sua opinião, é mais prático usar um método em vez do outro?

4.5. Como calcular um momento utilizando os métodos da alavanca perpendicular e das componentes do momento? Quando, na sua opinião, é mais prático usar um método em vez do outro?

4.6. Por que se usa uma convenção de sinais ao se calcular os momentos com o método das componentes do momento?

4.7. Quais são os requisitos do equilíbrio aplicáveis às partículas e aos corpos rígidos?

4.8. Quais passos estão envolvidos no desenho de um diagrama de corpo livre?

4.9. Descreva algumas diferenças entre os mancais de rolamentos de esferas, de rolos cilíndricos, de rolos cônicos e axiais. Dê exemplos de situações reais nas quais você preferiria um tipo a outro.

4.10. Qual é a função do separador do rolamento?

4.11. Desenhe o corte transversal de um rolamento de rolos cônicos.

4.12. Dê exemplos de situações em que os rolamentos são submetidos a forças radiais, forças axiais ou à combinação de ambas.

Problemas

P4.1

Em 1995, a loja de departamentos Sampoong desabou na Coreia do Sul, matando 501 pessoas e ferindo 937. Primeiro, acreditou-se que se tratava de um ato terrorista, mas, depois, os investigadores descobriram que o desabamento foi resultado de uma engenharia e uma gestão de construção ineficientes. Pesquise sobre essa falha e descreva como uma análise estrutural de forças adequada poderia ter prevenido esse desastre.

P4.2

O robô de coordenadas cilíndricas em uma linha de montagem fabril é mostrado na visualização superior (Figura P4.2). A força de 50 N atua sobre um objeto segurado no final do braço do robô. Expresse a força de 50 N como um vetor em termos de vetores unitários de **i** e **j** alinhados com os eixos x e y.

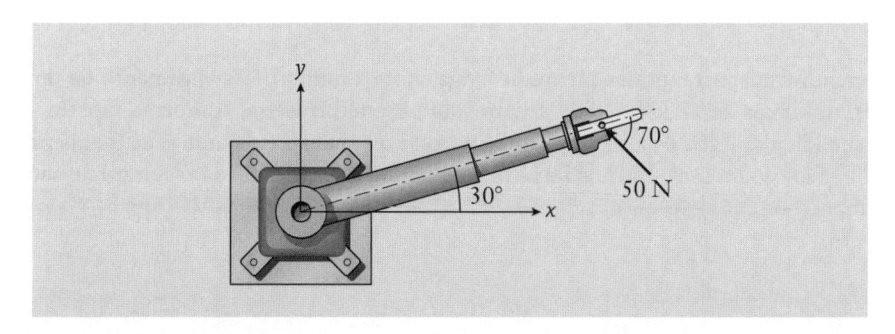

Figura P4.2

P4.3

Durante o curso da potência de um motor de combustão interna, a pressão interna gera uma força de 400 lbf empurra o pistão do cilindro para a esquerda (Figura P4.3). Determine as componentes dessa força nas direções ao longo da haste que conecta AB e perpendiculares a ela.

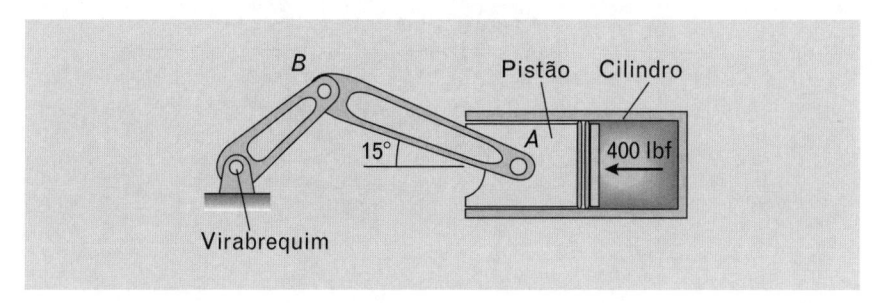

Figura P4.3

P4.4

Um polígono vetorial para somar forças de 2 kN e 7 kN é mostrado a seguir (Figura P4.4). Determine (a) a magnitude R da resultante utilizando a lei dos cossenos e (b) seu ângulo de ação θ utilizando a lei dos senos.

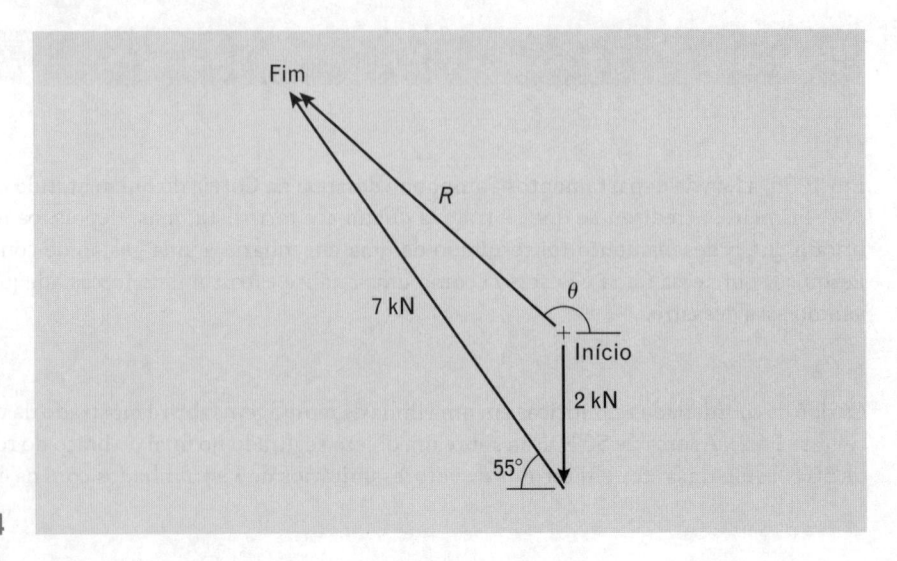

Figura P4.4

P4.5

Uma empilhadeira hidráulica transporta um recipiente de carga sobre a rampa de carregamento de um armazém (Figura P4.5). As forças de 12 kN e 2 kN atuam sobre o pneu traseiro, conforme mostra a figura, nas direções perpendicular e paralela à rampa. (a) Expresse a resultante de ambas as forças na forma de um vetor utilizando os vetores unitários **i** e **j**. (b) Determine a magnitude da resultante e seu ângulo em relação à rampa.

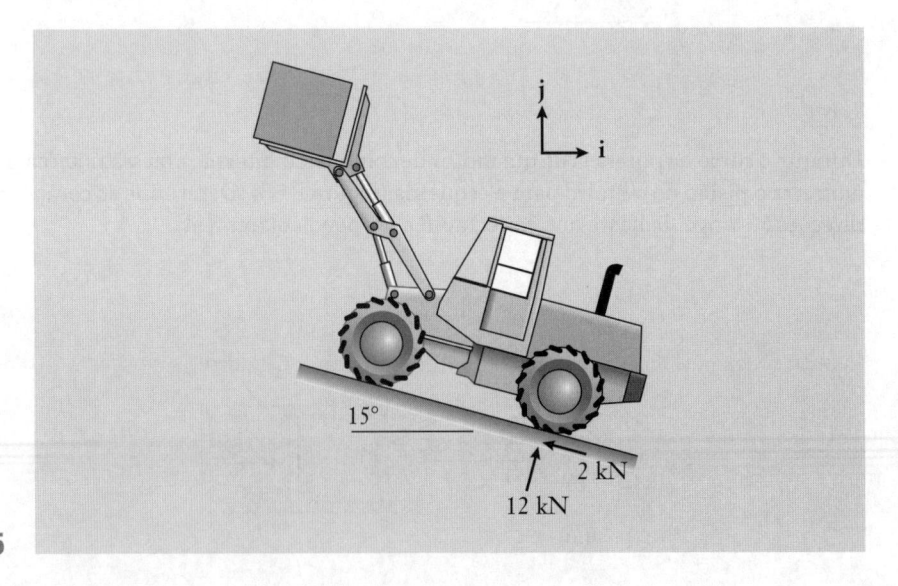

Figura P4.5

P4.6

Três hastes de tração foram parafusadas em uma placa de ligação (Figura P4.6). Determine a magnitude e a direção de sua resultante. Utilize (a) os métodos de álgebra vetorial e (b) a regra do polígono. Compare as respostas obtidas por ambos os métodos para conferir a exatidão dos seus cálculos.

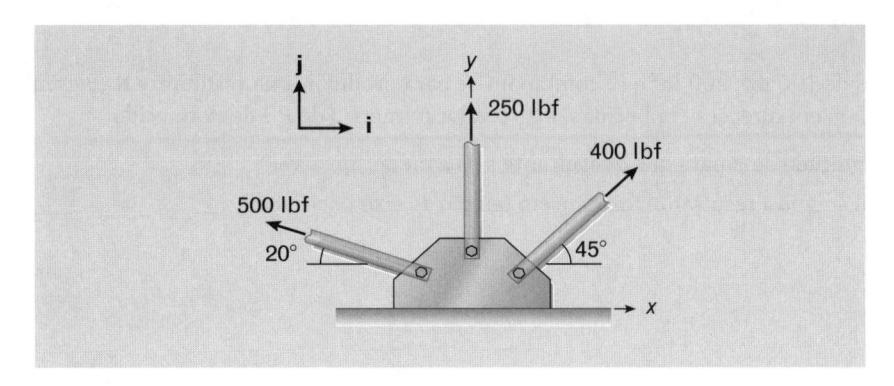

Figura P4.6

P4.7

A concha de uma escavadeira que opera em um canteiro de obras é submetida a forças de escavamento de 1.200 lbf e 700 lbf em sua ponta (Figura P4.7). Determine a magnitude e a direção de sua resultante. Utilize (a) os métodos de álgebra vetorial e (b) a regra do polígono. Compare as respostas obtidas por ambos os métodos para conferir a exatidão dos seus cálculos.

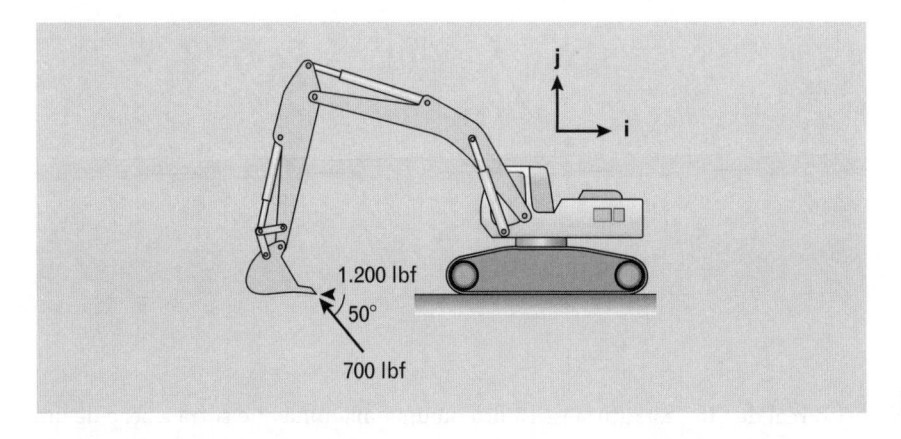

Figura P4.7

P4.8

As forças de 225 N e 60 N atuam nos dentes de uma engrenagem (Figura P4.8). As forças são perpendiculares entre si, mas apresentam uma inclinação de 20° em relação aos eixos x–y. Determine a magnitude e a direção de sua resultante. Utilize (a) os métodos de álgebra vetorial e (b) a regra do polígono. Compare as respostas obtidas por ambos os métodos para conferir a exatidão dos seus cálculos.

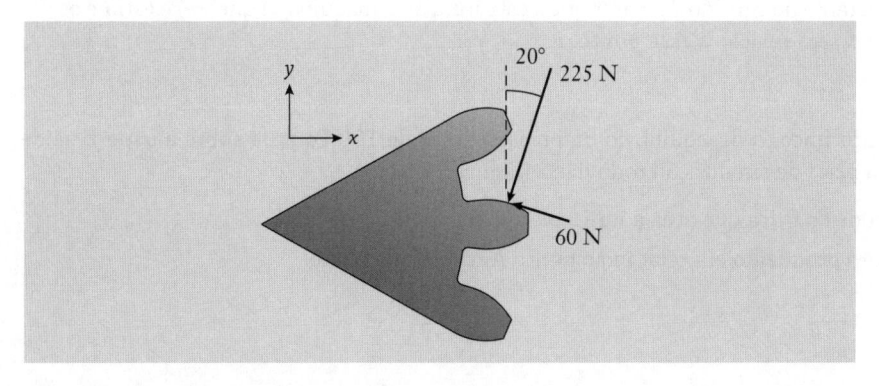

Figura P4.8

P4.9

Três forças (magnitudes de 100 lbf, 200 lbf e P) combinam-se para produzir uma resultante **R** (Figura P4.9). As três forças atuam em direções conhecidas, mas o valor numérico de P é desconhecido.

(a) Qual deve ser a magnitude de P para que a resultante seja a menor possível?
(b) Para esse valor, qual ângulo a resultante formará em relação ao eixo positivo x?

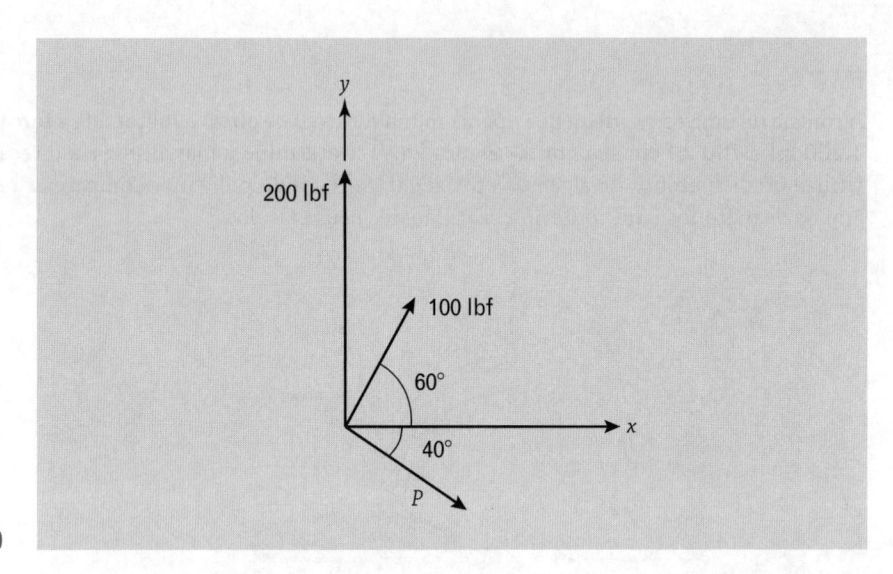

Figura P4.9

P4.10

Encontre um exemplo físico real de uma estrutura mecânica ou uma máquina que sofra a ação de um momento.

(a) Faça um desenho claro e com legendas identificadoras dessa situação.
(b) Estime as dimensões, magnitudes e direções das forças que atuam sobre a estrutura ou a máquina. Indique esses dados no desenho. Explique brevemente o motivo de ter estimado as dimensões e as forças para obter os valores numéricos que você atribuiu.
(c) Escolha um ponto de referência para o momento, explique o motivo para a sua escolha (talvez o ponto seja importante no sentido de evitar que a estrutura ou a máquina se quebre) e estime o momento produzido em relação a esse ponto.

P4.11

Resultante de um vento fraco, o desequilíbrio da pressão do ar de 100 Pa atua sobre a superfície de 1,2 m por 2 m de uma placa de sinalização rodoviária (Figura P4.11).

(a) Calcule a magnitude da força que atua sobre a placa.
(b) Calcule o momento produzido em relação ao ponto A na base do poste.

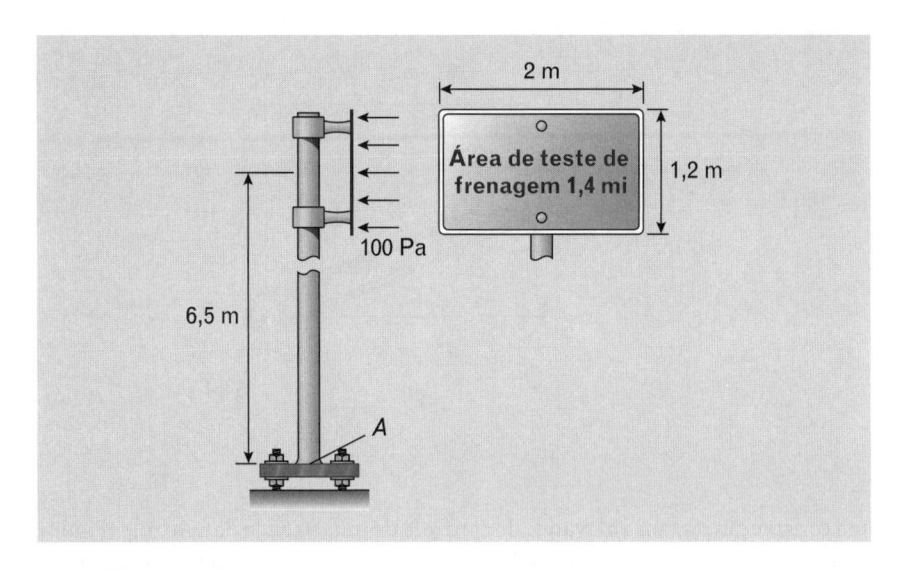

Figura P4.11

P4.12
Uma roda dentada possui um raio de engrenagem de 2,5 in. (Figura P4.12). Durante a operação de um trem de engrenagens, uma força de 200 lbf age inclinada a 25° em relação à linha horizontal. Determine o momento dessa força em relação ao centro do eixo. Utilize (a) os métodos da alavanca perpendicular e (b) das componentes do momento. Compare as respostas obtidas por ambos os métodos para verificar a exatidão dos seus cálculos.

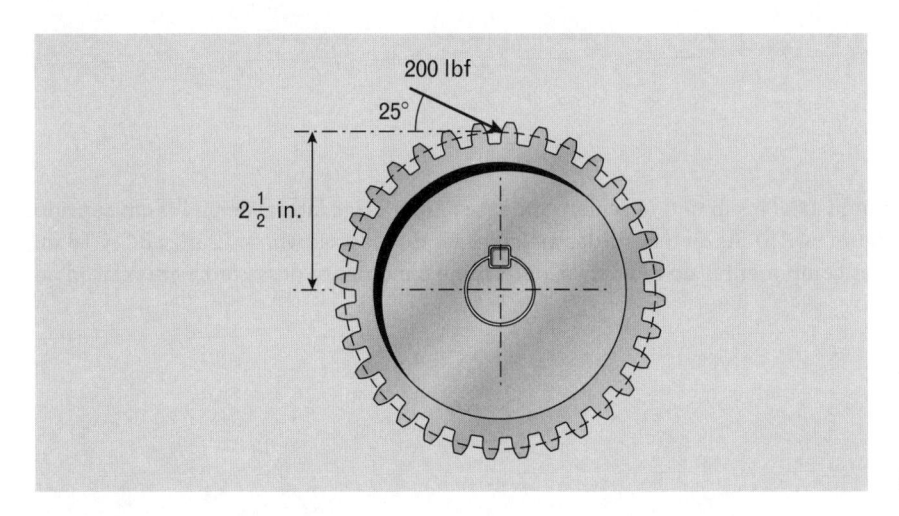

Figura P4.12

P4.13
Determine o momento da força de 35 lbf em relação ao centro A da porca sextavada. (Figura P4.13.)

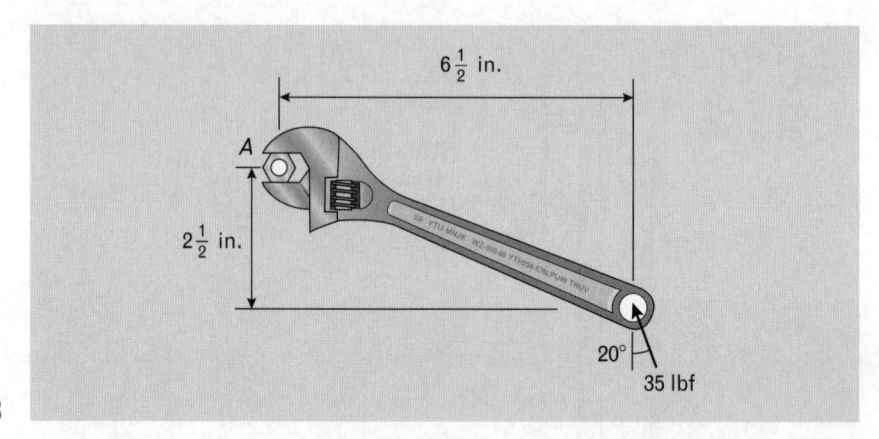

Figura P4.13

P4.14

Dois trabalhadores de uma construção puxam a alavanca de controle de uma válvula de controle (Figura P4.14). A alavanca conecta-se à haste da válvula por meio de uma chave que se encaixa nas ranhuras parcialmente quadradas do eixo e do cabo. Determine o momento resultante incidente em relação ao centro do eixo.

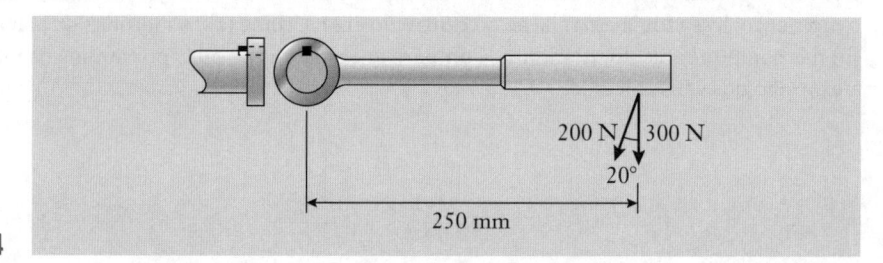

Figura P4.14

P4.15

A pinça C de um robô industrial é submetida acidentalmente a uma carga lateral de 60 lbf em sentido perpendicular a BC (Figura P4.15). As distâncias das articulações do robô são: $AB = 22$ in. e $BC = 18$ in. Utilizando o método das componentes do momento, determine o momento dessa força em relação ao centro da articulação A.

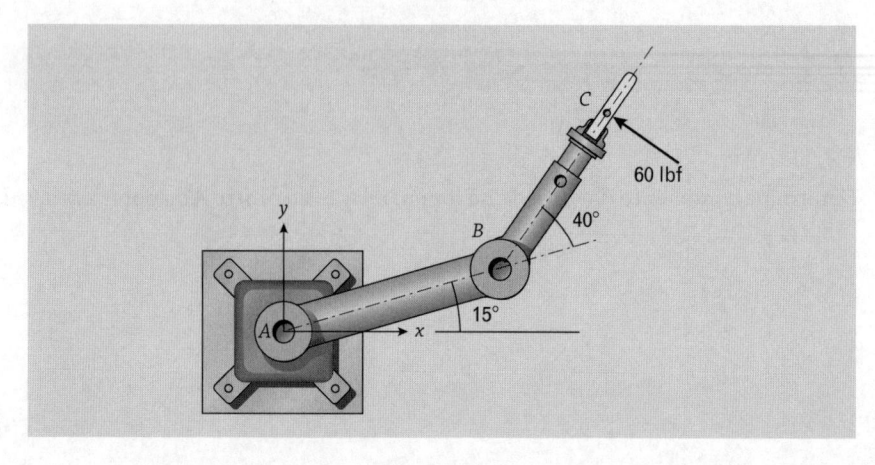

Figura P4.15

P4.16

O veículo com cesto basculante é utilizado em aplicações de construção e manutenção (Figura P4.16). O cilindro hidráulico AB exerce uma força de 10 kN sobre a junta B, que é direcionada ao longo do cilindro. Usando o método das componentes do momento, calcule o momento dessa força em relação ao ponto C do suporte inferior do veículo.

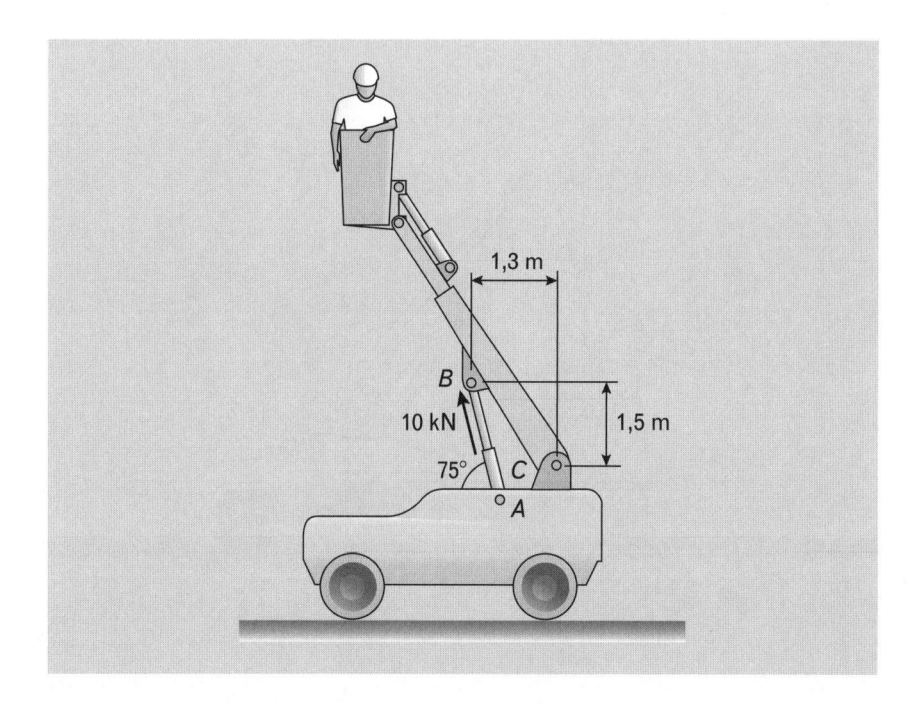

Figura P4.16

P4.17

Uma caixa de concreto pesa 800 lbf (Figura P4.17).

(a) Desenhe um diagrama de corpo livre do anel A do cabo.
(b) Considerando o anel como uma partícula, determine a tensão nos cabos AB e AC.

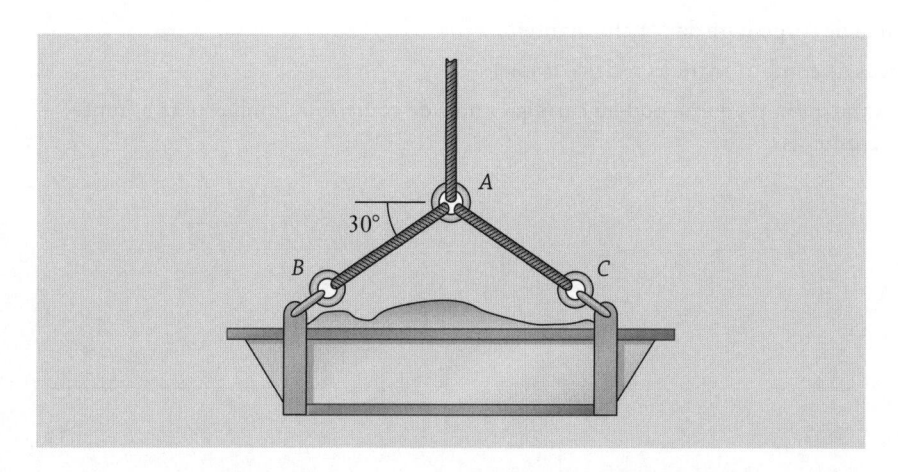

Figura P4.17

P4.18

O cabo *AB* de um caminhão guindaste está içando uma componente estrutural de concreto pré-moldado de 2.500 lbf (Figura P4.18). Um segundo cabo suporta uma tração *P*, e os trabalhadores usam esse segundo cabo para puxar e ajustar a posição da peça de concreto pré-moldado enquanto ela é içada.

(a) Desenhe um diagrama de corpo livre do gancho *A*, considerando esse gancho uma partícula.
(b) Determine a tração *P* e a tração do cabo *AB*.

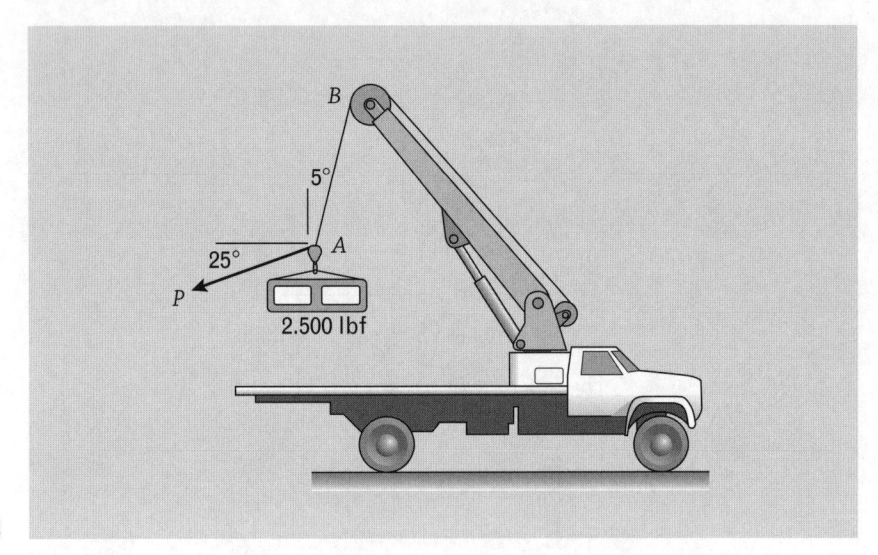

Figura P4.18

P4.19

Resolva o problema do Exemplo 4.5 utilizando o método das componentes de força. Substitua a representação polar da tração da correia de ancoragem pelas componentes horizontal e vertical T_x e T_y, e determine seus valores. Use a sua solução para T_x e T_y, para determinar a magnitude *T* e a direção θ da tração da correia de ancoragem.

P4.20

Uma escavadeira de 4,5 Mg é vista lateralmente levantando uma carga de cascalho de 0,75 Mg (Figura P4.20).

(a) Desenhe o diagrama de corpo livre da concha dianteira.
(b) Determine as forças de contato entre as rodas e o solo.
(c) Qual é o peso máximo que a máquina poderá carregar antes de começar a tombar para a frente sobre suas rodas dianteiras?

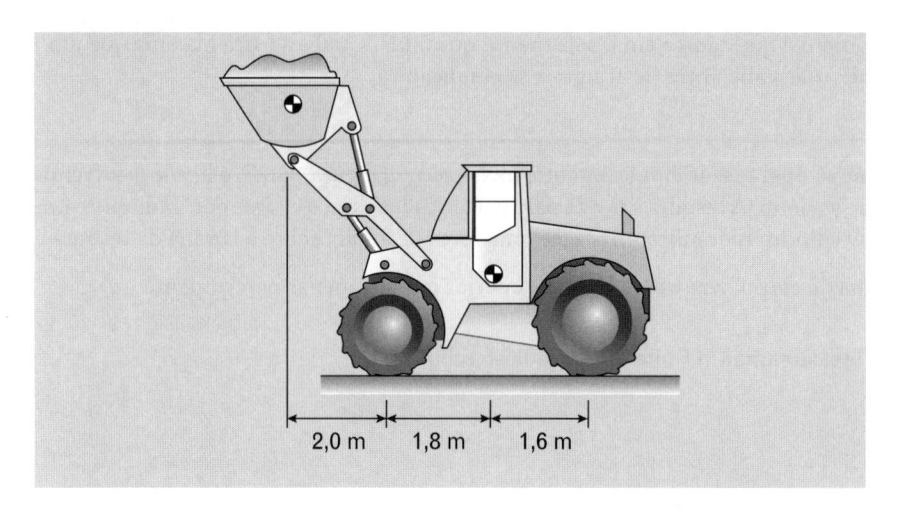

Figura P4.20

P4.21

Um alicate regulável segura uma barra metálica circular enquanto o mecânico pressiona os cabos com uma força $P = 50$ N (Figura P4.21). Usando o diagrama de corpo livre que mostra o corpo rígido formado pela ponta inferior e pelo cabo superior combinados, calcule a força A que é aplicada à barra.

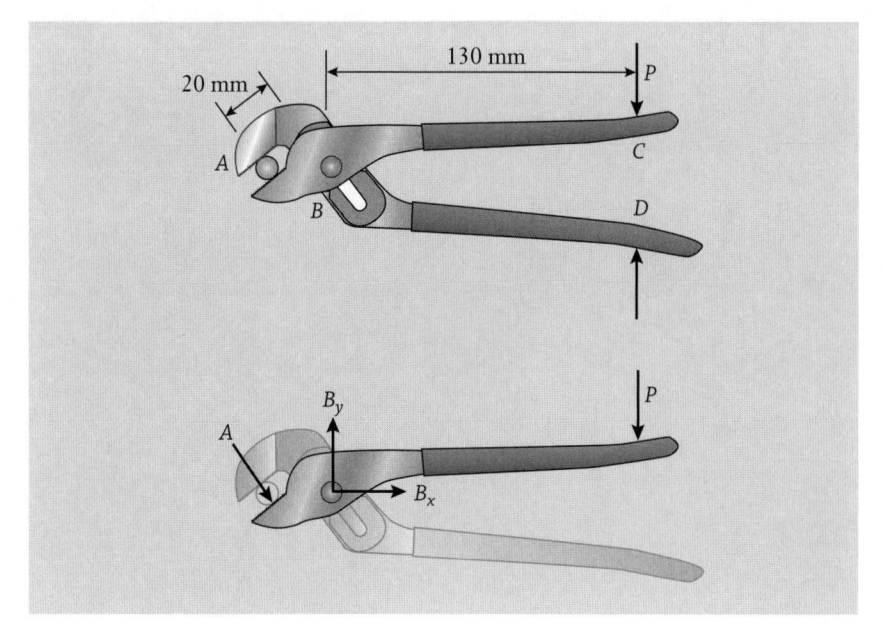

Figura P4.21

P4.22

Verifique o exercício de P4.21.

(a) Meça o ângulo da força A diretamente do diagrama e utilize-o para descobrir a magnitude da força na articulação B.

(b) Uma condição do projeto é que a força em B seja menor que 5 kN. Qual é a força máxima que um operador poderá aplicar ao cabo antes de atingir essa condição?

P4.23

Um par de grandes tesouras operadas hidraulicamente, mostrado na Figura P4.23, é ligado à extremidade do braço de uma escavadeira. A tesoura é usada para cortar tubos de aço e vigas em "I" durante um trabalho de demolição. O cilindro hidráulico AB exerce uma força de 18 kN sobre a lâmina da tesoura.

(a) Complete o diagrama de corpo livre para a lâmina superior que foi apenas parcialmente desenhada.
(b) Determine a força de cisalhamento F que foi aplicada ao tubo.

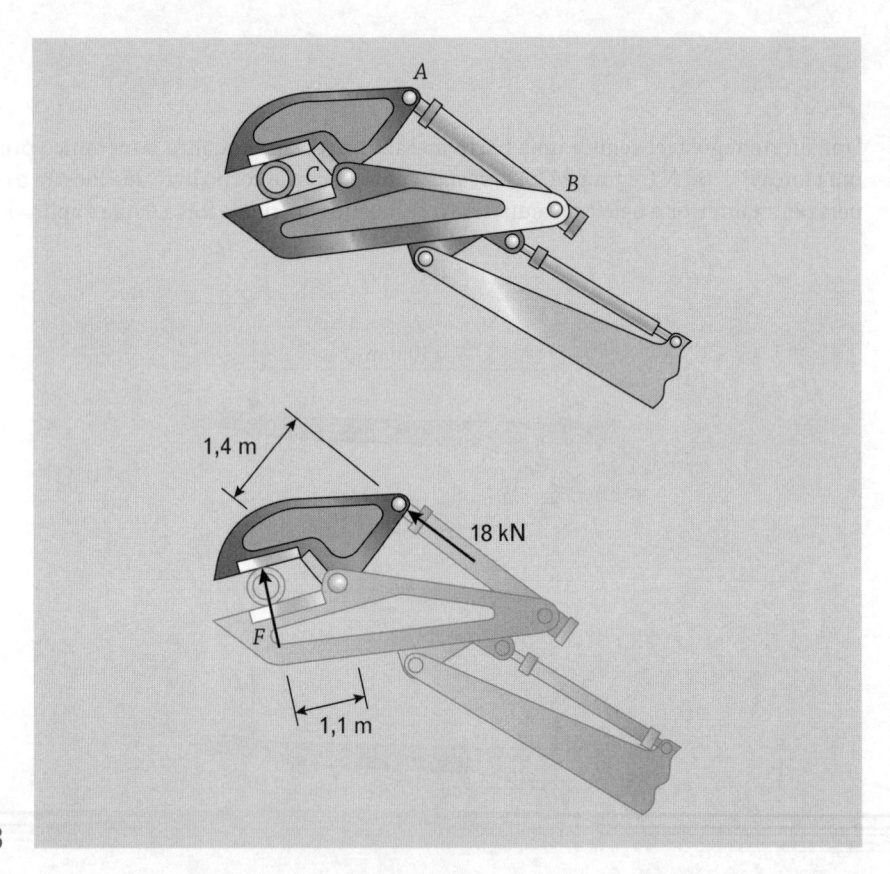

Figura P4.23

P4.24

O corte transversal do projeto original das passarelas duplas do hotel Hyatt Regency, em Kansas City, Estados Unidos, é mostrado aqui com as forças que atuam sobre as porcas e arruelas que suportavam as passarelas inferior e superior (Figura P4.24).

(a) Desenhe os diagramas de corpo livre das passarelas superior e inferior, incluindo o peso w que atua em cada uma delas.

(b) Determine as forças P_1 e P_2 entre as arruelas e as passarelas, e as trações T_1 e T_2 do pilar suspenso.

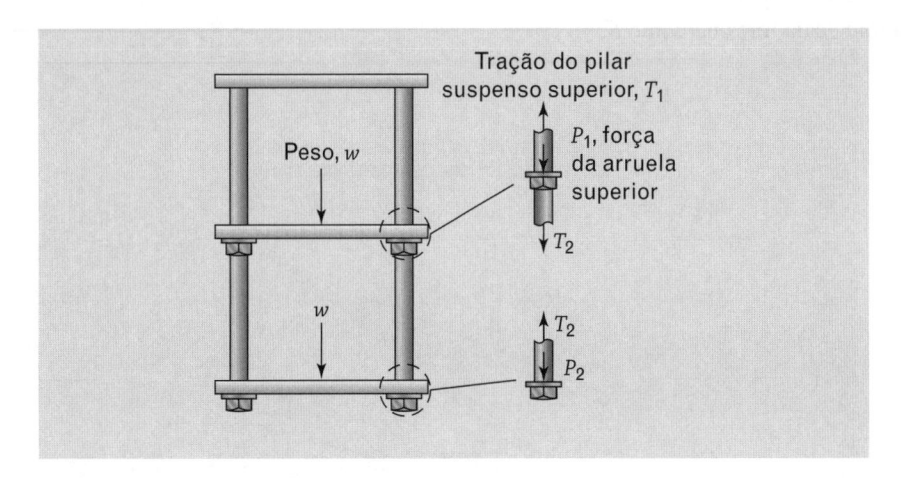

Figura P4.24

P4.25

O corte transversal do projeto das passarelas duplas do hotel Hyatt Regency, em Kansas City, Estados Unidos, é mostrado aqui como realmente foi construído, junto às forças que atuam sobre as porcas e arruelas que suportavam as passarelas inferior e superior (Figura P4.25).

(a) Desenhe os diagramas de corpo livre das passarelas superior e inferior, incluindo o peso w que atua em cada uma delas.

(b) Determine as forças P_1, P_2 e P_3 entre as arruelas e as passarelas, e as trações T_1, T_2 e T_3 dos pilares suspensos.

(c) O desmoronamento das passarelas relacionou-se com uma força excessiva P_1. Como o valor que você calculou neste problema se compara com o valor de P_1 obtido no Problema P4.24?

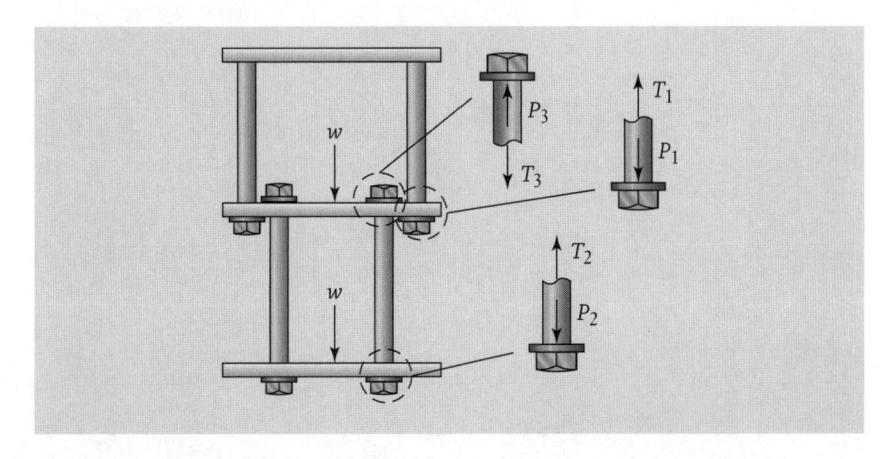

Figura P4.25

P4.26

Um corrimão pesando 120 N e com 1,8 m de comprimento foi montado em uma parede adjacente a uma pequena escada (Figura P4.26). O suporte A se rompeu

e o corrimão caiu, ficando preso apenas pelo parafuso frouxo no ponto B, de modo que uma extremidade agora está apoiada sobre o primeiro degrau.
(a) Desenhe o diagrama de corpo livre do corrimão.
(b) Determine a magnitude da força no ponto B.

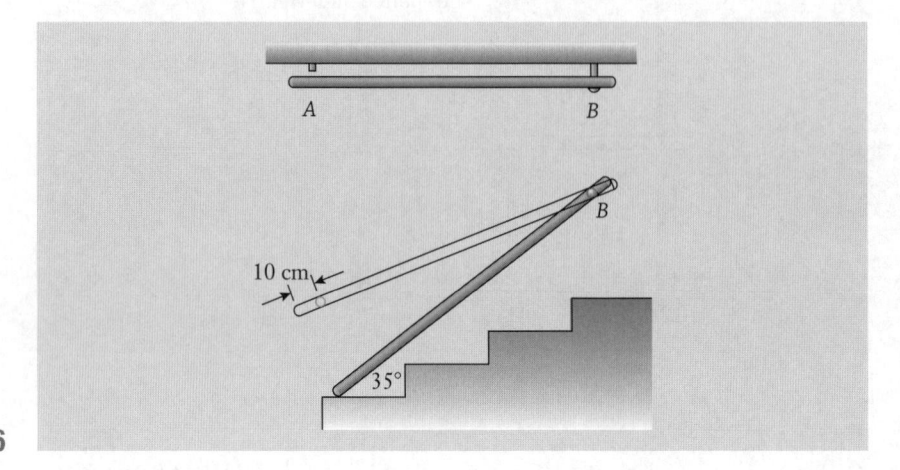

Figura P4.26

P4.27

Um alicate multiuso prende um pino no ponto A, enquanto o cabo do alicate é submetido a forças de 15 lbf (Figura P4.27).

(a) Complete o diagrama de corpo livre do corpo rígido formado pela garra superior e pelo cabo inferior, que foi apenas parcialmente desenhado.
(b) Calcule a força que atua no ponto A.
(c) Como alternativa, quanto de força adicional deveria ser produzido se o pino fosse cortado no ponto B?

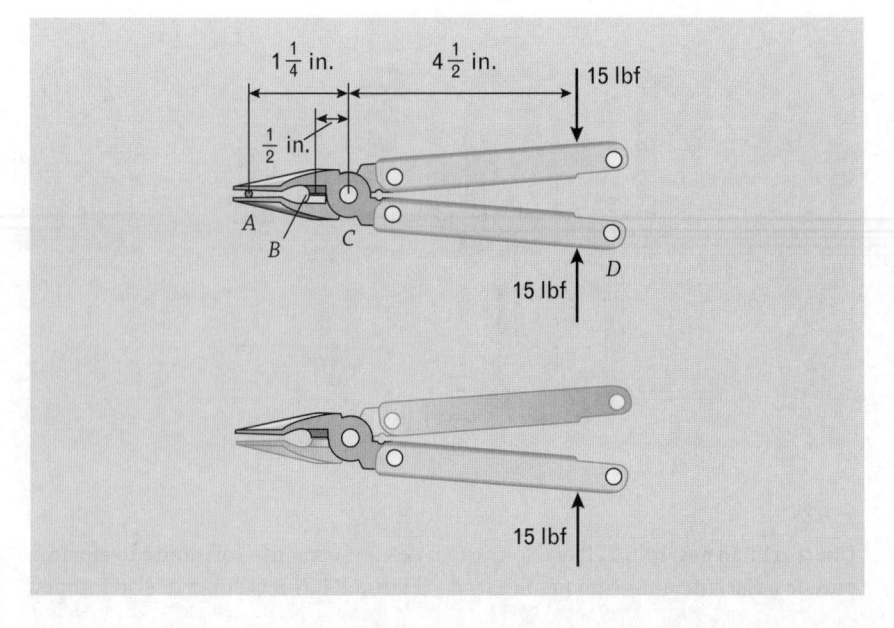

Figura P4.27

P4.28

Os mancais de rolamento numa caixa de mancal de rolamento estão contidos dentro do bloco de armazenamento, que, por sua vez, pode ser parafusado a outra superfície. Duas forças radiais atuam sobre uma caixa de mancal de rolamento, como se vê na Figura P4.28.

(a) O valor de F pode ser corrigido para que a resultante das duas forças seja igual a zero?
(b) Se não puder, para qual valor a resultante será minimizada?

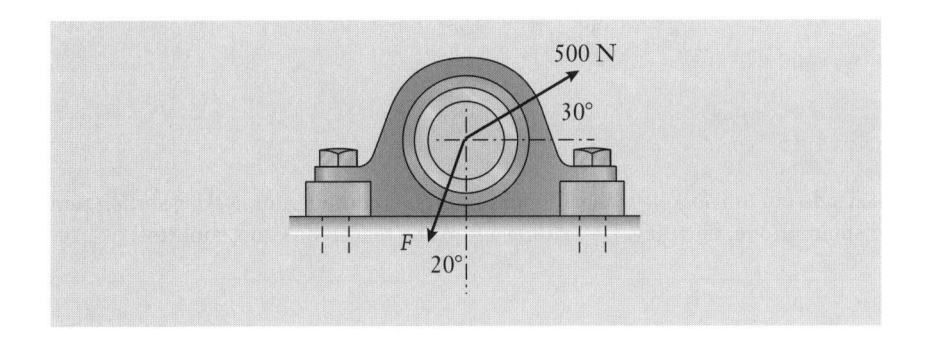

Figura P4.28

P4.29

As forças horizontal e vertical atuam sobre a caixa de mancal de rolamento enquanto ela suporta um eixo giratório (Figura P4.29). Determine a magnitude da força resultante e seu ângulo relativo ao plano horizontal. A força resultante que atua sobre o rolamento é uma força axial ou radial?

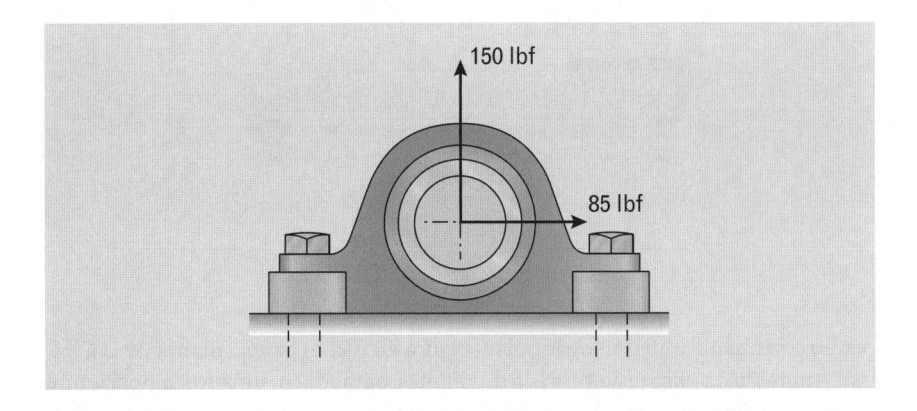

Figura P4.29

P4.30

Mancais de rolamentos de esferas suportam um eixo nos pontos A e B (Figura P4.30). O eixo é usado para transmitir potência entre duas correias em V, que, por sua vez, aplicam forças de 1 kN e 1,4 kN ao eixo. Determine as magnitudes e as direções das forças que atuam sobre os rolamentos.

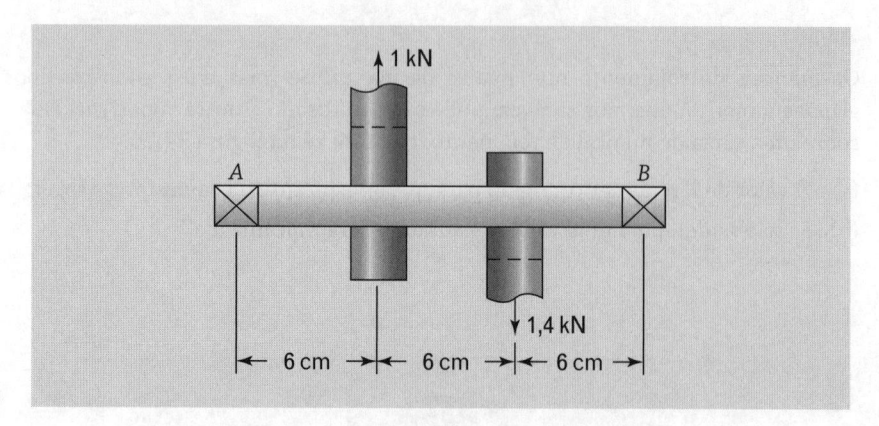

Figura P4.30

P4.31

Um smartphone está encaixado em um *docking station* (Figura P4.31). O computador *docking station* tem uma massa de 500 g, e o smartphone, de 100 g. Determine a força de reação dos dois suportes.

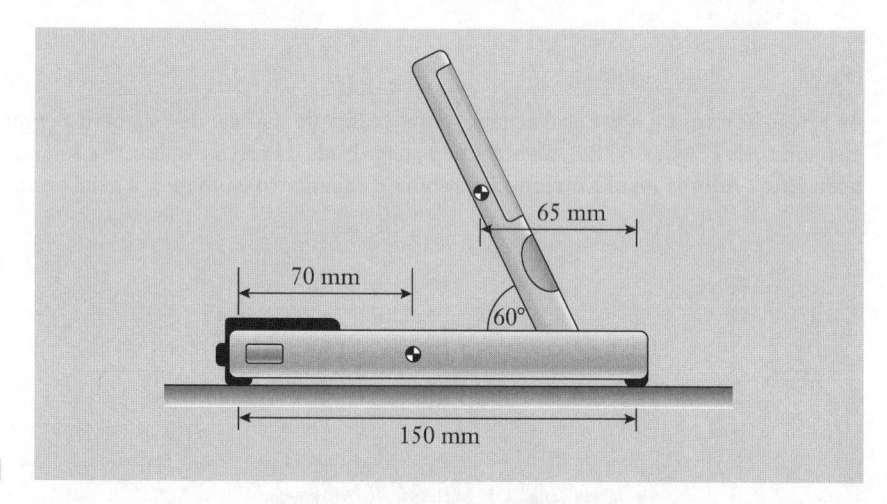

Figura P4.31

P4.32

Duas panelas de comida estão cozinhando em um fogão solar (Figura P4.32). A panela menor pesa 4 lbf, e a maior, 9 lbf. Além disso, em razão da expansão térmica do refletor parabólico, uma força horizontal de 0,5 lbf é exercida para fora dos dois suportes. Determine a magnitude da força resultante nos dois suportes A e B e o ângulo de cada força resultante relativa à horizontal.

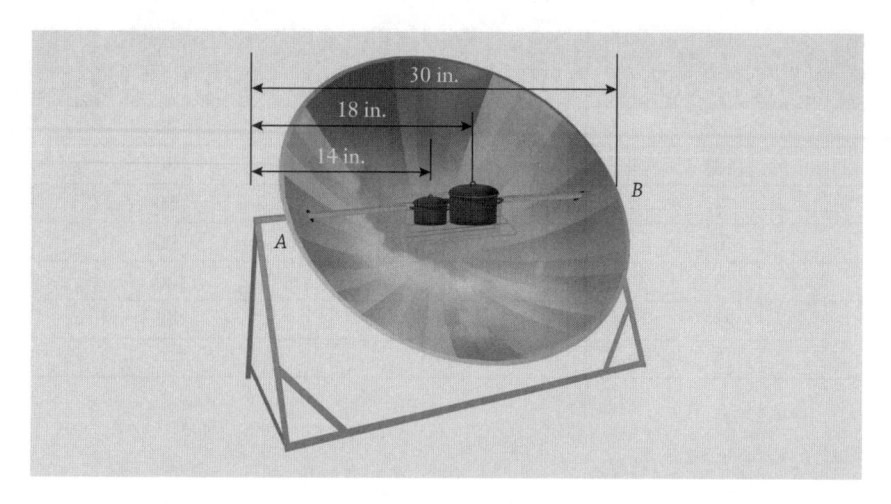

Figura P4.32

P4.33

Encontre um exemplo de uma estrutura ou máquina que tenha várias forças atuando sobre ela.

(a) Desenhe-a de forma clara e com legendas.
(b) Estime as dimensões e as magnitudes e direções das forças que agem sobre ela. Indique essas unidades no desenho. Explique brevemente o motivo de ter estimado as dimensões e as forças para obter os valores numéricos que você determinou.
(c) Usando um método de sua opção, calcule a resultante do sistema de forças.

P4.34*

Muitas cidades em todo o mundo estão em locais onde condições meteorológicas extremas podem danificar infraestruturas urbanas críticas. Selecione uma cidade representativa em risco e projete um sistema estrutural para protegê-la. Em grupo, desenvolvam um conjunto de requisitos de projeto e pelo menos dez conceitos de projeto diferentes. Usando seus requisitos como critério, selecione os dois principais conceitos. Para esses dois conceitos, estime as piores condições de carregamento e desenhe um diagrama de corpo livre para elas. Qual conceito você considera que seja melhor nas piores condições e por quê?

P4.35*

Considerando segurança e custo, determine a melhor opção de cabo da Tabela P4.35 para suportar uma torre de celular de uma altura dada, $H = 30$ m, e a máxima força horizontal, $F = 20$ kN (Figura P4.35). Especifique também o raio R (até o valor inteiro mais próximo) dos suportes no ponto B, C e D medidos a partir da base da estrutura; o diâmetro do cabo de aço escolhido; e o custo total do cabo utilizado. Apresente sua abordagem, solução e discussão em um relatório formal. Observe as seguintes suposições iniciais que seu grupo deve fazer (você provavelmente terá mais suposições):

- A força permanece horizontal e atua no topo da torre.
- O centro da base da torre atua como origem, O.
- A direção da força na Figura 4.35 é arbitrária. Sua estrutura de cabos deve ser projetada para suportar essa força atuando em qualquer ângulo na torre.
- Os cabos suportam a torre apenas em tração. Caso contrário, eles estão frouxos.
- A torre e os suportes estão todos em um plano horizontal.

Tabela P4.35

Diâmetro do cabo (mm)	Carga admissível (kN))	Custo por metro (US$/m)
6	6	10
10	13	30
13	20	50
16	35	90
19	50	100
22	70	140
25	90	180

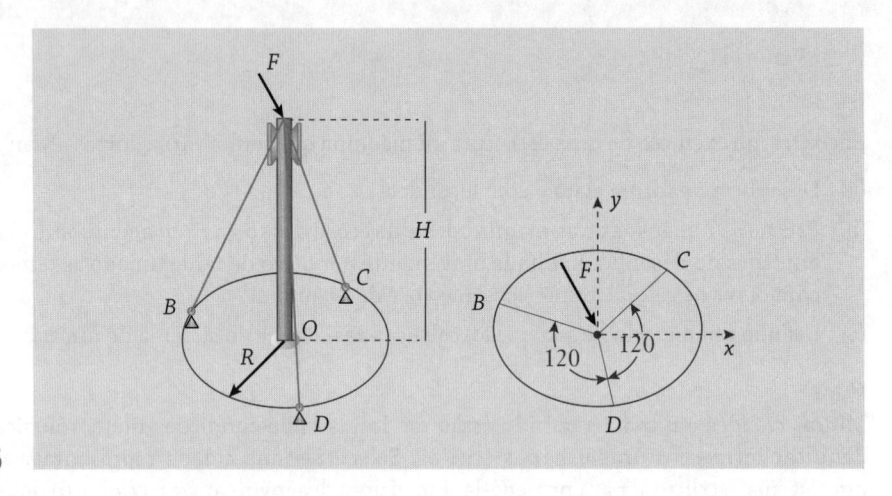

Figura P4.35

- Os suportes B, C e D devem estar todos localizados a uma diatância R, da base e igualmente espaçados entre si.
- Despreze o peso dos cabos.

Referências

MERIAM, J. L.; KRAIGE, L. G. *Engineering mechanics*: Statics. 5. ed. Hoboken, NJ: Wiley, 2002.

PYTEL, A.; KIUSALAAS, J. *Engineering mechanics*: Statics. 3. ed. Mason, Ohio: Cengage Learning, 2010. RODDIS, W. M. K. Structural Failures and Engineering Ethics. *ASCE Journal of Structural Engineering*, 119, 5, p. 1539-1555, 1993.

RODDIS, W. M. K., "Structural Failures and Engineering Ethics", *ASCE Journal of Structural Engineering*, 119(5), 1993, pp. 1539–1555.

CAPÍTULO 5

Materiais e tensões

OBJETIVOS DO CAPÍTULO

- Identificar as circunstâncias nas quais uma componente mecânica sofre solicitações de tração, de compressão ou de cisalhamento, e calcular a tensão correspondente.
- Representar uma curva tensão x deformação e usá-la para descrever como um material responde às cargas que lhe são aplicadas.
- Explicar o significado das propriedades dos materiais conhecidas como módulo de elasticidade e resistência ao escoamento.
- Compreender as diferenças entre as regiões elásticas e as plásticas dos materiais e entre os comportamentos dúcteis e os frágeis.
- Discutir algumas propriedades e aplicações dos metais e suas ligas, cerâmicas, polímeros e materiais compostos.
- Aplicar o conceito de um coeficiente de segurança para projetar componentes mecânicos submetidos a tração ou a cisalhamento.

▶ 5.1 Visão geral

Como uma de suas responsabilidades, os engenheiros mecânicos projetam equipamentos de modo que estes não se rompam quando utilizados e suportem, de modo confiável e seguro, as forças que atuam sobre eles. Por exemplo, considere o Boeing 787 Dreamliner, que pesa até 550.000 lbf quando totalmente carregado. Quando o avião está estacionado no solo, seu peso é suportado pelos trens de pouso e pelas rodas. Durante o voo, as asas da aeronave criam uma força de sustentação que equilibra exatamente o seu peso. Cada asa, portanto, suporta uma força de sustentação que é igual à metade do peso do avião, nesse caso, o equivalente a uns noventa automóveis sedãs. Quando submetidas à força de sustentação, as asas flexionam-se para cima e, se o voo enfrentar mau tempo, as asas se flexionam para cima e para baixo com uma intensidade adicional considerável, à medida que o avião é sacudido pela turbulência. Quando os engenheiros selecionam os materiais da aeronave, eles consideram todos esses fatos: que as asas do avião são submetidas a grandes forças, que elas cedem sob seu próprio peso e que flexionam para cima em reação às forças de sustentação. As asas são projetadas para serem fortes, seguras e confiáveis, e sem serem mais pesadas do que o necessário para atender aos requisitos do projeto.

Ao aplicar as propriedades dos sistemas de força conforme descrito no Capítulo 4, você aprendeu a calcular as magnitudes e direções das forças que atuam sobre determinadas estruturas e máquinas. Porém, o simples conhecimento dessas forças não fornece informação suficiente ao engenheiro para determinar se uma parte do equipamento será resistente o suficiente para não falhar durante o trabalho para o qual foi projetado. O uso dos termos "falhar" ou "falha" não significa apenas que o equipamento não romperá, mas também que ele não cederá nem deformará de modo tal que fique consideravelmente distorcido. Uma força de 5 kN, por exemplo, pode ser resistente o bastante para romper um parafuso pequeno ou deformar um eixo de tal forma que ele vibraria, em vez de girar suavemente. Um eixo de diâmetro maior ou outro fabricado com um material mais resistente, por outro lado, talvez suportasse muito bem essa força sem sofrer nenhum dano.

Com essas ideias em mente, é possível ver que as circunstâncias que levam uma componente mecânica a romper, alongar ou flexionar dependem não apenas das forças aplicadas sobre ele, mas

Tensão também de suas dimensões e das propriedades do material do qual é feito. Essas considerações dão origem ao conceito de *tensão* como medida da intensidade de uma força aplicada sobre uma determinada área. Por outro lado, a *resistência* de um material descreve a sua capacidade de suportar e resistir à tensão que lhe é aplicada. Os engenheiros comparam a tensão

Resistência presente em uma componente com a resistência desse material para decidir se o projeto é satisfatório. Por exemplo, o eixo rompido mostrado na Figura 5.1 foi removido de um cilindro do motor de combustão interna. Essa falha foi acelerada pela presença de cantos vivos na chaveta retangular do eixo, que é usada para transferir o torque do eixo para a engrenagem ou a polia. O formato espiral da superfície da fratura indica que o eixo estava sofrendo uma sobrecarga de um torque elevado antes de romper. Os engenheiros são capazes de combinar seu conhecimento sobre as forças, os materiais e as dimensões para aprender com as falhas ocorridas e aprimorar e desenvolver o projeto de uma nova peça.

Neste capítulo, consideraremos algumas propriedades dos *materiais* utilizados na engenharia e

Elemento 4: materiais e tensões examinaremos as *tensões* que podem se desenvolver nesses materiais. Esses tópicos são tratados pela disciplina conhecida como Mecânica dos Sólidos e se enquadram na hierarquia dos tópicos da engenharia mecânica mostrada na Figura 5.2. As tensões de tração, de compressão e de cisalhamento são quantidades que os engenheiros calculam quando fazem a relação entre as dimensões de uma componente mecânica e as forças que atuam sobre ela. Então, essas tensões são comparadas às propriedades físicas do material para determinar se é possível esperar que ele apresente falha ou não. Quando a resistência é maior que a tensão

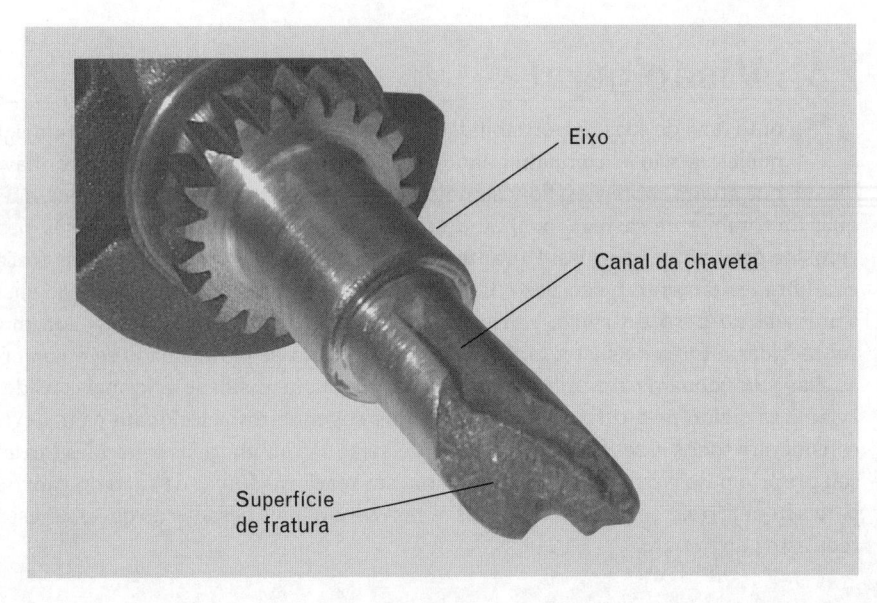

Figura 5.1

Um virabrequim quebrado que foi removido de um cilindro do motor de combustão interna.

Imagem cortesia dos autores.

Capítulo 5 Materiais e tensões 173

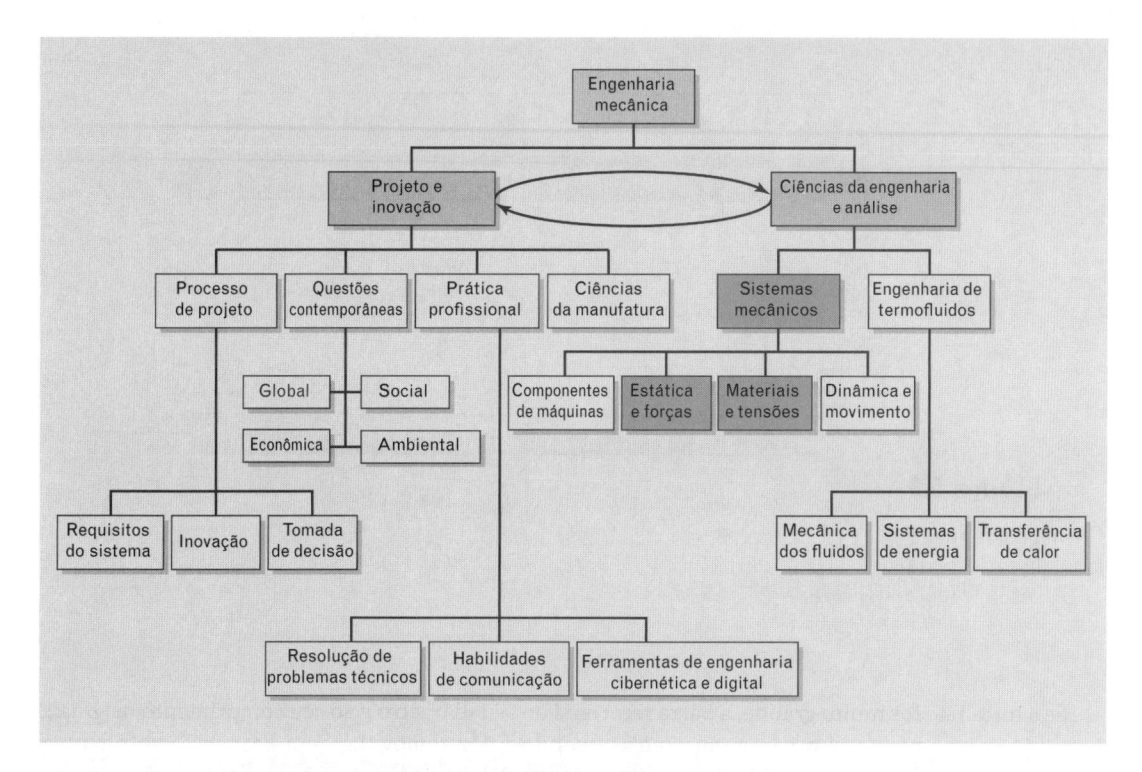

atuante, esperamos que a estrutura ou a componente da máquina seja capaz de suportar as forças sem que ocorra nenhum dano. Os Engenheiros realizam esses tipos de análise de forças, tensões, materiais e falhas enquanto projetam produtos.

Figura 5.2

Relações dos tópicos enfatizados neste capítulo (caixas sombreadas) em relação ao programa geral de estudo em engenharia mecânica.

▶ 5.2 Tração e compressão

O tipo de tensão mais fácil de visualizar e útil para alguém desenvolver sua intuição sobre materiais e esforços chama-se tração e compressão. A Figura 5.3 mostra uma barra cilíndrica engastada e sustentada na posição horizontal por uma base na sua extremidade esquerda. Essa barra sofre um esforço de tração pela força F em direção à extremidade direita. Antes de a força ser aplicada, a barra apresenta o comprimento original L, o diâmetro d e área da seção transversal

$$A = \pi \frac{d^2}{4} \tag{5.1}$$

Os engenheiros normalmente calculam a área da seção transversal das barras cilíndricas, dos parafusos e dos eixos em termos de seu diâmetro, em vez de seus raios r ($A = \pi r^2$), uma vez que é mais prático medir o diâmetro de um eixo usando um paquímetro. À medida que a força F é aplicada gradualmente, a barra se distende pelo valor ΔL, mostrado na Figura 5.3(b). Além disso, o diâmetro da barra se contrai um pouco por causa do efeito conhecido como *efeito de Poisson*, um tópico que será descrito na próxima seção. De qualquer modo, a alteração do diâmetro Δd é menor e, em geral, menos evidente do que o alongamento na direção do seu comprimento ΔL. Para medir os valores relativos de ΔL e Δd tente esticar um elástico para observar a alteração do seu comprimento, sua largura e sua espessura.

Efeito de Poisson

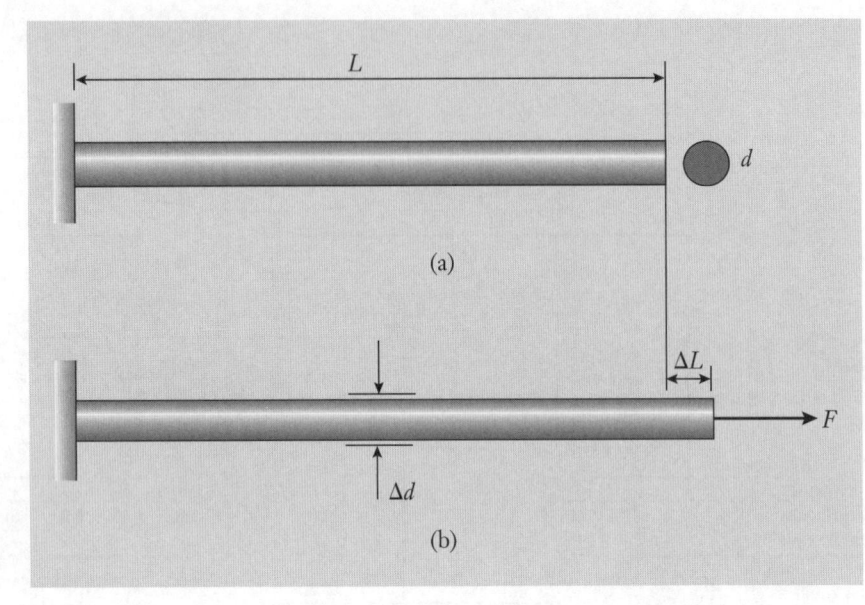

Figura 5.3

Uma barra reta é alongada e colocada sob tração.

Se a força não for muito grande, a barra retornará ao seu diâmetro e ao seu comprimento originais (assim como uma mola) quando F for removida. Se a barra não sofrer uma deformação permanente após a aplicação de F, diz-se que a deformação ocorreu de modo *elástico*. Por outro lado, a força poderia ter sido grande o bastante para deformar a barra de modo *plástico*, significando que, quando a força fosse aplicada e em seguida removida, a barra permaneceria mais longa do que era originalmente. Você pode experimentar produzir esse resultado com um clipe de papel para notar em primeira mão a diferença entre os comportamentos elástico e plástico dos materiais. Entorte um pouco uma das extremidades do clipe – talvez 1 ou 2 milímetros – e observe como ela volta para sua forma original quando você a solta. Por outro lado, você poderá esticar o clipe de papel até torná-lo um fio de metal quase reto. Nesse caso, ele não voltará para o seu formato original. A força foi suficientemente grande para alterar de modo definitivo o formato do material por meio da deformação plástica.

Comportamento elástico
Comportamento plástico

Embora a força possa ser aplicada em apenas uma extremidade da barra, sua influência é sentida em cada uma das seções transversais ao longo do comprimento da barra. Conforme mostra a Figura 5.4, imagine cortar a barra em algum ponto interno. O segmento isolado no diagrama de corpo livre da Figura 5.4(b) mostra que F é aplicada à extremidade direita da barra e que uma *força interna* equivalente que atua sobre a extremidade esquerda do segmento equilibra F. Esse deve ser o caso, pois, do contrário, o segmento mostrado no diagrama de corpo livre não estaria em equilíbrio. A localização do nosso corte hipotético na barra é arbitrário, e concluímos que a força de magnitude F deve ser suportada pela barra em cada uma das seções transversais.

Força interna

Uma vez que a barra é formada por um material sólido contínuo, não esperamos realisticamente que a força interna seja concentrada em um único ponto, conforme ilustrado pela seta do vetor da força na Figura 5.4(b). Ao contrário, a influência da força será difusa e se distribuirá ao longo da seção transversal da barra; esse processo constitui a ideia básica por trás das tensões em componentes mecânicos. *Tensão* é essencialmente uma força interna distribuída sobre a área da seção transversal da barra [Figura 5.4(c)] e é definida pela equação

Tensão

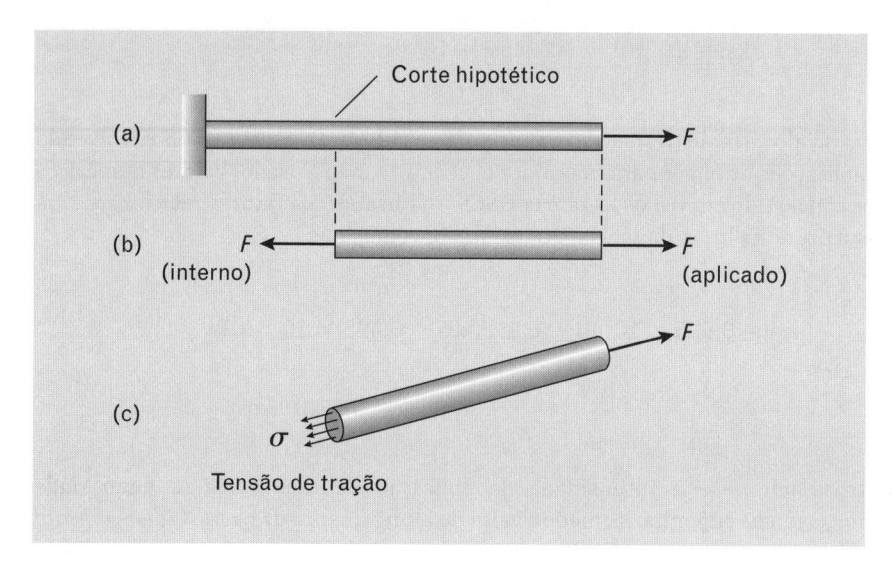

Figura 5.4

(a) Uma barra que foi alongada. (b) Um pedaço da barra que foi cortado para expor a força interna. (c) A tensão de tração que é distribuída ao longo da seção transversal da barra.

$$\sigma = \frac{F}{A} \tag{5.2}$$

Assim como a força F, a tensão σ (o caractere grego sigma na forma minúscula) assume a direção perpendicular ao corte hipotético feito através da seção transversal. Quando a tensão tende a alongar a barra, ela é denominada *tração*, e $\sigma > 0$. Por outro lado, se a barra sofrer encurtamento, a tensão é denominada *compressão*. Nesse caso, a direção de σ na Figura 5.4 reverte para o interior da barra, e $\sigma < 0$. As direções das tensões de tração e de compressão são mostradas na Figura 5.5.

Compressão e tração

Similar à pressão interna de um líquido ou gás, a tensão também é interpretada como uma força distribuída em uma área. Portanto, tensão e pressão possuem as mesmas dimensões. No sistema SI, a unidade derivada para tensões é o pascal (1 Pa = 1 N/m²), e a dimensão libra por polegada quadrada (1 psi = 1 lb/in²) é usada no USCS. Visto que grandes valores numéricos frequentemente surgem dos cálculos envolvendo tensões e propriedades dos materiais, os prefixos quilo (k), mega (M) e giga (G) são aplicados para representar os fatores 10^3, 10^6 e 10^9, respectivamente.

Portanto,

$$1 \text{ kPa} = 10^3 \text{ Pa} \quad 1 \text{ MPa} = 10^6 \text{ Pa} \quad 1 \text{ GPa} = 10^9 \text{ Pa}$$

Apesar de combinar formatos com o SI, também é convencional aplicar os prefixos "quilo" e "mega" ao representar elevados valores numéricos de tensão no Sistema USCS. Engenheiros mecânicos abreviam 1.000 psi como 1 ksi (sem o "p") e 1.000.000 psi como 1 Mpsi (com o "p"):

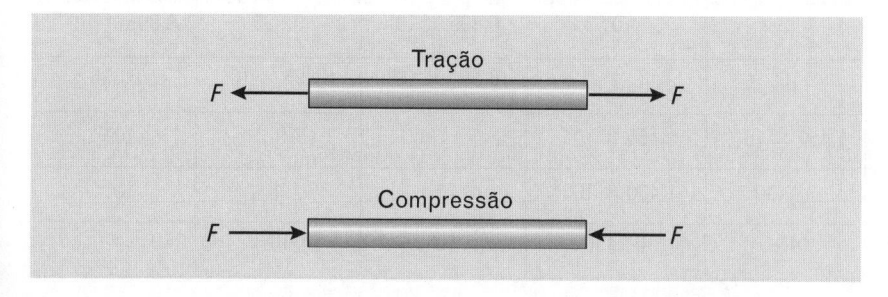

Figura 5.5

As direções das tensões de tração e compressão.

$$1 \text{ ksi} = 10^3 \text{ psi} \qquad 1 \text{ Mpsi} = 10^6 \text{ psi}$$

Um bilhão de psi é um valor irrealisticamente grande para cálculos no Sistema USCS envolvendo materiais e tensões em aplicações de engenharia mecânica e, portanto, não é usado. Valores numéricos para tensões podem ser convertidos entre os sistemas USCS e SI usando os fatores relacionados na Tabela 5.1. Referindo-se à primeira linha da tabela, por exemplo, vemos que

$$1 \text{ psi} = 10^{-3} \text{ ksi} = 6{,}895 \times 10^3 \text{ Pa} = 6{,}895 \text{ kPa} = 6{,}895 \times 10^{-3} \text{ MPa}$$

Enquanto a tensão relaciona-se à intensidade da aplicação de uma força, a quantidade denominada deformação, usada na engenharia, mede o valor do alongamento da barra. O *alongamento* ΔL na Figura 5.3 é um meio de se descrever a deformação sofrida pela barra quando a força F é aplicada, mas esse não é o único meio nem necessariamente o melhor. Se uma segunda barra possuir a mesma área de seção transversal, mas tiver a metade do comprimento da primeira, então, de acordo com a Equação (5.2), a tensão sofrida pela primeira barra será a mesma. Entretanto, intuitivamente, achamos que a barra mais curta vai sofrer uma deformação menor. Para se convencer desse princípio, segure um peso com dois elásticos de comprimentos diferentes e observe como o elástico mais comprido apresenta uma deformação maior. Assim como a tensão é uma medida de força por área de unidade, a quantidade denominada *deformação* é definida como o valor de alongamento que ocorre por unidade do comprimento original da barra. A deformação (o caractere grego épsilon na forma minúscula) é calculada a partir da expressão

$$\varepsilon = \frac{\Delta L}{L} \qquad (5.3)$$

Visto que as dimensões de comprimento são anuladas no numerador e no denominador, a deformação é uma quantidade adimensional. A deformação geralmente é muito pequena e pode ser expressa como uma quantidade decimal (por exemplo, $\varepsilon = 0{,}005$) ou como uma porcentagem ($\varepsilon = 0{,}5\%$).

Tabela 5.1 Fatores de conversão entre unidades USCS e SI para tensão

psi	ksi	Pa	kPa	MPa
1	10^{-3}	$6{,}895 \times 10^3$	$6{,}895$	$6{,}895 \times 10^{-3}$
10^3	1	$6{,}895 \times 10^6$	$6{,}895 \times 10^3$	$6{,}895$
$1{,}450 \times 10^{-4}$	$1{,}450 \times 10^{-7}$	1	10^{-3}	10^{-6}
$0{,}1450$	$1{,}450 \times 10^{-4}$	10^3	1	10^{-3}
$145{,}0$	$0{,}1450$	10^6	10^3	1

Exemplo 5.1 | *Pilar suspenso da passarela do Hotel Hyatt Regency, em Kansas City*

Em 1981, o Hotel Hyatt Regency em Kansas City, Missouri, era uma instalação de um ano que incluía uma torre de 40 andares e um espaçoso átrio ao ar livre de quatro andares. Suspensos do teto e pendurados acima da área do lobby principal, três passarelas flutuantes (chamadas skyways) permitiram aos hóspedes nos primeiros andares do hotel ver e apreciar o amplo lobby de cima. Numa sexta-feira à noite, durante uma festa que acontecia no átrio do hotel, as ligações que sustentavam a passarela do quarto andar se romperam de repente. Toda a estrutura do skyway, composta por cerca de 100.000 libras-força de detritos, caiu no átrio lotado abaixo, matando 114 pessoas. Durante a investigação do colapso, a conexão entre a haste do gancho e a passarela superior rompeu-se com uma carga de aproximadamente 20.500 lbf.

Nas unidades de ksi, determine a tensão na haste do tirante de 1,25 in de diâmetro quando a carga era de 20.500 lbf.

Abordagem
A haste do tirante carrega uma força de tração da maneira mostrada na Figura 5.3 com $F = 2,05 \times 10^4$ lbf e $d = 1,25$ in. Devemos calcular a tensão aplicando a Equação (5.2).

Solução
Usando a Equação (5.1), a área da secção transversal da haste de suspensão é

$$A = \frac{\pi (1,25 \text{ in.})^2}{4} \quad \leftarrow \left[A = \frac{\pi d^2}{4} \right]$$

$$= 1,227 \text{ in}^2$$

A tensão de tração é

$$\sigma = \frac{2,05 \times 10^4 \text{ lbf}}{1,227 \text{ in}^2} \quad \leftarrow \left[\sigma = \frac{F}{A} \right]$$

$$= 1,670 \times 10^4 \frac{\text{lbf}}{\text{in}^2}$$

$$= 1,670 \times 10^4 \text{ psi}$$

onde substituímos a definição da unidade derivada psi (libra por polegada quadrada) pela tensão da Tabela 3.5. É convencional aplicar a abreviatura "ksi" para representar o fator de 1.000 psi de forma mais compacta:

$$\sigma = (1,670 \times 10^4 \text{ psi})\left(10^{-3} \frac{\text{ksi}}{\text{psi}} \right)$$

$$= 16,70 \, (\cancel{\text{psi}}) \left(\frac{\text{ksi}}{\cancel{\text{psi}}} \right)$$

$$= 16,70 \text{ ksi}$$

Exemplo 5.1 | *continuação*

Discussão
Como veremos na seção a seguir, esse nível de tensão não é particularmente alto quando comparado à resistência dos materiais de aço. Embora a tensão não tenha sido suficiente para romper a haste do tirante, foi grande o suficiente para destruir a conexão entre a haste e a passarela de pedestres no Hotel Hyatt. Como foi o caso no colapso no skyway, não é uma situação incomum na engenharia mecânica que as conexões entre as componentes sejam mais fracas do que as próprias componentes.

$$\sigma = 16{,}70 \text{ ksi}$$

Exemplo 5.2 | *Cavilha em U*

A cavilha em formato de U é usada para fixar a carroceria (formada por uma viga em formato de I) de um veículo comercial ao seu chassi (formado por um perfil vazado de seção retangular). (Veja a Figura 5.6.) A cavilha é feita de uma barra cilíndrica de 10 mm de diâmetro, e as porcas são apertadas até que um esforço de tração em cada trecho reto da cavilha em U seja 4 kN. (a) Mostre como as forças são transferidas através desse conjunto, desenhando os diagramas de corpo livre da cavilha em U e de suas porcas, do conjunto da carroceria e do chassi e da placa de fixação. (b) Em unidades de MPa, calcule a tensão de tração suportada por um trecho reto da cavilha em U.

Figura 5.6

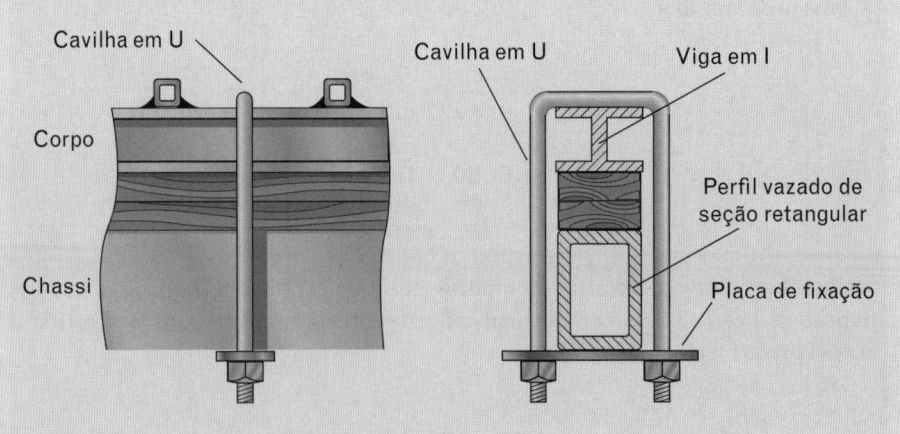

Abordagem
Para a parte (a), isolaremos três corpos livres, e cada um deles deverá estar em equilíbrio: a cavilha em U e as porcas, o conjunto formado pela viga e pelo chassi e a placa de fixação. As forças que

Exemplo 5.2 | *continuação*

atuam no conjunto serão iguais em magnitude, mas dirigidas em direções opostas às das suas reações nas componentes adjacentes. Os trechos retos da cavilha em U são colocados em tração do modo mostrado na Figura 5.3, com $F = 4$ kN e $d = 10$ mm. Calcularemos a tensão de tração usando a Equação (5.2).

Solução
(a) Uma vez que cada um de ambos os trechos retos da cavilha em U suporta 4 kN de tração, os 8 kN resultantes são transferidos na forma de compressão para o conjunto da viga e do chassi. (Ver Figura 5.7.) A carga de 8 kN é similarmente aplicada pelo perfil retangular à placa de fixação. As forças de 4 kN iguais e opostamente dirigidas atuam entre a placa de fixação e as roscas das porcas sobre a cavilha em U.

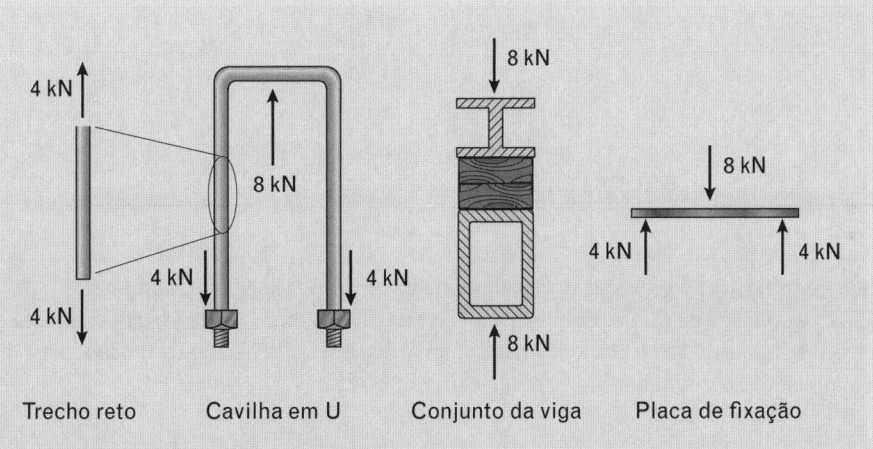

Figura 5.7

Trecho reto Cavilha em U Conjunto da viga Placa de fixação

(b) A área da seção transversal da cavilha é

$$A = \frac{\pi (10 \text{ mm})^2}{4} \quad \leftarrow \left[A = \frac{\pi d^2}{4} \right]$$

$$= 78{,}54 \text{ mm}^2$$

a qual deve ser convertida para as unidades dimensionalmente coerentes para tensão no SI:

$$A = (78{,}54 \text{ mm}^2)\left(10^{-3} \frac{\text{m}}{\text{mm}}\right)^2$$

$$= 7{,}854 \times 10^{-5} (\widehat{\text{mm}^2}) \left(\frac{\text{m}^2}{\widehat{\text{mm}^2}}\right)$$

$$= 7{,}854 \times 10^{-5} \text{ m}^2$$

Exemplo 5.2 | *continuação*

A tensão de tração torna-se

$$\sigma = \frac{4.000\,\text{N}}{7,854 \times 10^{-5}\,\text{m}^2} \quad \leftarrow \left[\sigma = \frac{F}{A}\right]$$

$$= 5,093 \times 10^7 \frac{\text{N}}{\text{m}^2}$$

$$= 5,093 \times 10^7\,\text{Pa}$$

em que teremos aplicada a definição da unidade derivada pascal da Tabela 3.2. O prefixo "mega" do SI (Tabelas 3.3 e 5.1) condensa a grande potência de dez para expressar o resultado de um modo mais convencional:

$$\sigma = (5,093 \times 10^7\,\text{Pa})\left(10^{-6}\,\frac{\text{MPa}}{\text{Pa}}\right)$$

$$= 50,93\,(\text{Pa})\left(\frac{\text{MPa}}{\text{Pa}}\right)$$

$$= 50,93\,\text{MPa}$$

Discussão
Esta é uma tração significativa nas seções transversais da barra; isso faz sentido, porque a intensidade da carga aplicada é grande. Na parte superior da cavilha em U, onde a barra cilíndrica da cavilha apresenta dobras de 90° e fica em contato com a viga em I, um estado de tensão mais complicado está presente, o que requer uma análise diferenciada.

$$\sigma = 50,93\,\text{MPa}$$

Foco em — Ambientes extremos

Muitos produtos inovadores são bem-sucedidos em razão da sua integridade estrutural em ambientes extremos. Ao projetar produtos para uso em ambientes extremos, os engenheiros devem considerar muitas fontes de cargas aplicadas para simular condições de uso precisas. Por exemplo, enquanto a devastação do desastre do tsunami de 2011 no Japão ainda afeta todo o país, produtos inovadores estão sendo criados para ajudar as vítimas em futuros desastres. Na Figura 5.8(a), é mostrado um "Jinriki", que transforma uma cadeira de rodas em um riquixá (veículo de tração humana) moderno e permite um transporte muito mais fácil para subir e descer escadas e sobre neve, areia ou lama. As forças adicionais nas alças ao puxar alguém em um ambiente extremo devem ser consideradas ao projetar a forma, o

Figura 5.8

(a) Alças feitas sob medida, que permitem que as cadeiras de rodas sejam puxadas em ambientes adversos. (b) Ligação de esqui telemark da Bishop Bindings com desempenho estrutural e material aprimorado.

Cortesia de Wilderness Inquiry; Cortesia de Bishop Bindings LLC

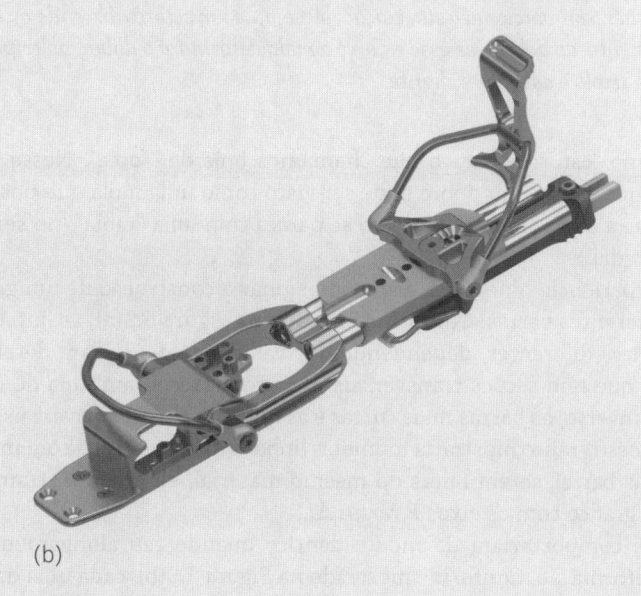

(a)

(b)

tamanho e os materiais das alças. Na Figura 5.8(b), uma inovadora ligação de esqui telemark (antiga técnica de esqui), projetada por dois engenheiros mecânicos no Colorado, inclui um pivô principal de aço inoxidável sólido para eliminar a falha estrutural do projeto anterior, que usava dois componentes rosqueados. Além disso, a decisão de aumentar a espessura da parede em uma determinada área de uma componente crítica reduziu a tensão nessa área em 30%, de acordo com simulações de modelos (análise de elementos finitos).

Isso foi fundamental, porque aumentou significativamente a vida útil do alumínio de alta resistência usado para este componente. Seja em viagens espaciais comerciais, mitigação de desastres naturais, desenvolvimento de dispositivos biomédicos ou esportes de alto desempenho, esses ambientes extremos exigem que os engenheiros mecânicos considerem muitas formas de carregamento, tensões e falha dos materiais escolhidos para as componentes do produto.

▶ 5.3 Comportamento dos materiais

As definições de tensão e deformação, em oposição a força e alongamento, são úteis porque são medidas com relação ao tamanho da barra. Imagine realizar uma sequência de experimentos com uma coleção de barras feitas de material idêntico, mas tendo vários diâmetros e comprimentos. À medida que cada barra fosse tracionada, a força e o alongamento seriam medidos. Em geral, para determinado nível de força, cada barra seria alongada por um valor diferente por causa das variações de diâmetro e comprimento.

Para cada barra, todavia, a força e o alongamento aplicados seriam proporcionais uns aos outros, conforme

$$F = k\Delta L \tag{5.4}$$

Rigidez
Lei de Hooke

em que o parâmetro k é denominado *constante de rigidez*. Essa observação é a base do conceito conhecido como *Lei de Hooke*. De fato, o cientista britânico Robert Hooke escreveu, em 1678, que

a resistência de uma mola qualquer é proporcional à sua tração; ou seja, se um esforço distende ou deforma a mola de determinado comprimento, ao dobrar-se esse esforço a mola deformará o dobro, ao triplicar-se esse esforço a mola deformará o triplo e assim por diante.

Note que Hooke usou o termo "esforço" para o que chamamos hoje de "força". Nesse sentido, qualquer componente estrutural que estique ou dobre pode ser visto como uma mola que possui uma constante de rigidez k, mesmo que a componente em si não se pareça com uma "mola", no sentido de ser um objeto espiralado ou helicoidal.

Continuando com a nossa experiência hipotética, vamos imaginar a construção de um gráfico de F versus ΔL para cada uma das diferentes barras. Conforme indicado na Figura 5.9(a), as linhas desses gráficos têm inclinações (ou rigidez) diferentes, dependendo dos valores de d e L. Para determinada força, as barras mais longas e as que têm seções transversais menores apresentam uma deformação maior que as demais. Em sentido inverso, as barras mais curtas e as que têm áreas transversais maiores apresentam deformação menor. Nosso gráfico mostraria inúmeras linhas retas, cada uma com inclinação diferenciada. Apesar do fato de as barras serem feitas do mesmo material, elas demonstram grande diferença entre si no contexto do gráfico com os eixos F versus ΔL.

Por outro lado, as barras se comportariam de modo idêntico quando seu alongamento fosse descrito com relação a tensão e deformação. Conforme mostrado na Figura 5.9(b), cada uma das linhas do gráfico com eixos F versus ΔL se tornaria uma única linha do diagrama de tensão-deformação. A conclusão que tiramos dessa experiência é que, enquanto a rigidez depende das dimensões da barra, a relação entre tensão e deformação é uma propriedade relacionada apenas ao material e independe do tamanho da amostra do teste.

Curva de tensão--deformação

Regiões plásticas e elásticas

Limite de proporcionalidade

A Figura 5.10 mostra uma *curva tensão-deformação* idealizada para um aço que qualidade estrutural típico. O diagrama tensão-deformação é dividido em duas regiões: a *região elástica* de baixa deformação (em que nenhuma deformação permanece depois que a força é aplicada e removida) e a *região plástica* de alta deformação (em que a força é suficientemente grande para que, após sua remoção, o material permaneça deformado). Para as deformações abaixo do *limite de proporcionalidade* (ponto A), é possível ver, a partir do diagrama, que a tensão e deformação são proporcionais entre si e, portanto, satisfazem a relação

$$\sigma = E\varepsilon \tag{5.5}$$

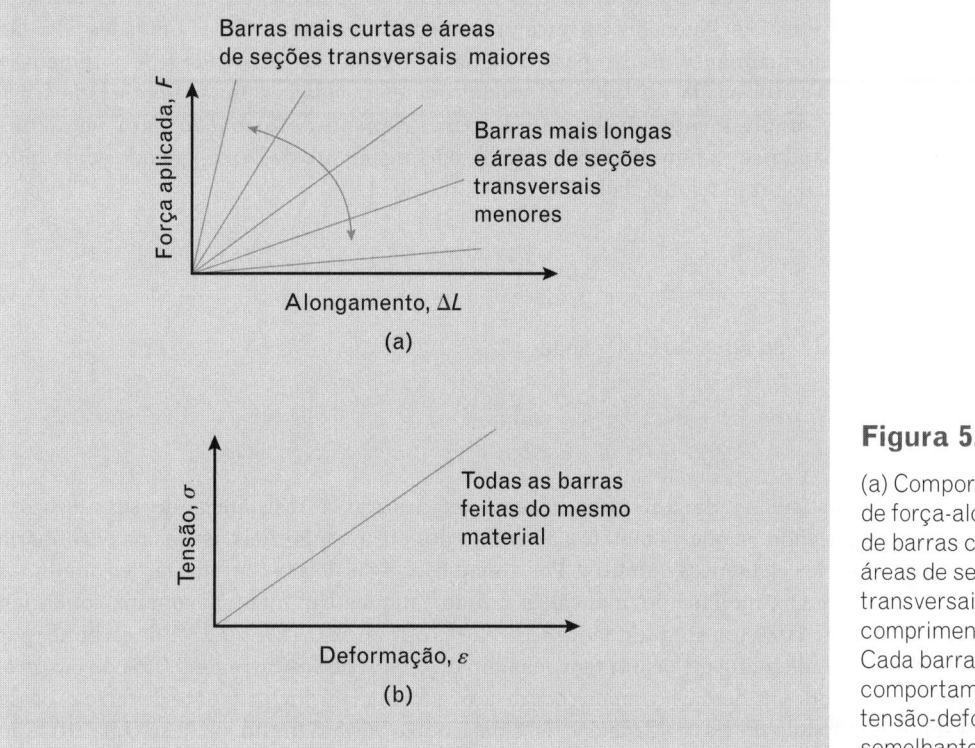

Figura 5.9

(a) Comportamentos de força-alongamento de barras com várias áreas de seções transversais e comprimentos. (b) Cada barra apresenta comportamentos de tensão-deformação semelhantes.

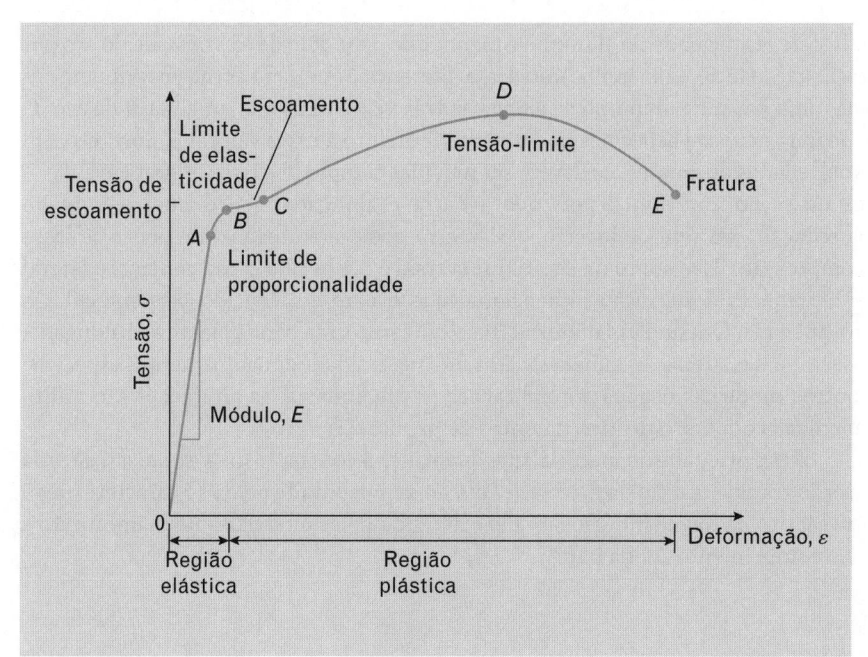

Figura 5.10

Curva de tensão-deformação idealizada do aço estrutural.

Módulos de elasticidade

O valor E é denominado *módulo de elasticidade*, ou módulo de Young, e possui as dimensões da força por unidade de área. No SI, as unidades GPa são normalmente usadas para designar o módulo de elasticidade, e a dimensão Mpsi é usada no USCS. O módulo de elasticidade é uma propriedade física de um material e mede simplesmente a inclinação da curva tensão-deformação para pequenas deformações. Combinando-se as Equações (5.2) e (5.3), o alongamento da barra, quando submetido a forças abaixo do limite de proporcionalidade, é

$$\Delta L = \frac{FL}{EA} \qquad (5.6)$$

com a constante de rigidez na Equação (5.4) sendo

$$k = \frac{EA}{L} \qquad (5.7)$$

O módulo de elasticidade de um material está relacionado à resistência de suas ligações interatômicas, reconhecendo-se que os metais e a maioria dos outros materiais usados na engenharia são combinações de vários elementos químicos. Por exemplo, as ligas de aço contêm frações diferentes de elementos como carbono, molibdênio, manganês, cromo e níquel. Um material comum, conhecido como aço de classificação 1020 (ou simplesmente aço 1020), contém de 0,18% a 0,23% de carbono (por peso), de 0,30% a 0,60% de manganês e um teor máximo de 0,04% de fósforo e de 0,05% de enxofre. Essa liga, assim como todas as demais composições de aço, é formada principalmente de ferro e, desse modo, os valores do módulo de elasticidade das ligas de aço não variam muito entre si. Uma situação similar ocorre em relação às várias ligas de alumínio. Os valores numéricos dos módulos de elasticidade de aço e alumínio são suficientemente precisos para a maioria dos cálculos de engenharia e propósitos de projetos:

$$E_{aço} \approx 210 \text{ GPa} \approx 30 \text{ Mpsi}$$

$$E_{alumínio} \approx 70 \text{ GPa} \approx 10 \text{ Mpsi}$$

Pode-se notar que o módulo de elasticidade do alumínio é menor que o módulo de elasticidade do aço por um fator de três. À luz da Equação (5.6), uma implicação dessa diferença é que, com as mesmas dimensões e a mesma força aplicada, uma barra de alumínio se alongaria três vezes mais que uma barra de aço. O módulo de elasticidade de uma amostra específica poderia diferir quanto a esses valores e, portanto, em aplicações críticas, as propriedades dos materiais devem ser medidas sempre que isso for praticável.

Como descrevemos na seção anterior, depois que a barra é alongada, seu diâmetro também apresenta uma pequena redução. Em sentido inverso, o diâmetro poderia aumentar um pouco se fosse aplicada uma força de compressão. Esse efeito na seção transversal é conhecido como contração lateral ou efeito de Poisson e representa a alteração dimensional que ocorre em sentido perpendicular à direção em que a força foi aplicada. Quando um material "macio" (como uma banda elástica) é alongado, geralmente é possível observar essas alterações dimensionais sem a necessidade de equipamentos especiais. No caso dos metais e outros materiais usados em aplicações de engenharia, as alterações são muito pequenas e devem ser medidas com o uso de instrumentos de precisão.

Coeficiente de Poisson

A propriedade do material que quantifica a contração ou a expansão de uma seção transversal é o *coeficiente de Poisson*, representado pelo v (o caractere grego ni escrito na forma minúscula). Ele é definido pelas alterações no diâmetro Δd e no comprimento ΔL da barra:

$$\Delta d = -vd\frac{\Delta L}{L} \qquad (5.8)$$

O sinal negativo nessa equação determina a convenção de sinais de que a tração (com $\Delta L > 0$) provoca a contração do diâmetro ($\Delta d < 0$), e a compressão provoca a expansão do diâmetro. No caso de muitos metais, $v \approx 0{,}3$, com valores numéricos geralmente dentro da faixa de 0,25 a 0,35.

De volta à nossa consideração sobre o diagrama tensão-deformação, mostrado na Figura 5.10, o ponto *B* é chamado *limite de elasticidade*. Para as cargas entre os pontos *A* e *B*, o material continua a se comportar de modo elástico e retornará à sua forma original após a remoção da força, mas a tensão e a deformação não são mais proporcionais. À medida que a carga aumenta além do ponto *B*, o material passa a sofrer uma deformação permanente. Começa a ocorrer o *escoamento* entre os pontos *B* e *C*, significando que, mesmo no caso de pequenas alterações da tensão, a barra sofre uma alteração grande na deformação. Na região do escoamento, a barra alonga-se consideravelmente, mesmo que a força aumente apenas de forma suave por causa da inclinação pequena do diagrama tensão-deformação. Por essa razão, o início do escoamento geralmente é considerado pelos engenheiros uma indicação de falha. O valor da tensão na região *B-C* define a propriedade do material denominada *limite de escoamento*, S_y. À medida que a carga é aumentada além do ponto *C*, a tensão aumenta até atingir o *limite de ruptura*, S_u, no ponto *D*. Esse valor representa a maior tensão que o material é capaz de suportar. Se o teste continua, a tensão na figura realmente diminui por causa da redução da área da seção transversal, até que a amostra venha a romper-se ao atingir o ponto *E*.

As curvas de tensão-deformação são medidas por um equipamento chamado *máquina de ensaio de materiais*. A Figura 5.11 mostra um exemplo desse equipamento, no qual um computador tanto controla a realização do ensaio

Limite de elasticidade

Escoamento

Limite de escoamento

Limite de ruptura

Máquina de ensaio de materiais

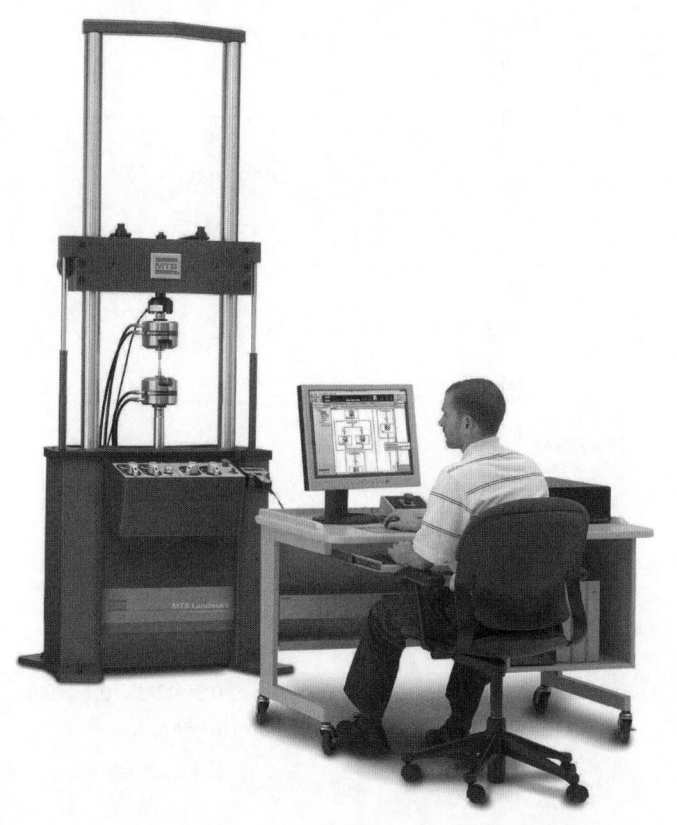

Figura 5.11

O engenheiro usa uma máquina de ensaio materiais para alongar uma barra de metal entre dois suportes. O computador controla o experimento e registra os dados relativos à força e à deflexão.

Foto cortesia da MTS Systems Corporation.

como registra os dados do experimento. Durante um ensaio de tração, uma amostra – por exemplo, uma barra de aço – é presa entre duas garras, que gradualmente puxam essa amostra em sentidos opostos, colocando-a sob a condição de tração. Uma célula de carga é anexada a uma das garras para medir a força, enquanto um segundo sensor (chamado extensômetro) mede a deformação apresentada pela amostra. Um computador registra as informações sobre a força e o alongamento observados durante o experimento. Então, esses valores são convertidos para tensão e deformação, usando-se as Equações (5.2) e (5.3). Quando os dados relativos à tensão e à deformação são transformados em um gráfico, a inclinação na região de deformação pequena é medida para se determinar o valor de E, e o valor de tensão S_y, no ponto de escoamento, é deduzido da curva.

O diagrama tensão-deformação para uma amostra de aço estrutural pode ser visto na Figura 5.12. A tensão é mostrada nas dimensões USCS de ksi, e a deformação adimensional é mostrada como uma porcentagem. Podemos usar esse diagrama para determinar o módulo de elasticidade e a resistência

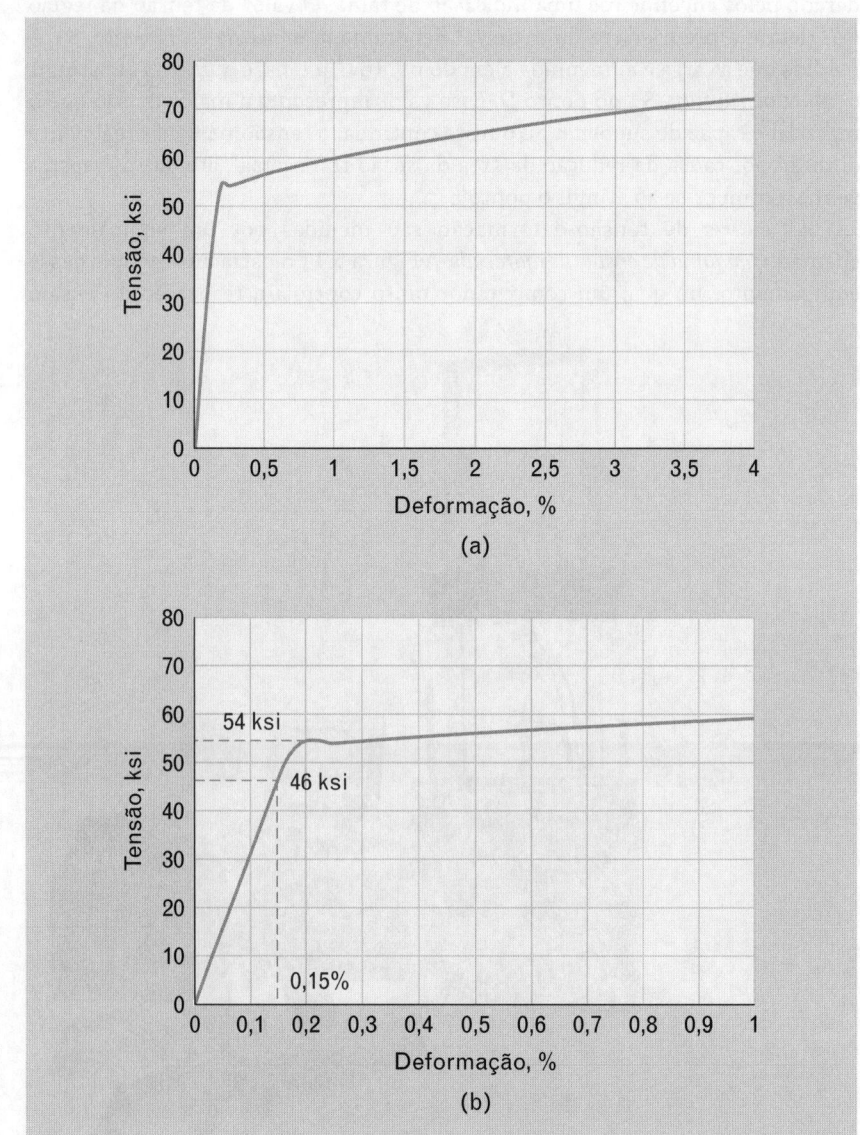

Figura 5.12

Uma curva tensão--deformação para uma amostra de aço estrutural (a) mostrada em uma ampla faixa de deformação e (b) ampliada para destacar as regiões de baixa deformação, proporcional e de escoamento.

ao escoamento dessa amostra específica. A relação entre σ e ε é relativamente linear para deformações pequenas (até aproximadamente 0,2%), e o módulo E é determinado pela inclinação da curva naquela região. A deformação foi zero quando nenhuma tensão foi aplicada e, conforme mostra o gráfico, a amostra foi submetida a 317 MPa com uma deformação de 0,15%. Pela Equação (5.5), o módulo de elasticidade é

$$E = \frac{46 \times 10^3 \text{ psi}}{0,0015} = 3,06 \times 10^7 \text{ psi} = 30,6 \text{ Mpsi}$$

que se aproxima do valor nominal do aço (207 GPa). O ponto de escoamento é também evidente na Figura 5.12(b), e medimos $S_y = 54$ ksi diretamente da ordenada do gráfico.

Para o alumínio e outros metais não ferrosos, a extremidade acentuada que aparece no ponto de escoamento no diagrama tensão-deformação na Figura 5.10 e a estreita região de escoamento BC geralmente não são vistas. Em vez disso, tais materiais tendem a exibir uma transição mais branda e gradual entre as regiões plásticas e elásticas. Para esses casos, uma técnica chamada *limite 0,2%* é usada para definir a tensão de escoamento. Como ilustração, a Figura 5.13 mostra uma curva tensão-deformação medida para uma liga de alumínio numa máquina de teste de materiais. O módulo de elasticidade é novamente determinado pela representação de uma linha reta que passa pela origem e vai de encontro à curva de tensão-deformação na região proporcional. Quando a tensão é de 15 ksi, a deformação é 0,14%, e o módulo de elasticidade se torna

$$E = \frac{15 \times 10^3 \text{ psi}}{0,0014} = 1,1 \times 10^7 \text{ psi} = 11 \text{ Mpsi}$$

que é próximo ao valor nominal do alumínio (10 Mpsi). Porém, diferentemente da liga de aço da Figura 5.12, o início do escoamento não é pronunciado nem evidente. No método do limite 0,2%, a tensão de escoamento é determinada pela intersecção da curva com a linha auxiliar que é desenhada a partir da inclinação de E mas é deslocada da origem por 0,2%. Na Figura 5.13, a linha de construção reta traçada com inclinação de 11 Mpsi do ponto de compensação intercepta o diagrama tensão-deformação no ponto de escoamento e $S_y = 22$ ksi. Esse valor é tomado como o nível de tensão em que o material começa a escoar consideravelmente e torna-se inaceitável para usos futuros.

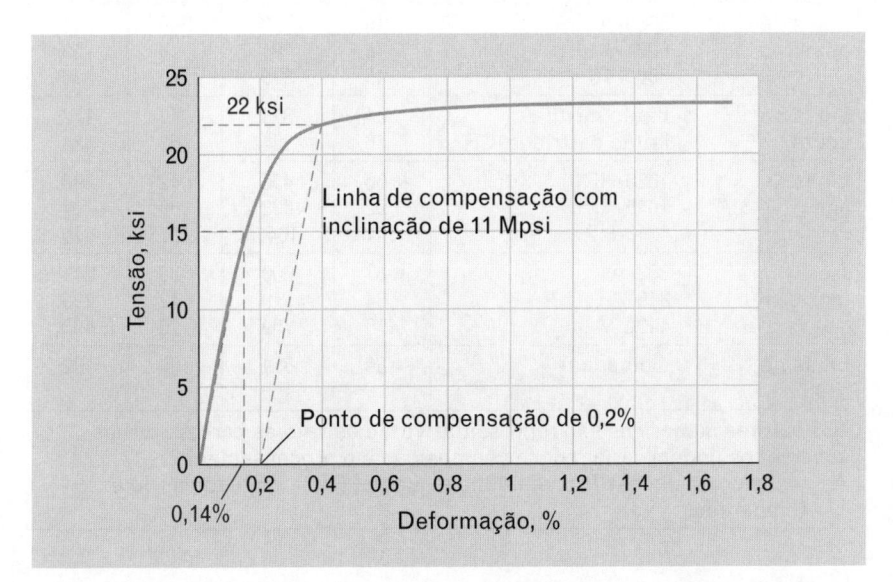

Figura 5.13

Uma curva tensão-deformação de uma amostra de alumínio. O módulo de elasticidade é determinado pela inclinação da curva na região de pequena deformação, e o limite de escoamento é encontrado pela aplicação do limite 0,2%.

As Tabelas 5.2 e 5.3 listam as propriedades materiais de vários metais, incluindo o módulo de elasticidade, o coeficiente de Poisson, a densidade e as tensões de escoamento. Entretanto, as propriedades de qualquer amostra metálica dada poderiam diferir dessas listadas na tabela. Sempre que possível, particularmente no caso de aplicações em que falhas poderiam resultar situações mais graves, as propriedades dos materiais devem ser medidas diretamente ou o fornecedor do material deverá ser consultado. Usos comuns para metais e ligas listados na Tabela 5.3 serão discutidos na Seção 5.5.

Tabela 5.2 Módulo de elasticidade, coeficiente de Poisson e densidade de materiais selecionados*

Material	Módulo de elasticidade, E		Coeficiente de Poisson, ν	Peso específico (densidade), ρ_w	
	Mpsi	GPa		lbf/ft^3	kN/m^3
Ligas de alumínio	10	72	0,32	172	27
Ligas de cobre	16	110	0,33	536	84
Ligas de aço	30	207	0,30	483	76
Aço inoxidável	28	190	0,30	483	76
Ligas de titânio	16	114	0,33	276	43

*Os valores numéricos são representativos, e os valores para materiais específicos podem variar com a composição e o processamento.

Tabela 5.3 Tensões de ruptura e de escoamento de metais selecionados*

Material		Tensão de ruptura, S_u		Tensão de escoamento, S_y	
		ksi	MPa	ksi	MPa
Ligas de alumínio	3003-A	16	110	6	41
	6061-A	18	124	8	55
	6061-T6	45	310	40	276
Ligas de cobre	Latão naval-A	54	376	17	117
	Latão cartridge-CR	76	524	63	434
Ligas de aço	1020-HR	66	455	42	290
	1045-HR	92	638	60	414
	4340-HR	151	1041	132	910
Aço inoxidável	303-A	87	600	35	241
	316-A	84	579	42	290
	440C-A	110	759	70	483
Ligas de titânio	Comercial	80	551	70	482

*Os valores numéricos são representativos, e os valores para materiais específicos podem variar com a composição e o processamento.
A= recozido anelado, HR = laminado a quente, CR = laminado a frio e T = temperado.

Capítulo 5   Materiais e tensões   189

Exemplo 5.3 | *Mudanças dimensionais da cavilha em U*

Para a cavilha de aço em U com 10 mm de diâmetro do Exemplo 5.2, determine a (a) deformação, (b) alteração do comprimento e (c) alteração no diâmetro do trecho reto de 325 mm de comprimento da cavilha. Use o valor da regra geral $E = 210$ GPa para o módulo de elasticidade e assuma que o coeficiente de Poisson é $v = 0,3$. (Ver a Figura 5.14.)

Figura 5.14

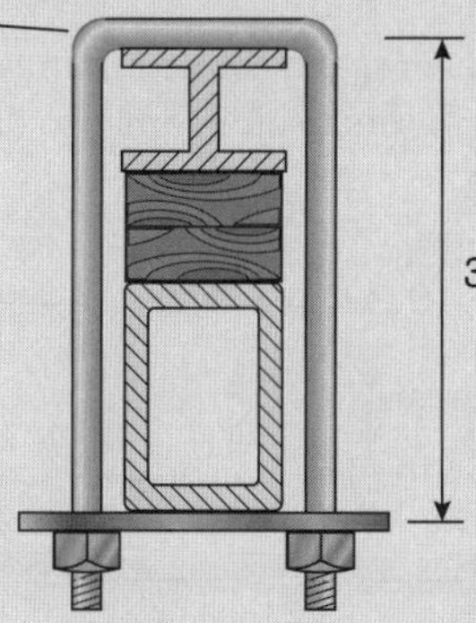

Cavilha em U
Corpo
325 mm
Chassi

Abordagem
A tensão da seção reta da cavilha em U foi determinada previamente no Exemplo 5.2 como sendo $\sigma = 5,093 \times 10^7$ Pa. Calcularemos a deformação, a alteração do comprimento e a alteração no diâmetro aplicando as Equações (5.5), (5.3) e (5.8) às partes (a), (b) e (c), respectivamente.

Solução
(a) A deformação na seção reta é

$$\varepsilon = \frac{5,093 \times 10^7 \text{Pa}}{210 \times 10^9 \text{Pa}} \quad \leftarrow \left[\varepsilon = \frac{\sigma}{E}\right]$$

$$= 2,425 \times 10^{-4} \frac{\text{Pa}}{\text{Pa}}$$

$$= 2,425 \times 10^{-4}$$

Visto que esse valor é um pequeno número adimensional, devemos escrevê-lo na forma de porcentagem $\varepsilon = 0,02425\%$.

(b) A alteração do comprimento (o alongamento) da cavilha em U é

$$\Delta L = (2,425 \times 10^{-4})(0,325 \text{ m}) \quad \leftarrow [\Delta L = \varepsilon L]$$

$$= 7,882 \times 10^{-5} \text{ m}$$

Exemplo 5.3 | *continuação*

Convertemos esse valor numérico para a unidade SI derivada de mícron, conforme a definição da Tabela 3.2:

$$\Delta L = (7{,}882 \times 10^{-5}\,\text{m})\left(10^6 \frac{\mu\text{m}}{\text{m}}\right)$$

$$= 78{,}82\,(\cancel{\text{m}})\left(10^6 \frac{\mu\text{m}}{\cancel{\text{m}}}\right)$$

$$= 78{,}82 \times \mu\text{m}$$

Nesse caso, o prefixo do SI "micro" representa o fator de um milionésimo.

(c) A alteração no diâmetro é ainda menor que o alongamento da cavilha em U:

$$\Delta d = -(0{,}3)(0{,}01\,\text{m})\left(\frac{7{,}882 \times 10^{-5}\,\text{m}}{0{,}325\,\text{m}}\right) \quad \leftarrow \left[\Delta d = -\nu d \frac{\Delta L}{L}\right]$$

$$= -7{,}276 \times 10^{-7}\,(\text{m})\left(\frac{\cancel{\text{m}}}{\cancel{\text{m}}}\right)$$

$$= -7{,}276 \times 10^{-7}\,\text{m}$$

Para suprimir o grande expoente negativo da potência de dez, aplicamos o prefixo "nano", conforme a Tabela 3.3:

$$\Delta d = (-7{,}276 \times 10^{-7}\,\text{m})\left(10^9 \frac{\text{nm}}{\text{m}}\right)$$

$$= -727{,}6\,(\cancel{\text{m}})\left(\frac{\text{nm}}{\cancel{\text{m}}}\right)$$

$$= -727{,}6\,\text{nm}$$

Discussão

O alongamento da cavilha em U é, de fato, pequeno; isso já era esperado, pois a cavilha em U é feita de aço. O valor do alongamento é aproximadamente o mesmo do diâmetro do fio de cabelo humano ou ligeiramente superior ao comprimento da onda de luz de um laser de hélio-neon de 632,8 nm. O valor da contração do diâmetro da cavilha, portanto, é um pouco maior que o comprimento de uma onda de luz. Embora a cavilha suporte uma carga de 4 kN (aproximadamente 900 lbf), as alterações constatadas nas suas dimensões são imperceptíveis a olho nu e exigiriam equipamentos especializados para medi-las.

$$\varepsilon = 0{,}02425\%$$
$$\Delta L = 78{,}82\,\mu\text{m}$$
$$\Delta d = -727{,}6\,\text{nm}$$

Exemplo 5.4 | *Alongamento de barra*

Uma barra cilíndrica é feita de liga de aço e possui as características de tensão-deformação mostradas na Figura 5.12. (Veja a Figura 5.15.) Quando a barra é submetida a uma tração de 3.500 lbf (aproximadamente igual ao peso de um automóvel sedã), calcule (a) a tensão e a deformação apresentadas pela barra, (b) o valor da deformação da barra, (c) a alteração do seu diâmetro e (d) sua rigidez. (e) Se a força fosse de apenas 1.000 lbf, qual seria o valor da deformação apresentada pela barra? Use o valor $\upsilon = 0{,}3$ para o coeficiente de Poisson.

Figura 5.15

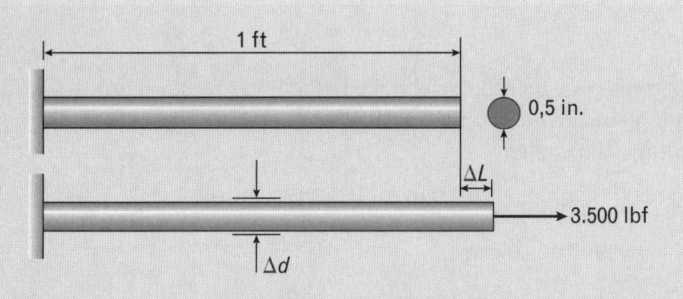

Abordagem
Primeiro calcularemos a tensão aplicando a Equação (5.2). Depois, calcularemos a deformação, a alteração do comprimento e, a alteração do diâmetro e a rigidez pela aplicação das Equações (5.5), (5.3), (5.8) e (5.7), respectivamente.

Solução
(a) A área transversal da barra é

$$A = \frac{\pi(0{,}5 \text{ in.})^2}{4} \quad \leftarrow \left[A = \frac{\pi d^2}{4} \right]$$

$$= 0{,}1963 \text{ in}^2$$

e a tensão de tração é

$$\sigma = \frac{3.500 \text{ lbf}}{0{,}1963 \text{ in}^2} \quad \leftarrow \left[\sigma = \frac{F}{A} \right]$$

$$= 1{,}783 \times 10^4 \frac{\text{lbf}}{\text{in}^2}$$

$$= 1{,}783 \times 10^4 \text{ psi}$$

A dimensão ksi do Sistema USCS é usada em seguida para representar o fator de 1.000 psi:

$$\sigma = (1{,}783 \times 10^4 \text{ psi}) \left(10^{-3} \frac{\text{ksi}}{\text{psi}} \right)$$

$$= 17{,}83 \, (\cancel{\text{psi}}) \left(\frac{\text{ksi}}{\cancel{\text{psi}}} \right)$$

$$= 17{,}83 \text{ ksi}$$

Exemplo 5.4 | *continuação*

A deformação na haste é dada por

$$\varepsilon = \frac{1{,}783 \times 10^4 \text{psi}}{30{,}6 \times 10^6 \text{psi}} \quad \leftarrow \left[\varepsilon = \frac{\sigma}{E}\right]$$

$$= 5{,}825 \times 10^{-4}\left(\frac{\text{psi}}{\text{psi}}\right)$$

$$= 5{,}825 \times 10^{-4}$$

ou 0,05825%. Como a tensão e o módulo de elasticidade têm as mesmas unidades, suas dimensões se cancelam quando a deformação é calculada usando a Equação (5.5).

(b) A carga de 3.500 lbf alonga a haste em

$$\Delta L = (5{,}825 \times 10^{-4})(12 \text{ in.}) \quad \leftarrow [\Delta L = \varepsilon L]$$

$$= 6{,}990 \times 10^{-3} \text{ in.}$$

(c) Usando $\upsilon = 0{,}3$ para o aço, o diâmetro muda pela quantidade

$$\Delta d = -(0{,}3)(0{,}5 \text{ in.})\left(\frac{6{,}990 \times 10^{-3} \text{ in.}}{12 \text{ in.}}\right) \quad \leftarrow \left[\Delta d = -\upsilon d \frac{\Delta d}{L}\right]$$

$$= -8{,}738 \times 10^{-5} (\text{in.})\left(\frac{\text{in.}}{\text{in.}}\right)$$

$$= -8{,}738 \times 10^{-5} \text{ in.}$$

e a convenção de sinal negativo indica que o diâmetro se contrai.

(d) A rigidez da haste é determinada a partir do módulo de elasticidade do material, área da secção transversal e comprimento:

$$k = \frac{(30{,}6 \times 10^6 \text{psi})(0{,}196 \text{ in}^2)}{12 \text{ in.}} \quad \leftarrow \left[k = \frac{EA}{L}\right]$$

$$= 5{,}007 \times 10^5 \left(\frac{\text{lbf}}{\text{in}^2}\right)(\text{in}^2)\left(\frac{1}{\text{in.}}\right)$$

$$= 5{,}007 \times 10^5 \frac{\text{lbf}}{\text{in.}}$$

Ao reconciliar as unidades, expandimos a unidade de tensão psi como lbf/in^2.

(e) Com uma força de apenas 1.000 lbf, a barra se alongaria em

$$\Delta L = \frac{1.000 \text{ lbf}}{5{,}007 \times 10^5 \text{ lbf/in.}} \quad \leftarrow \left[\Delta L = \frac{F}{k}\right]$$

$$= 1{,}997 \times 10^{-3} (\text{lbf})\left(\frac{\text{in.}}{\text{lbf}}\right)$$

$$= 1{,}997 \times 10^{-3} \text{ in.}$$

Exemplo 5.4 | *continuação*

Discussão
No Sistema USCS, a unidade derivada mil (Tabela 3.5) é equivalente a um milésimo de polegada, e é conveniente para representar pequenas mudanças de comprimento e diâmetro. Uma folha de papel para escrever tem apenas 3 a 4 mils de espessura e, portanto, a haste se estica por aproximadamente a espessura de duas folhas de papel padrão, o que é esperado com a carga dada e a escolha de aço para a haste. O diâmetro se contrai em uma quantidade muito menor, menos de 0,10 mil. Para colocar essa pequena mudança em perspectiva, se o diâmetro inicial da haste tivesse sido medido com cinco dígitos significativos como 0,50000 in. o diâmetro após a extensão seria de 0,49991 in. De fato, medir uma mudança na quinta casa decimal requer sensibilidade e uma bem calibrada instrumentação.

$$\sigma = 17,83 \text{ ksi}$$
$$\varepsilon = 0,05825\%$$
$$\Delta L \text{ (a 3500 lb)} = 6,990 \text{ mils}$$
$$\Delta d = -0,08738 \text{ mil}$$
$$k = 5,007 \times 10^5 \text{ lbf/in.}$$
$$\Delta L \text{ (a 1000 lb)} = 1,997 \text{ mils}$$

▶ 5.4 Cisalhamento

Na Figura 5.4, a tensão de tração σ atua ao longo do comprimento da barra e é também orientada no sentido perpendicular à seção transversal da barra. De modo geral, a tensão de tração irá alongar a componente mecânica, tendendo a separá-lo em duas partes.

Entretanto, forças excessivas podem danificar a peça também de outras maneiras. Um exemplo é a tensão de cisalhamento, que se desenvolve quando uma força tende a cortar ou separar uma estrutura ou uma componente mecânica.

O cisalhamento difere da tração e da compressão, pois a tensão é orientada no mesmo plano que a seção transversal da barra. Ou seja, a tensão de cisalhamento está associada à força que atua paralelamente à superfície da seção transversal. Considere o bloco de um material elástico, conforme mostra a Figura 5.16, que está sendo pressionado para baixo e empurrado entre dois suportes rígidos. À medida que a força F é aplicada, o material tende a se partir, romper ou cortar ao longo das duas bordas identificadas como *planos de cisalhamento* na figura. Pode-se ver o diagrama de corpo livre do bloco na Figura 5.16(b), e o equilíbrio na direção vertical exige que $V = F/2$. Ambas as forças V são chamadas *forças de cisalhamento*, e é possível notar que elas ocorrem nos planos de cisalhamento e são paralelas a eles.

Plano de cisalhamento

Assim como ocorre com a tração e a compressão, as tensões de cisalhamento também são continuamente distribuídas ao longo de qualquer seção transversal do material que possamos fazer. A força V resulta da

Força de cisalhamento

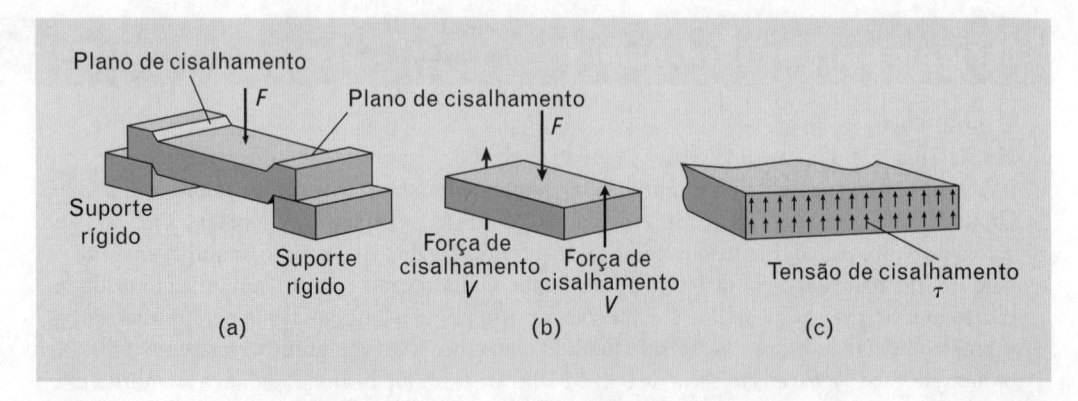

Figura 5.16

Forças de cisalhamento e tensões atuam sobre o material que é empurrado entre dois suportes rígidos.

combinação das tensões de cisalhamento mostradas na Figura 5.16(c), que atuam sobre a área exposta inteira. Nesse caso, a tensão de cisalhamento τ (a forma minúscula do caractere grego tau) é definida

$$\tau = \frac{V}{A} \tag{5.9}$$

em que A representa a área exposta da seção transversal.

A tensão de cisalhamento costuma ser associada a conexões feitas entre as componentes de uma estrutura ou máquina, incluindo parafusos, pinos, rebites, soldas e adesivos. Dois tipos de fixações que são vistos na prática são conhecidos como cisalhamento simples e cisalhamento duplo. A terminologia refere-se à maneira como as forças de cisalhamento são transmitidas entre ambos os objetos presos um ao outro. A Figura 5.17 mostra essas configurações para o caso ilustrativo de juntas sobrepostas fixadas com adesivo. Com o uso

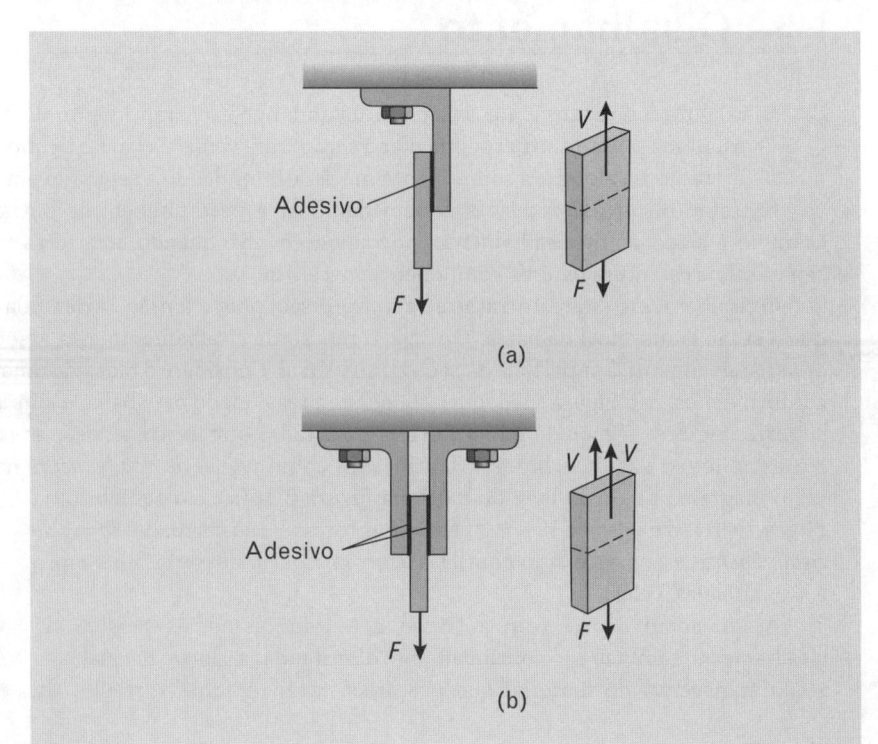

Figura 5.17

Conexões fixadas com adesivo na forma de (a) cisalhamento simples e (b) cisalhamento duplo. As camadas do adesivo são indicadas pelas linhas mais escuras.

dos diagramas de corpo livre, imaginamos desmontar as peças desse conjunto para expor as forças de cisalhamento presentes nas camadas do adesivo. No caso do *cisalhamento simples*, mostrado na Figura 5.17(a), a carga plena é suportada por apenas uma camada de adesivo, e $V = F$. O *cisalhamento duplo* é exemplificado na Figura 5.17(b). Uma vez que a carga é compartilhada entre ambas as superfícies, a carga de cisalhamento é dividida, e $V = F/2$. As conexões de cisalhamento duplo transferem as forças de cisalhamento para ambos os planos simultaneamente.

Cisalhamento simples e duplo

Exemplo 5.5 | Articulação do alicate de corte

No Exemplo 4.6, descobrimos que o pino da articulação B do alicate de corte deve suportar uma força de 385 N quando os cabos são pressionados juntos. Se o diâmetro do pino da articulação for de 8 mm, determine a tensão de cisalhamento do pino nas dimensões MPa do SI. (Ver a Figura 5.18.)

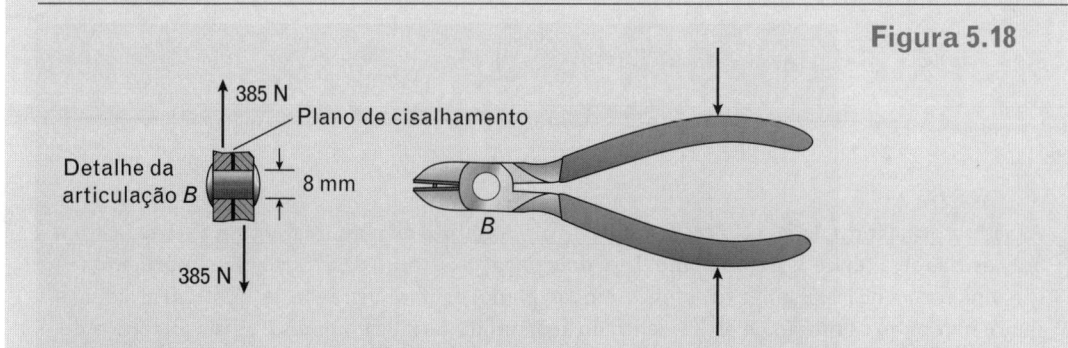

Figura 5.18

Abordagem
A força transmitida pelo pino B entre os dois conjuntos de ponta/cabo que formam a ferramenta foi definida no Exemplo 4.6 pela aplicação dos requisitos do equilíbrio estático. Agora, ampliamos a análise para examinar a intensidade da carga suportada pelo material do pino da articulação. Uma vez que a força de 385 N é transmitida de um conjunto de ponta/cabo para o outro em um único plano de cisalhamento, o pino da articulação suporta uma carga na forma de cisalhamento simples, e $V = 385$ N. A tensão de cisalhamento é calculada pela aplicação da Equação (5.9).

Solução
A área da seção transversal do pino é encontrada pela aplicação da Equação (5.1):

$$\Delta L = \frac{\pi (0{,}008\text{ m})^2}{4} \quad \leftarrow \left[A = \frac{\pi d^2}{4} \right]$$

$$= 5{,}027 \times 10^{-5} \text{ m}^2$$

Exemplo 5.5 | *continuação*

A tensão de cisalhamento é

$$\tau = \frac{385\,\text{N}}{5{,}027 \times 10^{-5}\,\text{m}^2} \quad \leftarrow \left[\tau = \frac{V}{A}\right]$$

$$= 7{,}659 \times 10^6\,\frac{\text{N}}{\text{m}^2}$$

$$= 7{,}659 \times 10^6\,\text{Pa}$$

em que, no último passo, usamos a definição da unidade derivada pascal da Tabela 3.2. Convertemos o valor numérico para as dimensões convencionais de tensão de MPa conforme:

$$\tau = (7{,}659 \times 10^6\,\text{Pa})\left(10^{-6}\,\frac{\text{MPa}}{\text{Pa}}\right)$$

$$= 7{,}659\,(\text{Pa})\left(\frac{\text{MPa}}{\text{Pa}}\right)$$

$$= 7{,}659\,\text{MPa}$$

Discussão

À medida que a força de 385 N é transmitida de um conjunto de ponta/cabo para o outro, a ação dessa força tende a cortar o pino B em dois pedaços. O pino da articulação suporta uma carga na forma de cisalhamento simples, em um plano, com intensidade de 7,659 MPa, a qual é muito menor que a tensão de escoamento do aço, um material comumente usado em pinos de articulação.

$$\tau = 7{,}659\,\text{MPa}$$

Exemplo 5.6 | *Juntas móveis*

O pino com rosca é submetido a uma carga de tração de 350 lbf, e essa força é transmitida através da junta articulada à base fixa. Nas dimensões USCS de ksi, determine a tensão de cisalhamento que atua no pino de $\frac{3}{8}$ in de diâmetro da junta. (Veja a Figura 5.19.)

Exemplo 5.6 | *continuação*

Figura 5.19

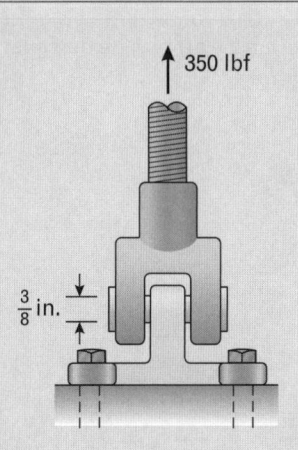

Abordagem
O pino com rosca e os parafusos presos na base fixa da junta suportam uma carga aplicada ao longo de seu comprimento na forma de tração. O pino da junta móvel suporta forças em sentido perpendicular ao seu comprimento, e a carga é aplicada na forma de cisalhamento. Para determinar a magnitude da força de cisalhamento, desenharemos os diagramas de corpo livre da junta móvel para mostrar como as forças são suportadas por ela. (Veja a Figura 5.20.)

Figura 5.20

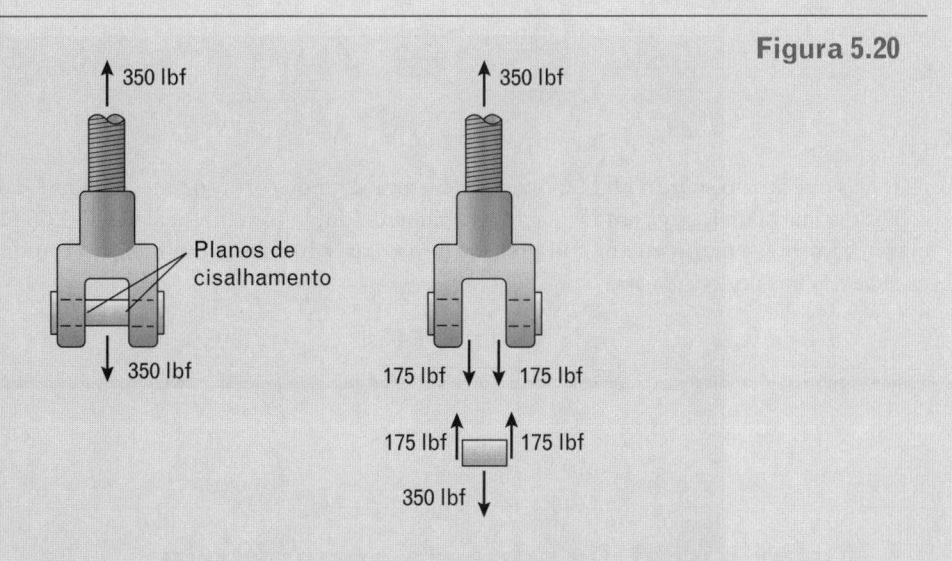

Exemplo 5.6 | *continuação*

Solução
A força de 350 lbf é transmitida do pino para a base através de dois planos de cisalhamento, e $V = 175$ lbf. A área da seção transversal do pino é

$$A = \frac{\pi(0{,}375 \text{ in.})^2}{4} \quad \leftarrow \left[A = \frac{\pi d^2}{4}\right]$$

$$= 0{,}1104 \text{ in}^2$$

A tensão de cisalhamento é

$$\tau = \frac{175 \text{ lbf}}{0{,}1104 \text{ in}^2} \quad \leftarrow \left[\tau = \frac{V}{A}\right]$$

$$= 1{,}584 \times 10^3 \frac{\text{lbf}}{\text{in}^2}$$

$$= 1{,}584 \times 10^3 \text{ psi}$$

onde usamos a abreviatura psi para denotar lbf/in². Para colocar o valor numérico na forma convencional, convertemos a tensão para a dimensão ksi usando a Tabela 5.1:

$$\tau = (1{,}584 \times 10^3 \text{ psi})\left(10^{-3} \frac{\text{ksi}}{\text{psi}}\right)$$

$$= 1{,}584 \, (\cancel{\text{psi}}) \left(\frac{\text{ksi}}{\cancel{\text{psi}}}\right)$$

$$= 1{,}584 \text{ ksi}$$

Discussão
As forças que atuam sobre a junta móvel tendem a cisalhar ou cortar o pino em dois locais. A conexão suporta uma carga em forma de cisalhamento duplo com intensidade de 1,584 ksi que, novamente, é muito menor que a tensão de escoamento do aço, um material comumente usado em pinos de articulação.

$$\boxed{\tau = 1{,}584 \text{ ksi}}$$

▶ 5.5 Materiais utilizados na engenharia

A essa altura, já consideramos algumas das características fundamentais dos materiais utilizados pela engenharia no que se refere a como eles respondem quando submetidos a tensões. O próximo passo envolve decidir que tipo de material deve ser utilizado em determinada aplicação. Uma grande variedade de materiais está disponível para a fabricação de produtos de engenharia, e escolher os mais adequados é um aspecto importante do processo do projeto. Os engenheiros mecânicos escolhem os materiais considerando tanto a finalidade do produto como os processos que serão utilizados na sua fabricação. As principais classes de materiais encontradas na engenharia mecânica são:

- Metais e suas ligas
- Cerâmicas
- Polímeros
- Materiais compostos

Os materiais eletrônicos compreendem outra classe, que inclui os semicondutores utilizados largamente pelos sistemas eletrônicos, computacionais e de telecomunicações. Dispositivos como microprocessadores e placas de memória utilizam materiais metálicos, por exemplo, condutores de eletricidade e materiais cerâmicos como isolantes.

Os engenheiros selecionam os materiais com base em seu desempenho, custo, disponibilidade e histórico em aplicações similares. Visto que a produção dos materiais utilizados pela engenharia envolve o consumo de recursos naturais e energia, preocupações ambientais são fatores também envolvidos no processo de seleção. Quanto mais etapas de fabricação forem necessárias para produzir o material e transformá-lo em produto final, maior será o seu custo, tanto em termos econômicos quanto ambientais. O ciclo de vida pleno de um material envolve a utilização de recursos naturais, como minérios, por exemplo, processamento de matéria-prima, fabricação e manufatura do produto, sua utilização, e, por fim, o descarte do produto ou a reciclagem de seus materiais.

Na seleção dos materiais a serem utilizados em um produto, o engenheiro precisa, primeiro, decidir sobre a classe de materiais que usará. Uma vez escolhida a classe (por exemplo, metais e suas ligas), o engenheiro determinará qual material, dentro da classe escolhida, é o mais indicado (por exemplo, aço ou alumínio). Muitos produtos são projetados para utilizar uma combinação de classes diferentes de materiais, cada qual sendo mais adequada para determinado fim. Os automóveis, por exemplo, contêm cerca de 50% a 60% de aço na sua estrutura, no motor e nas componentes das partes móveis; 5% a 10% de alumínio nas componentes do motor e da carroceria; e 10% a 20% de plásticos utilizados para componentes internos e externos. A fração restante inclui vidros para as janelas, chumbo para a bateria, borracha para os pneus e outros materiais.

Metais e suas ligas

Os metais são materiais relativamente rígidos e pesados; ou seja, do ponto de vista técnico, seus módulos de elasticidade e densidade geralmente apresentam valores elevados. A resistência dos metais pode ser aumentada pela aplicação de tratamentos mecânicos e térmicos e por adição de elementos de *ligas*, processo pelo qual se adicionam ao metal de base pequenas quantidades de outros elementos cuidadosamente escolhidos. Do ponto de vista do projeto, os metais são uma boa alternativa para estruturas e máquinas que devem suportar grandes forças.

Ligas

Em sentido negativo, porém, eles são suscetíveis à corrosão e, consequentemente, podem se deteriorar e perder a resistência com o tempo. Outra característica atraente dos metais é que há muitos métodos para fabricá-los, moldá-los e fixá-los. Os metais são materiais versáteis, porque podem ser fabricados por fundição, extrusão, forjamento, laminação, corte, perfuração e moagem.

Alguns metais, por força do seu processamento e de suas ligas, apresentam alta *ductibilidade*, que é a capacidade de um metal de suportar uma quantidade considerável de deformação antes de se romper. Na curva tensão-deformação da Figura 5.10,

Ductibilidade

um material dúctil possui uma região ampla na qual a deformação plástica ocorre; o aço usado para fazer clipes de papel é um bom exemplo de metal dúctil. Um material frágil como o vidro, por outro lado, não mostra praticamente nenhuma deformação plástica. Por razões óbvias, os metais dúcteis são bem adequados para o uso em estruturas e máquinas porque, quando sobrecarregados, eles avisam com antecedência, cedendo ou deformando-se visivelmente antes de quebrar.

Os metais incluem um número considerável de ligas, como alumínio, cobre, aço e titânio (Tabela 5.3):

- A liga de alumínio de classificação 3003 é geralmente produzida na forma de amplas chapas planas, que podem ser dobradas e moldadas com facilidade para formar caixas e coberturas de equipamentos eletrônicos, entre outros produtos. Usada para componentes mecânicos usinados submetidos a forças moderadas, a liga 6061 está disponível na versão recozida (R) ou temperada (T6). Recozimento e têmpera são as etapas de processamento que envolvem o tratamento térmico para aumentar a resistência do material.

- As ligas de cobre incluem os latões (ligas amareladas de cobre e zinco) e bronzes (ligas de tom marrom de cobre e estanho). Esses materiais não apresentam resistências particularmente altas, mas são resistentes à corrosão e podem ser facilmente unidos por solda. As ligas de cobre são usadas em engrenagens, rolamentos e na tubulação de condensadores e trocadores de calor.

- O aço de classificação 1020 é uma liga de aço de grau médio, facilmente trabalhável e relativamente barata. Os elementos de classificação 4340 são materiais de maior resistência e mais caros que os de classificação 1020. Embora todos os aços sejam compostos principalmente de ferro e uma pequena fração de carbono, eles são diferenciados com base em tratamentos mecânicos e térmicos e na presença de metais de liga adicionais, incluindo carbono, manganês, níquel, cromo e molibdênio.

- No caso dos aços inoxidáveis, a liga 316 é utilizada na fabricação de porcas, parafusos e adaptadores de tubulações resistentes à corrosão, e o material 440C, de resistência maior, é usado na fabricação de pistas de mancais de rolamentos (Seção 4.6).

- As ligas de titânio são fortes, leves e resistentes à corrosão. Por outro lado, são muito mais caras e difíceis de usinar do que outros metais. O titânio é usado na fabricação de tubos para a indústria química, hélices de turbinas a gás, estruturas de aeronaves de alto desempenho, submarinos e outras aplicações que exigem materiais de alta resistência.

Cerâmicas

Quando você pensa em cerâmica, imagens de xícaras de café, pratos e peças de arte provavelmente vêm à sua mente. A cerâmica utilizada pela engenharia, por outro lado, é empregada nas indústrias automotiva, aeroespacial, eletrônica, de telecomunicações, de informática e médica em aplicações que demandam altas temperaturas, exposição à corrosão, isolamento térmico e resistência ao desgaste. Cerâmicas são produzidas pelo aquecimento de elementos minerais encontrados na natureza e que são tratados quimicamente com pós em um forno para formar uma componente mecânica rígida.

As cerâmicas são materiais rígidos, frágeis e cristalinos que podem incluir elementos metálicos e não metálicos. Elas têm valores elevados de módulo de elasticidade, mas, por serem frágeis e tenderem a quebrar repentinamente quando sobrecarregadas, as cerâmicas não são adequadas para suportar grandes cargas de tração. As componentes mecânicas fabricadas de cerâmica se tornam consideravelmente mais frágeis diante da presença de pequenos defeitos, rachaduras, furos, conexões parafusadas e assim por diante.

Uma característica importante da cerâmica é o fato de ela ser capaz de suportar temperaturas extremas e proporcionar isolamento térmico a outras componentes adjacentes. A cerâmica é utilizada como um revestimento que proporciona uma barreira térmica que protege as hélices de turbinas das altas temperaturas desenvolvidas no interior dos motores a jato. Elas também são usados em sistemas de proteção térmica em cones de escape de foguetes e nos pára-brisas de muitas aeronaves, e foram usadas no ônibus espacial para isolar o quadro estrutural da espaçonave durante a reentrada.

Alguns exemplos de cerâmica são os compostos de nitrito de silício (Si_3N_4), alumina (Al_2O_3) e carboneto de titânio (TiC). A alumina às vezes é utilizada para compor estruturas de suporte semelhantes a conjuntos de favos de mel, usadas no sistema de escapamento e no catalisador dos automóveis. Em virtude de suas características mecânicas, elétricas e térmicas, a cerâmica avançada AlTiC (64% de Al_2O_3 e 36% de TiC) é utilizada no drive dos discos rígidos de computadores para sustentar os cabeçotes de gravação acima da superfície dos discos giratórios.

Os engenheiros e físicos estão encontrando uma gama crescente de aplicações para os materiais cerâmicos no campo médico, incluindo a reparação ou substituição de quadris, joelhos, dedos, dentes e válvulas cardíacas defeituosas de seres humanos. A cerâmica é um dos poucos materiais capazes de suportar o ambiente corrosivo do interior do corpo humano por um longo período. Descobriu-se que os implantes de cerâmica e o revestimento de cerâmica aplicado às próteses metálicas de juntas estimulam o crescimento ósseo e protegem as partes metálicas de um implante contra a ação do sistema imunológico.

Polímeros

Os plásticos e os elastômeros são dois tipos de polímeros. A raiz do termo "polímero" é uma palavra grega que significa "de muitas partes", e isso enfatiza o fato de que os polímeros são moléculas gigantes formadas de cadeias longas de moléculas menores comparadas a blocos de construção. Essas macromoléculas de polímeros são enormes quanto ao peso molecular e podem conter centenas de milhares de átomos. Cada macromolécula é formada por um grande número de unidades mais simples que são unidas em um padrão regular repetitivo. Os polímeros são compostos orgânicos, o que significa que sua fórmula química é baseada nas propriedades do elemento carbono. Os átomos de carbono, quando comparados a outros elementos, são mais capazes de formar ligações entre si, e outros átomos (como oxigênio, hidrogênio, nitrogênio e cloro) são ligados a essas cadeias de carbono. Do ponto de vista químico, portanto, os polímeros utilizados na engenharia são formados por moléculas que apresentam uma extensa cadeia e um padrão regular com base em carbono.

A borracha e a seda são duas macromoléculas naturais, mas os químicos e os engenheiros químicos desenvolveram centenas de materiais úteis contendo macromoléculas produzidas pelo homem. Os polímeros sintéticos são classificados em dois grupos: *plásticos* (que podem ser prensados em forma de chapa e tubo, ou moldados para formar uma ampla variedade de produtos) e *elastômeros* (que são flexíveis de modo semelhante à borracha). Diferentemente das primeiras duas classes de materiais – os metais e suas ligas e a cerâmica –, os plásticos e os elastômeros são materiais relativamente macios. Normalmente, eles têm um módulo de elasticidade muitas vezes menor que o dos metais. Além disso, suas propriedades também sofrem uma alteração significativa por causa da temperatura. Na temperatura ambiente, os polímeros podem deformar-se e apresentar um comportamento elástico, mas, à medida que a temperatura diminui, eles tornam-se mais rígidos e quebradiços. Esses materiais não são adequados para aplicações nas quais se exige resistência nem para operações em temperaturas elevadas. No entanto, os plásticos e os elastômeros são materiais amplamente usados e de vital importância para a engenharia. São relativamente baratos e leves, apresentam boas propriedades isolantes contra o calor e a eletricidade e facilidade de moldagem para a fabricação de peças complexas.

Plásticos são um dos materiais mais utilizados em qualquer indústria, e as suas formas mais comuns são o polietileno, o poliestireno, o epóxi, o policarbonato, o poliéster e o náilon. Elastômeros, a segunda categoria de polímeros, são macromoléculas sintéticas semelhantes à borracha que são elásticas e se alongam de maneira similar a esse material. Elastômeros podem ser amplamente deformados e, ainda assim, retornar ao seu formato original depois de liberados.

Em uma de suas maiores aplicações, os elastômeros são utilizados para fabricar pneus de veículos, de bicicletas a aeronaves. Outros elastômeros incluem a espuma de poliuretano, utilizada para proporcionar isolamento de edifícios, vedantes de silicone e adesivos, bem como o neoprene, que apresenta resistência a produtos químicos e óleos. Também são usados na fabricação de suportes e estruturas que podem reduzir a vibração produzida por uma máquina. As estruturas de isolamento de vibração que incorporam elastômeros são utilizadas para fixar o motor no chassi de um automóvel e isolar o conjunto do disco rígido de um computador portátil contra choques e vibrações, caso este venha a sofrer uma queda por acidente.

Materiais compostos

Como o próprio nome indica, os materiais compostos resultam da mistura de vários materiais diferentes, e sua fórmula pode ser personalizada e adaptada para aplicações específicas. Eles costumam ser formados por dois componentes: a matriz e o reforço. A matriz é um material relativamente dúctil, que liga e mantém unidas as partículas ou fibras fortes do reforço embutidas nela. Alguns materiais compostos têm uma matriz de polímero (normalmente o epóxi ou o poliéster), que é reforçada por fibras de menor diâmetro feitas de vidro, carbono ou Kevlar®.

Os materiais compostos não são muito adequados para aplicações que demandam temperatura elevada, porque, assim como ocorre com os plásticos e elastômeros, a matriz do polímero amolece à medida que a temperatura aumenta. A ideia principal por trás dos materiais compostos reforçados com fibras é que as mais fortes suportam a maior parte da força aplicada ao material. Outros exemplos de materiais compostos são o concreto, que é reforçado por barras de aço; pneus de automóveis, que incluem o reforço de cintas de aço em uma matriz de elastômero; e correias de transmissão de força, que utilizam fibras ou cabos para suportar a tração da correia (Seção 8.6).

Os materiais compostos constituem um exemplo do provérbio que diz: "o todo é maior que a soma de suas partes", no sentido de que as suas propriedades mecânicas são superiores àquelas encontradas nos materiais individuais que os compõem. As principais vantagens dos materiais compostos são que eles podem ser bem rígidos, resistentes e leves. Entretanto, os processos adicionais necessários para a sua produção elevam seu custo.

O amplo uso dos materiais compostos reforçados com fibras começou na indústria aeroespacial (Figura 5.21), em que o peso é uma das principais preocupações. Uma parcela considerável do peso de uma aeronave pode ser reduzida graças ao emprego de materiais compostos na estrutura, nos estabilizadores horizontais e verticais, nos *flaps* e no revestimento das asas. Aproximadamente 30% da superfície externa da aeronave comercial Boeing 767 é feita de materiais compostos.

Figura 5.21

Esse avião é fabricado em alumínio, titânio, materiais compostos e outros materiais avançados para satisfazer aos requisitos de baixo peso e alta resistência, necessários ao seu desempenho.

jiawangkun/Shutterstock.com

À medida que a tecnologia dos materiais compostos amadureceu e seus custos diminuíram, esses materiais passaram a ser adotados na fabricação de automóveis, estruturas arquitetônicas, bicicletas, esquis, raquetes de tênis e outros produtos de consumo.

Foco em

Projeto de novos materiais

Engenheiros e cientistas estão continuamente desenvolvendo novos materiais que podem ser usados na concepção de produtos inovadores. Em materiais convencionais, como metais, cerâmicas e plásticos, o peso, a resistência e a densidade do material estão correlacionados. Por exemplo, muitos materiais de alta resistência são fortes, mas também pesados, limitando sua aplicação em ambientes onde é importante manter o peso ao mínimo. Mas os engenheiros estão desenvolvendo novos materiais que desafiam as suposições tradicionais sobre materiais. Como um exemplo, as cerâmicas nanoestruturadas combinam pequenas hastes e juntas, permitindo que as propriedades estruturais e mecânicas das cerâmicas sejam alteradas e, como resultado, menos dependentes do peso. Essas nanoestruturas estão permitindo o desenvolvimento de uma das substâncias mais fortes e leves já feitas com aplicações nos campos automotivo, aeroespacial e de energia. Elas também estão permitindo materiais que podem recuperar sua forma após serem esmagados, como uma esponja. Outros materiais estão sendo desenvolvidos, inspirando-se no design de sistemas biológicos. Na Universidade do Sul da Califórnia, materiais bitérmicos compostos por dois materiais que respondem de forma diferente às mudanças de temperatura podem alterar sua configuração para ajudar a reduzir os custos de energia. Por exemplo, na Figura 5.22, essa estrutura pode regular a temperatura em seu ambiente local ventilando dinamicamente um espaço e protegendo-o do sol.

Esse comportamento responsivo do material simula a pele humana e outros sistemas naturais que abrem os poros para resfriamento ou os fecham para reter energia. Pesquisadores do Instituto Real de Tecnologia da Suécia desenvolveram o chamado nanopapel tecendo firmemente fios de celulose nanométricos encontrados nas paredes celulares de plantas e algas. A estrutura resultante é mais forte e mais resistente que o ferro fundido e pode ser fabricada a partir de materiais renováveis a temperatura e pressão relativamente baixas.

Outra forma de nanopapel é feita de nanofios metálicos. Com sua capacidade de absorver até 20 vezes seu peso em óleo, este nanopapel está sendo usado para ajudar a limpar derramamentos de óleo e outras toxinas ambientais. Pesquisadores do Instituto de Tecnologia de Massachusetts desenvolveram um novo tipo de célula fotovoltaica automontável. Essas células imitam os mecanismos de reparo encontrados em plantas e espera-se que sejam 40% mais eficientes na conversão de energia do que as células fotovoltaicas atuais. Essas novas células podem prolongar indefinidamente a vida útil atualmente limitada dos painéis solares.

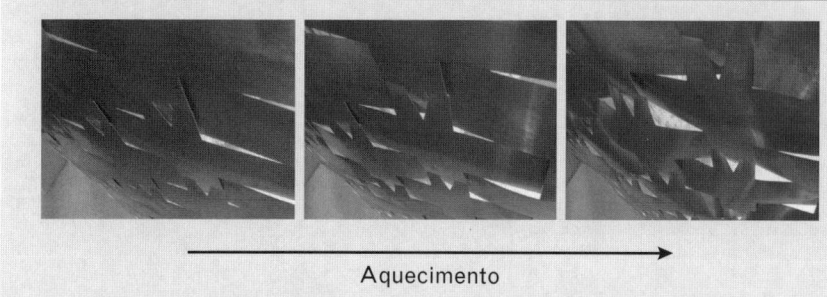

Aquecimento

Figura 5.22

Termobimetais como esta estrutura de níquel-magnésio consistem em duas chapas metálicas finas com diferentes coeficientes de expansão. Quando aquecidas, as ligações do material atuam como um tipo de pele para um edifício, permitindo uma ventilação automática.

Doris Kim Sung

Outros materiais recém-desenvolvidos incluem um plástico bio-inspirado da Universidade de Harvard, que é leve, fino e forte, imitando uma asa de inseto e fornecendo uma opção biocompatível para sacos de lixo, embalagens e fraldas. Na Northwestern University e na Michigan State University, um novo material termoelétrico converte o calor residual em eletricidade com eficiência recorde, permitindo que os engenheiros reutilizem o calor anteriormente desperdiçado em fábricas, usinas, veículos e navios. Essas descobertas continuarão a impactar os tipos de produtos e sistemas que os engenheiros mecânicos podem projetar e desenvolver. Por exemplo, imagine poder trabalhar com materiais capazes de se reparar com o tempo. Você pode projetar um produto com vidro capaz de reparar rachaduras ou com metais que possam renovar seu revestimento protetor para evitar a corrosão. Essas são algumas das tecnologias de materiais que em breve poderão se tornar recursos realistas para engenheiros no projeto de produtos, sistemas e máquinas.

Exemplo 5.7 | Seleção de materiais para reduzir o peso

Ao projetar uma estrutura de barras cilíndricas, o engenheiro determina que o material metálico escolhido para a fabricação das barras deverá satisfazer a três requisitos. (Ver Figura 5.23.) A barra deverá:

- Sustentar uma força de magnitude F
- Ter o comprimento L
- Apresentar um alongamento menor que ΔL

A área da seção transversal da barra e o material com o qual ela será fabricada serão escolhidos pelo projetista. Entre aço, alumínio e titânio, qual desses materiais você recomendaria para minimizar o peso da barra?

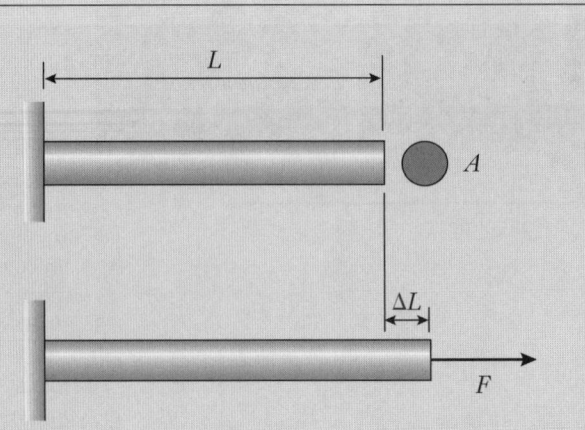

Figura 5.23

Exemplo 5.7 | continuação

Abordagem
Para determinar o melhor material devemos levar em conta duas de suas propriedades – densidade e módulo de elasticidade – que serão consideradas nos cálculos para a determinação do peso e do alongamento da barra. O peso da barra é $w = \rho_w AL$, em que ρ_w representa o peso do metal por unidade de volume, listado na Tabela 5.2. O comprimento e a área da seção transversal, o módulo de elasticidade do material da barra e a força aplicada são indicados pela Equação (5.6).

Solução
Embora a área da barra não seja conhecida, ela pode ser expressa com relação às quantidades dadas

$$A = \frac{FL}{E\Delta L} \qquad \leftarrow \left[\Delta L = \frac{FL}{EA}\right]$$

Substituindo a expressão para o peso da barra e fazendo algumas manipulações algébricas, temos

$$w = (\rho_w L)\left(\frac{FL}{E\Delta L}\right) \qquad \leftarrow [w = \rho_w AL]$$

$$= \left(\frac{FL^2}{\Delta L}\right)\left(\frac{\rho_w}{E}\right)$$

$$= \frac{FL^2/\Delta L}{E/\rho_w}$$

O numerador dessa expressão consiste em um grupo de variáveis dadas no enunciado do problema: a força aplicada, o comprimento da barra e o alongamento permitido. Assim, o valor numérico do numerador é fixado. Por outro lado, o denominador E/ρ_w é característico somente do material. Para reduzir o peso da barra, devemos escolher um material que tenha um valor E/ρ_w tão grande quanto possível. A área da seção transversal da barra pode, então, ser determinada posteriormente a partir da expressão $A = FL/E\Delta L$. Usando-se o módulo de elasticidade e os valores de densidade de peso listados na Tabela 5.2, o valor do denominador para o aço é

$$\frac{E}{\rho_w} = \frac{207 \times 10^9 \, \text{Pa}}{76 \times 10^3 \, \text{N/m}^3}$$

$$= 2{,}724 \times 10^6 \left(\frac{\text{N}}{\text{m}^2}\right)\left(\frac{\text{m} \cdot \text{m}^2}{\text{N}}\right)$$

$$= 2{,}724 \times 10^6 \, \text{m}$$

e, de modo similar, encontramos os valores para o alumínio ($2{,}667 \times 10^6$ m) e para o titânio ($2{,}651 \times 10^6$ m). Ao dispor esses valores na Tabela 5.3, podemos ver que o aço tem uma pequena vantagem sobre o alumínio e o titânio, mas a diferença corresponde a uma porcentagem muito pequena.

Exemplo 5.7 | continuação

Tabela 5.4

Material	E/ρ_w (m)
Aço	$2{,}724 \times 10^6$
Alumínio	$2{,}667 \times 10^6$
Titânio	$2{,}651 \times 10^6$

Discussão

O parâmetro E/ρ_w é a medida da rigidez do material por peso unitário. Para uma aplicação que envolva tração, escolhemos um material que aumente o valor E/ρ_w para que a estrutura apresente alta rigidez e baixo peso. Ao finalizar a análise, o aço realmente apresenta uma pequena vantagem, mas o coeficiente E/ρ_w é quase o mesmo em comparação com o alumínio e o titânio. Uma vez, porém, que o custo do material também deve ser considerado, o aço será claramente a melhor opção, visto que o alumínio é um pouco mais caro que o aço, enquanto o titânio é muito mais dispendioso. Obviamente, a nossa análise não considerou a corrosão, a resistência, a ductilidade e a possibilidade de usinagem. Esses fatores podem ser importantes para essa tarefa e influenciar a recomendação final. Como é possível observar, a escolha de um material envolve equilibrar custo e desempenho.

> O aço tem uma leve vantagem.

▶ 5.6 Coeficiente de segurança

Os engenheiros mecânicos determinam o formato, as dimensões e os materiais de uma ampla variedade de produtos e tipos de equipamentos. A análise que fornece o suporte para essas decisões de projeto considera as tensões de tração, compressão e cisalhamento que estão presentes, as propriedades do material e outros fatores que você encontrará mais adiante nos seus estudos de engenharia mecânica. Os projetistas estão cientes de que uma componente mecânica poderá romper-se ou tornar-se inútil por diversos motivos. Por exemplo, o objeto poderá ceder e apresentar uma deformação permanente, romper-se repentinamente em muitos pedaços por ser frágil ou ficar danificado por corrosão. Nesta seção, apresentamos um modelo simples que os engenheiros utilizam para determinar se uma componente mecânica poderá sofrer escoamento por causa de tensões de tração ou de cisalhamento. Essa análise prediz o ponto inicial do escoamento dos materiais dúcteis, constituindo uma ferramenta útil, que permite aos engenheiros mecânicos evitarem que uma peça seja submetida a uma carga que atinja ou ultrapasse a sua tensão-limite de escoamento. No entanto, o escoamento é apenas um dos muitos mecanismos de falha. Portanto, a análise que faremos nesta seção, obviamente, não oferecerá os meios de previsão de outros tipos de falha.

Do ponto de vista prático, os engenheiros reconhecem que, apesar de suas melhores intenções, nenhum produto é perfeito. Além disso, independentemente do cuidado com o qual alguém tente calcular as forças que atuarão sobre uma estrutura ou máquina, sempre existe a possibilidade de a componente mecânica sofrer uma sobrecarga por acidente ou má utilização. Por esses motivos, um parâmetro geral chamado coeficiente de segurança é normalmente introduzido para prevenir a ocorrência de efeitos inesperados, imprecisão, incerteza, potenciais falhas e degradação do material. O *coeficiente de segurança* é definido como a razão entre a tensão na qual ocorre a falha do objeto e a tensão durante seu uso normal. O coeficiente de segurança para a proteção contra o escoamento dúctil é, em geral, escolhido para variar entre 1,5 e 4,0; ou seja, o projeto deverá apresentar uma resistência entre 150% e 400% maior que o valor necessário para o uso comum da peça. Para materiais de engenharia que apresentam uma confiabilidade maior que acima da média ou em condições operacionais bem controladas, é possível diminuir os valores do coeficiente de segurança. Quando materiais novos ou ainda não testados forem utilizados, ou na presença de outras incertezas, coeficientes de segurança com valores mais altos resultarão em projetos mais seguros.

Coeficiente de segurança

Quando uma barra reta é submetida à tração conforme mostrado na Figura 5.3, a possibilidade de ela sofrer escoamento é avaliada ao se comparar a tensão σ com a resistência de escoamento do material, S_y. A falha decorrente do escoamento dúctil é prevista se $\sigma > S_y$. Os engenheiros definem o coeficiente de segurança da tensão atuante como

$$n_{\text{tração}} = \frac{S_y}{\sigma} \qquad (5.10)$$

Se o coeficiente de segurança for maior que a unidade, esse ponto de vista prediz que a componente não irá apresentar escoamento, e se for menor que a unidade, espera-se que ocorra falha. No caso das componentes que sofrem uma carga pura de cisalhamento, a tensão de cisalhamento τ é comparada à tensão-limite de escoamento no cisalhamento, que é identificada por S_{sy}. Conforme deduzido em tratamentos mais avançados de análise de tensões, uma perspectiva sobre as falhas de materiais relaciona a resistência ao escoamento no cisalhamento ao valor na tração, de acordo com a expressão

$$S_{sy} = \frac{S_y}{2} \qquad (5.11)$$

A resistência ao escoamento no cisalhamento, portanto, pode ser determinada a partir dos valores de resistência obtidos em testes padronizados para a avaliação da tração, conforme relacionados na Tabela 5.3. Para avaliar a possibilidade de um material dúctil apresentar escoamento no cisalhamento, comparamos a tensão e a resistência quanto ao coeficiente de segurança relativo ao cisalhamento

$$n_{\text{cisalhamento}} = \frac{S_{sy}}{\tau} \qquad (5.12)$$

O valor numérico para o coeficiente de segurança escolhido pelo engenheiro para determinado projeto dependerá de vários parâmetros, incluindo a formação do próprio projetista, sua experiência com componentes similares ao que é analisado, a quantidade de testes que serão realizados, a confiabilidade do material, as consequências da falha, os procedimentos de manutenção e inspeção e o custo. Determinadas componentes de uma aeronave podem ser projetados com o coeficiente de segurança apenas ligeiramente maior que a unidade para reduzir o peso, que é uma vantagem em aplicações aeroespaciais. Para contrabalançar essa aparentemente pequena margem de erro, esses componentes serão amplamente analisados e testados, e serão desenvolvidos e revisados por uma equipe de engenheiros com grande experiência na área. Quando as forças e as condições de carga não são conhecidas com exatidão ou quando as consequências da falha de uma componente puderem ser significativas ou venham a colocar vidas em risco, valores altos para o coeficiente de segurança são apropriados. Os manuais de engenharia e as normas de projeto geralmente recomendam faixas de coeficientes de segurança, e essas referências devem ser utilizadas sempre que possível. Em parte, as normas de projeto estabelecem padrões de segurança para diversos produtos, como vimos quando consideramos as dez mais importantes conquistas da engenharia mecânica, na Seção 1.3.

Exemplo 5.8 | Projeto da conexão de uma engrenagem e um eixo

A roda dentada é usada em uma transmissão e está presa a um eixo de 1 in. de diâmetro por uma chaveta com uma seção transversal de 0,25 × 0,25 in. e comprimento de 1,75 in. (ver Figura 5.24). A chaveta é fabricada com aço de classificação 1045 e se encaixa nas fendas usinadas no eixo e na engrenagem. No momento em que a engrenagem é acionada nos dentes por uma força de 1.500 lbf, determine (a) a tensão de cisalhamento da chaveta e (b) o coeficiente de segurança contra o escoamento.

Figura 5.24

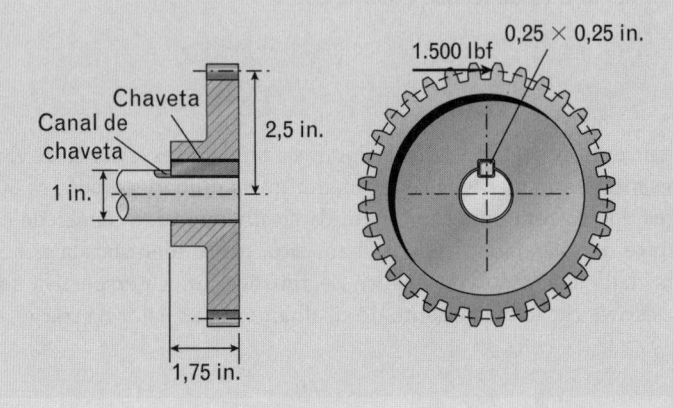

Abordagem
O torque é transmitido entre a engrenagem e o eixo através da chaveta, que tende a ser cortada ao longo do plano de cisalhamento pela força transmitida entre a engrenagem e o eixo. (Veja a Figura 5.25.) A magnitude da força de cisalhamento é determinada pela aplicação da condição do equilíbrio rotacional à engrenagem. Enquanto a força de 1.500 lbf tende a fazer girar a engrenagem em sentido horário, a força de cisalhamento entre a engrenagem e a chaveta equilibra o torque no sentido anti-horário.

Figura 5.25

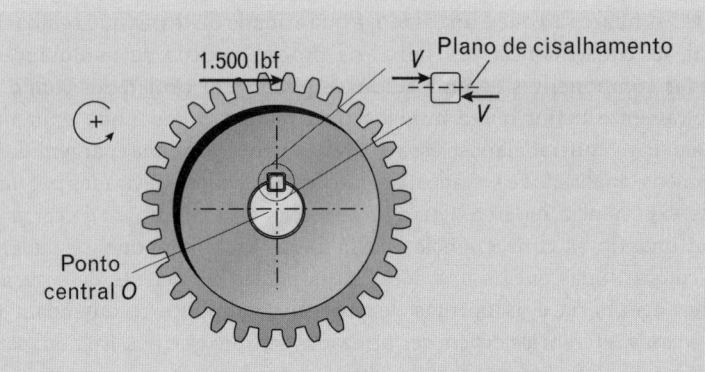

Exemplo 5.8 | *continuação*

Solução
(a) A força de cisalhamento exercida sobre a chaveta é determinada a partir do equilíbrio entre seu torque e o da força de 1.500 lbf exercida pelos dentes em relação ao centro do eixo:

$$-(1.500 \text{ lbf})(2,5 \text{ in.}) + V(0,5 \text{ in.}) = 0 \quad \leftarrow \left[\sum_{i=1}^{N} M_{o,i} = 0\right]$$

e V = 7.500 lbf. Essa força é distribuída sobre o plano de cisalhamento da chaveta que possui a área da seção transversal

$$A = (1,75 \text{ in.})(0,25 \text{ in.}) = 0,4375 \text{ in}^2$$

A tensão de cisalhamento é

$$\tau = \frac{7.500 \text{ lbf}}{0,4375 \text{ in}^2} \quad \leftarrow \left[\tau = \frac{V}{A}\right]$$

$$= 1,714 \times 10^4 \frac{\text{lbf}}{\text{in}^2}$$

$$= 1,714 \times 10^4 \text{ psi}$$

Para colocar o valor numérico em uma forma mais convencional, convertemos para a dimensão ksi:

$$\tau = (1,714 \times 10^4 \text{ psi})\left(10^{-3} \frac{\text{ksi}}{\text{psi}}\right)$$

$$= 17,14 \text{ (psi)}\left(\frac{\text{ksi}}{\text{psi}}\right)$$

$$= 17,14 \text{ ksi}$$

(b) A resistência de escoamento S_y = 60 ksi está listada na Tabela 5.3, mas trata-se aqui da resistência para carga de tração. De acordo com a Equação (5.11), a resistência de escoamento por cisalhamento dessa liga é

$$S_{sy} = 60 \frac{\text{ksi}}{2} \quad \leftarrow \left[S_{sy} = \frac{S_y}{2}\right]$$

$$= 30 \text{ ksi}$$

O fator de segurança da chave contra o escoamento dúctil é

$$n_{\text{shear}} = \frac{30 \text{ ksi}}{17,14 \text{ ksi}} \quad \leftarrow \left[n_{\text{shear}} = \frac{S_{sy}}{\tau}\right]$$

$$= 1,750 \frac{\text{ksi}}{\text{ksi}}$$

$$= 1,750$$

que é um número adimensional.

Exemplo 5.8 | *continuação*

Discussão
Uma vez que o fator de segurança é maior que a unidade, nosso cálculo indica que a conexão entre a engrenagem e o eixo é resistente o bastante para evitar a deformação com uma margem adicional de 75%. Se a força exercida sobre o dente da engrenagem aumentasse mais que esse valor, então podia-se esperar que a chaveta sofresse escoamento, e o projeto seria insatisfatório. Nesse caso, a área da seção transversal da chaveta teria de ser aumentada ou um material mais resistente teria de ser selecionado.

$$\tau = 17{,}14 \text{ ksi}$$
$$n_{\text{cisalhamento}} = 1{,}750$$

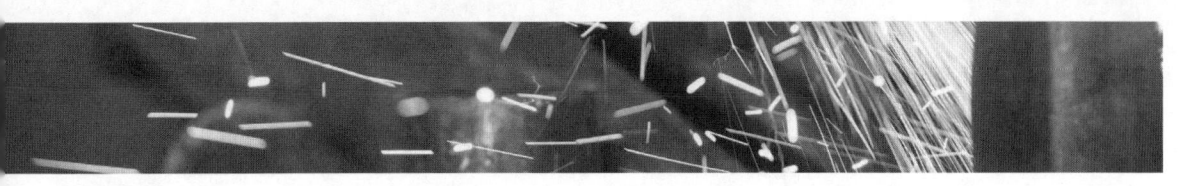

Resumo

Uma das principais funções dos engenheiros mecânicos é projetar estruturas e componentes mecânicos confiáveis e que não venham a romper. Os engenheiros analisam a tensão, a deformação e a resistência para determinar se uma componente será segura ou se apresentará algum risco de sofrer sobrecarga a ponto de apresentar deformação excessiva ou fratura. As grandezas importantes apresentadas neste capítulo, os símbolos normalmente utilizados para descrevê-las e suas unidades encontram-se resumidos na Tabela 5.5, e as equações principais estão relacionadas na Tabela 5.6.

De modo geral, os engenheiros realizam análises de tensão durante o processo de projeto, e os resultados dos seus cálculos são utilizados para orientar a escolha de materiais e suas dimensões. Conforme apresentado no Capítulo 2, quando a forma de uma componente ou as circunstâncias de carregamento são especialmente complexas, os engenheiros utilizam-se de ferramentas de projeto auxiliadas por computador para calcular as tensões e as deformações. A Figura 5.26 ilustra os resultados de uma dessas análises de tensão para as pás de uma turbina eólica.

Figura 5.26

Análise de tensões realizada com a ajuda do computador de uma junta articulada. As diferentes tonalidades de cinza indicam a magnitude da tensão.

Foto cortesia da Autodesk, Inc.

Quantidade	Símbolos convencionais	USCS	SI
Tensão da tração	σ	psi, ksi, Mpsi	Pa, kPa, MPa
Tensão de cisalhamento	τ	psi, ksi, Mpsi	Pa, kPa, MPa
Módulo de elasticidade	E	Mpsi	GPa
Tensão de escoamento Tração Cisalhamento	S_y S_{sy}	ksi ksi	MPa MPa
Tensão de ruptura	S_u	ksi	MPa
Deformação	ε	—	—
Coeficiente de Poisson	ν	—	—
Coeficiente de segurança	$n_{tração}, n_{cisalhamento}$	—	—
Rigidez	k	lbf/in.	N/m

Tabela 5.5

Quantidades, símbolos e unidades que surgem ao analisar tensões e propriedades de materiais

Tabela 5.6

Principais equações que surgem ao analisar materiais e tensões

Tração e compressão	
Tensão	$\sigma = \dfrac{F}{A}$
Deformação	$\varepsilon = \dfrac{\Delta L}{L}$
Módulo de elasticidade	$\sigma = E\varepsilon$
Deformação da barra	
Alongamento	$\Delta L = \dfrac{FL}{EA}$
Alteração de diâmetro	$\Delta d = -\nu d \dfrac{\Delta L}{L}$
Lei de Hooke	$F = k\Delta L$
Rigidez	$k = \dfrac{EA}{L}$
Cisalhamento	
Tensão	$\tau = \dfrac{V}{A}$
Resistência de escoamento	$S_{sy} = \dfrac{S_y}{2}$
Coeficiente de segurança	
Tração	$n_{\text{tração}} = \dfrac{S_y}{\sigma}$
Cisalhamento	$n_{\text{cisalhamento}} = \dfrac{S_{sy}}{\tau}$

Neste capítulo, consideramos as condições de carregamento conhecidas como tração, compressão e cisalhamento, bem como um mecanismo de falha denominado escoamento dúctil. Os conceitos a seguir são essenciais para selecionar materiais e definir dimensões na realização do projeto de estruturas e máquinas:

- *Tensão* é a intensidade de uma força distribuída ao longo de uma área exposta do material. Dependendo da direção em que a tensão age, ela poderá assumir a forma de tração ou cisalhamento.
- *Deformação* é definida como alteração no comprimento por unidade do comprimento original. Visto que sua definição é dada na forma de uma proporção entre os dois comprimentos, a deformação é uma quantidade adimensional e muitas vezes é expressa como uma porcentagem decimal. Se o alongamento de uma barra de 1 metro de comprimento for de 0,1%, isso significa que ela apresentou um fator de alongamento de 0,001 ou 1 milímetro.
- A *resistência* captura a capacidade de um material de suportar os esforços que agem sobre ele. Os engenheiros mecânicos comparam as tensões com a resistência dos materiais para avaliar se ocorrerá o escoamento.

Uma parte importante da engenharia mecânica envolve a escolha dos materiais que serão utilizados no projeto de uma estrutura ou da componente de uma máquina. A escolha dos materiais corretos constitui um aspecto importante do processo de projeto, no qual os engenheiros mecânicos devem considerar questões de desempenho, econômicas, ambientais e de manufatura. Neste capítulo, apresentamos algumas das características das principais classes de materiais encontrados na engenharia mecânica: metais e suas ligas, cerâmicas, polímeros e materiais compostos. Cada classe de material possui suas próprias vantagens, características especiais e aplicações preferidas.

Uma vez determinadas as forças que atuam sobre uma componente mecânica, atribuídas as dimensões da componente e identificados os materiais a serem usados na sua produção, a confiabilidade do projeto é submetida a uma avaliação. O coeficiente de segurança consiste na proporção entre a tensão na falha e a tensão que ocorre durante o uso normal da componente. Já foi dito que há *fatores conhecidos* (aqueles que conhecemos e podemos prever ao realizar um projeto), *fatores desconhecidos previstos* (aqueles que não conhecemos, mas que pelo menos sabemos que não os conhecemos) e *fatores desconhecidos imprevistos* (aqueles que são desconhecidos e que poderiam nos surpreender porque não temos ciência deles e, portanto, são capazes de comprometer inesperadamente um projeto). O coeficiente de segurança destina-se a melhorar a confiabilidade de um projeto e levar em conta os fatores desconhecidos previstos e imprevistos na forma de incertezas envolvidas na utilização, nos materiais e na montagem.

Autoestudo e revisão

5.1. Como a tensão e a deformação são definidas no caso de uma barra que suporta uma carga de tração?

5.2. Nos Sistemas SI e USCS, quais são as dimensões convencionais para tensão e deformação?

5.3. Desenhe um diagrama tensão-deformação e identifique algumas de suas características importantes.

5.4. Qual é a diferença entre os comportamentos elástico e plástico dos materiais?

5.5. Defina os seguintes termos: módulo de elasticidade, limite de proporcionalidade, limite de escoamento e limite de resistência.

5.6. Quais são os valores numéricos aproximados para o módulo de elasticidade do aço e do alumínio?

5.7. Como é a resistência de escoamento encontrada a partir do uso do limite 0,2%?

5.8. O que é o coeficiente de Poisson?

5.9. Quais são as diferenças entre as tensões de tração e de cisalhamento?

5.10. Relacione algumas das características e aplicações para metais e suas ligas, cerâmicas, polímeros e materiais compostos.

5.11. Como a resistência ao escoamento por cisalhamento S_{sy} está relacionada à resistência ao escoamento S_y obtida pelo teste de tração?

5.12. O que é coeficiente de segurança? Quando o coeficiente de segurança é muito pequeno? Ele pode ser muito grande?

5.13. Relacione algumas das ponderações que um engenheiro deve fazer quando decide se o coeficiente de segurança de um projeto é muito grande ou muito pequeno.

Problemas

P5.1

Encontre um exemplo concreto de uma estrutura mecânica ou uma máquina que apresenta tensão de tração.

(a) Faça um desenho claro e descritivo da situação.
(b) Estime as dimensões da estrutura ou da máquina e as magnitudes e direções das forças que atuam sobre ela. Mostre as magnitudes e direções das forças no desenho. Explique brevemente por que você estima que as dimensões e as forças tenham os valores numéricos que você indicou.
(c) Calcule a magnitude da tensão.

P5.2

Um recipiente de 1 Mg está pendurado por um cabo de aço de 15 mm de diâmetro. Qual é a tensão no cabo?

P5.3

O aço de classificação 1020 possui uma resistência ao escoamento de 42 ksi e um módulo de elasticidade de 30 Mpsi. Um segundo aço, com outra classificação, possui uma resistência ao escoamento de 132 ksi. Qual é o módulo de elasticidade do segundo aço?

P5.4

Um cabo de aço com diâmetro de $\frac{3}{16}$ polegadas mm está preso a um parafuso olhal e submetido a uma tração de 500 lbf (Figura P5.4). Calcule a tensão no cabo e expresse o resultado nas dimensões psi, ksi, Pa, kPa e MPa.

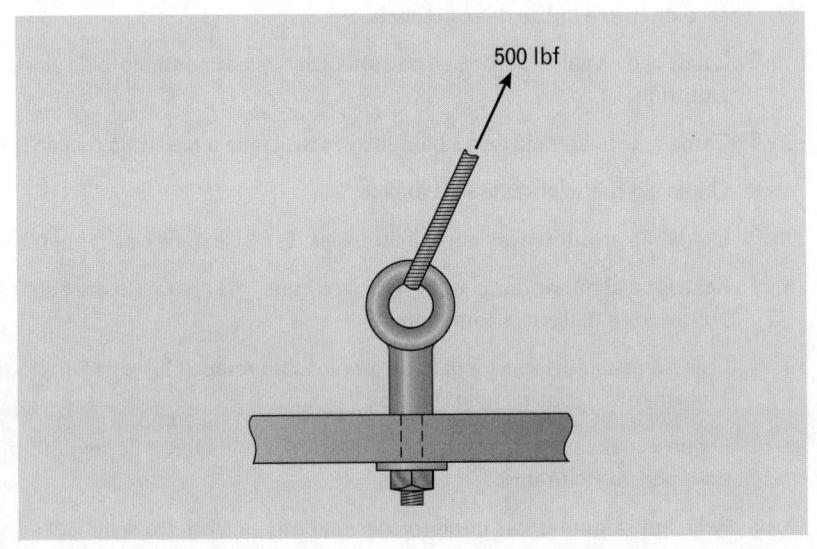

Figura P5.4

P5.5

Quando uma mulher de 120 lbf fica em pé sobre uma trilha coberta de neve, ela afunda um pouco, porque a tensão de compressão entre suas botas para esqui e a neve é maior do que a neve é capaz de suportar sem ceder. Seus esquis têm 6,5 in. de comprimento e $1\frac{7}{8}$ polegadas de largura. Depois de estimar as dimensões da sola da bota, calcule a porcentagem da redução percentual da tensão aplicada à neve quando a mulher estiver usando seus esquis em vez das botas.

P5.6
Quando um operador comprime os cabos de um alicate de corte de barras, a conexão AB suporta uma força de 7,5 kN (Figura 5.6). Supondo que a conexão tenha uma seção transversal retangular de 14 × 4 mm, calcule a tensão de tração interna da conexão.

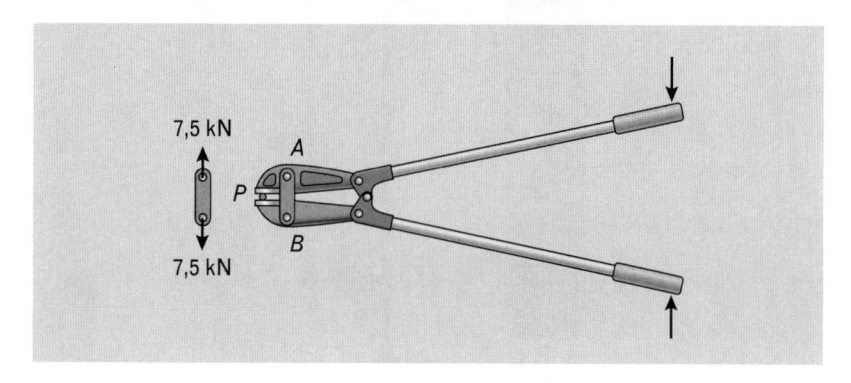

Figura P5.6

P5.7
Ver Figura P5.7.

(a) Usando o método da álgebra vetorial ou do polígono para descobrir a resultante, determine a magnitude de F que fará com que o efeito líquido das três forças atue verticalmente.

(b) Para o valor de F, determine a tensão na barra reta, com diâmetro de $\frac{3}{8}$ in., do parafuso olhal.

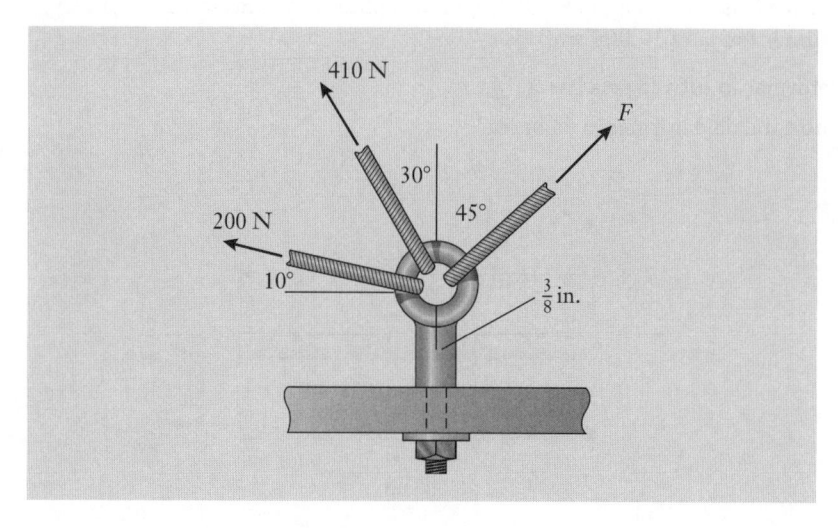

Figura P5.7

P5.8
Em uma oficina, uma serra de fita é usada para cortar uma peça que desliza entre os dois blocos de guia B (Figura P5.8). A que esforço de tração P a serra deve ser ajustada para que a sua tensão seja 5 ksi durante o uso? Ignore o pequeno tamanho dos dentes em relação à largura da serra.

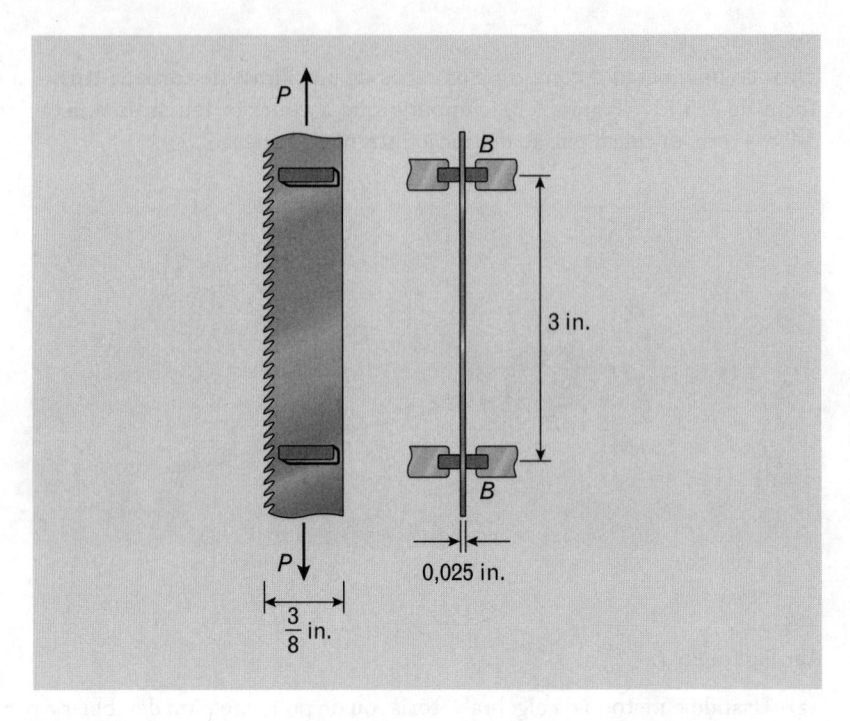

Figura P5.8

P5.9
Uma barra de alumínio de 8 mm de diâmetro possui duas linhas marcadas na superfície que estão separadas exatamente a 10 cm de distância (Figura P5.9). Depois da aplicação de uma força de 2,11 kN, a separação entre as linhas aumentou para 10,006 cm.

(a) Calcule a tensão e a deformação sofrida pela barra.
(b) Qual foi o comprimento total da deformação da barra?

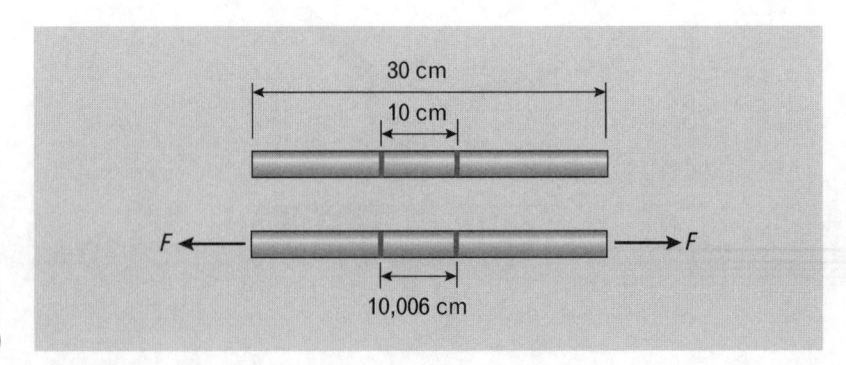

Figura P5.9

P5.10
Os pneus de um sedã de 4.555 lbf têm uma largura de 6,5 in. (Figura P5.10). A superfície de contato entre cada pneu e o solo possui 4,25 in., medida ao longo do comprimento do veículo. Calcule a tensão de compressão entre cada pneu e a pista. A posição do centro de massa do veículo e a distância entre os eixos são indicadas na figura.

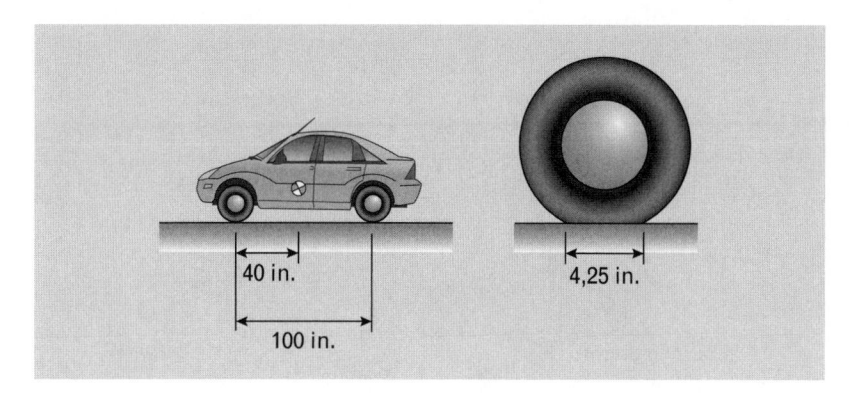

Figura P5.10

P5.11
Determine o módulo de elasticidade e a resistência ao escoamento para o material que apresenta a curva tensão-deformação mostrada na Figura P5.11. Use o método do limite 0,2%.

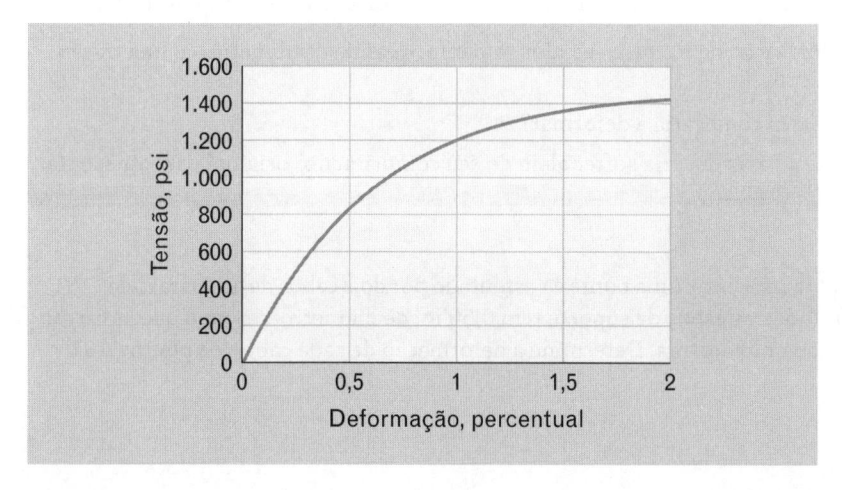

Figura P5.11

P5.12
Uma haste de 1 ft de comprimento é feita do mesmo material mencionado no Problema P5.11. Qual é o valor do alongamento que essa haste poderá sofrer, a partir do seu comprimento original, até que ela comece a apresentar escoamento?

P5.13
Um conjunto de parafuso e bucha de ancoragem é usado para reforçar o teto da galeria de uma mina de carvão subterrânea (Figura P5.13). Durante a instalação, o parafuso sofre uma tração de 5.000 lbf. Calcule a tensão, a deformação e o alongamento do parafuso se ele for fabricado de liga de aço de classificação 1045.

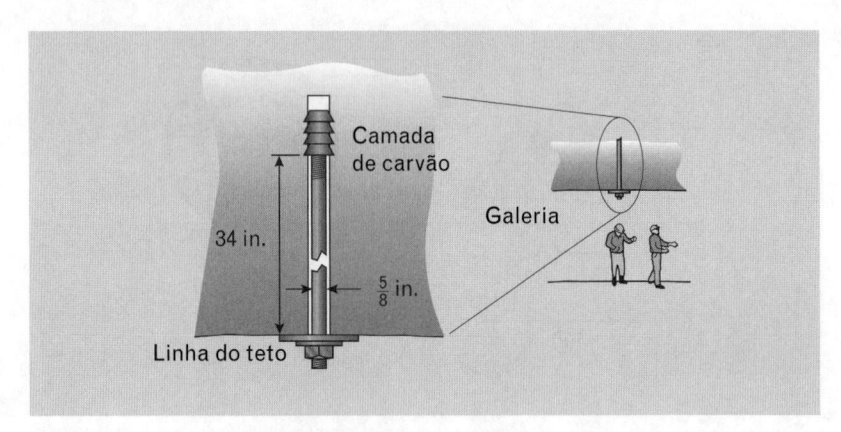

Figura P5.13

P5.14
Uma barra circular de 25 cm de comprimento e 8 mm de diâmetro é feita de aço de classificação 1045.

(a) Calcule a tensão e a deformação da barra, e seu alongamento, quando é submetida a uma tração de 5 kN.

(b) A partir de que força a barra começaria a deformar?

(c) Qual é a deformação que a barra deveria sofrer além do seu comprimento original para apresentar escoamento?

P5.15
Um sistema de dois níveis para consertar uma ponte é sustentado por dois cabos de aço para cada plataforma (Figura P5.15). Todos os cabos de suporte têm 0,50 in. de diâmetro. Assuma que as cargas são aplicadas no centro de cada plataforma. Determine a deformação de cada cabo nos pontos A-D.

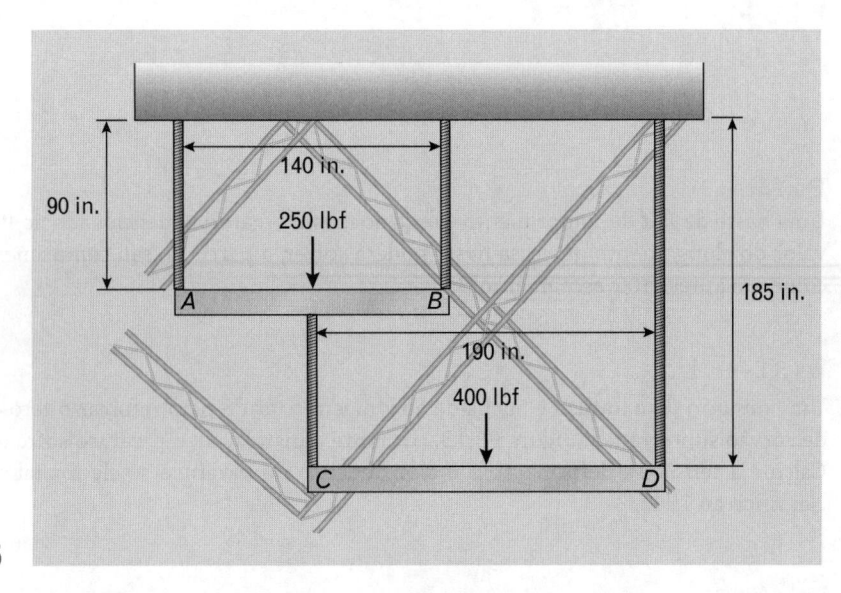

Figura P5.15

P5.16
Para o sistema do Problema P5.15, assuma que dois trabalhadores de 180 lbf ficarão de pé sobre o sistema de conserto de pontes, um em cada plataforma. Os seguintes requisitos do sistema devem ser atendidos: a deformação de cada cabo deve ser menor que 0,01 in. no pior cenário de carga. Determine o diâmetro mínimo necessário para cada cabo.

P5.17
Um engenheiro determina que uma barra de 40 cm de comprimento, feita de aço de classificação 1020, será submetida a um esforço de tração de 20 kN. Os seguintes dois requisitos de projeto devem ser satisfeitos: a tensão de tração deve permanecer abaixo de 145 MPa e a barra deve deformar menos que 0,125 mm. Determine um valor adequado para o diâmetro da barra a fim de satisfazer ambos os requisitos. Arredonde os milímetros ao escrever sua resposta.

P5.18
Encontre um exemplo real de uma estrutura ou uma máquina que apresente a tensão de cisalhamento.

(a) Faça um desenho claro e descritivo da situação.

(b) Estime as dimensões da estrutura ou da máquina e as magnitudes e direções das forças que atuam sobre ela. Mostre as magnitudes e direções das forças no desenho. Explique brevemente por que você estima que as dimensões e as forças tenham os valores numéricos que você indicou.

(c) Calcule a magnitude da tensão.

P5.19
Uma pequena placa de aço está presa a um suporte em ângulo reto por um parafuso de 10 mm de diâmetro (Figura P5.19). Determine a tensão de tração no ponto A da placa e a tensão de cisalhamento no parafuso.

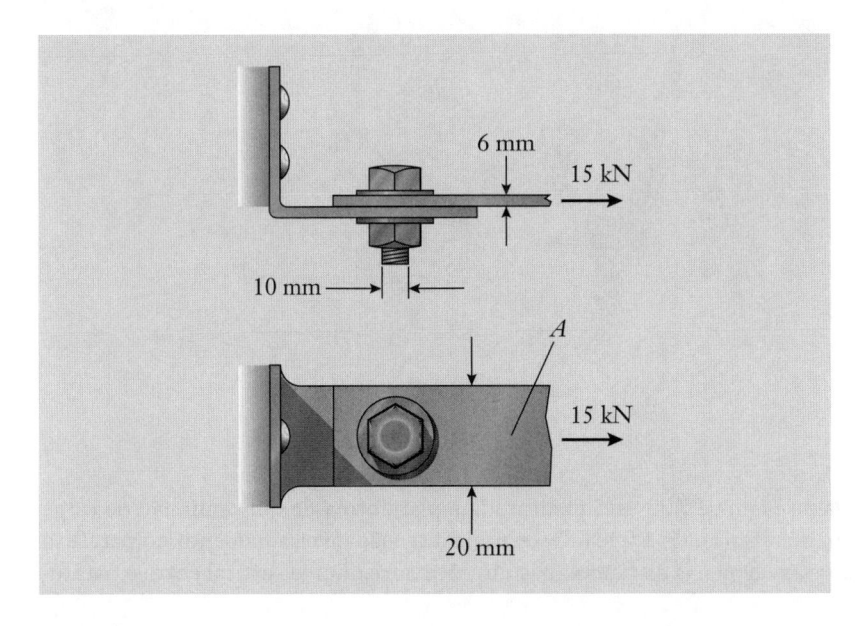

Figura P5.19

P5.20
Uma força de 600 lbf atua sobre uma placa vertical, que, por sua vez, está presa a uma viga por cinco rebites de ³⁄₁₆ in. de diâmetro (Figura P5.20).

(a) Se os rebites compartilham igualmente a carga, determine a tensão de cisalhamento nesses rebites.

(b) Na pior das hipóteses, quatro dos rebites sofreram corrosão, e a carga está sendo suportada por apenas um rebite. Qual é a tensão de cisalhamento neste caso?

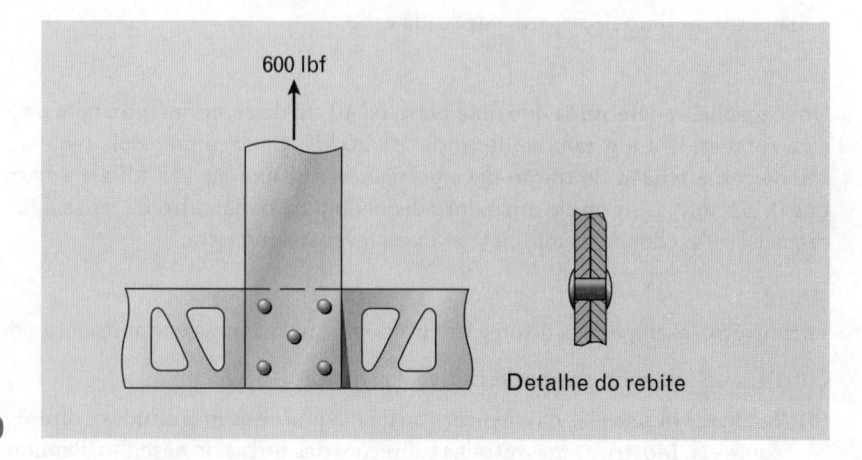

Figura P5.20

P5.21
A figura mostra o detalhe da conexão B em uma caixa de concreto mencionada no Problema P4.17 do Capítulo 4 (Figura P5.21). Determine a tensão de cisalhamento que atua sobre o parafuso de $\frac{3}{8}$ in. da manilha.

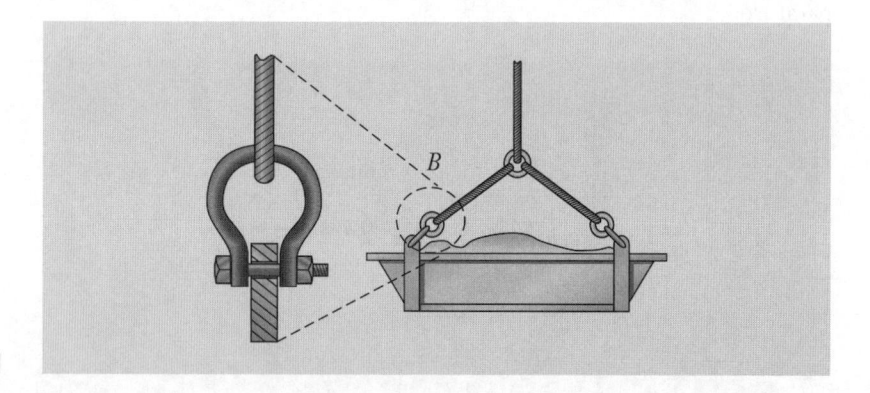

Figura P5.21

P5.22
A peça de fixação mostrada na Figura P5.22 está parafusada à plataforma de um caminhão de carga e prende o cabo de aço com uma tração de 1,2 kN. Determine a tensão de cisalhamento no parafuso de 6 mm de diâmetro. Ignore as pequenas distâncias nas direções horizontal e vertical entre o parafuso e o cabo.

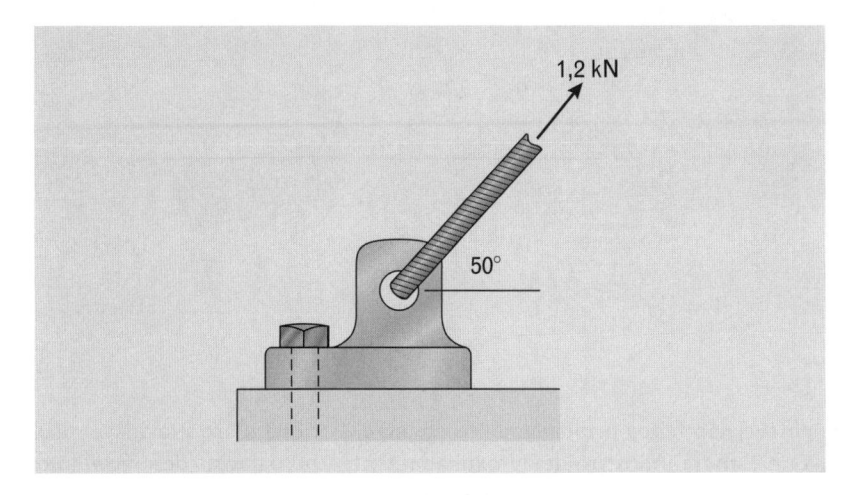

Figura P5.22

P5.23
Uma engrenagem transmite o torque de 35 N · m a um eixo motor de 20 mm de diâmetro. O parafuso de aperto, de 5 mm de diâmetro, é rosqueado no cubo da engrenagem e acomodado em um pequeno furo torneado do eixo. Determine a tensão de cisalhamento sobre o parafuso ao longo do plano de cisalhamento B-B (Figura P5.23).

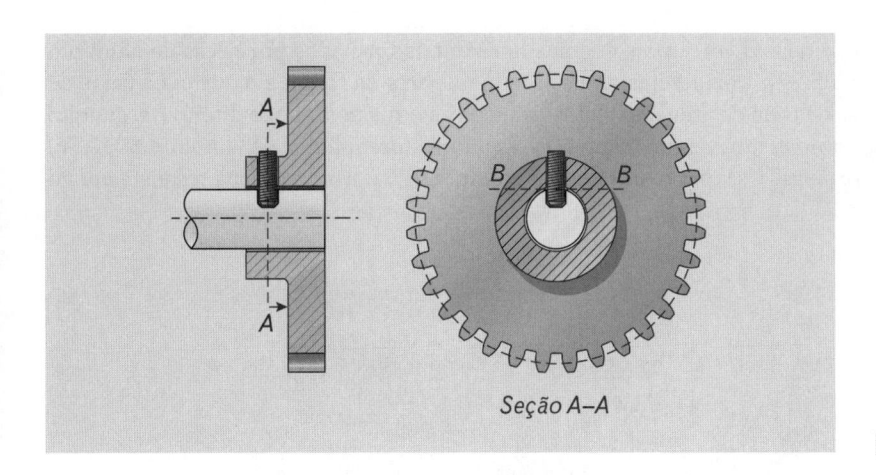

Figura P5.23

P5.24
Um cano de plástico conduz água deionizada em uma sala descontaminada de componentes microeletrônicos, e uma das extremidades do cano está tampada (Figura P5.24). A pressão da água é p_0 50 psi, e a tampa está presa à extremidade do cano por um adesivo. Calcule a tensão de cisalhamento τ presente no adesivo.

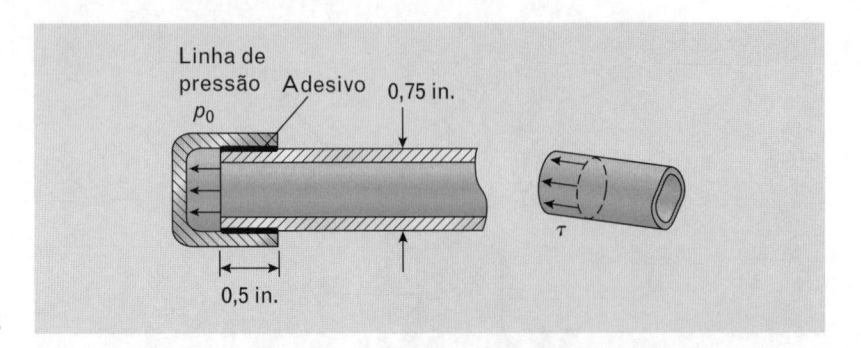

Figura P5.24

P5.25
O aço estrutural e o aço inoxidável são feitos principalmente de ferro. Por que o aço inoxidável não enferruja? Pesquise a resposta e elabore um texto de aproximadamente 250 palavras descrevendo o motivo. Cite pelo menos três referências para as suas informações.

P5.26
Avanços tenológicos recentes permitiram a produção de grafeno, que é uma folha de átomos de carbono com espessura de um átomo, densamente embalada em uma estrutura de colmeia. Esse material apresenta propriedades elétricas, térmicas e ópticas excelentes, tornando-o um candidato ideal para o projeto de componentes eletrônicos. Essas características são complementadas pela habilidade do grafeno de matar bactérias e pela sua resistência, cujos testes iniciais demonstram ser 200 vezes maior que a do aço. Pesquise sobre esse material e prepare um relatório de aproximadamente 250 palavras sobre as aplicações atuais do grafeno na engenharia. Cite pelo menos três referências para as suas informações.

P5.27
Uma pequena escada possui trilhos verticais e degraus horizontais formados por peças de alumínio com seções em "C" (Figura P5.27). Dois rebites, um colocado na parte da frente e o outro, na parte de trás, fixam as extremidades de cada degrau. Os rebites fixam os degraus nos trilhos direito e esquerdo. Uma pessoa de 200 lbf pisa no centro de um degrau. Se os rebites forem feitos de alumínio 6061-T6, qual deverá ser o diâmetro d deles? Use um coeficiente de segurança de 6 e arredonde sua resposta para o valor mais próximo de $\frac{1}{16}$ in.

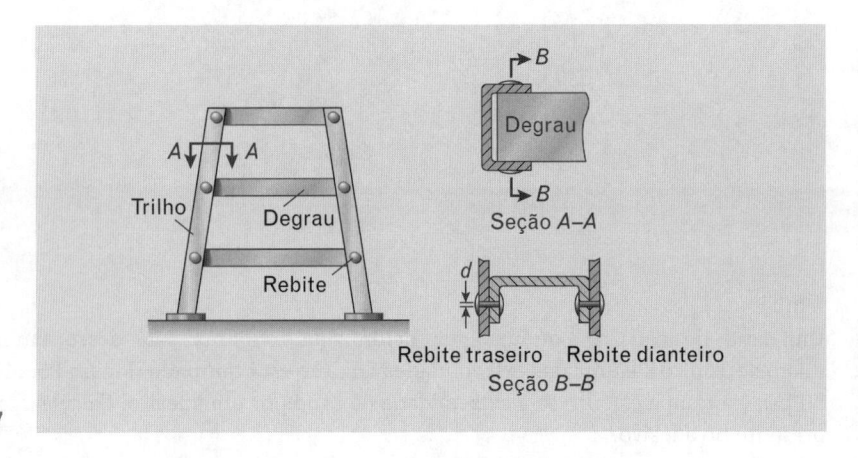

Figura P5.27

P5.28
Para o exercício proposto pelo P5.27, e para um projeto mais conservador, em que local do degrau você deveria especificar, nos seus cálculos, que a pessoa de 200 lbf tem de pisar? Determine o diâmetro dos rebites para essa condição de carga.

P5.29

Uma hélice é presa ao eixo propulsor de $\frac{3}{8}$ in. de uma embarcação por um parafuso de $1\frac{1}{4}$ in. (Figura P5.29). Para proteger o motor e a transmissão caso a hélice acidentalmente se choque com um obstáculo submerso, o parafuso foi projetado para se romper quando a tensão de cisalhamento sobre ele atingir 25 ksi. Determine a força de contato entre a hélice e o obstáculo que causaria o rompimento do parafuso, presumindo-se que o raio efetivo entre o ponto de contato da hélice e o centro do eixo propulsor seja de 4 in.

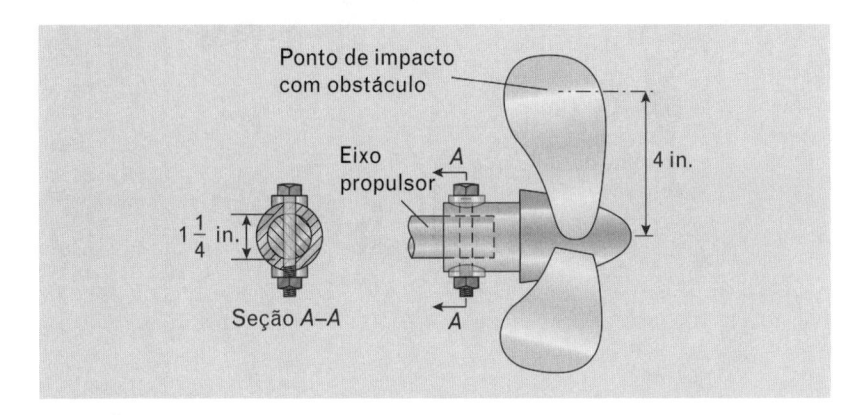

Figura P5.29

P5.30

Um mecânico aperta o cabo de um alicate de pressão para soltar um parafuso congelado (Figura P5.30). A conexão no ponto A, mostrada pela seção transversal ampliada, suporta uma força de 4,1 kN.

(a) Determine a tensão de cisalhamento sobre o rebite de 6 mm de diâmetro no ponto A.

(b) Determine o coeficiente de segurança contra o escoamento se o rebite fosse feito de liga de aço 4340.

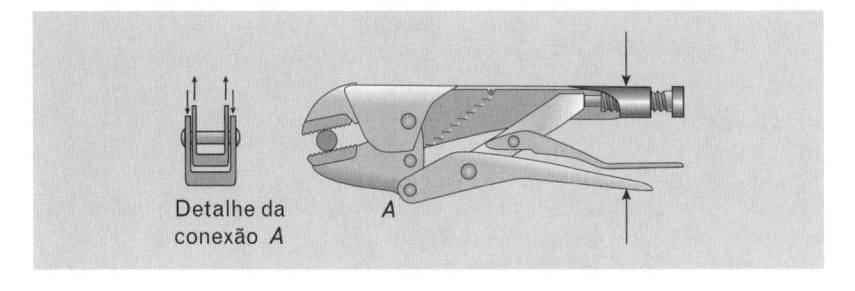

Figura P5.30

P5.31

Um alicate corta um pedaço de fio no ponto A (Figura P5.31).

(a) Usando o diagrama de corpo livre do cabo CD, determine a magnitude da força no rebite D.

(b) Considerando o desenho da seção transversal ampliada da conexão no ponto D, determine a tensão de cisalhamento no rebite.

(c) Se o rebite for feito de liga de aço 4340, qual é o coeficiente de segurança?

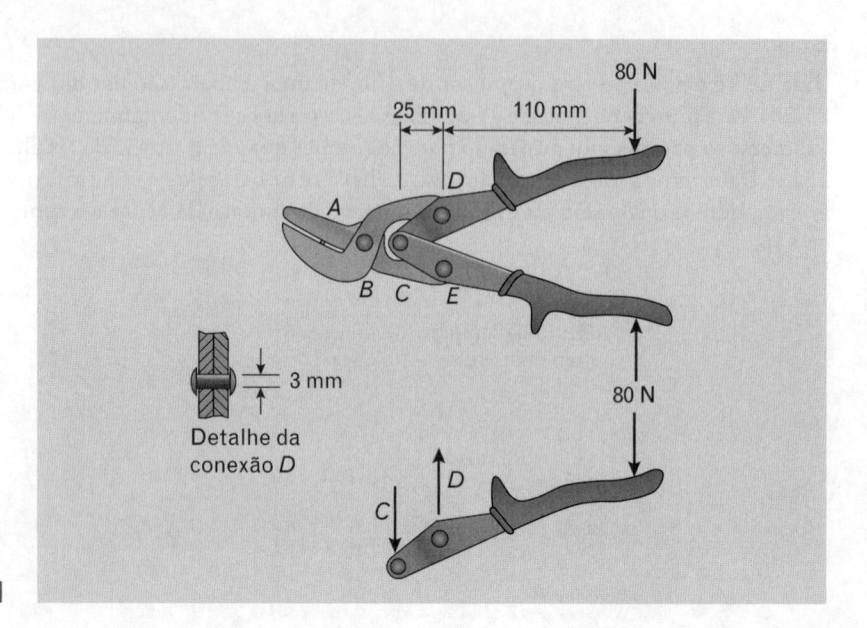

Figura P5.31

P5.32
Placas e barras são frequentemente usados para ajudar a reabilitar ossos quebrados (Figura P5.32). Calcule a tensão de cisalhamento na parte inferior do parafuso biomédico de 5 mm de diâmetro se ele estiver suportando uma força de 1.300 N proveniente do osso.

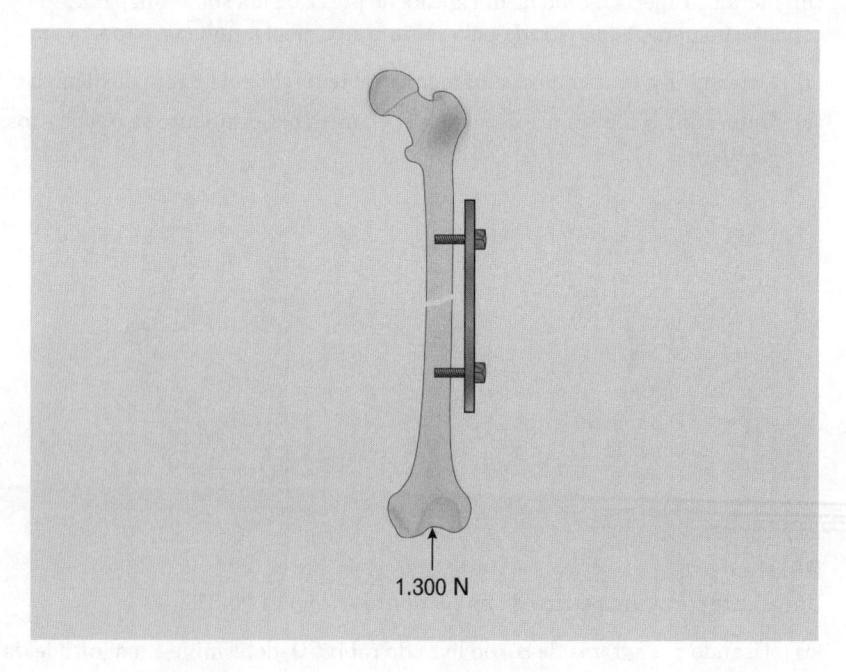

Figura P5.32

P5.33*

A fita adesiva é capaz de suportar tensões de cisalhamento relativamente grandes, mas não é capaz de suportar tensões de tração significativas. Neste problema, seu grupo medirá a resistência ao cisalhamento de um pedaço de fita. Consulte a Figura P5.33.

(a) Corte cerca de uma dúzia de segmentos de fita com comprimento L e largura b, idênticos. O comprimento exato não é importante, mas os segmentos devem ser facilmente manuseáveis.

(b) Desenvolva um meio para aplicar e medir a força de tração F na fita. Use, por exemplo, pesos mortos (latas de refrigerante ou pesos de exercício) ou uma pequena balança de pesca.

(c) Prenda um segmento de fita na borda de uma mesa, com apenas uma porção de fita aderida à superfície. Em seus testes, considere comprimentos de amostras que variam entre uma fração de polegada e várias polegadas.

(d) Tendo o cuidado de aplicar a força de tração diretamente ao longo da fita, meça o valor F necessário para fazer com que a camada adesiva deslize ou se desprenda da mesa. Tabule dados de força de tração para meia dúzia de comprimentos diferentes a.

(e) Faça gráficos da força de tração e da tensão de cisalhamento *versus a*. A partir dos dados, estime o valor da tensão de cisalhamento acima da qual a fita deslizará e se soltará da mesa.

(f) Com que comprimento a a fita se rompeu antes de ser cortada da mesa?

(g) Repita os testes para a orientação em que F é aplicado perpendicularmente à superfície, tendendo a descascar a fita ao invés de cisalhá-la. Compare os pontos fortes da fita para cisalhamento e descascamento.

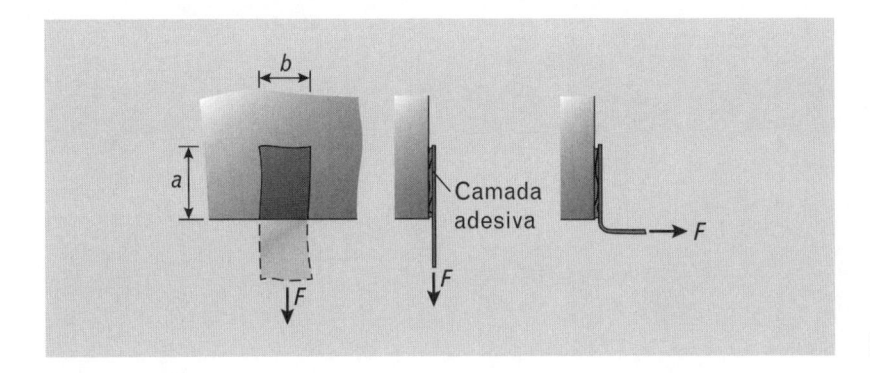

Figura P5.33

P5.34*

Usando o sistema de reparação de pontes do Problema P5.15, desenvolva duas configurações de duas dimensões adicionais que utilizem diferentes arranjos de suspensão. Os seguintes requisitos do sistema precisam ser atendidos: será necessário proporcionar dois níveis de acesso à ponte com a plataforma superior a 90 in. abaixo da estrada e no nível inferior a 185 in. abaixo da estrada; cada nível deve acomodar não mais que dois trabalhadores pesando 200 lbf cada; serão utilizados cabos de aço estruturais padrão de 0,50 in. de diâmetro (S_y = 250 MPa) e de comprimentos variados. Avalie os três projetos (os dois solicitados neste problema e o do Problema P5.15) em relação ao seu coeficiente de segurança nas piores condições de carga e identifique qual configuração tem o maior coeficiente de segurança.

P5.35*

Uma passarela suspensa está sendo projetada para um novo shopping de vários andares. Com uma largura de 3,5 m, abrange 36 m e tem um peso uniformemente distribuído de 300 kN. A passarela será suportada apenas por hastes de suspensão de 6 m de comprimento, a fim de deixar a área abaixo livre de suportes pesados. Determine o número de hastes, o diâmetro delas e a sua localização, observando as seguintes diretrizes:

- Considerar o preço em sua decisão.
- Considerar pelo menos dois materiais diferentes para a análise do tamanho e localização das hastes.
- Estimar as condições de carregamento no pior caso, incluindo o uso de um coeficiente de segurança de 2.

Apresente sua abordagem, solução e discussão em um relatório formal.

Referências

ASHBY, M. F. *Materials selection in mechanical design*. Butterworth Heinemann, 1999.
ASKELAND, D. R.; PHULÉ, P. P. *The science and engineering of materials*. 4. ed. Thomson-Brooks/Cole, 2003.
DUJARDIN, E. et al. Young's modulus of single-walled nanotubes. *Physical Review* B, 58(20), 1998, p. 14013-14019.
GERE, J. M.; TIMOSHENKO, S. P. *Mechanics of materials*. 4. ed. PWS Publishing, 1997.
HOOKE, R. *De potentia restitutiva*. Londres, 1678, p. 23.
IIJIMA, S. Helical microtubules of graphitic carbon. *Nature*, 354, 1991, p. 56-58.
YU, M. F. et al. Tensile loading of ropes of single wall carbon nanotubes and their mechanical properties. *Physical Review Letters*, n. 84, 2000, p. 5552-5555.

CAPÍTULO 6

Engenharia dos fluidos

OBJETIVOS DO CAPÍTULO

- Reconhecer a aplicação da engenharia dos fluidos em campos tão diferentes como microfluídica, aerodinâmica, tecnologia dos esportes e medicina.
- Explicar, em termos técnicos, as diferenças entre um sólido e um fluido, bem como o significado físico das propriedades de densidade e viscosidade de um fluido.
- Entender as características de fluxos laminares e turbulentos de fluidos.
- Calcular o número adimensional de Reynolds, que é o valor numérico mais importante na engenharia dos fluidos.
- Determinar as magnitudes das forças de fluidos conhecidas como flutuação, arrasto e sustentação em algumas aplicações.
- Analisar a vazão volumétrica e a queda de pressão de fluidos no interior de dutos.

▶ 6.1 Visão geral

Neste capítulo, introduzimos o tópico engenharia dos fluidos e seu papel em aplicações tão diferentes quanto aerodinâmica, engenharia biomédica e biológica, sistemas de tubulações, microfluídica e engenharia esportiva. O estudo dos fluidos, que são classificados como líquidos ou gases, é subdividido nas áreas de estática e dinâmica dos fluidos. Engenheiros mecânicos aplicam os princípios da estática dos fluidos para calcular a pressão e a força de flutuação dos fluidos que atuam sobre objetos estacionários, como navios, tanques e barragens. A dinâmica dos fluidos está relacionada ao comportamento de líquidos e gases quando se movem ou quando um objeto se move em um fluido que, de outro modo, permaneceria estacionário.

Hidrodinâmica e aerodinâmica são as especializações que se dedicam aos movimentos da água e do ar, os fluidos mais comuns encontrados na engenharia. Esses campos incluem não apenas o projeto de veículos de alta velocidade, mas também os movimentos dos oceanos e da atmosfera. Alguns engenheiros e cientistas aplicam sofisticados modelos computadorizados para simular e entender as interações entre a atmosfera, os oceanos e o clima global (Figura 6.1). O movimento de pequenas partículas de poluentes no ar, previsões do tempo mais precisas e a precipitação de gotas de chuva e pedras de granizo são alguns dos principais temas tratados. O campo da mecânica dos fluidos é exigente, e já houve muitos avanços associados a desenvolvimentos em matemática aplicada e ciências da computação. A *engenharia dos fluidos* faz parte do contexto mais amplo dos tópicos da engenharia mecânica ilustrados na Figura 6.2.

Elemento 5: Engenharia dos fluidos

Figura 6.1

O campo da engenharia dos fluidos pode envolver o movimento de fluidos em escalas muito grandes – até mesmo planetárias. Tempestades sobre a Terra, bem como a Grande Mancha Vermelha de Júpiter ilustrada aqui, formam-se e se deslocam segundo os princípios da mecânica dos fluidos.

Nasa/JPL

Refletindo sobre uma das dez maiores conquistas da profissão de engenheiro mecânico (Tabela 1.1), cerca de 88% da eletricidade nos Estados Unidos é produzida por um processo que envolve um ciclo constante da água entre o estado líquido e a forma de vapor, e vice-versa. Carvão, óleo, gás natural e combustíveis nucleares são usados para aquecer a água até transformá-la em vapor, que, por sua vez, aciona turbinas e geradores elétricos. Outros 7% dessa eletricidade são produzidos por hidrelétricas, e a energia eólica ainda é responsável por uma parcela menor. Conforme veremos mais tarde, na Seção 7.7, de modo geral, mais de 98% da eletricidade nos Estados Unidos resulta de processos que envolvem a engenharia de fluidos, de uma forma ou de outra. As propriedades dos fluidos, as forças que estes geram e a maneira como fluem de um lugar para outro são aspectos essenciais da engenharia mecânica.

A mecânica de fluidos também desempenha um papel central na engenharia biomédica, um campo classificado como uma das dez maiores conquistas na profissão de engenharia mecânica. Entre as aplicações biomédicas estão o desenvolvimento de dispositivos que liberam medicamentos por meio da inalação de um spray em aerossol e a circulação do sangue nas artérias e veias. Esses dispositivos são capazes de realizar diagnósticos químicos e médicos ao explorar as propriedades dos fluidos em escala microscópica. Esse campo emergente, conhecido como *microfluídica*, oferece o potencial para avanços na área de pesquisa do genoma e em descobertas farmacêuticas. Assim como o campo da eletrônica passou por uma revolução na miniaturização, os equipamentos de laboratórios químicos e médicos, que no momento ocupam uma sala inteira, estão sendo miniaturizados e tornados mais econômicos.

Microfluídica

As forças geradas por fluidos estacionários ou em movimento são importantes para as ferramentas projetadas por engenheiros mecânicos. Até esse momento, examinamos sistemas mecânicos em que as forças são resultado da gravidade ou da interação entre componentes unidos entre si. Líquidos e gases também geram forças, e neste capítulo examinaremos as forças de fluidos conhecidas como flutuação, arrasto e sustentação. Como mostra a Figura 6.3, engenheiros mecânicos aplicam sofisticadas ferramentas computadorizadas de engenharia para compreender complexos fluxos de ar em torno de aeronaves e automóveis. Na verdade, esses mesmos métodos são aplicados para projetar bolas de golfe capazes de voar mais longe e ajudar esquiadores, ciclistas, maratonistas e outros atletas a otimizar seus desempenhos.

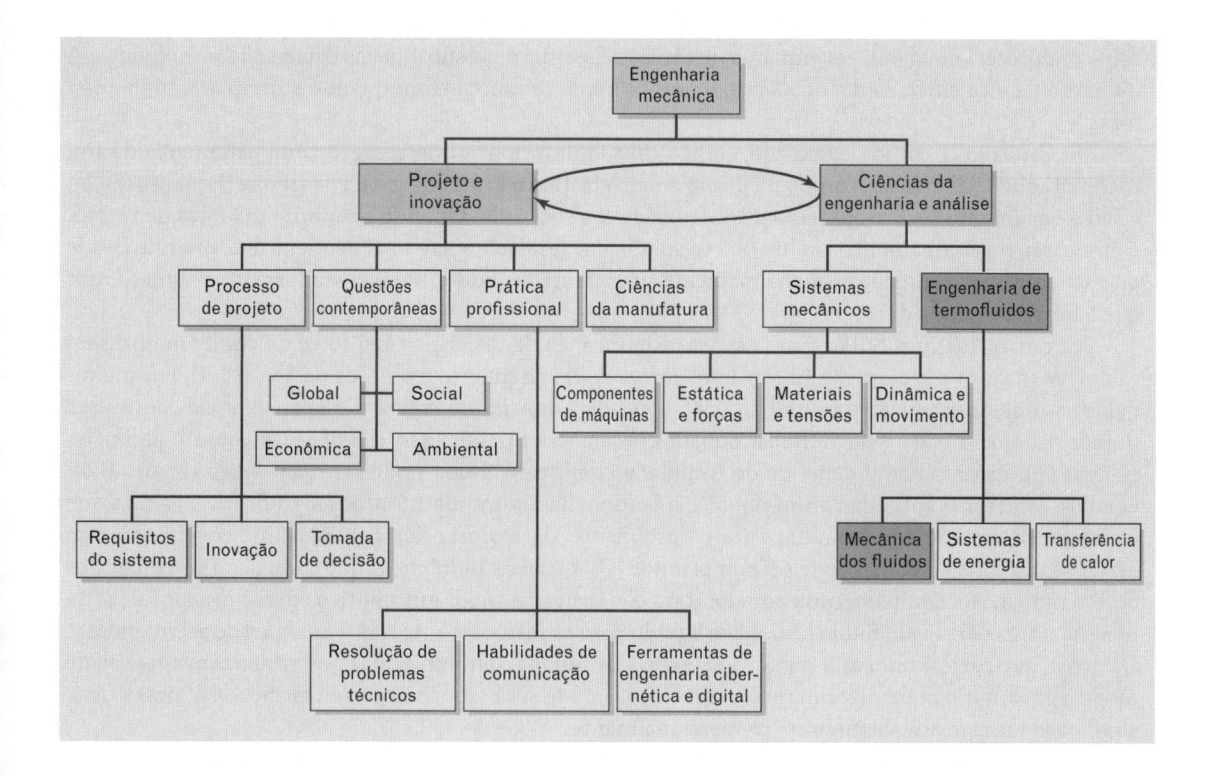

▶ 6.2 Propriedades dos fluidos

Mesmo que você já tenha alguma ideia sobre o comportamento e as propriedades de fluidos em situações do dia a dia, começamos este capítulo com uma pergunta aparentemente simples: Do ponto de vista da engenharia, o que, exatamente, é um fluido? Os cientistas classificam as composições da matéria de várias formas. Um químico classifica a matéria de acordo com sua estrutura atômica e química no contexto da tabela periódica dos elementos. Um engenheiro elétrico pode agrupar materiais conforme o modo como respondem à eletricidade – como condutores, isoladores ou

Figura 6.2

Relações entre os tópicos enfatizados neste capítulo (caixas sombreadas) e um programa geral de estudos de engenharia mecânica.

Figura 6.3

Engenheiros mecânicos aplicam simulações computadorizadas de fluxos de ar tridimensionais que incluem essas estruturas em vórtices gerados pelo trem de pouso de um avião.

Cortesia da ANSYS, Inc.

semicondutores. Em geral, engenheiros mecânicos classificam as substâncias como sólidos ou fluidos. A diferença técnica entre os dois consiste no modo como se comportam quando sofrem a ação de uma força.

No Capítulo 5, vimos como um gráfico tensão-deformação descreve o comportamento de um material sólido. Uma haste composta de um sólido elástico irá satisfazer a lei de Hooke [Equação (5.4)], e seu alongamento será proporcional à força que atua sobre ela. Quando se aplica uma força de tração, compressão ou cisalhamento em um objeto sólido, em geral, ele sofre uma pequena deformação. Desde que não se atinja o limite de proporcionalidade, um material sólido voltará ao seu formato original assim que a força for removida.

Por outro lado, um fluido é uma substância incapaz de resistir a uma força de cisalhamento sem se movimentar continuamente (discutimos forças de cisalhamento e tensões na Seção 5.4). Por menor que seja, qualquer tensão de cisalhamento aplicada a um fluido o fará deslocar-se, e ele continuará fluindo até que a força seja retirada. Substâncias fluidas também são classificadas como líquidas ou gasosas, e a distinção aqui depende da facilidade com que o fluido pode ser *comprimido* (Figura 6.4). Quando forças são aplicadas a um líquido, o volume não sofre modificações significativas, ainda que ele se mova e mude seu formato. Para os propósitos da maioria das aplicações na engenharia, um líquido é um fluido que não pode ser comprimido. Os sistemas hidráulicos que controlam os comandos de voo num avião, equipamentos pesados para construção e freios automotivos derivam suas forças da pressão transmitida pelo fluido hidráulico líquido para os pistões e outros mecanismos de acionamento. Os gases, que correspondem à segunda categoria de fluidos, têm moléculas que se afastam entre si, de modo a expandir e preencher um invólucro. Um gás pode ser comprimido com facilidade e, nesse caso, sua densidade e pressão aumentam proporcionalmente.

A diferença básica entre um sólido e um fluido é o modo como cada um se comporta quando submetido a uma força de cisalhamento. A Figura 6.5(a) ilustra uma fina camada de fluido que está sendo cisalhado entre uma superfície fixa e uma placa plana que se movimenta no sentido horizontal. Uma pequena distância separa a placa da superfície, e o fluido entre ambas pode ser uma fina camada de óleo de máquina. Quando se aplica uma força à placa superior, ela começará a deslizar por cima da camada de óleo e a cisalhará. Um fluido responde à tensão de cisalhamento com um movimento contínuo chamado *fluxo*. Como analogia, coloque uma pilha de cartas de baralho sobre uma mesa e, à medida que pressiona sua mão sobre as cartas, deslize-a horizontalmente [Figura 6.5(b)]. As cartas de cima irão deslocar-se com a sua mão, e as que estão mais abaixo ficarão paradas sobre a mesa. As demais cartas que se encontram no meio são cisalhadas, e cada uma desliza um pouco em relação às suas vizinhas. A camada de óleo na Figura 6.5(a) comporta-se de maneira semelhante.

Fluxo

Uma camada de fluido também é cisalhada entre duas superfícies quando um disco de hóquei desliza sobre uma mesa de hóquei aéreo, o pneu de um automóvel entra em aquaplanagem na superfície de uma estrada e quando uma pessoa mergulha na água. No campo da armazenagem de dados em computador, o cabeçote de leitura e gravação no drive do disco rígido (Figura 6.6) flutua na superfície do disco rotativo sobre uma fina camada de ar e lubrificante líquido. De fato, a camada de ar entre o cabeçote de leitura/gravação e o disco é uma parte importante no conceito do drive no disco rígido, e sem ele o desgaste e o

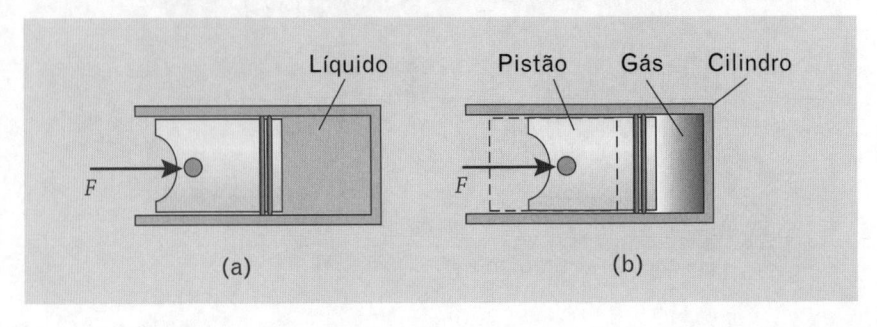

Figura 6.4

(a) Para a maioria das finalidades práticas na engenharia, líquidos são incompressíveis e mantêm seu volume original quando sofrem a ação de alguma força. (b) O gás no cilindro é comprimido pelo pistão e pela força F.

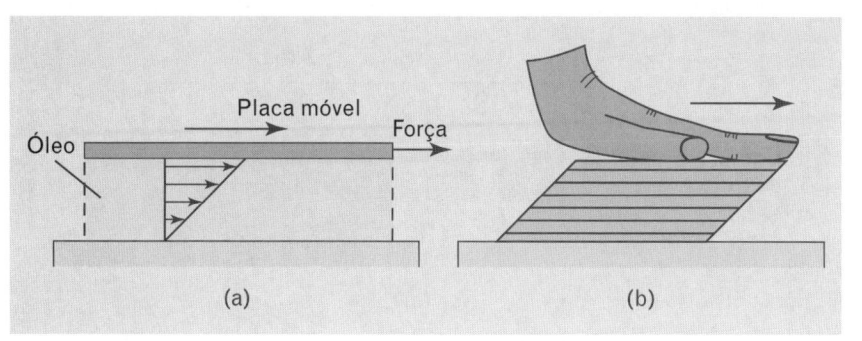

Capítulo 6 Engenharia dos fluidos

Figura 6.5

(a) Uma camada de óleo é cisalhada entre uma placa móvel e uma superfície estacionária. (b) Conceitualmente, o movimento de cisalhamento do fluido é semelhante ao de uma pilha de cartas de baralho que, uma vez comprimida, desliza entre a mão e o tampo da mesa.

aquecimento rápido do cabeçote de gravação e do meio magnético impediriam o funcionamento do produto de maneira confiável.

A experiência empírica mostra que, na maioria das aplicações de engenharia, ocorre em nível microscópico uma situação chamada *não deslizamento* entre uma superfície sólida e qualquer fluido que esteja em contato com ela. Uma camada de fluido, que pode ter apenas algumas moléculas de espessura, adere à superfície sólida, e o fluido restante move-se em relação a essa camada. No caso do filme de óleo na Figura 6.5(a), a condição de não deslizamento significa que a camada mais inferior do fluido permanecerá estacionária, e o elemento superior do fluido se movimentará na mesma velocidade que a placa adjacente. Ao observarmos a espessura do filme de óleo, verificamos que cada camada do fluido se move a uma velocidade diferente e que a velocidade do óleo muda gradualmente ao longo da sua espessura.

Condição de não deslizamento

Quando a placa superior da Figura 6.7 desliza sobre a camada de fluido a uma velocidade constante, ela estará em equilíbrio no contexto da segunda lei de movimento de Newton. A força aplicada F é equilibrada pelo efeito cumulativo da tensão de cisalhamento

$$\tau = \frac{F}{A} \tag{6.1}$$

Figura 6.6

Os cabeçotes de leitura e gravação no drive do disco rígido desse computador deslizam sobre a superfície do disco rotativo em um filme excepcionalmente fino de ar e lubrificante.

Bragin Alexey/ Shutterstock.

Figura 6.7

(a) Uma camada de fluido é cisalhada entre uma superfície estacionária e uma placa em movimento. (b) A velocidade do fluido muda ao longo da sua espessura. (c) A força aplicada é equilibrada pela tensão de cisalhamento que o fluido exerce sobre a placa.

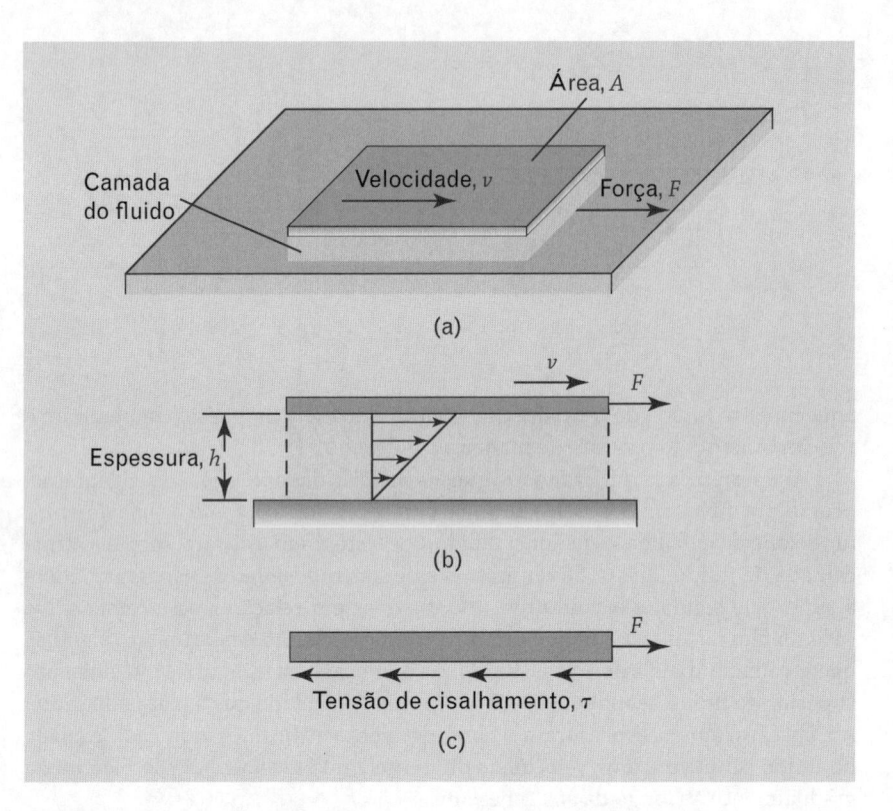

Viscosidade

Fluido newtoniano

exercida pelo fluido sobre a placa. A propriedade de um fluido que lhe permite resistir a uma força de cisalhamento ao desenvolver um movimento constante é chamada *viscosidade*. Esse parâmetro é uma propriedade física de todos os gases e líquidos, e ela mede a aderência, o atrito ou a resistência de um fluido. Quando comparados à água, o mel e o melado, por exemplo, apresentam valores de viscosidade relativamente altos. Todos os fluidos possuem algum atrito interno, e experiências indicam que, na maioria dos casos, a magnitude da tensão de cisalhamento é diretamente proporcional à velocidade de deslizamento da placa. Essas substâncias são chamadas *fluidos newtonianos*, e satisfazem a relação

$$\tau = \mu \frac{v}{h} \tag{6.2}$$

O parâmetro μ (o caractere grego em minúsculo *mu*, conforme a lista no Apêndice A) é chamado viscosidade do fluido e relaciona a tensão de cisalhamento do fluido com a velocidade da placa. Para que a Equação (6.2) seja dimensionalmente uniforme, podemos observar que a viscosidade possui as unidades de massa/(comprimento-tempo).

A Tabela 6.1 relaciona os valores de viscosidade para vários fluidos comuns. Em geral, os valores numéricos para μ são pequenos. Como a propriedade da viscosidade aparece com frequência na engenharia dos fluidos, criou-se uma unidade especial chamada *poise* (P), nome dado em homenagem ao físico e cientista francês Jean Poiseuille (1797-1869), que estudou a circulação do sangue nos capilares do corpo humano. O poise é definido como

Poise

$$1\,\text{P} = 0{,}1\,\frac{\text{kg}}{\text{m}\cdot\text{s}}$$

Fluido	Densidade, ρ		Viscosidade, μ	
	kg/m³	slug/ft³	kg/(m·s)	slug/(ft·s)
Ar	1,20	$2{,}33 \times 10^{-3}$	$1{,}8 \times 10^{-5}$	$3{,}8 \times 10^{-7}$
Hélio	0,182	$3{,}53 \times 10^{-4}$	$1{,}9 \times 10^{-5}$	$4{,}1 \times 10^{-7}$
Água fresca	1.000	1,94	$1{,}0 \times 10^{-3}$	$2{,}1 \times 10^{-5}$
Água do mar	1.026	1,99	$1{,}2 \times 10^{-3}$	$2{,}5 \times 10^{-5}$
Gasolina	680	1,32	$2{,}9 \times 10^{-4}$	$6{,}1 \times 10^{-6}$
Óleo SAE 30	917	1,78	0,26	$5{,}4 \times 10^{-3}$

Tabela 6.1

Valores de densidade e viscosidade para diversos gases e líquidos a temperatura e pressão ambientes

Foco em

Fluidos em projetos de micro e macrossistemas

A mecânica dos fluidos executa um papel essencial no desenvolvimento de uma grande variedade de sistemas mecânicos de muitas ordens de magnitude. Hoje, grandes equipamentos de laboratório estão sendo substituídos por dispositivos microfluídicos que combinam tubos, válvulas e bombas para alimentar e processar amostras de fluidos sobre um único chip de silício (como aparece na Figura 6.8). Esses dispositivos, às vezes chamados *laboratório num chip*, baseiam-se no princípio de processar uma minúscula quantidade de fluido, milhares de vezes menor que uma gota de chuva. O manuseio de volumes tão pequenos é desejável quando a amostra é muito cara ou quando pode ser perigosa em quantidades maiores.

Num dispositivo microfluídico, tubos e canais são desenhados e produzidos em dimensões menores que o diâmetro de um fio de cabelo humano, e quantidades ínfimas de compostos químicos e biológicos são bombeadas através deles. Muitas vezes, os volumes em dispositivos microfluídicos são tão pequenos que são medidos em unidades de nanolitros (10^{-9} L) ou mesmo picolitros (10^{-12} L). Manipular fluidos em escalas dimensionais tão pequenas oferece oportunidades tecnológicas para automatizar experimentos farmacêuticos, detectar agentes biológicos e químicos no ambiente, analisar e mapear o DNA, controlar o fluxo laminar de combustível e oxidantes em células de combustível, realizar diagnósticos de infecções em casa, classificar células biológicas e até fornecer doses precisas de medicamentos.

Na outra extremidade desse espectro, novos entendimentos a respeito de fluxos turbulentos estão ajudando engenheiros a projetar aviões, navios e aeronaves mais eficientes; maneiras otimizadas de controlar, dispersar e eliminar poluentes urbanos; e melhorar os sistemas globais de previsão do tempo (Figura 6.8(b)). Físicos e engenheiros passaram muito tempo tentando entender as complexidades de fluxos turbulentos próximos a uma superfície, incluindo o movimento do ar sobre uma fuselagem ou o movimento da água por um torpedo subaquático. No entanto, recentemente, pesquisadores da Princeton University e da Universidade de Melbourne, na Austrália, encontraram uma relação entre os fluxos imprevisíveis próximos a uma superfície e os padrões constantes e previsíveis do fluxo distante da superfície. Providos desse conhecimento otimizado dos ambientes de fluxo em grande escala, os engenheiros serão capazes de projetar grandes sistemas que funcionem de maneira mais efetiva e eficiente nesses ambientes.

Figura 6.8

(a) Um laboratório microfluídico em um chip para estudar o fluxo de fluido em células, tecidos e sistemas orgânicos.

(b) Imagem do fluxo de rios atmosféricos para entender melhor os fenômenos que determinam as taxas locais de precipitação.

Crump Institute for Molecular Imaging; NOAA ESRL

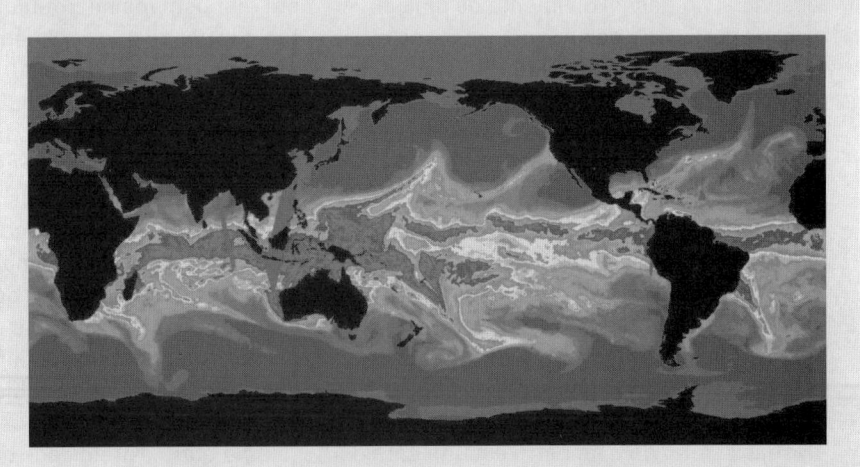

Podemos usar cada uma das unidades de kg/(m · s) e poise (P) para viscosidade. Além de poise, como os valores numéricos para μ muitas vezes envolvem um expoente à décima potência, usamos a dimensão menor denominada *centipoise* (cP). De acordo com os prefixos SI da Tabela 3.3, centipoise é definido como 1 cP = 0,01 P. O centipoise é uma dimensão relativamente fácil de se lembrar, visto que a viscosidade da água doce à temperatura ambiente sempre é de aproximadamente 1 cP.).

Centipoise

Exemplo 6.1 | Guias de máquina-ferramenta

Fábricas e metalúrgicas usam uma fresa para fazer fendas e ranhuras em peças de metal (Figura 6.9). O material a ser usinado é mantido e movimentado sob uma ferramenta de corte de rotação rápida. A peça a ser trabalhada e o dispositivo que a prende deslizam sobre guias lisas, que são lubrificadas com um óleo cuja viscosidade é 240 cP. As duas guias têm, cada uma, 40 cm de comprimento e 8 cm de largura (Figura 6.10). Ao configurar a máquina para um corte específico,

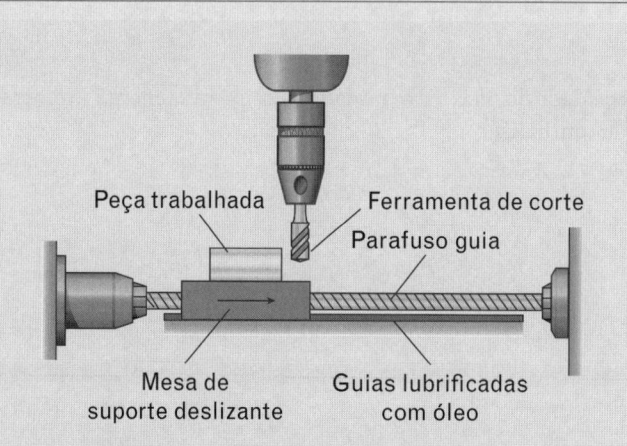

Figura 6.9

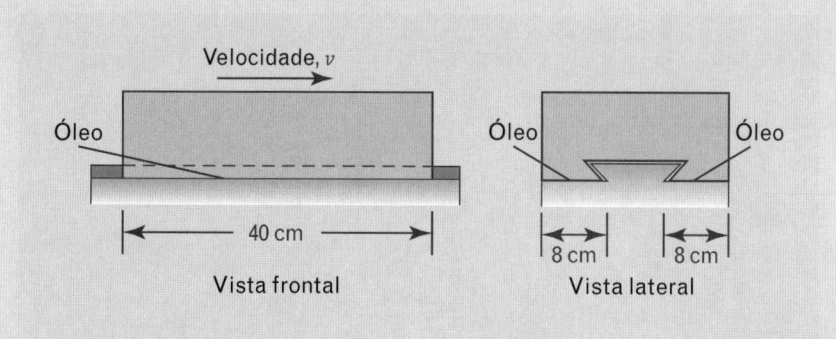

Figura 6.10

Exemplo 6.1 | continuação

o operador desengata o mecanismo de acionamento, aplica uma força de 90 N à mesa que segura a peça e então pode empurrá-la por 15 cm durante um segundo. Calcule a espessura do filme de óleo entre a mesa e as guias.

Abordagem
Quando o operador empurra a mesa, o filme de óleo sofre um cisalhamento semelhante à ilustração na Figura 6.7. A mesa é empurrada a uma velocidade $v = (0{,}15\text{ m})/(1\text{ s}) = 0{,}15$ m/s. A área de contato entre a mesa e as guias é $A = 2(0{,}08\text{ m})(0{,}4\text{ m}) = 0{,}064$ m². Calcularemos a espessura do filme aplicando as Equações (6.1) e (6.2) para relacionar força, velocidade, área de contato e espessura do filme.

Solução
Primeiro, convertemos a viscosidade do óleo para unidades dimensionalmente uniformes, usando a definição da unidade centipoise:

$$\mu = (240\text{ cP})\left(0{,}001\frac{\text{kg}/(\text{m}\cdot\text{s})}{\text{cP}}\right)$$

$$= 0{,}24(\cancel{\text{cP}})\left(\frac{\text{kg}/(\text{m}\cdot\text{s})}{\cancel{\text{cP}}}\right)$$

$$= 0{,}24\frac{\text{kg}}{\text{m}\cdot\text{s}}$$

Aplicando a Equação (6.1), a tensão de cisalhamento na camada de óleo é

$$\tau = \frac{90\text{ N}}{0{,}064\text{ m}^2} \quad \leftarrow \left[\tau = \frac{F}{A}\right]$$

$$= 1.406\,\frac{\text{N}}{\text{m}^2}$$

A Equação (6.2) indicará a espessura do filme de óleo:

$$h = \frac{(0{,}24\text{ kg}/(\text{m}\cdot\text{s}))(0{,}15\text{ m/s})}{1.406\text{ N/m}^2} \quad \leftarrow \left[\tau = \mu\frac{v}{h}\right]$$

$$= 2{,}56 \times 10^{-5}\left(\frac{\text{kg}}{\text{m}\cdot\text{s}}\right)\left(\frac{\text{m}}{\text{s}}\right)\left(\frac{\text{m}^2}{\text{N}}\right)$$

$$= 2{,}56 \times 10^{-5}\left(\frac{\text{kg}}{\cancel{\text{m}}\cdot\cancel{\text{s}}}\right)\left(\frac{\cancel{\text{m}}}{\cancel{\text{s}}}\right)\left(\frac{\cancel{\text{m}}^2\cdot\cancel{\text{s}}^2}{\text{kg}\cdot\cancel{\text{m}}}\right)$$

$$= 2{,}56 \times 10^{-5}\text{ m}$$

Como esse é um valor numérico baixo, aplicamos um prefixo SI da Tabela 3.3 para representar um fator de um milionésimo. A espessura passa a ser

Exemplo 6.1 | continuação

$$h = (2{,}56 \times 10^{-5} \text{ m})\left(10^6 \frac{\mu\text{m}}{\text{m}}\right)$$

$$= 25{,}6 \text{ (m)}\left(\frac{\mu\text{m}}{\text{m}}\right)$$

$$= 25{,}6 \text{ }\mu\text{m}$$

Discussão

Quando comparado à espessura de um fio de cabelo humano (aproximadamente 70–100 μm de diâmetro), o filme de óleo é muito delgado, mas não tão diferente em relação à quantidade de lubrificante presente entre as partes móveis de uma máquina. Examinando a Equação (6.2), vemos que a tensão de cisalhamento é inversamente proporcional à espessura do filme de óleo. Com apenas metade dessa quantidade de óleo, seria duas vezes mais difícil deslocar a mesa.

$$h = 25{,}6 \text{ }\mu\text{m}$$

▶ 6.3 Pressão e força de flutuação

As forças conhecidas como flutuação, arrasto e sustentação surgem quando fluidos interagem com uma estrutura ou veículo sólidos. Discutidas nas Seções 6.6 e 6.7, as forças de arrasto e sustentação ocorrem quando há um movimento relativo entre um fluido e um objeto sólido. Um veículo pode mover-se através do fluido (como um avião que se desloca pelo ar, por exemplo), ou o fluido pode mover-se em torno da estrutura (como uma rajada de vento que atinge um arranha-céu). No entanto, podem ocorrer forças entre fluidos e objetos sólidos mesmo quando não há um movimento relativo. A força que se desenvolve quando um objeto se encontra imerso num fluido é chamada *flutuação*, e está relacionada ao peso do fluido deslocado.

Flutuação

O peso de certa quantidade de fluido é determinado por sua densidade ρ (o caractere grego em minúsculo rô) e volume. A Tabela 6.1 relaciona os valores de densidade de diversos gases e líquidos. O peso de um volume V de fluido é indicado pela expressão

$$w = \rho g V \tag{6.3}$$

em que g é a constante de aceleração gravitacional de 9,81 m/s² ou 32,2 ft/s². Para que esta equação seja dimensionalmente consistente no sistema USCS, ρ deve ter as unidades em slugs (não libra-massa) por unidade de volume.

Quando você mergulha no fundo de uma piscina ou viaja até as montanhas, a pressão da água ou do ar à sua volta muda e seus ouvidos "tapam" à medida que se ajustam ao aumento ou à diminuição da pressão. Nossa experiência é que a pressão em um líquido ou gás aumenta com a profundidade. Em relação ao béquer de líquido apresentado na Figura 6.11, a diferença na pressão p entre os níveis 0 e 1 aumenta por causa do peso do líquido no meio de ambos. Com os dois níveis separados pela profundidade h, o peso da coluna de líquido é $w = \rho g A h$, em que Ah é o volume delimitado. Usando o diagrama de corpo livre da Figura 6.11, a compensação de equilíbrio-força da coluna de líquido indica que a pressão na profundidade 1 é

Figura 6.11

Equilíbrio de um béquer preenchido com líquido. A pressão aumenta com a profundidade por causa do peso do fluido que está acima.

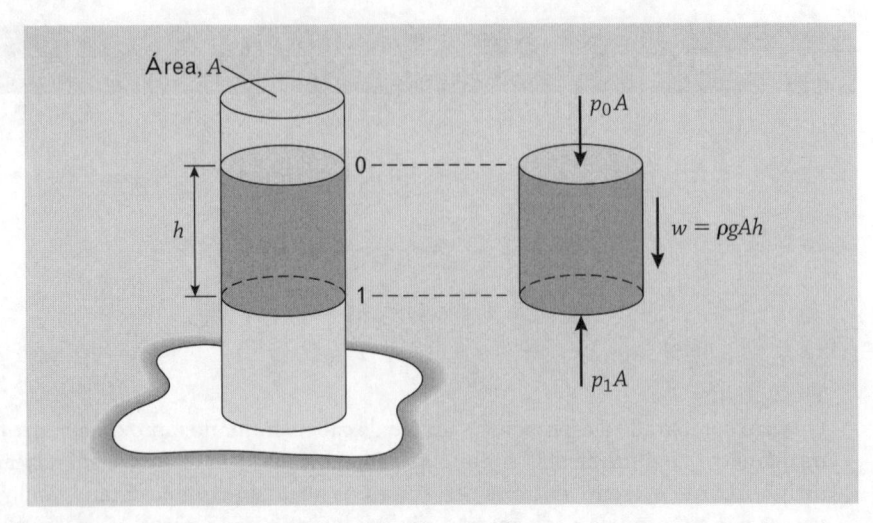

$$p_1 = p_0 + \rho g h \tag{6.4}$$

Pressão

Pascal

O aumento da *pressão* é diretamente proporcional à profundidade e à densidade do fluido. Assim como a tensão no Capítulo 5, a pressão apresenta as dimensões de força por unidade de área. No SI, a unidade de pressão é o *pascal* (1 Pa = 1 N/m²), nome dado em homenagem ao cientista e filósofo do século XVII Blaise Pascal, que realizou experiências químicas envolvendo o ar e outros gases. Conforme listado na Tabela 3.5, as dimensões derivadas psi = lbf/in² (libras-força por polegada quadrada) e psf = lb/ft² (libras por pé quadrado) são geralmente usadas para pressão no sistema USCS, assim como a unidade de atmosfera (atm). A Tabela 6.2 fornece fatores de conversão entre essas unidades convencionais. Na primeira linha da tabela, por exemplo, vemos que o pascal está relacionado com as outras três unidades da seguinte forma:

$$1\ \text{Pa} = 1{,}450 \times 10^{-4}\ \text{psi} = 2{,}089 \times 10^{-2}\ \text{psf} = 9{,}869 \times 10^{-6}\ \text{atm}$$

Quando navios ficam ancorados no porto e balões de ar quente flutuam acima do solo, eles estão submetidos a *forças de flutuação* criadas pelo fluido à sua volta. Como indica a Figura 6.12, quando um submarino submerge e permanece a uma profundidade constante, a força líquida sobre ele é zero, já que a força de flutuação (para cima) equilibra o peso do submarino. A força de flutuação F_B é igual ao peso do fluido deslocado por um objeto de acordo com a equação

Força de flutuação

$$F_B = \rho_{\text{fluido}} g V_{\text{objeto}} \tag{6.5}$$

Tabela 6.2

Fatores de conversão entre o sistema USCS e o SI – Unidades de Pressão

Pa (N/m²)	psi (lbf/in²)	psf (lbf/ft²)	atm
1	$1{,}450 \times 10^{-4}$	$2{,}089 \times 10^{-2}$	$9{,}869 \times 10^{-6}$
6.895	1	144	$6{,}805 \times 10^{-2}$
47,88	$6{,}944 \times 10^{-3}$	1	$4{,}725 \times 10^{-4}$
$1{,}013 \times 10^5$	14,70	2.116	1

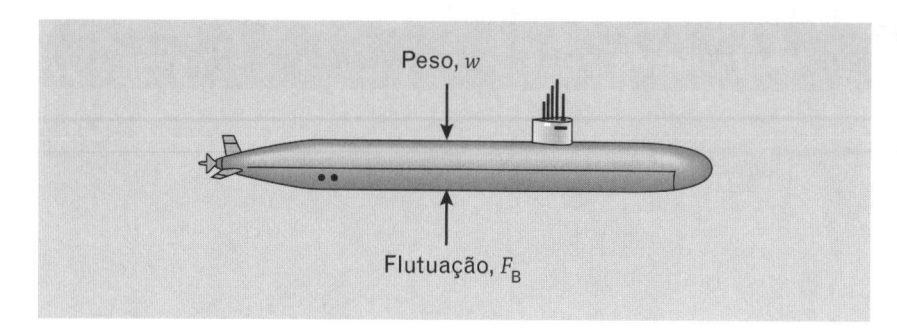

Figura 6.12

Força de flutuação agindo sobre um submarino submerso.

em que ρ representa a densidade do fluido e V é o volume de fluido deslocado pelo objeto. Historicamente, esse resultado é atribuído a Arquimedes, matemático e inventor grego, que teria encontrado uma fraude na confecção de uma coroa de ouro encomendada pelo rei Hieros II. O rei suspeitou que um ourives inescrupuloso substituíra parte do ouro da coroa por prata. Arquimedes percebeu que o princípio básico da Equação (6.5) poderia ser usado para verificar se a coroa fora feita de ouro puro ou de uma liga menos densa (e menos valiosa) de ouro e prata (veja o Problema P6.9 no final deste capítulo).

Exemplo 6.2 | *Capacidade de abastecimento de uma aeronave*

Um avião de passageiros foi abastecido em sua capacidade máxima, equivalente a 90.000 L. Usando a densidade de 840 kg/m³ para o combustível do jato, calcule o peso do combustível.

Abordagem
Visto que o volume e a densidade do combustível são conhecidos, aplicaremos a Equação (6.3) em unidades dimensionalmente uniformes para calcular o peso do combustível. A definição da unidade derivada "litro" encontra-se na Tabela 3.2.

Solução
Primeiro convertemos o volume do combustível em unidades de m³:

$$V = (90.000 \text{ L})\left(0{,}001 \frac{\text{m}^3}{\text{L}}\right)$$

$$= 90 \text{ (L)}\left(\frac{\text{m}^3}{\text{L}}\right)$$

$$= 90 \text{ m}^3$$

e o peso é

Exemplo 6.2 | continuação

$$w = \left(840 \frac{\text{kg}}{\text{m}^3}\right)\left(9{,}81 \frac{\text{m}}{\text{s}^2}\right)(90 \text{ m}^3) \quad \leftarrow [w = \rho g V]$$

$$= 7{,}416 \times 10^5 \left(\frac{\text{kg}}{\text{m}^3}\right)\left(\frac{\text{m}}{\text{s}^2}\right)(\text{m}^3)$$

$$= 7{,}416 \times 10^5 \frac{\text{kg} \cdot \text{m}}{\text{s}^2}$$

$$= 7{,}416 \times 10^5 \text{ N}$$

Como esse valor numérico possui um expoente grande à décima potência, aplicaremos um prefixo SI para representá-lo de maneira mais compacta:

$$w = (7{,}416 \times 10^5 \text{ N})\left(10^{-3} \frac{\text{kN}}{\text{N}}\right)$$

$$= 741{,}6 \text{ (N)} \left(\frac{\text{kN}}{\text{N}}\right)$$

$$= 741{,}6 \text{ kN}$$

Discussão
Para colocar essa quantidade de combustível em perspectiva com o USCS, ele pesa cerca de 167.000 lb, ou mais de 80 toneladas. Em geral, aviões de passageiros têm um percentual de combustível de 25% a 45%, colocando o peso de decolagem dessa aeronave entre 370.000 lb e 670.000 lb. Por exemplo, o Boeing 767-200 tem capacidade para aproximadamente 90.000 L de combustível e um peso de decolagem de quase 400.000 lb.

$$w = 741{,}6 \text{kN}$$

Exemplo 6.3 | Veículo de resgate para grandes profundidades

Projetado para missões de resgate em caso de acidentes com submarinos, o Veículo de Resgate para Grandes Profundidades é capaz de mergulhar a uma profundidade máxima de 5.000 ft no oceano. Em dimensões de psi, quão maior é a pressão da água nessa profundidade do que na superfície do oceano?

Abordagem
Para encontrar a diferença de pressão, aplicaremos a Equação (6.4), em que a pressão da água aumenta proporcionalmente à profundidade. A Tabela 6.1 indica a densidade da água do mar como 1,99 slugs/ft^3, e assumimos que a densidade da água do mar é constante.

Exemplo 6.3 | *continuação*

Solução
Indicamos a diferença de pressão entre a superfície do oceano (p_0) e o submarino (p_1) por $\Delta p = p_1 - p_0$. O aumento da pressão é dado por

$$\Delta p = \left(1{,}99 \frac{\text{slugs}}{\text{ft}^3}\right)\left(32{,}2 \frac{\text{ft}}{\text{s}^2}\right)(5.000\,\text{ft}) \quad \leftarrow [p_1 = p_0 + \rho g h]$$

$$= 3{,}204 \times 10^5 \left(\frac{\text{slug}}{\text{ft}^2 \cdot \text{ft}}\right)\left(\frac{\text{ft}}{\text{s}^2}\right)(\text{ft})$$

$$= 3{,}204 \times 10^5 \frac{\text{slug}}{\text{s}^2 \cdot \text{ft}}$$

Não reconhecemos imediatamente as dimensões dessa quantidade; então a manipulamos ligeiramente, multiplicando o numerador e o denominador pela dimensão do pé:

$$\Delta p = 3{,}204 \times 10^5 \left(\frac{\text{slug} \cdot \text{ft}}{\text{s}^2}\right)\left(\frac{1}{\text{ft}^2}\right)$$

$$= 3{,}204 \times 10^5 \frac{\text{lbf}}{\text{ft}^2}$$

$$= 3{,}204 \times 10^5 \,\text{psf}$$

Em seguida, convertemos essa quantidade para a unidade desejada de psi usando o fator de conversão que se encontra na terceira linha da Tabela 6.2:

$$\Delta p = (3{,}204 \times 10^5 \,\text{psf})\left(6.944 \times 10^{-3} \frac{\text{psi}}{\text{psf}}\right)$$

$$= 2.225\,\cancel{\text{psf}}\left(\frac{\text{psi}}{\cancel{\text{psf}}}\right)$$

$$= 2.225\,\text{psi}$$

Discussão
Nessa profundidade, a pressão da água é mais de 150 vezes maior que a pressão atmosférica padrão de 14,7 psi. Mais de 300.000 lbf de força age sobre cada metro quadrado no casco do Veículo de Resgate para Grandes Profundidades, e a força sobre cada polegada quadrada é equivalente ao peso de dois automóveis pequenos. Provavelmente, a densidade da água salgada irá variar a essa profundidade, mas isso oferece uma boa estimativa para a diferença de pressão.

$$\boxed{\Delta p = 2.225\,\text{psi}}$$

Exemplo 6.4 | *Ataque do grande tubarão-branco*

No clássico filme de suspense *Tubarão*, o capitão Quint consegue fincar arpões no grande tubarão-branco que está atacando seu barco. Cada arpão está preso a um cabo que, por sua vez, está amarrado a um barril estanque vazio. A intenção de Quint é cansar o tubarão, forçando-o a arrastar os barris na água. Para um barril estanque de 55 gl que pesa 35 lbf, que força o tubarão terá de aplicar para mergulhar próximo ao barco e submergir totalmente o barril? (Ver Figura 6.13.)

Figura 6.13

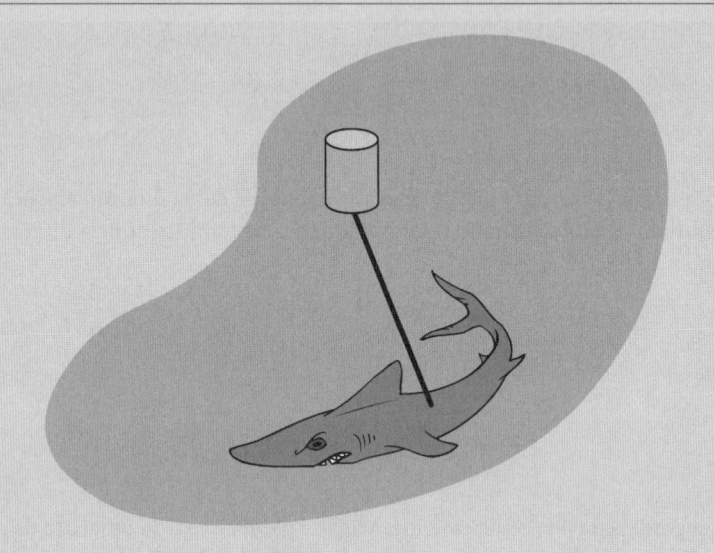

Abordagem
Para encontrar a força que o tubarão terá de aplicar, precisamos levar em conta as três forças atuantes sobre o barril: seu peso w, a tração T no cabo e a força de flutuação F_B (Figura 6.14). O tubarão terá de superar a tração do cabo, a qual depende de duas outras forças. Começamos

Figura 6.14

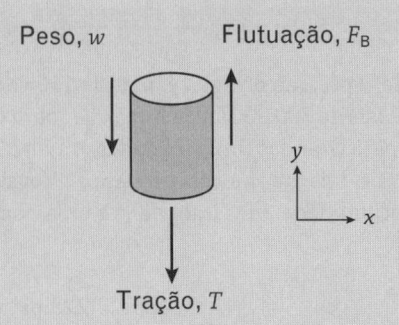

Peso, w Flutuação, F_B

Tração, T

Exemplo 6.4 | *continuação*

ao traçar um diagrama de corpo livre do barril, indicando que escolhemos o sentido para cima como a direção positiva. A força de flutuação é proporcional à densidade da água do mar, a qual é listada como 1,99 slugs/ft³ na Tabela 6.1.

Solução
Como o peso do barril é conhecido, primeiro calculamos a magnitude da força de flutuação aplicando a Equação (6.5). Em seguida, convertemos o volume do barril nas unidades consistentes de ft³ usando o fator de conversão da Tabela 3.5:

$$V = (55 \text{ gal})\left(0{,}1337 \frac{\text{ft}^3}{\text{gal}}\right)$$

$$= 7{,}354 \text{ (gal)}\left(\frac{\text{ft}^3}{\text{gal}}\right)$$

$$= 7{,}354 \text{ ft}^3$$

A força de empuxo torna-se

$$F_B = \left(1{,}99 \frac{\text{slugs}}{\text{ft}^3}\right)\left(32{,}2 \frac{\text{ft}}{\text{s}^2}\right)(7{,}354 \text{ ft}^3) \quad \leftarrow [F_B = \rho_{\text{fluido}} g V_{\text{objeto}}]$$

$$= 471{,}2 \left(\frac{\text{slug}}{\text{ft}^3}\right)\left(\frac{\text{ft}}{\text{s}^2}\right)(\text{ft}^3)$$

$$= 471{,}2 \frac{\text{slug} \cdot \text{ft}}{\text{s}^2}$$

$$= 471{,}2 \text{ lbf}$$

onde usamos a definição de libra-força da Equação (3.3). Ao consultar o diagrama de corpo livre e a convenção de sinal positivo considerada, o equilíbrio de forças de equilíbrio para o barril se torna

$$F_B - T - w = 0 \quad \leftarrow \left[\sum_{i=1}^{N} F_{y,i} = 0\right]$$

que resolvemos para a tensão no cabo:

$$T = 471{,}2 \text{ lbf} - 35 \text{ lbf}$$

$$= 436{,}2 \text{ lbf}$$

Discussão
No que se refere ao tubarão, ele sente a tração do cabo, que é a diferença entre a força de flutuação e o peso do barril. Se, em vez disso, o barril pesasse o mesmo que F_B, então a tração do cabo seria zero. Nesse caso, o barril teria uma força de flutuação neutra e o tubarão teria de fazer muito menos esforço para arrastá-lo.

$$T = 436{,}2 \text{ lbf}$$

6.4 Fluxos laminar e turbulento de fluidos

Se você já viajou de avião, deve se lembrar do momento em que o piloto instrui os passageiros a prender o cinto de segurança por causa da turbulência associada a padrões de clima severos ou ao fluxo de ar sobre cadeias de montanhas. Também é provável que já tenha tido outras experiências pessoais com fluxos laminares e turbulentos de fluidos. Tente abrir a torneira de uma mangueira de jardim (sem bico) apenas um pouco e veja como a água jorra de forma ordenada. O formato da corrente de água não muda muito de um momento para o outro, o que é um exemplo clássico de fluxo de água laminar. À medida que você abre gradualmente a torneira, chegará um momento em que o jato constante de água começará a oscilar, sofrerá interrupções e passará a ser turbulento. O que antes era água com aparência de vidro agora é desigual e entrecortado. De modo geral, fluidos que escoam lentamente parecem laminares e uniformes, mas, a uma velocidade suficientemente alta, o padrão do fluxo torna-se turbulento e aparentemente aleatório.

Quando um fluido passa suavemente por um objeto, como no desenho do fluxo de ar em torno de uma esfera na Figura 6.15(a), dizemos que o fluido se move de maneira laminar. Um fluxo laminar ocorre quando o fluido se movimenta de forma relativamente lenta (em breve daremos a definição exata de "relativo"). À medida que o fluido passa a mover-se mais rapidamente depois de passar pela esfera, o padrão do fluxo começa a falhar e se torna aleatório, particularmente no lado posterior da esfera. Dizemos que o padrão irregular do fluxo ilustrado na Figura 6.15(b) é *turbulento*. Atrás da esfera surgem pequenos redemoinhos e turbilhões, e o fluido atrás da esfera é interrompido significativamente por sua presença.

Laminar

Turbulento

O critério para determinar se um fluido se move em um padrão laminar ou turbulento depende de vários fatores: o tamanho do objeto que se move pelo fluido (ou o tamanho do tubo ou duto pelo qual o fluido corre); a velocidade do objeto (ou do fluido); e as propriedades de densidade e viscosidade do fluido. A relação exata entre essas variáveis foi descoberta no final do século XIX por um engenheiro britânico chamado Osborne Reynolds, que realizou experiências relacionadas à transição entre os fluxos laminar e turbulento em tubos. Ele estabeleceu um parâmetro adimensional, que agora sabemos tratar-se da variável mais importante na engenharia dos fluidos para descrever essa transição. O *número de Reynolds* (Re) é definido pela equação

Número de Reynolds

$$Re = \frac{\rho v l}{\mu} \tag{6.6}$$

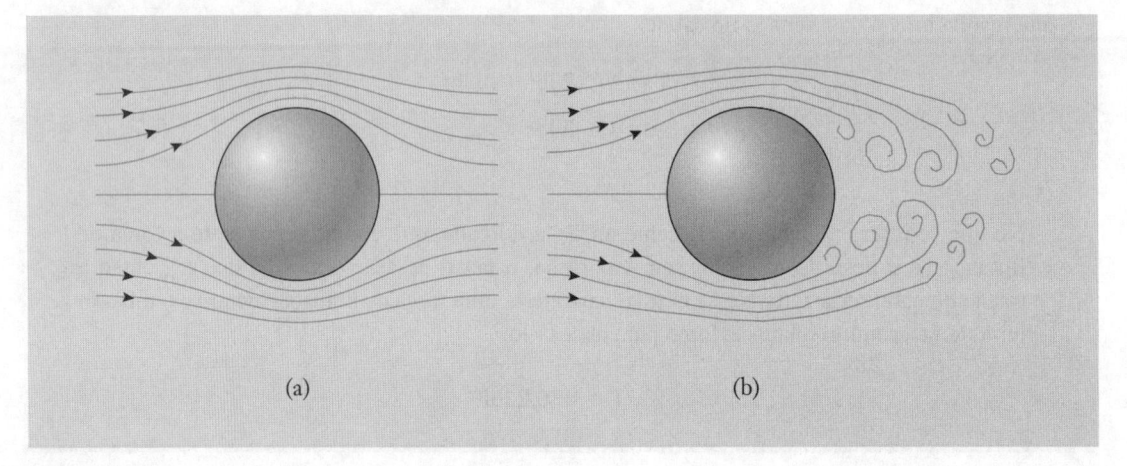

Figura 6.15

Fluxo (a) laminar e (b) turbulento de um fluido em torno de uma esfera.

em termos da densidade e viscosidade do fluido, sua velocidade v, e um *comprimento característico l*, que é representativo para o problema em questão. No caso do óleo cru bombeado por um duto, o comprimento característico l é o diâmetro do duto; para a água que flui ao passar pela esfera na Figura 6.15, l é o diâmetro da esfera; para o sistema de ventilação de um prédio, l é o diâmetro do duto de ar, e assim por diante.

Comprimento característico

A interpretação física do número de Reynolds consiste na relação entre as forças de inércia e as viscosas que atuam em um fluido; a primeira é proporcional à densidade (segunda lei de Newton), e a segunda, à viscosidade [Equação (6.2)]. Quando o fluido se move em um rapidamente, não é viscoso demais nem muito denso, o número de Reynolds será grande, e vice-versa. A inércia de um fluido tende a interrompê-lo e fazer com que ele flua de maneira irregular. Por outro lado, os efeitos da viscosidade são similares ao atrito e, ao dissipar energia, podem estabilizar o fluido de modo que escoe uniformemente.

Quanto aos cálculos, situações em engenharia mecânica que envolvem fluxos laminares, em geral, podem ser descritas com a ajuda de equações matemáticas relativamente simples, o que, em geral, não é o caso dos fluxos turbulentos. A utilidade dessas equações, porém, limita-se a baixas velocidades e formas ideais, como esferas, placas planas e cilindros. Muitas vezes, são necessários experimentos e simulações computadorizadas para que os engenheiros compreendam a complexidade dos fluidos que circulam em equipamentos e em velocidades operacionais igualmente reais.

Exemplo 6.5 | *Número de Reynolds*

Calcule o número de Reynolds para as seguintes situações: (a) A bala de um Winchester .30-30 de diâmetro sai do cano do rifle a 2.400 ft/s. (b) A água doce passa por um tubo de 1 cm de diâmetro com velocidade média de 0,5 m/s. (c) O óleo SAE 30 passa por um tubo nas mesmas condições de (b). (d) Um veloz submarino de guerra com casco de 33 ft de diâmetro viaja a 15 knots. Um knot equivale a 1,152 mph.

Abordagem

Para calcular o número de Reynolds para cada situação, aplicamos a definição da Equação (6.6), certificando-nos de que as grandezas numéricas sejam dimensionalmente uniformes. A Tabela 6.1 relaciona os valores da densidade e da viscosidade do ar, da água doce, do óleo e da água do mar.

Solução

(a) O diâmetro da bala é 0,3 in, que convertemos para a dimensão consistente de ft (Tabela 3.5):

$$d = (0,3 \text{ in.}) \left(0,0833 \frac{\text{ft}}{\text{in.}} \right)$$
$$= 0,025 \text{ (in.)} \left(\frac{\text{ft}}{\text{in.}} \right)$$
$$= 0,025 \text{ ft}$$

Exemplo 6.5 | *continuação*

O número de Reynolds torna-se

$$Re = \frac{(2{,}33 \times 10^{-3} \text{ slug/ft}^3)(2{.}400 \text{ ft/s})(0{,}025 \text{ ft})}{3{,}8 \times 10^{-7} \text{ slug/(ft} \cdot \text{s)}} \quad \leftarrow \left[Re = \frac{\rho v l}{\mu} \right]$$

$$= 3{,}679 \times 10^5 \left(\frac{\text{slug}}{\text{ft}^3}\right)\left(\frac{\text{ft}}{\text{s}}\right)(\text{ft})\left(\frac{\text{ft} \cdot \text{s}}{\text{slug}}\right)$$

$$= 3{,}679 \times 10^5$$

(b) Com valores numéricos do SI, o número de Reynolds para a água que passa pelo tubo é

$$Re = \frac{(1{.}000 \text{ kg/m}^3)(0{,}5 \text{ m/s})(0{,}01 \text{ m})}{1{,}0 \times 10^{-3} \text{ kg/(m} \cdot \text{s)}} \quad \leftarrow \left[Re = \frac{\rho v l}{\mu} \right]$$

$$= 5{.}000 \left(\frac{\text{kg}}{\text{m}^3}\right)\left(\frac{\text{m}}{\text{s}}\right)(\text{m})\left(\frac{\text{m} \cdot \text{s}}{\text{kg}}\right)$$

$$= 5{.}000$$

(c) Quando se bombeia óleo SAE 30 pelo tubo em vez de água, o número de Reynolds é reduzido para

$$Re = \frac{(917 \text{ kg/m}^3)(0{,}5 \text{ m/s})(0{,}01 \text{ m})}{0{.}26 \text{ kg/(m} \cdot \text{s)}} \quad \leftarrow \left[Re = \frac{\rho v l}{\mu} \right]$$

$$= 17{,}63 \left(\frac{\text{kg}}{\text{m}^3}\right)\left(\frac{\text{m}}{\text{s}}\right)(\text{m})\left(\frac{\text{m} \cdot \text{s}}{\text{kg}}\right)$$

$$= 17{,}63$$

(d) Precisamos converter a velocidade do submarino em dimensões consistentes. O primeiro passo é converter knots para mph:

$$v = (15 \text{ knots})\left(1.152 \frac{\text{mph}}{\text{knot}}\right)$$

$$= 17{,}28 \text{ (knot)} \left(\frac{\text{mph}}{\text{knot}}\right)$$

$$= 17{,}28 \text{ mph}$$

e então de mph para ft/s:

$$v = \left(17{,}28 \frac{\text{mi}}{\text{h}}\right)\left(5{.}280 \frac{\text{ft}}{\text{mi}}\right)\left(\frac{1}{3{.}600} \frac{\text{h}}{\text{s}}\right)$$

$$= 25{,}34 \left(\frac{\text{mi}}{\text{h}}\right)\left(\frac{\text{ft}}{\text{mi}}\right)\left(\frac{\text{h}}{\text{s}}\right)$$

$$= 25{,}34 \frac{\text{ft}}{\text{s}}$$

Exemplo 6.5 | *continuação*

O número de Reynolds do submarino torna-se

$$Re = \frac{(1{,}99 \text{ slug/ft}^3)(25{,}34 \text{ ft/s})(33 \text{ ft})}{2{,}5 \times 10^{-5} \text{ slug/(ft} \cdot \text{s)}} \quad \leftarrow \left[Re = \frac{\rho v l}{\mu} \right]$$

$$= 6{,}657 \times 10^7 \left(\frac{\text{slug}}{\text{ft}^3}\right)\left(\frac{\text{ft}}{\text{s}}\right) \text{ft} \left(\frac{\text{ft} \cdot \text{s}}{\text{slug}}\right)$$

$$= 6{,}657 \times 10^7$$

Discussão

Tal como se espera para uma grandeza adimensional, as unidades do numerador em *Re* cancelam exatamente aquelas do denominador. Medições em laboratório demonstraram que fluidos passam por tubos em padrão laminar quando *Re* é menor que aproximadamente 2.000. O fluxo é turbulento para valores maiores de *Re*, como vemos no caso (a) do fluxo ao redor da bala e (d) do fluxo ao redor do submarino. Em (b), esperaríamos que o fluxo da água no tubo fosse turbulento, enquanto o fluxo em (c) certamente seria laminar, porque o óleo é muito mais viscoso que a água.

$$Re_{\text{bala}} = 3{,}679 \times 10^5$$
$$Re_{\text{tubo com água}} = 5.000$$
$$Re_{\text{tubo com óleo}} = 17{,}63$$
$$Re_{\text{submarino}} = 6{,}657 \times 10^7$$

Foco em — Números adimensionais

Engenheiros mecânicos muitas vezes trabalham com números adimensionais. Estes podem ser números puros, que não possuem unidades, ou grupos de variáveis, nos quais as unidades se cancelam completamente, deixando, mais uma vez, um número puro. Um número adimensional pode ser a razão entre dois números e, nesse caso, as dimensões do numerador e do denominador irão se cancelar. Dois números adimensionais com que já trabalhamos são o número de Reynolds *Re* e o coeficiente de Poisson *v* (Capítulo 5).

Outro exemplo que você talvez já conheça é o número de Mach *Ma*, que é usado para medir a velocidade de uma aeronave. Seu nome deve-se ao físico Ernst Mach, que viveu no século XIX. O número de Mach é definido pela equação *Ma* = *v*/*c*, e é simplesmente a razão entre a velocidade da aeronave *v* e a velocidade de propagação do som *c* no ar. No solo, a velocidade do som é de aproximadamente 700 mph, mas ela diminui com a altitude, onde a pressão atmosférica e a temperatura são mais baixas. Os valores numéricos de *v* e *c* devem ser expressos nas mesmas dimensões (por exemplo, mph), de modo que as unidades se cancelem entre si na equação para *Ma*. Um avião comercial pode viajar a uma velocidade de *Ma* = 0,7, enquanto um supersônico é capaz de voar a *Ma* = 1,4.

6.5 Escoamento de fluidos em tubulações

Uma aplicação prática para os conceitos de pressão, viscosidade e número de Reynolds é o escoamento de fluidos por tubos, mangueiras e dutos. Além de distribuir água, gasolina, gás natural, ar e outros fluidos, o escoamento em dutos ou tubos também é um tópico importante para estudos biomédicos do sistema circulatório humano (Figura 6.16). O sangue passa por artérias e veias em seu corpo para transportar oxigênio e nutrientes aos tecidos e remover o dióxido de carbono e outros resíduos. O sistema vascular compreende artérias relativamente grandes e veias subdivididas em muitos capilares, bem menores, que se estendem por todo o corpo. Em alguns aspectos, o fluxo de sangue através desses vasos é semelhante ao que encontramos em aplicações de engenharia, como nas áreas de hidráulica e pneumática.

Os fluidos tendem a escoar de um local com pressão elevada para outro cuja pressão é menor. À medida que o fluido se move como resposta a essa diferença, ele desenvolve tensões de cisalhamento em virtude da viscosidade, que equilibra a diferença entre as pressões e produz um fluxo constante. No sistema circulatório humano, como todos os fatores são iguais, quanto maior a diferença de pressão entre o coração e a artéria femoral, mais rapidamente o sangue fluirá. A mudança de pressão ao longo do comprimento de um tubo, mangueira ou duto é chamada *queda de pressão*, representada por Δp. Quanto mais viscoso for o fluido, maior terá de ser a diferença de pressão necessária para produzir movimento. A Figura 6.17 mostra um diagrama de corpo livre do volume de um fluido que foi conceitualmente retirado de um tubo. Como a queda de pressão está relacionada à tensão de cisalhamento, espera-se que Δp aumente com a viscosidade e a velocidade do fluido.

Queda de pressão

Numa parte do tubo que está longe de pertubações (como uma entrada, bomba, válvula ou curva) e com valores do número de Reynolds suficientemente baixos, o fluxo no tubo é laminar. A evidência experimental indica que o fluxo laminar ocorre em tubos cujo $Re < 2.000$. Lembrando a condição de não deslizamento, a velocidade do fluido é exatamente zero na superfície interna do tubo. Segundo o

Figura 6.16

O fluxo de sangue no sistema circulatório humano é semelhante em muitos aspectos ao fluxo de fluidos através de tubos e outras aplicações de engenharia. Imagens como esta, do sistema pulmonar humano, são obtidas por meio de ressonância magnética e modelagem digital, fornecendo a médicos e cirurgiões as informações de que eles precisam para fazer diagnósticos precisos e elaborar planos de tratamento.

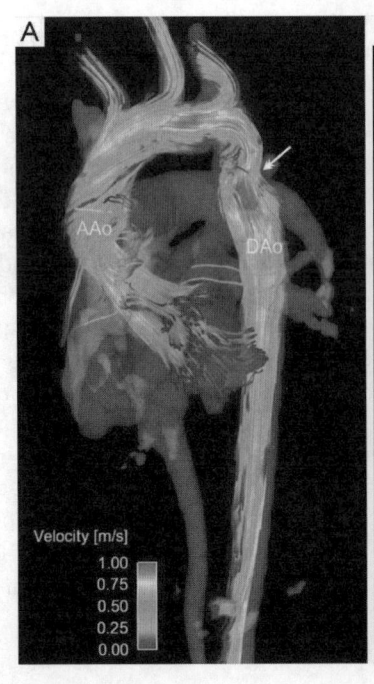

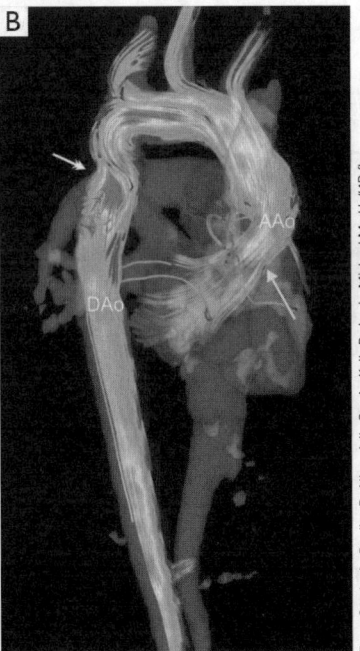

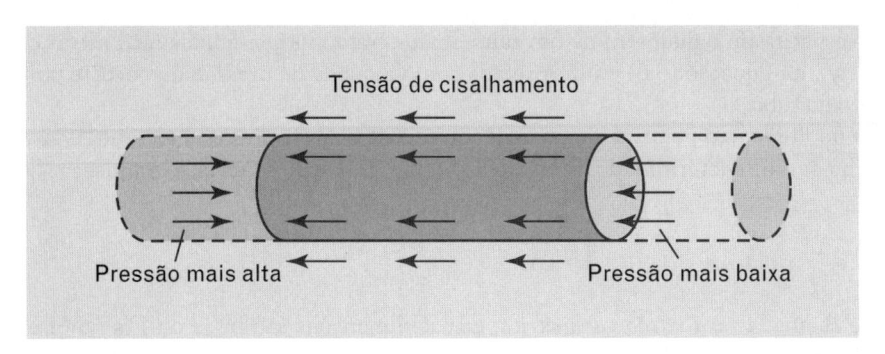

Figura 6.17

Diagrama de corpo livre de um volume de fluido dentro de um tubo. A diferença de pressão entre os dois locais equilibra as tensões de cisalhamento viscoso entre o fluido e a superfície interna do tubo. O fluido está em equilíbrio e desloca-se a uma velocidade constante.

princípio da simetria, o fluido se deslocará com maior rapidez ao longo da linha central do tubo e chegará à velocidade zero no raio R do tubo (Figura 6.18). Na verdade, a distribuição de velocidade num fluxo laminar é uma função parabólica do raio, conforme indica a equação

$$v = v_{máx}\left(1 - \left(\frac{r}{R}\right)^2\right) \quad \text{(Caso especial: } Re < 2.000\text{)} \quad (6.7)$$

em que r é medido para fora da linha central do tubo. A velocidade máxima do fluido

$$v_{máx} = \frac{d^2 \Delta p}{16 \mu L} \quad \text{(Caso especial: } Re < 2.000\text{)} \quad (6.8)$$

ocorre na linha central do tubo e depende da queda de pressão, do diâmetro do tubo $d = 2R$, da viscosidade do fluido μ e do comprimento do tubo L. Os

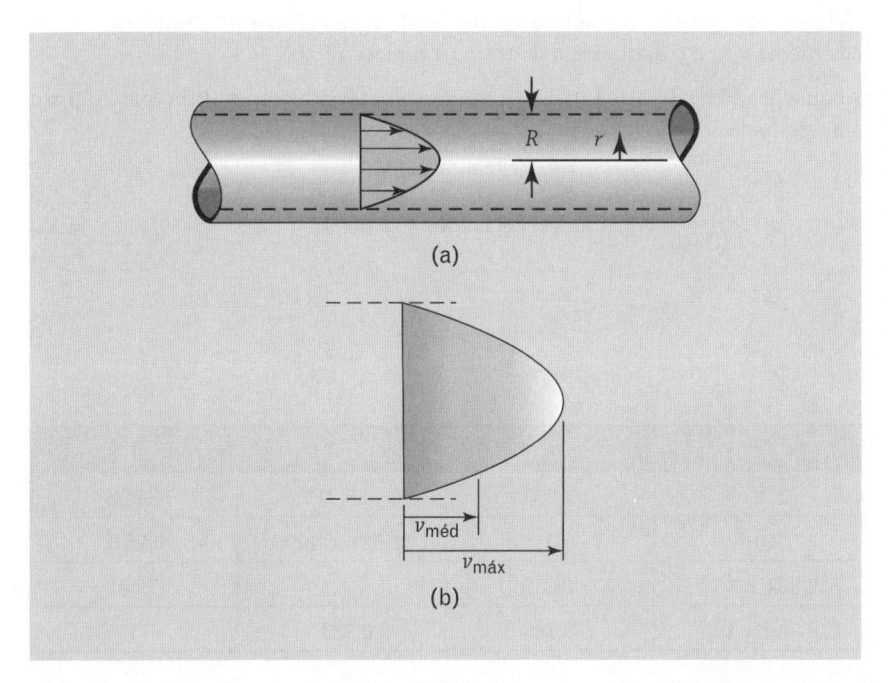

Figura 6.18

Fluxo laminar constante de um fluido em um tubo. A velocidade do fluido é maior ao longo da linha central do tubo, muda parabolicamente ao longo da transversal e cai para zero na superfície do tubo.

engenheiros geralmente especificam o diâmetro de um tubo e não o raio, porque é mais fácil medir o primeiro. A expressão $\Delta p/L$ na Equação (6.8) é interpretada como a queda de pressão que ocorre por unidade de comprimento do tubo.

Além da velocidade do fluido, em geral, estamos mais interessados em conhecer o volume ΔV do fluido que passa pelo tubo durante determinado intervalo de tempo Δt. Nesse sentido, a grandeza

$$q = \frac{\Delta V}{\Delta t} \tag{6.9}$$

Taxa de vazão volumétrica

é chamada *taxa vazão volumétrica*, e suas dimensões são m³/s ou L/s no SI e ft³/s ou gal/s no USCS. A Tabela 6.3 indica os valores de conversão entre essas dimensões. Podemos ver os fatores de conversão para a dimensão m³/s na primeira linha dessa tabela:

$$1\frac{m^3}{s} = 1.000\ \frac{L}{s} = 35{,}31\frac{ft^3}{s} = 264{,}2\frac{gal}{s}$$

A vazão volumétrica está relacionada ao diâmetro do tubo e à velocidade do fluido que passa em seu interior. A Figura 6.19 ilustra um elemento cilíndrico de fluido com área transversal A e comprimento Δx que escoa por um tubo. No intervalo de tempo Δt, o volume de fluido que passa por qualquer seção transversal do tubo é indicado por $\Delta V = A\Delta x$. Como a velocidade média do fluido no tubo é $v_{méd} = \Delta x/\Delta t$, a vazão volumétrica também é dada por

$$q = A v_{méd} \tag{6.10}$$

Quando o fluxo é laminar, a velocidade média do fluido e a velocidade máxima na Equação (6.8) estão relacionadas por

$$v_{méd} = \frac{1}{2}v_{max} \quad \text{(Caso especial: } Re < 2.000\text{)} \tag{6.11}$$

como mostra a Figura 6.18(b). Ao calcular o número de Reynolds para o fluxo do fluido em tubos, devemos usar a velocidade média $v_{méd}$ e o diâmetro d do tubo na Equação (6.6).

Se combinarmos as Equações (6.8), (6.10) e (6.11), a vazão volumétrica em um tubo para o fluxo laminar constante e incompressível é

$$q = \frac{\pi d^4 \Delta p}{128 \mu L} \quad \text{(Caso especial: } Re < 2.000\text{)} \tag{6.12}$$

Tabela 6.3 Fatores de conversão entre unidades dos sistemas USCS e SI para taxa de vazão volumétrica

m³/s	L/s	ft³/s	gal/s
1	1.000	35,31	264,2
10^{-3}	1	$3{,}531 \times 10^{-2}$	0,2642
$2{,}832 \times 10^{-2}$	28,32	1	7,481
$3{,}785 \times 10^{-3}$	3,785	0,1337	1

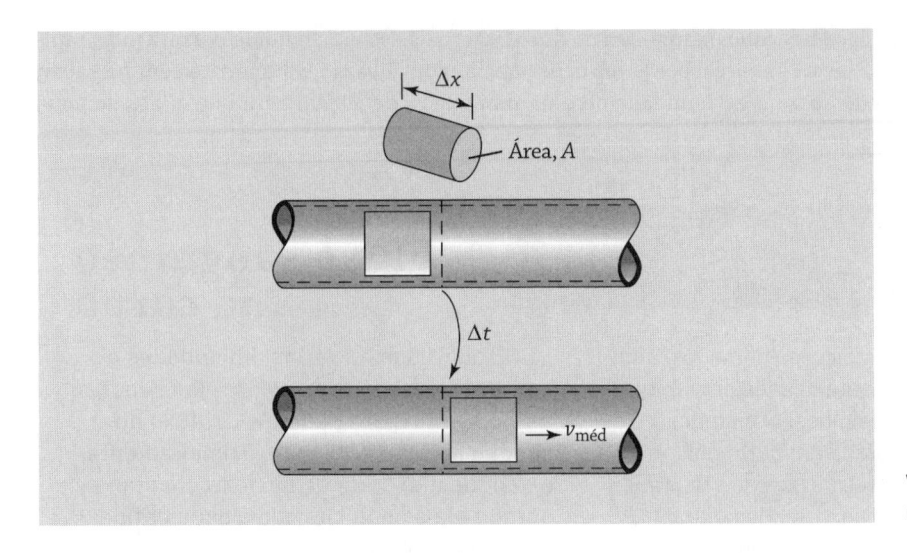

Figura 6.19

Vazão volumétrica em um tubo.

Esta equação é chamada *lei de Poiseuille* e, como as Equações (6.7), (6.8) e (6.11), ela limita-se a condições de fluxo laminar. Quando medida pelo volume, a taxa de escoamento de um fluido que passa por um tubo aumenta na quarta potência de seu diâmetro, e é diretamente proporcional à queda de pressão e inversamente proporcional ao comprimento do tubo. Podemos usar a lei de Poiseuille para calcular a vazão volumétrica quando o comprimento, o diâmetro e a queda de pressão do tubo são conhecidos, para calcular a queda de pressão, ou para determinar o diâmetro necessário para um tubo quando q, L e Δp são fornecidos.

Lei de Poiseuille

Quando a compressibilidade de um fluido é insignificante, a vazão volumétrica permanecerá constante mesmo quando houver mudanças no diâmetro do tubo, conforme ilustra a Figura 6.20. Essencialmente, como o fluido não pode se acumular nem se tornar mais concentrado em algum ponto do tubo, a quantidade de fluido que entra no tubo deverá ser igual àquela que sai. Na Figura 6.20, a área transversal do tubo diminui entre as seções 1 e 2. Para que o mesmo volume de fluido que entra no estreitamento por unidade de tempo também saia dele, a velocidade do fluido na seção 2 tem de ser mais alta. Ao aplicarmos a Equação (6.10), a velocidade média do fluido muda de acordo com a equação

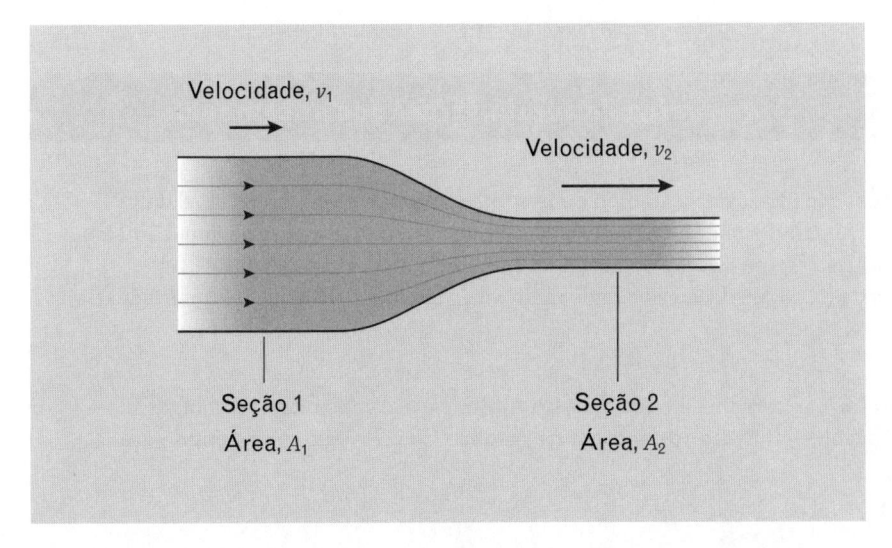

$$A_1 v_1 = A_2 v_2 \qquad (6.14)$$

Figura 6.20

Escoamento de fluido em um tubo que possui um elemento constritivo.

Se a área transversal de um tubo, mangueira ou duto ficar mais estreita, o fluido passará mais rapidamente, e vice-versa. Provavelmente, você já fez experiências com a vazão volumétrica sem perceber, quando colocou seu dedo sobre a extremidade de uma mangueira de jardim para que o jato de água fosse mais longe.

Foco em

Fluxo sanguíneo no corpo

O fluxo de sangue no corpo humano é uma aplicação interessante desses princípios de engenharia dos fluidos. O sistema circulatório é regulado em parte pelos músculos adjacentes às paredes arteriais que se contraem e se expandem para controlar a quantidade de sangue que fluirá pelas diferentes partes do corpo. A pressão sanguínea é determinada pelo bombeamento de sangue no coração e pela amplitude da contração e resistência existente no sistema capilar. O diâmetro de um vaso sanguíneo pode ser um fator importante ao determinarmos a pressão, já que Δp na Equação (6.12) aumenta na razão da quarta potência do diâmetro. Se o diâmetro de um vaso sanguíneo diminuir por um fator de 2 e todos os demais fatores continuarem iguais, a pressão deverá aumentar por um fator de 16 a fim de manter a mesma vazão volumétrica. Alguns remédios para hipertensão foram desenvolvidos com base nesse princípio e, dessa forma, reduzem a pressão sanguínea ao limitar a contração das paredes dos vasos sanguíneos.

É claro que há várias dificuldades e limitações associadas ao uso da equação de Poiseuille para descrever o fluxo do sangue no corpo humano. Primeiramente, o sangue não corre de maneira constante, porque ele é impulsionado a cada batida do coração. Além disso, a análise por trás da lei de Poiseuille estipula que o tubo seja rígido, mas vasos sanguíneos são tecidos flexíveis e adaptáveis. O sangue também não é um líquido homogêneo. Em escalas muito pequenas, o diâmetro de um capilar é, na verdade, menor que as próprias células do sangue, e essas células são obrigadas a se curvar e se dobrar para que possam passar pelos capilares mais estreitos. Ainda que a equação de Poiseuille não possa ser diretamente aplicável, ela oferece uma indicação qualitativa de que o diâmetro dos vasos sanguíneos, bem como o seu bloqueio parcial, são fatores importantes que influenciam a pressão sanguínea.

Exemplo 6.6 | *Mangueira de combustível dos automóveis*

Um automóvel está sendo conduzido a 40 mph e apresenta um consumo de combustível de 28 milhas por galão. A mangueira de combustível do tanque até o motor apresenta um diâmetro interno de 38 in. (a) Determine a vazão volumétrica de combustível em unidades de ft³/s. (b) Nas dimensões de IN./S, qual é a velocidade média da gasolina? (c) Qual é o número de Reynolds para essa vazão?

Abordagem
Podemos usar as informações sobre a velocidade do automóvel e o consumo de combustível para encontrar a vazão volumétrica do consumo de gasolina. Em seguida, conhecendo a área

Exemplo 6.6 | *continuação*

da seção transversal da mangueira de combustível [Equação (5.1)], aplicamos a Equação (6.10) para encontrar a velocidade média do combustível. Por fim, calculamos o número de Reynolds usando a Equação (6.6), na qual o comprimento característico é o diâmetro da mangueira de combustível. A Tabela 6.1 indica a densidade e a viscosidade da gasolina.

Solução

(a) A vazão volumétrica é a razão entre a velocidade do veículo e o consumo médio do combustível:

$$q = \frac{40 \text{ mi/h}}{28 \text{ mi/gal}}$$

$$= 1{,}429 \left(\frac{\text{mi}}{\text{h}}\right)\left(\frac{\text{gal}}{\text{mi}}\right)$$

$$= 1{,}429 \frac{\text{gal}}{\text{h}}$$

Convertendo de uma base por hora para uma base por segundo, esta taxa é equivalente a

$$q = \left(1{,}429 \frac{\text{gal}}{\text{h}}\right)\left(\frac{1}{3.600}\frac{\text{h}}{\text{s}}\right)$$

$$= 3{,}968 \times 10^{-4} \left(\frac{\text{gal}}{\text{h}}\right)\left(\frac{\text{h}}{\text{s}}\right)$$

$$= 3{,}968 \times 10^{-4} \frac{\text{gal}}{\text{s}}$$

Aplicando um fator da Tabela 6.3, convertemos esta quantidade para a base dimensionalmente consistente de ft³:

$$q = \left(3{,}968 \times 10^{-4} \frac{\text{gal}}{\text{s}}\right)\left(0{,}1337 \frac{\text{ft}^3/\text{s}}{\text{gal/s}}\right)$$

$$= 5{,}306 \times 10^{-5} \left(\frac{\text{gal}}{\text{s}}\right)\left(\frac{\text{ft}^3/\text{s}}{\text{gal/s}}\right)$$

$$= 5{,}306 \times 10^{-5} \frac{\text{ft}^3}{\text{s}}$$

(b) A área da seção transversal da linha de combustível é

$$A = \frac{\pi}{4}(0{,}375 \text{ in.})^2 \quad \leftarrow \left[A = \frac{\pi d^2}{4}\right]$$

$$= 0{,}1104 \text{ in}^2$$

Exemplo 6.6 | continuação

ou A = 7,670 × 10⁻⁴ ft² já que 1 ft = 12 in. A velocidade média da gasolina é

$$v_{méd} = \frac{5{,}306 \times 10^{-5} \text{ ft}^3/\text{s}}{7{,}670 \times 10^{-4} \text{ ft}^2} \quad \leftarrow [q = Av_{méd}]$$

$$= 6{,}917 \times 10^{-2} \left(\frac{\text{ft}^2 \cdot \text{ft}}{\text{s}}\right)\left(\frac{1}{\text{ft}^2}\right)$$

$$= 6{,}917 \times 10^{-2} \frac{\text{ft}}{\text{s}}$$

ou $v_{méd}$ = 0,8301 in./s

(c) Como o diâmetro da linha de combustível é d = ⅜ in. = 3,125 × 10⁻² ft, o número de Reynolds para esse fluxo é

$$Re = \frac{(1{,}32 \text{ slug/ft}^3)(6{,}917 \times 10^{-2} \text{ ft/s})(3{,}125 \times 10^{-2} \text{ ft})}{6{,}1 \times 10^{-6} \text{ slug/(ft} \cdot \text{s)}} \quad \leftarrow \left[Re = \frac{\rho v l}{\mu}\right]$$

$$= 467{,}8 \left(\frac{\text{slug}}{\text{ft}^3}\right)\left(\frac{\text{ft}}{\text{s}}\right)(\text{ft})\left(\frac{\text{ft} \cdot \text{s}}{\text{slug}}\right)$$

$$= 467{,}8$$

Discussão

Como Re < 2.000, espera-se que o escoamento seja suave e laminar. Uma economia de combustível mais alta resultaria uma taxa de fluxo, velocidade e número de Reynolds mais baixos, pois menos combustível é necessário para manter a mesma velocidade do veículo.

$$q = 5{,}306 \times 10^{-5} \frac{\text{ft}^3}{\text{s}}$$
$$v_{méd} = 0{,}8301 \text{ in./s}$$
$$Re = 467{,}8$$

▶ 6.6 Força de arrasto

Quando os engenheiros mecânicos projetam automóveis, aviões, foguetes e outros veículos, geralmente precisam conhecer a força de arrasto F_D que resistirá ao movimento em alta velocidade pelo ar ou pela água (Figura 6.21). Nesta seção, discutiremos a força de arrasto e uma grandeza correlata conhecida como coeficiente de arrasto, simbolizada por C_D. Esse parâmetro indica quão aerodinâmico ou hidrodinâmico é um objeto, e é usado para calcular quanta resistência um objeto experimentará ao se deslocar por um fluido (ou conforme um fluido escoa em torno dele).

Coeficiente de arrasto

Figura 6.21
O SpaceShipTwo da Virgin Galactic, mostrado em voo, foi projetado com recursos de arrasto adaptável. As caudas duplas apontando diretamente para trás de cada asa são projetadas para girar na vertical durante a descida para aumentar o arrasto, diminuindo a velocidade do veículo sem qualquer risco de instabilidade ou superaquecimento. Embora inovador, esse sistema de arrasto adaptativo depende de um tempo preciso, como evidencia o acidente de 2014 de um veículo SpaceShipTwo.

Getty Images News/Getty Images

Enquanto as forças de flutuação (Seção 6.3) desenvolvem-se mesmo em fluidos estacionários, a força de arrasto e a força de sustentação (discutida na Seção 6.7) surgem a partir do movimento relativo entre um fluido e um objeto sólido. O comportamento geral de fluidos em movimento e o movimento dos objetos por esses fluidos definem o campo da engenharia mecânica chamado *dinâmica dos fluidos*.

Para valores do número de Reynolds que podem abranger tanto o fluxo laminar como o turbulento, a magnitude da força de arrasto é determinada pela equação

$$F_D = \frac{1}{2}\rho A v^2 C_D \qquad (6.14)$$

Dinâmica dos fluidos

em que ρ é a densidade do fluido, e a área A do objeto que passa pelo fluido em movimento é chamada *área frontal*. Em geral, a magnitude da força de arrasto aumenta com a área que tem contato com o fluido. A força de arrasto também aumenta com a densidade do fluido (por exemplo, ar *versus* água), e cresce na proporção do quadrado da velocidade. Se todos os demais fatores permanecessem inalterados, a força de arrasto exercida em um automóvel que se desloca duas vezes mais rápido que outro seria quatro vezes superior.

Área frontal

O coeficiente de arrasto é um valor numérico simples que representa a dependência complexa da força de arrasto em relação à forma de um objeto e de sua orientação em relação ao fluido em movimento. A Equação (6.14) é válida para qualquer objeto, independentemente de o fluxo é ser laminar ou turbulento, desde que se conheça o valor numérico do coeficiente de arrasto. Entretanto, as equações matemáticas para C_D estão disponíveis apenas para geometrias ideais (como esferas, placas planas e cilindros) e condições restritas (como um número de Reynolds baixo). Em muitos casos, os engenheiros mecânicos ainda precisam obter resultados práticos, mesmo em situações em que não é possível descrever matematicamente o coeficiente de arrasto. Nessas condições, os engenheiros baseiam-se numa combinação de experiências em laboratório e simulações computadorizadas. Graças a esses métodos, os valores numéricos para o

Tabela 6.4

Valores numéricos do coeficiente de arrasto e da área frontal para diferentes sistemas

Sistema	Área frontal, A ft²	Área frontal, A m²	Coeficiente de arrasto, C_D
Sedã econômico (60 mph)	20,8	1,9	0,34
Carro esporte (60 mph)	22,4	2,1	0,29
Veículo utilitário esportivo (60 mph)	29,1	2,7	0,45
Bicicleta e ciclista (em corrida)	4,0	0,37	0,9
Bicicleta e ciclista (ereto)	5,7	0,53	1,1
Pessoa (em pé)	6,7	0,62	1,2

coeficiente de arrasto foram padronizados em tabelas na literatura de engenharia para uma diversidade de aplicações. Os dados representativos da Tabela 6.4 podem ajudá-lo a desenvolver a intuição para as magnitudes relativas do coeficiente de arrasto em diferentes circunstâncias. Por exemplo, um veículo utilitário esportivo relativamente robusto possui um coeficiente de arrasto maior (e também uma área frontal maior) em comparação a um carro esporte. Usando os valores de C_D e A desta tabela, além de outros dados publicados, podemos usar a força de arrasto com base na Equação (6.14).

Para ilustrar, a Figura 6.22 mostra a força de arrasto que atua sobre uma esfera à medida que um fluido se desloca em torno dela (ou a força que se desenvolve conforme a esfera se desloca através do fluido). Não importa se a esfera ou o fluido se move: a velocidade relativa v entre ambos é a mesma. A área frontal da esfera na perspectiva do fluido é $A = \pi d^2/4$. Na verdade, a interação entre um fluido e uma esfera tem aplicações importantes na engenharia em dispositivos que liberam medicamento em forma de spray aerossol, no movimento das partículas poluentes na atmosfera e para criar modelos de gotas de chuva e pedras de granizo em tempestades. A Figura 6.23 mostra como o coeficiente de arrasto para uma esfera lisa muda como uma função do número de Reynolds no intervalo $0,1 < Re < 100.000$. Nos valores mais elevados, digamos $1.000 < Re < 100.000$, o coeficiente de arrasto é quase constante com valor $C_D \approx 0,5$.

Quando combinada à Figura 6.23, a Equação (6.14) pode ser utilizada para calcular a força de arrasto que atua sobre uma esfera. Quando Re é muito baixo, de modo que o fluxo seja contínuo e laminar, o coeficiente de arrasto é indicado aproximadamente por

$$C_D \approx \frac{24}{Re} \quad \text{(Caso especial para uma esfera: } Re < 1) \tag{6.15}$$

Figura 6.22

A força de arrasto depende da velocidade relativa entre um fluido e um objeto. (a) O fluido passa por uma esfera estacionária e cria a força de arrasto F_D. (b) Agora o fluido encontra-se estacionário e a esfera move-se através dele.

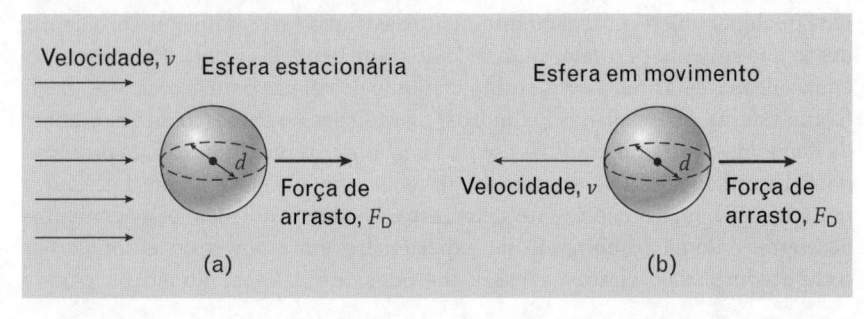

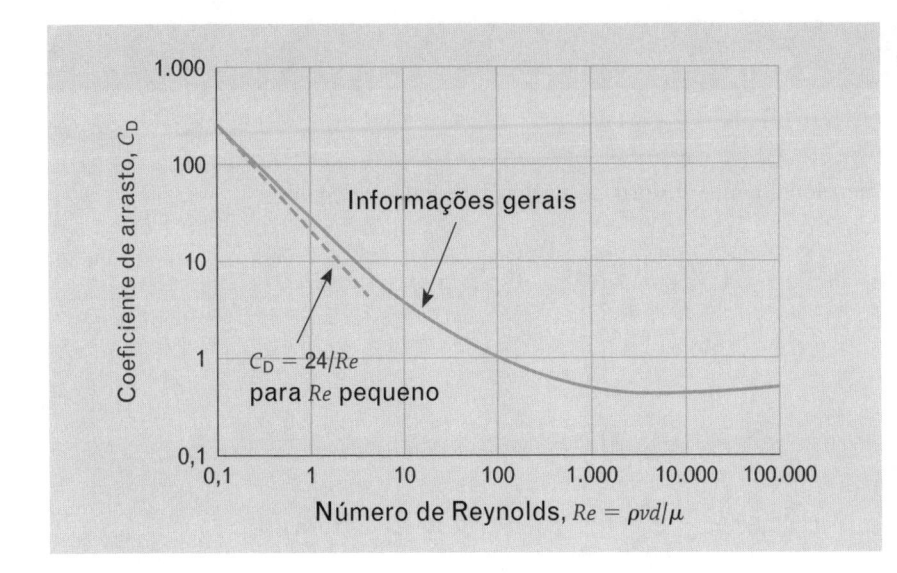

Figura 6.23

Dependência do coeficiente de arrasto para uma esfera lisa sobre o número de Reynolds (linha contínua) e o valor previsto para Re baixo na Equação (6.15) (linha pontilhada).

A linha pontilhada na representação logarítmica da Figura 6.23 indica esse resultado. Você pode ver que o resultado da Equação (6.15) está de acordo com a curva C_D mais genérica apenas quando o número de Reynolds é menor que um. A substituição da Equação (6.15) pela Equação (6.14) indica a aproximação de baixa velocidade para a força de arrasto da esfera

$$F_D \approx 3\pi\mu dv \quad \text{(Caso especial para uma esfera: } Re < 1\text{)} \tag{6.16}$$

Embora esse resultado seja válido apenas para velocidades baixas, você pode ver como a magnitude de F_D aumenta em relação à velocidade, à viscosidade do fluido e ao diâmetro da esfera. Experiências indicam que a Equação (6.16) começa a subestimar a força de arrasto à medida que o número de Reynolds aumenta. Como o caráter fundamental do padrão de fluxo de um líquido muda de laminar para turbulento com Re (Figura 6.15), as Equações (6.15) e (6.16) são aplicáveis apenas quando Re é menor que um e o fluxo é inequivocamente laminar. Ao usar essas equações em qualquer cálculo, certifique-se de que a condição $Re < 1$ foi satisfeita.

Exemplo 6.7 | *Voo de uma bola de golfe*

Uma bola de golfe com 1,68 in. de diâmetro é lançada de um suporte em T a 70 mph. Determine a força de arrasto que atua sobre a bola de golfe ao (a) aproximá-la como se fosse uma esfera lisa e (b) use o coeficiente de arrasto real de 0,27.

Abordagem

Para encontrar a força de arrasto na parte (a), começaremos calculando o número de Reynolds [Equação (6.6)] com a densidade e viscosidade do ar fornecidas na Tabela 6.1. Se Re para essa situação for menor que um, será aceitável aplicar a Equação (6.16). Por outro lado, se o número de Reynolds for maior, não será possível usar essa equação, e teremos de achar a força de arrasto por meio da Equação (6.14), com C_D determinado pela Figura 6.23. Usaremos essa abordagem para encontrar também a força de arrasto na parte (b).

Exemplo 6.7 | *continuação*

Solução

(a) Em unidades dimensionalmente uniformes, a velocidade da bola de golfe é

$$v = \left(70\frac{mi}{h}\right)\left(5.280\frac{ft}{mi}\right)\left(\frac{1}{3.600}\frac{h}{s}\right)$$

$$= 102,7\left(\frac{\cancel{mi}}{\cancel{h}}\right)\left(\frac{ft}{\cancel{mi}}\right)\left(\frac{\cancel{h}}{s}\right)$$

$$= 102,7\frac{ft}{s}$$

porque o diâmetro é $d = 1,68$ in. $= 0,14$ ft, o número de Reynolds torna-se

$$Re = \frac{(2,33 \times 10^{-3}\,slug/ft^3)(102,7\,ft/s)(0,14\,ft)}{3,8 \times 10^{-7}\,slug/(ft \cdot s)} \quad \leftarrow \left[Re = \frac{\rho v l}{\mu}\right]$$

$$= 8,813 \times 10^4 \left(\frac{\cancel{slug}}{\cancel{ft^3}}\right)\left(\frac{\cancel{ft}}{\cancel{s}}\right)(\cancel{ft})\left(\frac{\cancel{ft} \cdot \cancel{s}}{\cancel{slug}}\right)$$

$$= 8,813 \times 10^4$$

Como esse valor é muito maior que a unidade, não podemos aplicar a Equação (6.16) ou a Equação (6.15) para o coeficiente de arrasto. Referimo-nos à Figura 6.23 para verificar que este valor de *Re* está na porção plana da curva, onde $C_D \approx 0,5$. A área frontal da bola é

$$A = \frac{\pi(0,14\,ft)^2}{4} \quad \leftarrow \left[A = \frac{\pi d^2}{4}\right]$$

$$= 1,539 \times 10^{-2}\,ft^2$$

A força de arrasto será:

$$F_D = \frac{1}{2}\left(2,33 \times 10^{-3}\frac{slug}{ft^3}\right)(1,539 \times 10^{-2}\,ft^2)\left(102,7\frac{ft}{s}\right)^2(0,5)$$

$$= 9,452 \times 10^{-2}\left(\frac{slug}{ft^3}\right)(ft^2)\left(\frac{ft^3}{s^2}\right) \quad \leftarrow \left[F_D = \frac{1}{2}\rho A v^2 C_D\right]$$

$$= 9,452 \times 10^{-2}\frac{slug \cdot ft}{s^2}$$

$$= 9,452 \times 10^{-2}\,lbf$$

onde o agrupamento final das dimensões USCS é equivalente a libra-força [Equação (3.3)].

Exemplo 6.7 | continuação

(b) Com $C_D = 0{,}27$ em vez disso, a força de arrasto é reduzida para

$$F_D = \frac{1}{2}\left(2{,}33 \times 10^{-3}\frac{\text{slug}}{\text{ft}^3}\right)(1{,}539 \times 10^{-2}\text{ ft}^2)\left(102{,}7\frac{\text{ft}}{\text{s}}\right)^2(0{,}27)$$

$$= 5{,}104 \times 10^{-2}\left(\frac{\text{slug}}{\text{ft}^3}\right)(\text{ft}^2)\left(\frac{\text{ft}^2}{\text{s}^2}\right) \quad \leftarrow \left[F_D = \frac{1}{2}\rho A v^2 C_D\right]$$

$$= 5{,}104 \times 10^{-2}\frac{\text{slug} \cdot \text{ft}}{\text{s}^2}$$

$$= 5{,}104 \times 10^{-2}\text{ lbf}$$

Discussão

A simplificação de tratar a bola de golfe como uma esfera lisa negligencia a maneira pela qual os sulcos alteram o fluxo de ar ao redor da bola, diminuindo seu coeficiente de arrasto. Ao reduzir o C_D, a bola viajará mais longe durante o voo. O comportamento aerodinâmico das bolas de golfe também é significativamente influenciado por qualquer rotação que esta possa ter quando é lançada da área do terreno inicial (tee). O giro pode fornecer força de elevação extra e permitir que a bola viaje mais longe do que seria possível.

$$F_D = 9{,}452 \times 10^{-2}\text{ lbf (esfera lisa)}$$
$$F_D = 5{,}104 \times 10^{-2}\text{ lbf (atual)}$$

Exemplo 6.8 | Resistência do ar enfrentada por um ciclista

No Exemplo 3.9, fizemos a aproximação de ordem de magnitude que uma pessoa é capaz de produzir 100 W a 200 W de energia enquanto se exercita. Com base no valor mais alto de 200 W, estime a velocidade que um ciclista pode desenvolver com esse nível de esforço e ainda vencer a resistência do ar (Figura 6.24). Expresse sua resposta nas dimensões de mph. No cálculo, desconsidere a resistência ao rolamento entre os pneus da bicicleta e a pista, além do atrito nos rolamentos, na corrente e nos dentes da roda. Uma expressão matemática para energia é $P = Fv$, em que F é a magnitude de uma força e v é a velocidade do objeto ao qual a força é aplicada.

Abordagem

Para encontrar a velocidade, pressupomos que a única resistência enfrentada pelo ciclista é a força de arrasto do ar. A força de arrasto é indicada pela Equação (6.14), e a Tabela 6.4 relaciona $C_D = 0{,}9$ com uma área frontal de $A = 4{,}0\text{ ft}^2$ para um ciclista em posição de corrida. Para calcular a força de arrasto, precisaremos do valor numérico para a densidade do ar que, segundo a Tabela 6.1, é $2{,}33 \times 10^{-3}$ slugs/ft^3.

Exemplo 6.8 | *continuação*

Figura 6.24

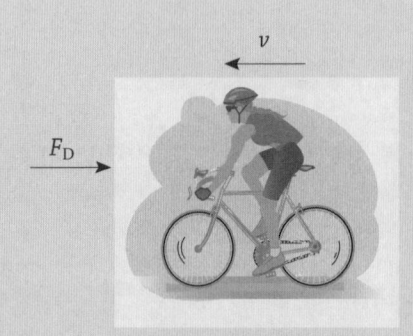

Solução
Primeiro, obteremos uma equação genérica simbólica para a velocidade do ciclista e, então, substituiremos os valores numéricos da equação. A energia produzida pelo ciclista compensa a perda ocasionada pela resistência do ar

$$P = \left(\frac{1}{2}\rho A v^2 C_D\right) v \quad \leftarrow [P = Fv]$$

$$= \frac{1}{2}\rho A v^3 C_D$$

A velocidade do ciclista será

$$v = \sqrt[3]{\frac{2P}{\rho A C_D}}$$

Em seguida, substituiremos os valores numéricos nessa equação. Convertendo a potência do ciclista em unidades dimensionalmente consistentes com o fator listado na Tabela 3.6,

$$P = (200 \text{ W})\left(0{,}7376 \frac{(\text{ft} \cdot \text{lbf})/\text{s}}{\text{W}}\right)$$

$$= 147{,}5 \text{ (W)}\left(\frac{(\text{ft} \cdot \text{lbf})/\text{s}}{\text{W}}\right)$$

$$= 147{,}5 \frac{\text{ft} \cdot \text{lbf}}{\text{s}}$$

Exemplo 6.8 | continuação

a velocidade do ciclista torna-se:

$$v = \sqrt[3]{\frac{2(147{,}5(\text{ft} \cdot \text{lbf})/\text{s})}{(2{,}33 \times 10^{-3}\ \text{slugs/ft}^3)(4{,}0\ \text{ft}^2)(0{,}9)}} \quad \leftarrow \left[v = \sqrt[3]{\frac{2P}{\rho A C_D}} \right]$$

$$= 32{,}77 \sqrt[3]{\frac{\text{lbf} \cdot \text{ft}^2 \cdot \text{ft}^2}{\text{slug} \cdot \text{ft}^2 \cdot \text{s}}}$$

$$= 32{,}77 \sqrt[3]{\frac{((\text{slug} \cdot \text{ft})/\text{s}^2) \cdot \text{ft}^2}{\text{slug} \cdot \text{s}}}$$

$$= 32{,}77 \sqrt[3]{\frac{\text{ft}^3}{\text{s}^3}}$$

$$= 32{,}77\ \frac{\text{ft}}{\text{s}}$$

Por fim, convertemos esse valor para as unidades convencionais de mph:

$$v = \left(32{,}77\ \frac{\text{ft}}{\text{s}}\right)\left(\frac{1}{5{.}280}\ \frac{\text{mi}}{\text{ft}}\right)\left(3{.}600\ \frac{\text{s}}{\text{h}}\right)$$

$$= 22{,}34 \left(\frac{\text{ft}}{\text{s}}\right)\left(\frac{\text{mi}}{\text{ft}}\right)\left(\frac{\text{s}}{\text{h}}\right)$$

$$= 22{,}34\ \text{mph}$$

Discussão

Reconhecemos que esse cálculo exagera a velocidade do atleta porque desconsideramos outras formas de atrito em nossos pressupostos. Ainda assim, a estimativa é bastante razoável e, o que é interessante, a resistência que o ar oferece é significativa. A energia necessária para vencer a resistência do ar aumenta na razão do cubo da velocidade do ciclista. Se o exercício do ciclista for duas vezes mais intenso, a velocidade aumentará apenas em um fator de $\sqrt[3]{2} \approx 1{,}26$, ou seja, apenas 26% mais rápido.

$$v = 22{,}34\ \text{mph}$$

Exemplo 6.9 | Viscosidade do óleo do motor

Um óleo de motor experimental com densidade de 900 kg/m³ é testado em laboratório para determinar sua viscosidade. Uma esfera de aço com 1 mm de diâmetro é lançada dentro de um tanque de óleo transparente e muito maior (Figura 6.25). Depois de descer através do óleo por alguns segundos, a esfera cai a uma velocidade constante. Um técnico registra que a esfera leva 9 s para passar por marcas no recipiente separadas entre si por uma distância de 10 cm. Sabendo que a densidade do aço é 7.830 kg/m³, qual é a viscosidade do óleo?

Exemplo 6.9 | *continuação*

Figura 6.25

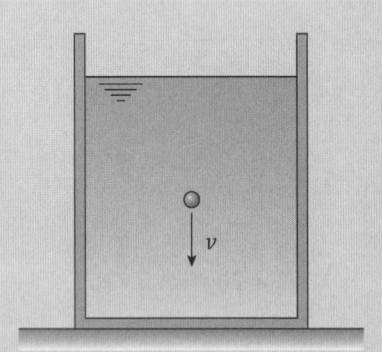

Abordagem

Para calcular a viscosidade do óleo, usaremos um balanceamento de equilíbrio-força envolvendo a força de arrasto para determinar a velocidade com que a esfera de aço cai através do óleo. Quando a esfera é lançada inicialmente no tanque, ela irá acelerar para baixo pela ação da gravidade. Após uma pequena distância, porém, a esfera atingirá uma velocidade constante ou terminal. Nesse ponto, a força de arrasto F_D e a flutuação F_B que atuam para cima no diagrama de corpo livre equilibram exatamente o peso w da esfera (Figura 6.26). Em seguida, podemos calcular a viscosidade a partir da força de arrasto segundo a Equação (6.16). Por fim, conferimos a solução ao verificar se o número de Reynolds é menor que um, que é um requisito para que a Equação (6.16) seja usada.

Figura 6.26

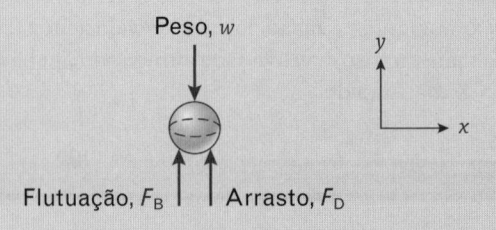

Solução

A velocidade terminal da esfera é $v = (0{,}10 \text{ m})/(9 \text{ s}) = 0{,}0111 \text{ m/s}$. Ao aplicar o balanceamento equilíbrio-força na direção y,

$$F_D + F_B - w = 0 \quad \leftarrow \left[\sum_{i=1}^{N} F_{y,i} = 0\right]$$

Exemplo 6.9 | *continuação*

e a força arrasto é $F_D = w - F_B$. O volume da esfera é

$$V = \frac{\pi (0{,}001 \text{ m})^3}{6} \quad \leftarrow \left[V = \frac{\pi d^3}{6} \right]$$

$$= 5{,}236 \times 10^{-10} \text{ m}^3$$

e seu peso é

$$w = \left(7.830 \frac{\text{kg}}{\text{m}^3} \right) \left(9{,}81 \frac{\text{m}}{\text{s}^2} \right) (5{,}236 \times 10^{-10} \text{ m}^3) \quad \leftarrow [w = \rho g V]$$

$$= 4{,}022 \times 10^{-5} \left(\frac{\text{kg}}{\text{m}^3} \right) \left(\frac{\text{m}}{\text{s}^2} \right) (\text{m}^3)$$

$$= 4{,}022 \times 10^{-5} \frac{\text{kg} \cdot \text{m}}{\text{s}^2}$$

$$= 4{,}022 \times 10^{-5} \text{ N}$$

Quando a esfera é mergulhada no óleo, a força de flutuação que se desenvolve é

$$F_B = \left(9.000 \frac{\text{kg}}{\text{m}^3} \right) \left(9{,}81 \frac{\text{m}}{\text{s}^2} \right) (5{,}236 \times 10^{-10} \text{ m}^3) \quad \leftarrow [F_B = \rho_{\text{fluido}} g V_{\text{objeto}}]$$

$$= 4{,}623 \times 10^{-6} \left(\frac{\text{kg}}{\text{m}^3} \right) \left(\frac{\text{m}}{\text{s}^2} \right) (\text{m}^3)$$

$$= 4{,}623 \times 10^{-6} \frac{\text{kg} \cdot \text{m}}{\text{s}^2}$$

$$= 4{,}623 \times 10^{-6} \text{ N}$$

Portanto, a força de arrasto é

$$F_D = (4{,}022 \times 10^{-5} \text{ N}) - (4{,}623 \times 10^{-6} \text{ N})$$

$$= 3{,}560 \times 10^{-5} \text{ N}$$

Seguindo a Equação (6.16) para a força de arrasto sobre uma esfera, a viscosidade será

$$\mu = \frac{3{,}560 \times 10^{-5} \text{ N}}{3\pi (0{,}001 \text{ m})(0{,}0111 \text{ m/s})} \quad \leftarrow [F_D = 3\pi \mu d v]$$

$$= 0{,}3403 \left(\frac{\text{kg} \cdot \text{m}}{\text{s}^2} \right) \left(\frac{1}{\text{m}} \right) \left(\frac{\text{s}}{\text{m}} \right)$$

$$= 0{,}3403 \frac{\text{kg}}{\text{m} \cdot \text{s}}$$

Exemplo 6.9 | continuação

Discussão
Como uma verificação dupla da consistência de nossa solução, verificaremos se a velocidade terminal é suficientemente baixa para que o pressuposto de $Re < 1$ e o uso da Equação (6.16) foram apropriados. Ao usar o valor de viscosidade medido, calcularemos o número de Reynolds como

$$Re = \frac{(900 \text{ kg/m}^3)(0{,}011 \text{ m/s})(0{,}001 \text{ m})}{0{,}3403 \text{ kg/(m} \cdot \text{s)}} \quad \leftarrow \left[Re = \frac{\rho v l}{\mu} \right]$$

$$= 0{,}0291 \left(\frac{\text{kg}}{\text{m}^3} \right)\left(\frac{\text{m}}{\text{s}} \right)(\text{m})\left(\frac{\text{m} \cdot \text{s}}{\text{kg}} \right)$$

$$= 0{,}0291$$

Como esse valor é menor que um, confirmamos que foi apropriada a aplicação da Equação (6.16). Se tivéssemos encontrado o contrário, iríamos descartar essa abordagem e, em vez dela, aplicaríamos a Equação (6.14) com o gráfico da Figura 6.23 para C_D.

$$\mu = 0{,}3403 \frac{\text{kg}}{\text{m} \cdot \text{s}}$$

▶ 6.7 Força de sustentação

De modo semelhante à força de arrasto, a força de sustentação também é produto do movimento relativo entre um objeto sólido e um fluido. Enquanto a força de arrasto atua paralelamente à direção do fluxo do fluido, a força de sustentação atua de forma perpendicular ao fluxo. Por exemplo, no contexto do avião ilustrado na Figura 6.27, o fluxo de ar em alta velocidade em torno das asas gera uma força de sustentação vertical F_L que contrabalança o peso da aeronave. Há quatro forças agindo sobre o avião durante o voo: o peso do avião w, o empuxo F_T produzido por seus motores a jato, a força de sustentação F_L produzida pelas asas, e a força de arrasto F_D que se opõe ao movimento da aeronave pelo ar. Num voo em altitude constante, essas forças se contrabalançam para manter o

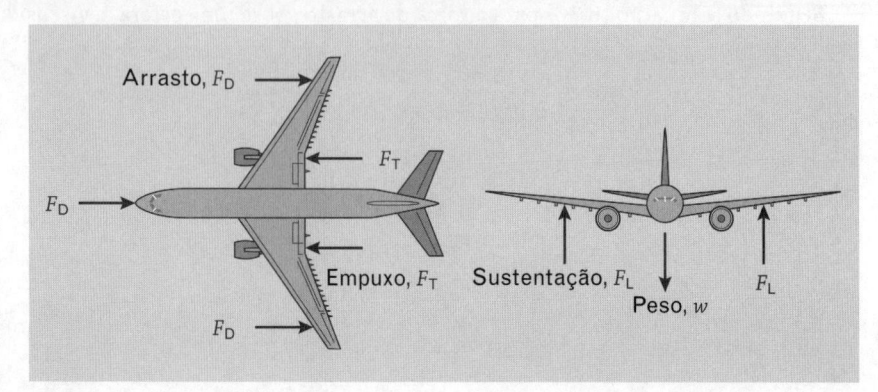

Figura 6.27
As forças de peso, empuxo, sustentação e arrasto atuando sobre um avião.

avião em equilíbrio: a potência dos motores supera a resistência do vento, e a sustentação das asas suporta o peso da aeronave. A força de sustentação é importante não apenas para asas de aviões e outras superfícies de controle de voo, mas também para o desenho de hélices, compressores e pás de turbinas; para a superfície hidrodinâmica de navios; e para contornos de carrocerias de automóveis comerciais e de corrida.

Aerodinâmica

A área da engenharia mecânica que aborda a interação entre as estruturas e o ar que flui em torno delas é chamada de *aerodinâmica*. Quando engenheiros realizam análises aerodinâmicas de forças de arrasto e de sustentação, invariavelmente, estabelecem pressupostos de aproximação em relação à geometria e ao comportamento do fluido. Por exemplo, negligenciar a viscosidade ou compressibilidade de um fluido pode simplificar um problema de análise de engenharia o suficiente para que um engenheiro desenvolva um projeto preliminar ou interprete os resultados das medições.

Por outro lado, os engenheiros estão cientes do fato de que esses pressupostos, ainda que sejam úteis em algumas aplicações, podem não ser apropriados em outras. Assim como em nosso uso das Equações (6.15) e (6.16), os engenheiros mecânicos conhecem os pressupostos e as restrições envolvidas quando se aplicam determinadas equações. Por exemplo, neste capítulo assumimos que o ar é um fluido contínuo, não uma porção de moléculas discretas que colidem umas com as outras. Esse pressuposto é útil para a maioria das aplicações que envolvem o fluxo de ar em volta de automóveis e aeronaves em baixas velocidades e altitudes. Contudo, para aeronaves ou veículos espaciais na atmosfera superior, esse pressuposto pode não ser adequado, e engenheiros e cientistas precisam examinar as forças do fluido do ponto de vista da teoria cinética dos gases.

Em geral, os engenheiros mecânicos usam *túneis de vento*, como os ilustrados na Figura 6.28, para conduzir experiências de modo a entender e medir as forças geradas quando o ar flui em torno de um objeto sólido. Túneis de vento permitem que engenheiros otimizem o desempenho de aviões, naves espaciais, mísseis e foguetes em diferentes velocidades e condições de voo. Em testes desse tipo, um modelo do objeto em escala é construído e preso a uma estrutura especial para medir as forças de arrasto e de sustentação desenvolvidas pela corrente de ar (Figura 1.13). Túneis de vento também podem ser usados para realizar experiências relacionadas a voos em grandes altitudes e supersônicos.

Túnel de vento

Figura 6.28

Vista aérea de vários túneis de vento usados para pesquisas sobre aeronaves e simulações de voo.

Cortesia da Nasa.

Figura 6.29

Durante um teste em um túnel de vento supersônico, ondas de choque se propagam a partir do modelo em escala de uma aeronave de pesquisa na atmosfera superior.

Cortesia da Nasa.

Onda de choque — A Figura 6.29 mostra as ondas de choque que se propagam a partir do modelo em escala de uma aeronave de pesquisa na atmosfera superior. *Ondas de choque* ocorrem quando a velocidade do ar em torno de uma aeronave é maior que a velocidade do som, e são responsáveis pelo som conhecido como ruído ou estrondo supersônico. Túneis de vento também são usados para projetar perfis de automóveis e superfícies que reduzem a resistência do vento e, assim, aumentam a economia de combustível. Túneis de vento de baixa velocidade são aplicados até mesmo no campo dos esportes olímpicos para ajudar esquiadores a otimizar os saltos e auxiliar engenheiros a projetar bicicletas, capacetes de ciclismo e aparelhos esportivos com melhor desempenho aerodinâmico.

Além da velocidade, a magnitude da força de sustentação gerada pelas asas de uma aeronave (mais conhecidas como *aerofólios*) depende de sua forma e da inclinação relativa à corrente de ar (Figura 6.30). A inclinação de um aerofólio é chamada *ângulo de ataque a*, e até um ponto conhecido como condição de perda de sustentação ou condição de estol, a força de sustentação geralmente aumentará com *a*. Na Figura 6.31, o ar que flui depois da asa produz a força de sustentação vertical F_L. A sustentação está associada à diferença de pressão entre as superfícies superior e inferior do aerofólio. Uma vez que a força exercida por um fluido sobre um objeto pode ser interpretada como o produto de pressão e área, a força de sustentação se desenvolve porque a pressão na superfície inferior da asa é maior que na superfície superior.

Aerofólio

Ângulo de ataque

Na verdade, os aerofólios são projetados para aproveitar a interação existente entre pressão, velocidade e sustentação de um fluido em movimento, um resultado que é atribuído ao matemático e físico do século XVIII Daniel Bernoulli. Esse princípio baseia-se no pressuposto de que nenhuma energia é dissipada em razão da viscosidade do fluido, nenhum trabalho é desempenhado sobre o fluido ou por ele, e não há nenhuma transferência de calor. Juntas, essas restrições caracterizam o fluido em movimento como um sistema em que há conservação de energia, e a *equação de Bernoulli* será

Equação de Bernoulli

$$\frac{p}{\rho} + \frac{v^2}{2} + gh = \text{constante} \tag{6.17}$$

Figura 6.30

Um caça militar de alto desempenho sobe num ângulo de ataque de 55°.

Reimpresso com permissão da Lockheed-Martin.

Aqui, p e ρ são a pressão e a densidade do fluido, v é sua velocidade, g é a constante de aceleração gravitacional e h é a altura do fluido em relação a determinado ponto de referência. Os três termos à esquerda do sinal de igual representam o trabalho das forças de pressão, a energia cinética do fluido em movimento e sua energia gravitacional potencial. Essa equação é dimensionalmente uniforme, e cada uma de suas grandezas segue as unidades de energia por unidade de massa de fluido. No caso do fluxo em torno do aerofólio da Figura 6.32, podemos desconsiderar o termo gh para energia gravitacional potencial porque as mudanças de elevação são pequenas quando comparadas à pressão e à velocidade. Portanto, a grandeza $(p/\rho) + (v^2/2)$ é, aproximadamente, constante quando o ar se move sobre as

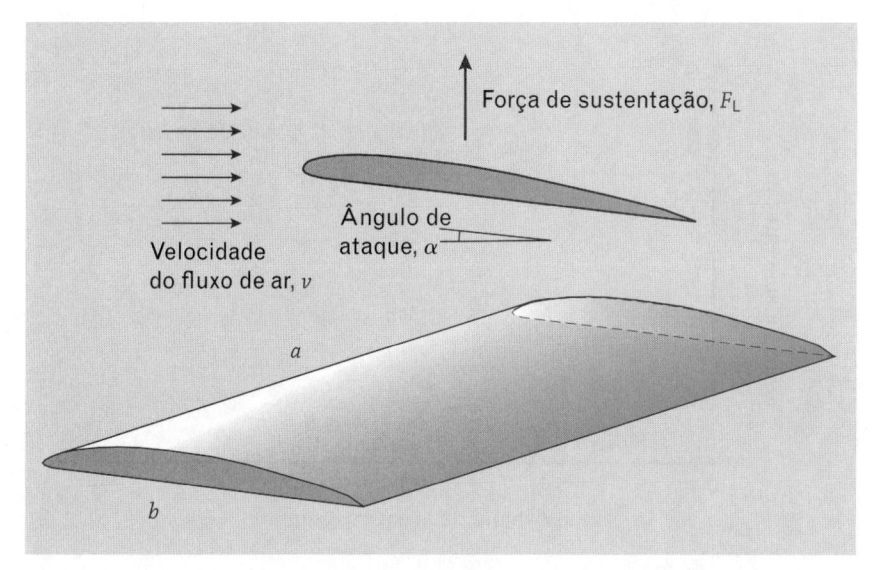

Figura 6.31

A força de sustentação é criada quando um fluido passa por um aerofólio inclinado no ângulo de ataque α.

Figura 6.32

Padrão do fluxo em torno da seção transversal de um aerofólio.

superfícies superior e inferior do aerofólio. Por diversas razões, a velocidade do ar aumenta quando ele flui sobre a superfície superior do aerofólio e, consequentemente, sua pressão diminui pelo valor correspondente à Equação (6.17). A força de sustentação do aerofólio é gerada pelo desequilíbrio entre a pressão mais baixa na superfície superior e a pressão mais alta na superfície inferior.

De modo similar ao tratamento que demos à força de arrasto na Equação (6.14), a força de sustentação criada pelo fluido que atua sobre o aerofólio é quantificada pelo *coeficiente de sustentação* C_L e calculada a partir da expressão

Coeficiente de sustentação

$$F_L = \frac{1}{2} \rho A v^2 C_L \qquad (6.18)$$

em que a área é dada por $A = ab$ na Figura 6.31. Os valores numéricos para o coeficiente de sustentação estão disponíveis em forma de tabelas na literatura de engenharia para diversos projetos de aerofólios. A Figura 6.33 ilustra a dependência de C_L em relação ao ângulo de ataque para um tipo de aerofólio que poderia ser usado em um pequeno monomotor. Em geral, as asas das aeronaves apresentam certa curvatura que forma um arco na linha central do aerofólio com a concavidade voltada para baixo. Desse modo, o aerofólio é capaz de desenvolver um coeficiente finito de sustentação, mesmo com ângulo de ataque zero. Na Figura 6.33, por exemplo, $C_L \approx 0{,}3$ mesmo com $a = 0°$, permitindo que a aeronave desenvolva sustentação sobre uma pista ou durante o voo. As asas de aeronaves são apenas ligeiramente arqueadas para manter a eficiência durante voos em altitude constante. Durante voos em baixa velocidade na decolagem e no pouso, quando a perda de sustentação pode ser uma preocupação, é possível criar curvaturas adicionais ao estender *flaps* nos bordos de fuga das asas. Além disso, o coeficiente de

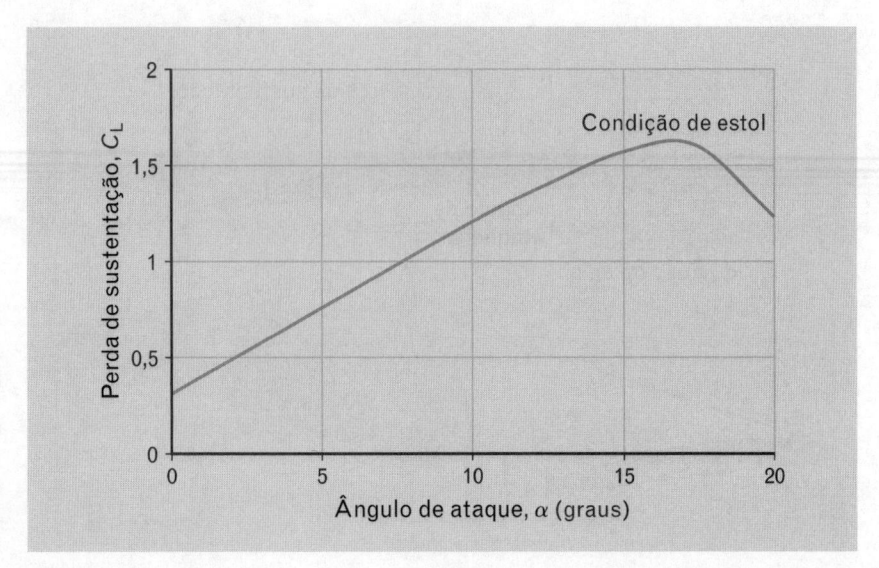

Figura 6.33

Coeficiente de sustentação para um tipo de aerofólio que pode ser usado num pequeno monomotor.

sustentação diminui com grandes ângulos de ataque, resultando em um fenômeno de voo conhecido como estol, ou perda de sustentação, em que a capacidade do aerofólio para desenvolver sustentação diminui rapidamente.

Foco em: Aerodinâmica nos esportes

Quando uma bola é chutada, atirada ou lançada em alguma prática esportiva, sua trajetória pode mudar rapidamente de direção. No beisebol, esse fenômeno consiste na estratégia que está por trás de arremessos de bolas curvas; no golfe, é responsável por tacadas que lançam a bola em gancho; e, no futebol, a bola pode ser desviada durante um lance livre para enganar o goleiro. O críquete e o tênis são outros esportes nos quais a bola pode descrever curvas durante o jogo. Em cada caso, a trajetória da bola depende da sua complexa interação com o ar à sua volta e da intensidade de rotação que foi aplicada à bola ao ser jogada, batida ou chutada. Durante o voo, uma bola está sujeita a forças de sustentação e de arrasto e também a uma força lateral conhecida como efeito Magnus, que está relacionada à rotação da bola. Quando qualquer bola rotaciona, uma fina camada de ar é arrastada com ela por causa da viscosidade do ar. A aspereza da superfície da bola, assim como costuras e depressões, também são fatores importantes para que o ar gire com a bola.

No lado da bola em que a rotação e a corrente de ar atuam na mesma direção, a velocidade do ar aumenta e a pressão cai de acordo com o princípio de Bernoulli. No outro lado da bola, a rotação e a corrente de ar atuam em direções opostas, e a pressão é proporcionalmente maior. A diferença de pressão entre os dois lados da bola produz uma força lateral que faz com que a trajetória da bola descreva uma curva. Esse princípio é usado nos projetos de uma grande variedade de equipamentos de esporte, incluindo tacos de golfe e chuteiras de futebol, que, com o impacto, realmente aplicam uma rotação às respectivas bolas.

Entender o impacto do fluxo, do arrasto, da flutuação e da sustentação também ajuda os engenheiros a desenvolver novas tecnologias para melhorar o desempenho de atletas, como materiais avançados para maiôs e shorts de natação olímpicos, rodas de bicicleta inovadoras, capacetes para ciclistas e triatletas e macacões aerodinâmicos para patinadores de velocidade.

Resumo

Neste capítulo, apresentamos as propriedades físicas de fluidos, a diferença entre fluxos laminares e turbulentos e as forças conhecidas como flutuação, arrasto e elevação. Os engenheiros mecânicos classificam as substâncias como sólidas ou fluidas, e a diferença entre ambas está no modo como respondem a uma tensão de cisalhamento. Embora um material sólido deforme apenas um pouco e resista à tensão de cisalhamento por causa de sua rigidez, um fluido responderá fluindo em um movimento constante.

Os engenheiros mecânicos empregam os princípios da engenharia dos fluidos em aplicações como aerodinâmica, engenharia biomédica, microfluídica e engenharia esportiva. O escoamento de fluidos em tubos, mangueiras e dutos é um exemplo dessa diversidade. Além da distribuição de água, gasolina, gás natural e ar através dos sistemas de tubulações, os princípios por trás do fluxo de fluidos em tubos podem ser aplicados aos estudos dos sistemas circulatório e respiratório humanos. A Tabela 6.5 resume as variáveis, os símbolos e as unidades convencionais básicas usadas neste capítulo, e a Tabela 6.6 relaciona as principais equações.

Tabela 6.5

Quantidades, símbolos e unidades disponíveis na engenharia dos fluidos

Quantidade	Símbolos convencionais	Unidades Convencionais	
		USCS	SI
Área	A	ft^2	m^2
Coeficiente de arrasto	C_D	—	—
Coeficiente de elevação	C_L	—	—
Densidade	ρ	$slug/ft^3$	kg/m^3
Força			
Flutuação	F_B	lbf	N
Arrasto	F_D	lbf	N
Sustentação	F_L	lbf	N
Peso	w	lbf	N
Comprimento			
Comprimento característico	l	ft	m
Comprimento do tubo	L	ft	m
Número de Mach	Ma	—	—
Pressão	p	psi, psf	Pa
Número de Reynolds	Re	—	—
Tensão de cisalhamento	τ	psi	Pa
Intervalo de tempo	Δt	s	s
Velocidade	$v, v_{méd}, v_{máx}$	ft/s	m/s
Viscosidade	μ	$slug/(ft \cdot s)$	$kg/(m \cdot s)$
Volume	$V, \Delta V$	gal, ft^3	L, m^3
Vazão	q	$gal/s, ft^3/s$	$L/s, m^3/s$

Equação de Bernoulli	$\dfrac{p}{\rho} + \dfrac{v^2}{2} + gh = \text{constante}$
Força de flutuação	$F_B = \rho_{\text{fluido}}\, g V_{\text{objeto}}$
Força de arrasto 　Em geral 　Caso especial: esfera com Re < 1	$F_D = \dfrac{1}{2}\rho A v^2 C_D$ $C_D = \dfrac{24}{Re}$
Força de sustentação	$F_L = \dfrac{1}{2}\rho A v^2 C_L$
Velocidade de fluxo da tubulação	$v_{\text{máx}} = \dfrac{d^2 \Delta p}{16 \mu L}$ $v_{\text{méd}} = \dfrac{1}{2} v_{\text{máx}}$ $v = v_{\text{máx}}\left(1 - \left(\dfrac{r}{R}\right)^2\right)$
Pressão	$p_1 = p_0 + \rho g h$
Número de Reynolds	$Re = \dfrac{\rho v l}{\mu}$
Tensão de cisalhamento	$\tau = \mu \dfrac{v}{h}$
Vazão volumétrica	$q = \dfrac{\Delta V}{\Delta t}$ $q = A v_{\text{méd}}$ $q = \dfrac{\pi d^4 \Delta p}{128 \mu L}$ $A_1 v_1 = A_2 v_2$
Peso	$w = \rho g V$

Tabela 6.6
Equações-chave na engenharia dos fluidos

Quando um objeto é imerso em um fluido, desenvolve-se a força de flutuação, que está relacionada ao peso do fluido deslocado. As forças de arrasto e de sustentação ocorrem quando há um movimento relativo entre um fluido e um objeto sólido, e elas incluem situações em que o fluido está parado e o objeto está em movimento (como no caso de um automóvel); o fluido está se movendo e o objeto está parado (como o vento que incide sobre um edifício); ou alguma combinação das duas situações. Em geral, as magnitudes das forças de arrasto e de sustentação são calculadas com base nos coeficientes de arrasto e de sustentação, grandezas numéricas que preveem a dependência complexa entre essas forças e a forma de um objeto e sua orientação em relação ao fluido em movimento.

Autoestudo e revisão

6.1. Quais são as dimensões SI e USCS convencionais para a densidade e a viscosidade de um fluido?

6.2. De que maneira a pressão em um fluido aumenta com a profundidade?

6.3. Descreva algumas das diferenças entre os fluxos laminar e turbulento de um fluido.

6.4. Qual é a definição do número de Reynolds e qual a sua importância?

6.5. Dê exemplos de situações em que fluidos produzem forças de flutuação, de arrasto e de sustentação e explique como essas forças podem ser calculadas.

6.6. O que são os coeficientes de arrasto e de sustentação, e de quais parâmetros eles dependem?

6.7. O que é o princípio de Bernoulli?

Problemas

P6.1

Converta a viscosidade do mercúrio ($1,5 \times 10^{-3}$ kg/(m · s)) para a dimensão de slug/(ft · s) e centipoise.

P6.2

Michael Phelps estabeleceu um recorde ao ganhar oito medalhas de ouro na Olimpíada de Pequim em 2008. Agora, imagine se Phelps tivesse competido numa piscina cheia de melado. Você acredita que seu tempo na competição iria aumentar, diminuir ou permanecer o mesmo? Pesquise sobre o assunto e prepare um relatório de aproximadamente 250 palavras para fundamentar sua resposta. Cite pelo menos duas referências para suas informações.

P6.3

O tanque de combustível de um utilitário esportivo tem capacidade para 14 galões de gasolina. Qual é a diferença entre o peso do automóvel com o tanque cheio e com o tanque vazio?

P6.4

Qual é a diferença de pressão entre o fundo de um tanque de armazenamento de gasolina com 18 ft de profundidade e a superfície? Expresse sua resposta em unidades de psi.

P6.5

A pressão sanguínea é convencionalmente medida nas dimensões de milímetros em uma coluna de mercúrio, e as leituras são expressas como valores de dois números, por exemplo, 120 e 80. O primeiro número (chamado valor sistólico) é a pressão máxima produzida quando o coração se contrai. O segundo número (chamado valor diastólico) é a pressão quando o coração está em repouso. Em unidades de kPa e psi, qual é a diferença de pressão entre os valores sistólico e diastólico? A densidade do mercúrio é 13,54 Mg/m³.

P6.6

Na extremidade de um tanque aberto de água doce há uma comporta retangular de 6 m de altura e 4 m de largura (Figura P6.6). Essa comporta está presa por dobradiças na parte de cima e é mantida no lugar por uma força F. De acordo com a Equação (6.4), a pressão é proporcional à profundidade da água, e a pressão média $p_{méd}$ exercida pela água sobre a comporta é

$$p_{méd} = \frac{\Delta p}{2}$$

em que Δp é a diferença entre a pressão no fundo da comporta (p_1) e na superfície (p_0). A força resultante da água sobre a comporta é

$$F_{\text{água}} = p_{\text{méd}} A$$

em que A é a área da comporta que sofre a ação da água. A força resultante atua a 2 m do fundo da comporta, porque a pressão aumenta com a profundidade. Determine a força necessária para manter a comporta no lugar.

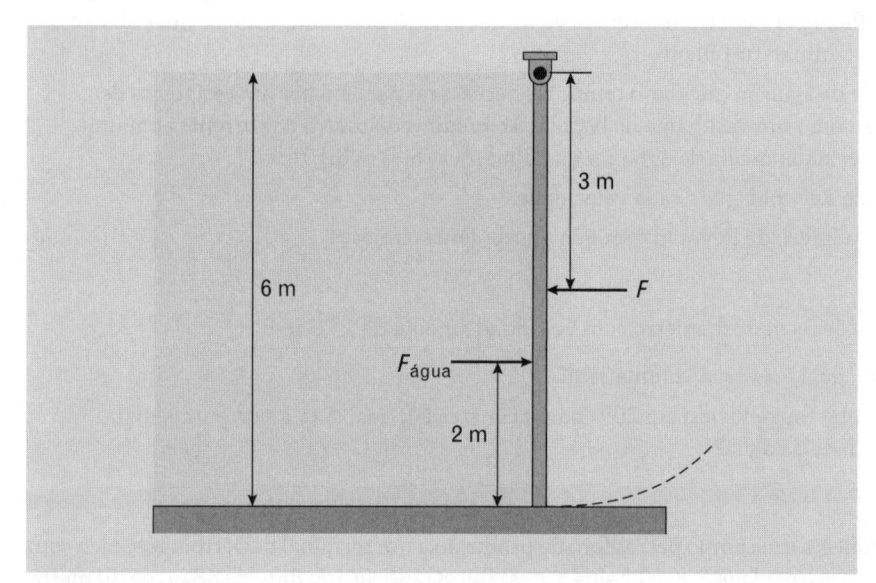

Figura P6.6

P6.7

Para o sistema descrito no P6.6, suponha que a exigência de seu projeto fosse minimizar a força necessária para manter a comporta fechada. Você preferiria instalar a dobradiça no topo ou no fundo da comporta? Justifique sua resposta.

P6.8

Faça uma estimativa de ordem de grandeza para um dispositivo de flutuação de segurança que possa ser usado por crianças que brincam em uma piscina. O conceito do projeto é um balão plástico inflável, em forma de anel, que desliza em cada braço da criança até o ombro. Leve em conta o peso e a força de flutuação da criança e calcule as dimensões adequadas para crianças com peso de até 50 lbf.

P6.9

A coroa supostamente de ouro de um rei tinha uma massa de 3 kg, mas na verdade fora feita por um ourives desonesto com partes iguais de ouro ($1{,}93 \times 10^4 \text{ kg/m}^3$) e prata ($1{,}06 \times 10^4 \text{ kg/m}^3$).

(a) Suponha que Arquimedes tivesse suspendido a coroa com uma corda e a descesse na água até estar totalmente submersa. Se, em seguida, a corda fosse unida a uma escala de balança, qual seria a tensão que Arquimedes mediria na corda?

(b) Se o teste fosse repetido, mas dessa vez a coroa fosse substituída por uma barra de ouro puro com 3 kg, qual seria a tensão medida?

P6.10

Mergulhadores usam lastros para obter uma flutuação neutra. Nessa condição, a força de flutuação sobre o mergulhador compensa exatamente o peso, e não há a tendência de flutuar em direção à superfície, nem de afundar. Em água doce, determinado mergulhador leva um lastro de liga de cobre de

10 lbf com densidade de 1,17 × 10⁴ kg/m³. Ao mergulhar no mar, o mergulhador precisa levar 50% mais lastro para manter a flutuação neutra. Quanto pesa esse mergulhador?

P6.11

Examine a transição entre os fluxos laminar e turbulento da água desenhando o jato de água que sai de uma torneira (sem aerador) ou mangueira (sem bico). Você pode controlar a velocidade do jato ajustando a válvula de água.

(a) Faça desenhos do fluxo para quatro diferentes velocidades de fluido: duas acima e duas abaixo do ponto de transição laminar-turbulento.

(b) Estime a velocidade da água ao calcular o tempo Δt necessário para encher um recipiente de volume conhecido, como um vasilhame de bebida. Ao medir o diâmetro da corrente com uma régua, calcule a velocidade média da água com as Equações (6.9) e (6.10).

(c) Calcule o número de Reynolds para cada velocidade.

(d) Indique o valor do número de Reynolds em que a turbulência inicia.

P6.12

A água flui por um tubo de 5 cm de diâmetro com velocidade média de 1,25 m/s.

(a) Nas dimensões L/s, qual é a vazão volumétrica?

(b) Se o diâmetro do tubo for reduzido em 20% numa constrição, qual será a porcentagem da mudança da velocidade da água?

P6.13

Em um oleoduto que conecta um campo petrolífero de produção a um terminal de petroleiros, óleo com densidade 1,85 slug/ft³ e viscosidade 6×10^{-3} slug/(ft · s) flui através de um duto de 48 in. de diâmetro a 6 mph. Qual é o número de Reynolds? O fluxo é laminar ou turbulento?

P6.14

Para o perfil de pressão parabólica na Equação (6.7), demonstre que a velocidade média do fluxo é metade do valor máximo [Equação (6.11)].

P6.15

A velocidade média do sangue que flui numa determinada artéria de 4 mm de diâmetro no corpo humano é 0,28 m/s. Calcule o número de Reynolds e determine se o fluxo é laminar ou turbulento. A viscosidade e a densidade do sangue são aproximadamente 4 cP e 1,06 mg/m³, respectivamente.

P6.16

(a) Determine a vazão volumétrica do sangue na artéria, conforme P6.15.

(b) Calcule a velocidade máxima do sangue na seção transversal da artéria.

(c) Calcule a redução da pressão sanguínea a cada 10 cm de comprimento da artéria.

P6.17

O Boeing Dreamliner 787 foi projetado para ser 20% mais econômico que o Boeing 767, usado nessa comparação, e voa a uma velocidade média de cruzeiro de 0,85 Mach. O Boeing 767, de médio porte, tem alcance de 12.000 km, capacidade de combustível de 90.000 L e voa a 0,80 Mach. Pressupondo que a velocidade do som seja 700 mph, calcule a vazão volumétrica projetada de combustível para cada um dos dois motores Dreamliner em m³/s.

P6.18

Suponha que a tubulação de combustível de cada motor do Boeing Dreamliner do P6.17 tenha 7/8 in. de diâmetro e que a densidade e a viscosidade do combustível dos aviões sejam de 800 kg/m^3 e 8,0 × 10^{-3} kg/(m · s), respectivamente. Calcule a velocidade média do combustível em m/s e o número de Reynolds dessa vazão. Determine também se o fluxo é laminar ou turbulento.

P6.19

(a) Para um tubo de 1,25 in. de diâmetro, qual é a vazão volumétrica máxima para que a água seja bombeada e o fluxo continue laminar? Expresse seu resultado nas dimensões de galões por minuto.

(b) Qual seria a vazão máxima para o óleo SAE 30?

P6.20

A qualquer momento, cerca de 20 vulcões estão em erupção ativa na Terra, e 50 a 70 vulcões entram em erupção a cada ano. Nos últimos 100 anos, uma média de 850 pessoas morreram a cada ano em decorrência de erupções vulcânicas. À medida que cientistas e engenheiros estudam a mecânica de fluxos de lava, prever com exatidão a taxa de fluxo (velocidade) da lava é essencial para salvar vidas após uma erupção. A equação de Jeffrey define a relação entre vazão e viscosidade como:

$$V = \frac{\rho g t^2 \, \text{sen}(\alpha)}{3\mu}$$

em que ρ é a densidade da lava, g é a gravidade, t é a espessura do fluxo, a é a inclinação e μ é a viscosidade da lava. Os valores típicos para a viscosidade e a densidade da lava são 4,5 × 10^3 kg/(m · s) e 2,5 g/cm^3, respectivamente. Calcule a velocidade do fluxo na Figura P6.20 em cm/s e mph.

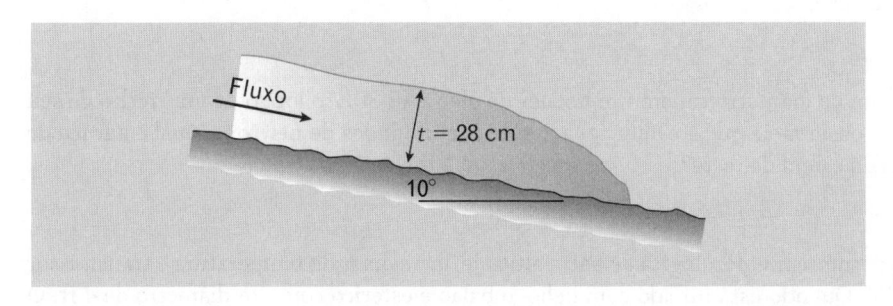

Figura P6.20

P6.21

Usando o modelo de fluxo vulcânico e os parâmetros de fluxo de P6.20, prepare dois quadros.

(a) Em um quadro, registre a velocidade do fluxo em mph como função da inclinação, variando-a de 0° a 90°.

(b) No outro quadro, registre a velocidade do fluxo em mph como função da espessura do fluxo, variando a espessura de 0 a 300 cm.

(c) Discuta e compare a influência da inclinação e da espessura sobre a velocidade do fluxo.

P6.22

Um tanque de aço está cheio de gasolina. O interior do tanque está parcialmente corroído, e pequenas partículas de ferrugem contaminaram o combustível. As partículas de ferrugem são aproximadamente esféricas e têm um diâmetro médio de 25 μm e densidade de 5,3 g/cm^3.

(a) Qual é a velocidade terminal das partículas quando descem pela gasolina?

(b) Quanto tempo levará para que as partículas sofram uma queda de 5 m e se depositem?

P6.23

Em uma pequena gota de água em uma névoa de ar tem o formato aproximado de uma esfera com 1,5 mil. de diâmetro. Calcule a velocidade terminal enquanto ela atravessa o ar até o solo. É razoável desprezar a força de flutuação nesse caso?

P6.24

Em uma marcenaria industrial, partículas esféricas de poeira de 50 μm foram espalhadas no ar quando uma peça de carvalho estava sendo lixada.

(a) Qual é a velocidade terminal das partículas enquanto elas caem pelo ar?

(b) Desprezando as correntes de ar existentes, quanto tempo levará para que a nuvem de serragem desça 2 m até o solo? A densidade do carvalho seco é aproximadamente de 750 kg/m^3.

P6.25

(a) Uma esfera de aço com 1,5 mm de diâmetro (7.830 kg/m^3) cai num tanque de óleo SAE 30. Qual é sua velocidade terminal?

(b) Se, em vez disso, a esfera cair num óleo diferente com a mesma densidade, mas desenvolver uma velocidade terminal de 1 cm/s, qual será a viscosidade do óleo?

P6.26

Um paraquedista de 175 lbf atinge uma velocidade terminal de 150 mph durante uma queda livre. Se a área frontal do paraquedista for de 8 ft, quais serão:

(a) A magnitude da força de arrasto que atua sobre o paraquedista?

(b) O coeficiente de arrasto?

P6.27

Uma esfera com 14 mm de diâmetro cai em um béquer de óleo SAE 30. Ao longo de um trecho de seu movimento de queda, observa-se que a esfera cai a 2 m/s. Em unidades de newtons, qual é a força de arrasto que atua sobre a esfera de teste?

P6.28

Juntos, um balão de pesquisa meteorológica de baixa altitude, um sensor de temperatura e transmissor de rádio pesam 2,5 lbf. Quando está inflado com hélio, o balão é esférico com um diâmetro de 4 ft. O volume do transmissor pode ser desprezado quando comparado ao tamanho do balão. O balão é solto no nível do solo e atinge rapidamente sua velocidade terminal ascendente. Se desconsiderarmos as variações de densidade na atmosfera, quanto tempo o balão levará para atingir uma altitude de 1.000 ft?

P6.29

Um submarino solta uma boia esférica com um radiofarol. A boia tem um diâmetro de 1 ft e pesa 22 lbf. O coeficiente de arrasto para a boia submersa é $C_D = 0{,}45$. Com que velocidade constante a boia subirá até a superfície?

P6.30

Coloque a Equação (6.16) na forma da Equação (6.14) e demonstre que o coeficiente de arrasto para números de Reynolds com valores baixos é dado pela Equação (6.15).

P6.31

(a) Um carro esporte de luxo tem uma área frontal de 22, 4 ft^2 e um coeficiente de arrasto de 0,29 a 60 mph. Qual é a força de arrasto sobre o veículo a essa velocidade?

(b) Um veículo utilitário esportivo apresenta C_D = 0,45 a 60 mph e uma área frontal ligeiramente maior de 29,1 ft². Qual é força de arrasto nesse caso?

P6.32

Determinado paraquedas tem um coeficiente de arrasto C_D = 1,5. Se, juntos, o paraquedas e o paraquedista pesam 225 lbf, qual deve ser a área frontal do paraquedas para que a velocidade terminal do paraquedista seja 15 mph ao se aproximar do solo? É razoável desprezar a força de flutuação existente?

P6.33

Submarinos afundam ao abrir respiradouros, os quais permitem que o ar saia dos tanques de lastro e a água entre, enchendo os tanques. Além disso, planos de mergulho localizados na proa são voltados para baixo, a fim de ajudar a empurrar a embarcação para baixo da superfície. Calcule a força de mergulho produzida por um hidroplano de 20 ft² com um coeficiente de sustentação de 0,11 enquanto a embarcação navega a 15 knots (1 knot = 1,152 mph).

P6.34

(a) Use o princípio da uniformidade dimensional para demonstrar que quando a equação de Bernoulli é escrita na forma

$$p + \frac{1}{2}\rho v^2 + \rho g h = \text{constante}$$

cada termo tem a dimensão de pressão.

(b) Quando, alternativamente, a equação for escrita como

$$\frac{p}{\rho g} + \frac{v^2}{2g} + h = \text{constante}$$

demonstre que cada termo tem a dimensão de comprimento.

P6.35

Um dispositivo chamado medidor de vazão Venturi pode ser usado para determinar a velocidade de um fluido em movimento ao medir a mudança de pressão entre dois pontos (Figura P6.35). A água passa por um tubo e, na constrição, a área transversal dele diminui de A_1 para o valor menor A_2. Dois sensores de pressão são colocados exatamente antes e depois da constrição, e a mudança (p_1 p_2) que eles medem é suficiente para determinar a velocidade da água. Usando as Equações (6.13) e (6.17), demonstre que a velocidade a jusante do estreitamento é indicada por

$$v_2 = \sqrt{\frac{2(p_1 - p_2)}{\rho(1 - (A_2/A_1)^2)}}$$

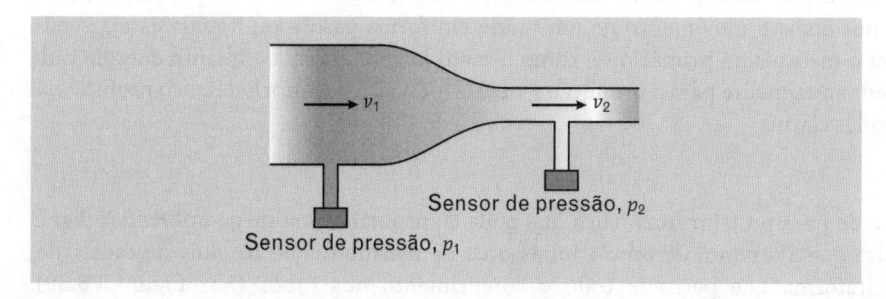

Figura P6.35

Esse, chamado efeito Venturi, é o princípio que existe por trás da operação de equipamentos como carburadores de automóveis e inaladores que liberam produtos farmacêuticos a pacientes por inalação.

P36

A água flui por um tubo circular com uma restrição de diâmetro de 1 in. para 0,5 in. A velocidade da água exatamente a montante da restrição é 4 ft/s. Usando o resultado de P6.35, determine:

(a) A velocidade da água a jusante.

(b) A queda de pressão na restrição.

P6.37*

Uma plataforma de petróleo offshore usa água do mar dessalinizada como fonte para um sistema de entrega de água doce. O sistema de entrega tem quatro estágios e começa com um grande tubo de entrada para a água do mar, finalmente dessalinizando a água do mar que flui e fornecendo água doce para um local preciso usando um pequeno bico. O diâmetro do tubo de admissão no estágio 1 é de 0,9 m, e a água do mar está fluindo a 0,11 m/s. O diâmetro do tubo no estágio 2 é de 0,5 m. A dessalinização ocorre entre os estágios 2 e 3. O diâmetro do tubo para a água doce no estágio 3 é de 0,2 m, e o diâmetro do bocal para o estágio final é de 0,05 m.

(a) Supondo que a vazão volumétrica para cada estágio permaneça constante e desprezando quaisquer efeitos gravitacionais, determine se o escoamento é laminar ou turbulento em cada estágio do processo.

(b) Se seu grupo, agora, fosse contratado para projetar e implantar um sistema semelhante de entrega de quatro estágios, em um ambiente em que garantir o fluxo laminar em cada estágio fosse fundamental, quais recomendações específicas de projeto você teria? Suponha que o diâmetro de cada estágio subsequente seja reduzido, mas que o tamanho total do sistema possa ser alterado e um fluido diferente possa ser usado.

P6.38*

Um estudo recente estimou que a energia consumida por todo o mundo ao longo de um ano civil foi de cerca de 537 quatrilhões de BTU. Ao longo do ano, isso equivale à seguinte quantidade de energia:

$$537 \times 10^{15} \frac{BTU}{ano} \times 1{,}055 \frac{J}{BTU} = 567 \times 10^{18} \frac{joules}{ano}$$

$$567 \times 10^{18} \frac{joules}{ano} \times \frac{1}{365} \frac{ano}{dias} \times \frac{1}{24} \frac{dia}{horas} \times \frac{1}{3.600} \frac{hora}{seg.} = 17 \times 10^{12} \frac{J}{s} = 17\,TW$$

Essa quantidade impressionante de energia levanta preocupações sobre a escassez de energia e levou à exploração de fontes de energia inexploradas. Uma das principais fontes de energia é armazenada nos recursos fluidos dinâmicos do mundo, seja na forma de gás (por exemplo, ar e vento) ou na forma líquida (por exemplo, oceanos e rios). Os engenheiros estão criando formas inovadoras de alavancar as propriedades dinâmicas de tais fluidos como fontes de energia. A tarefa do seu grupo é pesquisar quatro métodos inovadores nos quais o movimento de um fluido em forma gasosa ou líquida esteja sendo aproveitado. Descreva o mecanismo primário de como o método gera energia e quanta energia cada método pode contribuir anualmente para a produção global. Produza um relatório técnico profissional com suposições e cálculos claros.

6.39*

Seu grupo foi contratado para projetar uma balsa que pode transportar uma carga útil de 275 kg. O projeto básico da balsa é estilo pontão e terá 4 tubos ocos de mesmo diâmetro, dois de cada lado, sustentando uma plataforma que percorre todo o comprimento dos tubos (Ver Figura P6.39).

A plataforma tem largura de 2 metros e espessura de 7,5 cm. Seu grupo tem 3 tubos de tamanhos diferentes e 3 opções de materiais diferentes para as plataformas. Suas opções de tubulação são as seguintes:

- Tubo A: Diâmetro interno: 0,2540 m, Diâmetro externo: 0,2667 m, Custo: US$ 7,10/tubo
- Tubo B: Diâmetro interno: 0,2667 m, Diâmetro externo: 0,2794 m, Custo: US$ 14,50/tubo
- Tubo C: Diâmetro interno: 0,2794 m, Diâmetro externo: 0,2921 m, Custo: US$ 21,80/tubo

Os tubos só podem ser adquiridos em comprimentos de 3,048 m, mas podem ser cortados em comprimentos menores sem custo adicional. As opções da sua plataforma são as seguintes:

- Plataforma X: Densidade: 498 kg/m^3, Custo: US$ 25,05/m
- Plataforma Y: Densidade: 560 kg/m^3, Custo: US$ 16,10/m
- Plataforma Z: Densidade: 605 kg/m^3, Custo: US$ 9,85/m

Enquanto os tubos só podem ser adquiridos em comprimentos de 3,048 m, você pode comprar comprimentos de plataforma com precisão de centímetros.

Ao considerar sua escolha para os tubos e a plataforma, certifique-se de que seu projeto seja a opção mais econômica e que as seções transversais de cada tubo estejam parcialmente submersas na água ao suportar a plataforma e a carga útil, conforme mostrado em Figura P6.39. Suponha que a balsa seja usada em água doce a cerca de 20 °C, que os tubos possam ser fixados uns aos outros sem alterar o comprimento, que qualquer massa adicionada devido a fixações ou outro material de união esteja incluída nas propriedades do material da plataforma, que a massa total dos tubos é desprezível, e que a carga útil será equilibrada no meio da plataforma.

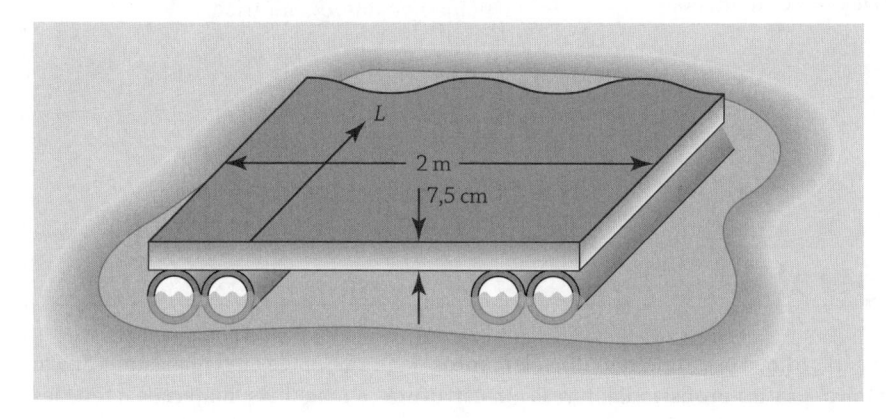

Figura P6.39

Referências

ADIAN, R. J. Closing in on models of wall turbulence. *Science*, p. 155-156, 9 jul. 2010.
EHRENMAN, G. Shrinking the lab down to size. *Mechanical Engineering*, p. 26-32, maio 2004.
JEFFREYS, H. The Flow of water in an inclined channel of rectangular section. *Philosophical Magazine*, XLIX, 1925.
KUETHE, A. M.; CHOW, C.Y. *Foundations of Aerodynamics*: Bases of Aerodynamic Design. 5. ed. Hoboken, NJ: John Wiley and Sons, 1998.
NICHOLS, R. L. Viscosity of lava. *The Journal of Geology*, v. 47, n. 3, p. 290-302, 1939.
OLSON, R. M.; WRIGHT, S. J. *Essentials of engineering fluid mechanics*. 5. ed. Nova York: Harper and Row, 1990.
OUELLETTE, J. A new wave of microfluidic devices. *The Industrial Physicist*, p. 14-17, ago.-set. 2003.
THILMANY, J. How does Beckham Bend it?. *Mechanical Engineering*, p. 72, abr. 2004.

CAPÍTULO 7

Sistemas térmicos e de energia

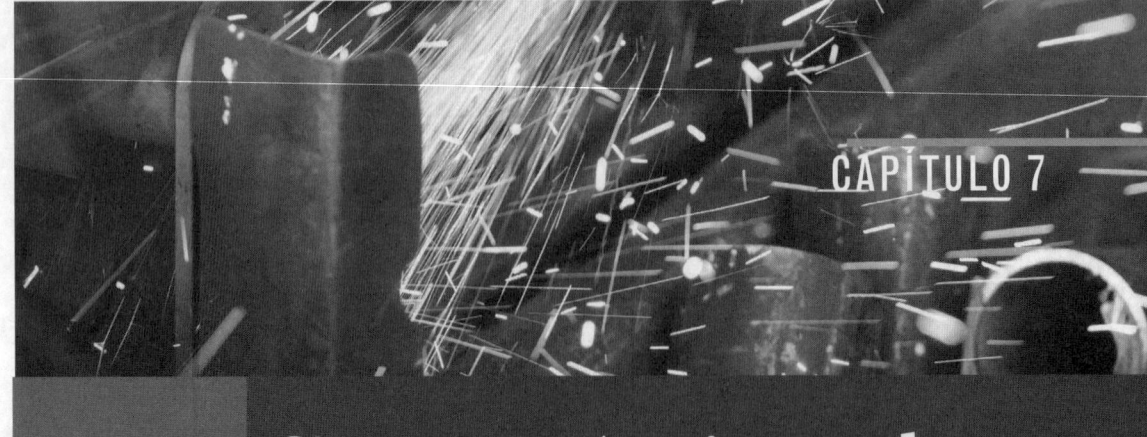

OBJETIVOS DO CAPÍTULO

- Calcular várias grandezas, como energia, calor, trabalho e potência, presentes em diversas áreas da engenharia mecânica, e expressar seus valores numéricos no Sistema Internacional e no Sistema USCS.
- Descrever como o calor é transferido de um local para outro pelos processos de condução, convecção e radiação.
- Aplicar o princípio da conservação de energia a um sistema mecânico.
- Explicar como funcionam os motores térmicos e compreender suas limitações em termos de eficiência.
- Descrever os princípios operacionais básicos dos motores de combustão interna de dois e quatro tempos e das usinas de energia elétrica.

▶ 7.1 Visão geral

Até este ponto, exploramos os primeiros *cinco* elementos da profissão de engenharia mecânica: desenho mecânico, prática profissional, forças em estruturas e máquinas, materiais e tensões e engenharia dos fluidos. No Capítulo 1, a engenharia mecânica foi descrita em poucas palavras como o processo para desenvolver máquinas que consomem ou produzem energia. Tendo isso em vista, agora voltaremos nossa atenção para o sexto elemento da engenharia e o assunto prático sobre os *sistemas térmicos e de energia* (Figura 7.1). Esse campo abrange equipamentos como motores de combustão interna, propulsão de aeronaves, sistemas de aquecimento e arrefecimento e geração de energia elétrica por meio de fontes renováveis (solar, eólica, hidrelétrica, geotérmica e biomassa) e não renováveis (óleo, petróleo, gás natural, carvão e nuclear). Cada vez mais será importante que engenheiros estudem e resolvam questões energéticas; três dos catorze principais desafios da NAE (Capítulo 2) estão diretamente relacionados a questões energéticas: tornar a energia solar economicamente viável, obter energia a partir da fusão e desenvolver métodos para sequestro de carbono.

Elemento 6: Sistemas térmicos e de energia

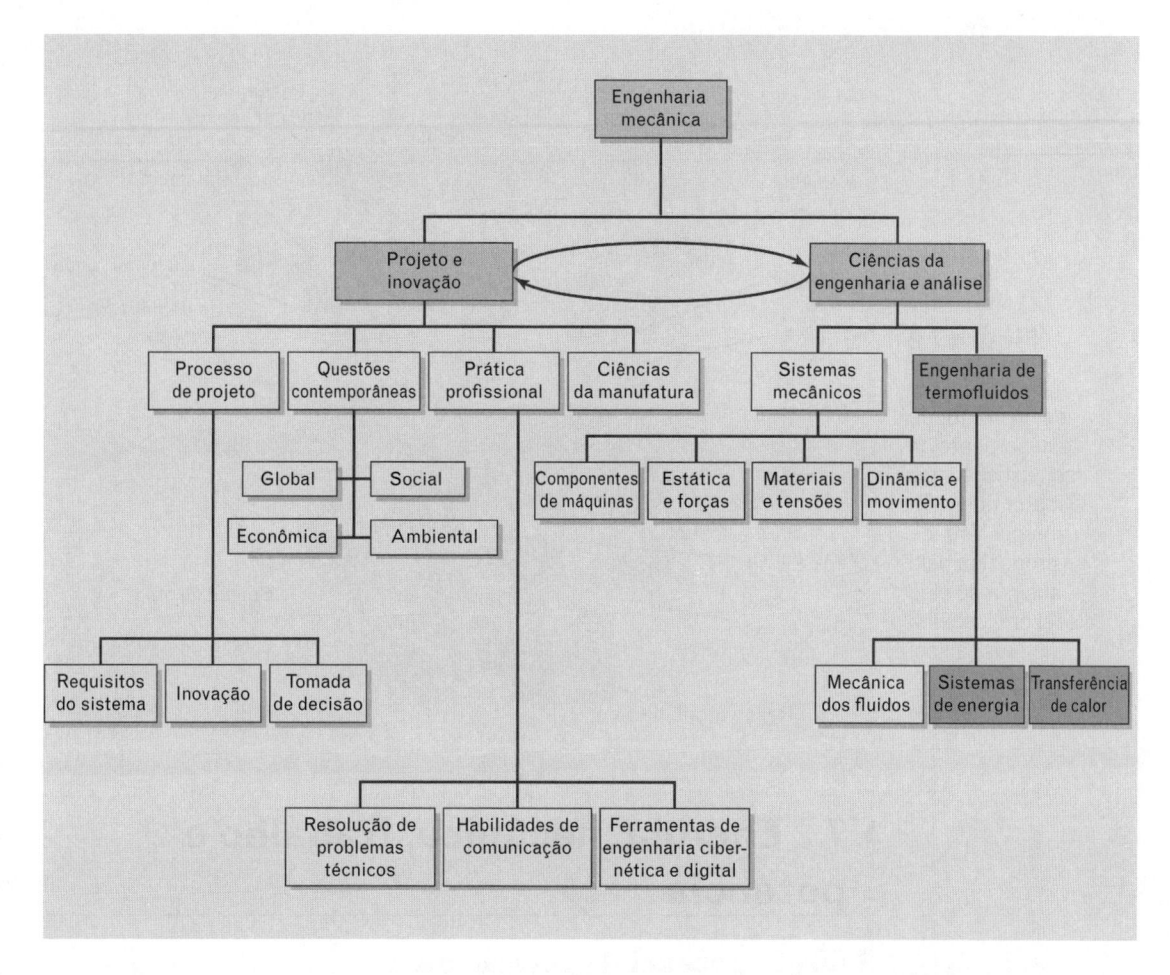

Figura 7.1

Relações entre os tópicos enfatizados neste capítulo (caixas sombreadas) e um programa geral de estudos em engenharia mecânica.

Embora você não possa ver a energia nem segurá-la em suas mãos, ela é necessária para aumentar a velocidade de um objeto, alongá-lo, aquecê-lo ou levantá-lo. As características da energia, as diversas formas que ela pode assumir e os métodos adotados para convertê-la de uma forma para outra são a essência da engenharia mecânica. O motor de combustão interna da Figura 7.2, por exemplo, queima diesel para liberar energia térmica. Por sua vez, o motor converte a energia térmica na rotação do seu eixo virabrequim e, finalmente, no movimento do veículo. Máquinas que consomem ou produzem energia muitas vezes envolvem processos para converter a energia química, armazenada na forma de elementos presentes no combustível, em térmica, transformando esta última em trabalho mecânico e na rotação de eixos, ou para transferir energia entre locais diferentes com o objetivo de produzir calor ou resfriamento.

Na primeira parte deste capítulo, apresentaremos os princípios físicos e a terminologia necessários para entender a operação e a eficiência desses sistemas térmicos e de energia. Em seguida, nas Seções 7.6 a 7.7, aplicaremos essas ideias a motores de dois tempos e quatro tempos e à geração de energia elétrica.

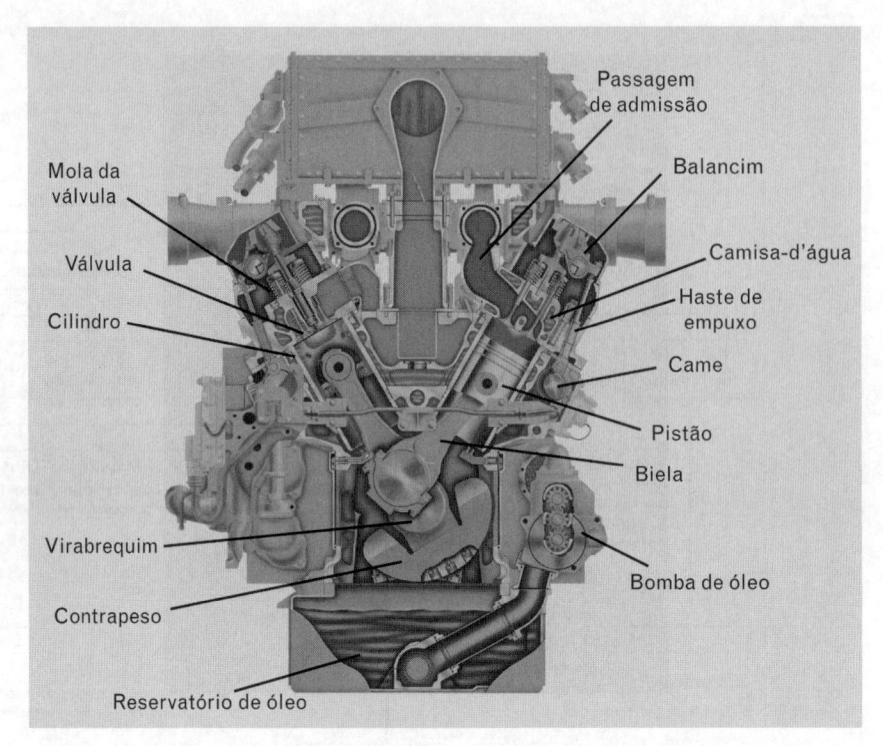

Figura 7.2

Corte vertical de um motor de equipamento de construção civil. O motor converte a energia térmica produzida pela queima de óleo diesel em trabalho mecânico.

Reimpresso como cortesia da Caterpillar, Inc.

▶ 7.2 Energia mecânica, trabalho e potência

Energia potencial gravitacional

Aceleração gravitacional

Perto da superfície da Terra, a *aceleração da gravidade* é definida pelos valores de aceleração padrão

$$g = 32{,}174 \, \frac{\text{ft}}{\text{s}^2} \approx 32{,}2 \, \frac{\text{ft}}{\text{s}^2}$$

$$g = 9{,}8067 \, \frac{\text{m}}{\text{s}^2} \approx 9{,}81 \, \frac{\text{m}}{\text{s}^2}$$

que foram adotados por acordo internacional com relação ao nível do mar e latitude de 45°. A *energia potencial gravitacional* está associada à alteração quanto à elevação de um objeto em um campo gravitacional, e é medida em relação a uma altura de referência, por exemplo, o solo ou o topo de uma bancada de trabalho. A alteração U_g na energia potencial gravitacional à medida que um objeto se desloca pela distância vertical Δh é dada por

$$U_g = mg\Delta h \tag{7.1}$$

em que m é a massa do objeto. Quando $\Delta h > 0$, a energia potencial gravitacional aumenta ($U_g > 0$) à medida que o objeto é elevado. Em sentido contrário, a energia potencial gravitacional diminui ($U_g < 0$) à medida que o objeto é abaixado e $\Delta h < 0$. A energia potencial gravitacional é armazenada em virtude da posição vertical.

ft · lbf	J	Btu	kW · h
1	1,356	$1,285 \times 10^{-3}$	$3,766 \times 10^{-7}$
0,7376	1	$9,478 \times 10^{-4}$	$2,778 \times 10^{-7}$
778,2	1.055	1	$2,930 \times 10^{-4}$
$2,655 \times 10^6$	$3,600 \times 10^6$	3.413	1

Tabela 7.1
Fatores de conversão entre várias unidades de energia e trabalho em unidades dos sistemas USCS e SI

Para cálculos que envolvem energia e trabalho, a prática convencional é utilizar a unidade joule no SI, e ft · lbf no USCS. Na Tabela 3.2, o joule é listado como uma unidade derivada cuja definição é 1 J = 1 N · m. No SI é possível usar um prefixo para representar quantidades pequenas ou grandes. Como exemplos, 1 kJ = 10^3 J e 1 MJ = 10^6 J. Em algumas circunstâncias, a *unidade térmica britânica* (Btu, sigla em inglês) e o *quilowatt-hora* (kW · h) também são usados como unidades para energia e trabalho, sendo que tais escolhas serão discutidas mais adiante neste capítulo. A Tabela 7.1 mostra os fatores de conversão mais usados para energia e trabalho. Na primeira linha da tabela, por exemplo, é possível observar que

Unidade térmica britânica
Quilowatt-hora

$$1 \text{ ft} \cdot \text{lbf} = 1,356 \text{ J} = 1,285 \times 10^{-3} \text{ Btu} = 3,766 \times 10^{-7} \text{ kW} \cdot \text{h}$$

Energia potencial elástica

Um objeto armazena *energia potencial elástica* quando este é alongado ou torcido do modo descrito pela lei de Hooke (Seção 5.3). No caso de uma mola com rigidez k, a energia potencial elástica que ela armazena é indicada por

$$U_e = \frac{1}{2} k \Delta L^2 \qquad (7.2)$$

em que ΔL é o alongamento da mola, ou seja, a distância em que ela é alongada ou comprimida. Se a mola possuía um comprimento original de L_0 e, em seguida, foi esticada até atingir o novo comprimento L depois de sofrer a ação de uma força, o alongamento será $\Delta L = L - L_0$. Embora ΔL possa ser positivo quando a mola é esticada e negativo quando ela é comprimida, a energia potencial elástica é sempre positiva. Como discutimos no Capítulo 5, k tem as unidades de força por unidade de comprimento e, em geral, os engenheiros usam N/m e lbf/in no SI e USCS, respectivamente, como as dimensões para rigidez. Observe que a Equação (7.2) pode ser aplicada independentemente do fato de uma componente de máquina parecer-se com uma mola ou não. No Capítulo 5, examinamos o comportamento força-deflexão de uma barra sob tração e compressão e, naquele caso, a rigidez foi dada pela Equação (5.7).

Energia cinética

A *energia cinética* está associada ao movimento de um objeto. À medida que forças ou momentos atuam em uma máquina, eles fazem com que seus componentes se movam e armazenem energia cinética por causa da velocidade. O movimento pode ocorrer em forma de vibração (por exemplo, o cone de um alto-falante), rotação (o volante ligado ao eixo virabrequim de um motor) ou translação (o movimento em linha reta do pistão de um motor ou compressor). No caso de um objeto de massa m que se move em linha reta com velocidade v, a energia cinética é definida por

Figura 7.3

Trabalho de uma força aplicada a um pistão que se movimenta em um cilindro. (a) A força favorece o deslocamento quando o gás no cilindro é comprimido ($\Delta d > 0$). (b) A força é contrária ao deslocamento quando o gás se expande ($\Delta d < 0$).

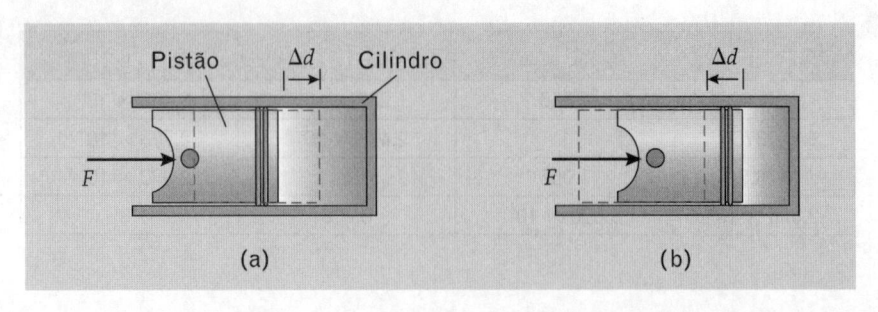

$$U_k = \frac{1}{2} mv^2 \qquad (7.3)$$

Você pode verificar que as dimensões J e ft · lbf são unidades apropriadas para energia cinética, assim como o são para energia potencial gravitacional e elástica.

Trabalho de uma força

O *trabalho de uma força* é ilustrado na Figura 7.3 no contexto de um pistão que desliza horizontalmente em seu cilindro. Essa situação ocorre em motores de combustão interna, compressores de ar e atuadores pneumáticos e hidráulicos. Na Figura 7.3(a), a força F é aplicada ao pistão para comprimir o gás no interior do cilindro, enquanto o pistão se move para a direita. Por outro lado, se o gás já tiver sido comprimido sob alta pressão e o pistão se mover para a esquerda [Figura 7.3(b)], é possível aplicar a força F para resistir a essa expansão. Essas duas situações são análogas aos cursos de compressão e expansão que ocorrem em um motor de automóvel. O trabalho W da força enquanto o pistão se desloca pela distância Δd é definido por

$$W = F\Delta d \qquad (7.4)$$

Na Figura 7.3(a), o trabalho da força é positivo ($\Delta d > 0$) porque ela age na mesma direção do movimento do pistão. Por outro lado, o trabalho será negativo quando houver uma força $\Delta d < 0$ oposta ao movimento [Figura 7.3(b)].

Potência

A *potência*, a última grandeza apresentada nesta seção, é definida como a taxa na qual um trabalho é realizado. Quando uma força realiza trabalho durante o intervalo de tempo Δt, a potência média será

$$P_{méd} = \frac{W}{\Delta t} \qquad (7.5)$$

À medida que o trabalho é realizado mais rapidamente, Δt torna-se menor e a potência média aumenta proporcionalmente. Em geral, os engenheiros expressam a potência nas unidades de watt (1 W = 1 J/s no SI e (ft · lbf)/s ou cavalo-vapor (hp) no USCS.

A Tabela 7.2 lista os fatores de conversão entre essas opções de unidades. Lendo a primeira linha, por exemplo, vemos que

(ft · lbf)/s	W	hp
1	1,356	$1{,}818 \times 10^{-3}$
0,7376	1	$1{,}341 \times 10^{-3}$
550	745,7	1

Tabela 7.2
Fatores de conversão entre várias unidades de potência em USCS e SI

A Tabela 7.2 lista os fatores de conversão entre essas opções de unidades. Lendo a primeira linha, por exemplo, vemos que

$$1\frac{\text{ft} \cdot \text{lbf}}{\text{s}} = 1{,}356\,\text{W} = 1{,}818 \times 10^{-3}\,\text{hp}$$

Em particular, o cavalo-vapor é equivalente a 550 ft · lbf/s.

Exemplo 7.1 | *Fator de conversão de potência*

Começando com as definições das unidades derivadas (ft · lbf/s)/s e W no USCS e no SI, verifique os fatores de conversão entre eles na Tabela 7.2.

Abordagem
O watt é definido pelo trabalho realizado à taxa de um joule por segundo. Para relacionar as duas unidades de potência, devemos converter as dimensões de força e comprimento que aparecem na definição do joule (1 J = 1 N · m). Com referência à Tabela 3.6, 1 ft = 0,3048 m e 1 lbf = 4,448 N.

Solução
O fator de conversão é dado por

$$1\frac{\text{ft} \cdot \text{lbf}}{\text{s}} = \left(1\frac{\text{ft} \cdot \text{lbf}}{\text{s}}\right)\left(0{,}3048\,\frac{\text{m}}{\text{ft}}\right)\left(4{,}448\,\frac{\text{N}}{\text{lbf}}\right)$$

$$= 1{,}356\left(\frac{\text{ft} \cdot \text{lbf}}{\text{s}}\right)\left(\frac{\text{m}}{\text{ft}}\right)\left(\frac{\text{N}}{\text{lbf}}\right)$$

$$= 1{,}356\frac{\text{N} \cdot \text{m}}{\text{s}}$$

$$= 1{,}356\frac{\text{J}}{\text{s}}$$

$$= 1{,}356\,\text{W}$$

onde usamos a definição da unidade derivada joule da Tabela 3.2.

Discussão
O fator de conversão entre as dimensões watt e (ft · lbf)/s é o recíproco do fator de conversão de (ft · lbf)/s para watts. Assim, 1 W = $(1{,}356)^{-1}$ (ft · lbf)/s = 0,7376 (ft · lbf)/s.

$$1\frac{\text{ft} \cdot \text{lbf}}{\text{s}} = 1{,}356\,\text{W}$$

$$1\,\text{W} = 0{,}7376\frac{\text{ft} \cdot \text{lbf}}{\text{s}}$$

Exemplo 7.2 | *Energia potencial elástica armazenada em uma cavilha em U*

Calcule a energia potencial elástica armazenada nos dois trechos retos da cavilha em U examinada nos Exemplos 5.2 e 5.3.

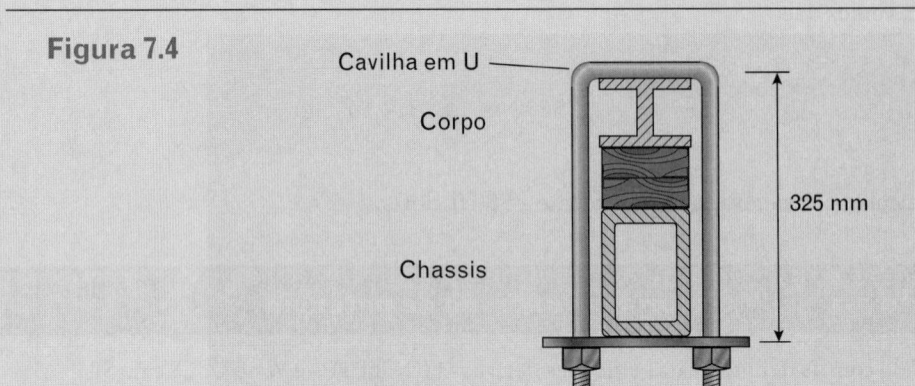

Figura 7.4

Cavilha em U
Corpo
Chassis
325 mm

Abordagem
Nossa tarefa é encontrar a energia potencial armazenada nas seções retas da cavilha em U como resultado do alongamento dessas seções. Com as dimensões e propriedades do material indicadas nesses exemplos, podemos encontrar a constante elástica para uma seção reta aplicando a Equação (5.7) que se repete aqui,

$$k = \frac{EA}{L} \tag{5.7}$$

Cada seção reta da cavilha em U, com comprimento $L = 325$ mm e área da seção transversal $A = 7{,}854 \times 10^{-5}$ m², sofre um alongamento de $\Delta L = 78{,}82$ μm $= 7{,}882 \times 10^{-5}$ m. Para encontrar a energia potencial elástica, aplicamos a Equação (7.2).

Solução
Usando o valor geral para o módulo de elasticidade do aço, a constante elástica de cada trecho reto da cavilha em U é

$$k = \frac{(210 \times 10^9 \text{ Pa})(7{,}854 \times 10^{-5} \text{ m}^2)}{0{,}325 \text{ m}} \quad \leftarrow \left[k = \frac{EA}{L} \right]$$

$$= 5{,}075 \times 10^7 \left(\frac{\text{N}}{\text{m}^2} \right)(\text{m}^2)\left(\frac{1}{\text{m}} \right)$$

$$= 5{,}075 \times 10^7 \frac{\text{N}}{\text{m}}$$

Aqui usamos a definição da unidade derivada pascal (1 Pa = 1 N/m²) ao manipular as dimensões do módulo de elasticidade da cavilha em U. A energia potencial elástica será

Exemplo 7.2 | *continuação*

$$U_e = \frac{1}{2}\left(5{,}075 \times 10^7 \frac{N}{m}\right)(7{,}882 \times 10^{-5} \text{ m})^2 \quad \leftarrow \left[U_e = \frac{1}{2}k\Delta L^2\right]$$

$$= 0{,}1576\left(\frac{N}{m}\right)(\text{m})^2$$

$$= 0{,}1576 \text{ N} \cdot \text{m}$$

$$= 0{,}1576 \text{ J}$$

Discussão

Como a cavilha em U possui duas seções idênticas, a quantidade de energia potencial armazenada é 2(0,1576 J) = 0,3152 J, um valor relativamente modesto. A cavilha em U também pode ter energia cinética, se estiver em movimento, e energia potencial gravitacional, se tiver sido deslocada em relação a um referencial.

$$U_e = 0{,}3152 \text{ J}$$

Exemplo 7.3 | *Energia cinética de um avião a jato*

Calcule a energia cinética de um Boeing 767 carregado até seu peso máximo de de 350.000 lbf e viaja a 400 mph. Expresse a energia cinética nas dimensões USCS e SI.

Abordagem

Temos a tarefa de encontrar a energia cinética instantânea de um avião viajando a uma determinada velocidade e com um determinado peso. Para aplicar a Equação (7.3), devemos primeiro determinar a massa da aeronave com base em seu peso (que é dado) e converter a velocidade em unidades dimensionalmente consistentes.

Solução

A massa da aeronave é

$$m = \frac{3{,}5 \times 10^5 \text{ lbf}}{32{,}2 \text{ ft/s}^2} \quad \leftarrow [w = mg]$$

$$= 1{,}087 \times 10^4 \frac{\text{lbf} \cdot \text{s}^2}{\text{ft}}$$

$$= 1{,}087 \times 10^4 \text{ slugs}$$

onde aplicamos a definição da unidade derivada slug a partir da Equação (3.2). Usando a definição da unidade derivada de milha da Tabela 3.5, a velocidade da aeronave em unidades dimensionalmente consistentes é

Exemplo 7.3 | continuação

$$v = \left(400 \frac{\text{mi}}{\text{h}}\right)\left(5.280 \frac{\text{ft}}{\text{mi}}\right)\left(\frac{1}{3.600}\frac{\text{h}}{\text{s}}\right)$$

$$= 586,7 \left(\frac{\cancel{\text{mi}}}{\text{h}}\right)\left(\frac{\text{ft}}{\cancel{\text{mi}}}\right)\left(\frac{\cancel{\text{h}}}{\text{s}}\right)$$

$$= 586,7 \frac{\text{ft}}{\text{s}}$$

A energia cinética se torna

$$U_k = \frac{1}{2}(1,087 \times 10^4 \text{ slugs})\left(586,7 \frac{\text{ft}}{\text{s}}\right)^2 \quad \leftarrow \left[U_k = \frac{1}{2}mv^2\right]$$

$$= 1,871 \times 10^9 \left(\frac{\text{slug} \cdot \text{ft}}{\text{s}^2}\right)(\text{ft})$$

$$= 1,871 \times 10^9 \text{ ft} \cdot \text{lbf}$$

Referindo-se à Tabela 7.1, esta quantidade de energia é equivalente a

$$U_k = (1,871 \times 10^9 \text{ ft} \cdot \text{lbf})\left(1,356 \frac{\text{J}}{\text{ft} \cdot \text{lbf}}\right)$$

$$= 2,537 \times 10^9 \quad (\cancel{\text{ft} \cdot \text{lbf}})\left(\frac{\text{J}}{\cancel{\text{ft} \cdot \text{lfb}}}\right)$$

$$= 2,537 \times 10^9 \text{ J}$$

$$= 2,537 \text{ GJ}$$

no SI.

Discussão

Ao manipularmos as dimensões neste exemplo, usamos a definição da unidade derivada slug no USCS (1 slug = 1 (lbf · s²)/ft), e o prefixo SI "giga" para o fator de 1 bilhão. Além disso, observe que a energia potencial gravitacional de um avião seria significativa durante o voo.

$$U_k = 1,871 \times 10^9 \text{ ft} \cdot \text{lbf}$$
$$U_k = 2,537 \text{ GJ}$$

Exemplo 7.4 | Demanda de potência para um elevador

Utilize um cálculo de ordem de grandeza para estimar a capacidade de um motor elétrico que acionará um elevador de carga em um edifício de quatro andares. Expresse sua estimativa em hp. O carro do elevador pesa 500 lbf e deve ser capaz de suportar uma carga adicional de 2.500 lbf.

Abordagem

Para calcular a demanda de potência do elevador, vamos desprezar a resistência do ar, o atrito em seu mecanismo de acionamento e todas as outras fontes de ineficiência. Além disso, será preciso fazer estimativas razoáveis para as informações do projeto do elevador que não

Exemplo 7.4 | continuação

são totalmente conhecidas neste momento, mas são necessárias para determinar a faixa de potência do motor. Estimamos que o elevador vai demorar 20 s para ir do térreo até o último andar do edifício, e que a diferença total de altura é 50 ft. A quantidade de trabalho que o motor terá de desempenhar é o produto do peso total (3.000 lbf) e da mudança de altura. Em seguida, podemos aplicar a Equação (7.5) para determinar a potência média produzida pelo motor.

Solução
O trabalho realizado na elevação do carro do elevador totalmente carregado é

$$W = (3.000\, \text{lbf})(50\, \text{ft}) \quad \leftarrow [W = F\Delta d]$$
$$= 1,5 \times 10^5 \text{ ft} \cdot \text{lbf}$$

A potência média é

$$P_{méd} = \frac{1,5 \times 10^5 \text{ ft} \cdot \text{lbf}}{20 \text{ s}} \quad \leftarrow \left[P_{méd} = \frac{W}{\Delta t}\right]$$
$$= 7.500 \frac{\text{ft} \cdot \text{lbf}}{\text{s}}$$

Por fim, vamos converter essa quantidade para as dimensões em hp usando o fator listado na Tabela 7.2:

$$P_{méd} = 7.500 \left(\frac{\text{ft} \cdot \text{lbf}}{\text{s}}\right)\left(1,818 \times 10^{-3} \frac{\text{hp}}{(\text{ft} \cdot \text{lbf})/\text{s}}\right)$$
$$= 13,64 \left(\frac{\cancel{\text{ft} \cdot \text{lbf}}}{\cancel{\text{s}}}\right)\left(\frac{\text{hp}}{\cancel{(\text{ft} \cdot \text{lbf})/\text{s}}}\right)$$
$$= 13,64 \text{ hp}$$

Discussão
Como um projetista mais tarde levaria em conta outros fatores, como a ineficiência do motor, a possibilidade de o elevador estar sobrecarregado e um fator de segurança, o cálculo se tornaria mais preciso. De um ponto de vista preliminar, no entanto, um motor classificado para algumas dezenas de hp de potência, em vez de um com alguns poucos hp ou com várias centenas de hp, pareceria suficiente para a tarefa em questão.

$$P_{méd} = 13,64 \text{ hp}$$

▶ 7.3 Calor como energia em trânsito

Na seção anterior, vimos várias formas diferentes de energia que podem ser armazenadas em um sistema mecânico. Além de ser armazenada, a energia também pode ser convertida de uma forma para outra – por exemplo, quando a energia potencial de um objeto

Figura 7.5
Engenheiros mecânicos utilizam um software de engenharia para calcular a temperatura das pás da turbina de um motor a jato.

Paul Nylander, http://bugman123.com

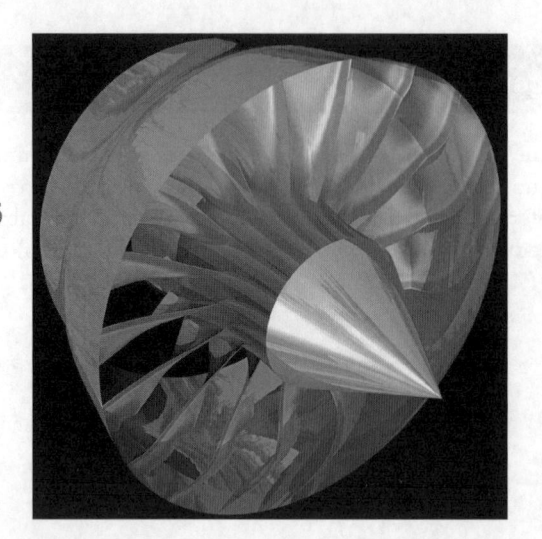

suspenso é transformada em energia cinética assim que ele cai. De maneira semelhante, a energia armazenada em um combustível em razão de sua estrutura química é liberada quando ele é queimado. Nós consideramos o calor como energia em trânsito (ou em movimento) de um local para outro por causa de uma diferença de temperatura.

Quando projetam máquinas que consomem e produzem energia, os engenheiros mecânicos exploram as propriedades do calor para manipular a temperatura e transferir energia entre os locais (Figura 7.5). Nesta seção, exploraremos diversos conceitos de engenharia relacionados com o calor, sua liberação na queima de combustível e sua transferência por meio dos processos conhecidos como condução, convecção e radiação.

Poder calorífico

Quando um combustível é queimado, as reações químicas que ocorrem liberam energia térmica e eliminam produtos como vapor de água, monóxido de carbono e material particulado. O combustível pode ser um líquido (como óleo para fornos), um sólido (como carvão para usinas de energia elétrica) ou um gás (como propano para ônibus). Em todos os casos, o combustível armazena energia química, a qual é liberada durante a combustão. Engenheiros mecânicos projetam máquinas que administram a liberação da energia armazenada na forma química; em seguida, essa energia é convertida em formas mais úteis.

Tabela 7.3 Poderes caloríficos de alguns combustíveis*

Tipo	Combustível	Taxa de calor, H	
		MJ/kg	Btu/lbm
Gás	Gás natural	47	$20{,}2 \times 10^3$
	Propano	46	$19{,}8 \times 10^3$
Líquido	Gasolina	45	$19{,}3 \times 10^3$
	Diesel	43	$18{,}5 \times 10^3$
	Óleo combustível	42	$18{,}0 \times 10^3$
Sólido	Carvão	30	$12{,}9 \times 10^3$
	Madeira	20	$8{,}6 \times 10^3$

*Os valores numéricos são representativos e os valores para combustíveis específicos podem variar de acordo com sua composição química.

Em um forno, usina elétrica ou motor a gasolina, a liberação da energia produzida no processo de combustão é medida por uma quantidade chamada *poder calorífico H*. Conforme mostra a Tabela 7.3, a magnitude de um poder calorífico descreve a capacidade de um combustível para liberar calor. Como o calor é definido como a energia que está em movimento entre dois locais, o poder calorífico é a quantidade de energia liberada por unidade de massa do combustível queimado. Quanto maior for a quantidade de combustível queimado, mais calor será liberado. Para expressar o conteúdo de energia de um combustível, o joule é a dimensão padrão no SI, enquanto a *unidade térmica britânica* (abreviada por Btu) é a dimensão mais comumente usada no USCS. Historicamente, um Btu foi definido como a quantidade de calor necessária para elevar a temperatura de uma libra de água em um grau na escala Fahrenheit. Na definição moderna, o Btu é equivalente a 778,2 ft · lbf ou 1.055 J, conforme listado nos fatores de conversão de energia da Tabela 7.1.

Unidade térmica britânica

Conforme discutido no Capítulo 3, o slug é a unidade de massa preferida em engenharia mecânica para cálculos no Sistema USCS envolvendo gravitação, movimento, momento, energia cinética, aceleração e outras grandezas mecânicas. Para cálculos de engenharia relacionados às propriedades térmicas e de combustão dos materiais, no entanto, é convencional usar a libra-massa como unidade derivada para massa no USCS. Este uso no USCS é conveniente porque uma quantidade de matéria que tem uma massa de 1 lbm também pesa 1 lbf. A libra-massa é definida na Equação (3.4), e está relacionada ao slug pela Equação (3.5). Conforme descrito na Tabela 3.6, o kg e o lbm estão relacionados por meio de

$$1\,\text{lbm} = 0{,}4536\,\text{kg} \qquad 1\,\text{kg} = 2{,}205\,\text{lbm}$$

As dimensões convencionais para o poder calorífico de um combustível são, portanto, MJ/kg no SI e Btu/lbm no USCS.

Em cálculos que envolvem a queima de um combustível, o calor Q que é liberado pela massa em combustão m é dado por

$$Q = mH \qquad (7.6)$$

Com base nos valores caloríficos da Tabela 7.3, quando se queima 1 kg de gasolina, liberam-se 45 MJ de calor. De modo equivalente, no Sistema USCS, 19.800 Btu são liberados quando 1 lbm de gasolina é consumido. Se pudéssemos projetar um motor de automóvel que convertesse perfeitamente essa quantidade de calor em energia cinética, seria possível acelerar um veículo de 1.000 kg até uma velocidade de 300 m/s – aproximadamente a velocidade do som ao nível do mar. Naturalmente, essa visão é idealista, pois nenhum motor é capaz de operar com 100% de eficiência e converter todo o combustível armazenado na forma de energia química em trabalho mecânico útil. O poder calorífico simplesmente nos informa a quantidade de calor fornecida por um combustível, e caberá ao forno, à usina elétrica ou ao motor usar essa energia da maneira mais eficiente possível.

O poder calorífico dos combustíveis pode variar amplamente com base em sua composição química como são queimados. O poder calorífico do carvão, por exemplo, pode variar entre 15 e 35 MJ/kg, dependendo da localização geográfica da mina de onde ele foi extraído. Além disso, quando se queima um combustível, a água estará presente nos subprodutos da combustão, seja em forma de vapor ou de líquido. O poder calorífico de um combustível em uma aplicação específica depende de a água ser liberada do processo de combustão como vapor ou condensada como líquido. É possível extrair aproximadamente 10% de calor adicional de um combustível condensando-se o vapor de água produzido durante a combustão e recapturando-se o calor associado à mudança de estado de vapor para líquido. Em um motor automotivo, a água obtida como subproduto da combustão é eliminada em forma de vapor, e consequentemente, a energia térmica contida no vapor perde-se no ambiente com os gases produzidos na combustão. Do mesmo modo, a maioria dos fornos residenciais a gás natural não tem condensação; ou seja, o vapor de água produzido neles é eliminado pela chaminé do forno.

Calor específico

Um exemplo de fluxo de calor e mudança de temperatura ocorre na produção comercial do aço. Durante o processo de produção em uma siderúrgica, resfria-se rapidamente o aço imergindo-o num banho de óleo ou água. O propósito dessa etapa, chamada *têmpera*, é endurecer o aço ao modificar a sua estrutura interna. Em seguida, é possível melhorar a ductibilidade do material (Seção 5.5) por meio de uma operação de reaquecimento chamada *revenimento*. Quando um lingote de aço é mantido a, digamos, 800 °C e, então, temperado no óleo, o calor sai do aço e o óleo do banho é aquecido. A energia térmica armazenada no aço diminui, e essa perda de energia se expressa por uma alteração em sua temperatura. Do mesmo modo, a temperatura do banho de óleo e a energia armazenada nele aumentam. A capacidade de um material para receber calor e armazená-lo como energia interna depende da quantidade do material, de suas propriedades físicas e da mudança de temperatura. O calor específico é definido como a quantidade de calor necessária para alterar a temperatura de uma unidade de massa de material em um grau.

Têmpera

Revenimento

O fluxo de calor entre o aço e o óleo é intangível, no sentido de que não podemos ver como isso acontece. Entretanto, podemos medir o efeito do fluxo de calor por meio das mudanças de temperatura ocorridas. Embora calor não seja a mesma coisa que temperatura, alterações na temperatura indicam que houve transferência de calor. Por exemplo, quando o sol aquece uma pista de asfalto durante a tarde, a pista continua quente durante boa parte da noite. Uma pista ampla e maciça é capaz de armazenar mais energia do que uma panela com água aquecida sobre um fogão à mesma temperatura.

À medida que o calor flui para um objeto, sua temperatura aumenta de um valor inicial T_0 para T, de acordo com

$$Q = mc(T - T_0) \tag{7.7}$$

em que m é a massa do objeto. Conhecido como *calor específico*, o parâmetro c é uma propriedade que registra como os materiais diferem em relação à quantidade de calor que precisam absorver para elevar a sua temperatura. Assim, o calor específico apresenta as unidades de energia por unidade de massa por grau de mudança de temperatura. As dimensões convencionais no SI e no USCS são kJ/(kg · °C) e Btu/(lbm · °F), respectivamente. Você pode converter valores de temperatura entre as escalas Celsius e Fahrenheit usando

$$°F = \left(\frac{9}{5}°C\right) + 32$$

$$°C = \left(\frac{5}{9}\right)(°F - 32) \tag{7.8}$$

A Tabela 7.4 lista os valores numéricos quanto ao calor específico de vários materiais. Para aumentar a temperatura de uma amostra de aço de 1 kg em 1 °C, deve-se adicionar a ela 0,50 kJ de calor. Como é

Tabela 7.4
Calor específico de alguns materiais

Tipo	Substância	Calor específico, c	
		kJ/(kg · °C)	Btu/(lbm · °F)
Líquido	Óleo	1,9	0,45
	Água	4,2	1,0
Sólido	Alumínio	0,90	0,21
	Cobre	0,39	0,093
	Aço	0,50	0,11
	Vidro	0,84	0,20

possível observar na tabela, o calor específico da água é mais alto que os valores do óleo e dos metais. Esse é um dos motivos pelos quais a água tem um papel importante na regulagem de temperatura; ela pode ser um meio eficiente para armazenar e transferir energia térmica.

Na Equação (7.7), se $T > T_0$, então Q é positivo e o calor flui para o objeto. Por outro lado, Q é negativo quando $T < T_0$; nesse caso, o valor negativo significa que a direção do fluxo de calor se inverteu, de modo que o calor agora flui para fora do objeto. Como constatamos em outras grandezas da engenharia mecânica – forças, momentos, velocidade angular e trabalho mecânico –, as convenções de sinais são usadas para indicar a direção de algumas dessas grandezas físicas.

No caso de alterações não tão elevadas de temperatura, é aceitável tratar c como uma constante. A Equação (7.7) não se aplica caso o material mude o seu estado, por exemplo, de sólido para líquido ou de líquido para vapor, porque o calor acrescentado (ou retirado) durante a mudança de estado não altera a temperatura do material. A propriedade física que quantifica a quantidade de calor que deve fluir para dentro ou para fora de um material para produzir uma mudança de estado é chamada *calor latente*.

Calor latente

Transferência de calor

Descrevemos calor como a energia transferida de um lugar para outro em razão de uma diferença de temperatura. Os três mecanismos para *transferência de calor* são conhecidos como condução, convecção e radiação, e aparecem em diferentes tecnologias da engenharia mecânica. Ao segurar o cabo de uma panela quente que está sobre um fogão, você sente a *condução* em ação. O calor flui da panela e ao longo do cabo até sua extremidade livre mais fria. A barra metálica na Figura 7.6 ilustra esse processo. Uma extremidade da barra permanece sob uma temperatura elevada T_h, e a outra mantém uma temperatura mais baixa, T_l. Embora a barra em si não se mova, o calor flui para a outra extremidade como uma corrente elétrica, porque os pontos ao longo da barra apresentam temperaturas diferentes. Exatamente como uma mudança na tensão produz uma corrente em um circuito elétrico, a alteração na temperatura $T_h - T_l$ faz com que o calor seja conduzido ao longo da barra.)

Condução

A quantidade de calor que flui pela haste durante um intervalo de tempo Δt é indicada por

$$Q = \frac{\kappa A \Delta t}{L}(T_h - T_l) \tag{7.9}$$

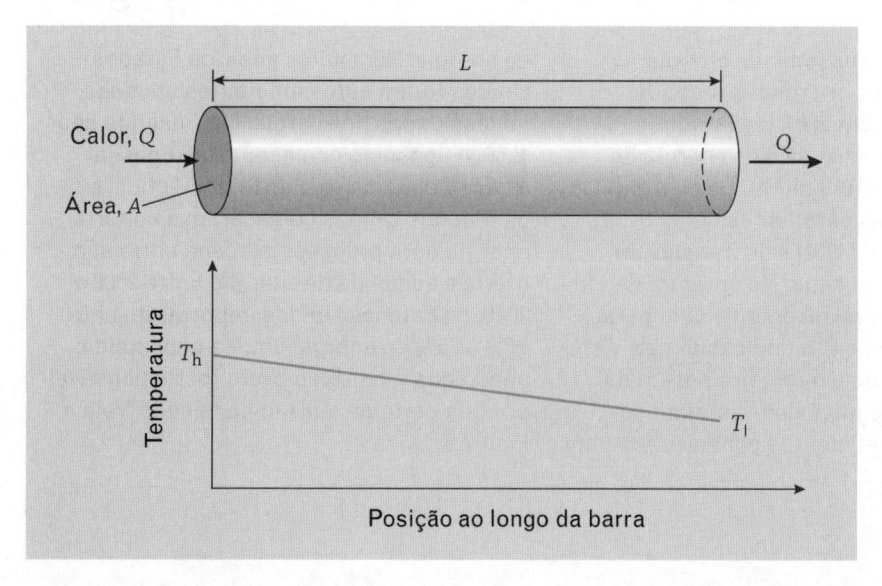

Figura 7.6

Condução de calor ao longo de uma barra de metal.

Tabela 7.5
Condutividade térmica de alguns materiais

Material	Condutividade térmica, κ	
	W/(m · °C)	(Btu/h)/(ft · °F)
Aço	45	26
Cobre	390	220
Alumínio	200	120
Vidro	0,85	0,50
Madeira	0,3	0,17

Lei de Fourier

Condutividade térmica

Esse princípio é conhecido como *lei de Fourier* para condução de calor, e recebeu esse nome em homenagem ao cientista francês Jean Baptiste Joseph Fourier (1768-1830). A condução de calor ocorre de forma proporcional à área transversal A, e é inversamente proporcional ao comprimento da barra L. A propriedade do material k (o caractere grego capa em minúsculo) é chamada *condutividade térmica*, e a Tabela 7.5 indica seus valores para diversos materiais.

Quando a condutividade térmica é elevada, o calor flui rapidamente pelo material. Metais, geralmente, têm valores elevados de k, e materiais isolantes, como a fibra de vidro, apresentam valores baixos de k. Com base na Tabela 7.5, 200 J de calor fluirão a cada segundo através de um painel quadrado de alumínio com 1 m de lado e 1 m de espessura quando a diferença de temperatura entre as duas faces do painel for de 1 °C. Mesmo entre os metais, os valores numéricos de k variam significativamente. A condutividade térmica do alumínio é mais de 400% maior que o valor para o aço e, por sua vez, o valor de k para o cobre é duas vezes maior que o do alumínio. O alumínio e o cobre são os metais preferidos para uso em utensílios de cozinha justamente por esse motivo; o calor pode fluir com mais facilidade em uma panela, evitando que se formem pontos de concentração de calor e que a comida queime.

Foco em

Consumo global de energia

A produção e o consumo de energia no mundo passam por transformações significativas. Em 2007, os Estados Unidos atingiram um pico de energia de 101 quatrilhões (10^{15}) de Btu de energia consumida pelos setores residencial (22%), comercial (49%) e de transportes (29%) de sua economia. No entanto, desde então, o valor total da energia caiu para 100 quatrilhões de Btu, indicando que os Estados Unidos, o terceiro país mais populoso do mundo, talvez estejam se tornando mais eficientes em seu consumo de energia. Por muitos anos, os Estados Unidos foram autossuficientes em suas necessidades de energia. No final dos anos 1950, o consumo começou a ultrapassar a capacidade da produção doméstica, e os Estados Unidos começaram a importar energia para prencher a lacuna entre sua oferta e demanda de energia. Entre 2000 e 2010, os Estados Unidos importaram entre 25% e 35% da energia líquida consumida, sendo que o petróleo bruto foi responsável por boa parte de suas importações. Veja a Figura 7.7.

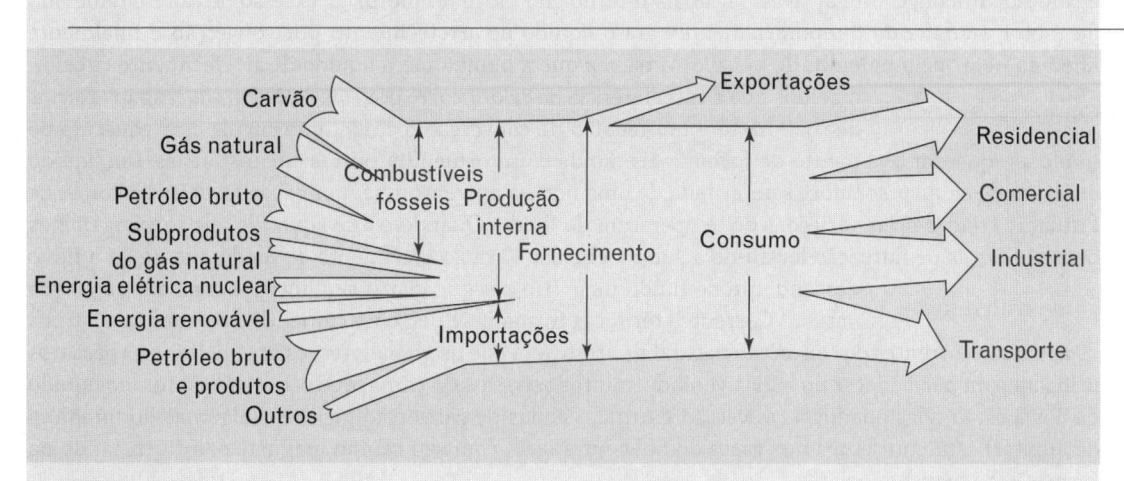

Figura 7.7
Um perfil da produção e do consumo de energia nos Estados Unidos.

Departamento de Energia dos Estados Unidos, Administração de Informações sobre Energia

Enquanto os Estados Unidos eram o maior consumidor mundial de energia do mundo em 2000, a China, o país mais populoso do mundo, é agora o maior consumidor mundial de energia.

No mesmo período, a China também deixou de ser o maior exportador de carvão para tornar-se o principal importador. As famílias chinesas estão utilizando mais produtos eletrônicos e dirigindo mais veículos do que nunca. Na realidade, em 2009, a China ultrapassou os Estados Unidos como o país que mais vendeu carros novos. Embora alguns considerem preocupante o rápido aumento da curva de consumo de energia da China, o país está fazendo esforços ecológicos significativos, como metas nacionais de energia renovável e a procura por tecnologias mais verdes. Projetos como a Barragem das Três Gargantas, a maior usina hidrelétrica do mundo, ilustram a tentativa da China de buscar fontes de energia mais limpas.

As necessidades de consumo de energia na Índia, o segundo país mais populoso do mundo, também estão mudando rapidamente. Em 2012, a Índia consumiu 32 quatrilhões de Btu de energia, o que a colocou como o quarto maior consumidor de energia do mundo depois da China, dos Estados Unidos e da Rússia. As infraestruturas de transporte, negócios e residências da Índia estão crescendo rapidamente. Como resultado, o consumo de energia da Índia deverá aumentar quase 3% ao ano até 2040. Cerca de 25% da população indiana não tem acesso à eletricidade. Contudo, esse número deve diminuir não somente na Índia, mas também em outras partes do mundo à medida que os engenheiros desenvolverem meios efetivos e eficientes para obter, armazenar e distribuir energia de fontes renováveis e não renováveis.

Além da condução, o calor também pode ser transferido por fluidos em movimento; esse processo é conhecido como *convecção*. O sistema de arrefecimento de um automóvel, por exemplo, bombeia uma mistura de água

Convecção

e solução anticongelante através de canais internos do bloco do motor. O excesso de calor é removido do motor, transferido temporariamente para o líquido de arrefecimento por convecção e finalmente liberado no ar pelo radiador do veículo. Uma vez que a bomba faz o líquido de arrefecimento circular, dizemos que a transferência de calor ocorre por *convecção forçada*. Alguns fornos de cozinha têm um recurso de convecção forçada, que circula o ar aquecido de modo a esquentar o alimento de forma mais rápida e uniforme. Em outras circunstâncias, um líquido ou gás pode circular sozinho, sem a ajuda de uma bomba ou ventoinha, por causa da ação das forças de flutuação criadas pelas variações de temperatura do fluido. Quando o ar é aquecido, ele se torna menos denso, e forças de flutuação levam-no a subir e circular. O fluxo ascendente de fluido quente (e o fluxo descendente de fluido mais frio para ocupar o seu lugar) é chamado *convecção natural*. Correntes térmicas formam-se perto de cumes de montanhas e corpos de água; são correntes de convecção natural na atmosfera que os planadores, as asas-deltas e os pássaros utilizam para permanecer no ar. Na verdade, muitos aspectos do clima, dos oceanos e do núcleo líquido da Terra estão relacionados à convecção natural. Células de convecção gigantes (algumas do tamanho de Júpiter) estão presentes nos gases do Sol e interagem com seu campo magnético, influenciando na formação de manchas solares.

Convecção forçada

Convecção natural

Radiação   O terceiro mecanismo de transferência de calor é a *radiação*, que está relacionada à emissão e absorção de calor sem contato físico direto. Ela não tem relação com a radiação no contexto de processos nucleares ou de geração de energia. A radiação ocorre quando o calor é transmitido pelas ondas longas infravermelhas do *espectro* eletromagnético. Essas ondas são capazes de se propagar pelo ar e até mesmo pelo vácuo do espaço. A energia do Sol chega à Terra por meio da radiação. Quando ondas eletromagnéticas são absorvidas pelo ar, pelo solo e pela água, elas são convertidas em calor. Os radiadores de sistemas domésticos de aquecimento contêm serpentinas metálicas pelas quais circula o vapor ou a água quente. Se você colocar sua mão diretamente sobre o radiador, sentirá o calor fluindo para a sua mão por condução. Contudo, mesmo estando a certa distância do radiador e sem tocá-lo, você será aquecido pelo processo de radiação.

Exemplo 7.5 | *Consumo doméstico de energia*

Em média, cada família nos Estados Unidos consome 98 milhões de Btu de energia por ano. Quantas toneladas de carvão precisam ser queimadas para produzir essa quantidade de energia?

Abordagem
Para calcular a quantidade de carvão necessária para produzir essa energia usaremos o poder calorífico do carvão, indicado na Tabela 7.3 como 12.900 Btu/lbm, e aplicaremos a Equação (7.6) para determinar a massa do carvão. Na Tabela 3.5, uma tonelada é equivalente a 2.000 lbf.

Solução
A massa de carvão é

$$m = \frac{98 \times 10^6 \text{ Btu}}{12,9 \times 10^3 \text{ Btu/lbm}} \quad \leftarrow [Q = mH]$$

$$= 7,597 \times 10^3 \text{ (Btu)} \left(\frac{\text{lbm}}{\text{Btu}}\right)$$

$$= 7,597 \times 10^3 \text{ lbm}$$

Exemplo 7.5 | *continuação*

Como um objeto de 1 lbm também pesa 1 lbf, o peso é w = 7,597 × 10³ lbf. Usando a definição da unidade de tonelada derivada no USCS,

$$w = (7{,}597 \times 10^3 \text{ lbf})\left(\frac{1}{2.000}\frac{\text{ton}}{\text{lbf}}\right)$$

$$= 3{,}798 \text{ (lbf)}\left(\frac{\text{ton}}{\text{lbf}}\right)$$

$$= 3{,}798 \text{ tons}$$

Discussão

(a) Em comparação com um automóvel sedã que pesa 2.500 lbf, essa quantidade de carvão possui peso equivalente a três veículos. Uma vez que o carvão é uma fonte de energia não renovável, os engenheiros mecânicos precisam continuar desenvolvendo outras fontes de energia renováveis para atender às necessidades dos lares em todo o mundo.

$$w = 3{,}798 \text{ toneladas}$$

Exemplo 7.6 | *Consumo de combustível de um motor*

Um motor movido a gasolina gera uma potência média de 50 kW. Desprezando eventuais ineficiências que possam existir, calcule o volume de combustível consumido a cada hora. Expresse seu resultado nas dimensões de litros e galões.

Abordagem

Para encontrar o uso volumétrico do combustível, usamos o poder calorífico da gasolina, 45 MJ/kg, da Tabela 7.3. Portanto, seguindo a Equação (7.6), 45 MJ de calor são liberados para cada quilograma de gasolina queimado. Para converter o uso de combustível em uma medida de volume, usaremos a Tabela 6.1, que lista a densidade da gasolina como 680 kg/m³. O volume pode ser convertido entre o SI e o USCS usando o fator 1 L = 0,2642 gal da Tabela 3.6.

Solução

Em termos de definição para a unidade derivada kW, o motor produz

$$W = \left(50 \frac{\text{kJ}}{\text{s}}\right)(3.600 \text{ s}) \quad \leftarrow \left[P_{méd} = \frac{W}{\Delta t}\right]$$

$$= 1{,}8 \times 10^5 \left(\frac{\text{kJ}}{\text{s}}\right)(\text{s})$$

$$= 1{,}8 \times 10^5 \text{ kJ}$$

em 1 h. Essa energia é equivalente a 180 MJ. A massa de gasolina que precisa ser queimada para liberar essa quantidade de calor é

Exemplo 7.6 | *continuação*

$$m = \frac{180 \text{ MJ}}{45 \text{ MJ/kg}} \quad \leftarrow [Q = mH]$$

$$= 4 \, (\text{MJ}) \left(\frac{\text{kg}}{\text{MJ}} \right)$$

$$= 4 \text{ kg}$$

Em seguida, calculamos o volume do combustível:

$$V = \frac{4 \text{ kg}}{680 \text{ kg}/m^3} \quad \leftarrow [m = \rho V]$$

$$= 5{,}882 \times 10^{-3} \, (\text{kg}) \left(\frac{\text{m}^3}{\text{kg}} \right)$$

$$= 5{,}882 \times 10^{-3} \text{ m}^3$$

Usando a definição da unidade derivada "litro" da Tabela 3.2,

$$V = (5{,}882 \times 10^{-3} \text{ m}^3) \left(1.000 \frac{\text{L}}{\text{m}^3} \right)$$

$$= 5{,}882 \, (\text{m}^3) \left(\frac{\text{L}}{\text{m}^3} \right)$$

$$= 5{,}882 \text{ L}$$

No USCS, a quantidade de combustível é

$$V = (5{,}882 \text{ L}) \left(0{,}2642 \frac{\text{gal}}{\text{L}} \right)$$

$$= 1{,}554 \, (\text{L}) \left(\frac{\text{gal}}{\text{L}} \right)$$

$$= 1{,}554 \text{ gal}$$

Discussão
Ao desprezarmos a ineficiência do motor quando convertemos o calor da combustão em energia mecânica, reconhecemos que nosso cálculo vai subestimar a taxa real de consumo de combustível.

$$V = 5{,}882 \text{ L}$$
$$V = 1{,}554 \text{ gal}$$

Exemplo 7.7 | Têmpera de broca de furadeira

Uma broca de aço com 8 mm de diâmetro e 15 cm de comprimento recebe tratamento térmico em banho de óleo. A broca é temperada a 850 °C e mantida a 600 °C e, em seguida, passa por uma nova têmpera a 20 °C. Calcule a quantidade de calor que precisa ser retirada nos dois estágios do processo de têmpera.

Abordagem
Nós calcularemos as quantidades de calor que fluem da broca durante os dois estágios da têmpera aplicando a Equação (7.7). A Tabela 5.2 indica que o peso específico do aço é $r_w = 76$ kN/m^3, que usaremos para calcular a massa da broca. O calor específico do aço está indicado na Tabela 7.4 como 0,50 kJ/(kg · °C).

Solução
O volume V da broca é calculado com base em seu comprimento L e na área transversal A

$$A = \pi \frac{(0{,}008 \text{ m})^2}{4} \qquad \leftarrow \left[A = \pi \frac{d^2}{4} \right]$$
$$= 5{,}027 \times 10^{-5} \text{ m}^2$$

O volume será

$$V = (5{,}027 \times 10^{-5} \text{ m}^2)(0{,}15 \text{ m}) \qquad \leftarrow [V = AL]$$
$$= 7{,}540 \times 10^{-6} \text{ m}^3$$

Portanto, o peso da broca é

$$w = \left(76 \times 10^3 \frac{\text{N}}{\text{m}^3} \right)(7{,}540 \times 10^{-6} \text{ m}^3) \qquad \leftarrow [w = \rho_w V]$$
$$= 0{,}5730 \left(\frac{\text{N}}{\cancel{\text{m}^3}} \right)(\cancel{\text{m}^3})$$
$$= 0{,}5730 \text{ N}$$

e sua massa é

$$m = \frac{0{,}5730 \text{ N}}{9{,}81 \text{ m/s}^2} \qquad \leftarrow [w = mg]$$
$$= 5{,}841 \times 10^{-2} \, (\text{N}) \left(\frac{\text{s}^2}{\text{m}} \right)$$
$$= 5{,}841 \times 10^{-2} \left(\frac{\text{kg} \cdot \cancel{\text{m}}}{\cancel{\text{s}^2}} \right) \left(\frac{\cancel{\text{s}^2}}{\cancel{\text{m}}} \right)$$
$$= 5{,}841 \times 10^{-2} \text{ kg}$$

Exemplo 7.7 | continuação

Na última etapa, expandimos a unidade derivada newton para as unidades básicas metro, quilograma e segundo. As quantidades de calor retiradas durante os dois estágios de têmpera serão

$$Q_1 = (5{,}841 \times 10^{-2}\,\text{kg})\left(0{,}50\,\frac{\text{kJ}}{\text{kg}\cdot{}^\circ\text{C}}\right)(850\,^\circ\text{C} - 600\,^\circ\text{C}) \leftarrow [Q = mc(T - T_0)]$$

$$= 7{,}301\,(\text{kg})\left(\frac{\text{kJ}}{\text{kg}\cdot{}^\circ\text{C}}\right)(^\circ\text{C})$$

$$= 7{,}301\ \text{kJ}$$

e

$$Q_2 = (5{,}841 \times 10^{-3}\,\text{kg})\left(0{,}50\,\frac{\text{kJ}}{\text{kg}\cdot{}^\circ\text{C}}\right)(600\,^\circ\text{C} - 20\,^\circ\text{C}) \leftarrow [Q = mc(T - T_0)]$$

$$= 16{,}94\,(\text{kg})\left(\frac{\text{kJ}}{\text{kg}\cdot{}^\circ\text{C}}\right)(^\circ\text{C})$$

$$= 16{,}94\ \text{kJ}$$

Discussão
O calor flui da broca para o banho de óleo. Após os dois estágios de têmpera, a temperatura do banho de óleo aumenta em intervalos que podem ser calculados com a Equação (7.7). O fato de a segunda têmpera retirar mais calor faz sentido, pois a segunda redução de temperatura é significativamente maior que a redução na primeira têmpera.

$$Q_1 = 7{,}301\ \text{kJ}$$
$$Q_2 = 16{,}94\ \text{kJ}$$

Exemplo 7.8 | Perda de calor por uma janela

Um pequeno escritório tem uma janela de 3 ft × 4 ft em uma parede. A janela é feita de vidro de painel único com espessura de $\frac{1}{8}$ in. Ao avaliar o sistema de aquecimento e ventilação do edifício, um engenheiro precisa calcular a perda de calor pela janela em um dia de inverno. Embora a diferença de temperatura do ar dentro e fora do escritório seja muito maior, as duas superfícies do vidro diferem em apenas 3 °F. Em unidades de watts, que quantidade de calor é perdida pela janela a cada hora?

Abordagem
Para calcular o fluxo condutor de calor através da janela, aplicamos a Equação (7.9). A condutividade térmica do vidro é listada na Tabela 7.5 como 0,50 (Btu/h)/(ft · °F). Após calcular a perda de energia nas dimensões de Btu do Sistema USCS, converteremos para a unidade watt do SI aplicando o fator de conversão 1 Btu = 1.055 J da Tabela 7.1.

Exemplo 7.8 | *continuação*

Solução
Para manter as dimensões na Equação (7.9) consistentes, primeiro convertemos a espessura da janela da seguinte forma:

$$L = (0{,}125 \text{ in.})\left(\frac{1 \text{ ft}}{12 \text{ in.}}\right)$$
$$= 1{,}042 \times 10^{-2} \text{ ft}$$

A perda de calor em 1 hora torna-se

$$Q = \frac{(0{,}50(\text{Btu/h})/(\text{ft}\cdot{}^\circ\text{F}))(3\text{ ft})(4\text{ ft})(1\text{ h})}{1{,}042 \times 10^{-2} \text{ ft}} (3\,{}^\circ\text{F}) \quad \leftarrow \left[Q = \frac{\kappa A \Delta t}{L}(T_h - T_l)\right]$$

$$= 1.728 \left(\frac{\text{Btu/h}}{\text{ft}\cdot{}^\circ\text{F}}\right)(\text{ft}^2)(\text{h})\left(\frac{1}{\text{ft}}\right)({}^\circ\text{F})$$

$$= 1.728 \text{ Btu}$$

Expressa no SI, essa quantidade de calor é equivalene a

$$Q = (1.728 \text{ Btu})\left(1{,}055 \frac{\text{J}}{\text{Btu}}\right)$$

$$= 1{,}823 \times 10^6 \,(\text{Btu})\left(\frac{\text{J}}{\text{Btu}}\right)$$

$$= 1{,}823 \times 10^6 \text{ J}$$

Como o calor flui continuamente durante 1 h, a taxa média na qual o calor é perdido torna-se

$$\frac{Q}{\Delta t} = \left(1{,}823 \times 10^6 \frac{\text{J}}{\text{h}}\right)\left(\frac{1 \text{ h}}{3.600 \text{s}}\right)$$

$$= 506{,}4 \left(\frac{\text{J}}{\text{h}}\right)\left(\frac{\text{h}}{\text{s}}\right)$$

$$= 506{,}4 \frac{\text{J}}{\text{s}}$$

$$= 506{,}4 \text{ W}$$

onde usamos a definição da unidade derivada do SI, watt.

Discussão
Na prática, é difícil medir a temperatura das superfícies da janela em razão da convecção que ocorre entre a janela e o ar circundante. Um pequeno aquecedor elétrico na faixa de 500 W seria suficiente para compensar essa taxa de perda de calor

Exemplo 7.8 | *continuação*

$$\frac{Q}{\Delta t} = 506{,}4 \text{ W}$$

▶ 7.4 Conservação e conversão de energia

Com os conceitos de energia, trabalho e calor em mente, agora vamos explorar a conversão de energia de uma forma para outra. Motores de automóveis e a jato e usinas elétricas são três exemplos de sistemas que convertem e produzem energia queimando combustível da forma mais eficiente possível. Em particular, a energia química armazenada no combustível (seja gasolina, combustível de aviões ou gás natural) é liberada na forma de calor, que, por sua vez, é convertido em trabalho mecânico. No caso do motor de automóvel, o trabalho mecânico assume a forma da rotação do eixo virabrequim; no motor a jato, o produto é basicamente a força de propulsão que movimenta a aeronave; e na usina elétrica, o produto final é a produção de energia elétrica.

Os princípios de conservação e conversão de energia baseiam-se na concepção de um *sistema*, que é um conjunto de materiais e componentes agrupados de acordo com seu comportamento térmico e energético. Em teoria, o sistema está isolado de seu ambiente, de modo que se encontra separado de efeitos externos que não são importantes para o problema em questão. Aplicamos um ponto de vista muito semelhante no Capítulo 4, quando usamos diagramas de corpo livre para examinar as forças que atuam sobre estruturas e máquinas. Nesse caso, todas as forças que cruzam um limite imaginário traçado em torno do corpo foram incluídas no diagrama, enquanto outros efeitos foram ignorados. Os engenheiros analisam sistemas térmicos e de energia de maneira muito semelhante ao isolarem um sistema de seu ambiente e identificarem o calor que flui para dentro ou para fora do sistema, o trabalho realizado no ambiente (ou vice-versa) e os níveis de energia potencial ou cinética que se alteram dentro do sistema.

Em um alto nível de abstração, examine o sistema térmico e de energia ilustrado na Figura 7.8. A quantidade de calor Q, que pode ter sido produzida após a queima de um combustível, flui para dentro do sistema. O calor pode ser transferido pelos processos de condução, convecção ou radiação. Ao mesmo tempo, o sistema realiza o trabalho mecânico W como resultado. Além disso, é possível que a energia interna do sistema mude segundo o valor identificado como ΔU na Figura 7.8. A alteração da energia interna pode corresponder ao aumento da temperatura do sistema (nesse caso, energia térmica é armazenada), à mudança da sua energia cinética (U_k), ou a variações em sua energia potencial gravitacional (U_g) ou elástica (U_e). A *primeira lei da termodinâmica* afirma que essas três grandezas se equilibram de acordo com

Figura 7.8

Representação esquemática da primeira lei da termodinâmica para o balanço da energia em um sistema térmico e de energia.

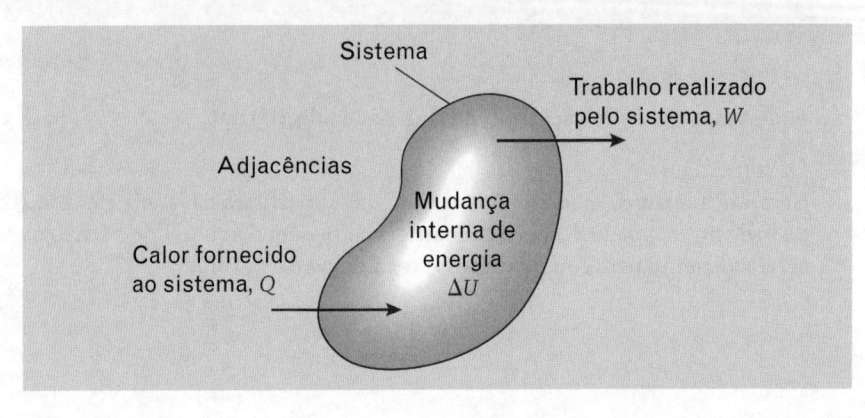

$$Q = W + \Delta U \tag{7.10}$$

Como verificamos em outros aspectos da engenharia mecânica, uma *convenção de sinais* é útil quando aplicamos essa equação para acompanhar a direção do fluxo de calor, verificar se o sistema realiza trabalho nas adjacências, ou vice-versa, e se a energia interna aumenta ou diminui. O calor Q é positivo quando flui para dentro do sistema; W é positivo quando o sistema exerce trabalho sobre suas adjacências; e ΔU é positivo quando a energia interna do sistema aumenta. Se uma dessas quantidades for negativa, o inverso será verdadeiro; por exemplo, se o ambiente exercer trabalho sobre o sistema, $W < 0$. Caso a energia interna do sistema permaneça constante ($\Delta U = 0$), o calor fornecido equilibra o trabalho que o sistema exerce sobre suas adjacências. Do mesmo modo, se o sistema não realiza nenhum trabalho ($W = 0$) enquanto o calor flui para dentro dele ($Q > 0$), a energia interna do sistema deverá aumentar ($\Delta U > 0$) proporcionalmente.

Convenção de sinais

Além da exigência de conservação de energia, a Equação (7.10) também demonstra que calor, trabalho e energia são equivalentes e que é possível projetar máquinas que substituam uma forma pela outra. Por exemplo, a primeira lei descreve o modo como um motor de combustão interna opera; o calor Q liberado pela queima de gasolina é convertido em trabalho mecânico W. A primeira lei determina a viabilidade para muitos outros equipamentos na engenharia mecânica, de aparelhos de ar-condicionado e motores a jato até usinas para geração de eletricidade. Na Seção 7.5 discutimos as limitações práticas que restringem a eficiência desses equipamentos para trocar calor, trabalho e energia.

Exemplo 7.9 | *Usina hidrelétrica*

A altura da queda de água vertical de uma usina hidrelétrica é de 100 m (Figura 7.9). A água flui pela usina e até o rio mais abaixo a uma taxa de 500 m³/s. Descontando perdas da viscosidade na água corrente e a ineficiência das turbinas e geradores, quanta energia elétrica pode ser produzida a cada segundo?

Abordagem

Para calcular a quantidade de energia elétrica produzida, reconhecemos que a energia potencial da água no reservatório é convertida em energia cinética durante a queda e, por sua vez, a energia cinética da água é transferida para a rotação de turbinas e geradores. Desprezaremos a velocidade relativamente pequena da água enquanto o nível do reservatório abaixa e a água sai das turbinas. Esses componentes de energia cinética são pequenos quando comparados à mudança geral na energia potencial gravitacional da água corrente. Visto que

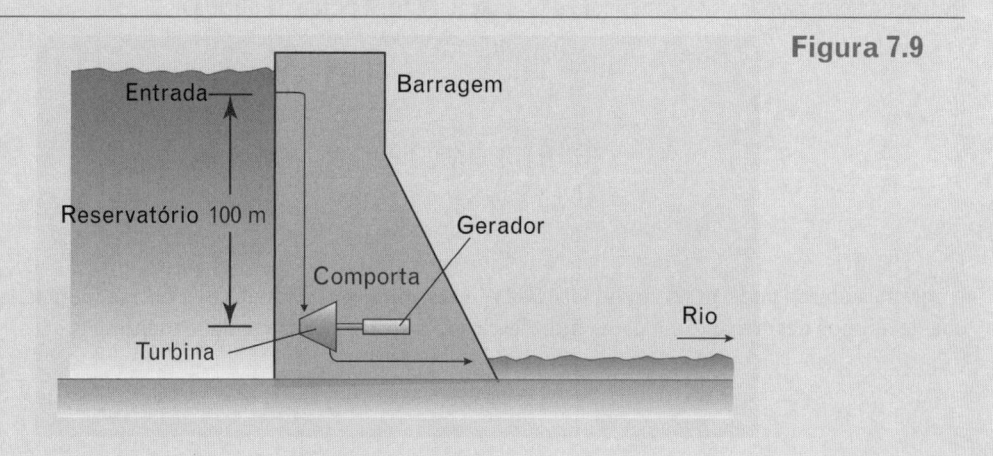

Figura 7.9

Exemplo 7.9 | *continuação*

não há calor envolvido, a alteração na energia potencial gravitacional equilibra o resultado do trabalho produzido de acordo com a Equação (7.10). Conforme indica a Tabela 6.1, a densidade da água doce é de 1.000 kg/m³.

Solução

A massa de água que escoa do reservatório flui pelas comportas e turbinas e desemboca no rio mais abaixo a cada segundo é

$$m = (500 \text{ m}^3)\left(1.000 \frac{\text{kg}}{\text{m}^3}\right)$$

$$= 5 \times 10^5 \, (\text{m}^3)\left(\frac{\text{kg}}{\text{m}^3}\right)$$

$$= 5 \times 10^5 \text{ kg}$$

A cada segundo, a energia potencial gravitacional do reservatório muda à razão da massa de água

$$\Delta U_g = (5 \times 10^5 \text{kg})\left(9{,}81 \frac{\text{m}}{\text{s}^2}\right)(-100 \text{ m}) \qquad \leftarrow [U_g = mg\Delta h]$$

$$= -4{,}905 \times 10^8 \left(\frac{\text{kg} \cdot \text{m}}{\text{s}^2}\right)(\text{m})$$

$$= -4{,}905 \times 10^8 \text{ N} \cdot \text{m}$$

$$= -4{,}905 \times 10^8 \text{ J}$$

$$= -490{,}5 \text{ MJ}$$

Como a energia potencial do reservatório diminui, a alteração de energia interna é negativa. Se desprezarmos o atrito e considerarmos uma eficiência ideal para as turbinas e os geradores de água, o equilíbrio de energia da primeira lei será

$$W - (490{,}5 \text{ MJ}) = 0 \qquad \leftarrow [Q = W + \Delta U]$$

e $W = $ 490,5 MJ. Portanto, é possível produzir 490,5 MJ de energia elétrica por segundo. Usando a definição de potência média da Equação (7.5), a potência obtida é

$$P_{méd} = \frac{490{,}5 \text{ MJ}}{1 \text{ s}} \qquad \leftarrow \left[P_{méd} = \frac{W}{\Delta t}\right]$$

$$= 490{,}5 \frac{\text{MJ}}{\text{s}}$$

$$= 490{,}5 \text{ MW}$$

Discussão

A potência obtida poderia ser de até 490,5 MW, mas, em razão do atrito e de outras ineficiências que decidimos desprezar, uma usina hidrelétrica real teria uma capacidade menor.

$$P_{méd} = 490{,}5 \text{ MW}$$

Exemplo 7.10 | *Freios automotivos a disco*

O motorista de um automóvel de 1.200 kg que viaja a 100 km/h pisa no freio e faz com que o carro pare completamente. O veículo possui freios a disco nas rodas dianteiras e traseiras, e o sistema de frenagem está balanceado, de modo que o conjunto dianteiro de freios seja responsável por 75% da capacidade total de frenagem. Por meio do atrito entre as pastilhas do freio e os rotores, os freios convertem a energia cinética do automóvel em calor (Figura 7.10). Se os dois rotores dos freios dianteiros de 7 kg estiverem inicialmente a uma temperatura de 25 °C, qual será sua temperatura depois que o veículo parar completamente? O calor específico do ferro fundido é $c = 0{,}43$ kJ/(kg · °C).

Abordagem
À medida que o veículo para, parte de sua energia cinética inicial se perde por causa do arrasto do ar, da resistência de rolamento dos pneus e do desgaste das pastilhas de freio, mas iremos desprezar esses fatores externos no primeiro nível de aproximação. A energia cinética do automóvel [Equação (7.3)] diminui à medida que o trabalho é realizado pela frenagem, e o calor produzido fará com que a temperatura dos discos de freios aumente. Podemos calcular esse aumento de temperatura aplicando a Equação (7.7).

Solução
Em unidades dimensionalmente uniformes, a velocidade inicial é

$$v = \left(100\,\frac{\text{km}}{\text{h}}\right)\left(1.000\,\frac{\text{m}}{\text{km}}\right)\left(\frac{1}{3.600}\frac{\text{h}}{\text{s}}\right)$$

$$= 27{,}78\left(\frac{\text{km}}{\text{h}}\right)\left(\frac{\text{m}}{\text{km}}\right)\left(\frac{\text{h}}{\text{s}}\right)$$

$$= 27{,}78\,\frac{\text{m}}{\text{s}}$$

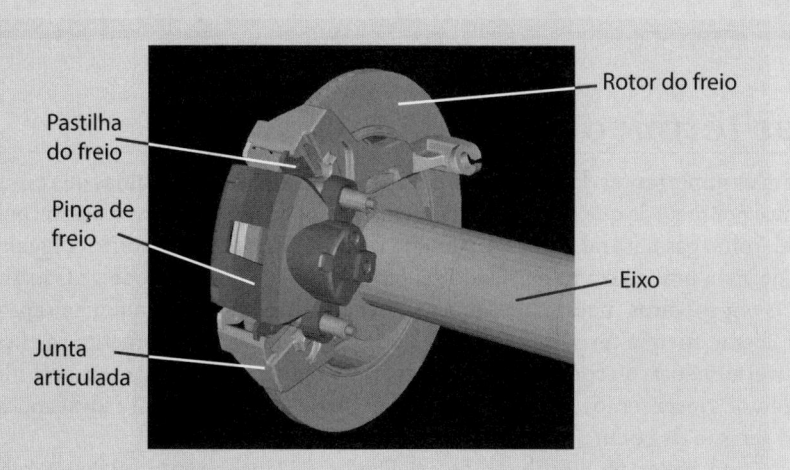

Figura 7.10

Reimpresso com permissão da Mechanical Dynamics, Inc.

- Rotor do freio
- Pastilha do freio
- Pinça de freio
- Eixo
- Junta articulada

> **Exemplo 7.10** | *continuação*

A energia cinética do automóvel diminui à razão de

$$\Delta U_k = \frac{1}{2}(1.200 \text{ kg})\left(27,78 \frac{\text{m}}{\text{s}}\right)^2 \quad \leftarrow \left[U_k = \frac{1}{2} mv^2\right]$$

$$= 4,630 \times 10^5 \left(\frac{\text{kg} \cdot \text{m}}{\text{s}^2}\right)(\text{m})$$

$$= 4,630 \times 10^5 \text{ N} \cdot \text{m}$$

$$= 4,630 \times 10^5 \text{ J}$$

$$= 463,0 \text{ kJ}$$

Como os freios dianteiros oferecem três quartos da capacidade de frenagem, a quantidade

$$Q = (0,75)(463,0 \text{ kJ})$$
$$= 347,3 \text{ kJ}$$

de calor flui para os rotores dianteiros. Sua temperatura aumenta de acordo com

$$347,3 \text{ kJ} = 2(7 \text{ kg})\left(0,43 \frac{\text{kJ}}{\text{kg} \cdot \text{°C}}\right)(T - 25 \text{ °C}) \quad \leftarrow [Q = mc(T - T_0)]$$

em que o fator de 2 é responsável por ambos os rotores dianteiros. A equação é dimensionalmente consistente, e a temperatura final será $T = 82,69$ °C.

Discussão
Os freios convertem a energia cinética do automóvel em calor, que, por sua vez, é armazenado como energia térmica em razão do aumento de temperatura dos discos. Esse aumento de temperatura é o limite superior, porque presumimos que toda energia cinética é convertida em calor e não perdida em outras formas.

$$T = 82,69 \text{ °C}$$

7.5 Motores térmicos e eficiência

Um dos aspectos mais importantes da engenharia é o desenvolvimento de máquinas que produzem trabalho mecânico por meio da queima de combustível. De modo bem simples, é possível queimar um combustível, como gás natural, e usar o calor liberado para aquecer um edifício. Igualmente importante do ponto de vista prático é a necessidade de dar o passo seguinte e produzir trabalho útil a partir desse calor. Os engenheiros mecânicos ocupam-se com a eficiência de máquinas capazes de queimar combustível, liberar energia térmica e converter calor em trabalho. Ao aumentar a eficiência desse processo, é possível aumentar a economia de combustível e a potência de um automóvel, além de reduzir o peso de seu motor. Nesta seção, discutiremos os conceitos de eficiência real e ideal aplicados à conversão de energia e geração de potência.

Motor térmico   O *motor térmico* ilustrado na Figura 7.11 representa qualquer máquina capaz de converter o calor que recebe em trabalho mecânico. Como entrada, o

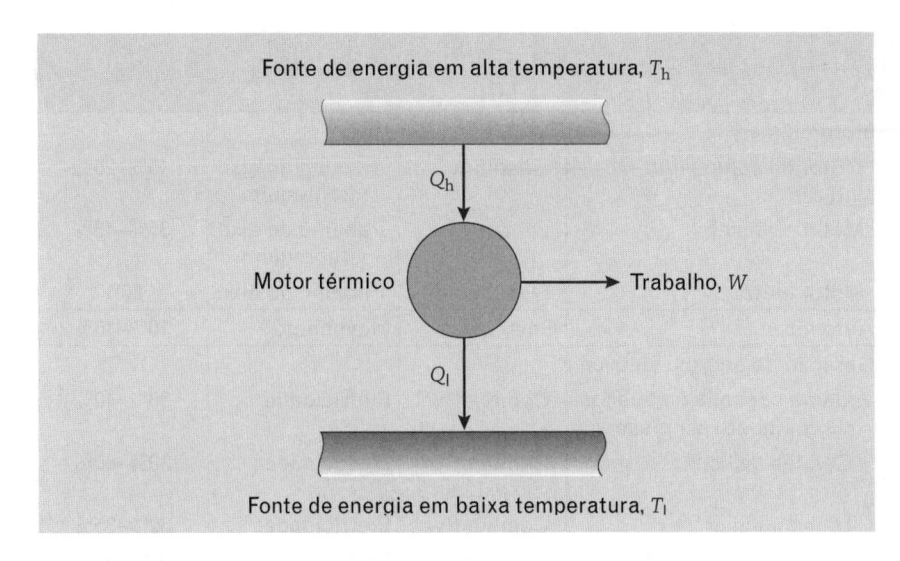

Figura 7.11

Visão conceitual de um motor térmico que opera entre fontes de energia mantidas sob temperaturas altas e baixas.

motor absorve uma quantidade Q_h do calor da fonte de energia de alta temperatura, que é mantida à temperatura T_h. O motor é capaz de converter uma parte de Q_h no trabalho mecânico W. O restante do calor, porém, é eliminado pelo motor como um produto residual. O calor perdido Q_l é devolvido ao reservatório de baixa temperatura, mantido a um valor constante $T_l < T_h$. Desse ponto de vista conceitual, as fontes de energia, ou *reservatórios de calor*, são suficientemente grandes para que suas temperaturas não mudem à medida que o calor é removido ou adicionado.

Reservatório de calor

No contexto de um motor de automóvel, Q_h representa o calor liberado pela queima de combustível na câmara de combustão do motor; W é o trabalho mecânico associado à rotação e ao torque do eixo virabrequim; e Q_l é o calor que aquece o bloco do motor e é expelido pelo duto de escapamento. Nossa experiência no dia a dia é que o motor não consegue converter todo calor fornecido em trabalho mecânico, e parte desse calor que se perde é eliminado no ambiente. O calor é transferido para o motor à temperatura de combustão da gasolina, identificada como T_h na Figura 7.11, e o calor desperdiçado Q_l é liberado à temperatura mais baixa, T_l. Por outro lado, se aplicado ao caso de uma usina elétrica, Q_h representaria o calor produzido pela queima de um combustível como carvão, óleo ou gás natural. A energia liberada pela combustão é usada para produzir eletricidade, mas a usina também devolve parte do calor não utilizado para a atmosfera, por meio de torres de resfriamento, ou para rios ou lagos próximos. Considerando W o produto útil do motor térmico, todos os sistemas térmicos e de energia como esses têm a característica de que o calor fornecido não pode ser inteiramente convertido em trabalho útil.

Na Equação (7.10), o equilíbrio de energia para o motor térmico é

$$Q_h - Q_l = W \qquad (7.11)$$

porque não há variação em sua energia interna. A *eficiência real* η (o caractere grego eta em minúscula) do motor térmico é definida como a razão entre o produto do trabalho e a quantidade de calor fornecida ao motor:

Eficiência real

$$\eta = \frac{W}{Q_h} \qquad (7.12)$$

Tendo em vista a Equação (7.11), vemos que $\eta = 1 - Q_l/Q_h$ para o motor térmico. Como a quantidade de calor fornecida ao motor é maior que a quantidade desperdiçada ($Q_h > Q_l$), a eficiência sempre estará entre zero e um.

Às vezes, descrevemos a eficiência real como a razão entre "o que você obtém" (o trabalho produzido pelo motor) e "o que você pagou" (o calor fornecido), e muitas vezes é definida em forma

Tabela 7.6
Eficiências típicas de sistemas térmicos e de energia

Sistema de energia	Entrada exigida	Resultado desejado	Eficiência, η
Motores			
Motor de combustão interna	Gasolina	Trabalho do eixo virabrequim	15%–25%
Motor a diesel	Diesel	Trabalho do eixo virabrequim	35%–45%
Motor elétrico	Eletricidade	Trabalho do eixo	80%
Automóvel	Gasolina	Movimento	10%–15%
Geração de energia elétrica			
Usina baseada na queima de combustíveis fósseis	Combustível	Eletricidade	30%–40%
Células de combustível	Combustível e oxidante	Eletricidade	30%–60%
Usina nuclear	Combustível	Eletricidade	32%–35%
Célula solar fotovoltaica	Luz solar	Eletricidade	5%–15%
Turbina eólica	Vento	Trabalho do eixo	30%–50%
Conversor de energia de ondas	Ondas e correntes	Eletricidade	10%–20%
Usina hidrelétrica	Fluxo de água	Eletricidade	70%–90%
Residencial			
Forno com circulação forçada de ar	Gás natural	Calor	80%–95%
Aquecedor de água quente	Gás natural	Calor	60%–65%

de porcentagem. Se o motor de um automóvel possui uma eficiência de 20%, então, para cada cinco galões de combustível consumidos, somente a energia referente a um galão é convertida em potência para acionar o veículo. Isso acontece mesmo com um motor térmico que foi otimizado após milhões de horas de pesquisa e desenvolvimento por engenheiros mecânicos qualificados. Esse nível de eficiência aparentemente baixo, porém, não é tão ruim quanto parece à primeira vista, se considerarmos as limitações que as leis da física impõem à nossa capacidade de converter calor em trabalho. A Tabela 7.6 relaciona as eficiências reais para diversos sistemas térmicos e de energia encontrados na engenharia mecânica.

Foco em: Energia renovável

Fontes de energia renováveis são aquelas que são naturalmente repostas a uma taxa maior que o consumo. Fontes de energia não renováveis, como óleo, petróleo, gás natural e urânio, existem em determinada quantidade ou não podem ser criadas com a rapidez necessária para atender à demanda de consumo. Os engenheiros mecânicos terão um papel importante na obtenção, armazenagem e uso eficiente de fontes de energia renováveis e não renováveis à medida que o uso global de todos os tipos de energia continuar aumentando (Figura 7.12). Entretanto, como as fontes não renováveis diminuem, é essencial que os engenheiros projetem e desenvolvam sistemas inovadores para obter e usar fontes de energia renováveis.

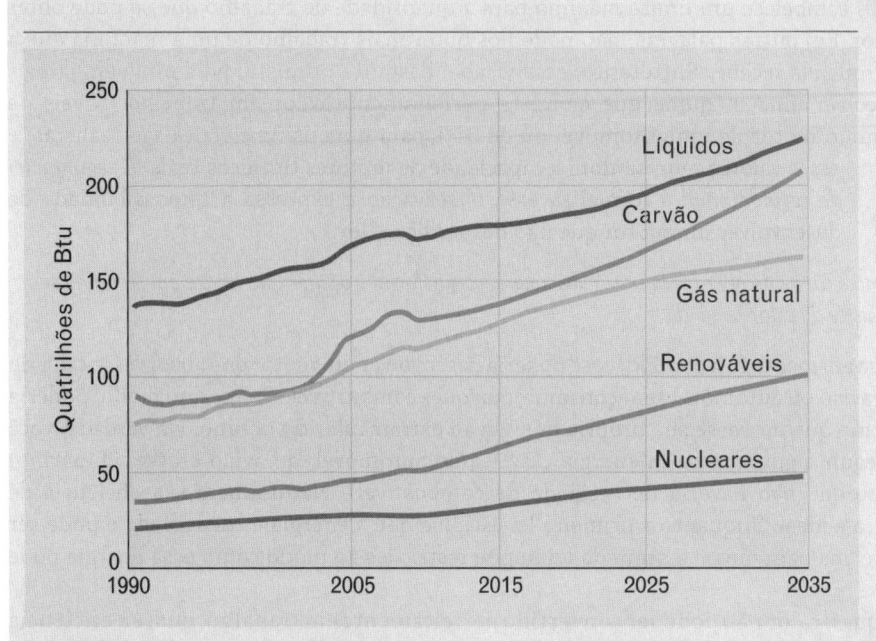

Figura 7.12
Uso mundial de energia por tipo de combustível.

Dados obtidos da Administração de Informações de Energia dos Estados Unidos, relatório Perspectivas Energéticas Internacionais 2014 report #:DOE/EIA-0383(2014).

A *energia hídrica* é a principal fonte renovável de eletricidade no mundo. Essa fonte inclui usinas hidrelétricas, barragens, cercas e turbinas de maré, além de equipamentos para capturar a energia das ondas na superfície dos oceanos e mares e sistemas que convertem a energia térmica do oceano.

A *energia eólica* é a segunda maior fonte renovável de eletricidade no mundo. Atualmente, existem vários tipos de turbinas eólicas, incluindo o tipo tradicional horizontal e o tipo vertical (p. ex., Darrieus), menos comum.

A cada minuto o Sol fornece mais energia à Terra que a quantidade consumida pelo mundo todo em um ano. A energia solar pode ser coletada e convertida em eletricidade por meio de células solares fotovoltaicas. Do mesmo modo, usinas de energia térmica solar usam a luz do Sol para transformar um fluido em vapor e alimentar um gerador. Essas usinas elétricas usam concentradores solares como calhas parabólicas, discos solares e torres de energia solar para aquecer o fluido de maneira eficiente. A energia do Sol também é armazenada na biomassa, que pode ser queimada como combustível. Biomassa é o material orgânico de organismos vivos ou que viveram recentemente, como madeira, restos de colheitas, estrume, combustíveis de álcool, como etanol e biodiesel, e alguns tipos de lixo.

Energia geotérmica é o calor vindo do interior da Terra que pode ser recuperado como vapor ou água quente e usado para construir edifícios ou gerar eletricidade. Diferentemente da energia solar da eólica, a energia geotérmica está sempre disponível, 365 dias por ano.

Células de combustível são dispositivos que usam um combustível e um oxidante para criar eletricidade a partir de um processo eletroquímico. O combustível pode vir de uma fonte renovável, como álcool, metano da digestão de resíduos, ou hidrogênio gerado pela conversão de água usando energia eólica ou solar. O oxidante também pode vir de uma fonte renovável, como o oxigênio (do ar) ou cloro.

Assim, seja ao desenvolver o equipamento mecânico necessário para esses sistemas de energia, seja ao efetuar os cálculos apropriados para energia térmica, seja ao criar novas soluções para energia, os engenheiros mecânicos continuarão líderes em enfrentar os desafios globais da energia.

A Equação (7.10) estabelece um limite máximo para a quantidade de trabalho que se pode obter de uma fonte de calor. Em outras palavras, não podemos obter mais trabalho de uma máquina que a quantidade de calor que ela recebe. Entretanto, essa visão é bastante otimista, pois ninguém jamais foi capaz de desenvolver uma máquina que converta perfeitamente calor em trabalho. Níveis de eficiência de 20% para o motor de um automóvel ou de 35% para uma usina elétrica são realistas, e esses valores representam a capacidade de motores térmicos reais. A *segunda lei da termodinâmica* formaliza essa observação e expressa a impossibilidade de desenvolver um motor que não desperdice calor:

Segunda lei da termodinâmica

Nenhuma máquina é capaz de operar em um ciclo e apenas transformar o calor que recebe em trabalho sem também rejeitar parte do calor recebido.

Se o inverso dessa afirmação fosse válido, você poderia desenvolver um motor que absorvesse calor do ar e alimentasse um avião ou automóvel sem consumir qualquer combustível. Do mesmo modo, poderia projetar um submarino que provesse sua própria energia ao extrair calor do oceano. Na verdade, você seria capaz de conseguir alguma coisa (a energia cinética do automóvel, do avião ou do submarino) a partir do nada (porque não haveria necessidade de combustível). Naturalmente, a eficiência de máquinas reais nunca é ideal. Enquanto a primeira lei estipula que a energia é conservada e pode ser convertida de uma forma para outra, a segunda lei impõe restrições ao modo como essa energia pode ser empregada.

Considerando que o calor não pode ser convertido perfeitamente em trabalho, qual é a eficiência máxima que um motor térmico pode alcançar? Esse limite superior teórico foi estabelecido pelo engenheiro francês Sadi Carnot (1796-1832), que se interessava em construir máquinas que produzissem a maior quantidade possível de trabalho dentro dos limites estabelecidos pelas leis da física. Embora não seja possível construir um motor que opere com precisão segundo o ciclo de Carnot, ainda assim ele oferece um ponto de comparação útil quando avaliamos e projetamos motores reais. O ciclo baseia-se na expansão e compressão de um gás ideal num mecanismo de cilindro e pistão. Em vários estágios do ciclo, o gás recebe calor, realiza o trabalho e expele o calor desperdiçado. O gás, o cilindro e o pistão formam um motor térmico que opera entre reservatórios de energia sob temperaturas alta e baixa de T_h e T_l, como ilustra a Figura 7.11. A *eficiência ideal de Carnot* do motor térmico é indicada por

Eficiência ideal de Carnot

$$\eta_C = 1 - \frac{T_l}{T_h} \tag{7.13}$$

Kelvin Rankine

Ao calcular a razão das temperaturas, é preciso expressar T_l e T_h na mesma escala absoluta usando as unidades *Kelvin* (K) no SI ou graus *Rankine* (°R) no Sistema USCS. Com referência às Tabelas 3.2 e 3.5, as temperaturas absolutas são encontradas a partir de valores nas escalas familiares Celsius e Fahrenheit usando as expressões de conversão

$$K = °C + 273,15$$
$$°R = °F + 459,67 \tag{7.14}$$

Do ponto de vista teórico, a eficiência calculada a partir da Equação (7.13) não depende dos detalhes da construção do motor. O desempenho é determinado inteiramente pelas temperaturas dos dois reservatórios de calor. Podemos aumentar a eficiência ao diminuir a temperatura na qual o calor é eliminado ou ao elevar a temperatura na qual o calor é fornecido ao motor. No entanto, a temperatura na qual o combustível queima, o ponto de fusão dos metais que compõem o motor e a temperatura do ambiente restringem a capacidade de elevar T_h ou diminuir T_l.

Além disso, as ineficiências realistas associadas ao atrito, à viscosidade dos fluidos e a outras perdas não são consideradas por η_C. Por esses motivos devemos ver a eficiência de Carnot como um limite baseado nos princípios físicos da conversão de energia; como tal, ela representa um limite máximo para a eficiência real η da Equação (7.12) e da Tabela 7.6. A eficiência real de um motor sempre será menor que a eficiência de Carnot e, em geral, será muito menor. Sempre que possível, devemos usar valores de eficiência reais, como os indicados na Tabela 7.6, para cálculos envolvendo sistemas

▶ 7.6 Motores de combustão interna

O motor de combustão interna é um motor térmico que converte a energia química armazenada na gasolina, no diesel, no etanol (derivado essencialmente do milho nos Estados Unidos ou da cana-de-açúcar no Brasil) ou no propano em trabalho mecânico. O calor gerado quando se queima rapidamente uma mistura de combustível e ar na câmara de combustão do motor é transformado na rotação do virabrequim a certa velocidade e torque. Como você sabe, as aplicações de motores de combustão interna são amplas e variadas, e incluem automóveis, motocicletas, aviões, navios, bombas e geradores elétricos. Ao projetar esses motores, os engenheiros mecânicos precisam desenvolver modelos simulados para prever diversos fatores essenciais, como a eficiência do combustível, a razão entre potência e peso, níveis de ruído, emissões e custos. Nesta seção, discutiremos alguns projetos, bem como a terminologia e os princípios da energia que estão por trás de motores de quatro e dois tempos.

Os elementos principais do motor de um só cilindro (ilustrado na Figura 7.13) são o pistão, o cilindro, a biela e o eixo virabrequim. Esses componentes convertem o movimento de vai e vem do pistão nas rotações do virabrequim. Quando o combustível queima, a alta pressão que se desenvolve no cilindro empurra o pistão, move a biela e gira o virabrequim. O motor também contém um meio para levar combustível e ar fresco até o cilindro e para eliminar os gases produzidos. Discutiremos esses processos separadamente no contexto de motores de quatro e dois tempos.

Embora a configuração de um único cilindro seja relativamente simples, a potência que ele produz é limitada pelo seu tamanho pequeno. Em motores com vários cilindros, os pistões e cilindros podem ser instalados em V, em linha ou radialmente. Por exemplo, motores de quatro cilindros com os cilindros dispostos em uma única linha reta são comuns em automóveis (Figura 7.14).

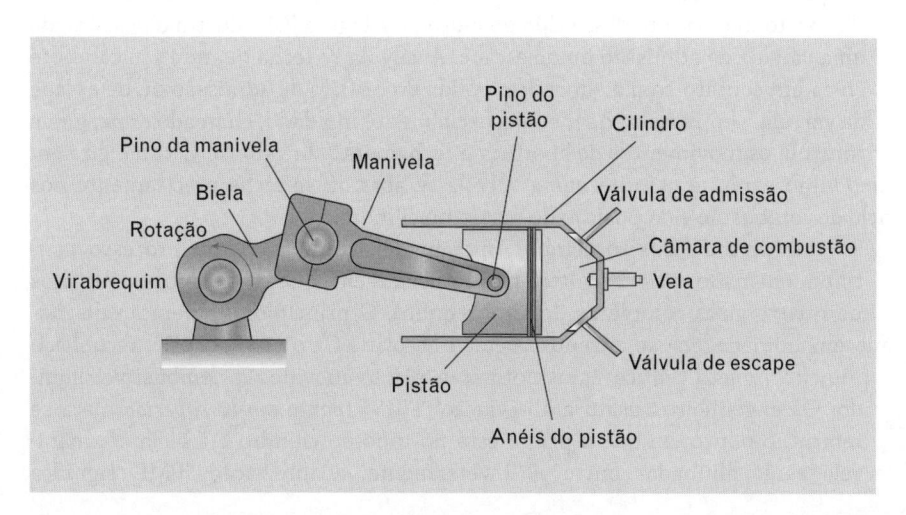

Figura 7.13

Disposição de um motor de combustão interna de um cilindro.

Figura 7.14

Este motor 1.4-L de quatro cilindros produz uma potência de pico de saída de 55 kW. Este motor é o extensor de alcance para o híbrido plug-in elétrico Chevrolet Volt.

General Motors Corp. Usado com permissão, GM Media Archives.

Em um motor V-6 ou V-8, o bloco do motor é curto e compacto, e os cilindros são dispostos em dois bancos de três ou quatro cilindros cada (Figuras 1.9(c) e 7.2). O ângulo entre os bancos em geral está entre 60° e 90° e, no limite de 180°, dizemos que os cilindros estão horizontalmente opostos um ao outro. Motores grandes, como o V-12 e o V-16, são usados em caminhões pesados e veículos de luxo, e algumas aplicações navais usam motores de 54 cilindros, compostos de seis bancos de nove cilindros cada.

A potência que pode ser produzida por um motor de combustão interna depende não somente do número de cilindros, mas também do seu ajuste de aceleração e velocidade. Todo motor de automóvel, por exemplo, tem uma velocidade na qual a potência é maior. Um motor cuja publicidade diz que ele gera 200 hp não produz essa potência em todas as condições de funcionamento. Como exemplo, a Figura 7.15 ilustra a *curva de potência* do motor V-6 de um automóvel. Esse motor foi testado com aceleração total e atingiu um pico de potência próximo a uma rotação de 6.000 rpm.

Curva de potência

Ciclo do motor de quatro tempos

A Figura 7.16 mostra a seção transversal de um motor monocilíndrico de quatro tempos nos principais estágios de sua operação. Esse motor apresenta duas *válvulas* por cilindro: uma para injetar combustível fresco e ar e outra para expelir os resíduos da combustão. O mecanismo que faz com que as válvulas se abram e fechem é um aspecto importante desse tipo de motor, e a Figura 7.17 ilustra o desenho de uma válvula de admissão ou de escape. A válvula se fecha quando seu cabeçote entra em contato com a superfície polida do orifício de admissão ou de escape da válvula. Um ressalto de metal especialmente moldado, chamado *came*, gira e controla os movimentos de abertura e fechamento da válvula. O came gira em sincronismo com o eixo virabrequim e garante que a válvula se abra ou se feche precisamente nos instantes exatos do ciclo de combustão e da posição do pistão no cilindro.

Valor do motor

Came

Ciclo de Otto

Motores de quatro tempos operam de acordo com um processo contínuo chamado *ciclo de Otto,* que consiste em quatro tempos completos do pistão no cilindro (ou quatro giros completos do virabrequim). O princípio de operação do motor recebeu esse nome em homenagem ao inventor alemão Nicolaus Otto (1832-1891), reconhecido por desenvolver o primeiro projeto prático para motores a pistão movidos a combustível líquido. Os engenheiros usam a abreviação "PMS" (*ponto morto superior*) para se referir ao ponto em que o pistão está no topo do cilindro e a biela e a manivela estão alinhadas entre si. Inversamente, a abreviação "PMI" significa

Ponto morto superior

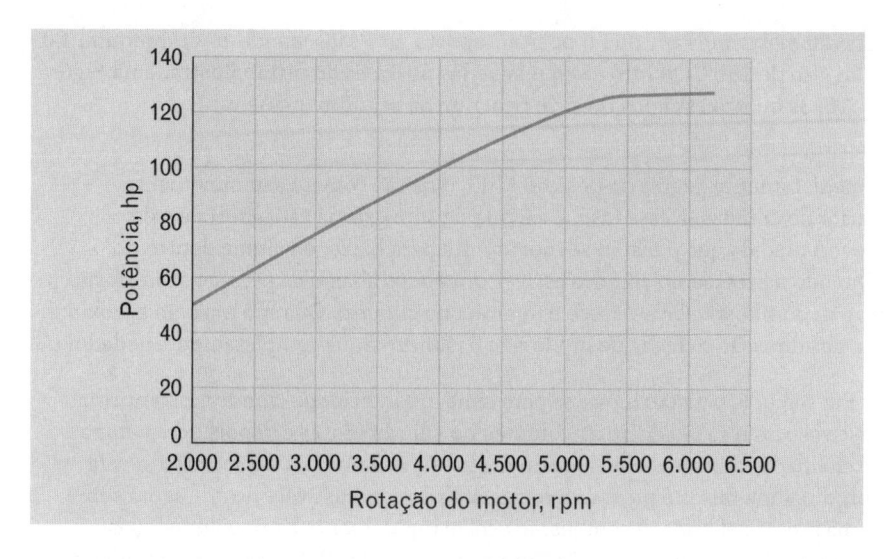

Figura 7.15

Potências do motor de 2,5 L de um automóvel, medidas em função da rotação.

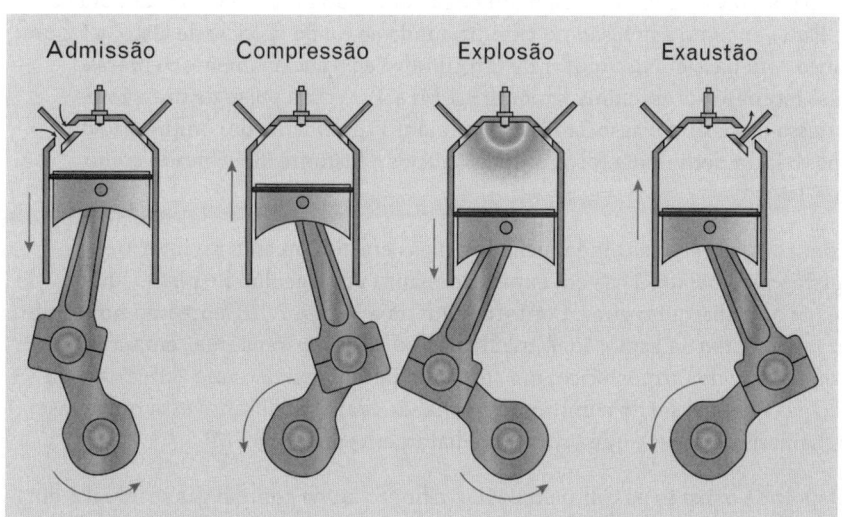

Figura 7.16

Principais estágios do ciclo de um motor de quatro tempos.

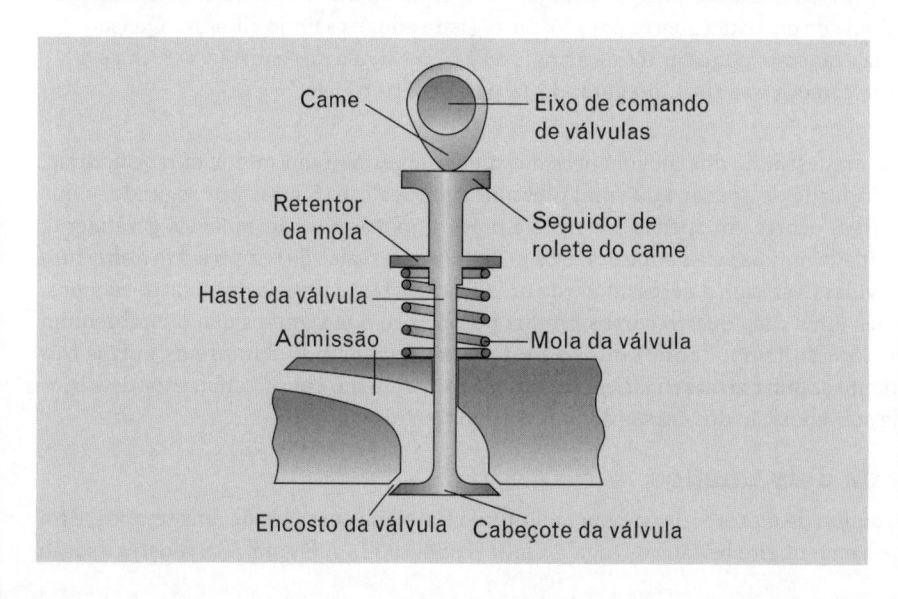

Figura 7.17

Um tipo de mecanismo de came e válvula usado em motores de combustão interna de quatro tempos.

Ponto morto inferior — *ponto morto inferior*, que é posição oposta ao PMS quando o virabrequim faz um giro de 180°. Quanto à sequência das posições do pistão ilustrada na Figura 7.16, os quatro estágios do ciclo ocorrem da seguinte maneira:

- *Curso de admissão*: Imediatamente depois da posição PMS, o pistão começa seu movimento descendente no interior do cilindro. Nessa fase, a válvula de admissão já está aberta e a de exaustão está fechada. À medida que o pistão se movimenta para baixo, o volume dentro do cilindro aumenta. Quando a pressão no cilindro estiver um pouco abaixo da pressão atmosférica externa, uma mistura de combustível e ar fresco é injetada no cilindro. Quando o pistão aproxima-se do PMI, a válvula de admissão se fecha de modo que o cilindro fique completamente vedado.

- *Curso de compressão*: Em seguida, o pistão move-se para cima, no interior do cilindro, e comprime a mistura de combustível e ar. A razão entre os volumes no cilindro antes e depois dessa etapa é chamada *razão de compressão* do motor. Quase no final desse curso, a vela produz uma faísca e provoca a combustão do combustível e do ar – agora sob uma pressão elevada. A combustão ocorre rapidamente a um volume quase constante, enquanto o pistão vai de uma posição um pouco antes do PMS até outra, um pouco depois desse ponto. Para ver como a pressão no cilindro muda ao longo do ciclo de Otto, a Figura 7.18 mostra um gráfico com base em um motor de um cilindro em funcionamento. A pressão máxima atingida nesse motor foi de aproximadamente 3,1 MPa. Para cada pulso de pressão no cilindro, uma parte dessa elevação foi associada ao movimento ascendente de compressão do pistão no cilindro, mas o fator dominante foi a combustão após o instante identificado como "ignição", na Figura 7.18.

Razão de compressão

- *Curso de explosão*: Com as duas válvulas ainda fechadas, o gás em alta pressão no interior do cilindro força o pistão para baixo. O gás em expansão realiza um trabalho no pistão, que movimenta a biela e faz o virabrequim girar. Conforme ilustra a Figura 7.18, a pressão no cilindro cai rapidamente durante o curso da explosão. À medida que o curso termina, mas enquanto a pressão ainda está acima do valor atmosférico, um segundo mecanismo de came abre a válvula de exaustão. Parte do gás residual sai do cilindro pelo canal de exaustão durante essa breve fase (chamada *descarga*), que ocorre imediatamente antes do PMI.

Descarga

- *Curso de exaustão*: Depois de o pistão passar pelo PMI, o cilindro ainda contém gás residual a uma pressão próxima da atmosférica. No final do ciclo de Otto, o pistão move-se para cima em direção ao PMS, com a válvula de exaustão aberta para forçar o gás residual a sair do cilindro. Quase no final do curso de exaustão, pouco antes de atingir o PMS, a válvula de exaustão se fecha e a válvula de admissão começa a se abrir, preparando-se para repetir o ciclo.

Para entender essa orquestração dos movimentos de válvulas e pistão num motor monocilíndrico, imagine que, a uma velocidade de apenas 900 rpm, o virabrequim realiza 15 giros por segundo, e que cada um dos quatro cursos ocorre em apenas 33 ms. Na prática, motores de automóveis geralmente funcionam a uma velocidade muitas vezes superior, e os pequenos intervalos de tempo entre a abertura e o fechamento das válvulas destacam a necessidade de uma sincronização precisa dos quatro estágios. No ciclo de Otto, apenas um a cada quatro cursos produz potência, o que significa que o virabrequim gira somente durante 25% do tempo. Entretanto, o motor continua girando durante os outros três cursos, graças ao momento angular armazenado no volante do motor ou, no caso de um motor de vários cilindros, por causa da sobreposição dos cursos de potência dos outros cilindros.

Ciclo do motor de dois tempos

O segundo tipo mais comum de motores de combustão interna funciona em ciclos de dois tempos, e foi inventado em 1880 pelo engenheiro britânico Dugald Clerk (1854-1932). A Figura 7.19 mostra a seção

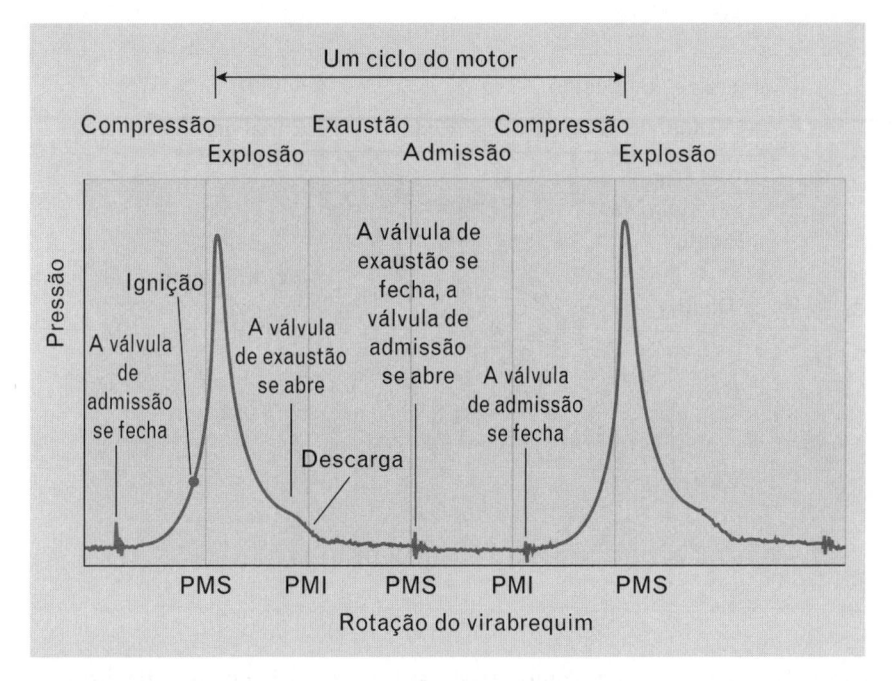

Figura 7.18

Curvas de pressão medidas em um motor de quatro tempos funcionando a 900 rpm.

transversal de um motor que funciona com esse ciclo. Ao contrário de seu primo de quatro tempos, este motor não possui válvulas e, portanto, não precisa de molas, eixo de comando, cames ou outros elementos de um sistema de válvulas. Em vez disso, um motor de dois tempos possui uma passagem chamada *canal de transferência*, que permite que combustível e ar fresco fluam do cárter para o interior do cilindro, passando através desse canal. Enquanto se move dentro do cilindro, o próprio pistão age como uma válvula ao abrir ou fechar o canal de escape, o canal de admissão e o canal de transferência na sequência correta. Esse tipo de motor funciona segundo o princípio da compressão do cárter.

Canal de transferência

O motor de dois tempos executa um ciclo completo para cada giro do virabrequim e, portanto, produz potência a cada dois cursos do pistão. Conforme ilustra a sequência de eventos na Figura 7.20, o *ciclo de Clerk* opera da seguinte maneira:

Ciclo de Clerk

- *Curso descendente*: O pistão inicia o curso próximo ao PMS com uma mistura comprimida de combustível e ar na câmara de combustão. Depois de a vela liberar uma faísca, o pistão é levado para baixo em seu curso de potência, e o torque e a rotação são transferidos para o virabrequim. Quando o pistão atinge a metade do curso descendente, o canal de escape indicado na Figura 7.19 é aberto. Como o gás no cilindro ainda está a uma pressão relativamente alta, ele começa a escapar para cima através do canal recém-aberto. Isso permite que uma nova carga de combustível e ar já esteja pronta no interior do cárter para o próximo curso ascendente. O pistão continua movendo-se para baixo e, à medida que o volume no cárter diminui, a pressão aumenta na mistura de combustível e ar que está armazenada ali. Finalmente, o canal de transferência se abre quando a extremidade superior do pistão passa por ele, e o combustível e o ar no cárter fluem pelo canal de transferência para preencher o cilindro. Durante esse processo, o pistão continua bloqueando o canal de admissão.

- *Curso ascendente*: Depois de o pistão passar pelo PMI, a maior parte do gás de exaustão já foi expelida do cilindro. Enquanto o pistão continua a se mover para cima, tanto o canal de transferência quanto o canal de escape são fechados, cobertos e a pressão do cárter diminui, porque seu volume está se expandindo. Quando a parte inferior do pistão passa pelo canal de

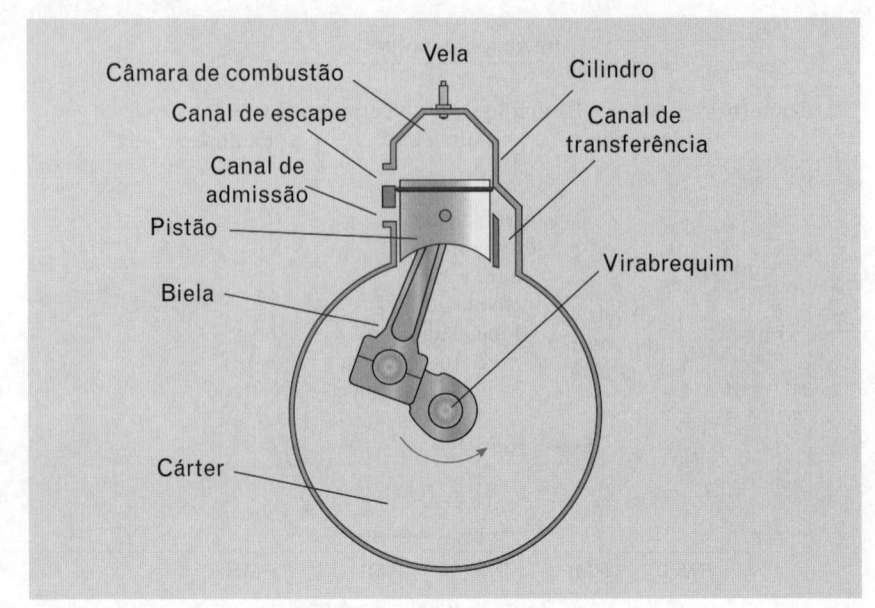

Figura 7.19
Seção transversal de um motor de combustão interna de dois tempos que utiliza a compressão do cárter.

admissão, este se abre e permite a entrada de combustível e ar frescos, enchendo o cárter. Essa mistura será armazenada para uso durante o próximo ciclo de combustão do motor. Pouco antes de o pistão atingir o PMS, a vela produz uma faísca, e o ciclo de explosão começa novamente.

Cada tipo de motor, de dois ou de quatro tempos, tem suas vantagens. Comparados a motores de quatro tempos, motores de dois tempos são mais simples, leves e menos dispendiosos. Sempre que possível, os engenheiros mecânicos procuram manter as coisas simples, e como os motores de dois tempos têm poucas peças móveis, a probabilidade de algo dar errado com eles é menor. Por outro lado, os estágios de admissão, compressão, explosão e escape em um motor de dois tempos não estão tão bem distintos um do outro quanto em um motor de quatro tempos. Em um motor de dois tempos, os gases residuais e o ar e combustível frescos inevitavelmente se misturam quando a nova carga flui do cárter para o interior do cilindro. Por essa razão, parte do combustível não consumido em um motor de dois tempos é expelida com os gases residuais, e esse vazamento contribui tanto para a poluição ambiental quanto para a redução da economia de combustível. Além disso, como o cárter é usado para armazenar combustível e ar entre os ciclos, ele não pode ser utilizado como reservatório de óleo, como acontece em um motor de quatro tempos. No motor de dois tempos, a lubrificação é feita pelo óleo pré-misturado ao combustível, um fator que também contribui para emissões de poluentes e consequentes problemas ambientais.

▶ 7.7 Geração de energia elétrica

A grande maioria da energia elétrica utilizada nos Estados Unidos vem de usinas elétricas que usam um ciclo de produção de energia com base em turbinas e geradores que empregam vapor em alta temperatura e alta pressão. Para colocar a tecnologia da energia elétrica em perspectiva, em 2012 os Estados Unidos tinham uma capacidade média de geração de energia de 1.075 GW e, ao longo daquele ano, produziram cerca de 4 trilhões de kW · h de energia elétrica.

Quilowatt-hora

A unidade para energia conhecida como *quilowatt-hora*, que é o produto das dimensões de potência e tempo, é a quantidade de energia produzida durante uma hora por uma fonte de energia de um quilowatt. Uma lâmpada incandescente de 100 W, por exemplo, consome 0,1 kW · h de

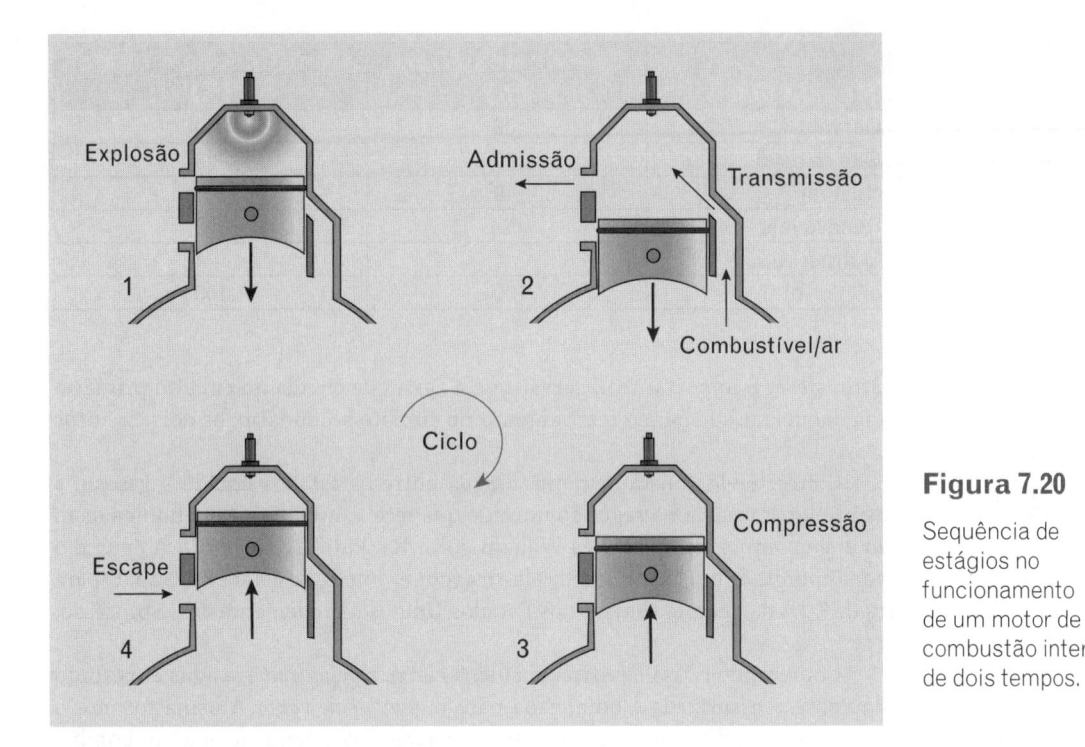

Figura 7.20

Sequência de estágios no funcionamento de um motor de combustão interna de dois tempos.

energia por hora. Como você pode ver na Tabela 7.7, que apresenta dados de várias tecnologias de geração de energia em 2012, as usinas de combustíveis fósseis (que consomem carvão, óleo ou gás natural) respondem por aproximadamente 68% de toda capacidade de geração de energia nos Estados Unidos (e cerca de 63% da capacidade mundial). Usinas nucleares produzem em média 19% da eletricidade dos Estados Unidos (cerca de 11% da produção mundial). Outras fontes de energia elétrica incluem as tecnologias renováveis da energia eólica, solar e hidroelétrica, que, em conjunto, representam cerca de 12% da capacidade de geração de energia naquele país (aproximadamente 22% da produção mundial).

Em uma visão macroscópica, uma usina elétrica recebe combustível e ar como insumos. Por sua vez, a usina produz eletricidade, acompanhada de dois efeitos colaterais que são liberados no meio ambiente: os resíduos da combustão e o desperdício de calor. Como vimos na Seção 7.5, os motores térmicos não são capazes de converter todo o calor que recebem em trabalho mecânico útil, e parte desse calor será rejeitado. Para dispersar o calor não aproveitado, muitas vezes as usinas elétricas encontram-se perto de grandes corpos de água ou utilizam torres de resfriamento. Esse subproduto às vezes é chamado *poluição térmica*, e pode prejudicar os hábitats de animais selvagens, bem como o crescimento da vegetação.

Poluição térmica

Como mostra a Figura 7.21, o ciclo de uma usina elétrica que utiliza combustíveis fósseis compõe-se de dois circuitos (*loops*). O *circuito primário* envolve o gerador de vapor, a turbina, o gerador elétrico, o condensador e a bomba. A água circula nesse circuito fechado e é continuamente convertida para o estado líquido e o gasoso. O propósito do *circuito secundário* é condensar o vapor de baixa pressão no circuito primário em água líquida depois de sair da turbina.

Circuito primário

Circuito secundário

A água fria é retirada de um lago, rio ou oceano e bombeada por um trocador de calor com vários tubos. Quando o vapor que sai da turbina entra em contato com esses tubos, ele é resfriado e se condensa em líquido novamente. Como resultado, a água no circuito secundário fica levemente aquecida antes de retornar para a fonte original. Em áreas sem grandes corpos naturais de água, usam-se torres de resfriamento. Nesse caso, a água no circuito secundário é retirada de um reservatório, aquecida no condensador e então borrifada em torno da base da torre. Correntes de convecção naturais levam a água até o topo da torre para resfriá-la. Grande parte da água pode ser reaproveitada, mas uma pequena

Tabela 7.7

Fontes de Potência Elétrica nos EUA e no Mundo em 2012

Departamento de Energia dos Estados Unidos, Administração de Informações sobre Energia, Banco Mundial.

Tipo de usina	Contribuição USA (%)	Contribuição mundial (%)
Carvão	38	40
Gás natural	30	23
Nuclear	19	11
Renováveis	12	22
Outras	1	4
Total	100	100

quantidade evapora na atmosfera. É importante observar que a água que circula no circuito primário fica inteiramente separada daquela usada para o resfriamento no circuito secundário; os dois circuitos não se misturam.

Ciclo Rankine

Convertendo constantemente a água entre os estados líquido e gasoso, a usina elétrica funciona segundo um *ciclo* que recebeu seu nome em homenagem ao engenheiro e físico escocês William John Rankine (1820-1872). A água e o vapor são usados para levar a energia de um local da usina elétrica (por exemplo, do gerador de vapor) para outro (as turbinas). Cerca de 90% da energia elétrica nos Estados Unidos é proveniente desse processo, com uma ou outra variante.

Bomba

Gerador de vapor

Começando nossa descrição da usina elétrica pela *bomba*, a água em estado líquido é pressurizada e bombeada para o *gerador de vapor*. A usina fornece o trabalho mecânico, que identificaremos como W_p, para acionar a bomba. Enquanto o combustível é queimado, os gases produzidos pela combustão aquecem uma rede de tubos no gerador de vapor, e a água no circuito primário transforma-se em vapor ao ser bombeada por esses tubos. O gerador de vapor transfere a quantidade de calor Q_{sg} para a água no circuito primário, a fim de criar vapor em alta temperatura e pressão. Em seguida, o vapor flui para a *turbina* e realiza trabalho mecânico, fazendo o eixo da turbina girar. Cada estágio da turbina é análogo a uma roda movida a água e, quando jatos de vapor em alta pressão atingem as pás da turbina, seu eixo é forçado a girar. A turbina está unida a um gerador, o qual produz a eletricidade que sai da usina. O produto do trabalho da turbina é identificado por W_t. O vapor de baixa pressão utilizado sai da turbina e entra no *condensador*, onde a quantidade de calor residual Q_c é removida e liberada no meio ambiente. O vapor é condensado em água a baixa pressão e baixa temperatura para que possa ser

Turbina

Condensador

Figura 7.21

Ciclos de energia usado em uma usina elétrica.

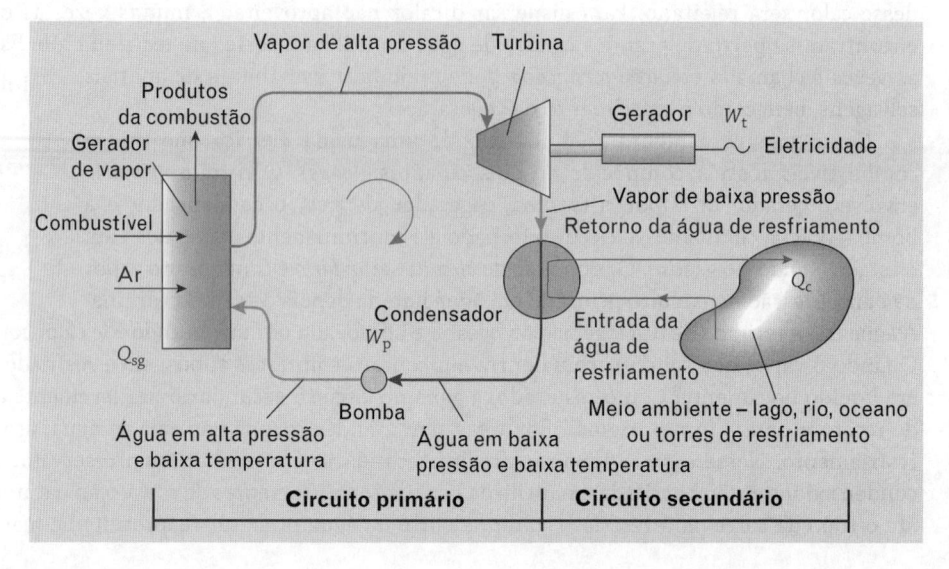

bombeado e circular novamente pelo sistema – é mais fácil bombear água do que vapor. O ciclo se repete quando a água sai da bomba e é levada para o gerador de vapor.

Como normalmente a bomba é acionada pela energia das turbinas, a potência líquida da usina é $W_t - W_p$. Lembrando que a eficiência real é a razão entre "o que você obtém" e "o que você paga", a eficiência é medida pela potência líquida da usina e a quantidade de calor fornecida:

$$\eta = \frac{W_t - W_p}{Q_{sg}} \approx \frac{W_t}{Q_{sg}} \tag{7.15}$$

Na última parte dessa equação, fizemos uma excelente simplificação, presumindo que o trabalho fornecido para a bomba é pequeno em comparação à potência total da turbina. A eficiência real da maioria das usinas elétricas, começando com um combustível fóssil e terminando com a eletricidade distribuída na rede elétrica, é de 30% a 40%.

Em uma usina nuclear, o reator funciona como fonte de calor, e as varetas de combustível, feitas de material radioativo, substituem os combustíveis fósseis, como carvão, óleo e gás natural. Os reatores operam com base no princípio da fissão nuclear, que altera a estrutura da matéria no nível atômico. Grande quantidade de energia é liberada quando o núcleo de um átomo é dividido. Combustíveis consumidos dessa forma armazenam uma enorme quantidade de energia por unidade de massa. Apenas 1 g do isótopo de urânio U-235 é capaz de liberar a mesma quantidade de calor que aproximadamente 3.000 kg de carvão.

A Figura 7.22 ilustra o esquema de uma usina nuclear. Ela difere de uma usina de combustíveis fósseis, pois requer dois circuitos internos distintos. A água que flui para o circuito primário entra em contato direto com o núcleo do reator, e sua finalidade é transferir o calor deste para o gerador de vapor. Por razões de segurança, o circuito primário e a água que circula em seu interior não ultrapassam as paredes reforçadas do reservatório. O gerador de vapor funciona como um meio para transferir o calor da água no circuito primário para a água no circuito secundário; em resumo, ele mantém os dois circuitos completamente isolados um do outro. O vapor no circuito secundário aciona as turbinas e geradores elétricos do mesmo modo que um ciclo convencional com combustível fóssil. No nível mais externo, o circuito terciário retira a água para resfriamento de um lago, rio ou oceano e a conduz pelo condensador. Dessa maneira, o vapor em baixa pressão que

Figura 7.22

Os circuitos (*loops*) primário, secundário e terciário de uma usina nuclear.

Reimpresso com permissão da Westinghouse Electric Company.

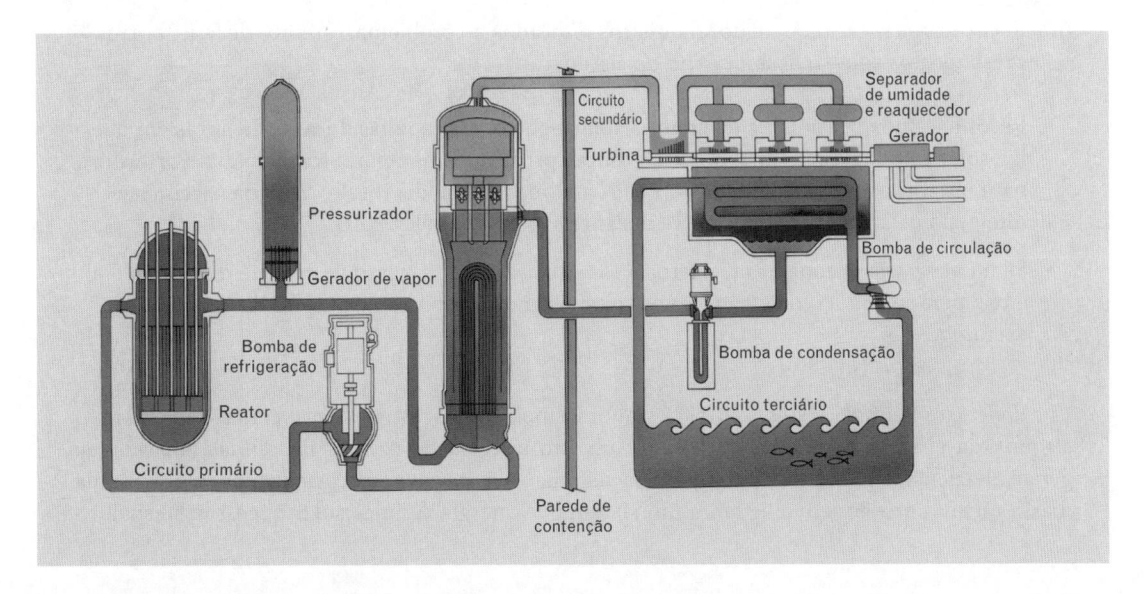

sai das turbinas é novamente condensado, de modo que essa água pode ser bombeada de volta para o gerador de vapor. Os suprimentos de água nos três circuitos não se misturam, mas trocam calor entre si pelo gerador de calor e pelo condensador.

Exemplo 7.11 | *Projeto de um gerador de energia solar*

A tarefa é projetar um sistema de energia solar capaz de aquecer água até transformá-la em vapor para alimentar uma turbina/gerador. A definição do problema inclui as seguintes informações e exigências do sistema:

- A cada segundo, 0,9 kJ de energia solar atinge um metro quadrado de solo.
- A meta para a eficiência real desse sistema é de 26%.
- O sistema precisa produzir uma média de 1 MW de potência durante um período de 24 horas.
- O motor térmico elimina seu calor residual no ar à sua volta.

(a) Projete um sistema de energia solar que atenda a essas exigências. (b) Supondo que o vapor resultante acione um motor térmico ideal de Carnot que funcione entre $T_l = 25$ °C e $T_h = 400$ °C, calcule o limite máximo de eficiência para o motor.

Abordagem

Com base no processo geral para projetos apresentado no Capítulo 2, primeiro desenvolveremos todas as exigências adicionais necessárias do sistema. Em seguida, criaremos alternativas conceituais e definiremos a opção mais efetiva, depois determinaremos as especificações geométricas mais detalhadas do sistema e, por fim, usaremos a Equação (7.13) para calcular a eficiência do motor proposto.

Solução

(a) *Requisitos do sistema*: Além dos requisitos indicados no problema, teremos de fazer outros pressupostos sobre o desempenho do sistema.

- Reconhecemos que a usina de energia solar pode operar apenas durante as horas em que a luz solar está mais presente, o que significa aproximadamente um terço do dia. Portanto, para obter uma potência média de 1 MW ao longo de um dia inteiro, a usina precisa ser dimensionada para produzir 3 MW durante as horas com luz solar.
- Será necessário encontrar um método para armazenar o excesso de energia durante o dia e recuperá-lo à noite, mas não vamos considerar esse aspecto do projeto da usina neste exemplo.

Projeto conceitual: Neste estágio, elaboraremos várias alternativas conceituais para o sistema de energia solar. Elas podem incluir um sistema de painéis de células solares que gerem eletricidade para aquecer a água, um sistema solar passivo para armazenar calor em uma massa térmica que aqueça a água ou um sistema de energia térmica solar que utilize espelhos

Exemplo 7.11 | *continuação*

para aquecer diretamente a água. Em teoria, poderíamos criar várias alternativas aqui, talvez até desenvolver ideias para novas tecnologias. Engenheiros mecânicos poderiam usar modelos simulados para escolher a opção mais eficiente. Presumiremos que a energia térmica solar obtida com espelhos côncavos de coleta seja a opção mais eficiente, com base em análises preliminares de custos, eficiência e fabricação. Veja a Figura 7.23.

Projeto detalhado: Decidimos usar espelhos parabólicos côncavos para coletar a luz solar que aquecerá a água até transformar-se em vapor. Escolhemos usar espelhos padrão de 12 m² e agora precisamos calcular o número de espelhos necessários para atender à exigência de 3 MW de potência. Usando a meta de eficiência real de $\eta = 0,26$, calcularemos a entrada de calor e a energia produzida na usina durante um intervalo de 1 s. A Equação (7.12) relaciona o calor Q_h fornecido ao sistema pela luz do Sol à energia produzida na usina.

Usando a Equação (7.5), a usina produz

$$W = (3 \text{ MW})(1 \text{ s}) \quad \leftarrow \left[P_{méd} = \frac{W}{\Delta t} \right]$$

$$= 3 \text{ MW} \cdot \text{s}$$

$$= 3 \left(\frac{\text{MJ}}{\text{s}} \right)(\text{s})$$

$$= 3 \text{ MJ}$$

de energia elétrica a cada segundo. Considerando o grau de eficiência assumido para a usina, a quantidade de calor a ser fornecida por segundo é

$$Q_h = \frac{3 \text{ MJ}}{0,26} \quad \leftarrow \left[\eta = \frac{W}{Q_h} \right]$$

$$= 11,54 \text{ MJ}$$

Figura 7.23

Espelho côncavo de coleta

Mecanismo de acompanhamento do Sol

Luz solar

Tubo

Espelho parabólico

Saída de água em alta temperatura

Entrada de água em baixa temperatura

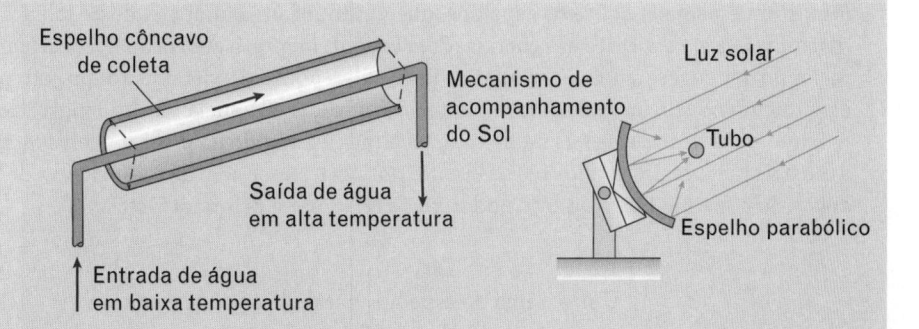

Exemplo 7.11 | *continuação*

Portanto, será preciso coletar a luz solar numa área

$$A = \frac{1{,}154 \times 10^4 \text{ kJ}}{0{,}9 \text{ kJ/m}^2}$$

$$= 1{,}282 \times 10^4 \text{ (kJ)}\left(\frac{\text{m}^2}{\text{kJ}}\right)$$

$$= 1{,}282 \times 10^4 \text{ m}^2$$

Essa área equivale a um terreno quadrado com mais de 100 m de lado. Por essa razão, a usina elétrica exigiria

$$N = \frac{1{,}282 \times 10^4 \text{ m}^2}{12 \text{ m}^2}$$

$$= 1.068 \frac{\cancel{\text{m}^2}}{\cancel{\text{m}^2}}$$

$$= 1.068$$

espelhos coletores individuais.

(b) A eficiência ideal de Carnot para um motor térmico que opera entre a baixa temperatura indicada (ar adjacente) e a temperatura elevada (aquecida pela luz solar) é

$$\eta_c = 1 - \frac{(25 + 273{,}15) \text{ K}}{(400 + 273{,}15) \text{ K}} \quad \leftarrow \left[\eta_c = 1 - \frac{T_l}{T_h}\right]$$

$$= 1 - 0{,}4429\left(\frac{\text{K}}{\text{K}}\right)$$

$$= 0{,}5571$$

ou aproximadamente 56%. Aqui convertemos as temperaturas para a escala absoluta Kelvin, usando a Equação (7.14), conforme exige a Equação (7.13).

Discussão

Em nosso projeto, desconsideramos fatores como a cobertura de nuvens, a umidade na atmosfera e a sujeira sobre os espelhos, que diminuiriam a quantidade de radiação solar disponível para conversão em energia. Consequentemente, a área ocupada pela usina teria de ser maior do que sugere a nossa estimativa; mas, sob o ponto de vista de um projeto preliminar, esse cálculo nos dá uma ideia do tamanho da usina. A eficiência ideal do motor de 56% é o valor máximo permitido pelas leis da física, mas nunca é atingido na prática. A eficiência real da usina é cerca da metade desse valor teoricamente possível. Nesse sentido, a eficiência de 26% dessa aplicação não é tão baixa quanto poderíamos imaginar à primeira vista.

> Um sistema de espelhos parabólicos côncavos com
> $N = 1.068$ espelhos
> $\eta_c = 0{,}5571$

Exemplo 7.12 | Emissões de uma usina elétrica

Uma usina elétrica movida a carvão produz 1 GW de eletricidade. Um grande problema enfrentado pela usina é a emissão de enxofre como subproduto da combustão. O carvão contém 1% de enxofre, e sabemos que este reage com a água da chuva presente na atmosfera e produz ácido sulfúrico – o principal componente da chuva ácida. A usina elétrica é equipada com um sistema de purificadores de gás que retiram 96% do enxofre do gás liberado. Veja a Figura 7.24. (a) Use a eficiência real de 32% da usina para calcular seu consumo diário de combustível. (b) Qual é a quantidade diária de enxofre que escapa dos purificadores e é lançada no meio ambiente?

Abordagem

Consideraremos um intervalo de 1 s durante o qual a usina gera calor, produz trabalho e libera enxofre na atmosfera. A eficiência real da usina relaciona "o que obtemos" com "o que pagamos" e, usando a Equação (7.15), determinamos o calor fornecido à usina pelo combustível. A Tabela 7.3 considera o poder calorífico do carvão como 30 MJ/kg. Podemos usar as informações fornecidas para a porcentagem de enxofre e a eficiência dos filtros para calcular a quantidade de enxofre liberada a cada dia.

Solução

(a) Com base na Equação (7.5), a usina produz

$$W_t = (1 \text{ GW})(1 \text{ s}) \qquad \leftarrow \left[P_{méd} = \frac{W}{\Delta t} \right]$$
$$= 1 \text{ GW} \cdot \text{s}$$
$$= 1 \left(\frac{GJ}{s} \right)(s)$$
$$= 1 \text{ GJ}$$

de energia elétrica a cada segundo. A quantidade de calor que a queima de carvão deve fornecer ao gerador de vapor é

$$Q_{sg} = \frac{1 \text{ GJ}}{0,32} \qquad \leftarrow \left[\eta = \frac{W_t}{Q_{sg}} \right]$$
$$= 3,125 \text{ GJ}$$

Figura 7.24

Reimpresso com permissão da Fluent Inc.

Exemplo 7.12 | *continuação*

sendo que desprezamos a pequena quantidade relacionada ao trabalho da bomba, W_p, na Equação (7.15). Com base na Equação (7.6), a massa de combustível consumida por segundo é

$$m_{carvão} = \frac{3.125 \text{ MJ}}{30 \text{ MJ/kg}} \quad \leftarrow [Q = mH]$$

$$= 104,2 \text{ (MJ)} \frac{\text{kg}}{\text{MJ}}$$

$$= 104,2 \text{ kg}$$

em que convertemos o prefixo SI no valor numérico para Q_{sg}, de modo que o numerador e o denominador sejam dimensionalmente consistentes. Ao longo de um dia, portanto, a usina deverá usar

$$m_{carvão} = \left(104,2 \frac{\text{kg}}{\text{s}}\right)\left(60 \frac{\text{s}}{\text{min}}\right)\left(60 \frac{\text{min}}{\text{h}}\right)\left(24 \frac{\text{h}}{\text{dia}}\right)$$

$$= 9,000 \times 10^6 \left(\frac{\text{kg}}{\cancel{\text{s}}}\right)\left(\frac{\cancel{\text{s}}}{\cancel{\text{min}}}\right)\left(\frac{\cancel{\text{min}}}{\text{h}}\right)\left(\frac{\text{h}}{\text{dia}}\right)$$

$$= 9,000 \times 10^6 \frac{\text{kg}}{\text{dia}}$$

(b) Considerando que o carvão contém 1% de enxofre e a eficiência dos purificadores é de 96%,

$$m_{enxofre} = (0,01)(1 - 0,96)\left(9,000 \times 10^6 \frac{\text{kg}}{\text{dia}}\right)$$

$$= 3,600 \times 10^3 \frac{\text{kg}}{\text{dia}}$$

é a emissão diária de enxofre.

Discussão

Como cada quantidade contém um grande expoente à décima potência, aplicaremos os prefixos do SI da Tabela 3.3 para representar os resultados finais de forma mais concisa. Em geral, o carvão contém cerca de 0,55% a 4% de enxofre por peso, de modo que a emissão de uma usina elétrica pode ser maior ou menor, dependendo do tipo de carvão utilizado. Embora as usinas elétricas nos Estados Unidos sejam equipadas com sistemas de purificação do ar que retiram uma grande parte do enxofre (mas não a totalidade) das torres de escape, nem todos os países usam esses sistemas. Consequentemente, os efeitos da poluição em grande escala do consumo de combustíveis fósseis podem ser muito grandes. Os engenheiros mecânicos têm um papel ativo no campo das políticas públicas ao equilibrar as questões ambientais com a necessidade de fornecimento abundante e barato de eletricidade.

$$m_{carvão} = 9,000 \frac{\text{Gg}}{\text{dia}}$$

$$m_{enxofre} = 3,600 \frac{\text{Mg}}{\text{dia}}$$

Foco em: Soluções de energia inovadoras de crowdsourcing

Os engenheiros que trabalham em grandes empresas não são os únicos a desenvolver soluções inovadoras para os problemas globais de energia. Por meio de competições de crowdsourcing, como XPRIZE e OpenIDEO, equipes de estudantes, engenheiros e inovadores de todo o mundo podem competir por milhões de dólares em prêmios e uma chance de levar suas ideias a um cenário global. O Grupo de Prêmios Energia e Meio Ambiente da XPRIZE está desenvolvendo desafios para estimular soluções inovadoras em energia limpa, distribuição, armazenamento, eficiência energética e uso de energia, entre outras áreas. Várias áreas de desafio foram formuladas ou já premiadas, incluindo:

- Uma revolucionária tecnologia de bateria capaz de alimentar uma ampla gama de sistemas, desde eletrônicos de consumo pequenos e portáteis até veículos elétricos e aeronaves
- Eletrificação de infraestruturas de transporte de veículos por meio da incorporação de equipamentos nas estradas para carregar os veículos durante a sua condução
- Tecnologias de transmissão de energia sem fio para fornecer energia livre de carbono, incluindo alimentação de aeronaves usando energia terrestre
- Tecnologia para capturar, armazenar e distribuir energia solar em larga escala para fornecer energia a quase 2 bilhões de pessoas que vivem fora da rede em todo o mundo
- Um dispositivo doméstico de armazenamento de energia para fornecimento de energia balanceada, geração de energia renovável e maior resiliência contra apagões

Por meio dessas e de outras competições semelhantes em uma ampla gama de campos, engenheiros mecânicos podem ter um impacto substancial e generalizado nos desafios técnicos, globais, sociais, ambientais e econômicos. Várias equipes universitárias de todo o mundo concorreram a esses prêmios, muitas vezes em parceria com pequenas startups, grandes empresas e organizações governamentais. Os engenheiros mecânicos continuarão a desempenhar papéis importantes nessas parcerias inovadoras e oportunidades de transformação.

Resumo

Neste capítulo, apresentamos vários princípios que estão por trás dos sistemas térmicos e de geração de energia encontrados na engenharia mecânica. Quando discutimos as dez maiores conquistas da engenharia mecânica no Capítulo 1, destacamos motores de combustão interna, usinas elétricas e motores de aviões a jato, e cada uma dessas tecnologias se baseia na conversão de calor em trabalho. A produção, o armazenamento e o uso inovadores de energia de fontes renováveis e não renováveis também terão um papel significativo no enfrentamento dos desafios globais de energia nos próximos anos. As diferentes formas que a energia pode assumir e os métodos pelos quais é possível transformá-la de maneira eficiente de uma forma para outra são, em resumo, o aspecto central da engenharia mecânica.

A Tabela 7.8 resume as principais grandezas apresentadas neste capítulo, os símbolos comuns que as representam e suas unidades. A Tabela 7.9 relaciona as equações usadas para analisar sistemas térmicos e de energia. Motores térmicos geralmente são acionados pela queima de um combustível, e seu poder calorífico representa a quantidade de calor liberada durante esse processo de combustão. De acordo com a primeira lei, o calor pode fluir para um material e causar o aumento de sua temperatura, dependendo do calor específico, ou o calor pode ser transformado em trabalho mecânico. Vimos o calor como energia que transita pelos modos de condução, convecção e radiação. Os engenheiros mecânicos projetam motores que convertem calor em trabalho com o objetivo de aumentar sua eficiência. Em um ciclo de Carnot ideal, a eficiência é limitada pela temperatura com que o calor é fornecido ao motor e liberado no ambiente. Na prática, a eficiência de motores térmicos reais é significativamente menor, e a Tabela 7.6 indica alguns valores típicos.

Tabela 7.8

Principais equações utilizadas na análise de sistemas térmicos e de energia.

Quantidade	Símbolos convencionais	Unidades convencionais	
		USCS	SI
Energia	$U_g, U_e, U_k, \Delta U$	ft · lbf, Btu	J, kW · h
Trabalho	W, W_t, W_p	ft · lbf	J
Calor	Q, Q_h, Q_l, Q_{sg}, Q_c	Btu	J
Potência média	$P_{méd}$	(ft · lbf)/s, hp	W
Taxa de calor	H	Btu/slug	MJ/kg
Calor específico	c	Btu/(slug · °F)	kJ/(kg · °C)
Condutividade térmica	κ	(Btu/h)/(ft · °F)	W/(m · °C)
Intervalo de tempo	Δt	s, min, h	s, min, h
Temperatura	T, T_0, T_h, T_l	°F, °R	°C, K
Eficiência real	η	—	—
Eficiência do ciclo de Carnot ideal	η_C	—	—

Energia	
Potencial gravitacional	$U_g = mg\Delta h$
Potencial elástica	$U_e = \frac{1}{2}k\Delta L^2$
Cinética	$U_k = \frac{1}{2}mv^2$
Trabalho de uma força	$W = F\Delta d$
Potência média	$P_{méd} = \frac{W}{\Delta t}$
Poder calorífico	$Q = mH$
Calor específico	$Q = mc(T - T_0)$
Condução de calor	$Q = \frac{\kappa A \Delta t}{L}(T_h - T_l)$
Conversão/conservação de energia	$Q = W + \Delta U$
Eficiência	
Real	$\eta = \frac{W}{Q_h}$
Ciclo de Carnot ideal	$\eta_c = 1 - \frac{T_l}{T_h}$
Usina elétrica	$\eta \approx \frac{W_t}{Q_{sg}}$

Tabela 7.9
Principais equações utilizadas na análise de sistemas térmicos e de energia.

Autoestudo e revisão

7.1. Como é possível calcular a energia potencial gravitacional, elástica e cinética?

7.2. Qual é a diferença entre trabalho e potência? Quais são suas unidades convencionais no SI e USCS?

7.3. O que é o poder calorífico de um combustível?

7.4. O que é o calor específico de um material?

7.5. Dê exemplos de situações nas quais o calor é transferido por condução, convecção e radiação.

7.6. Defina a expressão "condutividade térmica".

7.7. O que é um motor térmico?

7.8. Como se define eficiência?

7.9. Quais são algumas das diferenças entre eficiência real e eficiência ideal de Carnot? Qual delas é sempre maior?

7.10. Como é possível calcular temperaturas absolutas nas escalas Rankine e Kelvin?

7.11. Desenhe o mecanismo de pistão, biela e virabrequim em um motor de combustão interna.

7.12. Explique como funcionam os ciclos de motores de dois e de quatro tempos.

7.13. Quais são as vantagens e as desvantagens relativas a motores de dois e de quatro tempos?

7.14. Desenhe o diagrama de uma usina elétrica e explique resumidamente como ela funciona.

Problemas

P7.1

A partir de suas definições, determine o fator de conversão entre ft · lbf e kW · h na Tabela 7.1

P7.2

Um carro de brinquedo de controle remoto pesa 3 lbf e se move a 15 ft/s. Qual é sua energia cinética?

P7.3

Para ligar o motor de um cortador de grama, é preciso puxar um cordão enrolado em torno de um eixo com raio de 6,0 cm. Se mantivermos uma tensão constante de 80 N no cordão e o eixo fizer três giros antes de ligar o motor, quanto trabalho é realizado?

P7.4

No filme *De volta para o futuro*, Doc Brown e o jovem Marty McFly precisam de 1,21 GW de potência para sua máquina do tempo.
(a) Converta essa necessidade de potência em hp.
(b) Se um carro esportivo DeLorean produz 145 hp, de quantas vezes mais potência a máquina do tempo precisará?

P7.5

Um atleta corre usando uma força de 200 N e uma potência de 600 W. Calcule em quantos minutos o corredor percorrerá 1 km.

P7.6

Um apanhador de beisebol pega uma bola a 98 mph em uma distância de 0,1 m. Qual é a força necessária para parar a bola de beisebol de 0,14 kg?

P7.7

No caso dos dois automóveis do P6.31, no Capítulo 6, que potência os motores devem produzir só para vencer a arrasto do ar a 60 mph?

P7.8

Um caminhão leve pesa 3.100 lbf e faz 30 milhas por galão a uma velocidade de 60 mph em rodovias em terreno plano. Nessas condições, o motor precisa vencer a resistência do ar, a resistência de rolagem e outras fontes de atrito. Dê a sua resposta nas unidades indicadas.

(a) O coeficiente de arrasto é de 0,6 a 60 mph, e a área frontal do caminhão é de 32 ft². Qual é a força de arrasto sobre o caminhão?

(b) Que potência o motor deve produzir a 60 mph só para vencer a resistência do ar?

(c) Na parte (b), quanta gasolina seria consumida por hora (desprezando outros efeitos do atrito)?

P7.9

Em P7.8, suponha que o caminhão estivesse subindo uma ladeira com inclinação de 2%. Qual potência adicional o motor terá de produzir para subir a ladeira, desprezando vários efeitos do atrito?

P7.10

O poder calorífico da biomassa de resíduos da agricultura (p. ex., resíduos de colheitas, estrume e leitos de animais e material orgânico da produção de alimentos) pode variar entre 4.300 Btu/lbm 7.300 Btu/lbm. Quanto calor é liberado quando queimamos 500 kg de biomassa?

P7.11

Durante o processamento em uma siderúrgica, uma peça de aço de 750 lb fundida a 800 °F recebe a têmpera ao ser mergulhada em um banho de 500 galões de óleo cuja temperatura inicial é de 100 °F. Depois de a peça esfriar e o banho de óleo aquecer, qual é a temperatura final de ambos? O peso por unidade de volume de óleo é de 7.5 lb/gal.

P7.12

O conteúdo interno e os materiais de um pequeno forno pesam 25 toneladas, e juntos têm um calor específico médio de 0,25 Btu/(lbm . °F). Desconsiderando eventuais ineficiências na fornalha, que quantidade de gás natural deve ser queimada para elevar a temperatura desse forno à temperatura de congelamento para 70 °F?

P7.13

Uma engrenagem de aço de 5,0 kg é aquecida a 150 °C e, em seguida, colocada em um recipiente de 0,5 gal com água a 10 °C. Qual é a temperatura final do metal e da água?

P7.14

Dê dois exemplos de aplicações de engenharia em que o calor é transferido primariamente por condução, convecção e radiação.

P7.15

Uma caixa quadrada é feita de chapas de 1 ft² de um protótipo de material isolante com 1 in. de espessura. Os engenheiros estão realizando um teste para medir a condutividade térmica do novo material. Eles colocam um aquecedor elétrico de 100 W na caixa. Depois de algum tempo, os termômetros instalados na caixa indicam que as superfícies interna e externa de cada lado atingiram as temperaturas constantes de 150 °F e 90 °F. Qual é a condutividade térmica?

Expresse seu resultado tanto em SI quanto em USCS.

P7.16

Uma vareta de solda com $k = 30$ (Btu/h)/(ft · °F) tem 20 cm de comprimento e diâmetro de 4 mm. As duas extremidades da vareta são mantidas a 500 °C e 50 °C.

(a) Nas unidades de Btu e J, quanto calor flui a cada segundo ao longo da barra?

(b) Qual é a temperatura da vareta de solda em seu ponto médio?

P7.17

Uma parede de tijolos de 3 m de altura, 7,5 m de largura e 200 mm de espessura tem uma condutividade térmica de 0,7 W/(m · °C). A temperatura na face interna é de 25 °C, e na face externa, 0 °C. Quanto calor se perde por dia pela parede?

P7.18

Um automóvel de 2.500 lbf para completamente a partir de uma velocidade de 65 mph. Se 60% da capacidade de frenagem vem dos freios a disco dianteiros, calcule o aumento de temperatura desses discos. Cada um dos dois discos de ferro fundido pesa 15 lbf e tem um calor específico de 0,14 Btu/(lbm · °F).

P7.19

Uma pequena usina hidrelétrica opera com 500 galões de água que passa pelo sistema a cada segundo. A água cai de uma altura de 150 ft de um reservatório até as turbinas. Calcule a potência produzida e expresse-a nas unidades de hp e kW. A Tabela 6.1 mostra a densidade da água.

P7.20

Como parte de um sistema de embalagem e distribuição, caixas são lançadas sobre uma mola e empurradas para uma esteira transportadora. Originalmente, as caixas estão a uma altura h acima da mola não comprimida [Figura P7.20(a)]. Depois de lançada, a caixa de massa m comprime a mola por uma distância ΔL [Figura P7.20(b)]. Se toda energia potencial da caixa for convertida em energia elástica na mola, encontre uma expressão para ΔL.

P7.21

Turbinas eólicas convertem a energia cinética do vento em energia mecânica ou elétrica. A massa de ar que atinge uma turbina eólica a cada segundo é indicada por:

$$\text{massa/s} = \text{velocidade} \cdot \text{área} \cdot \text{densidade}$$

sendo que a densidade do ar é de 1,23 kg/m³ e a área consiste na área varrida pelas pás do rotor da turbina. Esse índice do fluxo de massa pode ser usado para calcular a quantidade de energia cinética por segundo gerada pelo ar. Uma das maiores turbinas eólicas do mundo está na Noruega e foi projetada para gerar 10 MW de potência com ventos de 35 mph. O diâmetro das pás do rotor é de 145 m. Qual é a potência gerada pelo vento? Lembre-se de que potência é a quantidade de energia por unidade de tempo.

P7.22

Desprezando a presença de atrito, arrasto do ar e outras ineficiências, quanta gasolina consome um automóvel de 1.300 kg que acelera de zero a 80 km/h? Expresse sua resposta nas unidades de mL. A Tabela 6.1 mostra a densidade da gasolina.

P7.23

No verão de 2002, um grupo de mineradores em Quecreek, Pensilvânia, ficou preso 240 ft abaixo da superfície, quando a seção da fenda do carvão em que estavam trabalhando desmoronou numa mina vizinha, porém abandonada, que não estava indicada em seu mapa. A área ficou inundada de água, e os mineradores se amontoaram em um bolsão de ar no final de uma galeria até serem resgatados

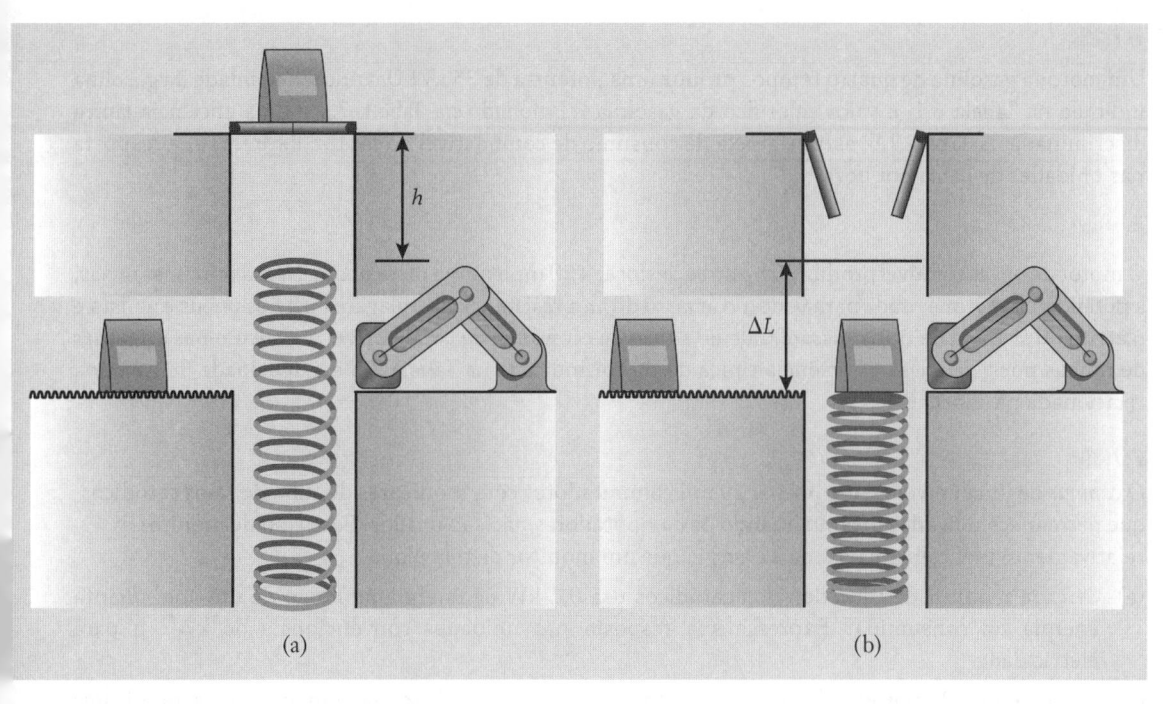

Figura P7.20

com segurança. A primeira providência da operação de resgate foi fazer furos na mina para permitir a entrada de ar fresco mais quente e bombear a água do subsolo. Desconsiderando o atrito nos tubos e a ineficiência das próprias bombas, qual potência média seria necessária para retirar 20.000 galões de água da mina por minuto? Expresse sua resposta em hp. A Tabela 6.1 indica a densidade da água.

P7.24

Os sistemas de energia geotérmica extraem o calor armazenado abaixo da crosta terrestre. A cada 300 ft és abaixo da superfície, a temperatura da água do subsolo aumenta cerca de 5 °F. O calor pode ser levado à superfície em forma de vapor ou de água quente para aquecer casas e edifícios, e também pode ser processado por motores térmicos a fim de produzir eletricidade. Usando um valor de eficiência real de 8%, calcule a produção de uma usina geotérmica que processa 50 lbf/s de água do subsolo a 180 °F e a traz para a superfície a 70 °F.

P7.25

Um motor térmico ideal que opera segundo o ciclo de Carnot recebe calor no ponto de ebulição da água (212 °F), e rejeita calor no ponto de congelamento da água (32 °F). Se o motor produz 100 hp de potência, calcule em unidades de Btu a quantidade de calor que deve ser fornecida ao motor a cada hora.

P7.26

Um inventor alega ter projetado um motor térmico que recebe 120 Btu de calor e gera 30 Btu de trabalho útil quando funciona entre um reservatório de energia de alta temperatura, a 140 °F, e outro reservatório, de baixa temperatura, a 20 °F. Sua alegação é válida?

P7.27

Uma pessoa pode piscar os olhos em aproximadamente 7 ms. Em que velocidade (em rotações por minuto) um motor de quatro tempos deveria funcionar se o seu curso de explosão pudesse ocorrer literalmente num "piscar de olhos"? Essa seria uma velocidade razoável para um motor de automóvel?

P7.28

Um motor a gasolina de quatro tempos produz uma potência de 35 kW. Usando a densidade da gasolina indicada na Tabela 6.1, o valor calorífico da gasolina relacionado na Tabela 7.3 e uma eficiência típica discriminada na Tabela 7.6, estime a taxa de consumo de combustível do motor. Expresse sua resposta nas unidades de litros por hora.

P7.29

O motor de um automóvel produz 30 hp ao se deslocar a 50 mph numa pista plana. Nessas circunstâncias, a potência do motor é usada para vencer o arrasto do ar, a resistência de rolagem entre os pneus e a pista e o atrito no sistema de transmissão. Calcule a taxa de economia de combustível do veículo nas unidades de milhas por galão. Use a eficiência típica do motor indicada na Tabela 7.6 e a densidade da gasolina relacionada na Tabela 6.1.

P7.30

O *campus* de uma universidade possui 20 mil computadores com monitores de tubo de raios catódicos que permanecem ligados mesmo quando os computadores não são usados. Esse tipo de monitor é relativamente ineficiente e usa mais energia que um monitor de tela plana.

(a) Se cada monitor de tubo de raios catódicos usa 0,1 kW de energia ao longo de um ano, quanta energia foi consumida? Expresse sua resposta nas unidades convencionais de kW · h para eletricidade.

(b) Ao custo de 12¢ por kW · h, qual é o custo por ano para a universidade manter esses monitores ligados?

(c) Em média, um monitor de computador que possui o recurso de desligamento automático consumirá 72% menos energia que um que permanece ligado constantemente. Qual é a economia de custos obtida com a instalação desse recurso em todos os computadores da universidade?

P7.31

Quando um PC está ligado, sua fonte de energia é capaz de converter somente cerca de 65% da energia elétrica fornecida pela fonte de energia direta necessária para alimentar as componentes eletrônicos internos do computador. A maior parte da energia restante perde-se em forma de calor. Em média, cada um dos cerca de 233 milhões de PCs nos Estados Unidos consome 300 kW · h de energia por ano.

(a) Se pudéssemos aumentar a eficiência do fornecimento de energia para 80% usando um novo tipo de fonte de energia que está em desenvolvimento (o chamado "sistema de modo de comutação baseado em ressonância"), quanta energia seria economizada por ano? Expresse sua resposta nas unidades convencionais de kW · h para eletricidade.

(b) Os Estados Unidos produziram 4,1 trilhões de kW · h de energia elétrica em 2014. Em que porcentagem a demanda por energia da nação deveria ser reduzida?

(c) Ao custo de 12¢ por kW · h, de quanto seria a economia?

P7.32

Suponha que um novo tipo de fonte de energia para computadores descrito em P7.30 custe $ 5 a mais.

(a) Ao custo de 12¢ por kW · h, depois de quanto tempo a economia de custos com eletricidade compensaria os custos adicionais da fonte?

(b) Na sua opinião, com que frequência indivíduos e empresas em geral atualizam seus PCs?

(c) Do ponto de vista econômico, que recomendação você daria em relação ao novo tipo de fonte de energia se trabalhasse para um fabricante de computadores?

P7.33

Uma usina que produz eletricidade a partir da queima de gás natural produz uma potência de 750 MW. Usando uma eficiência típica da Tabela 7.6 e desprezando a pequena quantidade de energia utilizada pela bomba, calcule as taxas em que:

(a) O calor é fornecido para a água/vapor no gerador de vapor.

(b) O calor residual é transferido para o rio adjacente à usina.

P7.34

Em P7.33, 25.000 gal/s de água fluem para o rio adjacente à usina. O rio é usado como fonte da água para resfriar o condensador. Considerando o calor transferido da usina para o rio a cada segundo e o calor específico da água, em que quantidade aumenta a temperatura do rio à medida que passa pela usina? As Tabelas 6.1 e 7.4 relacionam a densidade e o calor específico da água.

P7.35

Desenvolva o projeto para uma nova aplicação de algum tipo de energia renovável. Por meio de pesquisa, descreva as exigências técnicas, sociais, ambientais e econômicas envolvidas na aplicação. Faça sua pesquisa de uma perspectiva global, mas descreva as exigências com base em uma região geográfica, grupo de pessoas ou demografia específica.

P7.36*

A biblioteca de engenharia da sua escola acaba de receber um conjunto de 1.000 livros novos, que foram entregues no primeiro andar do prédio, e seu grupo foi encarregado de colocar os livros nas prateleiras apropriadas da biblioteca. Estime quanto trabalho é feito pelo seu grupo para levar os livros para o local adequado da estante. Em seguida, estime quanta energia interna vocês usaram para realizar essa tarefa (ou seja, quantas calorias foram queimadas). Por fim, usando a primeira lei da termodinâmica e assumindo que outras fontes de perda de energia são desprezíveis, calcule a variação média na temperatura interna sentida pelos membros do seu grupo.

P7.37*

A administração da universidade encarregou seu grupo de desenvolver estimativas de limite superior e inferior de quanta energia poderia ser armazenada aproveitando o tráfego de pedestres em seu campus principal em um dia de semana durante o ano acadêmico. Forneça um suporte claro para sua resposta, incluindo:

- As suposições feitas em relação ao tráfego de pedestres (por exemplo, localização, volume de tráfego etc.)

- Uma descrição de quais métodos você planeja usar para aproveitar a energia do tráfego de pedestres

- Um conjunto claro de cálculos e uma discussão sobre a razoabilidade de seus limites estimados.

P7.38*

Seu grupo foi contratado para realizar um estudo de viabilidade sobre o uso de energia solar para alimentar eletrodomésticos ou outros eletrônicos pessoais. Você é solicitado a escolher um eletrodoméstico ou produto eletrônico de consumo comum (exceto uma lâmpada ou smartphone) que seja usado com frequência ou funcione continuamente ao longo de um dia inteiro. Em seguida, você é solicitado a projetar um sistema de fornecimento de energia que permita o uso contínuo de seu aparelho ou produto usando o número mínimo de painéis solares e baterias. Determine as especificações para seus painéis solares, baterias e quaisquer outras componentes necessárias. Forneça suporte claro para quaisquer suposições que você esteja fazendo sobre o consumo de energia de seu aparelho ou produto, incluindo o tipo de corrente elétrica que ele requer. Mostre todos os cálculos que você fez para apoiar e validar suas conclusões. Como parte da sua discussão, aborde também a viabilidade de dimensionar sua solução para fornecer energia para 1.000 dos mesmos aparelhos ou produtos para fins comerciais ou industriais, incluindo quais barreiras podem existir para tal dimensionamento.

Seu grupo deve começar com as seguintes suposições:

- Este sistema será utilizado durante todo o ano em um raio de 100 km da sua universidade e terá de acomodar a exposição solar adequada nessa região.
- Qualquer excesso de energia gerado e que não possa ser armazenado nas baterias ou usado imediatamente pelo seu aparelho ou produto será perdido na forma de calor.
- Qualquer bateria usada em seu projeto fornecerá a voltagem especificada para o número especificado de amperes-hora.
- Todas as conexões entre as componentes são apropriadamente classificadas e têm perda de energia zero.

Referências

UNITED STATES DEPARTMENT OF ENERGY, ENERGY INFORMATION ADMINISTRATION. *International energy outlook 2010*. Relatório DOE/EIA-0484(2010).

FERGUSON, C. R.; KIRKPATRICK, A. T. *Internal combustion engines*: applied thermosciences. 2. ed. Hoboken, NJ: Wiley, 2000.

HOLMAN, J. P. *Heat transfer*. 9. ed. Nova York: McGraw-Hill, 2002.

SONNTAG, R. E., BORGNAKKE, C.; VAN WYLEN, G. J. *Fundamentals of thermodynamics*. 6. ed. Hoboken, NJ: Wiley, 2002.

CAPÍTULO 8

Transmissão de movimento e potência

OBJETIVOS DO CAPÍTULO

- Realizar cálculos que envolvam velocidade de rotação, trabalho e potência.
- Do ponto de vista do projeto, discutir as circunstâncias nas quais damos preferência a um tipo de engrenagem e não a outro.
- Explicar algumas das características de projeto de correias trapezoidais ou em "V" e correias dentadas de regulagem.
- Calcular as velocidades e os torques nos eixos em relação à quantidade de potência transmitida em trens de sistemas de engrenagens e acionamentos por correias simples e compostas.
- Fazer o esboço de um trem de engrenagens planetárias, identificando seus pontos de conexão de entrada e saída, e explicar como ocorre seu funcionamento.

▶ 8.1 Visão geral

Neste capítulo, voltaremos nossa atenção ao projeto e à operação de equipamentos de *transmissão de potência* como o sétimo elemento da engenharia mecânica. Em geral, máquinas apresentam engrenagens, eixos, mancais, cames, conexões e outras componentes modulares. Esses mecanismos são capazes de transmitir potência de um local para outro; por exemplo, do motor de um automóvel para as rodas de tração. Outra função de um mecanismo como esse pode transformar um tipo de movimento em outro. Nesse sentido, uma aplicação que encontramos na Seção 7.6 é o mecanismo para converter o movimento de vai e vem do pistão de um motor de combustão interna no movimento giratório do eixo virabrequim. Os braços manipuladores de robôs ilustrados nas Figuras 8.1 e 8.2 são outros exemplos de mecanismos. Cada braço é uma cadeia de interconexões cuja posição é controlada por motores nas juntas.

Os engenheiros mecânicos avaliam a posição, a velocidade e a aceleração de máquinas como essas, além das forças e dos torques que as movimentam. De modo geral, os tópicos discutidos neste capítulo fazem parte da hierarquia de disciplinas da engenharia mecânica conforme ilustra a Figura 8.3. A análise e

Elemento 7: Transmissão de movimento e potência

Figura 8.1

Engenheiros mecânicos projetam as conexões e juntas que formam o braço manipulador desse robô, de modo que ele se movimente e transporte cargas com precisão em um armazém.

Reimpresso com a permissão de Fanuc Robotics North America Inc.

Figura 8.2

O Canadarm2 na Estação Espacial Internacional posiciona o veículo não pilotado HTV-3 da Agência de Exploração Aeroespacial do Japão (JAXA) em preparação para seu lançamento. Os astronautas da JAXA e da Nasa controlaram os múltiplos elos do braço robótico para orientar e liberar o HTV-3.

Cortesia da Nasa.

o desenho de maquinário é, em parte, uma extensão dos tópicos dos sistemas de força e energia que analisamos em capítulos anteriores.

Um tipo de mecanismo particularmente comum na engenharia mecânica contém engrenagens individuais montadas em trens compostos e transmissões de engrenagem com a finalidade de transferir potência, mudar a velocidade de rotação de um eixo ou modificar o torque aplicado a um eixo. Um tipo de trem de acionamento bastante semelhante utiliza correias ou correntes para realizar as mesmas funções. Depois de apresentar os conceitos básicos de movimento de rotação na primeira parte deste

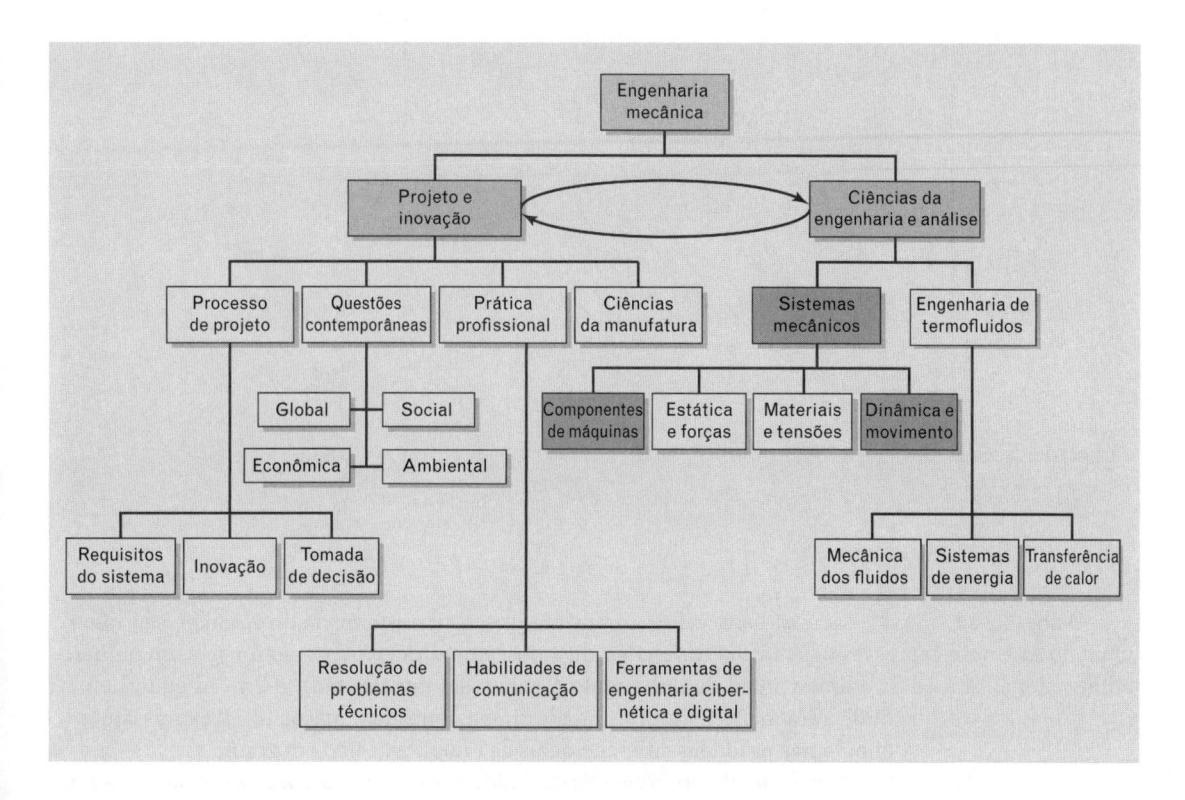

Figura 8.3

Relação dos tópicos destacados neste capítulo (caixas sombreadas) e um programa geral de estudos em engenharia mecânica.

capítulo, abordaremos vários tipos de engrenagens e correias, assim como as situações em que um engenheiro dá preferência a um ou outro na aplicação de um projeto específico. Também exploraremos alguns dos métodos que podem ser usados para analisar trens de engrenagens simples, compostos e de engrenagens planetárias.

▶ 8.2 Movimento de rotação

Velocidade angular

Quando uma engrenagem (ou, neste caso, qualquer objeto) gira, cada ponto dela se move em um círculo próximo do centro de rotação. A conexão direta na Figura 8.4 poderia representar a componente de um braço robótico como aquele ilustrado nas Figuras 8.1 e 8.2. No rolamento, essa conexão gira em torno do centro de seu eixo. Todos os pontos da conexão movem-se em círculos concêntricos, cada um tendo o mesmo ponto central O, à medida que o ângulo θ (o caractere grego teta minúsculo) aumenta. A velocidade de qualquer ponto P na conexão é determinada por sua mudança de posição conforme o ângulo de rotação aumenta. Durante o intervalo de tempo Δt, a conexão se move do ângulo inicial θ para o ângulo final $\theta + \Delta\theta$; a última posição está indicada por linhas tracejadas na Figura 8.4(a). À medida que o ponto P se move em um círculo de raio r, a distância que ele percorre é o comprimento geométrico do arco

$$\Delta s = r\Delta\theta \tag{8.1}$$

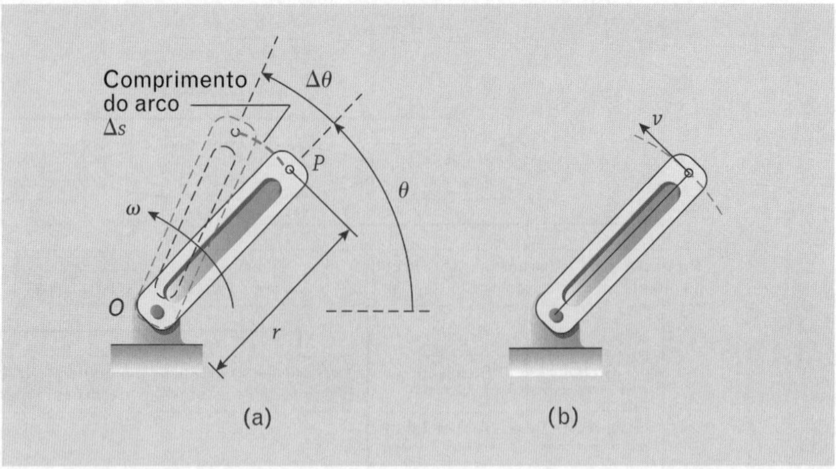

Figura 8.4

(a) Movimento giratório de uma conexão. (a) Cada ponto se move em um círculo, e a velocidade aumenta de acordo com o raio.

O ângulo $\Delta\theta = \Delta s/r$ é a razão entre dois comprimentos: a circunferência do círculo e seu raio r. Quando Δs e r são expressos nas mesmas unidades, digamos, em milímetros, então $\Delta\theta$ será um número adimensional. A medida adimensional de um ângulo é chamada *radiano* (rad), e 2π rad equivalem a 360°. Para manter a uniformidade dimensional da Equação (8.1), expressamos o ângulo nas unidades adimensionais de radianos, e não em graus.

Radiano

Velocidade angular

A velocidade do ponto P é definida como a distância que ele percorre por unidade de tempo, ou $v = \Delta s/\Delta t = r(\Delta\theta/\Delta t)$. Na forma padrão, definimos ω (o caractere grego ômega minúsculo) como a *velocidade angular* ou rotacional da conexão. Portanto, a velocidade do ponto P é indicada por

$$v = r\omega \qquad 8.2$$

Quando ω é definida em radianos por segundos (rad/s) e r em milímetros, por exemplo, então v terá as unidades de milímetros por segundo. Escolhemos as unidades apropriadas para a velocidade angular com base no contexto em que ω será usada. Quando um engenheiro mecânico considera a velocidade de um motor, eixo ou engrenagem, é comum utilizar as unidades de revoluções por minuto (rpm), que podem ser medidas por um dispositivo conhecido como tacômetro. Se a velocidade rotacional for muito alta, podemos expressar a velocidade angular na dimensão de revoluções por segundo (rps), que é um valor 60 vezes menor. Não seria exato, porém, expressar ω nas dimensões de rpm ou rps na Equação (8.2). Para entender por que isso acontece, lembre-se de que, na derivação para v, ω foi definida pelo ângulo $\Delta\theta$, que deve ter sido medido de forma admensional, em radianos, para que o comprimento do arco Δs seja calculado corretamente. Em resumo, sempre que aplicar a Equação (8.2), expresse ω nas dimensões de radianos por unidade de tempo (por exemplo, rad/s).

A Tabela 8.1 relaciona os fatores de conversão entre as quatro opções mais comuns de unidades para velocidade angular: rpm (revoluções por minuto), rps (revoluções por segundo), graus por segundo e radianos por segundo. Ao lermos a primeira linha, por exemplo, vemos que

$$1 \text{ rpm} = 1{,}667 \times 10^{-2} \text{ rps} = 6 \frac{\text{graus}}{\text{s}} = 0{,}1047 \frac{\text{rad}}{\text{s}}$$

rpm	rps	graus/s	rad/s
1	$1{,}667 \times 10^{-2}$	6	0,1047
60	1	360	6,283
0,1667	$2{,}777 \times 10^{-3}$	1	$1{,}745 \times 10^{-2}$
9,549	0,1592	57,30	1

Tabela 8.1
Fatores de conversão entre várias unidades para velocidade angular

Trabalho rotacional e potência

Além de especificar as velocidades de rotação dos eixos, os engenheiros mecânicos também determinam a quantidade de energia que uma máquina retira, transfere ou produz. Conforme expressa a Equação (7.5), a potência é definida como a taxa na qual um trabalho é realizado ao longo de determinado intervalo de tempo. O trabalho mecânico em si pode ser associado a forças que se movem através de uma distância (que examinamos no Capítulo 7) ou, por analogia, a torques que giram através de um ângulo. A definição de torque no Capítulo 4 como um momento que atua sobre a linha central de um eixo torna esse último caso particularmente relevante para máquinas, trens de engrenagens e acionamentos por correias.

A Figura 8.5 ilustra o torque T que um motor aplica a uma engrenagem. A engrenagem, por sua vez, pode estar conectada a outras em uma transmissão que está em processo de transferir potência a uma máquina. O motor aplica o torque à engrenagem giratória e, assim, o trabalho é realizado. Análogo à Equação (7.4), o *trabalho de um torque* é calculado pela expressão

Trabalho de um torque

$$W = T\,\Delta\theta \tag{8.3}$$

em que mais uma vez o ângulo $\Delta\theta$ apresenta as dimensões em radianos. Assim como no caso do trabalho de uma força, o que determina o sinal de W é se o torque tende a acompanhar a rotação (e nesse caso W é positivo), ou se é contrário a ela (e W será negativo). A Figura 8.5 ilustra essas duas situações. As unidades de engenharia para o trabalho estão resumidas na Tabela 7.1. Dois fatores de conversão particularmente úteis para cálculos envolvendo trens de engrenagens e acionamentos por correia são

$$1\ \text{ft}\cdot\text{lbf} = 1{,}356\ \text{J} \qquad 1\ \text{J} = 0{,}7376\ \text{ft}\cdot\text{lbf}$$

A potência mecânica é definida como a taxa em que o trabalho de uma força ou torque é realizado ao longo de um intervalo de tempo. Nas aplicações mecânicas, geralmente a potência é expressa em kW no SI e em hp no USCS (Tabela 7.2). Na Equação (7.5) definimos a potência média, mas muitas vezes a potência instantânea é mais útil quando analisamos máquinas. A *potência instantânea* é o produto da força e da velocidade em sistemas translacionais, e do torque e da velocidade angular em sistemas rotativos.

Potência instantânea

$$P = Fv \quad (\text{força}) \tag{8.4}$$

$$P = T\omega \quad (\text{torque}) \tag{8.5}$$

Figura 8.5

Trabalho realizado pelo torque que atua sobre uma engrenagem em movimento. (a) O torque fornecido pelo motor acompanha a rotação e W é positivo. (b) O torque é contrário à rotação, e W é negativo.

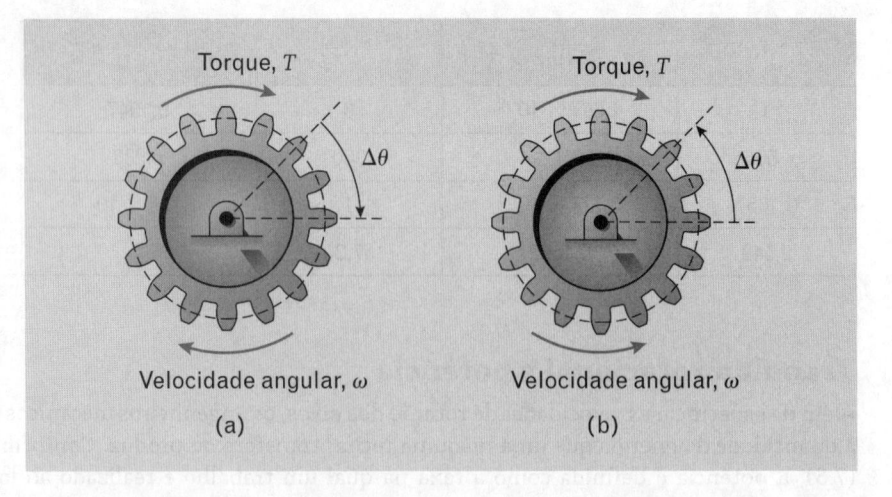

Torque, T — Velocidade angular, ω
(a)

Torque, T — Velocidade angular, ω
(b)

Exemplo 8.1 | Conversões de velocidade angular

Verifique o fator de conversão entre rpm e rad/s indicado na Tabela 8.1.

Abordagem
Para converter as dimensões de revoluções por minuto para radianos por segundo, precisaremos das conversões tanto para tempo como para um ângulo. Há 60 segundos em 1 minuto, e 2π rad equivalem a uma revolução.

Solução
Convertemos as dimensões da seguinte forma:

$$1\frac{\text{rev}}{\text{min}} = \left(\frac{\text{rev}}{\text{min}}\right)\left(\frac{1}{60}\frac{\text{min}}{\text{s}}\right)\left(2\pi\frac{\text{rad}}{\text{rev}}\right)$$

$$= 0{,}1047\left(\frac{\cancel{\text{rev}}}{\cancel{\text{min}}}\right)\left(\frac{\cancel{\text{min}}}{\text{s}}\right)\left(\frac{\text{rad}}{\cancel{\text{rev}}}\right)$$

$$= 0{,}1047\frac{\text{rad}}{\text{s}}$$

Discussão
Podemos obter o fator de conversão inverso entre rad/s e rpm como o recíproco dessa quantidade, de modo que 1 rad/s = $(0{,}1047)^{-1}$ rpm = 9,549 rpm.

$$1 \text{ rpm} = 0{,}1047\frac{\text{rad}}{\text{s}}$$

Exemplo 8.2 | *Ventoinha de resfriamento para equipamentos eletrônicos*

A ventoinha gira a 1.800 rpm e resfria um conjunto de placas de circuito eletrônico (ver Figura 8.6). (a) Expresse a velocidade angular do motor nas unidades graus/s e rad/s. (b) Determine a velocidade da ponta das pás da ventoinha, que medem 4 cm.

Figura 8.6

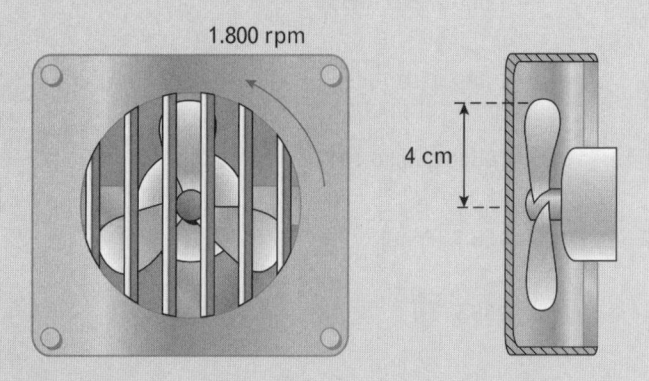

Abordagem
A Tabela 8.1 indica os fatores de conversão entre as dimensões diferentes para velocidade angular e, a partir da primeira linha, observamos que 1 rpm = 6 graus/s = 0,1047 rad/s. Na parte (b), a velocidade da ponta das pás é perpendicular à linha que vai desta ponta até o centro do eixo (Figura 8.7). Para calcular a velocidade, aplicamos a Equação (8.2) com a velocidade angular nas dimensões uniformes de rad/s.

Figura 8.7

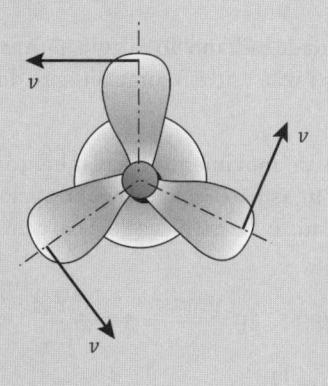

Exemplo 8.2 | *continuação*

Solução

(a) Nas duas dimensões diferentes, a velocidade angular é

$$\omega = (1.800\,\text{rpm})\left(6\,\frac{\text{graus/s}}{\text{rpm}}\right)$$

$$= 1,080 \times 10^4 (\cancel{\text{rpm}})\left(\frac{\text{graus/s}}{\cancel{\text{rpm}}}\right)$$

$$= 1,080 \times 10^4\,\frac{\text{graus}}{\text{s}}$$

$$\omega = (1.800\,\text{rpm})\left(0,1047\,\frac{\text{rad/s}}{\text{rpm}}\right)$$

$$= 188,5\,(\cancel{\text{rpm}})\left(\frac{\text{rad/s}}{\cancel{\text{rpm}}}\right)$$

$$= 188,5\,\frac{\text{rad}}{\text{s}}$$

(b) A direção da velocidade da ponta da pá é perpendicular à linha radial que vai dessa ponta até o centro do eixo, e sua magnitude é

$$v = (0,04\ \text{m})\left(188,5\,\frac{\text{rad}}{\text{s}}\right) \quad \leftarrow [v = rw]$$

$$= 7,540(\text{m})\left(\frac{\cancel{\text{rad}}}{\text{s}}\right)$$

$$= 7,540\,\frac{\text{m}}{\text{s}}$$

Na etapa intermediária, eliminamos a unidade radiano do cálculo, porque se trata de uma quantidade adimensional, definida como a razão entre o comprimento do arco e o raio.

Discussão

A ponta da pá de uma ventoinha descreve um movimento circular em torno do centro do eixo a uma velocidade de 7,540 m/s. A direção (mas não a magnitude) da velocidade de cada pá muda à medida que o eixo gira, um efeito que é a base da aceleração centrípeta.

$$\omega = 1,080 \times 10^4\,\frac{\text{graus}}{\text{s}} = 188,5\,\frac{\text{rad}}{\text{s}}$$

$$v = 7,540\,\frac{\text{m}}{\text{s}}$$

Exemplo 8.3 | *A potência do motor de um automóvel*

Em aceleração máxima, o motor de quatro cilindros de um automóvel produz um torque de 149 ft · lbf à velocidade de 3.600 rpm. Qual é a potência produzida pelo motor em hp?

Abordagem
Podemos utilizar a Equação (8.5) para descobrir a potência instantânea de saída do motor. Como etapa intermediária, primeiro precisamos converter a velocidade de rotação para as unidades consistentes de rad/s, aplicando o fator de conversão 1 rpm = 0,1047 rad/s, indicado na Tabela 8.1.

Solução
Em unidades dimensionalmente consistentes, a velocidade do motor é

$$\omega = (3.600 \text{ rpm})\left(0,1047\frac{\text{rad/s}}{\text{rpm}}\right)$$

$$= 376,9(\cancel{\text{rpm}})\left(\frac{\text{rad/s}}{\cancel{\text{rpm}}}\right)$$

$$= 376,9\frac{\text{rad}}{\text{s}}$$

A potência que o motor desenvolve é

$$P = (149 \text{ ft} \cdot \text{lbf})\left(376,9\frac{\text{rad}}{\text{s}}\right) \quad \leftarrow [P = T\omega]$$

$$= 5,616 \times 10^4 (\text{ft} \cdot \text{lbf})\left(\frac{\cancel{\text{rad}}}{\text{s}}\right)$$

$$= 5,616 \times 10^4 \frac{\text{ft} \cdot \text{lbf}}{\text{s}}$$

Aqui, eliminamos a unidade radiano da expressão de velocidade angular por ser adimensional. Embora (ft · lbf)/s seja uma dimensão aceitável para potência no USCS, a unidade derivada de hp é mais comum para expressar a potência de motores e aplicações automotivas. Na etapa final, aplicamos o fator de conversão da Tabela 7.2:

$$P = \left(5,616 \times 10^4 \frac{\text{ft} \cdot \text{lbf}}{\text{s}}\right)\left(1,818 \times 10^{-3} \frac{\text{hp}}{(\text{ft} \cdot \text{lbf})/\text{s}}\right)$$

$$= 102,1\left(\frac{\cancel{\text{ft} \cdot \text{lbf}}}{\cancel{\text{s}}}\right)\left(\frac{\text{hp}}{\cancel{(\text{ft} \cdot \text{lbf})/\text{s}}}\right)$$

$$= 102,1 \text{ hp}$$

Exemplo 8.3 | *continuação*

Discussão

Esse valor é típico para a potência máxima que o motor de um automóvel pode desenvolver. Em situações normais de condução do veículo, porém, a potência de saída do motor é consideravelmente menor e será determinada pela aceleração, pela velocidade do motor e pelo torque transferido para a transmissão.

$$P = 102{,}1 \text{ hp}$$

8.3 Aplicação do projeto: engrenagens

Depois de estabelecer os fundamentos para descrever a velocidade de rotação, trabalho e potência, agora discutiremos alguns aspectos associados a projetos de máquinas. Engrenagens são dispositivos utilizados para transmitir rotação, torque e potência entre os eixos por meio do contato de dentes com formatos especiais em discos rotativos. Trens de engrenagens podem ser usados para aumentar a velocidade de rotação de um eixo e diminuir o torque, manter a velocidade e o torque constantes, ou reduzir a velocidade de rotação e aumentar o torque. Os mecanismos que integram engrenagens são muito comuns em projetos de máquinas e têm aplicações tão diversas quanto abridores de latas elétricos, caixas eletrônicos, furadeiras elétricas e transmissões de helicópteros. Nesta seção, nosso objetivo é explorar vários tipos de engrenagens com ênfase em suas características e na terminologia empregada para descrevê-las.

O formato dos dentes de uma engrenagem é definido matematicamente e usinado com precisão, de acordo com normas e padrões estabelecidos por grupos industriais. A American Gear Manufacturers Association (Associação Norte-Americana dos Fabricantes de Engrenagens), por exemplo, desenvolveu diretrizes para padronizar os projetos e a produção de engrenagens. Engenheiros mecânicos podem comprar engrenagens soltas, diretamente dos fabricantes e fornecedores, ou podem adquirir caixas de engrenagens e transmissões pré-fabricadas que sejam adequadas para cada tarefa. Em alguns casos, quando as engrenagens padrão não oferecem o desempenho suficiente (como altos níveis de ruído e vibração), é possível encomendar engrenagens especiais para alguns fabricantes especializados. Na maioria das situações que envolvem projetos de máquinas, porém, as engrenagens e caixas de transmissão são padronizadas.

Assim como nos mancais de rolamentos discutidos da Seção 4.6, não existe um único tipo "melhor" de engrenagem; é preciso escolher a variante mais adequada a cada aplicação. Nas subseções seguintes examinaremos os tipos de engrenagem conhecidos como engrenagens cilíndricas, engrenagens cônicas, engrenagens helicoidais e engrenagens do tipo parafuso-rosca sem-fim. Em última análise, a opção do engenheiro por um produto reflete um equilíbrio entre os custos e a tarefa a ser realizada.

Engrenagens cilíndricas

As engrenagens cilíndricas são o tipo mais simples de engrenagem na engenharia. Como mostra a Figura 8.8, elas são cortadas a partir de peças cilíndricas e seus dentes têm faces paralelas ao eixo sobre o qual a engrenagem é confeccionada. No caso das *engrenagens externas* da Figura 8.9(a), os dentes são formados do lado de fora do cilindro; inversamente, em uma

Engrenagem externa

Figura 8.8
Detalhe do engrenamento de duas engrenagens.

Imagem cortesia dos autores.

engrenagem interna ou anular, os dentes estão localizados no lado interno, como se vê na Figura 8.9(b). Quando duas engrenagens com dentes complementares se encaixam e o movimento é transmitido de um eixo a outro, dizemos que as duas engrenagens formam um *trem* ou *sistema de engrenagens*. A Figura 8.10 ilustra um trem de engrenagens cilíndricas e parte da terminologia usada para descrever a geometria dos seus dentes. Por convenção, a engrenagem menor (motora) é chamada *pinhão*, e a outra (acionada) é simplesmente chamada engrenagem acionada ou coroa. O pinhão e a coroa, quando em funcionamento, encaixam-se no ponto em que os dentes se aproximam, entram em contato entre si e em seguida se separam.

Embora muitos dentes individuais de um conjunto de engrenagens entrem continuamente em contato entre si, engrenando e desengrenando, conceitualmente podemos considerar o pinhão e a coroa como dois cilindros pressionados um contra o outro e que giram juntos, suavemente. Como ilustra a Figura 8.11, esses cilindros giram sobre a parte externa um do outro, no caso de duas engrenagens externas, ou um pode girar dentro do outro, caso o conjunto se componha de engrenagens externas e internas. Em relação à nomenclatura da Figura 8.10, o raio efetivo r de uma engrenagem cilíndrica (que também é o raio

Engrenagem interna ou anular

Trem de engrenagens

Pinhão

Figura 8.9
(a) Engrenamento de duas engrenagens externas. (b) Engrenagens internas ou anulares de diversos tamanhos.

Reimpresso com permissão da Boston Gear Company.

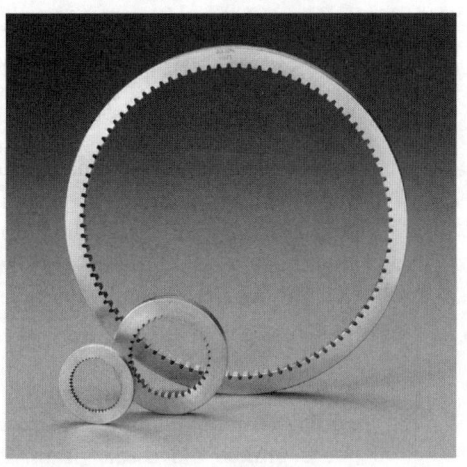

(a)   (b)

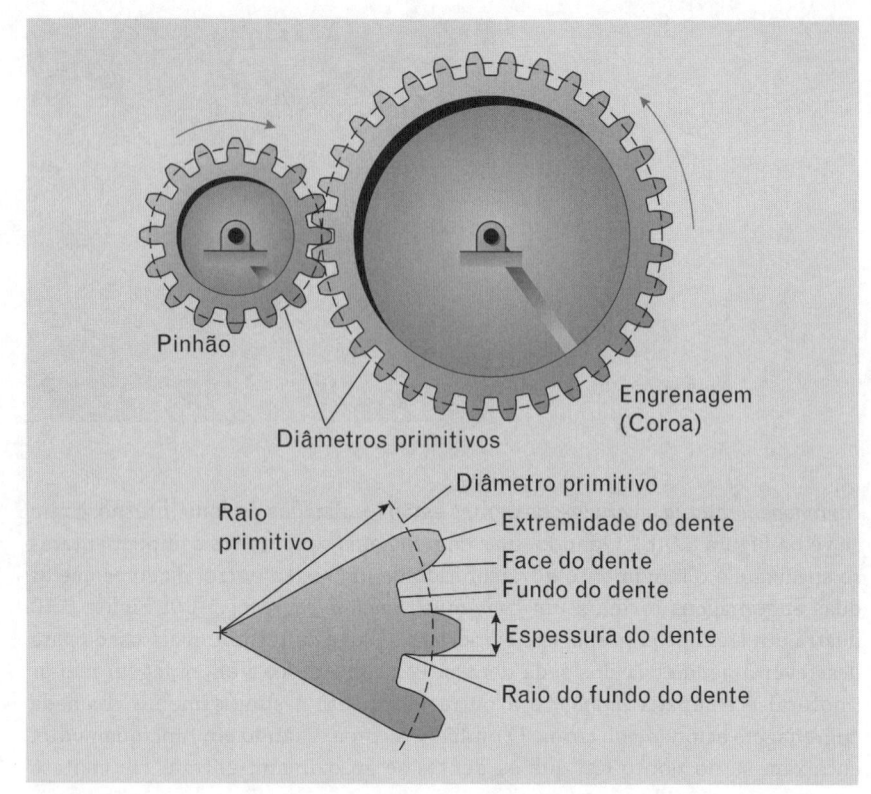

Figura 8.10

Terminologias para um sistema de engrenagens cilíndricas e a geometria de seus dentes.

Figura 8.11

Configurações de sistemas de engrenagens com (a) duas engrenagens externas e (b) uma engrenagem externa e uma interna. Nos dois casos, as rotações são análogas a dois cilindros que giram um sobre o outro.

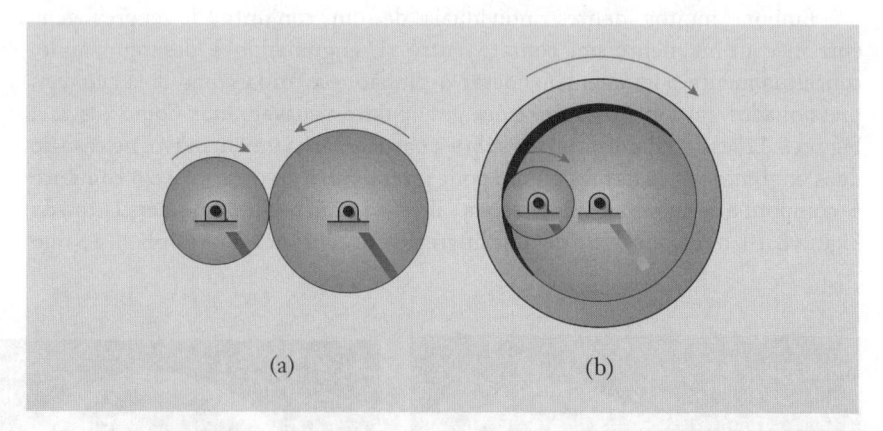

Raio do círculo primitivo

de seu cilindro giratório imaginário) é chamado *raio do círculo primitivo*. Imagine que o contato contínuo entre o pinhão e a engrenagem ocorra na intersecção dos dois *círculos primitivos*. O raio do círculo primitivo não é a distância do centro da engrenagem até o topo ou base de um dente. Em vez disso, r é simplesmente o raio que um cilindro equivalente teria se girasse na mesma velocidade do pinhão ou da engrenagem.

A espessura de um dente e o espaço entre dentes adjacentes são medidos ao longo do círculo primitivo da engrenagem. O espaço entre os dentes deve ser ligeiramente maior que a espessura deles para impedir que travem à medida que o pinhão e a coroa giram. Por outro lado, se o espaço entre os dentes for grande demais, a folga e o jogo entre as peças podem causar trepidação, vibração, flutuações de velocidade, desgaste por fadiga e, finalmente, falhas na engrenagem. A proximidade entre os dentes é medida por uma quantidade chamada *diametral pitch*

diametral pitch

$$p = \frac{N}{\mathrm{dp}} \tag{8.6}$$

em que N é o número de dentes da engrenagem e dp é o diâmetro primitivo da engrenagem. O *diametral pitch* indica a quantidade de dentes por centímetro do diâmetro da engrenagem. Para que o pinhão e a coroa engrenem, ambos devem ter o mesmo *diametral pitch*, caso contrário, o conjunto de engrenagens travará quando os eixos começarem a girar. Os catálogos de produtos fornecidos pelos fabricantes de engrenagens classificam as engrenagens compatíveis de acordo com seu *diametral pitch*. Por convenção, valores de p < 20 ft/in. configuram as chamadas engrenagens grossas, e valores p ≥ 20 dentes/pol., as finas. Como dp e N são proporcionais na Equação (8.6), se dobrarmos a quantidade de dentes em uma engrenagem, seu diâmetro primitivo também dobrará. Em SI, espaço entre os dentes também pode ser medido por uma quantidade chamada *módulo*

Módulo

$$m = \frac{\mathrm{dp}}{N} \tag{8.7}$$

com as unidades do diâmetro primitivo e do módulo, em milímetros.

Em princípio, pinhões e coroas com dentes de tamanhos complementares são capazes de transmitir rotações entre seus respectivos eixos. Entretanto, dentes de engrenagens com formatos arbitrários podem não ser capazes de transmitir um movimento uniforme porque, talvez, os dentes do pinhão talvez não acoplem de forma eficiente com os dentes da coroa. Por essa razão, o formato dos dentes em engrenagens cilíndricas modernas foi matematicamente otimizado, de modo que o movimento seja transferido suavemente entre o pinhão e a coroa. A Figura 8.12 ilustra uma pequena parte de um conjunto de engrenagens em três estágios de sua rotação. À medida que os dentes do pinhão e da coroa começam a se encaixar, os dentes de uma engrenagem rolam sobre as superfícies dos dentes da outra, e seu ponto de contato se move de um lado dos círculos primitivos para o outro. O formato da seção transversal do dente é chamado *perfil evolvente ou evolvental*, e ele compensa o fato de o ponto de contato dente a dente mover-se durante o engrenamento. O perfil evolvente garante um formato especial dos dentes de uma engrenagem cilíndrica, de tal forma que, se o pinhão girar a uma velocidade constante, a coroa também o fará. Essa característica matemática do perfil evolvente determina o que conhecemos como a *propriedade fundamental dos sistemas de engrenagens*, permitindo que os engenheiros visualizem os conjuntos de engrenagens como dois cilindros que giram um sobre o outro:

Perfil evolvente

Propriedade fundamental dos sistemas de engrenagens

> No caso de cremalheiras de dentes com formato evolvente, se uma engrenagem girar a uma velocidade constante, a outra também o fará.

Usaremos essa propriedade ao longo deste capítulo para analisar sistemas e trens de engrenagens.

Cremalheira e pinhão

Às vezes, engrenagens são utilizadas para converter o movimento giratório de um eixo em movimento linear, ou translacional, de um cursor (e vice-versa). O mecanismo de pinhão e cremalheira é um caso típico de um sistema de engrenagens no qual a engrenagem possui um raio infinito e tende em direção a uma linha reta. A Figura 8.13 mostra essa configuração de cremalheira e pinhão. Com o centro do pinhão fixo, a cremalheira se movimentará em sentido horizontal conforme o pinhão gira – para a esquerda na Figura 8.13(b), com o pinhão girando em sentido horário. A própria cremalheira pode ser apoiada sobre rolamentos ou deslizar sobre uma superfície lisa lubrificada. Muitas vezes, utilizam-se

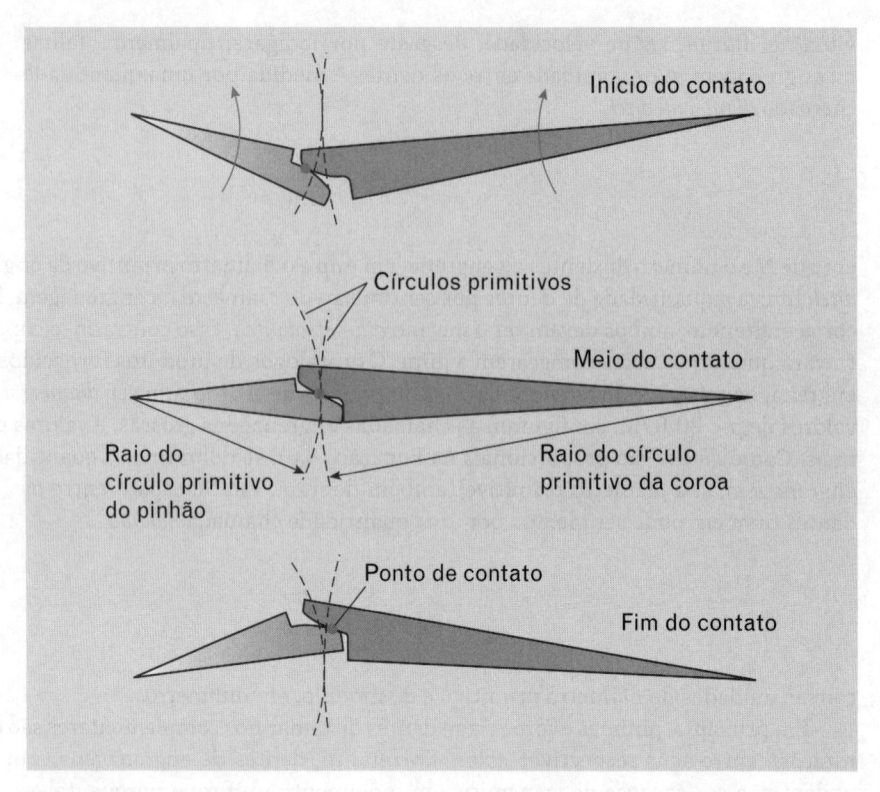

Figura 8.12

Um par de dentes em contato.

cremalheiras e pinhões no mecanismo de direção das rodas dianteiras de automóveis e para posicionar mesas de fresadoras ou retíficas quando o cabeçote de corte é estacionário.

Engrenagens cônicas

Enquanto os dentes de engrenagens cilíndricas estão dispostos em um cilindro, uma engrenagem cônica possui dentes dispostos em forma de cone truncado. A Figura 8.14 mostra uma fotografia e o desenho da seção transversal de uma engrenagem cônica. É possível observar como seu desenho permite que a rotação do eixo seja redirecionada em 90°. Engrenagens cônicas (Figura 8.15) são adequadas para aplicações nas quais dois eixos devem ser conectados, normalmente, em ângulo reto e quando as extensões das linhas centrais dos eixos se cruzam.

Figura 8.13

(a) Cremalheiras.
(b) Mecanismo de cremalheira e pinhão.

Reimpresso com permissão da Boston Gear Company.

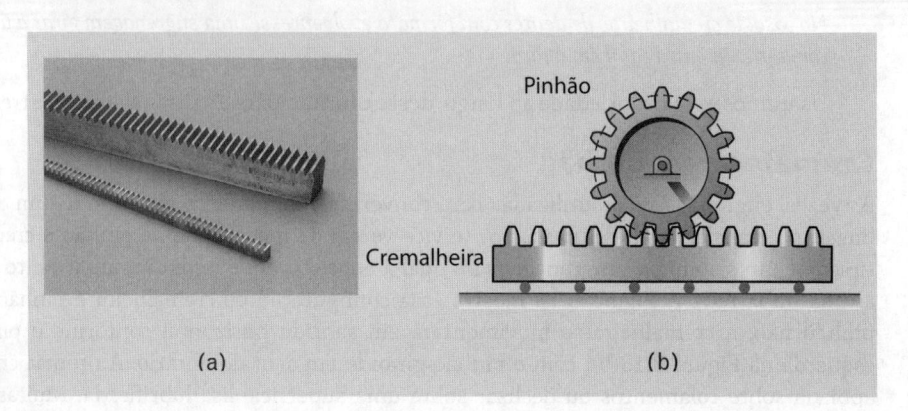

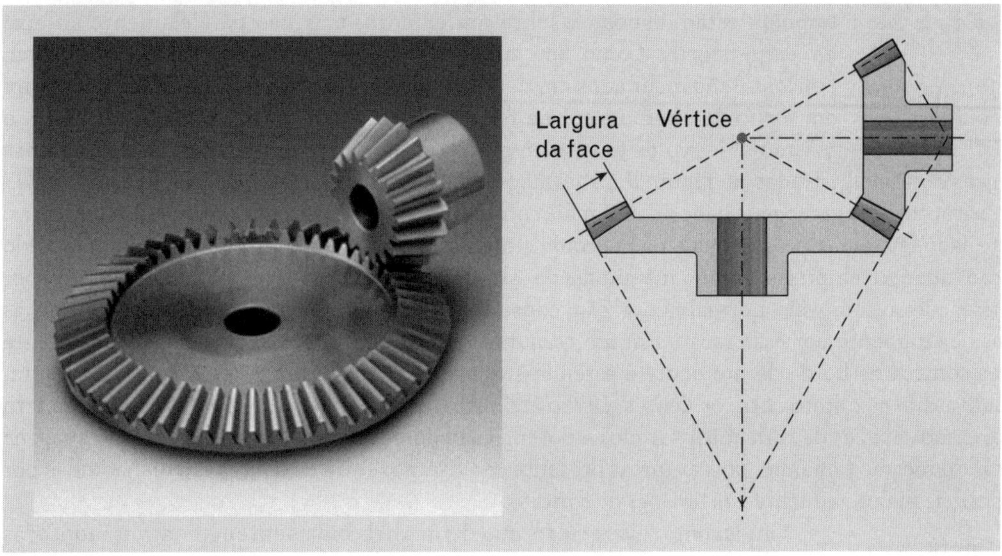

Figura 8.14

Transmissão de duas engrenagens cônicas.

Reimpresso com permissão da Boston Gear Company.

Engrenagens helicoidais

Como os dentes em engrenagens cilíndricas são retos com faces paralelas aos seus eixos, quando dois dentes se aproximam um do outro, estabelecem contato completo ao longo de toda a largura de cada dente. Do mesmo modo, na sequência de transmissão ilustrada na Figura 8.12, os dentes se separam e perdem o contato de uma vez em toda a largura do dente. Esses engates e desengates relativamente abruptos fazem com que engrenagens cilíndricas produzam mais ruídos e vibrações do que outros tipos de engrenagens.

Engrenagens helicoidais são uma alternativa para engrenagens cilíndricas e oferecem a vantagem de contar com transmissões mais suaves e silenciosas. Como nas engrenagens cilíndricas, os dentes das engrenagens helicoidais

Figura 8.15

Uma coleção de engrenagens cônicas, algumas com dentes retos e outras com dentes em espiral.

Reimpresso com permissão da Boston Gear Company.

Ângulo da hélice

Engrenagem cônica em espiral

também estão dispostos sobre um cilindro, mas não paralelamente ao eixo da engrenagem. Como seu nome indica, os dentes de uma engrenagem helicoidal são inclinados em determinado *ângulo*, de modo que cada dente gire em torno da engrenagem na forma de uma hélice rasa (Figura 8.16). Com o mesmo objetivo de fazer com que os dentes engatem gradualmente, algumas *engrenagens cônicas* (ilustradas na Figura 8.15) também possuem dentes em *espiral* em vez de retos.

A fabricação de engrenagens helicoidais é mais complexa e cara em comparação com as cilíndricas. Por outro lado, sistemas de engrenagens helicoidais oferecem a vantagem de produzir menos ruído e vibração quando empregados em máquinas de alta velocidade. Por exemplo, as transmissões automáticas de automóveis normalmente são construídas com engrenagens helicoidais internas e externas exatamente por essa razão. Em um conjunto de engrenagens helicoidais, o contato entre os dentes começa na borda de um dente e estende-se gradualmente ao longo de toda a sua largura, suavizando assim o contato entre os dentes. Outro atributo das engrenagens helicoidais reside no fato de que elas são capazes de transmitir torques e potências maiores quando comparadas a engrenagens cilíndricas do mesmo tamanho, pois as forças presentes no contato entre os dentes são distribuídas por uma superfície maior, reduzindo as tensões de contato.

Engrenagens cilíndricas helicoidais de eixos reversos

Vimos como é possível formar dentes helicoidais em engrenagens montadas sobre eixos paralelos, mas engrenagens presas a eixos perpendiculares também podem ter dentes helicoidais. As *engrenagens cilíndricas helicoidais de eixos reversos* da Figura 8.16(b) conectam dois eixos perpendiculares, mas, diferentemente da aplicação das engrenagens cônicas, aqui os eixos são reversos entre si, e as extensões de suas linhas centrais não se cruzam. A Figura 8.17 ilustra engrenagens helicoidais de eixos paralelos e de eixos reversos.

Engrenagens sem-fim

Se o ângulo da hélice de um par de engrenagens cilíndricas helicoidais de eixos reversos for suficientemente grande, o par resultante é chamado conjunto parafuso-coroa sem-fim. A Figura 8.18 ilustra esse tipo de transmissão, na qual o parafuso possui apenas um dente que dá várias voltas em torno de um corpo cilíndrico, como a rosca de um parafuso sem-fim. Para cada revolução do parafuso sem-fim, a coroa sem-fim avança apenas um dente em sua rotação.

Sistemas de parafuso e coroa sem-fim são capazes de oferecer grandes índices de redução de velocidade. Por exemplo, se o parafuso tiver apenas um dente, e a coroa sem-fim, 50 dentes, a redução de velocidade de transmissão [Figura 8.18(c)] será de 50 vezes. A possibilidade de instalar um trem de engrenagens com grande capacidade de redução de velocidade em um pequeno espaço físico é um

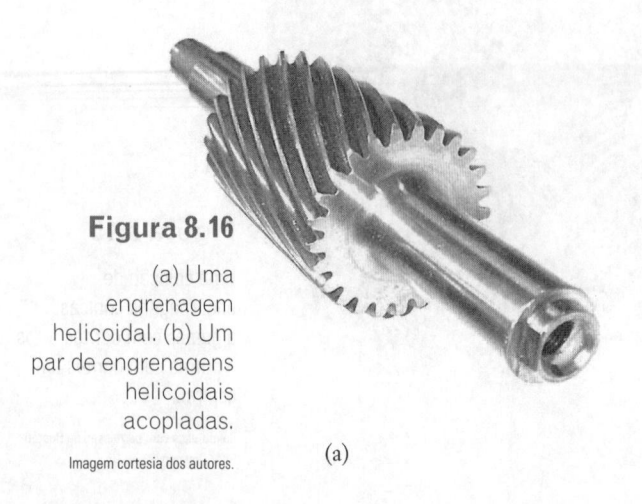

Figura 8.16

(a) Uma engrenagem helicoidal. (b) Um par de engrenagens helicoidais acopladas.

Imagem cortesia dos autores.

(a)   (b)

Figura 8.17

Uma coleção de engrenagens cilíndricas helicoidais de eixos paralelos e de eixos reversos.

Reimpresso com permissão da Boston Gear Company.

aspecto atraente dos sistemas sem fim. No entanto, os perfis dos dentes em sistemas de parafuso-coroa sem-fim não são evolventes e, por isso, podem ocorrer deslizamentos significativos entre eles durante o engrenamento. Esse atrito é uma das principais fontes para perda de potência, aquecimento e ineficiência na transmissão, se comparado a outros tipos de engrenagens.

Outra característica dos sistemas sem-fim é que eles podem ser projetados de modo que sejam acionados em somente uma direção, isto é, do parafuso para a coroa sem-fim. Nesses sistemas de *autotravamento*, não é possível reverter a potência, fazendo com que a coroa acione o parafuso. Essa capacidade de transmissão de movimento em apenas uma direção pode ser aproveitada em aplicações como guindastes ou macacos, nas quais, por razões de segurança, é desejável impedir que o sistema seja acionado mecanicamente em sentido contrário. No entanto, nem todos os sistemas parafuso-coroa sem-fim são autotravantes, e

Autotravamento

Figura 8.18

(a) Parafuso sem--fim com um dente contínuo. (b) Coroas sem-fim. (c) Sistema de engrenagens sem--fim.

Reimpresso com permissão da Boston Gear Company.

(a)    (b) 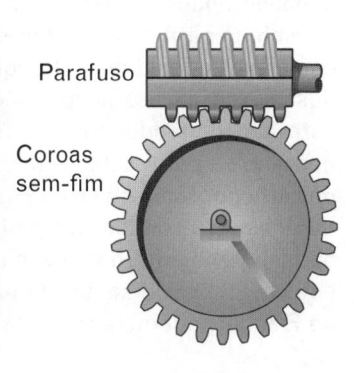   (c)

essa característica depende de fatores como o ângulo da hélice, o coeficiente de atrito entre o parafuso e a coroa sem-fim e a presença de vibração.

Foco em — Nanomáquinas

Embora as máquinas abordadas neste capítulo normalmente sejam bastante robustas (p. ex., robôs industriais, transmissões), uma nova geração de máquinas está sendo desenvolvida em nanoescala e manufaturada a partir de átomos individuais. Essas nanomáquinas poderiam realizar tarefas que antes nunca foram possíveis com máquinas maiores. Por exemplo, algum dia nanomáquinas poderão ser usadas para separar células cancerígenas, reparar ossos e tecidos danificados, eliminar aterros sanitários, detectar e remover impurezas da água potável, administrar medicamentos internamente com precisão incomparável, formar novas moléculas de ozônio e limpar toxinas ou vazamentos de óleo.

A Figura 8.19(a) mostra um projeto conceitual de uma nanomáquina que pode oferecer controle dos movimentos finos na formação de moléculas. Esse dispositivo proposto inclui mecanismos de cames que usam alavancas para conduzir anéis giratórios. Já se criaram máquinas mais simples, como nanoengrenagens, que podem abrir o caminho para nanomáquinas mais complexas e funcionais. Pesquisadores desenvolveram essas nanoengrenagens estáveis ao prender moléculas de benzeno na parte externa de nanotubos de carbono, como se vê na Figura 8.19(b). Versões de cremalheira e pinhão dessas nanoengrenagens, desenvolvidas por equipes de pesquisa na Alemanha e na França, poderão ser usadas para movimentar um bisturi para a frente e para trás ou para empurrar o êmbolo de uma seringa.

De maneira geral, criar essas engrenagens, cremalheiras e pinhões nos níveis nano ou micro tem sido um processo caro e demorado. Contudo, uma equipe de pesquisa da Universidade de Colúmbia desenvolveu microengrenagens montadas automaticamente quando dois materiais encolhem em proporções diferentes ao esfriar. Um filme de metal muito fino é colocado no topo de um polímero expandido por calor. Quando o polímero esfria, o metal se deforma, criando "dentes" em espaços regulares no polímero. Variações na rigidez dos metais e nas taxas de resfriamento permitem formar engrenagens e dentes de diferentes tamanhos.

Fornecer energia para essas nanomáquinas do futuro será um desafio a ser vencido pelos engenheiros. No momento, a energia para essas nanomáquinas precisa vir de fontes químicas, como a luz proveniente de laser, imitando o processo de fotossíntese que as plantas empregam para criar energia a partir da luz solar. Entretanto, cientistas e engenheiros estão atualmente desenvolvendo outras fontes de energia, como nanogeradores alimentados por ondas ultrassônicas, campos magnéticos ou correntes elétricas. Em breve, nanomáquinas projetadas, desenvolvidas e testadas por engenheiros poderão ter um amplo impacto sobre questões médicas, ambientais e energéticas no mundo todo.

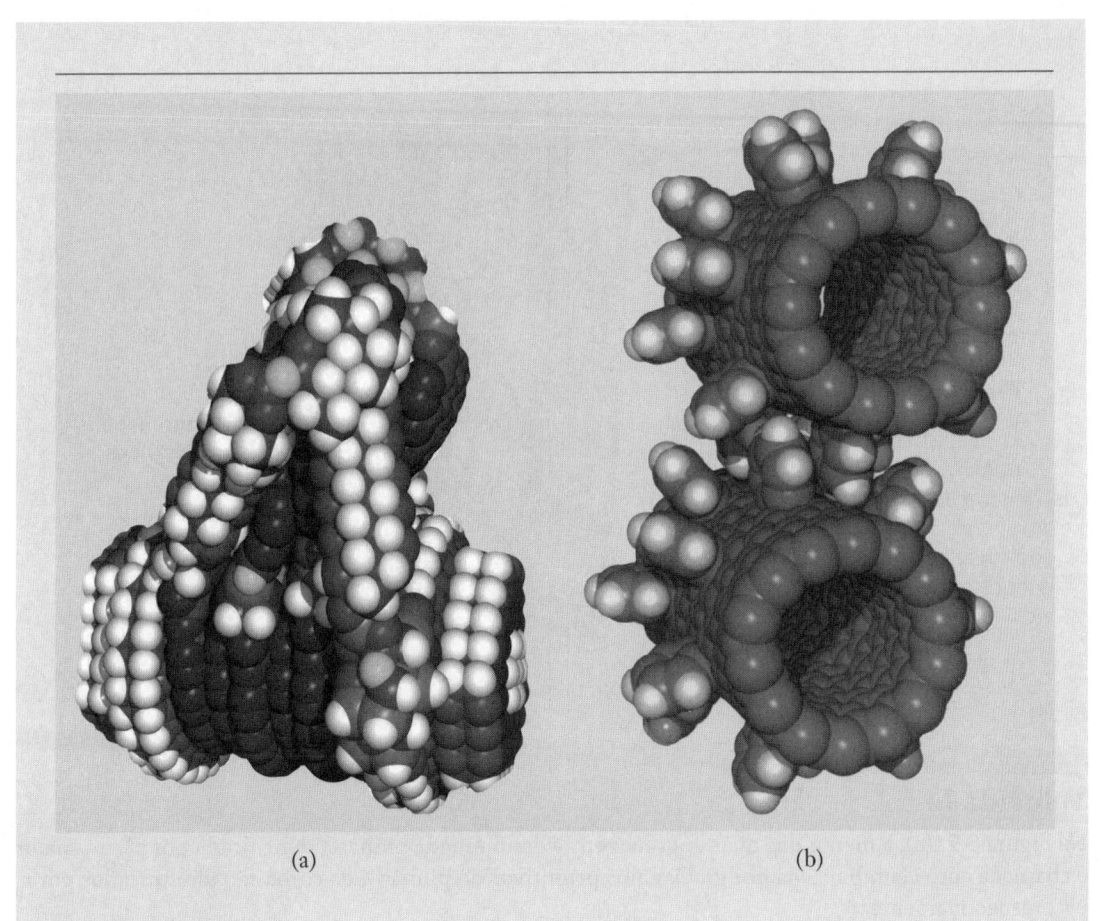

Figura 8.19

(a) Um mecanismo composto de aproximadamente 2.500 átomos para mover e compor moléculas individuais. (b) Nanoengrenagens compostas de centenas de átomos individuais.

(a) © Institute for Molecular Manufacturing. www.imm.org; (b) Cortesia da Nasa.

▶ 8.4 Velocidade, torque e potência em sistemas de engrenagens

Um sistema de engrenagens é um par de engrenagens que se encaixa e forma o bloco fundamental de construção dos sistemas de escalas maiores, como transmissões que transferem rotação, torque e potência entre eixos (Figura 8.20). Nesta seção examinaremos as características de velocidade, torque e potência de duas engrenagens que trabalham conjuntamente. Mais adiante, aplicaremos esses resultados a trens de engrenagens simples, compostas e planetárias.

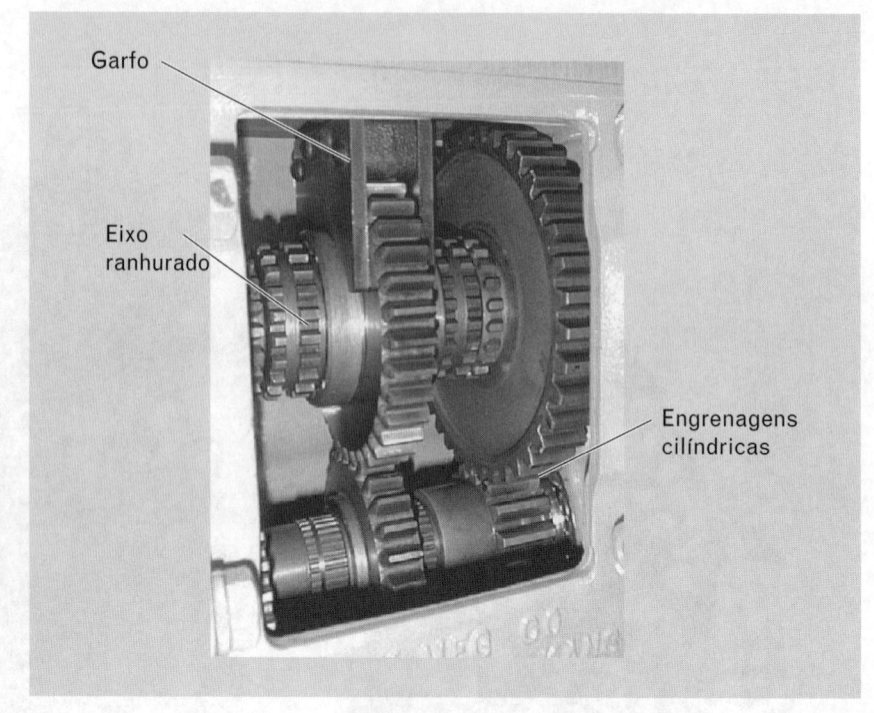

Figura 8.20

O garfo de transmissão é usado para deslizar uma engrenagem ao longo do eixo superior, mudando a velocidade do eixo de saída.

Imagem cortesia dos autores.

Velocidade

Na Figura 8.21(a), a menor das duas engrenagens é denominada pinhão (identificada por p), e a maior é chamada coroa (simbolizada por g). Os raios primitivos do pinhão e da coroa são identificados por r_p e r_g, respectivamente.

À medida que o pinhão gira com velocidade angular ω_p, a velocidade de um ponto em seu círculo primitivo é $v_p = r_p\omega_p$, segundo a Equação (8.2). Do mesmo modo, a velocidade de um ponto no círculo primitivo da coroa é $v_g = r_g\omega_g$. Como os dentes no pinhão e na coroa não deslizam uns sobre os outros, a velocidade dos pontos em contato nos círculos primitivos é a mesma, e $r_g\omega_g = r_p\omega_p$. Sendo a velocidade angular do eixo do pinhão conhecida como a entrada do sistema de engrenagens, a velocidade no eixo de saída da Figura 8.21(a) é

$$\omega_g = \left(\frac{r_p}{r_g}\right)\omega_p = \left(\frac{N_p}{N_g}\right)\omega_p \tag{8.8}$$

Em vez de efetuar cálculos com as expressões dos raios primitivos r_p e r_g, é mais simples trabalhar com os números de dentes N_p e N_g. Embora seja simples contar o número de dentes de uma engrenagem, medir o raio primitivo não é tão fácil assim. Para que o pinhão e a coroa se engatem suavemente, eles precisam ter a mesma distância entre os dentes, seja medindo o *diametral pitch*, seja medindo o módulo. Nas Equações (8.6) e (8.7), o número de dentes em uma engrenagem é proporcional ao seu raio primitivo. Como os *diametral pitch* (ou módulos) do pinhão e da coroa são os mesmos, a razão entre os raios na Equação (8.8) também é igual à razão de seus números de dentes.

A *relação de velocidades* do par de engrenagens é definida como

Relação de velocidades

$$VR = \frac{\text{velocidade de saída}}{\text{velocidade de entrada}} = \frac{\omega_g}{\omega_p} = \frac{N_p}{N_g} \tag{8.9}$$

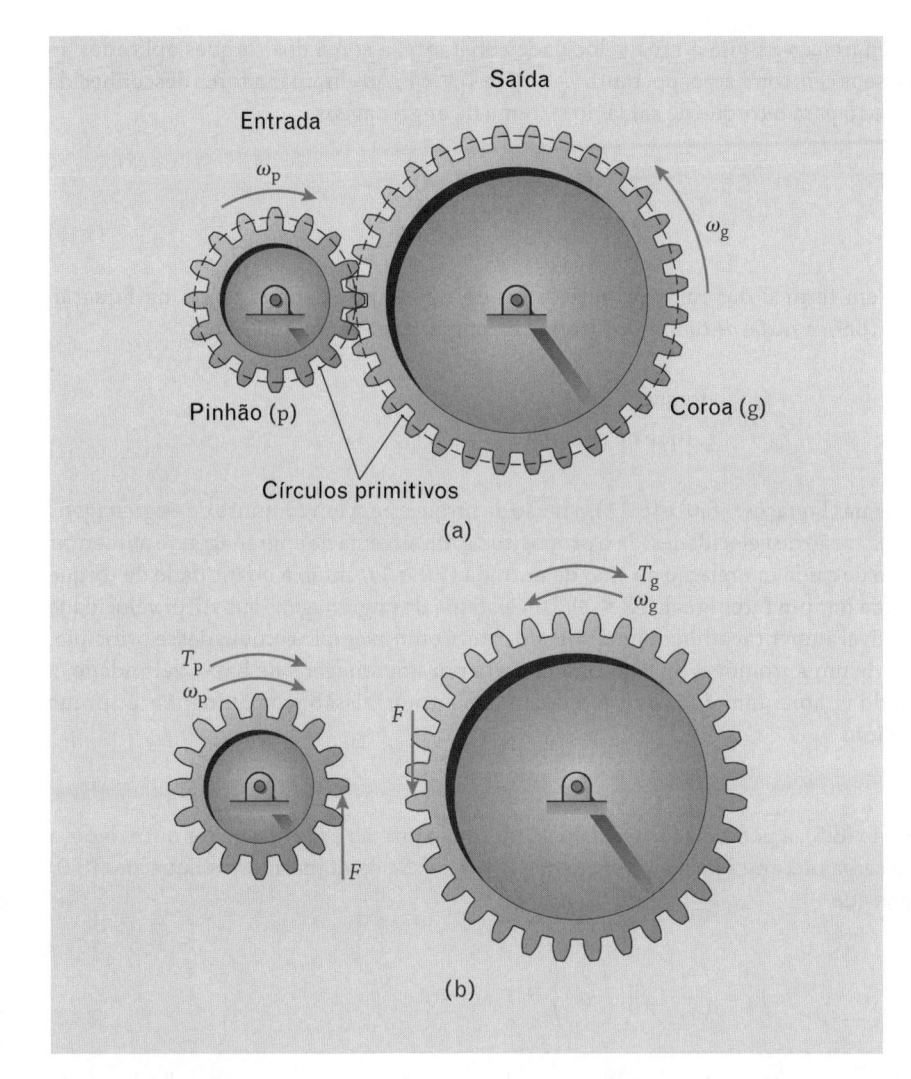

Figura 8.21

(a) O pinhão e a coroa formam um sistema de engrenagens. (b) O pinhão e a coroa são separados conceitualmente para mostrar a componente motora da força no dente e os torques de entrada e saída.

que é uma constante que relaciona as velocidades de saída e de entrada, assim como o ganho mecânico é uma constante que relaciona as forças de entrada e de saída que atuam sobre um mecanismo.

Torque

A seguir, examinaremos como o torque é transferido do eixo do pinhão ao eixo da coroa. Por exemplo, imagine que o pinhão na Figura 8.21(a) seja acionado por um motor e que o eixo da coroa esteja conectado a uma carga mecânica, como um guindaste ou uma bomba. Nos diagramas da Figura 8.21(b), o motor aplica o torque T_p ao pinhão, e a carga acionada aplica o torque T_g ao eixo da coroa. A força F dos dentes apresentada neste diagrama é o meio físico pelo qual o torque é transferido entre o pinhão e a coroa. A força total de engrenamento é o resultado de F e da outra componente que atua ao longo da linha de ação, passando pelos centros dos dois eixos. Essa segunda força, que seria aplicada no sentido horizontal na Figura 8.20(b), tende a separar o pinhão da coroa, mas não contribui para a transferência do torque e, portanto, foi omitida do diagrama para maior clareza. Se imaginarmos que o pinhão e a coroa são isolados um do outro, F e a força de separação atuam em direções iguais e opostas nos dentes da engrenagem.

Quando o par de engrenagens gira a uma velocidade constante, a soma dos torques aplicados ao pinhão e à coroa sobre seus centros é zero; portanto $T_p = r_p F$ e $T_g = r_g F$. Ao eliminar a força desconhecida F, obtemos uma expressão para o torque de saída do sistema de engrenagens

$$T_g = \left(\frac{r_g}{r_p}\right)T_p = \left(\frac{N_g}{N_p}\right)T_p \tag{8.10}$$

Razão de torque   em termos dos raios primitivos ou do número de dentes. Como na Equação (8.9), a *razão de torque* do sistema de engrenagens é definida como

$$TR = \frac{\text{torque de saída}}{\text{torque de entrada}} = \frac{T_g}{T_p} = \frac{N_g}{N_p} \tag{8.11}$$

Como você pode ver nas Equações (8.9) e (8.11), a razão de torques para um conjunto de engrenagens é a recíproca exata de sua razão de velocidades. Se o propósito de um sistema de engrenagens é aumentar a velocidade de seu eixo de saída em relação ao eixo de entrada ($VR > 1$), então a quantidade de torque transferido será reduzida por um fator igual ($TR < 1$). Um sistema de engrenagens substitui velocidade por torque, e não é possível aumentar ambos simultaneamente. Como exemplo comum desse princípio, quando a transmissão de um automóvel ou caminhão é feita por engrenagens de baixa velocidade, a velocidade de rotação do virabrequim do motor é reduzida pela transmissão para aumentar o torque aplicado às rodas de tração.

Potência

De acordo com a Equação (8.5), a potência fornecida pelo motor ao pinhão é $P_p = T_p \omega_p$. Por outro lado, a potência transferida à carga mecânica pela engrenagem é $P_g = T_g \omega_g$. Se combinarmos as Equações (8.9) e (8.11), descobriremos que

$$P_g = \left(\frac{N_g}{N_p}T_p\right)\left(\frac{N_p}{N_g}\omega_p\right) = T_p \omega_p = P_p \tag{8.12}$$

o que indica que os níveis de potência de entrada e de saída são exatamente os mesmos (desde que se desprezem as eventuais perdas existentes). A potência fornecida ao par de engrenagens é idêntica à potência transferida para a carga. Do ponto de vista prático, todas as engrenagens reais sofrem perdas por atrito, mas a Equação (8.12) representa uma boa aproximação para sistemas de engrenagens e mancais de boa qualidade, cujo atrito é pequeno em relação ao nível geral da potência. Em resumo, toda redução de potência entre a entrada e a saída de um sistema de engrenagens estará associada a perdas por atrito, e não às mudanças intrínsecas de velocidade e torque.

▶ 8.5 Trens de engrenagens simples e compostas

Trem de engrenagens simples

Para a maioria das combinações entre um pinhão e uma coroa, um limite razoável para a razão de velocidades oscila em torno de 5 a 10. Muitas vezes, razões de velocidade maiores tornam-se impraticáveis, seja por limitações de tamanho, seja porque o pinhão teria de ter muito poucos dentes para engrenar suavemente com a coroa. Por essa razão constroem-se trens de engrenagens formados por uma cadeia em série de mais de duas engrenagens. Esse tipo de mecanismo é chamado *trem de*

Capítulo 8 Transmissão de movimento e potência

Engrenagem	1	2	3	4
Dentes	N_1	N_2	N_3	N_4
Velocidade	ω_1	ω_2	ω_3	ω_4

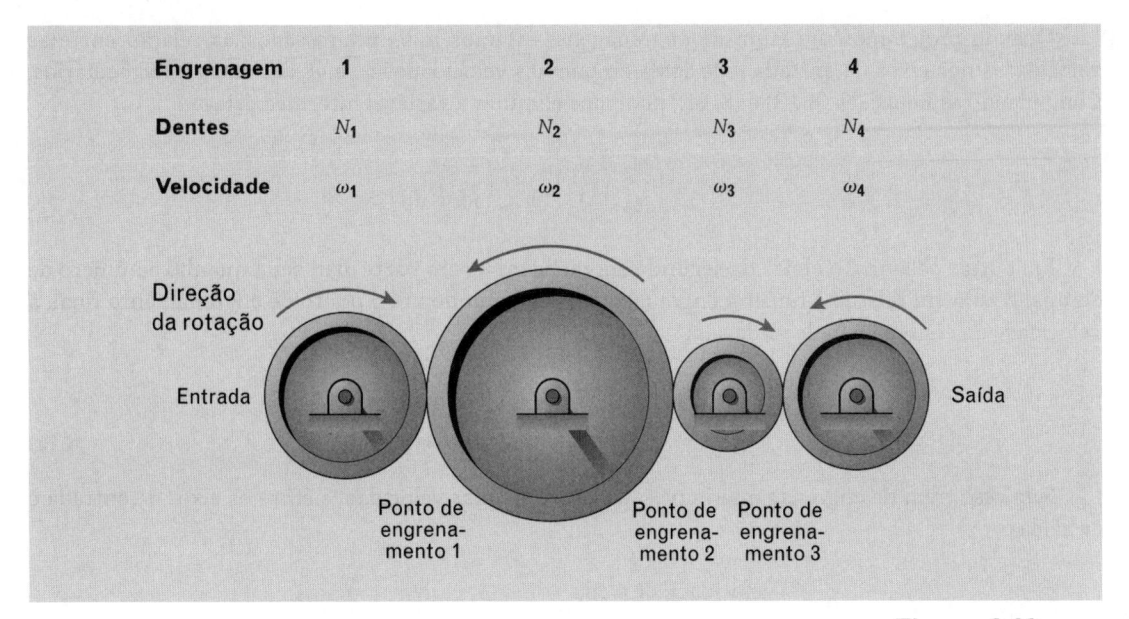

Figura 8.22
Um trem de engrenagens simples formado por uma série de conexões de quatro engrenagens sobre eixos separados. Omitimos os dentes das engrenagens para maior clareza.

engrenagens simples, e o que o caracteriza é o fato de que cada eixo suporta uma única engrenagem.

A Figura 8.22 mostra um exemplo de trem de engrenagens simples com quatro engrenagens. Para distinguir os diversos eixos e engrenagens, convencionamos que a engrenagem de entrada é chamada engrenagem 1, e as demais são numeradas sequencialmente. Os números de dentes e os valores relativos a velocidades de rotação de cada engrenagem são representados pelos símbolos N_i e ω_i. Estamos interessados em determinar a velocidade ω_4 do eixo de saída para determinada velocidade ω_1 do eixo de entrada. É possível determinar a direção da rotação de cada engrenagem reconhecendo que, no caso de engrenagens externas, a direção se inverte em cada ponto de engrenamento.

O trem de engrenagens simples pode ser visto como uma sequência de engrenagens conectadas umas às outras. Nesse sentido, é possível aplicar a Equação (8.9) recursivamente a cada par de engrenagens. Começando pelo primeiro ponto de engrenamento,

$$\omega_2 = \left(\frac{N_1}{N_2}\right)\omega_1 \tag{8.13}$$

em sentido anti-horário. No segundo ponto de engrenamento,

$$\omega_3 = \left(\frac{N_2}{N_3}\right)\omega_2 \tag{8.14}$$

Quando projetamos um trem de engrenagens, estamos mais interessados na relação entre as velocidades nos eixos de entrada e de saída do que nas velocidades ω_2 e ω_3 dos eixos intermediários. Combinando as Equações (8.13) e (8.14), podemos eliminar a variável intermediária ω_2:

$$\omega_3 = \left(\frac{N_2}{N_3}\right)\left(\frac{N_1}{N_2}\right)\omega_1 = \left(\frac{N_1}{N_3}\right)\omega_1 \tag{8.15}$$

Em outras palavras, o efeito da segunda engrenagem (e, em particular, seu tamanho e número de dentes) é nulo em relação à terceira engrenagem. Prosseguindo até o ponto de engrenamento final, a velocidade da engrenagem de saída será

$$\omega_4 = \left(\frac{N_3}{N_4}\right)\omega_3 = \left(\frac{N_3}{N_4}\right)\left(\frac{N_1}{N_3}\right)\omega_1 = \left(\frac{N_1}{N_4}\right)\omega_1 \tag{8.16}$$

Para esse trem de engrenagens simples, a razão geral das velocidades entre os eixos de entrada e de saída é

$$VR = \frac{\text{velocidade de saída}}{\text{velocidade de entrada}} = \frac{\omega_4}{\omega_1} = \frac{N_1}{N_4} = \frac{N_{\text{entrada}}}{N_{\text{saída}}} \tag{8.17}$$

O tamanho das engrenagens intermediárias 2 e 3 não afeta a razão das velocidades do trem de engrenagens. Esse resultado pode ser aplicado a trens de engrenagens simples com qualquer número de engrenagens e, em geral, a razão das velocidades dependerá apenas do tamanho das engrenagens de entrada e de saída. De maneira semelhante, ao aplicar a Equação (8.12) para a conservação de potência com pares de engrenagens ideais, a potência fornecida à primeira engrenagem precisa corresponder à potência transmitida pela engrenagem final. Como $VR \times TR = 1$ para um conjunto de engrenagens ideal, a razão de torque também não é afetada pelo número de dentes nas engrenagens 2 e 3, e

$$TR = \frac{\text{torque de saída}}{\text{torque de entrada}} = \frac{T_4}{T_1} = \frac{N_4}{N_1} = \frac{N_{\text{saída}}}{N_{\text{entrada}}} \tag{8.18}$$

Como as engrenagens intermediárias de um trem de engrenagens simples não alteram a velocidade ou o torque como um todo, às vezes são chamadas *engrenagens livres*. Embora não exerçam efeito direto sobre *VR* e *TR*, as engrenagens livres contribuem indiretamente, pois o projetista pode inseri-las para aumentar ou diminuir gradualmente as dimensões de engrenagens adjacentes. Engrenagens livres adicionais também permitem que os eixos de entrada e de saída fiquem mais afastados um do outro, mas as correntes e correias para transmissão de potência, que serão discutidas mais adiante neste capítulo, podem ser usadas igualmente para esse fim.

Engrenagem livre

Trem de engrenagens compostas

Como alternativa aos trens de engrenagens simples, trens de engrenagens compostas podem ser usados em transmissões quando se necessita de razões de velocidade ou torque maiores, ou quando a caixa de engrenagens deve ser fisicamente compacta. *Trens de engrenagens compostas* baseiam-se no princípio de ter mais de uma engrenagem em cada eixo intermediário. No trem de engrenagens da Figura 8.23, o eixo intermediário suporta duas engrenagens com diferentes números de dentes. Para determinar a razão geral de velocidade ω_4/ω_1 entre os eixos de entrada e de saída, aplicamos a Equação (8.9) para cada par de engrenagens encaixadas. Começando com o primeiro par engrenado,

$$\omega_2 = \left(\frac{N_1}{N_2}\right)\omega_1 \tag{8.19}$$

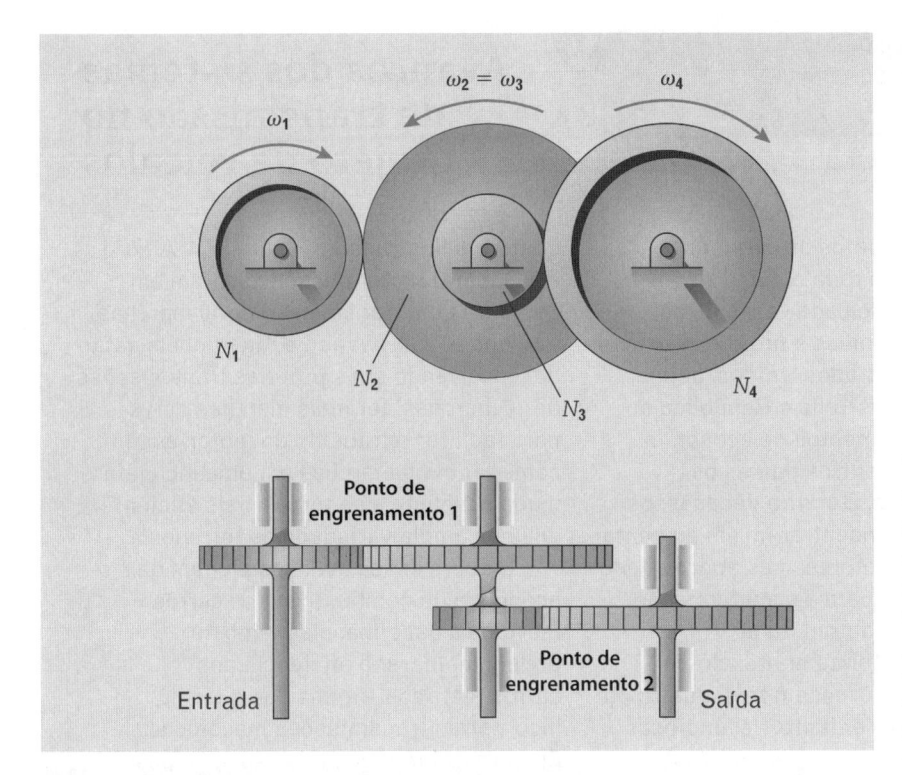

Figura 8.23

Trem de engrenagens compostas, no qual a segunda e a terceira engrenagens são montadas sobre o mesmo eixo e giram juntas. Omitimos os dentes das engrenagens para maior clareza.

Como as engrenagens 2 e 3 estão montadas sobre o mesmo eixo, $\omega_3 = \omega_2$. Prosseguindo para o próximo ponto de engrenamento entre as engrenagens 3 e 4, temos

$$\omega_4 = \left(\frac{N_3}{N_4}\right)\omega_3 \tag{8.20}$$

Se combinarmos as equações (8.19) e (8.20), a velocidade do eixo de saída se torna

$$\omega_4 = \left(\frac{N_3}{N_4}\right)\left(\frac{N_1}{N_2}\right)\omega_1 \tag{8.21}$$

e a razão de velocidade será

$$VR = \frac{\text{velocidade de saída}}{\text{velocidade de entrada}} = \left(\frac{\omega_4}{\omega_1}\right) = \left(\frac{N_1}{N_2}\right)\left(\frac{N_3}{N_4}\right) \tag{8.22}$$

A razão de velocidade de um trem de engrenagens compostas é o produto das razões de velocidade entre os pares de engrenagens em cada ponto de engrenamento, um resultado que pode ser generalizado para trens de engrenagens compostos com qualquer número de estágios adicionais. Diferentemente das engrenagens em um trem de engrenagens simples, aqui o tamanho das engrenagens intermediárias influencia a razão de velocidade. A rotação em sentido horário ou anti-horário de qualquer engrenagem é determinada pela seguinte regra geral: quando o número de pontos de engrenamento é par, o eixo de saída gira na mesma direção do eixo de entrada. Inversamente, quando o número de pontos de engrenamento for ímpar, os eixos de entrada e de saída girarão em sentidos opostos.

Foco em: Avanços dos sistemas de transmissão no projeto de veículos

Os padrões crescentes de economia de combustível em todo o mundo estão pressionando cada vez mais os engenheiros mecânicos a projetar veículos mais eficientes. Estados Unidos, Japão, China, Canadá, Austrália e República da Coreia têm regulamentos de economia de combustível, e outros países os seguirão em breve. Durante décadas, os engenheiros se concentraram em aumentar a eficiência dos motores, mas agora o foco se voltou também para a transformação das transmissões automotivas. As transmissões, historicamente, alojam engrenagens que fornecem três, quatro ou cinco marchas. No entanto, as empresas automotivas estão reconhecendo os benefícios de projetar transmissões com um número de marchas ainda maior.

Como a transmissão conecta o motor às rodas, é uma componente crítica de um veículo. É também uma das componentes mais complicadas, consistindo em vários trens de engrenagens de alta precisão, conforme ilustrado na Figura 8.24. A Ford e a General Motors desenvolveram em conjunto uma transmissão de 10 marchas, e Hyundai, Volkswagen e Kia também estão desenvolvendo suas próprias transmissões de 10 marchas. Ter mais marchas serve para facilitar o trabalho do motor, assim como ter mais marchas em uma bicicleta ajuda o ciclista a se tornar mais eficiente em uma ampla variedade de terrenos.

Embora esses avanços ajudem na economia de combustível dos carros movidos a gasolina, eles também podem melhorar a eficiência dos carros elétricos, alguns dos quais já incorporam transmissões mecânicas. Embora as limitações de espaço e peso possam restringir o desenvolvimento de transmissões de velocidade ainda mais altas, os engenheiros mecânicos estão liderando o desenvolvimento de tecnologias automotivas para aumentar o desempenho e a economia de combustível de uma ampla gama de veículos.

Figura 8.24
Parte de transmissão de um veículo

Gajic Dragan/Shutterstock.com

Exemplo 8.4 | *Velocidade, torque e potência em um trem de engrenagens simples*

O eixo de entrada de um trem de engrenagens simples é acionado por um motor que fornece 1 kW de potência a uma velocidade operacional de 250 rpm. (Ver Figura 8.25.) (a) Determine a velocidade e o sentido da rotação do eixo de saída. (b) Qual é a magnitude do torque que o eixo de saída transfere para sua carga mecânica?

Figura 8.25

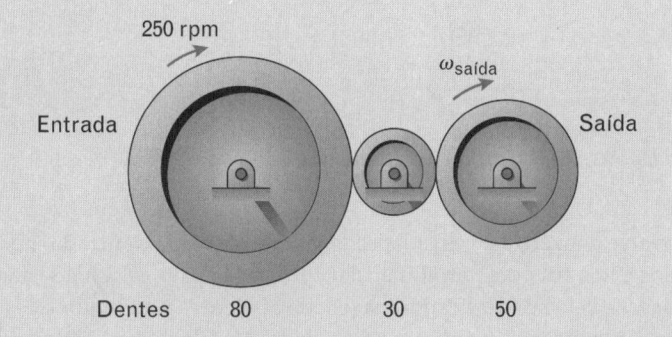

Dentes   80   30   50

Abordagem

Para descobrir o sentido da rotação do eixo de saída, reconhecemos que o eixo de entrada gira em sentido horário na figura e, em cada ponto de engrenamento, o sentido da rotação se inverte. Assim, a engrenagem de 30 dentes gira em sentido anti-horário, e a engrenagem de saída com 50 dentes, em sentido horário. Para determinar a velocidade do eixo de saída, aplicaremos a Equação (8.17). Na parte (b), no caso de um trem de engrenagens ideal, no qual o atrito pode ser ignorado, os níveis de potência na entrada e na saída são idênticos. Podemos aplicar a Equação (8.5) para relacionar velocidade, torque e potência.

Solução

(a) A velocidade do eixo de saída é

$$\omega_{saída} = \left(\frac{80}{50}\right)(250 \text{ rpm}) \quad \leftarrow \left[VR = \frac{N_{entrada}}{N_{saída}}\right]$$

$$= 400 \text{ rpm}$$

(b) A potência instantânea é o produto do torque e da velocidade de rotação. Para que o cálculo seja dimensionalmente uniforme, primeiro precisamos converter a velocidade do eixo de saída para as unidades de radianos por segundo, usando o fator de conversão indicado na Tabela 8.1:

$$\omega_{saída} = 400 \text{ rpm}\left(0{,}1047\frac{\text{rad/s}}{\text{rpm}}\right)$$

$$= 41{,}88\left(\frac{\cancel{\text{rpm}} \cdot \text{rad/s}}{\cancel{\text{rpm}}}\right)$$

$$= 41{,}88\frac{\text{rad}}{\text{s}}$$

Exemplo 8.4 | continuação

O torque de saída será

$$T_{saída} = \frac{1.000 \text{ W}}{41{,}88 \text{ rad/s}} \quad \leftarrow \left[T = \frac{P}{\omega}\right]$$

$$= 23{,}88 \frac{\text{W} \cdot \text{s}}{\text{rad}}$$

$$= 23{,}88 \left(\frac{\text{N} \cdot \text{m}}{\cancel{\text{s}}}\right)(\cancel{\text{s}})\left(\frac{1}{\cancel{\text{rad}}}\right)$$

$$= 23{,}88 \text{ N} \cdot \text{m}$$

Aqui usamos a definição de 1 W = 1 (N · m)/s e o fato de que 1 kW = 1.000 W.

Discussão
Como a Equação (8.17) envolve a razão das velocidades angulares de saída e entrada, podemos expressar as velocidades dos eixos em qualquer dimensão apropriada para velocidade angular, inclusive em rpm. Além disso, a velocidade da engrenagem de 30 dentes será maior que a das engrenagens de entrada ou saída, porque seu tamanho é menor. Ao calcularmos o torque a partir da expressão $P = T\omega$, podemos cancelar diretamente a unidade de radianos na velocidade angular, já que se trata da medida adimensional de um ângulo.

$$\omega_{saída} = 400 \text{ rpm}$$
$$T_{saída} = 23{,}88 \text{ N} \cdot \text{m}$$

Exemplo 8.5 | *Trem de engrenagens de um trocador de dinheiro*

Um mecanismo de engrenagens de redução é empregado em uma máquina que recebe e confere notas de dinheiro e as troca por moedas. A Figura 8.26 mostra o número de dentes do pinhão e da coroa no primeiro estágio de redução de velocidade. O parafuso sem-fim possui um único dente que engrena na coroa sem-fim de 16 dentes. Determine a razão entre a velocidade no eixo de saída e a velocidade do motor de corrente contínua.

Abordagem
Para encontrar a razão entre a velocidade no eixo de saída e no eixo de entrada, reconhecemos que a velocidade do motor é reduzida em dois estágios: primeiro, no sistema de engrenagens composto pelo pinhão de 10 dentes e pela coroa de 23 dentes; e, segundo, no ponto de engrenamento entre o parafuso sem-fim e a coroa sem-fim. Definimos a velocidade angular do eixo do motor como $\omega_{entrada}$. Para calcular a velocidade do eixo de transmissão, aplicaremos a Equação (8.9). No segundo estágio de redução de velocidade, a coroa sem-fim avançará um dente em cada giro do eixo de transferência.

Exemplo 8.5 | *continuação*

Figura 8.26

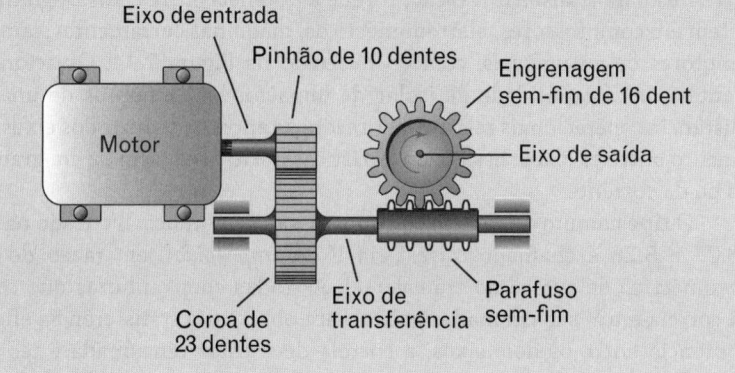

Eixo de entrada
Pinhão de 10 dentes
Engrenagem sem-fim de 16 dent
Motor
Eixo de saída
Coroa de 23 dentes
Eixo de transferência
Parafuso sem-fim

Solução
A velocidade do eixo de transferência é

$$\omega_{\text{transferência}} = \frac{10}{23}\omega_{\text{entrada}} \qquad \leftarrow \left[\omega_g = \left(\frac{N_p}{N_g}\right)\omega_p\right]$$

$$= 0{,}4348\ \omega_{\text{entrada}}$$

ou $\omega_{\text{entrada}} = 2{,}3\ \omega_{\text{transferência}}$. Como a coroa sem-fim tem 16 dentes e o parafuso apenas uma entrada, as velocidades do eixo de transferência e do eixo de saída estão relacionadas por

$$\omega_{\text{saída}} = \left(\frac{1}{16}\right)\omega_{\text{transferência}}$$

$$= 0{,}0625\ \omega_{\text{transferência}}$$

A razão geral da velocidade do trem de engrenagens é

$$VR = \frac{0{,}0625\ \omega_{\text{transferência}}}{2{,}3\ \omega_{\text{transferência}}} \qquad \leftarrow \left[VR = \frac{\omega_{\text{saída}}}{\omega_{\text{entrada}}}\right]$$

$$= 2{,}717 \times 10^{-2}$$

Discussão
A velocidade do eixo de saída é reduzida a 2,7% da velocidade do eixo de entrada para um fator de redução de velocidade de 36,8 vezes. Isso é compatível com o uso de engrenagens sem-fim em aplicações que exigem grandes razões de redução de velocidade.

$$VR = 2{,}717 \times 10^{-2}$$

8.6 Aplicação de projeto: acionamento por correia e corrente

De modo semelhante aos trens de engrenagem, também é possível utilizar acionamentos por correias e por correntes para transferir rotação, torque e potência entre eixos. Algumas dessas aplicações consistem em compressores, eletrodomésticos, máquinas-ferramentas, laminadores de chapas metálicas e motores de automóveis, como o ilustrado na Figura 7.14. Os acionamentos por correias e por correntes têm a capacidade de isolar de impactos os elementos de um trem de acionamento, oferecer distâncias operacionais relativamente longas entre os centros dos eixos e tolerar certo grau de desalinhamento entre os eixos. Essas características positivas devem-se em grande parte à flexibilidade da correia ou da corrente.

Correia em V

Polia

O tipo comum de correia de transmissão de potência ilustrado nas Figuras 8.27 e 8.28 é chamado *correia em V* ou *trapezoidal*, em razão do formato geométrico de sua seção transversal. As rodas com ranhuras que conduzem a correia em V são chamadas *polias*. Para obter uma transferência eficiente de potência entre os dois eixos, a correia deve estar tensionada e ter um bom contato de atrito com suas polias. De fato, a seção transversal da correia é projetada para se ajustar firmemente à ranhura da polia. A capacidade das correias em V de transferir carga entre eixos é determinada pelo seu ângulo de cunha e pelo coeficiente de atrito entre a correia e a superfície das polias. A parte externa das correias em V é feita de borracha, sintética, para aumentar o coeficiente de atrito. Como materiais elastômeros têm módulos elásticos pequenos e se alongam com facilidade, em geral as correias em V são reforçadas internamente com fibras ou cabos de aço, que suportam a maior parte da tensão na correia.

Embora correias em V sejam bem adequadas para transmitir potência, inevitavelmente ocorre algum grau de deslizamento entre a correia e as polias, pois o único contato entre ambas é proveniente do atrito. Por outro lado, entre engrenagens não há deslizamentos graças ao engrenamento mecânico direto entre seus dentes. Trens de engrenagens consistem em um método de rotação *síncrona*, isto é, os eixos de entrada e de saída são sincronizados e

Rotação síncrona

Figura 8.27

Uma correia em V e suas polias.

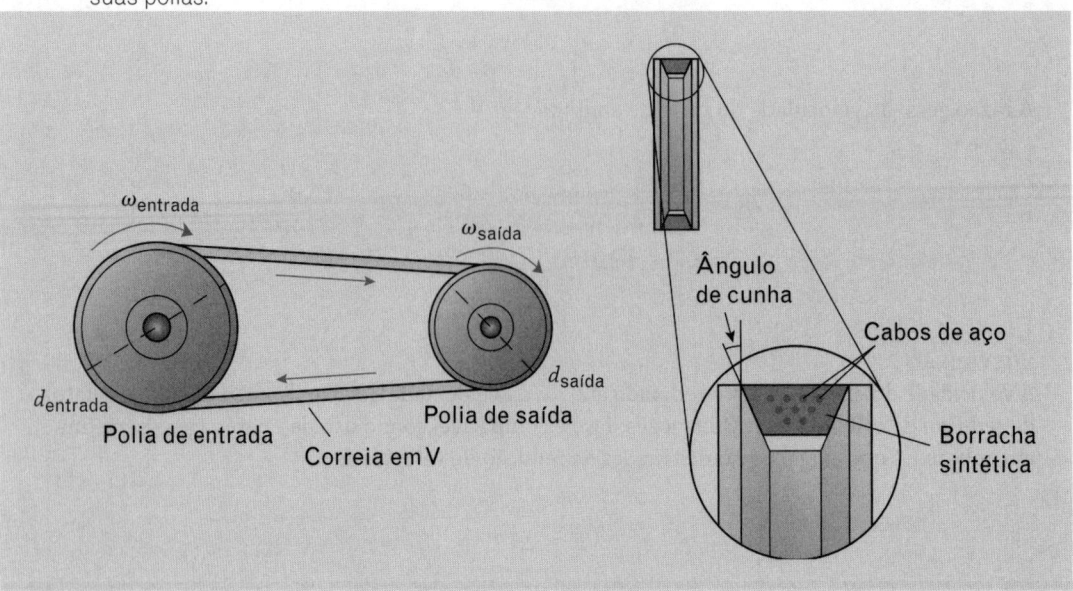

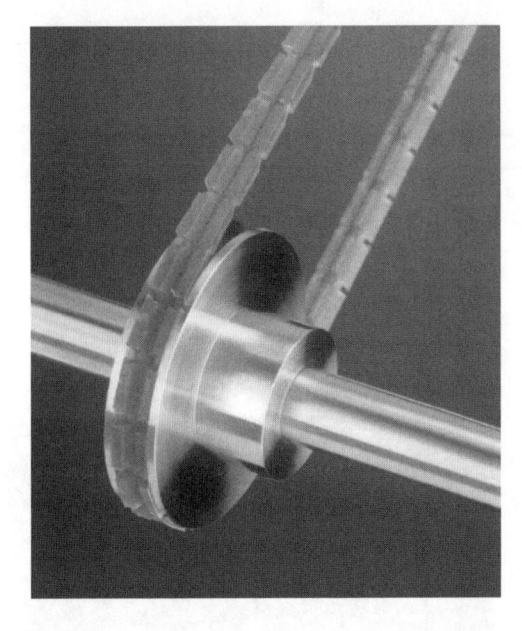

Figura 8.28

Uma correia em V segmentada em contato com sua polia.

Reimpresso com permissão da W. M. Berg, Inc.

giram exatamente juntos. O deslizamento da correia não será uma preocupação se o engenheiro estiver interessado apenas em transmitir potência, como em um motor a gasolina que aciona um compressor ou gerador. Por outro lado, para aplicações muito precisas, como robôs manipuladores e temporização de válvulas em motores de automóveis, a rotação dos eixos precisa se manter perfeitamente sincronizada. Correias dentadas atendem a essa necessidade, pois possuem dentes moldados que encaixam nas ranhuras correspondentes em suas polias. As *correias dentadas*, como a ilustrada na Figura 8.29, combinam alguns dos melhores aspectos de correias – isolamento mecânico e longas distâncias operacionais entre os centros dos eixos – com a capacidade de um sistema de engrenagens de fornecer movimentos síncronos.

Correia dentada

Os *acionamentos por correntes* (Figuras 8.30 e 8.31) são outra opção de projeto quando há necessidade de movimento síncrono, sobretudo quando é preciso transmitir torques ou potências elevadas. Por causa da sua construção formada por elos metálicos, conjuntos de corrente e roda dentada, são capazes de suportar forças maiores do que correias e também de resistir a ambientes com temperaturas elevadas.

Acionamentos por correntes

Para correias dentadas e correntes (e para correias em V, quando for possível desprezar o deslizamento nas polias), as velocidades angulares dos dois eixos são proporcionais entre si, de maneira semelhante a um sistema de

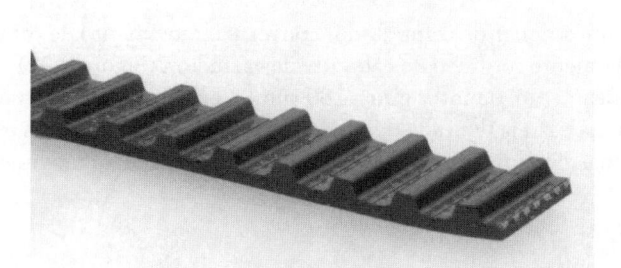

Figura 8.29

Visão ampliada dos dentes de uma correia dentada. As fibras de reforço estão expostas na seção transversal da correia.

Reimpresso com permissão da W. M. Berg, Inc.

Figura 8.30

Corrente e roda dentada usadas em um sistema de transmissão de potência.

Imagem cortesia dos autores.

Figura 8.31

Engenheiros e cientistas têm fabricado sistemas de correntes micromecânicos, adaptando técnicas que são usadas na produção de circuitos eletrônicos integrados. A distância entre cada elo da corrente é de 50 mícrons, menor que o diâmetro de um cabelo humano.

Reimpresso com permissão da Sandia National Laboratories.

engrenagens. Na Figura 8.27, por exemplo, a velocidade da correia quando envolve a primeira polia [$(d_{entrada}/2)\,\omega_{entrada}$] deve ser a mesma de quando envolve a segunda polia [$(d_{saída}/2)\,\omega_{saída}$]. De maneira muito semelhante ao que ocorre na Equação (8.9), a razão de velocidade entre os eixos de saída e de entrada é dada por

$$VR = \frac{\text{velocidade de saída}}{\text{velocidade de entrada}} = \frac{\omega_{saída}}{\omega_{entrada}} = \frac{d_{entrada}}{d_{saída}} \qquad (8.23)$$

em que os diâmetros primitivos das polias são indicados por $d_{entrada}$ e $d_{saída}$.

Exemplo 8.6 | *Scanner de computador*

O mecanismo de um scanner de computador converte o movimento de rotação do eixo de um motor no movimento retilíneo do cabeçote de varredura (Figura 8.32). Durante parte da operação de escaneamento, o motor gira a 180 rpm. A engrenagem conectada ao eixo do motor possui 20 dentes, e a correia dentada possui 20 dentes/in. As duas outras engrenagens têm as dimensões indicadas. Em unidades de in./s, calcule a velocidade do movimento do cabeçote de varredura.

Exemplo 8.6 | *continuação*

Figura 8.32

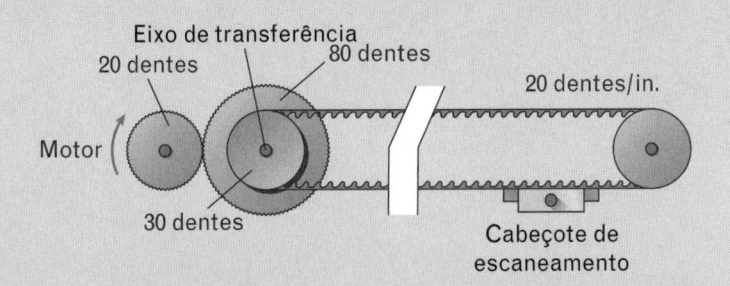

Eixo de transferência
20 dentes / 80 dentes / 20 dentes/in.
Motor
30 dentes
Cabeçote de escaneamento

Abordagem
Para descobrir a velocidade do cabeçote de varredura, primeiro precisamos determinar a velocidade do eixo de transferência, aplicando a Equação (8.9). Em seguida podemos usar a Equação (8.2) para relacionar a velocidade de rotação do eixo de transferência e a velocidade da correia.

Solução
A velocidade angular do eixo de transferência é

$$\omega = \left(\frac{20}{80}\right)(180 \text{ rpm}) \quad \leftarrow \left[\omega_g = \left(\frac{N_p}{N_g}\right)\omega_p\right]$$

$$= 45 \text{ rpm}$$

Como as engrenagens de 30 dentes e de 80 dentes estão montadas sobre o mesmo eixo, a engrenagem de 30 dentes também gira a 45 rpm. A cada giro do eixo de transferência, 30 dentes da correia de temporização encaixam na engrenagem, e a correia avança uma distância de

$$x = \frac{30 \text{ dentes/rev}}{20 \text{ dentes/in.}}$$

$$= 1{,}5 \left(\frac{\cancel{\text{dentes}}}{\text{rev}}\right)\left(\frac{\text{in.}}{\cancel{\text{dentes}}}\right)$$

$$= 1{,}5 \frac{\text{in.}}{\text{rev}}$$

A velocidade v da correia dentada é o produto da velocidade ω do eixo e do valor x em que a correia avança a cada giro. A velocidade do cabeçote de varredura será

$$v = \left(1{,}5 \frac{\text{in.}}{\text{rev}}\right)(45 \text{ rpm})$$

$$= 67{,}5 \left(\frac{\cancel{\text{rev}}}{\text{min}}\right)\left(\frac{\text{in.}}{\cancel{\text{rev}}}\right)$$

$$= 67{,}5 \frac{\text{in.}}{\text{min}}$$

Exemplo 8.6 | *continuação*

Em unidades de centímetros por segundo, a velocidade é

$$v = \left(67{,}5\ \frac{\text{in.}}{\text{min}}\right)\left(\frac{1}{60}\ \frac{\text{min}}{\text{s}}\right)$$

$$= 1{,}125 \left(\frac{\text{in.}}{\text{min}}\right)\left(\frac{\text{min}}{\text{s}}\right)$$

$$= 1{,}125\ \frac{\text{in.}}{\text{s}}$$

Discussão
Esse mecanismo obtém uma redução de velocidade e uma conversão entre o movimento giratório e o movimento em linha reta em dois estágios. Primeiro, a velocidade angular (de entrada) do eixo do motor é reduzida até a velocidade do eixo de transferência. Em seguida, a correia dentada converte o movimento de rotação do eixo de transferência em movimento retilíneo (de saída) do cabeçote de varredura.

$$v = 1{,}125\ \frac{\text{in.}}{\text{s}}$$

Exemplo 8.7 | *Acionamento de uma esteira ergométrica*

Em uma esteira ergométrica, uma correia dentada transfere potência do motor para o rolo que apoia a esteira de caminhada/corrida (Figura 8.33). Os diâmetros primitivos das polias nos dois eixos são 1,0 in. e 2,9 in., e o rolo possui um diâmetro de 1,75 in. Para um ritmo de corrida de 7 min/mi, qual deve ser a velocidade do motor? Expresse sua resposta nas unidades de rpm.

Figura 8.33

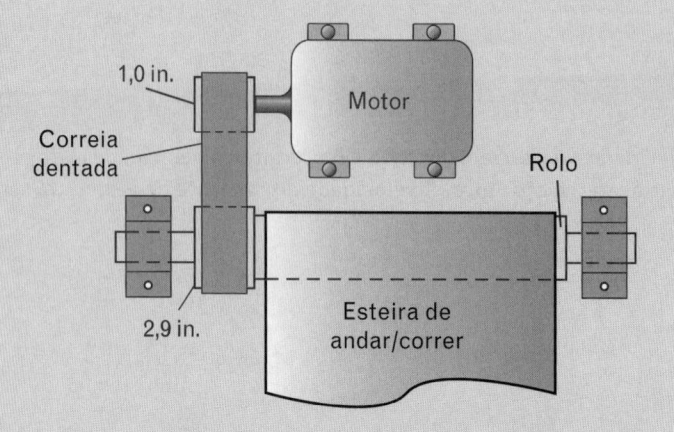

Exemplo 8.7 | *continuação*

Abordagem
Para encontrar a velocidade apropriada do motor, primeiro descobriremos a velocidade angular do rolo e então a relacionaremos à velocidade do motor. A velocidade da esteira de caminhada/corrida está relacionada à velocidade angular do rolo segundo a Equação (8.2). Como a velocidade da correia dentada é a mesma, independentemente se ela está em contato com a polia sobre o rolo ou com a polia sobre o motor, a velocidade angular desses dois eixos está relacionada segundo a Equação (8.23).

Solução
Em unidades dimensionalmente consistentes, a velocidade da esteira de caminhada/corrida é

$$v = \left(\frac{1 \text{ mi}}{7 \text{ min}}\right)\left(5.280 \frac{\text{ft}}{\text{mi}}\right)\left(12 \frac{\text{in.}}{\text{ft}}\right)\left(\frac{1}{60} \frac{\text{min}}{\text{s}}\right)$$

$$= 150,9 \left(\frac{\widetilde{\text{mi}}}{\widetilde{\text{min}}}\right)\left(\frac{\widetilde{\text{ft}}}{\widetilde{\text{mi}}}\right)\left(\frac{\text{in.}}{\widetilde{\text{ft}}}\right)\left(\frac{\widetilde{\text{min}}}{\text{s}}\right)$$

$$= 150,9 \frac{\text{in.}}{\text{s}}$$

A velocidade angular do rolo é

$$\omega_{\text{rolo}} = \frac{150,9 \text{ in./s}}{(1,75 \text{ in.})/2} \leftarrow [v = rw]$$

$$= 172,4 \left(\frac{\widetilde{\text{in.}}}{\text{s}}\right)\left(\frac{1}{\widetilde{\text{in.}}}\right)$$

$$= 172,4 \frac{\text{rad}}{\text{s}}$$

onde a unidade adimensional radiano foi usada para o ângulo do rolo. Em unidades de engenharia de rpm, a velocidade do rolo é

$$\omega_{\text{rolo}} = \left(172,4 \frac{\text{rad}}{\text{s}}\right)\left(9,549 \frac{\text{rpm}}{\text{rad/s}}\right)$$

$$= 1.646 \left(\frac{\widetilde{\text{rad}}}{\widetilde{\text{s}}}\right)\left(\frac{\text{rpm}}{\widetilde{\text{rad/s}}}\right)$$

$$= 1.646 \text{ rpm}$$

Como a polia de 2,9 in de diâmetro gira na mesma rotação que o rolo, a velocidade do eixo do motor é

$$\omega_{\text{rolo}} = \left(\frac{2,9 \text{ in.}}{1,0 \text{ in.}}\right)(1.646 \text{ rpm}) \leftarrow \left[VR = \frac{d_{\text{entrada}}}{d_{\text{saída}}}\right]$$

$$= 4.774 \left(\frac{\widetilde{\text{in.}}}{\widetilde{\text{in.}}}\right)(\text{rpm})$$

$$= 4.774 \text{ rpm}$$

Exemplo 8.7 | *continuação*

Discussão
Este acionamento por correia é semelhante a um trem de engrenagens composto no sentido de que duas correias (a correia dentada e a correia de transmissão) estão em contato com as polias no mesmo eixo. Como o rolo e a roldana de 2,9 in. têm diâmetros diferentes, as duas correias se movem em velocidades diferentes v e presume-se que não escorregam. Muitos motores de esteira são classificados para um máximo de 4.000 rpm a 5.000 rpm. Portanto, nossa resposta, embora no limite superior da faixa, certamente é razoável para a velocidade do corredor.

$$\omega_{motor} = 4.774 \text{ rpm}$$

▶ 8.7 Sistema planetário de engrenagens

Engrenagem solar

Engrenagem planetária

Braço planetário

Figura 8.34

(a) Engrenagem simples na qual o pinhão e a coroa estão unidos por uma conexão fixa. (b) Engrenagem planetária na qual a conexão planetária e o braço giram em torno do centro da engrenagem solar.

Até este ponto, nossos eixos de trens de engrenagens estavam conectados a uma caixa de engrenagens por meio de mancais, e os próprios centros dos eixos não se moviam. Os sistemas de engrenagens, os trens de engrenagens simples, os trens de engrenagens compostas e as correias de transmissão das seções anteriores eram desse tipo. Em alguns trens de engrenagens, porém, os centros de algumas engrenagens podem se movimentar. Esses mecanismos são chamados sistemas planetários de engrenagens, porque em vários aspectos o movimento de suas engrenagens é análogo à órbita de um planeta em torno de uma estrela.

A Figura 8.34 contrasta sistemas de engrenagens simples e planetárias. Conceitualmente, podemos considerar os pontos centrais de engrenagens no sistema simples como conectados por uma ligação fixa. No sistema planetário da Figura 8.34(b), por outro lado, embora o centro da *engrenagem solar* seja estacionário, o centro da *engrenagem planetária* pode orbitar em torno da engrenagem solar. A engrenagem planetária gira em torno de seu próprio centro, encaixa na engrenagem solar e em seguida orbita como um todo em torno do centro da engrenagem solar. A conexão entre os centros das duas engrenagens é chamada *braço planetário*. Geralmente, trens de engrenagens planetárias são usados como redutores de velocidade, e uma de suas aplicações é o trem de engrenagens da Figura 8.35, usado na transmissão de um helicóptero pequeno.

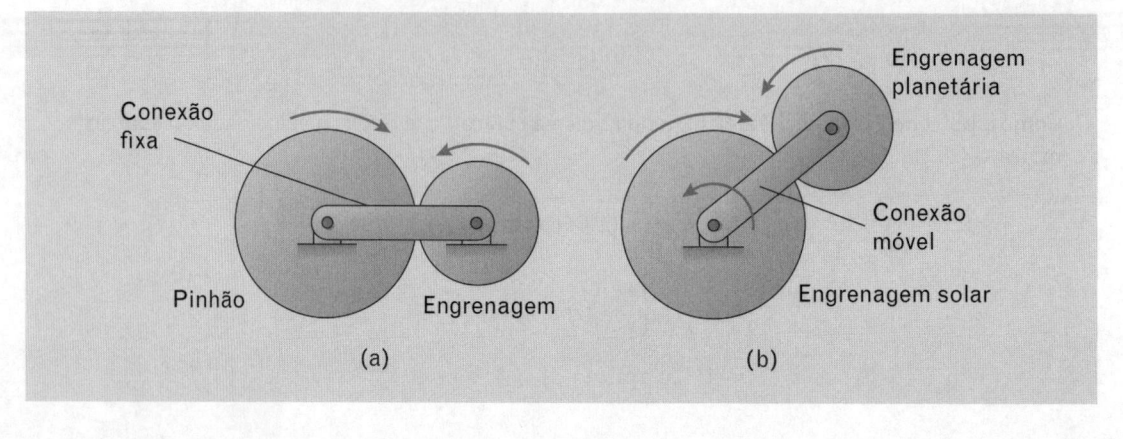

(a) Conexão fixa — Pinhão — Engrenagem

(b) Engrenagem planetária — Conexão móvel — Engrenagem solar

Figura 8.35

Um trem de engrenagens planetárias usado na transmissão de um helicóptero. O diâmetro da coroa anular é de aproximadamente um pé.

Nasa-Lewis Research Center

A Figura 8.34(b) mostra que é bastante simples conectar o eixo da engrenagem solar a uma fonte de energia ou a uma carga mecânica. No entanto, por causa do movimento orbital da engrenagem planetária, não é viável conectar essa engrenagem diretamente ao eixo de outra máquina. Para construir um trem de engrenagens mais funcional, usamos a *coroa anular* ilustrada na Figura 8.36 para converter o movimento da engrenagem planetária na rotação da coroa anular e seu eixo. A coroa anular é uma engrenagem de dentes internos, enquanto as engrenagens solar e planetária possuem dentes externos.

Coroa anular

Nessa configuração, um trem de engrenagens planetárias possui três pontos de conexão de entrada e saída, como mostra a Figura 8.37: os eixos da engrenagem solar, do braço planetário e da coroa anular. Essas conexões podem ser configuradas para formar um trem de engrenagens com dois eixos de entrada (por exemplo, o braço planetário e a engrenagem solar) e um eixo de saída (a coroa anular, neste caso), ou um trem de engrenagens com um eixo de entrada e dois de saída. Portanto, um trem de engrenagens planetárias pode combinar a potência proveniente de duas fontes em uma só saída, ou pode dividir a potência proveniente de uma fonte em duas saídas. Em um automóvel com tração traseira, por exemplo, a potência fornecida pelo motor é dividida entre as duas rodas de tração por um tipo especial de trem de engrenagens planetárias chamado diferencial (descrito mais adiante nesta seção). Também é possível fixar uma das conexões do trem de engrenagens planetárias sobre uma base (por exemplo, a coroa anular), de modo que haja apenas um eixo de entrada e um eixo de saída (neste caso, o braço planetário e a engrenagem solar). Outra alternativa é acoplar os dois eixos, mais uma vez reduzindo o número de pontos de conexão de três para dois. Configurações versáteis como essas

Figura 8.36

Cortes frontal e transversal de um trem de engrenagens planetárias.

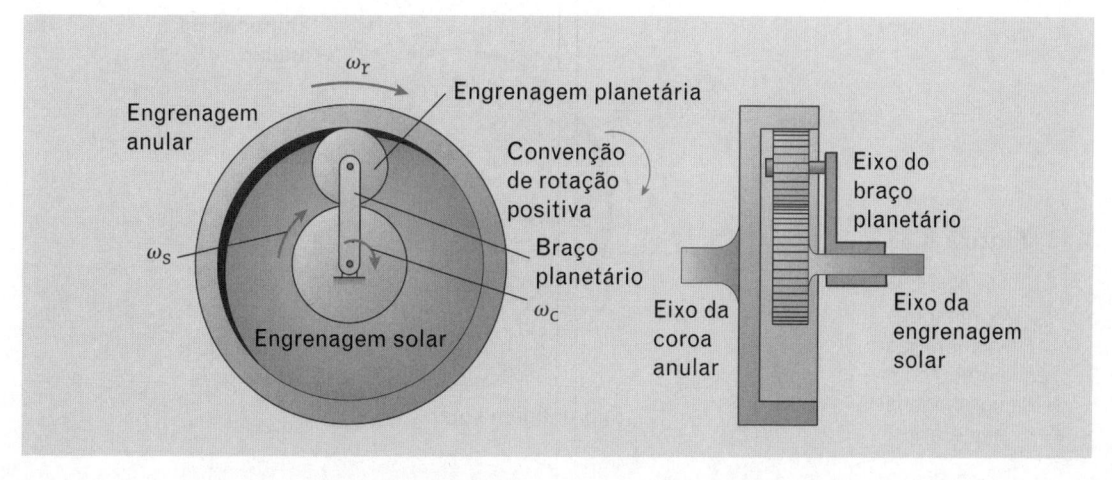

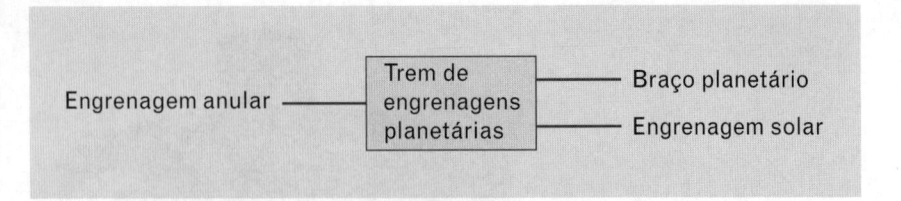

Figura 8.37

Três pontos de conexão de entrada e saída de um trem de engrenagens planetárias.

[Engrenagem anular — Trem de engrenagens planetárias — Braço planetário / Engrenagem solar]

são exploradas na operação de transmissões automáticas de automóveis. Graças ao dimensionamento correto das engrenagens solares, planetárias e anulares e à escolha das conexões de entrada e saída, os engenheiros conseguem razões de velocidade muito pequenas ou muito grandes em um trem de engrenagens de tamanho compacto.

Trem de engrenagens equilibradas

Estrela

Em geral, trens de engrenagens planetárias compõem-se de mais de uma engrenagem planetária para reduzir ruídos, vibrações e forças aplicadas aos dentes da engrenagem. A Figura 8.38 ilustra um *trem de engrenagens planetárias equilibradas*. Quando há várias engrenagens planetárias, às vezes o braço é chamado *estrela*, porque tem vários braços (embora, talvez, não mais que oito) que separam uniformemente as engrenagens planetárias em torno da circunferência.

As rotações de eixos e o fluxo de potência através de trens de engrenagens simples e compostas geralmente são fáceis de visualizar. Sistemas planetários são mais complicados, pois a potência pode passar pelo trem de engrenagens por vários caminhos, e nossa intuição nem sempre pode ser suficiente para determinar as direções de rotação. Por exemplo, se os braços e as engrenagens solares na Figura 8.36 se moverem em sentido horário e a velocidade do braço for maior que a do sol, a coroa anular irá girar em sentido horário. Contudo, à medida que a velocidade da engrenagem solar aumentar gradualmente, a coroa anular irá reduzir a sua velocidade, parar, e, em seguida, inverter sua direção para girar em sentido anti-horário. Tendo isso em mente, em vez de confiar em nossa intuição, podemos aplicar uma equação de projeto que relaciona as velocidades de rotação da engrenagem solar (ω_s), do braço planetário (ω_c) e da coroa anular (ω_r):

$$\omega_s + n\omega_r - (1 + n)\omega_c = 0 \qquad (8.24)$$

Fator de forma

Com o número de dentes nas engrenagens solar e anular identificado por N_s e N_r, o *fator de forma* do trem de engrenagens na Equação (8.24) é

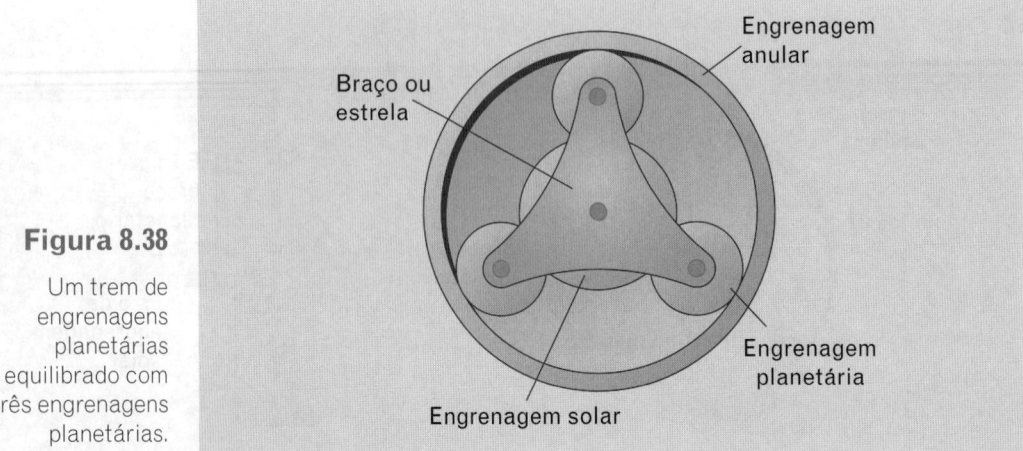

Figura 8.38

Um trem de engrenagens planetárias equilibrado com três engrenagens planetárias.

[Braço ou estrela — Engrenagem anular — Engrenagem planetária — Engrenagem solar]

$$n = \frac{N_r}{N_s} \tag{8.25}$$

Esse parâmetro é uma razão de tamanho que entra nos cálculos de velocidade para trens de engrenagens planetárias, tornando-os mais convenientes; mais especificamente, n não é o número de dentes de uma engrenagem. Quando n for um número elevado, o trem de engrenagens planetárias terá uma engrenagem solar relativamente pequena, e vice-versa. Os números de dentes nas engrenagens solar, planetária e anular estão relacionados por

$$N_r = N_s + 2N_p \tag{8.26}$$

Podemos determinar o sentido da rotação de cada eixo a partir dos sinais positivos ou negativos dos termos de velocidade na Equação (8.24). Conforme ilustra a Figura 8.36, aplicamos a convenção de que a rotação dos eixos é positiva quando ocorre em sentido horário, e negativa quando acontece em sentido anti-horário. Ao aplicar a *convenção de sinais* de forma uniforme, dependeremos do resultado do cálculo para indicar o sentido de rotação dos eixos. Naturalmente, a convenção de sentido horário é arbitrária, e do mesmo modo poderíamos ter escolhido o sentido anti-horário como positivo. Em todo caso, uma vez que definirmos a convenção para rotações positivas, iremos utilizá-la ao longo de todo o cálculo.

Convenção de sinal

Um *diferencial* é um tipo especial de trem de engrenagens planetárias utilizado em automóveis. A Figura 8.39 ilustra o desenho do sistema de transmissão de um veículo com tração nas rodas traseiras. O motor está localizado na parte dianteira do automóvel, e o eixo virabrequim alimenta a transmissão. A velocidade do virabrequim do motor é reduzida pela transmissão, e o eixo do motor se estende ao longo do comprimento do veículo até as rodas traseiras. A transmissão ajusta a razão de velocidades entre as velocidades de rotação do virabrequim e do eixo motor. Por sua vez, o diferencial transfere o torque do eixo motor e o divide entre as rodas do lado do motorista e do passageiro. Portanto, o diferencial possui uma entrada (o eixo

Diferencial

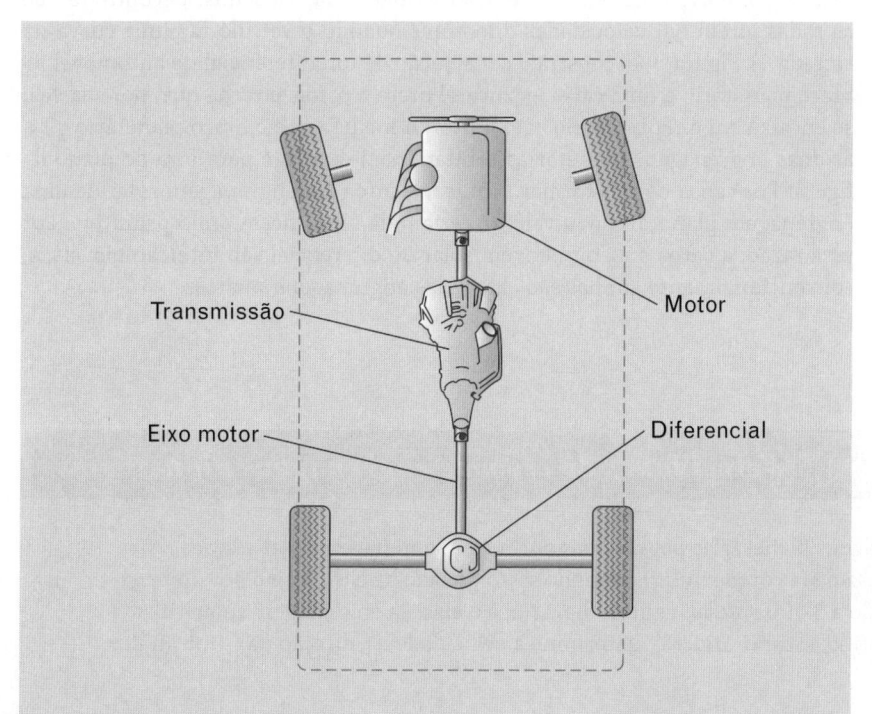

Figura 8.39

Sistema de transmissão em um automóvel com tração nas rodas traseiras.

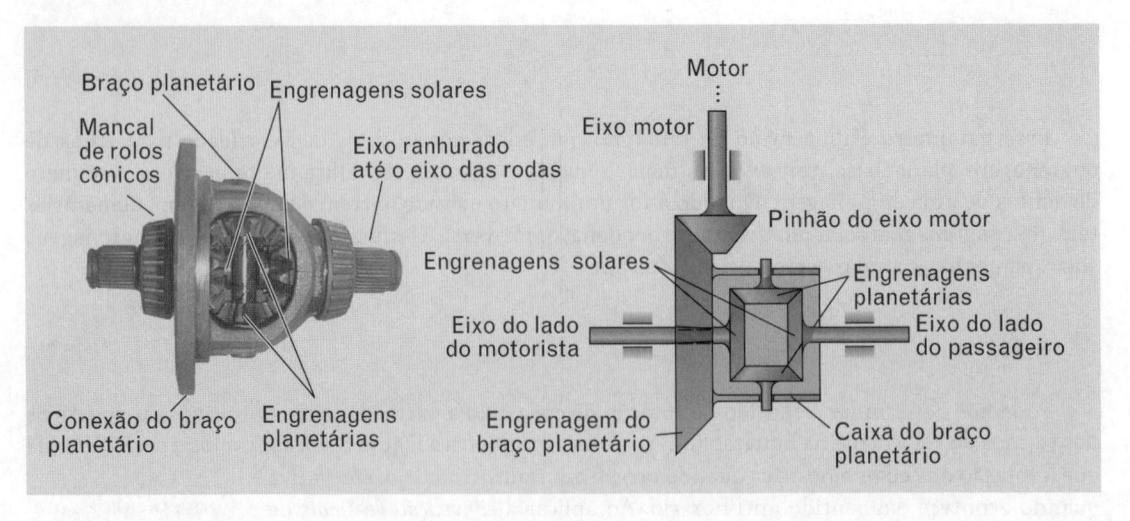

Figura 8.40

Diferencial de um automóvel sedã pequeno, que pode ser visto como um trem de engrenagens planetárias composto de engrenagens cônicas.

Imagem cortesia dos autores.

motor) e duas saídas (os eixos das rodas). Olhe embaixo de um automóvel com tração nas rodas traseiras e veja se você consegue identificar a transmissão, o eixo motor e o diferencial.

O diferencial permite que as rodas traseiras girem em velocidades diferentes quando o veículo faz uma curva, sendo acionadas o tempo todo pelo motor. Quando um automóvel faz uma curva, a roda de tração no lado externo da curva percorre uma distância maior que a roda no lado interno. Se as rodas de tração estivessem unidas ao mesmo eixo e fossem obrigadas a girar na mesma velocidade, iriam derrapar e patinar na curva por causa da diferença de velocidade entre os lados interno e externo da curva. Para resolver esse problema, os engenheiros mecânicos desenvolveram o diferencial e o instalaram entre o eixo motor e os eixos das rodas traseiras, permitindo que as rodas girem em velocidades diferentes quando o veículo faz uma curva na estrada. A Figura 8.40 mostra a construção de um diferencial de automóvel. O braço planetário é uma caixa estrutural presa à coroa externa que, por sua vez, se encaixa em um pinhão no eixo motor. À medida que o braço planetário gira, as duas engrenagens planetárias orbitam para dentro e para fora do plano da figura. Por causa de seu formato cônico, a coroa e a engrenagem solar de uma engrenagem planetária equivalente teriam de ter o mesmo raio primitivo. Por essa razão, a coroa e a engrenagem solar do diferencial são intercambiáveis, e, convencionalmente, ambas são chamadas engrenagens solares.

Exemplo 8.8 | *Velocidades do trem de engrenagens planetárias*

O trem de engrenagens planetárias possui duas entradas (engrenagem solar e braço planetário) e uma saída (a coroa anular). Quando visto do lado direito, o eixo oco do braço planetário é movido a 3.600 rpm no sentido horário, e o eixo da engrenagem solar gira a 2.400 rpm em sentido anti-horário. (a) Determine a velocidade e a direção da coroa anular.

Exemplo 8.8 | *continuação*

Figura 8.41

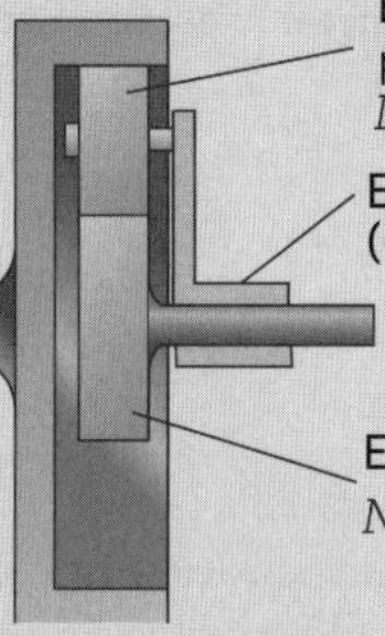

Coroa anular $N_r = 100$

Engrenagem planetária $N_p = 40$

Eixo do braço planetário (entrada)

Eixo da coroa anular (saída)

Eixo da engrenagem solar (entrada)

Engrenagem solar $N_s = 20$

(b) O eixo do braço planetário é acionado por um motor elétrico capaz de inverter sua direção. Repita o cálculo considerando que o eixo do motor gira a 3.600 rpm em sentido anti-horário.
(c) A que velocidade e em que sentido do eixo do braço planetário a coroa anular não irá girar?

Abordagem
Para encontrar a velocidade e o sentido da engrenagem apropriada em cada condição operacional, aplicamos as Equações (8.24) e (8.25), com a convenção de sinais indicada na Figura 8.36. Considerando que rotações em sentido horário são positivas, as velocidades conhecidas na parte (a) são $\omega_c = 3.600$ rpm e $\omega_s = -2.400$ rpm. Na parte (b), quando o eixo do braço planetário inverte seu sentido, $\omega_c = -3.600$ rpm.

Solução
(a) Com base no número de dentes indicado no diagrama, o fator de forma é

$$n = \frac{100 \text{ dentes}}{20 \text{ dentes}} \quad \leftarrow \left[n = \frac{N_r}{N_s} \right]$$

$$= 5 \frac{\text{dentes}}{\text{dentes}}$$

$$= 5$$

Se substituirmos as quantidades indicadas na equação do desenho do trem de engrenagens planetárias, $[\omega_s + n\omega_r (1+ n) \omega_c = 0]$

$$(-2.400 \text{ rpm}) + 5\omega_r - 6(3.600 \text{ rpm}) = 0$$

e $\omega_r = 4.800$ rpm. Como ω_r é positiva, a coroa gira em sentido horário.
(b) Quando o braço planetário inverte sua direção, $\omega_c = -3.600$ rpm. A velocidade da coroa, usando a equação do desenho do trem de engrenagens planetárias
$[\omega_s + n\omega_r - (1 + n) \omega_c = 0]$ passa a ser

$$(-2.400 \text{ rpm}) + 5\omega_r - 6(-3.600 \text{ rpm}) = 0$$

Exemplo 8.8 | continuação

e $\omega_r = -3.840$ rpm. A coroa gira no sentido oposto ao da parte (a) e a uma velocidade menor.

(c) As velocidades da engrenagem solar e do braço planetário estão relacionadas pela equação do desenho do trem de engrenagens planetárias [$\omega_s + n\omega_r - (1 + n)\omega_c = 0$], e nessa condição especial

$$(-2.400 \text{ rpm}) - 6\omega_c = 0$$

e $\omega_c = -400$ rpm. O eixo do braço planetário deve ser movido em sentido anti-horário a 400 rpm para que a coroa permaneça estacionária.

Discussão

O fator de forma é um número adimensional, pois corresponde à razão entre os números de dentes na coroa e na engrenagem solar. Como esse cálculo envolve somente velocidades de rotação, e não a velocidade de um ponto, como na Equação (8.2), é aceitável usar as dimensões de rpm em vez de converter as unidades de velocidade angular em radianos por unidade de tempo. Esses resultados demonstram a natureza complexa, mas flexível, de trens de engrenagens planetárias para produzir uma grande variedade de movimentos de saída.

> Braço planetário em sentido horário: $\omega_r = 4.800$ rpm (sentido horário)
> Braço planetário em sentido anti-horário: $\omega_r = 3.840$ rpm (sentido anti-horário)
> Coroa estacionária: $\omega_c = 400$ rpm (sentido anti-horário)

Exemplo 8.9 | Torque em um trem de engrenagens planetárias

Na parte (a) do exemplo anterior, o braço planetário e a engrenagem solar são acionados por motores que produzem 2 hp e 5 hp, respectivamente (Figura 8.42). Determine o torque aplicado ao eixo da coroa anular de saída.

Abordagem

Para calcular o torque aplicado ao eixo de saída, reconhecemos que, para equilibrar a potência fornecida ao trem de engrenagens, o eixo de saída deve transferir um total de 7 hp para uma carga mecânica. Para aplicar a Equação (8.5) em unidades dimensionalmente uniformes, primeiro convertemos as unidades de potência de hp (ft · lbf)/s com o fator de conversão na Tabela 7.2.

Figura 8.42

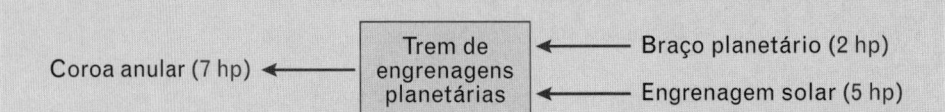

Coroa anular (7 hp) ← Trem de engrenagens planetárias ← Braço planetário (2 hp)
← Engrenagem solar (5 hp)

Exemplo 8.9 | *continuação*

Solução
Em unidades dimensionalmente uniformes, a velocidade do eixo de saída da coroa anular é

$$\omega_r = (4.800 \text{ rpm})\left(0{,}1047 \frac{\text{rad/s}}{\text{rpm}}\right)$$

$$= 502{,}6(\text{rpm})\left(\frac{\text{rad/s}}{\text{rpm}}\right)$$

$$= 502{,}6 \frac{\text{rad}}{\text{s}}$$

A potência total fornecida ao trem de engrenagens é $P = 7$ hp, e, em unidades dimensionalmente uniformes, isso significa

$$P = (7 \text{ hp})\left(550 \frac{(\text{ft} \cdot \text{lbf})/\text{s}}{\text{hp}}\right)$$

$$= 3.850 \, (\text{hp})\left(\frac{(\text{ft} \cdot \text{lbf})/\text{s}}{\text{hp}}\right)$$

$$= 3.850 \frac{\text{ft} \cdot \text{lbf}}{\text{s}}$$

Portanto, o torque de saída é

$$T = \frac{3.850 \,(\text{ft} \cdot \text{lbf})/\text{s}}{502{,}6 \text{ rad/s}} \quad \leftarrow [P = T\omega]$$

$$= 7{,}659 \left(\frac{\text{ft} \cdot \text{lbf}}{\text{s}}\right)\left(\frac{\text{s}}{\text{rad}}\right)$$

$$= 7{,}659 \text{ ft} \cdot \text{lbf}$$

Discussão
Como no caso anterior, podemos cancelar diretamente a unidade radiano ao calcular o torque, porque o radiano é uma medida adimensional de um ângulo. Para esse trem de engrenagens como um todo, a potência de entrada equivale à potência transferida para a carga mecânica, desde que o atrito no trem de engrenagens possa ser desprezado.

$$\boxed{T = 7{,}659 \text{ ft} \cdot \text{lbf}}$$

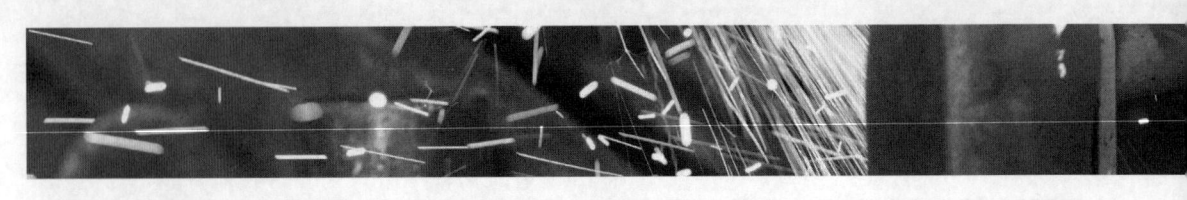

Resumo

Neste capítulo, discutimos os tópicos relacionados ao movimento e à transmissão de potência em máquinas no contexto de trens de engrenagens e acionamentos por correias. A Tabela 8.2 resume as quantidades importantes introduzidas neste capítulo, os símbolos comuns que as representam e suas unidades, e a Tabela 8.3 indica as principais equações utilizadas. O movimento de trens de engrenagens e os acionamentos por correias ou correntes abrangem componentes mecânicos, forças e torques, além de energia e potência.

Sistemas de engrenagens, trens de engrenagens simples, trens de engrenagens compostas, trens de engrenagens planetárias e acionamentos por correia e corrente são usados para transmitir potência, mudar a velocidade de rotação de um eixo e modificar o torque aplicado a um eixo. De maneira mais genérica, trens de engrenagens e acionamentos por correia e corrente são exemplos de mecanismos comumente encontrados na engenharia mecânica. Mecanismos são combinações de engrenagens, polias, correias, correntes, elos, eixos, mancais, molas, cames, parafusos de movimento e outras componentes que podem ser conjugadas para converter um tipo de movimento em outro. Milhares de instruções para diversos mecanismos estão disponíveis em recursos de engenharia mecânica impressos e *online* com aplicações que incluem robótica, motores, mecanismos de alimentação automática, dispositivos médicos, sistemas de transporte, travas de segurança, catracas e estruturas aeroespaciais de autoimplantação.

Tabela 8.2

Quantidades, símbolos e unidades utilizados ao analisar máquinas para transmissão de movimento e potência

Quantidade	Símbolos convencionais	Unidades convencionais	
		USCS	SI
Velocidade	v	in./s, ft/s	mm/s, m/s
Ângulo	θ	graus, radianos	
Velocidade angular	ω	rpm, rps, graus/s, rad/s	
Torque	T	in · lbf, ft · lbf	N · m
Trabalho	W	ft · lbf	J
Potência instantânea	P	hp, (ft · lbf)/s	W
Diametral pitch	p	dentes/in.	—
Módulo	m	—	mm
Número de dentes	N	—	—
Razão de transmissão	VR	—	—
Razão de torque	TR	—	—
Fator de forma	n	—	—

Velocidade	$v = r\omega$
Trabalho de um torque	$W = T\Delta\theta$
Potência instantânea em função da força em função do torque	$P = Fv$ $P = T\omega$
Projeto de engrenagem Módulo *Diametral pitch*	 $m = \dfrac{dp}{N}$ $p = \dfrac{N}{dp}$
Razão de velocidade do sistema de engrenagens Sistema de engrenagens Trem de engrenagens simples Trem de engrenages compostas Acionamento por correia/corrente	 $VR = \dfrac{N_p}{N_g}$ $VR = \dfrac{N_{entrada}}{N_{saída}}$ $VR = \left(\dfrac{N_1}{N_2}\right)\left(\dfrac{N_3}{N_4}\right)\ldots$ $VR = \dfrac{d_{entrada}}{d_{saída}}$
Razão de torque	$TR = \dfrac{1}{VR}$
Trem de engrenagens planetárias Fator de forma Velocidade Dentes	 $n = \dfrac{N_r}{N_s}$ $\omega_s + n\omega_r - (1 + n)\,\omega_c = 0$ $N_r = N_s + 2N_p$

Tabela 8.3
Equações importantes utilizadas na análise de máquinas para transmissão de movimento e potência

Autoestudo e revisão

8.1. Relacione várias unidades que os engenheiros utilizam para velocidade angular.

8.2. Em quais tipos de cálculos devemos usar a unidade de rad/s para velocidade angular?

8.3. Qual é a diferença entre potência média e potência instantânea?

8.4. Desenhe o formato dos dentes de uma engrenagem cilíndrica.

8.5. Qual é a propriedade fundamental de trens de engrenagens?

8.6. Defina os termos *diametral pitch* e "módulo".

8.7. O que são cremalheira e pinhão?

8.8. Em que as engrenagens helicoidais diferem das engrenagens cilíndricas?

8.9. Faça um desenho para mostrar a diferença na orientação dos eixos quando se usam engrenagens cônicas e engrenagens helicoidais de eixos reversos.

8.10. Quais são as diferenças entre trens de engrenagens simples e compostas?

8.11. Como são definidas as razões de velocidade e torque de um trem de engrenagens?

8.12. Que relação existe entre as razões de velocidade e torque para um trem de engrenagens ideal?

8.13. Descreva algumas diferenças entre uma correia em V e uma correia dentada.

8.14. Desenhe um trem de engrenagens planetárias, identifique seus principais componentes e explique como funciona.

8.15. Descreva os principais componentes do sistema de transmissão de um automóvel.

8.16. Para que serve o diferencial em um automóvel?

Problemas

P8.1
Um automóvel viaja a 30 mph, que também é a velocidade do centro C do pneu (Figura P8.1). Se o raio externo do pneu mede 15 in., determine a velocidade de rotação do pneu nas unidades de rad/s, graus/s, rps e rpm.

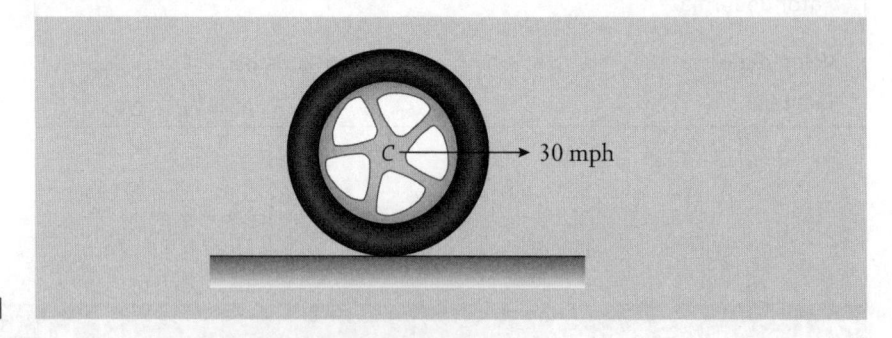

Figura P8.1

P8.2
Suponha que o pneu do P8.1 esteja agora patinando no gelo com a mesma velocidade de rotação, mas sem avançar. Determine a velocidade dos pontos no topo e na parte de baixo do pneu, onde ele entra em contato com o gelo. Além disso, identifique o sentido dessas velocidades.

P8.3
O disco rígido de um computador gira a 7.200 rpm (Figura P8.3). Em um raio de 30 mm, uma faixa de dados é gravada magneticamente no disco, e o espaço entre os bits de dados é de 25 μm. Determine quantos bits por segundo passam pelo cabeçote de leitura/gravação.

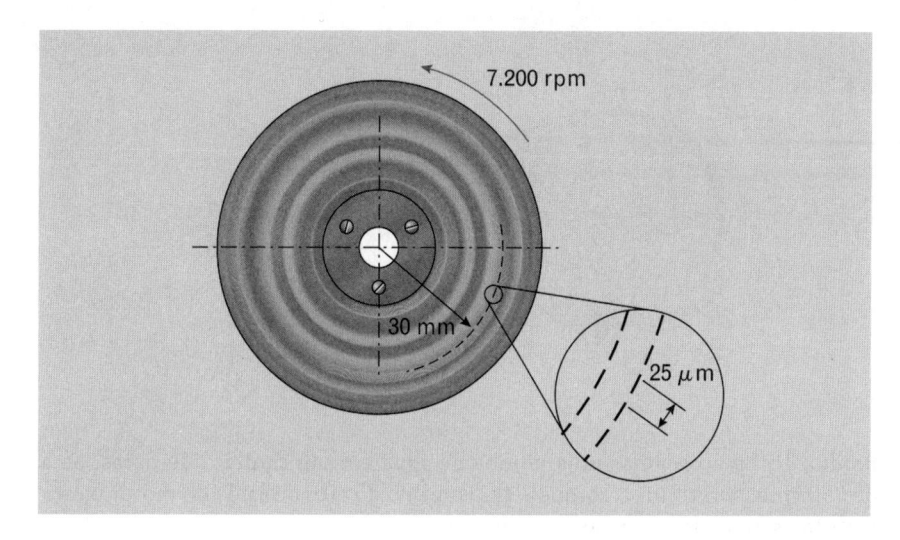

Figura P8.3

P8.4

Os comprimentos das duas conexões de um robô industrial são $AB = 22$ in. e $BC = 18$ in. (Figura P8.4). O ângulo entre as duas conexões é mantido constante a 40°, enquanto o braço do robô gira sobre a base A a 300°/s. Calcule a velocidade no centro C da pinça do robô.

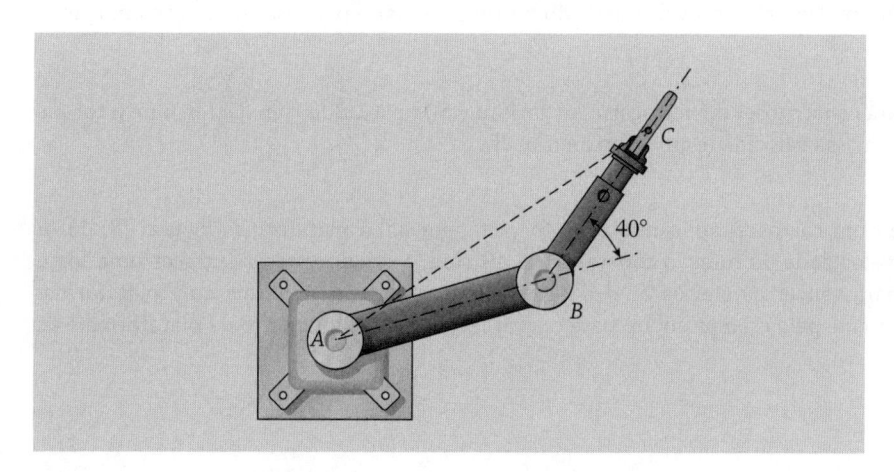

Figura P8.4

P8.5

No caso do robô industrial do P8.4, suponha que o braço do robô pare de girar sobre a base A. Entretanto, a conexão BC começa a girar sobre a junta B. Se a conexão BC girar 90° em 0,2 s, calcule a velocidade do ponto C.

P8.6

O disco motor gira a uma velocidade constante de 280 rpm em sentido horário (Figura P8.6). Determine a velocidade do pino de conexão em A. O colarinho em B também se move a uma velocidade constante? Justifique sua resposta.

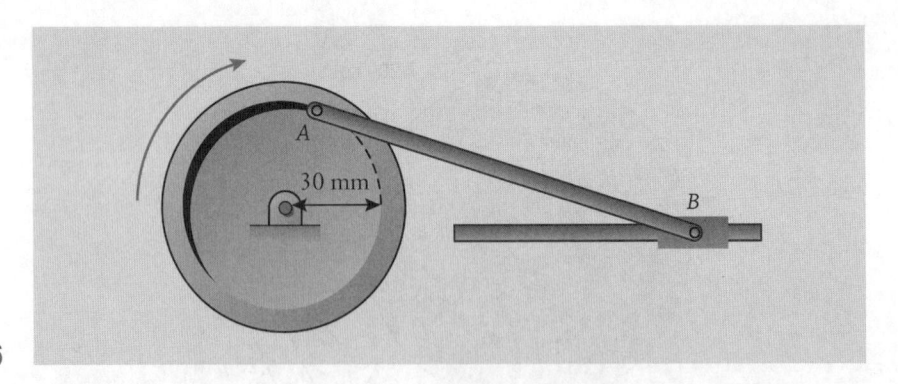

Figura P8.6

P8.7

Um motor a gasolina produz 15 hp ao acionar uma bomba de água em um canteiro de obras. Se a velocidade do motor é de 450 rpm, determine o torque T transmitido do eixo de saída do motor para a bomba. Expresse sua resposta as unidades de ft · lbf e N · m.

P8.8

O motor de um carro pequeno produz um torque de 260 N · m a 2.100 rpm. Determine a potência de saída do motor nas unidades de kW e hp.

P8.9

Um motor a diesel para aplicações marinhas de propulsão produz uma potência máxima de 900 hp e um torque de 5.300 N · m. Determine a velocidade do motor necessária para essa produção em rpm.

P8.10

Um motor a diesel para construções em autoestradas produz 350 hp a 1.800 rpm. Determine o torque produzido pelo motor a essa velocidade em N · m e em lbf · ft.

P8.11

Uma criança empurra um carrossel aplicando uma força tangencial à plataforma (Figura P8.11). A fim de manter uma velocidade de rotação constante de 40 rpm, a criança precisa exercer uma força constante de 90 N para vencer os efeitos de desaceleração do atrito nos mancais e na plataforma. Calcule a potência exercida pela criança em hp para operar o carrossel. O diâmetro da plataforma é de 8 ft.

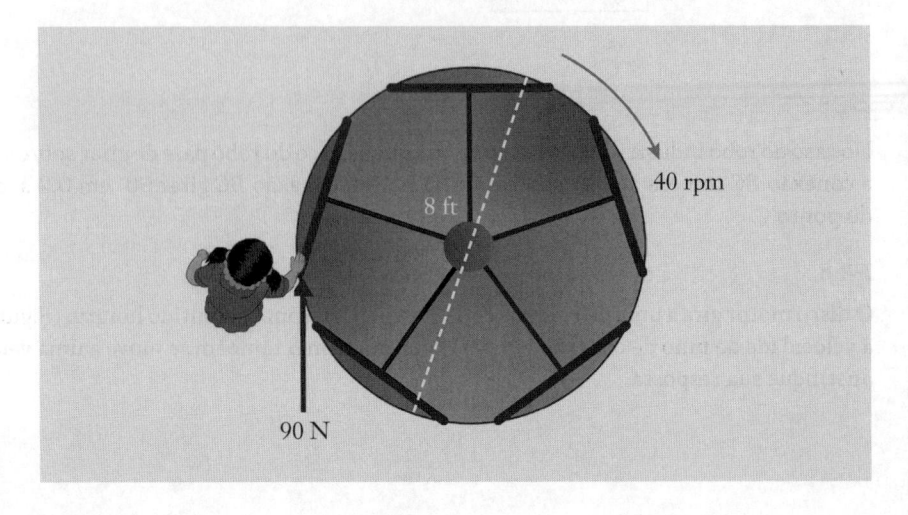

Figura P8.11

P8.12

O torque produzido pelo motor de um automóvel de 2,5 L conduzido com aceleração máxima foi medido em diversas velocidades (Figura P8.12). Utilizando este gráfico de torque como uma função da velocidade do motor, prepare um segundo gráfico para mostrar como a potência de saída do motor (em hp) muda de acordo com a velocidade (em rpm).

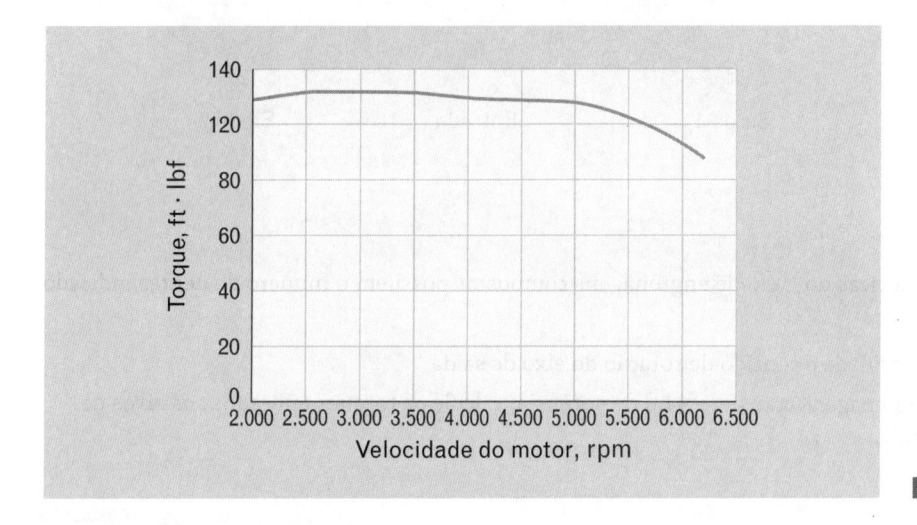

Figura P8.12

P8.13

Um sistema de engrenagens cilíndricas foi projetado com as seguintes especificações:
(a) Engrenagem do pinhão: número de dentes = 32, diâmetro primitivo = 3,2 in.
(b) Engrenagem de saída: número de dentes = 96, diâmetro primitivo = 8,0 in.
Determine se esse sistema de engrenagens irá operar suavemente.

P8.14

O raio de um pinhão de entrada mede 3,8 cm, e o raio de uma engrenagem de saída mede 11,4 cm. Calcule as razões de velocidade e torque do sistema de engrenagens.

P8.15

A razão de torque de um sistema de engrenagens é 0,75. A engrenagem do pinhão possui 36 dentes e um *diametral pitch* de 8. Determine o número de dentes na engrenagem de saída e os raios das duas engrenagens.

P8.16

Você está projetando um trem de engrenagens com três engrenagens cilíndricas: uma engrenagem de entrada, uma engrenagem livre e uma engrenagem de saída. O *diametral pitch* do trem de engrenagens é 6 dentes/in. O diâmetro da engrenagem de entrada precisa ter o dobro do diâmetro da engrenagem livre e o triplo do diâmetro da engrenagem de saída. O trem de engrenagens completo precisa caber em uma área retangular de, no máximo, 16 in. de altura e 24 in. de comprimento. Determine o número adequado de dentes e o diâmetro de cada engrenagem.

P8.17

As engrenagens helicoidais no trem de engrenagens simples possuem o número de dentes indicado (Figura P.8.17). A engrenagem central gira a 125 rpm e aciona os dois eixos de saída. Determine a velocidade e sentido de rotação de cada eixo.

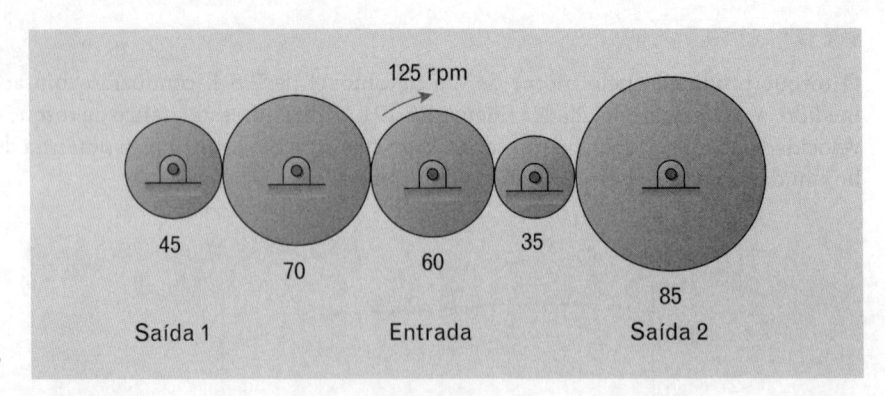

Figura P8.17

P8.18

As engrenagens cilíndricas no trem de engrenagens compostas possuem o número de dentes indicado (Figura P8.18).

(a) Determine a velocidade e sentido de rotação do eixo de saída.
(b) Se o trem de engrenagens transfere 4 hp de potência, calcule os torques aplicados aos eixos de entrada e de saída.

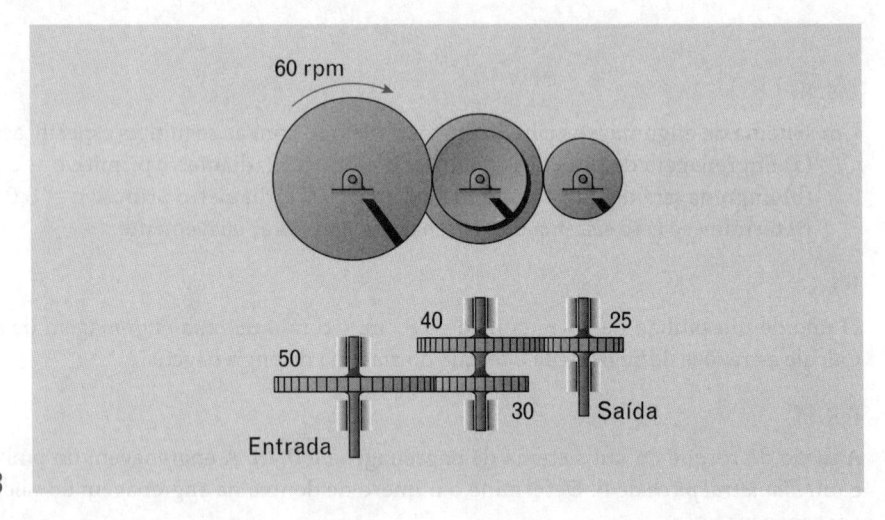

Figura P8.18

P8.19

O disco rígido magnético de um computador gira em torno de seu eixo central, enquanto o cabeçote de gravação C lê e grava dados (Figura P8.19). O braço posiciona o cabeçote acima de uma faixa de dados específica e gira sobre seu mancal no ponto B. Enquanto o motor do atuador A gira em um ângulo de rotação limitado, seu pinhão, com raio de 6 mm, gira ao redor do segmento em forma de arco, que tem um raio de 52 mm sobre B. Se o motor atuador gira a 3.000 graus/s sob uma pequena variação de movimento durante uma operação de busca entre as faixas, calcule a velocidade do cabeçote de leitura/gravação.

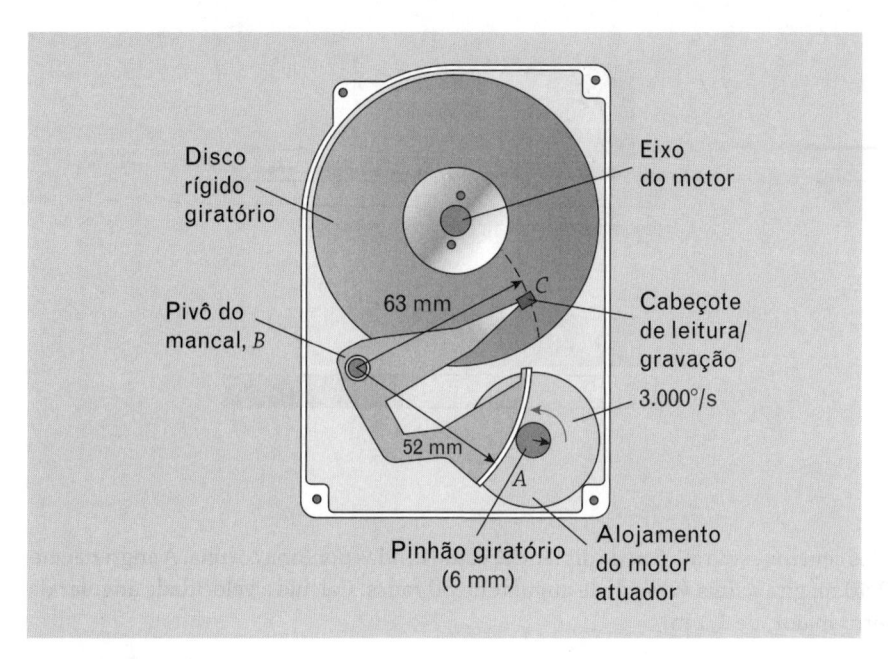

Figura P8.19

P8.20
Para o trem de engrenagens compostas, obtenha uma equação para as razões de velocidade e torque em termos dos números de dentes indicados na Figura P8.20.

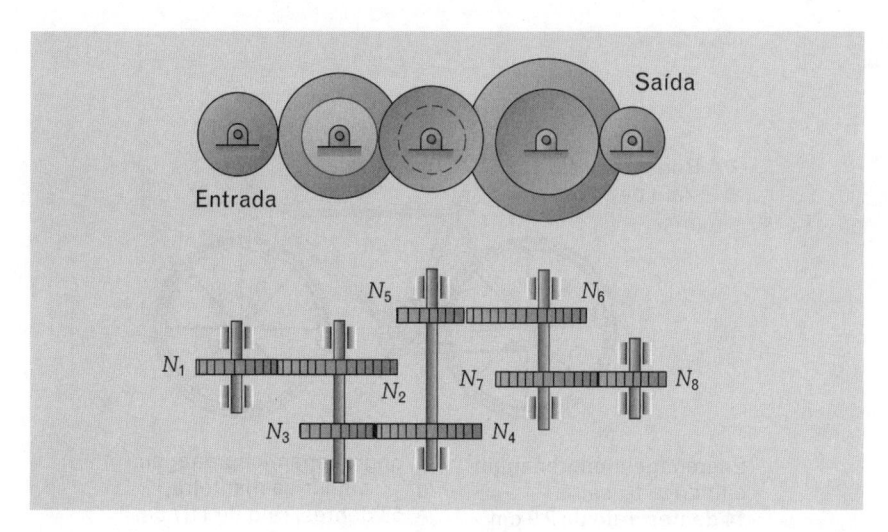

Figura P8.20

P8.21
No sistema motorizado de cremalheira e pinhão no interior de uma fresa, o pinhão possui 50 dentes e um raio primitivo de 0,75 in. (Figura P8.21). Em determinado intervalo do seu movimento, o motor gira a 800 rpm.
(a) Determine a velocidade horizontal da cremalheira.
(b) Se o motor fornecer um pico de torque de 10 ft · lbf, determine a força de tração produzida na cremalheira e transferida para a fresa.

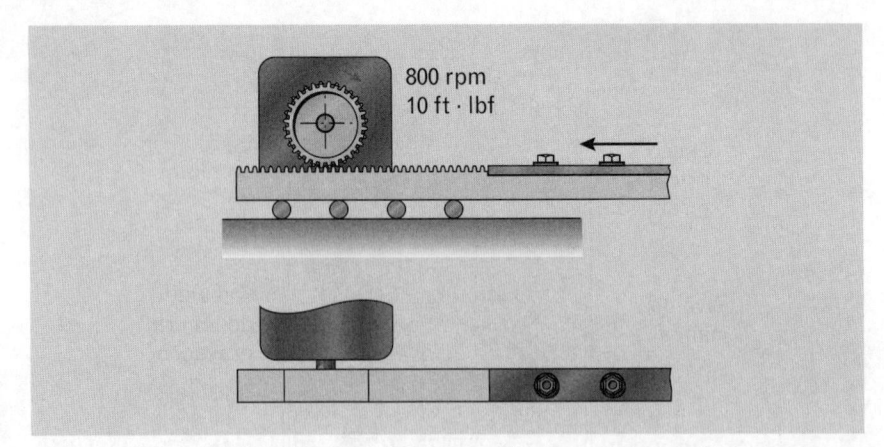

Figura P8.21

P8.22

Duas engrenagens, cujos centros estão a 1,5 m de distância, estão unidas por uma correia. A engrenagem de diâmetro menor, 0,40 m, gira a uma velocidade angular de 50 rad/s. Calcule a velocidade angular da engrenagem de diâmetro maior, de 1,1 m.

P8.23

O recorde mundial da distância percorrida em uma bicicleta padrão em 1 h é de 54,526 km, estabelecido em 2015, em Londres (Figura P8.23). Usou-se uma bicicleta de engrenagem fixa, o que significa que, na prática, a bicicleta tinha apenas uma engrenagem. Supondo que o ciclista pedalou a uma velocidade constante, que velocidade ele aplicou à engrenagem frontal/engrenagem cilíndrica em rpm para atingir esse recorde?

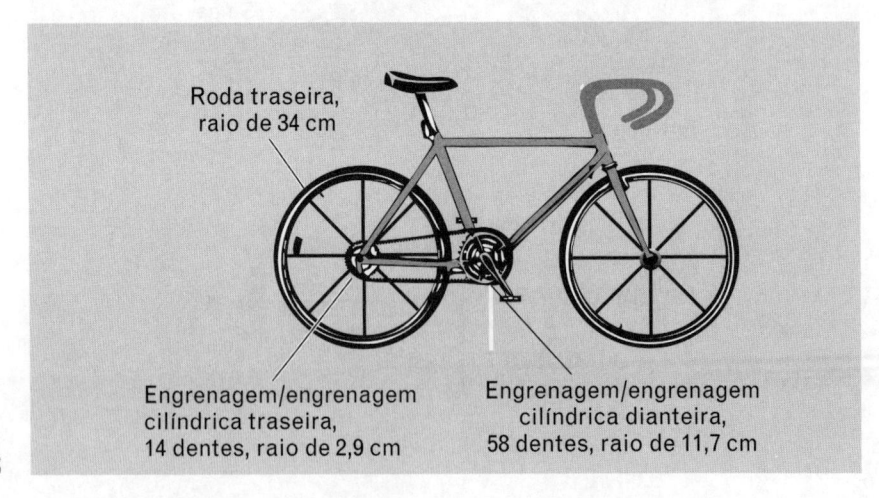

Figura P8.23

P8.24

(a) Ao examinar diretamente as engrenagens cilíndricas e contar seu número de dentes, determine a razão de velocidade entre a engrenagem cilíndrica do pedal (entrada) e a roda traseira (saída) da sua bicicleta de várias marchas, ou da bicicleta de um amigo ou de um membro da família. Faça uma tabela para indicar como a razão de velocidade muda, dependendo da catraca escolhida pelo comando de marchas. Tabule a razão de velocidade para cada velocidade ajustada.

(b) Para uma velocidade de 15 mph da bicicleta, determine a velocidade de rotação das catracas e a velocidade da corrente em uma das marchas. Mostre em seus cálculos como as unidades dos vários termos são convertidas a fim de se obter um resultado dimensionalmente uniforme.

P8.25

Estime a razão de velocidades entre o motor (entrada) e as rodas de tração (saída) do seu carro (ou de um amigo ou membro da família) em diferentes marchas. Você precisará conhecer a velocidade do motor (indicada no tacômetro), a velocidade do veículo (no velocímetro) e o diâmetro externo das rodas. Indique em seus cálculos como as unidades dos vários termos são convertidas para obter um resultado dimensionalmente uniforme.

P8.26

O trem de engrenagens na transmissão do Transportador Pessoal Segway® utiliza engrenagens helicoidais para reduzir ruídos e vibrações (Figura P8.26). As rodas do veículo têm 48 cm de diâmetro, e sua velocidade máxima é 12,5 mph.

(a) Cada sistema de engrenagens foi projetado para ter uma razão fracionada de engrenamento, de modo que os dentes engrenem em pontos diferentes a cada giro, reduzindo assim o desgaste e prolongando a vida útil da transmissão. Qual é a razão de velocidade em cada ponto de engrenamento?
(b) Qual é a razão de velocidade para todo o trem de engrenagens?
(c) Em unidades de rpm, qual é a velocidade do eixo do motor na velocidade máxima do transportador?

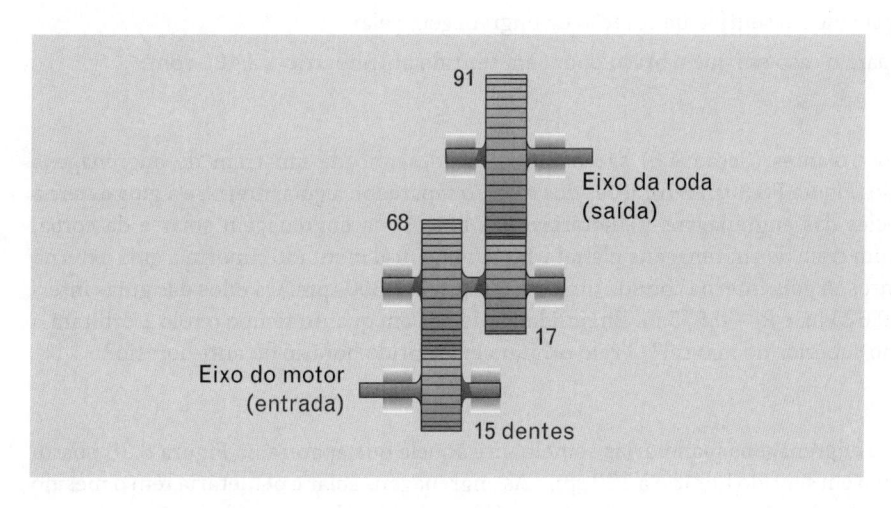

Figura P8.26

P8.27

O mecanismo que aciona a bandeja de disco de um aparelho Blu-ray™ utiliza engrenagens cilíndricas de náilon, uma cremalheira e um mecanismo de acionamento por correia (Figura P8.27). A engrenagem que se acopla à cremalheira possui um módulo de 2,5 mm. As engrenagens possuem o número de dentes indicado na ilustração, e as duas polias têm diâmetros de 7 mm e 17 mm. A cremalheira está unida à bandeja do disco. Para que a bandeja se movimente a 0,1 m/s, qual deverá ser a velocidade de giro do motor?

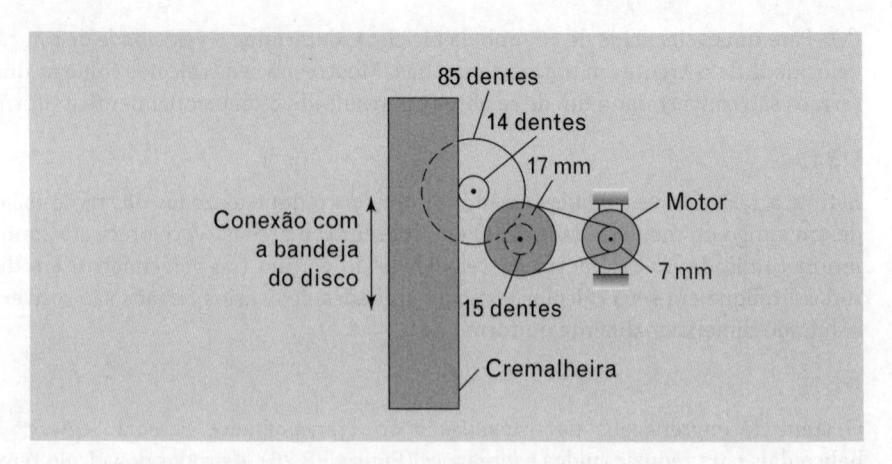

Figura P8.27

[Diagram labels: 85 dentes, 14 dentes, 17 mm, Motor, 7 mm, 15 dentes, Cremalheira, Conexão com a bandeja do disco]

P8.28

Explique por que o número de dentes na coroa de um trem de engrenagens planetárias está relacionado ao tamanho das engrenagens solar e planetária pela equação $N_r = N_s + 2N_p$.

P8.29

Um trem de engrenagens planetárias com $N_s = 48$ e $N_p = 30$ utiliza o braço planetário e a coroa como entrada e a engrenagem solar como saída. Visto pelo lado direito na Figura 8.36, o eixo oco do braço planetário opera a 1.200 rpm em sentido horário, e o eixo da coroa gira a 1.000 rpm em sentido antihorário.

(a) Determine a velocidade e o sentido da rotação da engrenagem solar.

(b) Repita o cálculo para o caso em que o braço opera em sentido anti-horário a 2.400 rpm.

P8.30

Os mancais de corpos rolantes (Seção 4.6) são análogos ao desenho de um trem de engrenagens planetárias equilibrado (Figura P8.30). As rotações dos rolos, o separador, a guia interna e a guia externa são semelhantes àqueles das engrenagens planetárias, dos braços, da engrenagem solar e da coroa, respectivamente, em um trem de engrenagens planetárias. Um mancal montado suporta a guia externa do mancal de rolamentos. A guia interna conduz um eixo que gira a 1.800 rpm. Os raios das guias interna e externa são $R_i = 0,625$ in. e $R_o = 0,875$ in. Em unidades de ms, em quanto tempo o rolo 1 orbitará o eixo e voltará à posição superior no mancal? O rolo orbitará em sentido horário ou anti-horário?

P8.31

A coroa de um trem de engrenagens planetárias semelhante àquela que aparece na Figura 8.38 possui 60 dentes e está girando em sentido horário a 120 rpm. As engrenagens solar e planetária têm o mesmo tamanho. A engrenagem solar gira em sentido horário a 150 rpm. Calcule a velocidade e o sentido de rotação do braço planetário.

P8.32

(a) O eixo da engrenagem solar no trem de engrenagens planetário é mantido estacionário por um freio (Figura P8.32). Determine a relação entre a velocidade de rotação dos eixos e a velocidade de rotação da coroa e do braço planetário. Esses eixos giram no mesmo sentido ou em sentidos opostos?

(b) Repita o exercício para o caso em que o eixo da coroa é mantido estacionário.

(c) Repita o exercício para o caso em que o braço planetário é mantido estacionário.

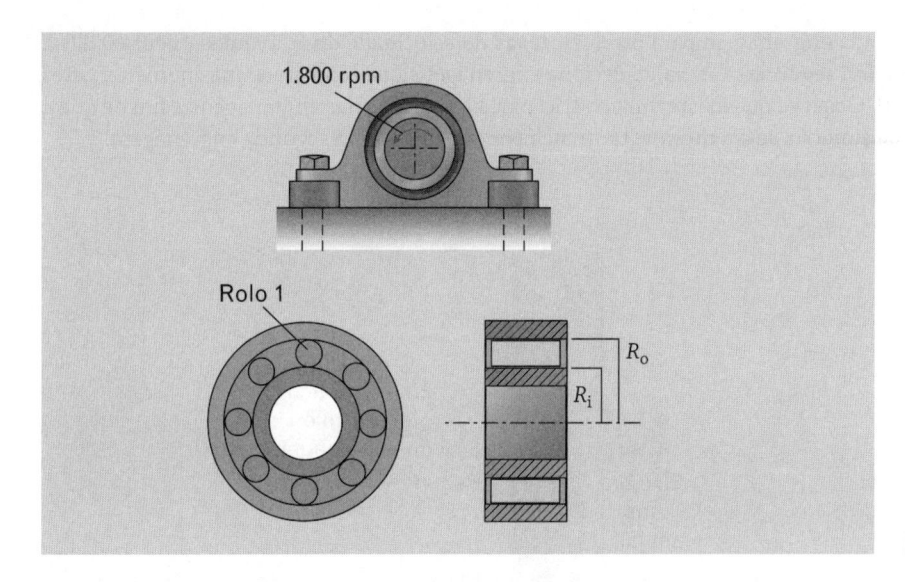

Figura P8.30

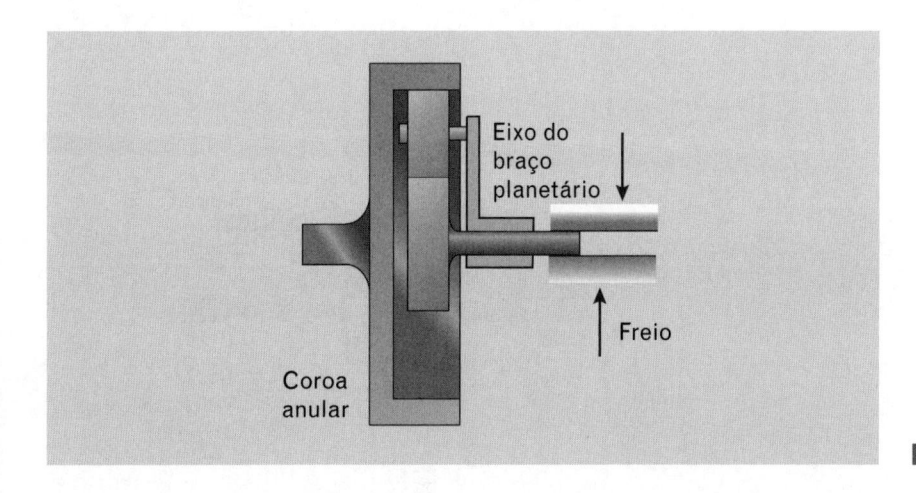

Figura P8.32

P8.33

Em uma das configurações de trem de engrenagens planetário utilizadas em transmissões automáticas automotivas, os eixos da engrenagem solar e o eixo do braço planetário estão unidos e giram na mesma velocidade ω_o (Figura P8.33). Considerando o fator de forma do trem de engrenagens n, determine a velocidade do eixo da coroa para essa configuração.

P8.34*

Uma caixa de engrenagens deve ser projetada para fornecer uma relação de transmissão total de exatamente 24:1, minimizando o tamanho total da caixa de engrenagens. Além disso, o sentido de rotação dos eixos de entrada e de saída deve ser o mesmo. Determine valores apropriados para o número de dentes de cada engrenagem.

P8.35*

Em uma caixa de câmbio de duas velocidades (Figura P8.35), o eixo inferior tem ranhuras e pode deslizar horizontalmente à medida que o operador move o garfo de mudança. Projete a transmissão e escolha o número de dentes em cada engrenagem para produzir taxas de velocidade de aproximadamente 0,8 (na primeira marcha) e 1,2 (na segunda marcha). Selecione engrenagens que tenham apenas números pares de dentes entre 40 e 80. Observe que existe uma restrição nos tamanhos das engrenagens a fim de que a localização dos eixos de simetria seja a mesma, tanto na primeira quanto na segunda engrenagem.

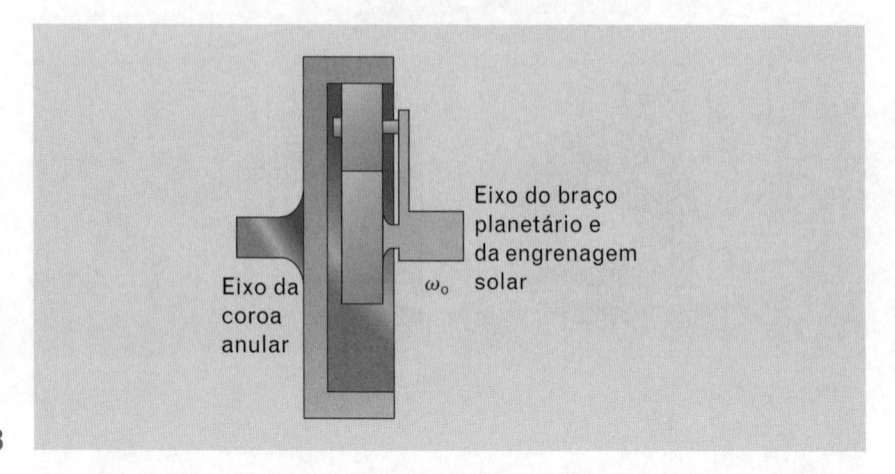

Figura P8.33

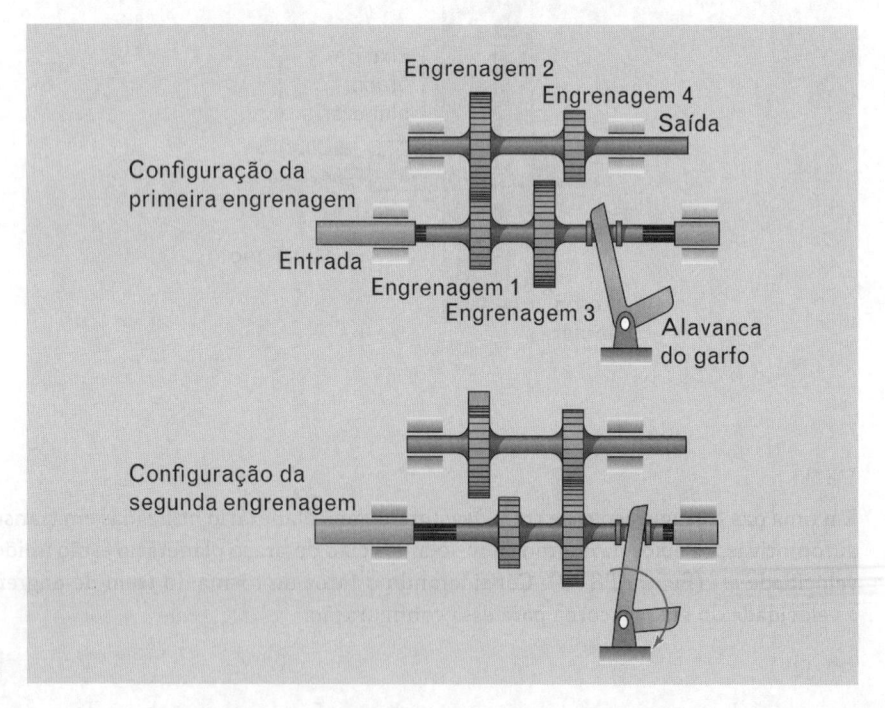

Figura P8.35

P8.36*

Um motor funcionando a 3.000 rpm é conectado a uma polia de saída por meio de uma correia em V. A polia de saída aciona uma correia transportadora a 1.000 rpm. A distância entre os centros do motor e da polia de saída deve ter pelo menos 12 in., mas não mais que 24 in. Deve haver também, pelo menos, 4 in. de diferença entre os diâmetros das polias. Determine os diâmetros apropriados para as polias do motor e de saída.

Referências

DREXLER, K. E. *Nanosystems*: molecular machinery, manufacturing, and computation. Hoboken, NJ: Wiley Interscience, 1992.

LANG, G. F. S &V Geometry 101. *Sound and Vibration*, n. 33, v. 5, p. 16-26, 1999.

NORTON, R. L. *Design of machinery*: an introduction to the synthesis and analysis of mechanisms and machines. 3. ed. New York: McGraw-Hill, 2004.

UNDERCOVER GEARS. *Gear Technology*, mar./abr. 2002, p. 56.

WILSON, C. E.; SADLER, J. P. *Kinematics and dynamics of machinery*. 3. ed. Upper Saddle River, NJ: Prentice Hall, 2003.

Apêndice A

Alfabeto grego

Nome	Maiúsculo	Minúsculo
Alpha	A	α
Beta	B	β
Gama	Γ	γ
Delta	Δ	δ
Épsilon	E	ε
Zeta	Z	ζ
Eta	H	η
Teta	Θ	θ
Iota	I	ι
Kappa	K	κ
Lambda	Λ	λ
Mi	M	μ
Ni	N	ν
Xi	Ξ	ξ
Ômicron	O	o
Pi	Π	π
Rho	P	ρ
Sigma	Σ	σ
Tau	T	τ
Úpsilon	Υ	υ
Pi	Φ	ϕ
Chi	X	χ
Psi	Ψ	ψ
Ômega	Ω	ω

Tabela A.1

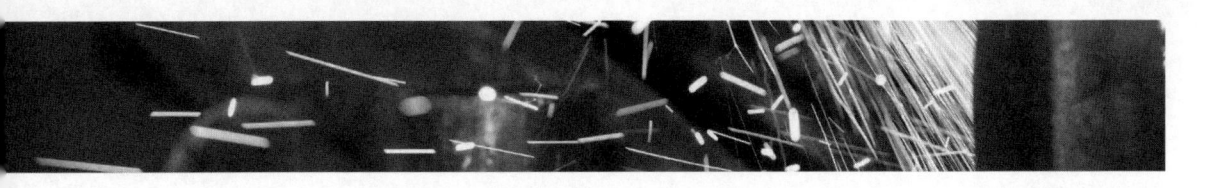

Apêndice B

▶ Revisão de trigonometria

B.1 Graus e radianos

A magnitude de um ângulo pode ser medido usando-se graus ou radianos. Uma revolução completa em torno de um círculo corresponde a 360° ou 2π radianos. A unidade radiano é abreviado como rad. Do mesmo modo, a metade de um círculo corresponde a um ângulo de 180° ou π rad. Você pode fazer a conversão entre radianos e graus usando os seguintes fatores:

$$1 \text{ grau} = 1.7453 \times 10^{-2} \text{ rad} \tag{B.1}$$

$$1 \text{ rad} = 57.296 \text{ graus} \tag{B.2}$$

B.2 Triângulos retângulos

Um ângulo reto possui uma medida de 90°, ou de modo equivalente, $\pi/2$ rad. Como mostrado na Figura B.1, um triângulo é composto por um ângulo reto e dois ângulos agudos. Um ângulo agudo é um ângulo menor que 90°. Neste caso, os ângulos agudos do triângulo são indicados pelas letras gregas minúsculas pi (ϕ) e teta (θ), como indicado no Apêndice A. Uma vez que as magnitudes dos três ângulos do triângulo somam 180°, os dois ângulos agudos no triângulo são relacionados por

$$\phi + \theta = 90° \tag{B.3}$$

Os comprimentos dos dois lados que se encontram e formam o ângulo reto são indicados por x e y. O lado mais longo restante é chamado hipotenusa, e tem comprimento z. Um ângulo agudo é formado entre a hipotenusa e cada lado adjacente a ela. Os três comprimentos laterais estão relacionados um ao outro pelo teorema de Pitágoras

$$x^2 + y^2 = z^2 \tag{B.4}$$

Se os comprimentos dos dois lados em um triângulo retângulo forem conhecidos, o terceiro comprimento pode ser determinado a partir dessa expressão.

Os comprimentos e ângulos em um triângulo retângulo também estão relacionados um ao outro por propriedades das funções trigonométricas chamadas seno, cosseno e tangente. Cada uma dessas

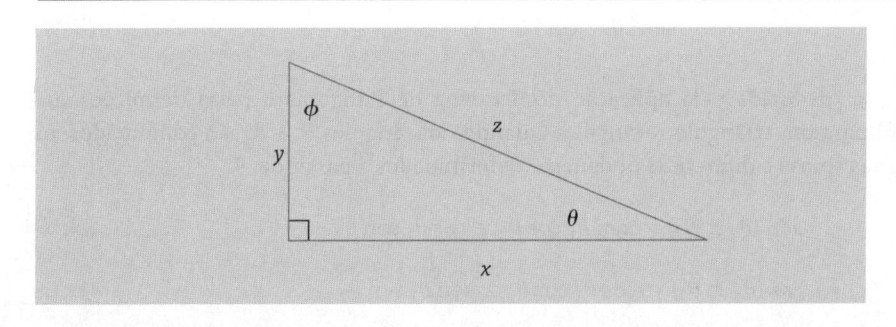

Figura B.1

Triângulo retângulo com lados medindo x, y, z e ângulos agudos ϕ e θ.

Tabela B.1

Alguns valores das funções seno, cosseno e tangente

	0°	30°	45°	60°	90°
sen	0	0,5	$\frac{\sqrt{2}}{2}$	$\frac{\sqrt{3}}{2}$	1
cos	1	$\frac{\sqrt{3}}{2}$	$\frac{\sqrt{2}}{2}$	0,5	0
tg	0	$\frac{\sqrt{3}}{3}$	1	$\sqrt{3}$	∞

funções é definida como a razão entre o comprimento de um lado ao outro. Referindo-se ao ângulo θ na Figura B.1, o seno, o cosseno e a tangente de θ envolvem as seguintes razões entre o comprimento do lado adjacente (x), o comprimento do lado oposto (y) e o comprimento da hipotenusa (z):

$$\operatorname{sen}\theta = \frac{y}{z} \left(\frac{\text{comprimento do lado oposto}}{\text{comprimento da hipotenusa}}\right) \quad \text{(B.5)}$$

$$\cos\theta = \frac{x}{z} \left(\frac{\text{comprimento do lado adjacente}}{\text{comprimento da hipotenusa}}\right) \quad \text{(B.6)}$$

$$\operatorname{tg}\theta = \frac{y}{x} \left(\frac{\text{comprimento do lado oposto}}{\text{comprimento do lado adjacente}}\right) \quad \text{(B.7)}$$

De modo similar, para o ângulo agudo (ϕ) no triângulo,

$$\operatorname{sen}\phi = \frac{x}{z} \quad \text{(B.8)}$$

$$\cos\phi = \frac{y}{z} \quad \text{(B.9)}$$

$$\operatorname{tg}\phi = \frac{x}{y} \quad \text{(B.10)}$$

A partir dessas definições, você pode ver as características dessas funções como sen(45°) = cos(45°) $\frac{\sqrt{2}}{2}$ e tg (45°) 1. Outros valores numéricos das funções seno, cosseno e tangente estão listadas na Tabela B.1.

B.3 Identidades

O seno e o cosseno de um ângulo estão relacionados um com o outro pela relação:

$$\operatorname{sen}^2\theta + \cos^2\theta = 1 \quad \text{(B.11)}$$

Essa expressão pode ser deduzida pela aplicação do Teorema de Pitágoras e pelas definições nas Equações (B.5) e (B.6) para um triângulo retângulo. Quando dois ângulos θ_1 e θ_2 são combinados, os senos e cossenos de suas somas e diferenças podem ser determinados a partir de

$$\operatorname{sen}(\theta_1 \pm \theta_2) = \operatorname{sen}\theta_1 \cos\theta_2 \pm \cos\theta_1 \operatorname{sen}\theta_2 \quad \text{(B.12)}$$

$$\cos(\theta_1 \pm \theta_2) = \cos\theta_1 \cos\theta_2 \mp \operatorname{sen}\theta_1 \operatorname{sen}\theta_2 \quad \text{(B.13)}$$

Em particular, quando $\theta_1 = \theta_2$, estas expressões são utilizadas para deduzir as fórmulas de ângulos duplos

$$\operatorname{sen} 2\theta = 2 \operatorname{sen} \theta \cos \theta \qquad \text{(B.14)}$$

$$\cos 2\theta = \cos^2 \theta - \operatorname{sen}^2 \theta \qquad \text{(B.15)}$$

B.4 Triângulos oblíquos

Simplificando, um triângulo oblíquo é qualquer triângulo que não seja retângulo. Portanto, um triângulo oblíquo não contém um ângulo reto. Existem dois tipos de triângulos oblíquos. Em um triângulo agudo, todos os três ângulos têm magnitudes inferiores a 90°. Em um triângulo obtuso, um dos ângulos é maior que 90°, e os outros dois são menores que 90°. Em todos os casos, a soma dos ângulos internos de um triângulo é 180°.

Dois teoremas da trigonometria podem ser aplicados para determinar o comprimento de um lado ou ângulo desconhecido em um triângulo oblíquo. Estes teoremas são chamados leis dos senos e dos cossenos. A lei dos senos é baseada na relação entre o comprimento de um lado do triângulo e o seno do ângulo oposto. Essa relação é a mesma para os três pares de comprimentos e ângulos opostos no triângulo. Referindo-se aos comprimentos laterais e ângulos marcados na Figura B.2, a lei dos senos é

$$\frac{a}{\operatorname{sen} A} = \frac{b}{\operatorname{sen} B} = \frac{c}{\operatorname{sen} C} \qquad \text{(B.16)}$$

Quando conhecermos os comprimentos dos dois lados em um triângulo e seus ângulos internos, a lei dos cossenos pode ser usada para encontrar o comprimento do terceiro lado do triângulo:

$$c^2 = a^2 + b^2 - 2ab \cos C \qquad \text{(B.17)}$$

Quando $C = 90°$, essa expressão reduz-se a $c^2 = a^2 + b^2$, o que é uma reafirmação do teorema de Pitágoras.

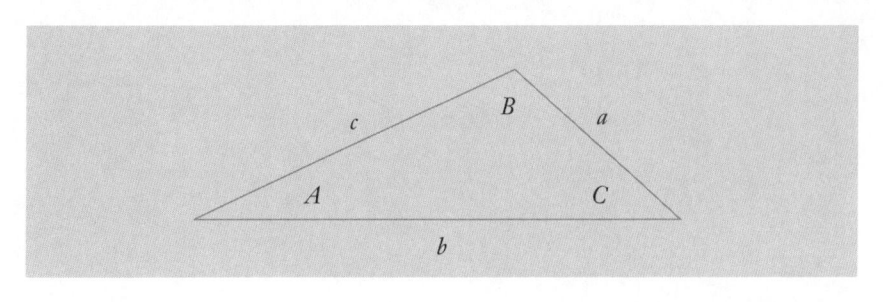

Figura B.2

Um triângulo oblíquo com os comprimentos laterais a, b, c e ângulos opostos A, B e C.

Índice remissivo

°R. *Ver* Rankine (°R)

A

ABET. *Ver* Descrição do Departamento de Engenharia do Trabalho dos Estados Unidos, 4-5, 9
Academia Nacional de Engenharia dos EUA (NAE), 31-33
Accreditation Board for Engineering and Technology (ABET), 24
Aceleração de um elevador, exemplo de uniformidade dimensional, 91-93
Aceleração gravitacional, 282
Acionamento de uma esteira ergométrica, exemplo, 368-370
Acionamento por correia e corrente, aplicação de projeto, 364-370
  acionamento de esteira ergométrica, exemplo, 368-370
  acionamento por correntes, 365
  correia dentada, 365
  correia em V, 368
  polia, 364
  rotação síncrona, 364
  scanner de computador, exemplo, 366-368
Acionamento por correia, 365
Aerodinâmica, 265, 269
Aerofólio, 266
Alavanca de controle, exemplo de resultante, 126-127
Alicate de corte, exemplo de cisalhamento, 195-196
Alicate de corte, exemplo de equilíbrio de forças e momentos, 141-142

Alongamento de barra, exemplo de resposta dos materiais à carregamento externo, 191-193
Alongamento, 176
Amazon, 9
Ambientes extremos, tensão e compressão em, 180-181
Análise de falhas de engenharia, 138
Ângulo da hélice, 350
Ângulo de ataque, 266
Apple, Inc., 9
Apresentações técnicas, 101-102
Aproximação por ordem de grandeza, 64
Aproximação, 64
Área frontal do fluxo de fluidos, 255
Arqueologia de produto, 33-35
Ataque do grande tubarão branco, exemplo de flutuação, 242-243
Automóvel, conquistas da engenharia, 12
Avaliação da potência do motor, exemplo de conversão, 79
Avanços no projeto de veículos, 360
Avião, conquistas da engenharia, 14-15

B

Balanço de forças, 136
Balanço de momentos, 136
Bioengenharia, conquistas da engenharia, 17-18
Bomba, 31
Braço planetário, 370
Btu. *Ver* Unidade térmica britânica (btu)

C

Cálculos no papel de pão, 94

Calor como energia em trânsito, 289-302
  calor específico, 292-293
  calor latente, 293
  consumo de combustível do motor, exemplo, 297-298
  consumo doméstico de energia, exemplo, 296-297
  perda de calor através de uma janela, exemplo, 300-302
  poder calorífico, 290-292
  revenimento, 292
  têmpera de broca de furadeira, exemplo de energia em trânsito, 299-300
  têmpera, 292
  transferência de calor, 293-296
Calor específico, 292-293
Calor latente, 293
Came, 314
Canal de transferência, 315
Capacidade de carga de uma empilhadeira, exemplo de equilíbrio de forças e momentos, 143-145
Capacidade de combustível de uma aeronave, exemplo de pressão dos fluidos
Capacidade de comunicação na engenharia, 98-106
  apresentações técnicas, 101-102
  comunicação eficaz, 104
  comunicação escrita, 99-101, 104-106
  comunicação gráfica, 101
  comunicação ineficaz, 102-104
Cavalo-vapor (hp), 75
Cavilha em U, exemplo de tração e compressão, 178-180

Células de combustível, 309
Cerâmicas, 200-201
Chave de boca, exemplo de momento de uma força, 130-132
Chave inglesa, exemplo de momento de uma força, 132-135
Ciclo de Clerk, 315
Ciclo de Otto, 312
Ciclo do motor de dois tempos, 314-316
    canal de transferência, 315
    ciclo de Clerk, 315
Ciclo do motor de quatro tempos, 312-316
    came, 314
    ciclo de Otto, 312
    descarga, 314
    ponto morto inferior, 314
    ponto morto superior, 312
    razão de compressão, 314
    valor do motor, 312
Ciclo Rankine, 318
Circuito primário, 317
Circuito secundário, 317
Círculo primitivo, 346
Cisalhamento duplo, 195
Cisalhamento simples, 195
Cisalhamento, 193-198
    alicate de corte, exemplo, 195-196
    duplo, 195
    força, 193
    juntas móveis, exemplo, 196-198
    plano, 193
    simples, 195
Códigos e padrões, conquistas da engenharia, 18
Coeficiente de arrasto, 254
Coeficiente de Poisson, 184
Coeficiente de segurança, 206-210
    projeto de conexão de uma engrenagem e um eixo, exemplo, 208-210
Coeficiente de sustentação, 268
Colisão de fragmentos na órbita terrestre, exemplo de uniformidade dimensional, 86-88
Componentes polares, 120-121
    direção, 120
    magnitude, 120
    valor principal, 120
Componentes retangulares, 119-120
    notação vetorial, 119
    vetores unitários, 119
Comportamento elástico, 174
Comportamento plástico, 174
Compressão e tração, 175
Comunicação escrita, 99-101
    exemplo, 104-106
    livro de projetos, 99
    relatórios de engenharia, 100-101
Comunicação gráfica, 101
Condensador, 318
Condição de não deslizamento, 231
Condicionamento de ar e refrigeração, conquistas da engenharia, 15
Condução, 293
Condutividade térmica, 294
Conquistas da engenharia, 11-18
    automóvel, 12
    avião, 14-15
    bioengenharia, 17-18
    códigos e padrões, 18
    condicionamento do ar e refrigeração, 15
    geração de energia, 13
    mecanização da agricultura, 13-14
    produção em massa de circuitos integrados, 15
    programa Apollo, 12-13
    tecnologia de engenharia auxiliada por computador, 15-17
Conservação e conversão de energia, 302-306
    freios automotivos a disco, exemplo, 305-306
    primeira lei da termodinâmica, 302-303
    sistema, 302
    usina hidrelétrica, exemplo, 303-304
Consumo de combustível do motor, exemplo, 297-298
Consumo doméstico de energia, exemplo, 296-297
Consumo global de energia, 294-295
Controle numérico, 54
Convecção forçada, 296
Convecção natural, 296
Convecção, 296-297
Convenção de sinais do momento, 129
Convenção de sinal, 373
Convenções do SI, 72-73
Conversão de energia. *Ver* Conservação e conversão de energia
Conversão entre unidades SI e USCS, 77-79
    avaliação da potência de um motor, exemplo, 79
    extintor de incêndio, exemplo, 79-80
    lasers, exemplo, 80-81
Conversões da velocidade angular, exemplo, 340
Coroa anular, 371
Corpo rígido, 135-136
Correia de transmissão de um moinho, exemplo de aplicação de projeto de mancais de rolamento, 148-150
Correia dentada, 365
Correia em V, 364
Cremalheira e pinhão, 347-348
Curva de potência, 312
Curva de tensão-deformação, 182

D

Deflexão de uma broca, exemplo de uniformidade dimensional, 89-91
Deformação, 176
Demanda de potência de um elevador, exemplo, 288-289
Descarga, 314
Desenhos em escala, 123
Desenvolvimento de requisitos, 39-40
Diagramas de corpo livre, 137
Diametral pitch, 347

Diferencial, 373-374
Dígitos significativos, 82-83
    precisão, 82
Direção, 120
Documentação, 42
Ductibilidade, 199-200

E

Efeito de Poisson, 173
Eficiência ideal de Carnot, 310
Eficiência real, 307
Elastômeros, 21
Emissões de uma usina elétrica, exemplo, 323-324
Energia cinética do avião a jato, exemplo, 287-288
Energia cinética, 283-284
Energia eólica, 309
Energia geotérmica, 309
Energia hídrica, 309
Energia mecânica, trabalho e potência, 282-289
    aceleração gravitacional, 282
    demanda de potência de um elevador, exemplo, 288-289
    energia cinética de um avião a jato, exemplo, 287-288
    energia cinética, 283-284
    energia potencial elástica armazenada em uma cavilha em U, exemplo, 286
    energia potencial elástica, 283
    energia potencial gravitacional, 282-283
    fator de conversão de potência, exemplo, 285
    potência, 284-285
    trabalho de uma força, 284
Energia potencial elástica armazenada em uma cavilha em U, exemplo, 286
Energia potencial elástica, 283
Energia potencial gravitacional, 282-283
Energia renovável, 308-309
    células de combustível, 309
    energia eólica, 309

    energia geotérmica, 309
    energia hídrica, 309
Energia
    consumo, 3
    em sistemas térmicos e de energia, 284-285
    geração de energia, conquistas da engenharia, 13
Engenharia de fluidos, 227-279
    condição de não deslizamento, 231
    fluido newtoniano, 232
    fluxo de fluidos, 230
    fluxo laminar dos fluidos, 244-247
    fluxo turbulento dos fluidos, 244-247
    força de arrasto, 254-264
    força de flutuação dos fluidos, 237-243
    força de sustentação, 264-269
    guias de máquina-ferramenta, exemplo, 235-237
    microfluídica, 288
    número de Reynolds, 245-247
        números adimensionais, 247
    poise, 232
    pressão dos fluidos, 237-243
        projeto de micro e macrossistemas, 233-234
    propriedades, 229-237
    tubulações, escoamento de fluidos em, 248-254
    visão geral, 227-229
    viscosidade, 232
Engenharia mecânica, 1-30
    conquistas da engenharia, 11-18
    descrição do Ministério do Trabalho dos EUA, 4-5, 9
    elementos, 2-3
    emprego, 5-7, 8-9
    especializações, 7
    futuro, 18-19
    habilidades de comunicação, papel das, 21-22
    habilidades necessárias, 23-25
    opções de carreira, 20-22

    oportunidades de carreira, 21
    profissão, 4-11, 20-23
    programa de estudos, 22-23
    trabalho, 8-9
    visão geral, 1-3
Engenharia profissional, 4-11, 20-23
    emprego, 5-7, 8-9
    especializações, 7
    futuro, 18-19
    habilidades de comunicação, o papel das, 21-22
    habilidades necessárias, 23-25
    opções de carreira, 20-22
    oportunidades de carreira, 21
    programa de estudos, 22-23
Engrenagem externa, 344
Engrenagem livre, 358
Engrenagem planetária, 370
Engrenagem solar, 370
Engrenagens cilíndricas helicoidais de eixos reversos, 350
Engrenagens cilíndricas, 344-347
    círculo primitivo, 346
    diametral pitch, 347
    engrenagem externa, 344
    módulo, 347
    perfil evolvente, 347
    pinhão, 345
    propriedade fundamental dos sistemas de engrenagens, 347
    raio do círculo primitivo, 346
    trem de engrenagens, 345
Engrenagens cônicas, 348
Engrenagens helicoidais, 349-350
    ângulo da hélice, 350
    engrenagens cilíndricas helicoidais de eixos reversos, 350
Engrenagens sem-fim, 350-351
Engrenagens, aplicação do projeto, 344-353

cremalheira e pinhão, 347-348
engrenagens cilíndricas, 344-347
engrenagens cônicas, 348
engrenagens helicoidais, 349-350
engrenagens sem-fim, 350-352
nanomáquinas, 352-353
sistemas de autotravamento, 351
Equação de Bernoulli, 266
Equações independentes, 137
Equilíbrio de forças e momentos, 135-145
alicate de corte, exemplo, 141-142
análise de falhas de engenharia, 138
balanço de forças, 136
balanço de momentos, 136
capacidade de carga de uma empilhadeira, exemplo, 143-145
corpo rígido, 135
diagramas de corpo livre, 137
equações independentes, 136-137
fivela do cinto de segurança, exemplo, 139-141
partícula, 135
Equipes de projeto globais, 48-49
Escoamento, 185
Estimativa, 94-98
cálculos no papel de pão, 94
estimativas de ordem de grandeza, 94
geração de energia humana, exemplo, 97-98
importância da, 95
porta da cabine de uma aeronave, exemplo, 96-97
Estimativas por ordem de grandeza, 94
Estrela, 372
Extintor de incêndio, exemplo de conversão, 79-80
Extrusão, 51

F
Fator de conversão de potência, exemplo, 285
Fator de forma, 372-373
Fivela do cinto de segurança, exemplo de equilíbrio de forças e momentos, 139-141
Fluido newtoniano, 232
Fluxo de fluidos, 230
Fluxo laminar dos fluidos, 244-247
Fluxo sanguíneo e pressão, 252
Fluxo turbulento de fluidos, 244-245
Força axial, 146
Força de arrasto, 254-264
área frontal do movimento de um fluido, 255
coeficiente de arrasto, 254
resistência do ar enfrentada por um ciclista, exemplo, 259-261
velocidade relativa, 256
viscosidade do óleo do motor, exemplo, 261-264
voo de uma bola de golfe, exemplo, 257-259
Força de cisalhamento, 193
Força de flutuação dos fluidos, 237-243
ataque do grande tubarão branco, exemplo, 242-243
veículo de resgate para grandes profundidades, exemplo, 240-241
Força de sustentação, 264-269
aerodinâmica, 265, 269
aerofólio, 266
ângulo de ataque, 266
coeficiente de sustentação, 268
equação de Bernoulli, 266
onda de choque, 266
túnel de vento, 265
Força interna, 174
Força radial, 146
Força, 193
Forças, 116-170
aplicação de projeto: mancais de rolamentos, 145-152
componentes polares, 120-121
componentes retangulares, 118-119
equilíbrio de forças e momentos, 135-145
momento de uma força, 127-135
resultante de várias forças, 121-127
visão geral, 116-118
Forjamento, 51
Freio automotivo a disco, exemplo de conservação e conversão de energia, 305-306
Fresadora, 53
Fundição, 50
Furadeira, 53

G
Gaiola, 146
Geração de energia elétrica, 316-325
bomba, 318
ciclo Rankine, 318
ciclo secundário, 317
circuito primário, 317
condensador, 318
emissões de uma usina elétrica, exemplo, 323-324
gerador de vapor, 318
poluição térmica, 317
projeto de um gerador de energia solar, exemplo, 320-322
soluções inovadoras de energia de crowdsourcing, 325
turbina, 318
Geração de energia humana, exemplo de estimativa, 97-98
Gerador de vapor, 318
Google/Skybox Imaging, 8
Grandes desafios, NAE, 31-33
Guias de máquina-ferramenta, exemplo de fluidos, 235-237

H
Habilidades de resolução de problemas, 63-98

abordagem, 68-69
dígitos significativos, 82-83
estimativa, 94-98
pressupostos, 68-69
processo, 68
sistemas e conversões de unidades, 69-81
uniformidade dimensional, 83-93
visão geral, 63-67

I
Iteração, 41

J
Juntas móveis, exemplo de cisalhamento, 196-198

K
K. *Ver* Kelvin (K)
Kelvin (K), 310
kW · h. *Ver* Quilowatt-hora (kW · h)

L
Laminação, 50-51
Laser, exemplo de conversão, 80-81
Lei de Fourier, 294
Lei de Hooke, 182
Lei de Poiseuille, 251
Libra-ft, 75
Libra-massa, 74
Ligas, 199
Limite de elasticidade, 185
Limite de escoamento, 185
Limite de proporcionalidade, 182
Linha de ação, 128-129
Livro de projetos, 99

M
Magnitude, 120
Mancais de rolamentos axiais, 147
Mancais de rolamentos, aplicação do projeto, 145-152
  correia de transmissão de um moinho, exemplo, 148-150
  força axial, 146
  força radial, 146
  gaiola, 146
  mancais de rolamentos axiais, 147
  mancal de deslizamento, 145-146
  pistas externas, 146
  pistas internas, 146
  retentor, 146
  rolamentos cilíndricos, 147
  rolamentos cônicos, 147
  rolamentos da roda de um automóvel, exemplo, 151-152
  rolamentos de esferas, 146
  separador, 146
  vedações, 146
Mancal de deslizamento, 145-146
Mangueira de combustível de um automóvel, exemplo de fluxo de fluidos, 252-254
Máquina de ensaio de materiais, 185-187
Massa e peso, 76
Materiais compostos, 201-202
Materiais utilizados na engenharia, 198-206
  cerâmicas, 200-201
  materiais compostos, 201-202
  metais e ligas, 199-200
  polímeros, 201
  projeto de novos materiais, 202-204
  seleção de materiais para reduzir o peso, exemplo, 204-206
Materiais, 171-173, 182-193, 198-213
  coeficiente de segurança, 206-210
  materiais usados na engenharia, 198-206
  resposta à tensão, 182-193
  visão geral, 171-173
MCO. *Ver* Orbitador Climático de Marte (MCO)
Mecanização na agricultura, conquistas da engenharia, 13-14

Metais e ligas, 199-200
  ductibilidade, 199-200
  ligas, 199
Método da álgebra vetorial, 122-123
Método das componentes do momento, 129-130
  convenção de sinais do momento, 129
Método do braço da alavanca perpendicular, 128-129
  linha de ação, 128-129
  torque, 128
Método do limite (0,2%), 187-188
Método do polígono vetorial, 123
  desenhos em escala, 123
  regra início-fim, 123
Microfluídica, 228
Ministério do Trabalho dos Estados Unidos, descrição da engenharia, 4-5, 9
Módulo de elasticidade, 184
Módulo de Young, 184
Módulo, 347
Momento de uma força, 127-135
  chave de boca, exemplo, 130-132
  chave inglesa, exemplo, 132-135
  convenção de sinais do momento, 129
  método das componentes do momento, 129-130
  método do braço da alavanca perpendicular, 128-129
Motores de combustão interna, 311-316
  ciclo do motor de dois tempos, 314-316
  ciclo do motor de quatro tempos, 312-314
  curva de potência, 312
Motores térmicos e eficiência, 306-311
  eficiência ideal de Carnot, 310
  eficiência real, 307
  energia renovável, 308-309

Kelvin (K), 310
motor térmico, 306
Rankine (°R), 310
reservatório de calor, 307
segunda lei da termod-
inâmica, 310
Movimento e transmissão
de potência. *Ver* Trans-
missão de potência
Movimento rotacional, 337-
344
radiano, 338
trabalho rotacional e
potência, 339-344
velocidade angular, 337-
338
Mudanças dimensionais da
cavilha em U, exemplo de
resposta dos materiais a
tensões axiais, 189-190

N
NAE. *Ver* Academia Nacional
de Engenharia dos EUA
(NAE)
Nanomáquinas, 352-353
Notação vetorial, 119
Número de Reynolds, 245-247
Números adimensionais, 247

O
Onda de choque, 266
Orbitador Climático de Marte
(MCO), 64-66, 70, 98-99
Organização Mundial de
Propriedade Intelectual
(WIPO), 45

P
Parafuso tipo olhal, exemplo de
resultante, 123-126
Partícula, 135
Pascal, unidade de pressão, 238
Patentes de projetos, 42
Patentes de utilidade, 43
Patentes, 42-45
desenhos, 43
direitos, 43
especificação, 43
patentes de projeto, 42-
43
patentes de utilidade, 43
Pensamento convergente, 40
Pensamento divergente, 40

Perda de calor por uma janela,
exemplo, 300-302
Perfil evolvente, 347
Pilar suspenso, exemplo de
tração e compressão,
177-178
Pinhão, 345
Pistas externas, 146
Pistas internas, 146
Plano de cisalhamento, 193
Plásticos, 201
Poder calorífico, 290-292
Poise, 232
Polia, 364
Polímeros, 201
elastômeros, 201
plásticos, 201
Poluição térmica, 317
Ponto morto inferior, 314
Ponto morto superior, 312
Porta de uma aeronave, exemp-
lo de estimativa, 96-97
Potência de um motor automo-
tivo, exemplo, 343-344
Potência em sistemas de engre-
nagens, 356
engrenagem livre, 358
velocidade, torque e
potência em um trem
de engrenagens simples,
exemplo, 361-362
Potência instantânea, 339
Prática profissional, 64
Precisão, 82
Prefixo, significado, 72
Pressão dos fluidos, 237-243
capacidade de abasteci-
mento de uma aeronave,
exemplo, 239-240
Pascal, unidade de
pressão, 238
Pressupostos, 68-69
Primeira lei da termodinâmica,
302-303
Processos de manufatura,
49-55
controle numérico, 54-55
extrusão, 51
forjamento, 51
fresadora, 53
fundição, 50
furadeira, 53
laminação, 50-51

produção customizada,
55
serra de fita, 53
torno, 54
usinagem, 52
Processos de projeto, 35-49
desenvolvimento de req-
uisitos, 39-40
equipes de projeto
globais, 48-49
projeto conceitual, 40
projeto detalhado, 41-47
Produção customizada, 55
Produção em massa de circuitos
integrados, conquistas da
engenharia, 15
Produção em massa, 47
Produção, 46-47
Programa Apollo, conquistas da
engenharia, 12-13
Projeto conceitual, 40
Projeto de conexão de uma
engrenagem e um eixo,
exemplo, 208-210
Projeto de micro e macrossiste-
mas, 233-234
Projeto de novos materiais,
202-204
Projeto de um gerador de
energia solar, exemplo,
320-322
Projeto detalhado, 41-47
documentação, 42
iteração, 41
patentes de projetos, 42
patentes, 42-45
prototipagem rápida, 45-
47
simplicidade, 41
usabilidade, 41
Projeto, 31-62
arqueologia de produto,
33-35
Grandes Desafios da
Academia Nacional de
Engenharia (NAE), 31-33
inovação, 36-38
processo, 35-49
processos de manufatura,
49-55
produção, 47
projeto detalhado, 41-47
visão geral, 31-33

Propriedade fundamental dos sistemas de engrenagens, 347
Prototipagem rápida, 45-47
Protótipo do metro, 71

Q

Queda de pressão, 248
Quilograma padrão, 71
Quilowatt-hora (kW · h), 283, 316

R

Radiano, 338
Raio do círculo primitivo, 346
Rankine (°R), 310
Razão de compressão, 314
Razão de torque, 356
Reabastecimento aéreo, exemplo de uniformidade dimensional, 84-86
Regiões elásticas, 182
Regiões plásticas, 182
Regra início-fim, 123
Relação de velocidades, 354
Relatórios de engenharia, 100-101
Reservatório de calor, 307
Resistência do ar enfrentada por um ciclista, exemplo de força de arrasto, 259-261
Resposta dos materiais à tração, 182-193
  alongamento de uma barra, exemplo, 191-193
  coeficiente de Poisson, 184
  curva de tensão-deformação, 182
  escoamento, 185
    lei de Hooke, 182
    limite de elasticidade, 185
  limite de escoamento, 185
    limite de proporcionalidade, 182
  limite de ruptura, 185
    máquina de ensaio de materiais, 185-187
    método do limite (0,2%), 187-188
  módulo de elasticidade, 184

módulo de Young, 184
mudanças dimensionais de uma cavilha em U, exemplo, 189-190
  regiões elásticas, 182
  regiões plásticas, 182
  rigidez, 182
Resultante de várias forças, 121-127
  alavanca de controle, exemplo, 126-127
  método da álgebra vetorial, 122-123
  método do polígono vetorial, 123
  parafuso tipo olhal, exemplo, 123-126
Retentor, 146
Revenimento, 292
Rigidez, 182
Rolamento de esferas, 146
Rolamentos cônicos, 147
Rolamentos da roda de um automóvel, exemplo de aplicação de projeto, 151-152
Rolos cilíndricos, 147
Rotação síncrona, 364

S

Scanner de computador, exemplo de acionamento por correia e corrente, 366-368
Segunda lei da termodinâmica, 310
Segunda lei do movimento, 71
Seleção de materiais para reduzir o peso, exemplo, 204-206
Separador, 146
Serra de fita, 53
SI. *Ver* Sistema Internacional de Unidades (SI)
Simplicidade, 41
Sistemas de energia, 280-334
  calor como energia em trânsito, 289-302
  conservação e conversão de energia, 302-306
  energia mecânica, trabalho e potência, 282-289

geração de energia elétrica, 316-325
motores de combustão interna, 311-316
motores térmicos e eficiência, 306-311
visão geral, 280-282
Sistema de forças, 121
Sistema de Unidades dos Estados Unidos (USCS), 69, 73-76
  libra-massa, 74
  sistema pé-libra-segundo, 73
  slug, 74
  unidades derivadas, 76
Sistema internacional de unidades (SI), 70-73
  convenções do SI, 72-73
  prefixo, 72
  protótipo do metro, 71
  quilograma padrão, 71
  segunda lei do movimento, 71
Sistema pé-libra-segundo, 73
Sistema planetário de engrenagens, 370-377
  braço planetário, 370
  convenção de sinal, 373
  coroa anular, 371
  diferencial, 373-374
  engrenagem planetária, 370
  engrenagem solar, 370
  estrela, 372
  fator de forma, 372
  torque no trem de engrenagens planetárias, exemplo, 376-377
  trem de engrenagens equilibradas, 372
  velocidade do trem de engrenagens planetárias, exemplo, 374-376
Sistema, 302
Sistemas de engrenagens com autotravamento, 351
Sistemas e conversões de unidades, 69-81
  cavalo-vapor, 75
  convenções do SI, 72-73
  conversão entre unidades do SI e do USCS, 77-79

libra-ft, 75
libra-massa, 74
massa e peso, 76
prefixo, significado, 72
quilograma padrão, 71
segunda lei do movimento, 71
Sistema de Unidades dos Estados Unidos (USCS), 69, 73-76
Sistema Internacional de Unidades (SI), 69, 70-72
sistema pé-libra-segundo, 73
slug, 74
unidades básicas, SI, 70
unidades básicas, USCS, 74
unidades derivadas, SI, 70
unidades derivadas, USCS, 76
Sistemas térmicos. *Ver* Sistemas de energia
Slug, 74
Soluções de energia inovadoras de crowdsourcing, 325

T
Taxa de vazão volumétrica, 250
Tecnologia de engenharia auxiliada por computador, conquistas da engenharia, 15-16
Têmpera de broca de uma furadeira, exemplo de energia em trânsito, 299-300
Têmpera, 292
Tensão, 174
Tensões, 171-198, 211-213
 cisalhamento, 193-198
 resistência, 172
 resposta dos materiais à tensão, 182-193
 tração e compressão, 173-181
 visão geral, 171-172
Torno, 53-54
Torque em sistemas de engrenagens, 355-356
Torque em um trem de engrenagens planetárias, exemplo, 376-377

Torque, 128
Trabalho de um torque, 339
Trabalho de uma força, 284
Trabalho rotacional e potência, 339-344
 conversão de velocidade angular, exemplo, 340
 potência de um motor automotivo, exemplo, 343-344
 potência instantânea, 339
 trabalho de um torque, 339
 ventoinha de resfriamento para equipamentos eletrônicos, exemplos, 341-342
Tração e compressão, 173-181
 alongamento, 176
 cavilha em U, exemplo, 178-180
 comportamento elástico, 174
 comportamento plástico, 174
 compressão e tração, 175
 deformação, 176
 efeito de Poisson, 173
 em ambientes extremos, 180-181
 força interna, 174
 pilar suspenso, exemplo, 177-178
 tensão, 174
Transferência de calor, 293-296
 condução, 293
 condutividade térmica, 294
 consumo global de energia, 294-295
 convecção forçada, 296
 convecção natural, 296
 convecção, 295-296
 lei de Fourier, 294
 radiação, 296
Transmissão de potência, 335-383
 aplicação de projeto: acionamento por correia e corrente, 364-370
 engrenagens, aplicação de projeto, 344-353

movimento rotacional, 337-344
potência em sistemas de engrenagens, 356
sistemas de engrenagens compostas, 358-360, 362-363
sistemas de engrenagens simples, 356-358, 361-362
sistemas planetários de engrenagens, 370-377
torque em sistemas de engrenagens, 355-356
velocidade em sistemas de engrenagens, 353-355
visão geral, 335-337
Trem de engrenagens compostas, 358-360, 362-363
 avanços no projeto de veículos, 360
 trocador de dinheiro, exemplo, 362-363
Trem de engrenagens de um trocador de dinheiro, exemplo, 362-363
Trem de engrenagens equilibradas, 372
Trem de engrenagens, 345
Trens de engrenagens simples, 356-358, 361-362
 engrenagens livres, 358
 velocidade, torque e potência em um sistema de engrenagens simples, exemplo, 361-362
Tubulação, escoamento de fluidos em uma, 248-254
 fluxo sanguíneo, 252
 lei de Poiseuille, 251
 mangueira de combustível automotiva, exemplo, 252-254
 queda de pressão, 248
 taxa de vazão volumétrica, 250
Túnel de vento, 265
Turbina, 315

U
Unidade térmica britânica (btu), 283, 290
Unidades básicas, USCS, 74

Unidades derivadas, USCS, 76
Uniformidade dimensional, 83-93
  colisão de fragmentos na órbita terrestre, exemplo, 86-88
  deflexão de uma broca, exemplo, 89-91
  reabastecimento aéreo, exemplo, 84-86
Usabilidade, 41
USCS. *Ver* Sistema de Unidades dos Estados Unidos (USCS)
Usina hidrelétrica, exemplo de conservação e conversão de energia, 303-304
Usinagem, 52

V
Valor do motor, 312
Valor principal, 120
Vedações, 146
Veículos de resgate para grandes profundidades, exemplo de força de flutuação dos fluidos, 240-241
Velocidade angular, 337-339
Velocidade do trem de engrenagens planetárias, exemplo, 374-376
Velocidade em sistemas de engrenagens, 354-355
  relação de velocidades, 354
Velocidade relativa, 256

Velocidade, torque e potência em um sistema de engrenagens simples, exemplo, 361-362
Ventoinha de resfriamento para equipamentos eletrônicos, exemplo, 341-342
Vetores unitários, 119
Viscosidade do óleo do motor, exemplo de força de arrasto, 261-264
Viscosidade, 231-232
Voo 143 da Air Canada, 66-67, 70
Voo de uma bola de golfe, exemplo de força de arrasto, 257-259

W
WIPO. *Ver* Organização Mundial de Propriedade Intelectual (WIPO)

Unidades derivadas no SI

Quantidade	Unidade derivada	Abreviatura	Definição
Comprimento	micrômetro ou mícron	μm	1 μm = 10^{-6} m
Volume	litro	L	1 L = 0,001 m^3
Força	newton	N	1 N = 1 (kg · m)/s^2
Torque ou momento de uma força	newton-metro	N · m	—
Pressão ou tensão	pascal	Pa	1 Pa = 1 N/m^2
Energia, trabalho ou calor	joule	J	1 J = 1 N · m
Potência	watt	W	1 W = 1 J/s
Temperatura	graus Celsius	°C	°C = K − 273,15

Unidades derivadas no USCS

Quantidade	Unidade derivada	Abreviatura	Definição
Comprimento	mil	mil	1 mil = 0,001 in.
	polegada	in.	1 in. = 0,0833 ft
	milha	mi	1 mi = 5.280 ft
Volume	galão	gal	1 gal = 0,1337 ft^3
Massa	slug	slug	1 slug = 1 (lb · s^2)/ft
	libra-massa	lbm	1 lbm = 3,1081 × 10^{-2} (lb · s^2)/ft
Força	onça	oz	1 oz = 0,0625 lbf
	tonelada	ton	1 ton = 2.000 lbf
Torque ou momento de uma força	libra-pé	ft · lb	—
Pressão ou tensão	libra/polegada²	psi	1 psi = 1 lbf/in^2
Energia, trabalho ou calor	libra-pé	ft · lb	—
	unidade térmica britânica	Btu	1 Btu = 778,2 ft · lb
Potência	cavalo-vapor	hp	1 hp = 550 (ft · lbf)/s
Temperatura	grau Fahrenheit	°F	°F = °R − 459,67

Fatores de conversão entre o USCS e o SI

Quantidade	USCS		SI
Comprimento	1 in.	=	25,4 mm
	1 in.	=	0,0254 m
	1 ft	=	0,3048 m
	1 mi	=	1,609 km
	1 mm	=	$3,9370 \times 10^{-2}$ in.
	1 m	=	39,37 in.
	1 m	=	3,2808 ft
	1 km	=	0,6214 mi
Área	1 in^2	=	645,16 mm^2
	1 ft^2	=	$9,2903 \times 10^{-2}$ m^2
	1 mm^2	=	$1,5500 \times 10^{-3}$ in^2
	1 m^2	=	10,7639 ft^2
Volume	1 ft^3	=	$2,832 \times 10^{-2}$ m^3
	1 ft^3	=	28,32 L
	1 gal	=	$3,7854 \times 10^{-3}$ m^3
	1 gal	=	3,7854 L
	1 m^3	=	35,32 ft^3
	1 L	=	$3,532 \times 10^{-2}$ ft^3
	1 m^3	=	264,2 gal
	1 L	=	0,2642 gal
Massa	1 slug	=	14,5939 kg
	1 lbm	=	0,45359 kg
	1 kg	=	$6,8522 \times 10^{-2}$ slugs
	1 kg	=	2,2046 lbm
Força	1 lb	=	4,4482 N
	1 N	=	0,22481 lb
Pressão ou tensão	1 psi	=	6.895 Pa
	1 psi	=	6,895 kPa
	1 Pa	=	$1,450 \times 10^{-4}$ psi
	1 kPa	=	0,1450 psi
Energia, trabalho ou calor	1 (ft · lbf)	=	1,356 J
	1 Btu	=	1.055 J
	1 J	=	0,7376 (ft · lbf)
	1 J	=	$9,478 \times 10^{-4}$ Btu
Potência	1 (ft · lbf)/s	=	1,356 W
	1 hp	=	0,7457 kW
	1 W	=	0,7376 (ft · lbf)/s
	1 kW	=	1,341 hp